榮養の歌

佐伯　矩作歌
楠美恩三郎作曲

♩=100

榮養の歌

佐伯矩作歌
楠見恩三郎作曲

榮養の歌　其一

覺めて朝日を仰ぐ時　鬼をも拉《ひし》ぐ力あり
夢安らかに眠りては　疲れを醫《いや》す血潮あり
寒さ暑さに打ち勝ちて　直ぐなる心生ひ育ち
病襲はむ隙《ひま》もなし　これ皆榮養の賜ぞ

榮養の歌　其二

善き子良き孫生《お》ひ立ちて　外《と》國《くに》人《びと》も羨まむ
剛健偉大の人となり　食《は》めども盡《つ》きぬ糧のあり
淸《きよ》らに澄みし水のあり　科学も愛に輝きて
人を生《い》かしめ世を救ふ　これ皆榮養の勳《いさをし》ぞ

主要食品の榮養上の價値と市價の比較

動物性蛋白質

品目	蛋白質ノ量ヨリ比較スレバ	市價	温量ヨリ比較スレバ	市價
牛肉最上（ヒレ）	二十五匁	四十五錢	二十五匁	四十五錢
牛肉並等	二十五匁	二十錢	二十五匁	二十錢
鶏肉	二十四匁餘	三十六錢	二十五匁弱	三十七錢
豚肉一等	三十六匁餘	三十三錢	十匁餘	九錢
豚肉三等	三十六匁餘	二十九錢	十匁餘	八錢
馬肉最上（ヒレ）	二十一匁餘	十錢	三十匁弱	十五錢
馬バラ肉	二十一匁弱	六錢	三十匁弱	九錢
牛小間切	三十三匁餘	十五錢	十匁弱	四錢五厘
豚小間切	五十四匁半	二十二錢	六匁餘	二錢五厘
馬小間切	二十七匁半	七錢	十匁餘	二錢五厘
牛臓物	二十八匁餘	七錢	二十六匁	六錢五厘
豚臓物	二十八匁餘	十四錢	二十五匁弱	十二錢五厘
生鯛	二十六匁餘	十三錢	三十六匁餘	十八錢
鹽鮭	十九匁弱	五錢五厘	二十四匁餘	七錢五厘
干鰯	七匁半	一錢七厘	九匁弱	二錢
鶏卵	三個	三十錢	一個半餘	十五錢
牛乳	三合一勺餘	三十一錢	一合	十錢

植物性蛋白質

品目	牛肉二十五匁ニ對シ蛋白質ノ量ヨリ比較スレバ	市價	温量ヨリ比較スレバ	市價
大豆	四勺半	一錢四厘	二勺半弱	八厘
豆腐	一個弱	四錢五厘	五十八匁	三錢五厘
納豆	二個半餘	十三錢	二個弱	九錢五厘
味噌	四十一匁餘	四錢一厘	二十一匁弱	二錢
豆粕	十二匁弱	四錢九毛	十匁半	四厘四毛
麩	九十二個	十八厘	六十六個	十三錢二厘
小豆	六勺餘	一錢八厘	三勺半餘	一錢一厘

抱水炭素

品目	蛋白質量ヨリ比較スレバ	市價	温量ヨリ比較スレバ	市價
米	一升	四十五錢	一升	四十五錢
裸麥（平麥）	一升四合四勺	三十一錢七厘	一升八合六勺	四十錢五厘
〃（押割麥）	一升二合五勺	二十六錢三厘	一升五合一勺	三十一錢八厘
〃（乾燥麥）	一升一合四勺	二十六錢三厘	一升三合六勺	三十一錢三厘
〃（並良）	一升一合四勺	二十六錢三厘	一升三合六勺	三十一錢三厘
〃（撰別）	一升五勺	二十四錢二厘	一升三合	二十九錢九厘
〃（丸麥）	八合五勺	二十一錢三厘	一升一勺	二十五錢三厘
小麥粉	一升一合八勺	二十一錢二厘	一升八合	三十二錢四厘
粟	一升一合五勺	三十八錢	一升一合三勺	三十六錢三厘
蕎麥粉	一升二合三勺	四十六錢一厘	一升一合九勺	四十五錢三厘
稗	一升五合二勺	四十五錢六厘	一升九合	五十七錢
玉蜀黍	九合九勺	二十四錢四厘	一升一合九勺	二十八錢一厘
黍	八合九勺	二十九錢四厘	一升二合一勺	三十九錢一厘
甘藷	一貫九百三十三匁	四十九錢一厘	一貫三十九匁	四十一錢八厘
馬鈴薯	三升九合七勺	七十七錢一厘	三升三合二勺	六十六錢五厘
小豆	三合二勺	九錢八厘	一升六勺	三十二錢

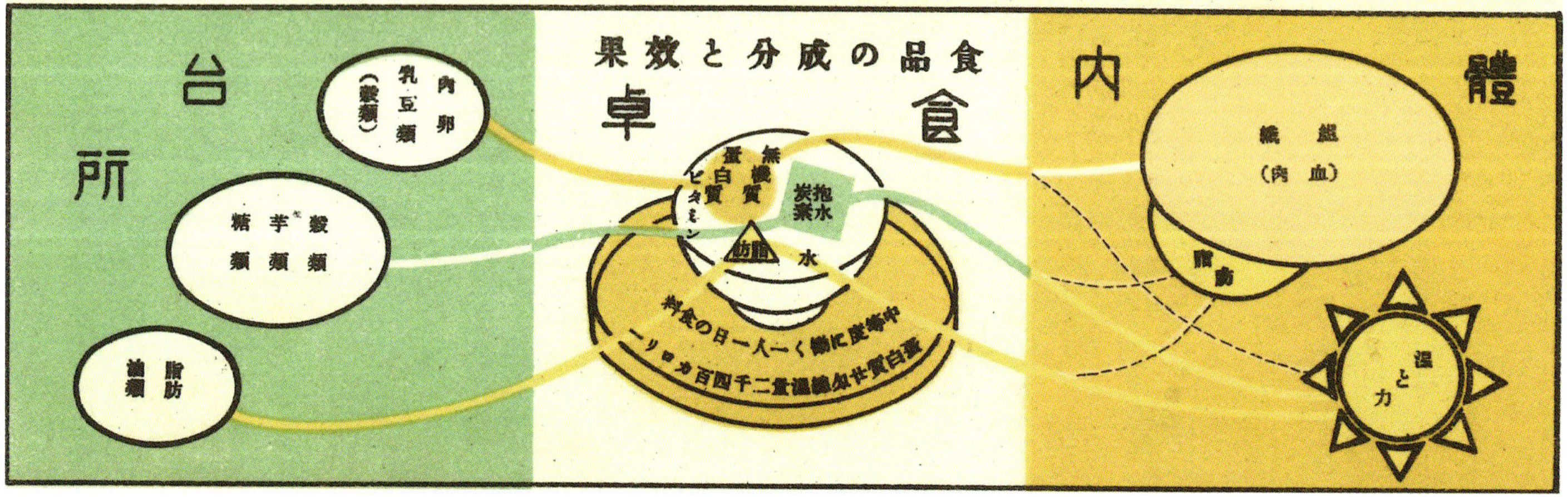

巻頭図解（一）

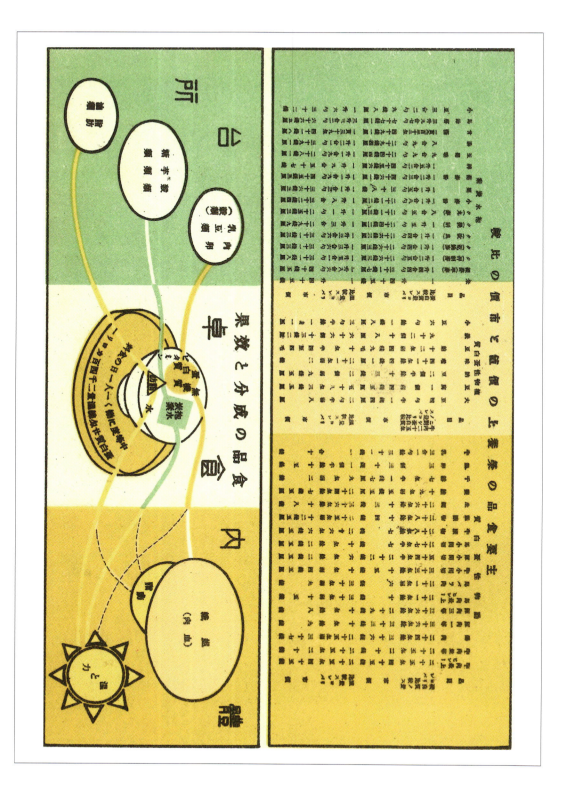

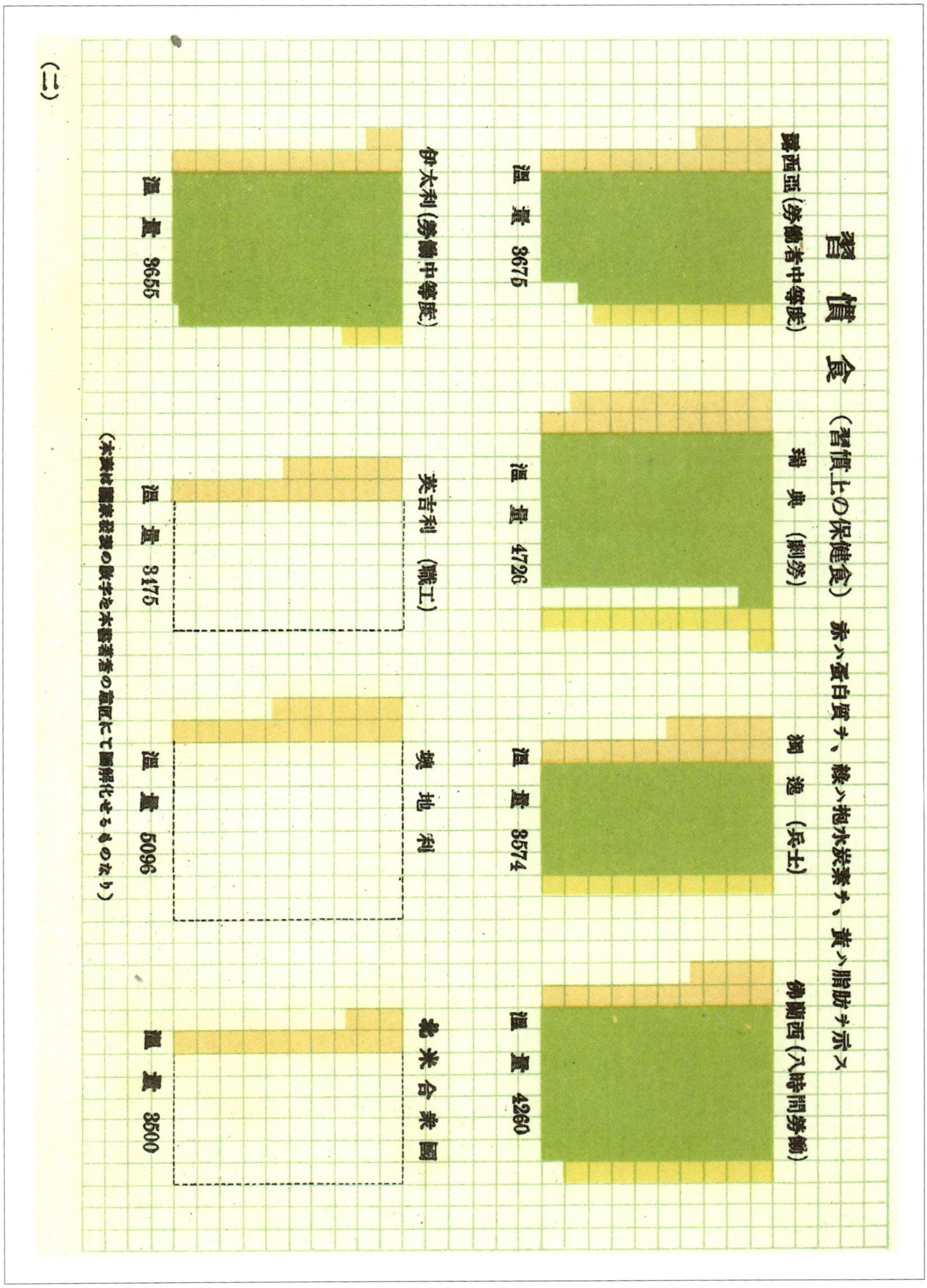

習慣食（習慣上の保健食）赤ハ蛋白質ヲ、緑ハ抱水炭素ヲ、黄ハ脂肪ヲ示ス
露西亞（勞働者中等度）
温量 3675
瑞典（劇勞）
温量 4726
獨逸（兵士）
温量 3574
佛蘭西（八時間勞働）
温量 4260
伊太利（勞働中等度）
温量 3655
英吉利（職工）
温量 3475
墺地利
温量 5096
北米合衆國
温量 3500
（本表は國家發表の數字を本書著者の意匠にて圖解化せるものなり）
（二）

巻頭図解（二）

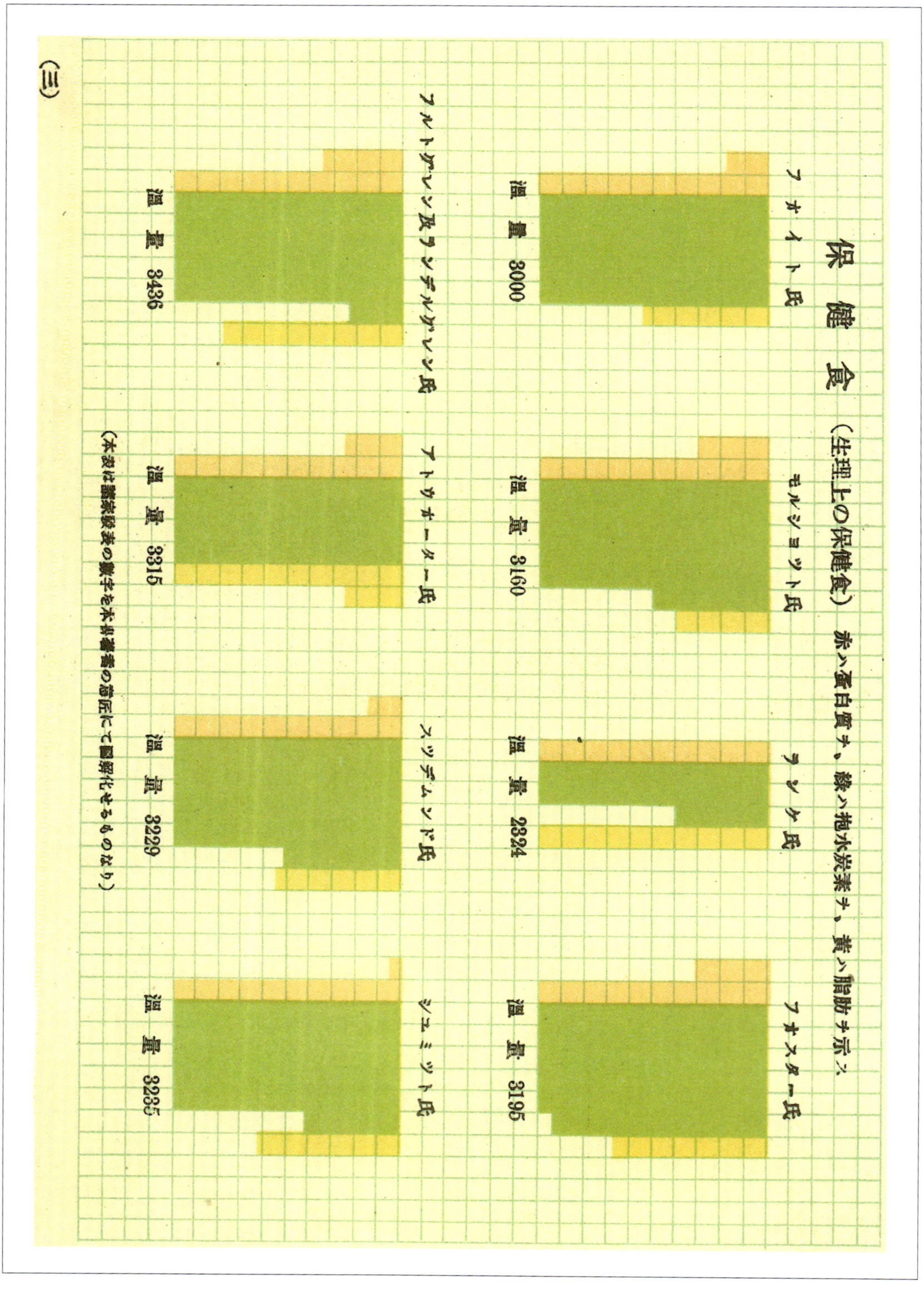
保健食（生理上の保健食）赤ハ蛋白質ヲ、緑ハ抱水炭素ヲ、黄ハ脂肪ヲ示ス
フオイト氏
温量 3000
モルシヨツト氏
温量 3160
ランケ氏
温量 2324
フオスター氏
温量 3195
フルトグレン及ランデルグレン氏
温量 3436
アトウオーター氏
温量 3315
スツデムンド氏
温量 3229
シユミツト氏
温量 3285
（本表は諸家試験表の数字を本書著者の意匠にて図解化せるものなり）
（三）

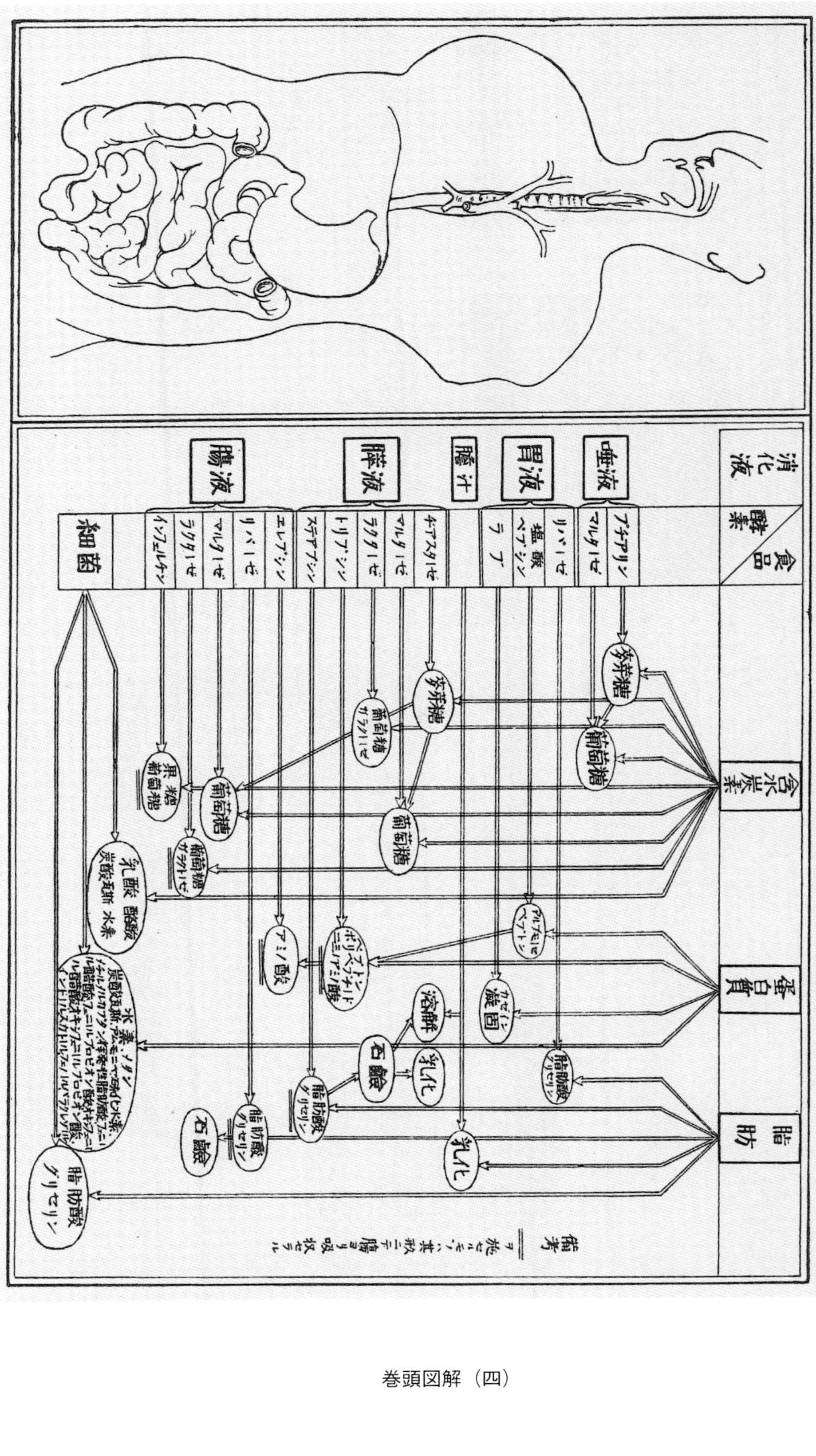
消化液
食品
酵素
含水炭素
蛋白質
脂肪
唾液
プチアリン
マルタ－ゼ
胃液
リパ－ゼ
塩酸
ペプシン
ラブ
膽汁
膵液
ヂアスタ－ゼ
マルタ－ゼ
ラクタ－ゼ
トリプシン
ステアプシン
腸液
エレプシン
リパ－ゼ
マルタ－ゼ
ラクタ－ゼ
インフェルチン
細菌
麦芽糖
葡萄糖
脂肪酸 グリセリン
アルブモ－ゼ ペプトン
カゼイン 凝固
乳化
麦芽糖
溶解
乳化
葡萄糖
石鹸
葡萄糖 ガラクト－ゼ
ペプトン ポリペプチド 二三ノアミノ酸
脂肪酸 グリセリン
アミノ酸
脂肪酸 グリセリン
葡萄糖
葡萄糖 ガラクト－ゼ
石鹸
果糖 葡萄糖
乳酸 酪酸 炭酸瓦斯 水素
水素、メタン 炭酸瓦斯、アムモニヤ、硫化水素、メチルメルカプタン、揮発性脂肪酸、フェニル醋酸、フェニルプロピオン酸、オキシフェニル醋酸、オキシフェニルプロピオン酸、インドール、スカトール、フェノール、パラクレゾール
脂肪酸 グリセリン
備考
＝ヲ施セルモノハ其形ニテ腸ヨリ吸収セラル

表解 化學的消化作用

圖解 化學的消化作用

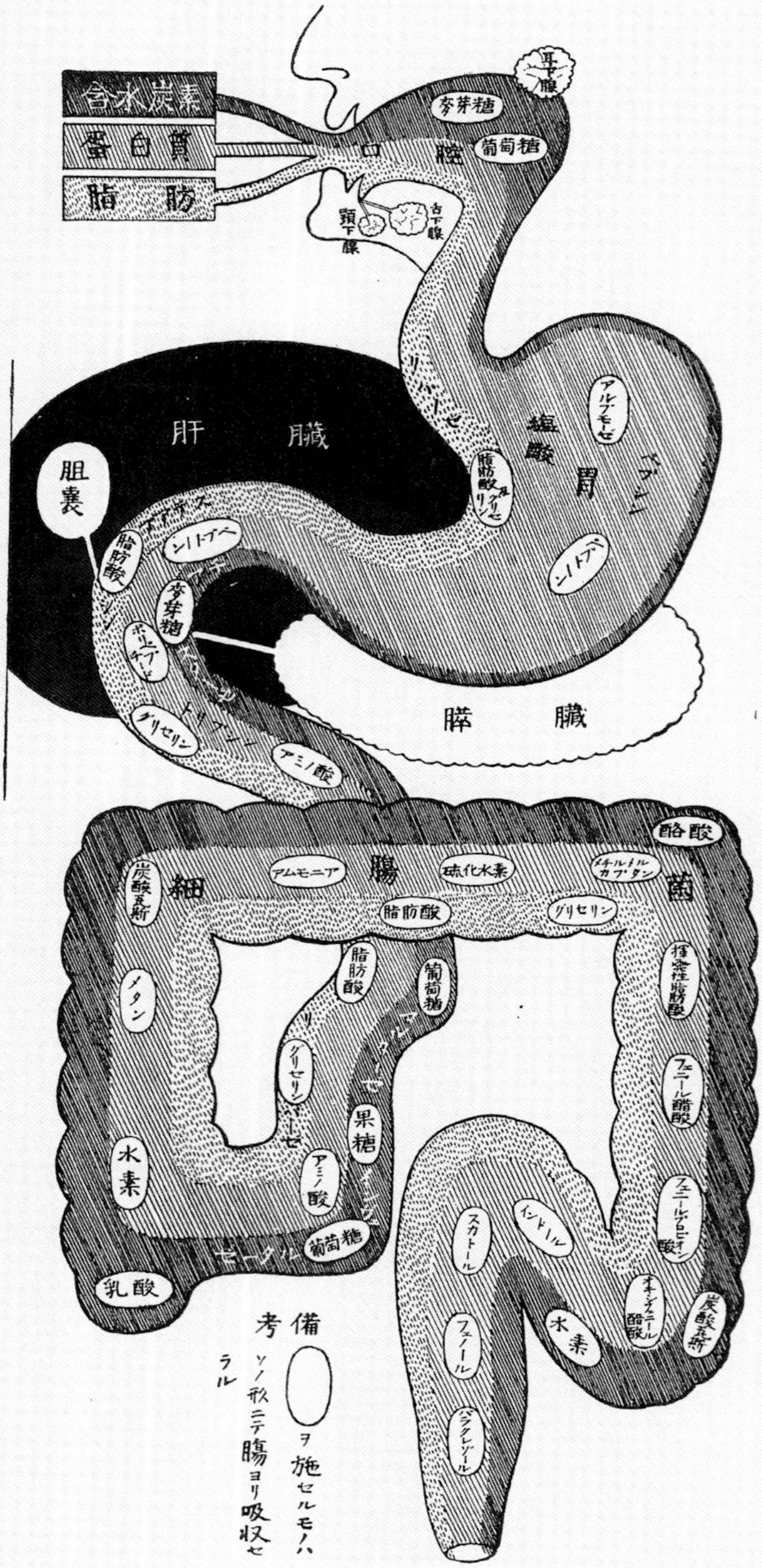

備考 ◯ヲ施セルモノハソノ形ニテ腸ヨリ吸収セラル

アミノ酸の結晶

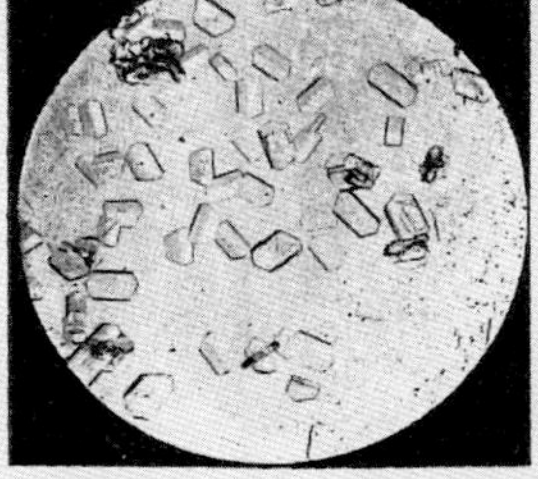
セリン

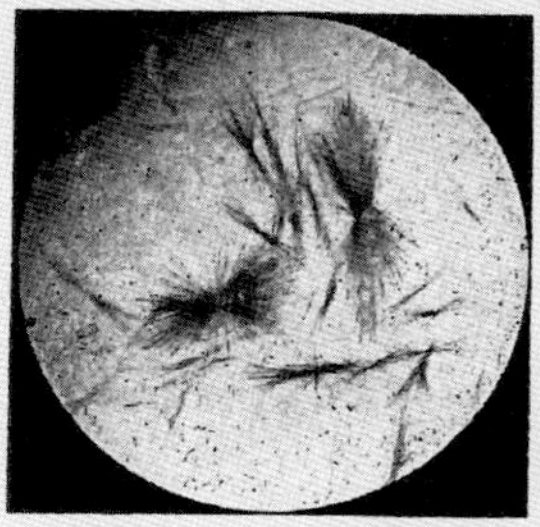
チロシン

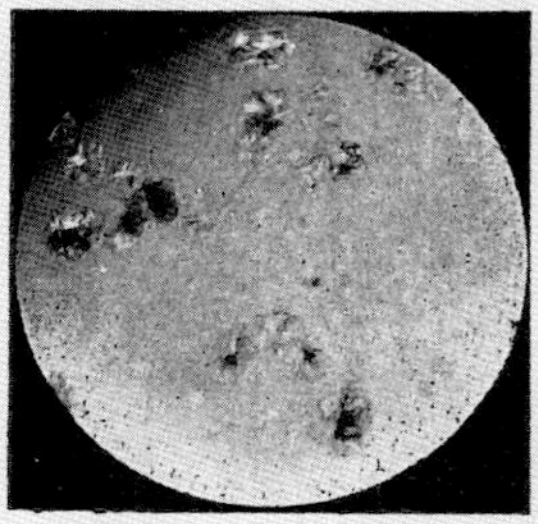
フェニールアラニン

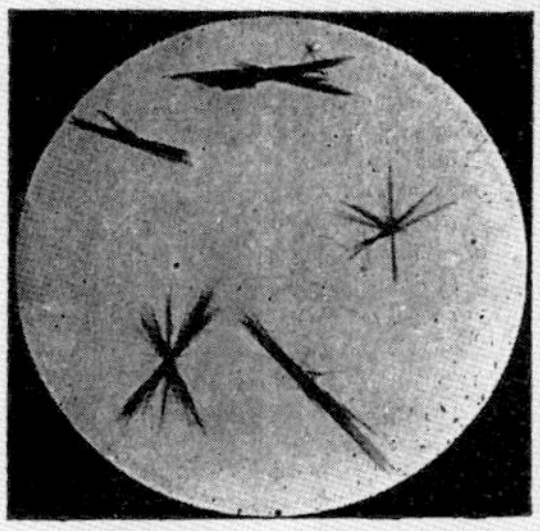
リジンピクラート

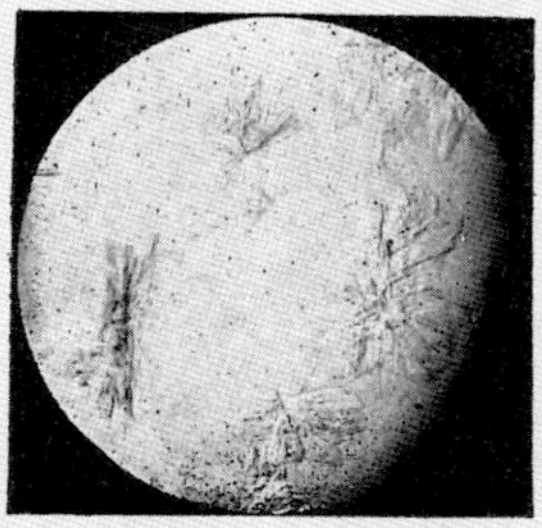
ロイチン

ヒスチヂンクロールヒドラート

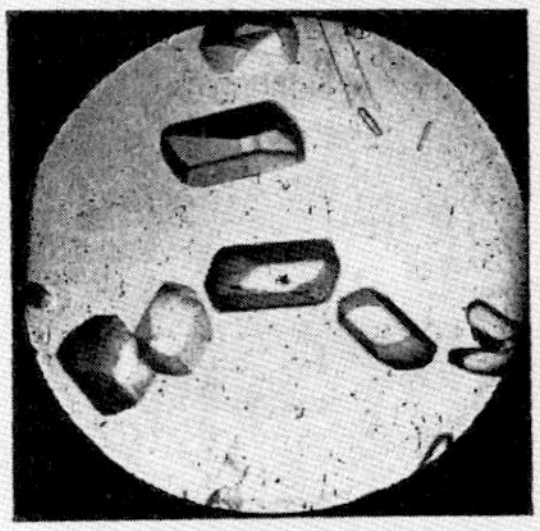
グリココル

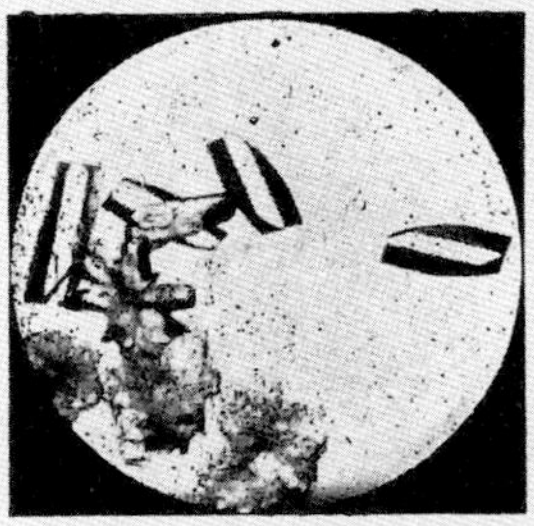
アスパラギン酸

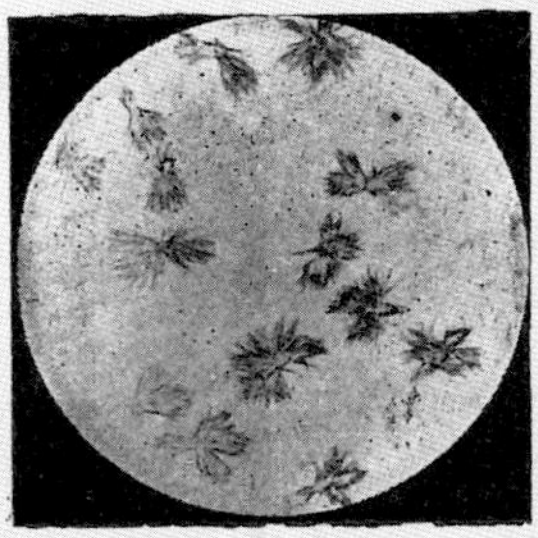
アルギニン銅鹽

アラニン

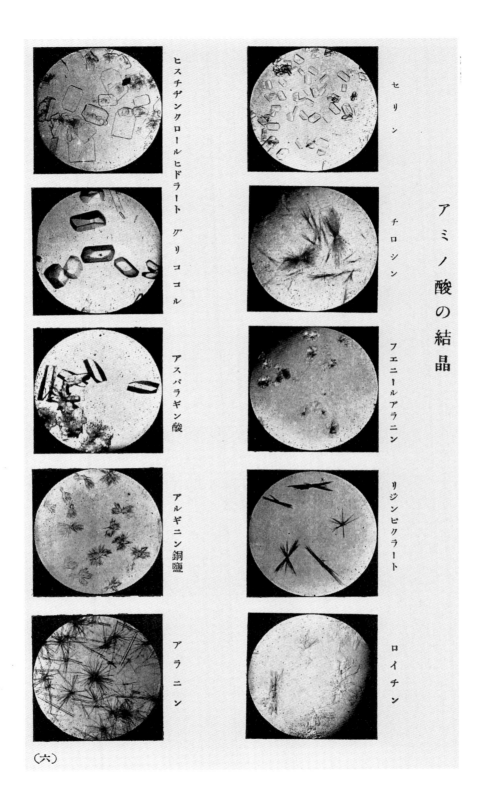

（七）

レスピラトリーカロリーメーター

（八）

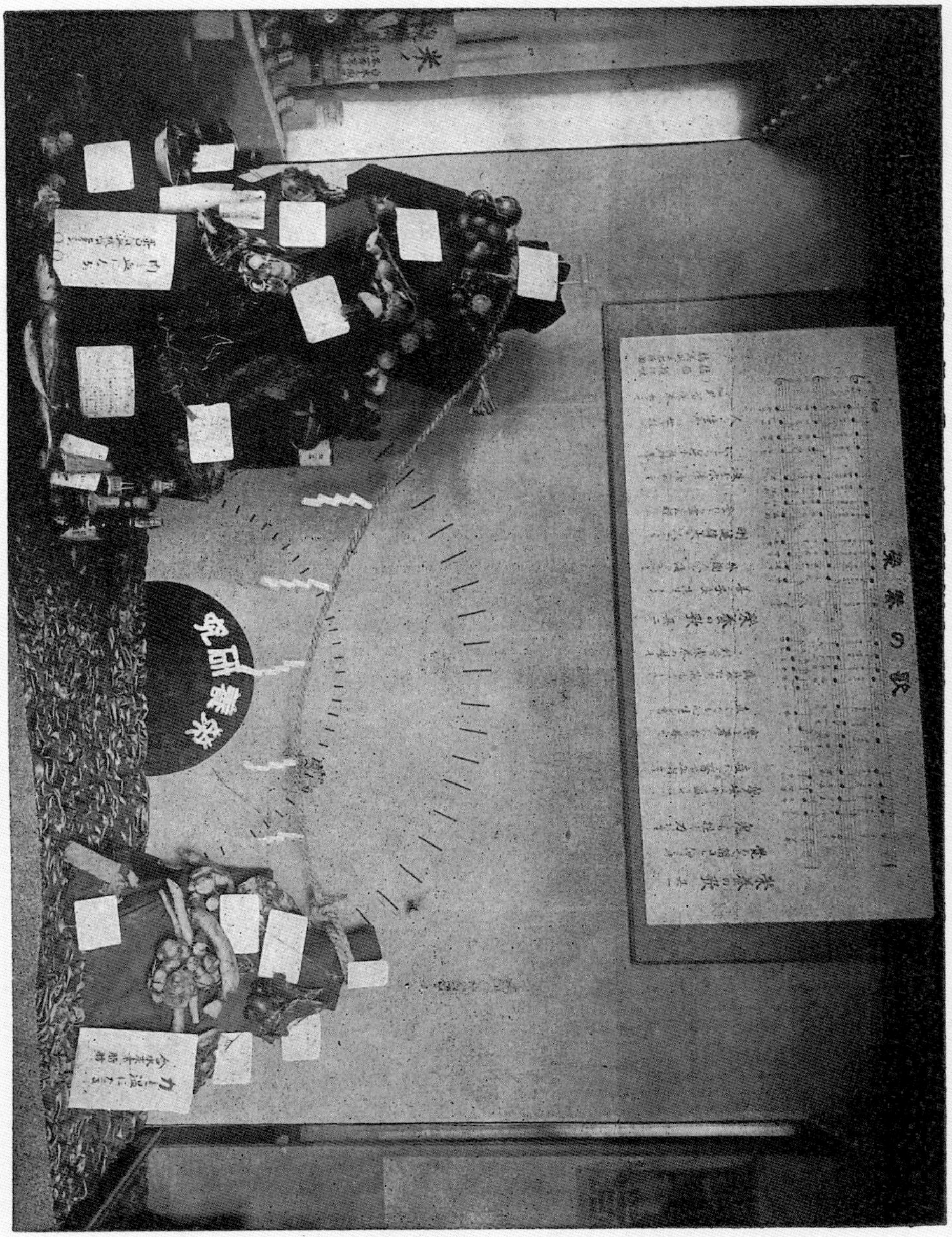

食品の効果と成分の使命

人造米

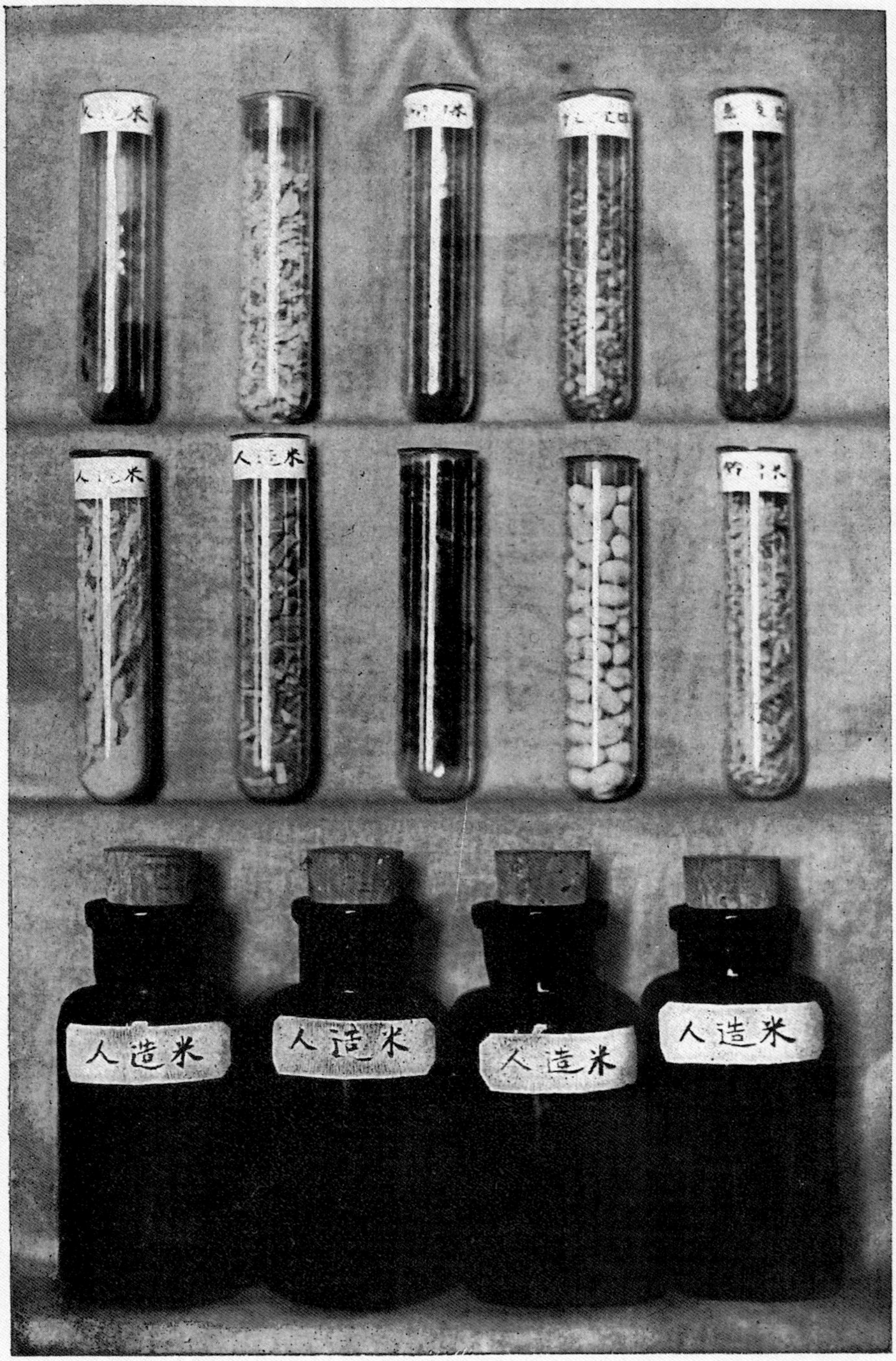

（九）

栄養

はじめに

二〇二四年は佐伯矩が世界で初めて栄養士を養成する栄養学校（一九二四年創立。「佐伯栄養学校」、「佐伯栄養専学校」名は後の名称）を創立してから、ちょうど百年になる。

佐伯矩著〝榮養〟は、その自序によれば「大正十五年十月国際聯盟交換教授として欧米出張が決定した日」とあり、学校創立二年後の西暦一九二六年に自身が留守中の生徒に向けて書いた著作物である。その頃、栄養学校で実際に行われていた佐伯博士の講義内容の要約が著述されている。以来何回かの改訂と版が重ねられ昭和五四年（一九八〇年）頃まで約五十三年間、同学校で生徒に成書として配本されていたことが判っている。生徒ならびに斯学の関係者にとって当時の佐伯博士の栄養学に対する深く熱い思いを知る上で貴重な資料・教材になっていた。おそらく「榮養」を冠した著作物としては世界で初めてのものと考えられる。

ここに佐伯栄養専門学校創立百年の記念事業の一つとして、この〝榮養〟を将来に亘って残し伝えるため、また現代訳として読み易くする目的で原著復刻版と現代語訳を兼ねまた対照できる形での書籍を出版することになった。

ちなみに訳者の用いた〝榮養〟のテキストの奥付には昭和四十八年（一九七三年）三月二十五日印刷とあり、昭和五四年頃まで使われたとすれば、生徒に配本されたほぼ最後の印刷本と考えられる。今から五十一年前のものとなる。

本書を読んでいただくに当って以下の点を念頭におかれたい。

①原著原文はゴジック体の文字で強調し枠線で囲ってある。いくつかの章に区切り、それに対応する現代語訳を明朝体の文章

で付した。②原著にはふりがなはほとんど振られてれないが原著にも直接触れて欲しいとの考えから読み易くするために本書では原著にはふりがなを振ってある。このふりがなに関して原著のひらがなの地文が歴史的仮名遣いとなっていることから地の文章との整合性を考慮してふりがなも歴史的仮名遣いとした。また③歴史的仮名遣いの文章では、「・・・であった。」「思った」などの小さい「っ」は使用していない。したがって原著は全て大きい「つ」となっている。④漢字については出来るだけ原著に近い旧字体を使用したが一部旧字体に変換出来ない漢字があったのでその点はご了承いただきたい。加えて⑤原著での漢字の送り仮名の不統一、旧漢字体と現代使用の漢字の混用（例として「獻と献」、「効と效」、「竝と並」、「收と収」他に「々と〻」など）が見られるが、原著に従った。⑥現代語訳では読みや易くするため原著で長文の個所は文章を二ないし三分割してある。それに伴い接続詞の省略もしてある。⑦活字の明らかな誤植（例として便泌「秘」の誤まり）と欠字・不明瞭な印字については原文のままとした。⑧解説・説明が必要な個所については「訳註」（訳者註の略）に番号を付して後のページにまとめ記載してある。⑨現在ほとんど使用されなくなった文中の熟語、漢字の読み、意味についても整理して記載した。

二〇二三年四月吉日　〝榮養〟の復刻・現代語訳　片山一男 記す

自序

眞《しん》に研鑽《けんさん》と工夫を積みつつある間は本は書けぬものであると私は思ふ。何となれば本を書くことは斯道《しだう》の學識經驗に就《つ》いての當座《たうざ》の決算を意味せねばならぬからである。故に私は自分に今日尚《なほ》本を書く氣分の萠《きざ》さないといふことが、否々《いないな》本を書くことに太《はなは》だしく臆病であるといふことが、私には私の學問開拓上の欲望のまだまだ枯渇するに至つてないといふ證左《しようさ》であるとして心に之《これ》を喜ぶ。

從《したがつ》て茲《ここ》に刊行する一冊は、私は之《これ》を敢《あへ》て本とは呼ぶまい。唯《ただ》、今度急に私が外遊の途《と》に上ることとなつたので、私の留守中の榮養學校の生徒の爲《た》めに、平素講述するところを最簡約《さいくわんやく》に記述し、諸生をして其《そ》の據《よ》るところを知らしめむとするに止《とど》まる。

榮養學校は最も進歩したる榮養學上の知識を日常生活の實際問題に結び付けて、明確に之《これ》を學修せしむるところである。

それにしても何といふあはただしさであらう。寝食の時をも奪はれ例へむ様なく繁忙なるが中に、只管《ただひたすら》印刷の工程を急ぎては、讀《よ》み返しも校正も元より意に任せず、文章の「である」とあつたり「なり」とあつたりするのをすら、訂《ただ》す暇のない位である。

讀者《どくしや》よ！　同好の士よ！　榮養に覺醒《くわくせい》せる先達者《せんだつしや》たる愛する吾《わ》が校の生徒よ！　私は更に今一つ、それは、他日此《この》一冊を私が、一片の影をだも止めず地中に燒捨《やきす》てて仕舞ひたい——と痛感する時の有るかも知れぬといふことを諒《りやう》として置かれたいと附け加へる。それほど此《こ》の記述の中には私の「我觀《がくわん》」が入つて居《を》り、それに對《たい》して重い責任を感ずると共に、此の「我観《がくわん》」の間断《かんだん》なき成長を私は信ずるのである。

大正十五年十月國際聯盟《こくさいれんめい》交換教授として歐米《おうべい》出張決定したるの日。

佐　伯　矩　識《しるす》

改訂版に序す

本書を改訂するに方《あた》りこれを必要巳《のみ》を得ざる部分に止《とど》めたり。蓋《けだ》し本書創刊時の創意を保存せむことを欲したればなり。

本書記述するところ漸《やうや》く世に布《し》き、老幼となく皆、榮養の片言隻句《へんげんせきく》を口にして、敢《あへ》て疑はざるに至れり。特に食政篇の全項が既《すで》に現に實際《じつさい》生活上に着々具體化《ぐたいくわ》せらるるを見るは極めて欣快《きんくわい》に堪《た》へず。

本書所載の原著的發表《はつぴやう》亦《もまた》幸にして優秀なる學者の贊同を以《もつ》て迎へらる。

されど、眞《しん》に榮養の本義に徹底し正しき榮養知見の普《あまね》く認識せらるるには尚《なほ》前途《ぜんと》遼遠《りやうえん》、一層《いつそう》斯道《しだう》推進の要を痛感せずんばあらざるなり。乃《すなは》ち本書の說きて足らざる所は近く別に一書を刊行して之《これ》を補はむことを期す。

昭和十七年吉月吉日

著　者　識《しるす》

目次

緒論

註　漢数字は原著の頁数　（　）内数字は本書の頁数を示す

天　養理篇

地　調理篇

人　食政篇

附

卷頭圖解《くわんとうづかい》

榮養の歌。食物の効果及び主要食品の榮養上の價値《かち》と市價《しか》の比較。習慣食。保健食。表解化學的消化作用。圖解《づかい》化學的消化作用。アミノ酸の結晶。レスピラトリーカロリメーター。食品の効果と成分の使命。人造米。

卷末表

天然蛋白質及其の變性物。天然抱水炭素。天然油脂を構成する主要脂肪酸。アルカリ過剰食品と酸過剰食品。各種食品中のビタミン含有量比較表。各種食品中ノ無機質含有表。食品分析表。

目次　了

榮養

佐伯矩 著

緒論

食物と食物の變遷《へんせん》

勞作によりて空腹を招き飲食によりて疲勞を醫《いや》す、其《そ》の理活動は身體《しんたい》の諸成分を消費し之《これ》が補給を專《もつぱ》ら飲食に待つが故である。

生活を還元すれば食物に歸《き》する。卽《すなは》ち生命の實在《じつざい》は各種の生活現象によりて生物各個がその存立を自から證明《しようめい》するからであり、各種の生活現象は食物から供給せらるる一切の榮養分の活躍そのものの反映に他ならぬからである。

「生命食に在り」といふことは、而《しか》して、單《ひと》り生物の生後に於ける絶對原則であるばかりか、早く既に生物の生前からの嚴肅なる眞實《しんじつ》である。此理《このり》必修を期す可《べ》きが故に、其《そ》の動物の卵たると植物の種子たるとを問はず、苟《いやしく》も世に生を享くるものに在りてはその生命の育成に有用なる諸材料の不斷《ふだん》に準備せられていない例《ためし》が無い。卽《すなは》ち卵の胚點《はいてん》（俗に謂《い》ふ眼）と云ひ、種子の胚子（發《はつ》して芽となる）と云ひ、そは孰《いづ》れもその生物各個が獨占《どくせん》し得る最上のもの卽《すなは》ち生物第二世であつて、それを圍繞《ゐぜう》する他の全部分は、器械的保護の用に任ぜられたる殻皮を除くの外、專《もつぱ》ら榮養の目的を以《もつ》て特製包藏《はうざう》せられたものなのである。加之《しかのみならず》一同が見ると可《よ》い。何の驚異ぞ自然の周到なる用意は、更に本能的智慧を生物

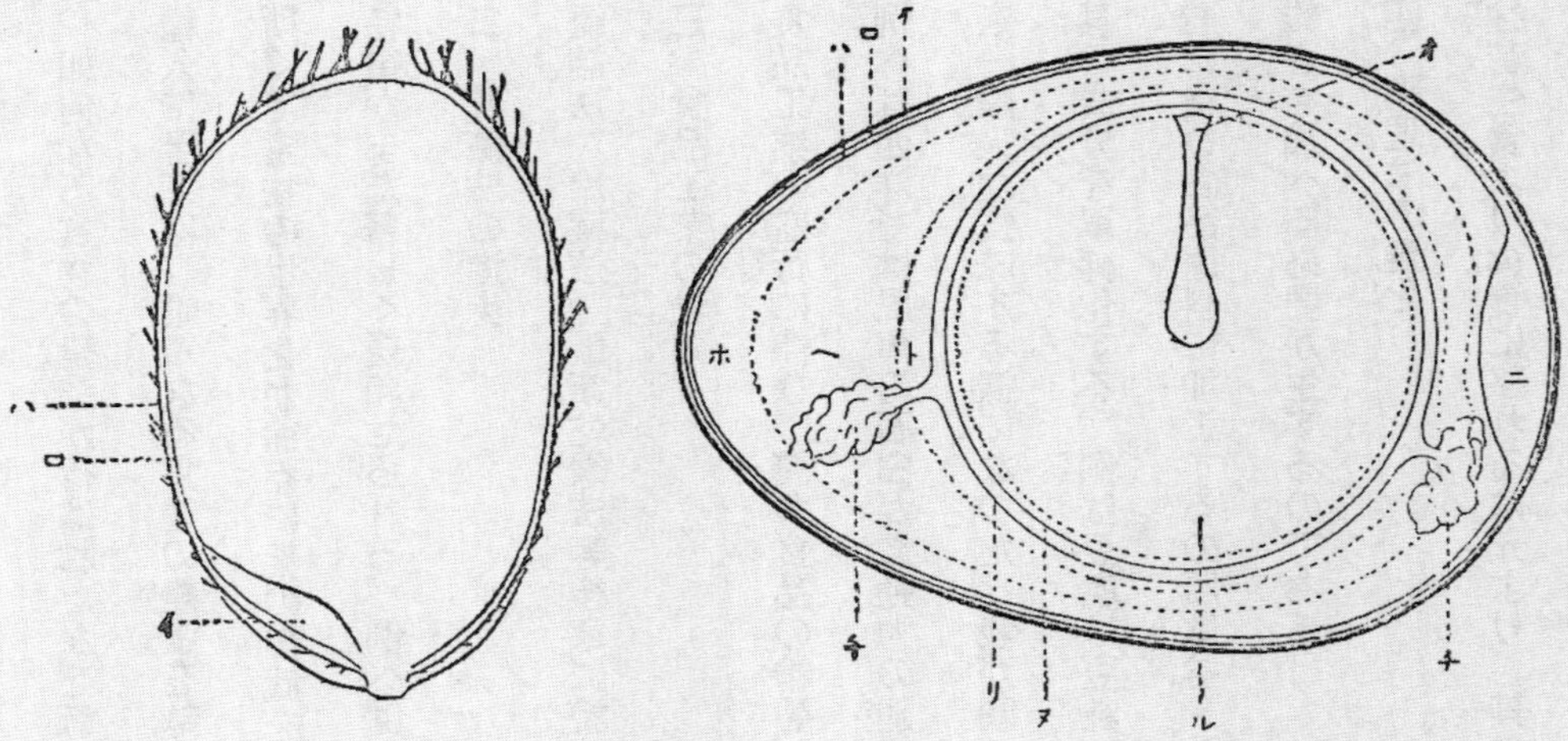

米　　　　　　　　鳥卵

イ胚子　ロ米穀粒(玄米)　　イ卵殼　ロ外卵殼膜　ハ内卵殼膜
ハ籾殼(モミガラ)　　ニ氣房　ホヘト卵白(外中内三層)　チ卵帶
リ卵帶膜　ヌ卵黄膜　ル卵黄(黄色球層・白色球・白色球心)　オ胚點

に賦與《ふよ》して、卵生には其《そ》の產床が常に食物本位に選擇《せんたく》せられ、胎生には早くから母體《ぼたい》に榮養本位の變化《へんか》が現出せられる。否々《いないな》、最近の調査研究※一ではモツト溯《さかのぼ》つて、受胎の能力から胎兒《たいじ》の性別、將《ま》た產兒《さんじ》の强弱の決定に至る迄も、母體《ぼたい》の榮養が最大の關係を示すといふ事實《じじつ》が確められて來た。

食物及《および》飲料は、之《これ》が攝取《せつしゆ》の目的・用途及《および》運命を一つにするが故に、榮養講話の上には暫《しばら》く簡約して兩者を併せ、これを食物として取扱ふても差支ないのである。

斯《か》くて食物は之《これ》を一日も忽《ゆるがせ》にすることの出來ぬのは明《あきら》かであるが、而《しか》も吾々《われわれ》の食物は祖先《そせん》以來決して一定不變《ふへん》のものではなかつた。卽《すなは》ち歷史と共に食物が次第に變遷《へんせん》するのを常とする。かゝる變遷《へんせん》の理由に關して、嘗《かつ》て私は、初めて之《これ》に左の分類を試みた。卽《すなは》ち

第一、交通※二の發達《はつたつ》。

遠く海外に例を求めずとも、眼の直《たゞ》前なる吾人《ごじん》の邦土、其所《そこ》には食糧貧しく吾人《ごじん》の主食品、今日の所謂《いはゆる》五穀の一

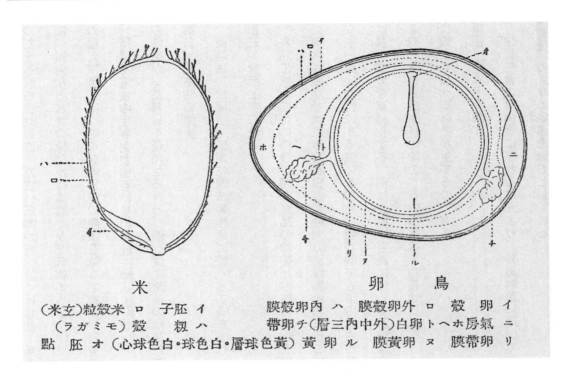

つだをも有《も》ち合せなかつた古代日本から、近くは甘藷・馬鈴薯・南蠻黍《なんばんきび》・メリケン粉・外國米の舶來によりて日常生活に、如何《いか》なる食物の變遷《へんせん》が行はれたかを考察すると良い。而《しか》して豆腐・納豆・醬油・パン・乳製品等種々なる加工食品の輸入に至ては、唯《ただ》單なる食物の變遷《へんせん》を越へて產業や經濟の上に迄も、直接の大なる影響を與《あた》へて居る。斯《か》くて食物の世界化が徐々にその歩武《ほぶ》を進めると共に、冷熱・濕乾《しつかん》・「時ならざれば食はず」といふ食物の季節の上の特徴がまた著しく緩和せられる。例《たと》へば臺灣《たいわん》產の幼筍《えうじゆん》と茄子を以《もつ》て吾が新年食を飾るを得るが如し。

第二、貯藏法の進步。

罐詰法《かんづめはふ》・冷藏法・最新乾燥法等後章に說くところあるべし。

第三、食品工業の勃興。

食品工業の盛行《せいかう》に伴ひ、諸多食品の精製と形質の變化《へんか》を齎《もた》らす。例《たと》へば西洋では風車の石臼が電動力の廻轉《くわいてん》製粉機に代つてから、日用の小麥粉《こむぎこ》が雪白《せつぱく》となり、白パンと軟《やはら》かなプチングを一般人が賞味する様になつた。我が國でも米の精白が既《すで》に所謂《いはゆる》白米病を誘發《いうはつ》する迄になつて居る。凡《すべ》て食品の精製は其《そ》の成分を單純化する。例《たとへ》ば豆腐は豆乳に比して澱粉は穀粉に比して其《そ》の榮養價《か》が減少するものである。併《しか》し文化の進むに從ひ食品原料に加工するの風は益〻《ますます》助長せられる。そして其《そ》の成分亡失《ばうしつ》の缺陷《けつかん》を補ふ爲め食品配合の上に一定の複雜さを加へる必要が生ずるのである。

第四、調理法の變化《へんくわ》。

往昔《わうじやく》生食より火食《くわしよく》に移れるは元より、其《そ》の熱源に就《つ》いて之《これ》を見るも木材・石炭・瓦斯《ガス》・電氣に及び今後恐らくは無火調理法の大なる發達《はつたつ》を見むとして居る。

其《そ》の他各國の調理法が交互に影響を與《あた》ふることは言ふ迄も無い。殊に原料の相違はまた必然的に調理法の改變《かいへん》を餘儀《よぎ》なくせしめる。例《たと》へば熱帯米が其質《そのしつ》乾固《かんこ》脆弱《ぜいじやく》にして、これを油炙《ゆあぶ》りにするか雜色飯《ざつしよくめし》にするを好適とするが如く、又冷藏魚が普通魚とは異なる食用法を選擇《せんたく》すべきが如くである。

第五、食器の進化。

東洋より新《あらた》に※三ホークの輸入せらるゝまで歐洲にては、英國女王と雖《いへど》も皆手指を以《もつ》て、直接肉片を挾《はさ》みつゝ之《これ》を食した。ホーク・ナイフを用ふると箸を用ふるとは調理法が別でなければならぬ。單《ひと》りホークと箸のみならず、凡《すべ》て食器の大小形狀は元より木・竹・陶・鑛《あらかね》其《そ》の食器の製材の異なるに從《したが》つて、それぞれこれに適當《てきたう》する食物の別を生ず可《べ》きはまた自然である。

第六、經濟組織の推移。

個人の臺所《だいどころ》より共同庖厨《ばうちゆう》への趨勢漸《やうや》く顯著《けんちよ》なるを加へる。公衆食堂亦《また》發達《はつたつ》する。

第七、時間と空間との尊重。

調理及《および》食事に費す時間と空間の節約である。要は簡易を主とせざるを得ざるが爲《た》め、※四昆布・大豆・椎茸を取り合はせ、文火《ぶんくわ》に煮出して作る味附法など世に廢《すた》り。又ブレキフハスト、フードなど牛乳を掛け砂糖を加へて直ちに用ひらるる手輕の食事が重寶視《ちようほうし》さる。

第八、嗜好の變化《へんくわ》。

嗜好は絶對的《ぜつたいてき》のものでは無い。方便によつて變動《へんどう》し易く、又教育の可能性が大である。故に嗜好に因《よ》る食物の變化《へんくわ》は甚だ顯著《けんちよ》である。

嗜好はこれを無視してはならぬと共にこれを放任せず、その善導※五に不断《ふだん》の努力を懈《おこた》つてはならぬのである。

第九、食物の流行。

食物には流行があつて、その或者《あるもの》は残り、その或者《あるもの》は浮雲の如くに過ぎ去る。著明な一例は我が國に於ける牛乳の愛用である。王朝の時代既《すで》に大《おほい》に之《これ》を尊重し、中頃一旦之《これ》を忘却《ばうきやく》し、今日再び其《そ》の流行を競ふが類《たぐひ》である。日本に多く産する鰯を下級の魚類として輕蔑し又之《これ》を肥料に用ひながら、歐洲より盛《さかん》に「サージン」を輸入して珍重したるが如きも之《これ》である。

而《しか》して上に列擧《れつきよ》した九ケ條の避くべからざる食物變遷《へんせん》の理由の他に

第十、榮養上の價値《かち》。

といふことが常に、最重大な理由として附け加へて置かれねばならぬといふ主張を、畢生《ひつせい》の努力の下《もと》に私は今闘《たたか》ひつゝあるのである。

食物の眞《しん》の目的の何であるかは、食物窮乏《きゆうばう》の場合最も良く之《これ》を解明し得らるるに拘はらず、平素は此點《このてん》が全然閑却《かんきやく》され勝ちであるのは實《じつ》に不可思議な程である。

左《さ》はあれ私は敢《あへ》て、玆《ここ》に、天災・飢饉《ききん》・戰役《せんえき》などに於ける國と人との食の苦艱《くかん》の様《さま》を說ひて、徒《いたづ》らにそは非常時なりとの反抗感を買はむよりは寧《むし》ろ徐《おもむろ》に、興味ある生物學上の一小實驗《じつけん》を掲げ、之《これ》を介して以《もつ》て人をして造化の妙機《めうき》に感激反省する所あらしむるの得策さを思ふものである。乃《すな》はち題材としてアミーバを選《えら》む。

最も單純なる動物を代表するアミーバは只一個の細胞より成り、水中に浮游《ふいう》して生活して居る。今それを取《とり》て顯微鏡《けんびきやう》

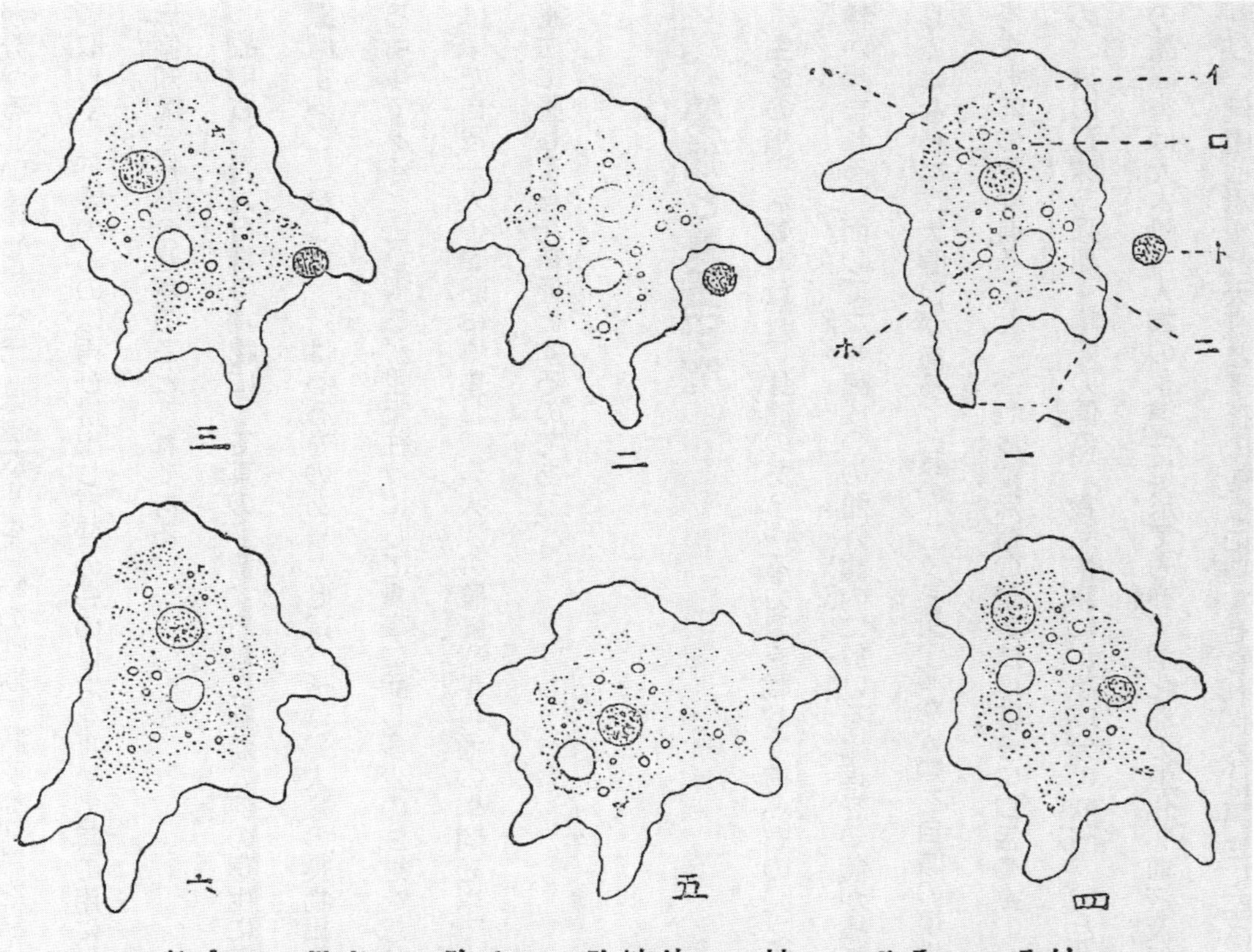

イ外肉　ロ内肉　ハ核　ニ伸縮胞　ホ空胞　ヘ虚足　ト食物

下《か》に照《てら》し、之《これ》に微細なる炭末《たんまつ》又は朱粉《しゆふん》の一粒を與《あた》ふれば、アミーバはその身體《しんたい》の形狀を變化《へんか》して突起を出し伸縮し、所謂《いわゆる》アミーバ狀運動を起して此《この》小粒を包圍《はうゐ》し、遂には一旦之《これ》を體内《たいない》に攝取《せつしゆ》すると雖《いへど》も、やがてそれが榮養上無用のものなることを知るや、再び之《これ》を體外《たいがい》に排出する。之《これ》に反し、炭末《たんまつ》又は朱粉《しゆふん》に代ふるに脂肪の一小滴を以《もつ》てする時は、アミーバは前回《ぜんくわい》同樣に之《これ》を體内《たいない》に攝《と》り入れ、やがて此《この》小滴の上に分解・消化・同化の作用が完成せられるを目撃するのである。

此《この》一小事實《じじつ》から吾人《ごじん》は、二つの重要なる事項を學ぶことが出來る。即《すなは》ち（一）はアミーバの如き單簡《たんかん》なる生物に在つては、全身・全體《ぜんたい》表面を以《もつ》て其《そ》の榮養分攝取《せつしゆ》の用に供して居る。以《もつ》て如何に榮養の重視されたるか

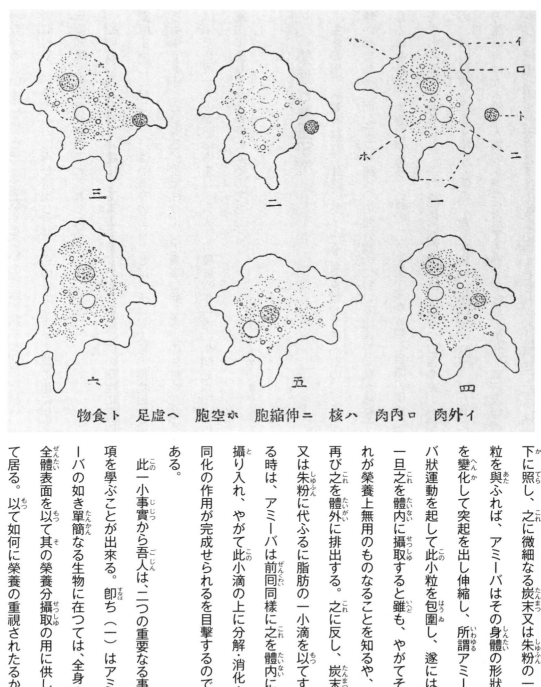

が分かるといふこと。（二）は攝取《せつしゆ》する食物の性狀に關する知識を缺《か》き、その何者たるを問はず兎《と》に角一應之《かくいちおうこれ》を體内《たいない》に攝取《せつしゆ》して、不要のものは再び排出し有要のものは之《これ》を止《とど》めて其《そ》の用に供するといふこと、卽《すなは》ち攝取《せつしゆ》する食物に就《つ》いての豫備《よび》知識を持ち合せざることこれである。

故にもし吾人《ごじん》日常の食物にして其《そ》の變遷《へんせん》するところが、何の理由に基因するを問はず、苟《いや》しくも榮養上の價値如何《かちいかん》を顧慮することなしに、行はるるものありとせば、そは、人類の食物攝取法《せつしゆはう》を將《ひ》ひてアミーバの原始的生活の儘《まま》に遺棄する所以《ゆえん》であると言ひ得る。世上《せじやう》往々にして食事に關し多少の注意を怠らざるもの亦《また》なきにしもあらずと雖《いへど》も、惜むらくは單《た》だ自己一人の體驗《たいけん》に偏重し、素人流の臆斷《おくだん》や半可通《はんかつう》の學問を以て之《これ》に臨むが故に、結局、牽强附會《けんけうふかい》、有害無益の榮※六養法に墮《おと》し了《おは》るを普通とするのである。

榮養と榮養研究

生命の糧、活動の資料、身體《しんたい》のあらゆる力源《りきげん》を載せて荷《にな》ふもの、之《これ》を用ひて生命が構成せられる。之《これ》を用ひて生活機《き》轉《てん》が營まれる。而《しか》して之等《これら》諸成分の體外體内《たいぐわいたいない》に於ける攝理《せつり》を榮養が擔任《たんにん》する。榮養を實際《じつさい》に行ふに當《あた》り、人の必ず看過《かんくわ》してはならぬ二大眼目がある。（其《そ》の一）食事不適が人類を自滅の境地に導く所以《ゆえん》を知りて之《こ》れが根本を戒愼《かいしん》するの途《みち》を求むるの要が有ること。これ放縱無智《はうじゆうむち》の榮養法は徒《いたづ》らに口舌の欲、外觀の美、其《そ》の他有害なる各種の誘惑に耽溺《たんでき》せしめ、其《そ》の香味の强烈、嗜好の偏倚《へんい》、食品精製による成分の缺陷《けつかん》、時と共に其《そ》の著しきを加へる。將《ひ》ひて一時性の榮養上の諸障害は元より、人類の永遠性に於ても亦《また》、消化器の退化・血液及《および》組織の惡質弛頽《あくしつしたい》、終《つひ》には身體羸弱《しんたいるいじやく》・未熟早老《みじゆくさうらう》咸《み》な到り、健康と思想と天壽と子孫の竝《なら》びに殘害《ざんがい》せられざるは莫《な》きに至るは必然であるからである。（其《そ》の二）時代に順應する合理的榮養法を發見《はつけん》することが必ず可能なるを忘る可《べ》からざること。やがて殼を破らむとする雛の卵に於ける、既《すで》に呱々《ここ》の聲《こゑ》を擧《あ》げる仔の乳汁に於ける、そは幼き者の生活に、弱き者の成長に、其《そ》の狀態に、其《そ》の時期に、是非の論議を許さざるまでに適切なる最善榮養法を示すに足る實物教範《じつぶつけうはん》に他ならざるを思へば、活動の成年者にも、老熟の高齢者にも、はた各種各様の生活様式の充實にも、それぞれ正しくして全効を奏す可《べ》き吾人《ごじん》の榮養法の、いかでか完成せられぬといふ道理があらろう。

斯《か》くして當然《たうぜん》榮養の研究の必要が肯定せられるのである。左に掲ぐるは先年國立榮養研究所開所式行はれたるの日、私が草《さう》して之《これ》を印刷に附し來會者《らいくわいしや》に贈呈《ぞうてい》し、以《もつ》て我が國榮養研究の必要なる所以《ゆえん》を説明したるものであつて、上述榮養研究の二大眼目をも亦其《またそ》の中に麹括する。

榮養研究の必要

榮養研究の必要なるは我國に於て亦漸《またやうや》く一般の認むる所となりたるも、之《これ》が國家社會及《こくくわしやくわいおよび》民族經綸《けいりん》の上に最大緊喫《きんきつ》なる所以《ゆえん》に至《いた》ては未だ充分世に理解されざるやの憾《かん》無しとせず。茲《ここ》に榮養研究所開所式を擧《あ》ぐるに當《あた》り重ねて榮養研究の必要なる理由の要旨を陳《の》ぶ。

一、生物學上の必要。

個體《こたい》の生活現象の保障は榮養に在り。

二、社會《しやくわい》政策上の必要。

（イ）生活費中食費は其《そ》の大部を占め、收入少き者は其《そ》の率愈〻《りついよいよ》高きを加ふ。

(ロ) 衣食住中食の改善は比較的簡單且《かつ》的確にして生活安定の基礎を爲《た》す。

(ハ) 勞働に關する諸問題（時間・賃金・休養・疲勞・能率等）の對策亦《たいさくまた》榮養問題の解決に俟《ま》たざるべからず。

(ニ) 思想問題亦然《またしか》り。

(ホ) 我國に於ける全死亡原因中後天性のものに在りては下痢及《および》腸炎其《そ》の最高に居る、以《もつ》て榮養問題の重きをなす所以《ゆえん》を示す。

(ヘ) 近來乳兒《きんらいにゆうじ》・幼兒《えうじ》の死亡率增加し人口增加率を遞減《ていげん》す、而《しか》して之《これ》概《おほむ》ね榮養不適の結果なりとす。

(ト) 我國今や世界一の結核國を以《もつ》て目《もく》せらる、而《しか》して之《こ》れ主として榮養不適其《そ》の因《いん》をなす。

三、食糧政策上の必要。

(イ) 食糧政策上の國是を定めざるべからず。而《しか》して我國の食糧は自給自足に力《つと》め、その足らざるところは平和なる國際的處理《しより》に待たねばならぬ。

(ロ) 各食品の榮養能率を增進するの工夫を要す。

(ハ) 標準食（保健食）を定めざるべからす。

四、體格體質《たいかくたいしつ》改善上の必要。

(イ) 我國民の體格《たいかく》を强健《きやうけん》にすると共に體質《たいしつ》を改善し以《もつ》て能率を增進するの策は榮養問題の解決に據《よ》らざるべからず。

(ロ) 發育《はついく》期に於ける榮養問題は特に攻究《こうきう》を要す、榮養と發育《はついく》との關係に就《つい》ては先進國に於ては單に學術上の研究に止《とどま》らず之《これ》が實際上《じつさいじやう》の施設亦既《またすで》に甚《はなは》だ見るべきものあり。

五、療病上《れうびやうじやう》の必要。

榮養學は保健上の榮養學と療病上《れうびやうじやう》の榮養學に區別し、療病上の榮養學は更に之《これ》を一般榮養療法（卽一般强壯法《すなはちいつぱんきやうさうはふ》）と特種榮養療法（卽《すなはち》新陳代謝變換法《へんくわんはふ》）に二別するを得べし。

六、科學の精華としての必要。

榮養學の發達《はつたつ》に依《よ》りて其《そ》の國科學の進歩の度を卜知《ぼくち》すべし。

榮養研究の歴史

榮養のことは人が何か知つて居る様で何も知つて居ない。何も知つて居ない様で何か知つて居る。それほどこの問題の範圍《はんゐ》が廣汎《くわうはん》であると共に、吾人《ごじん》の生活と密接な關係に在る。

吾等《われら》が食品の第一位とする米に就《つ》いて之《これ》を觀るも、世界に於ける稻《いね》の原産地が未だに不明であり、其《そ》の野生の原種も亦發見《またはつけん》せらるるに至らざるところから考へると、稻《いね》の起源はよほど古いものに違ひはない。從《したが》つて稻《いね》を栽培して主食となす民族の歴史は、世界でも最も誇らしいものに違ひない。

大和民族の歴史は實《じつ》に米を以《もつ》て初まつた。そして今日に至るも尙《なほ》米が中心である。畏《おそれおお》くも皇祖《くわうそ》天照大神《あまてらすおおみかみ》、皇孫に下《くだ》し給《たま》へる「以吾高天原所御齊庭之穂亦當御於吾兒」の御勅《おんちよく》と共に瑞穂《みづほ》の國を肇《はじ》めさせ、その範《はん》を示されて此方《このかた》、國民の榮養のことは、何時《いつ》の代にも、政治、經濟竝《ならび》に生活上の重要な實際《じつさい》問題であつたのである。殊に四方が海に圍《かこ》まれた島國ではあり、長い歴史を有し、凶作や兵亂《へいらん》に出合ふたことも度々《たびたび》で、乃《すな》はち經驗によつて食品の範圍《はんゐ》も中々擴大《くわくだい》せられ、種々の工夫も出來《でき》た。

それは諸外國と同じ様に、榮養の學術的方面よりも主として實際《じつさい》問題、卽《すなは》ち食品の貯藏や加工や新食品の輸移入など、食糧經濟の方面に容易ならぬ苦心が重ねられたものである。

　而《しか》して西洋では既《すで》に最古のヒポクラテス時代から食餌《しよくじ》療法なるものが實在《じつざい》し、又東洋でも夙《つと》に、二千餘《よ》年も前から、食養《しよくやう》といふことが或《あるひ》は攝生法《せつせいはふ》として或《あるひ》は療法として一般に傳《つた》へられた。併《しか》し、今日の様に榮養のことを科學的に取扱ふことを知つたのは比較的近代のことで、十六世紀に於ける血液循環の發見《はつけん》殊に十八世紀末葉《まつえふ》に於ける後に述べるラボアジーの學説に初まるといふて良い。其《そ》の後輩出せる幾多の學者によりて斯學《しがく》の急速なる進歩を見たが、我が國でも、眞《しん》に學術的に榮養問題を論ずる様になつたのは矢張《やはり》極めて最近のことで、即《すなは》ち維新後西洋文明の輸入されてからである。元より當初《たうしよ》は尙甚《なほはなは》だ幼稚なものであつて、醫藥《いやく》學者や農學者が僅《わづ》かに其《そ》の興趣《きようしゆ》の向ふところに部分的の研究を試みたり、又素人がほんの思い付きを非學術的に獨斷《どくだん》唱導するに過ぎなかつたのである。でも此間《このかん》に日本の最初の生理學者大澤謙二博士が數種日本食品の消化吸收率の試驗をしたり、田原良純博士が衛生試驗所で食品の科學的分析を行ふたり、森林太郎博士や高木兼寛博士の兵食の改善、隅川宗雄博士と其《そ》の門下及《およ》び特に鈴木梅太郎博士と其《そ》の門下の研究など、後世に傳《つた》ふ可《べ》き幾多の業績が遺された。それにしても、その研究の様式に至《いた》つては概《おほむ》ね先進國の爲すところを其《そ》の儘《まま》移植したものに過ぎなかつたのは勿論、之《これ》を專門に攻究《こうきう》して、一生を此《この》問題の解決に終始しやうといふ人は嘗《かつ》て無かつたのである。私が榮養研究所設立當時《たうじ》、大澤博士でさへ榮養研究所のことは最早何等《もはやなんら》の興味をも有《も》たぬからとて其《そ》の講習證書授與《しようしよじゆよ》式に臨席を斷《こと》はられ、又國立榮養研究所開所式場來賓中最有力なる一科學者が此《この》研究所設立の不必要を演說して喝采を博された位である。

　何と云つても日本では、榮養研究が獨立《どくりつ》の事業として一歩を蹈《ふ》み出したのは、芝金杉川口町に生れた榮養研究所であつたのである。そして其所《そこ》では榮養の綜合的研究といふ世界に例のない試みが初めて採用せられたのである。それから五年を經て、朝野の識者の協力は國立榮養研究所の實現《じつげん》を見るに至らしめた。此《この》國立榮養研究所の分課規程の示すところと竝《ならび》にその組織が完成したる曉には、榮養研究と云ふ題目に關して一般の觀念が、今日よりも餘《よ》程《ほど》改變《かいへん》且《か》つ進展せしめられずには措《お》かぬことゝ信ずる。何となれば我が國立研究所の分課規程は、歐米先進國の諸學者亦《もまた》太《はなは》だ張目嘆美《ちやうもくたんび》するところであるからである。

榮養研究所分課規程※七

基礎研究部

一、化學分析に關する事項

一、新陳代謝試驗に關する事項

一、◑生理及《および》病理に關する事項

一、細菌に關する事項

一、●物理に關する事項

應用《おうよう》研究部

一、食糧品に關する事項

甲　天然食品（水產品救荒《きうくわう》品を含む）

乙　加工食品

●丙　試　培

一、經濟榮養に關する事項

一、　貯藏配給に關する事項
一、●調理及《および》食器に關する事項
一、●小兒《せうに》榮養に關する事項
一、●廢物《はいぶつ》利用に關する事項

調査部

一、　調査、統計、史料に關する事項
一、　講習、展覽《てんらん》、宣傳《せんでん》に關する事項

庶務部

一、　人事及《および》文書其《そ》の他各部に屬《ぞく》せざる事項
一、　調度《てうど》會計《くわいけい》に關する事項

部長は所長之《これ》を命ず

●印は未設置◑は一部設置の分。
此他《このほか》附屬《ふぞく》工場と附屬醫院《ふぞくいいん》の必要がある。私立時代の榮養研究所にはそれが併置されて居た。

榮養研究の新様式

想到《さうたう》もし一度《ひとたび》せば、榮養問題が其《そ》の範圍《はんゐ》の廣汎《くわうはん》なるは今更の如く、誰人と雖《いへど》も、之《ここ》に喫驚《きつきやう》を禁ずる能《あた》はざるところであるが、私の提言は從來の狹義にして斷片的であつた榮養研究を、新なる様式に於て、次《つい》の如くに統一せられた一つ

の大系の下《もと》に、之《これ》を確立しようといふのである。即《すなは》ち飲食物に就《つ》いて其《そ》の生理上の要求に應《おう》ずる消費法・其《そ》の經濟上の生産に適する消費法・其《そ》の社會《しやくわい》上の義理に叶《くわな》へる消費法の三者を結合・融和し且《かつ》合理化せしむるにある。

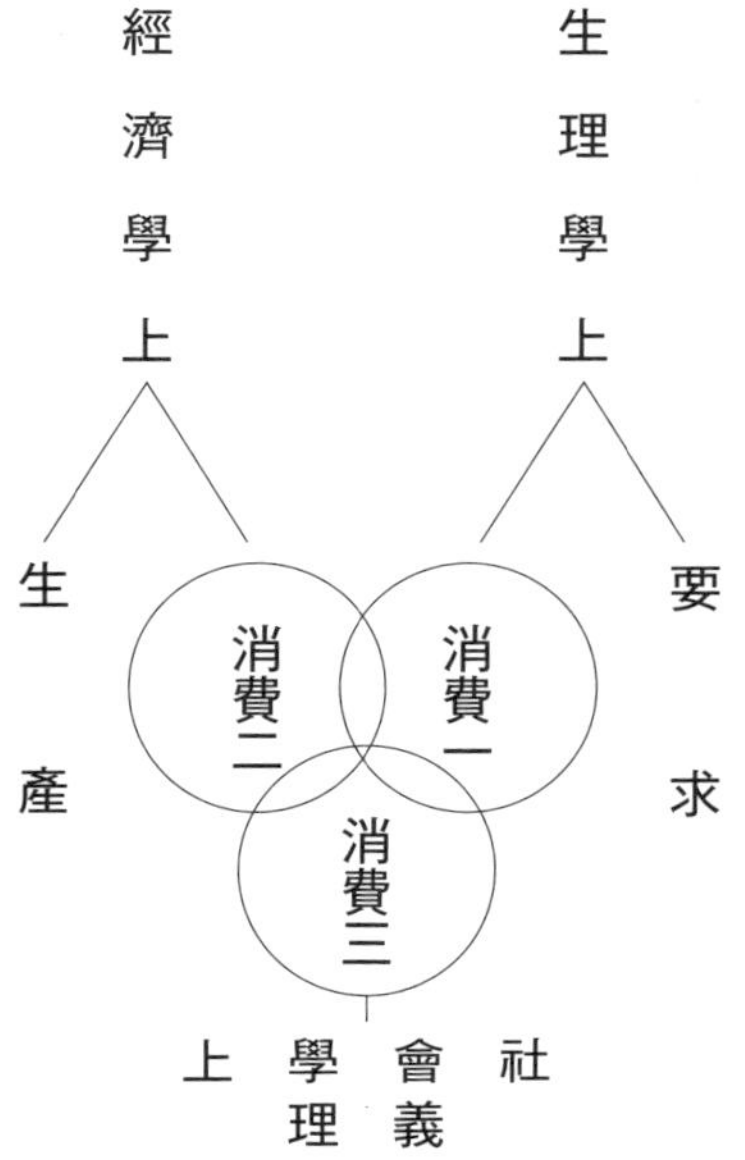

消費一は健康の泉源であり
消費二は經濟の根本であり
消費三は道德の基礎である。

而《しか》して以上三個の消費が互に齟齬背馳《そごはいち》することなく、一個となりて、三輪正しく相重《あひかさ》なり合ふところに榮養研究の目的は置かる可《べ》きものであるといふのである。

茲《ここ》に榮養學を講述するに方《あた》り、私は卑見《ひけん》に基《もとつ》きこれを三篇に分ち、即《すなは》ち（天）養理篇、（地）調理篇、（人）食政篇と命名する。又附篇《ふへん》として別に註釋篇《ちゆうしやくへん》を加へて置く。

天　養理篇

生活現象と榮養分

最高の生物と考へらるる吾人《ごじん》も、母體《ぼたい》内に於ける發程《はつてい》は一個の單なる細胞に過ぎぬのである。一個の細胞から秩序整然として增殖發育《はついく》し、遂に複雜にして完全なる成體《せいたい》となる。これを（一）成長といふ。

精神的竝《ならび》に肉體《にくたい》的活動は吾人《ごじん》に賦與《ふよ》せられたる特權《とつけん》の最大なるものである。之《これ》によりて具體化《ぐたいか》したる固有の力と勢力を發輝《はつき》する。之《これ》を（二）勞作といふ。而《しか》して人類は人類の勞作を以《もつ》て初めて其《そ》の存在を崇高にする。

勞作によりて身體《しんたい》組織の成分に消耗を來すべきは元よりその處《ところ》にして、斷《た》えず之《これ》が復舊《ふくきう》を計らねばならぬ。これを（三）補修といふ。

身體《しんたい》の包擁《はうやう》する諸器管・諸機能は適當《てきたう》の溫度に於てのみその健康と能率を保證《ほしよう》せられる。即《すなは》ち吾人《ごじん》は生ける限り一定の溫度を保持するの要がある。これを（四）體溫《たいおん》といふ。

壽命《じゆみやう》あり、乃《すな》はち其《そ》の代を換へて尚《なほ》生存を續《つづ》ける。これを（五）種の保存と云ふ。而《しか》して代を換ゆることによりて吾人《ごじん》の改造及《および》創造の最上なるものが行はれる。

曰《いは》く成長、曰《いは》く勞作、曰《いは》く補修、曰《いは》く體溫《たいおん》、曰《いは》く種の保存、此等《これら》身體《しんたい》諸機能によりて營まるゝ生活現象のすべては、皆吾人《ごじん》が體外《たいぐわい》より一定物質を攝取《せつしゆ》して之《これ》を消費し、之《これ》を利用することによりて達成せらるゝものであつて、斯《か》くの如く體外《たいぐわい》の物質を攝取且《せつしゆかつ》利用する複雜なる機能を稱《しよう》して榮養と云ふのである。故に榮養なくして生活現象なし、即《すなは》ち榮養なくして生命なし。

榮養の字義たる、榮《さかえ》であり養《やしなひ》である。榮と養と孰《いづ》れも共に榮養機能を意味し、今兩者を重複してその意味を强めて用ふるに過ぎざるのみ。或《あるひ》は之《これ》を榮生養命《えいせいやうめい》と解して可《よ》い。

故に榮養研究の基礎は、一面人體《じんたい》の要求に關する研究調査と一面飲食物の性狀に關する研究調査とが、竝行且交叉《へいかうかつかうさ》して相互共立《さうごきようりつ》する所に之《これ》を求む可《べ》きである。

榮養分と物質及《および》勢力不滅の原則

身體《しんたい》の榮養を行ふが爲めに任ずる物質を榮養分又は榮養素といふ。食品は榮養素より、食物は食品より成る。

榮養分卽《すなは》ち榮養的物質には元より種々ありて、その各種を混和調合して食物を作るのであるが、要するにそれが少くとも身體《しんたい》を構成する諸成分のすべてを匏括せざるべからざるは云ふ迄もない。故に之《これ》を化學的元素の上から數ふれば窒素（N）・炭素（C）・水素（H）・酸素（O）・カリウム（K）・ナトリウム（Na）・カルシウム（Ca）・マグネシウム（Mg）・硫黄（S）・燐（P）・鐵《てつ》（Fe）・鹽素《えんそ》（Cl）・沃度《ヨード》（I）・弗素《フツソ》（F）・硅素（Si）・満俺《マンガン》（Mn）・銅（Cu）等を擧《あ》げねばならぬ。その中にも自《おのずか》ら輕重大小があつて、卽《すなは》ち窒素と炭素がその兩横綱の座を占めて居る。而《しか》して此等《これら》の物質が身體《しんたい》内では何《いづ》れも複雜な化合物の狀態で存在し、遊離して存在するのは唯《ただ》少量の酸素及《および》窒素に過ぎぬと共に、食物中に在りて榮養分となり得るにも、必ず一定の形態を具《そな》へねばならぬといふ條件《でうけん》が附帶されて居り、例《たと》へば單に窒素なりとて空氣中の窒素やアンモニアや尿素などが人體《じんたい》の榮養分となることは不可能であり、又齊《ひと》しく炭素ながら炭や金剛石や炭酸瓦斯《ガス》などが人體《じんたい》の榮養分となることは不可能である。卽《すなは》ち窒素は蛋白質の形に於て、炭素は抱水炭素及《および》脂肪の形に於てのみ人體《じんたい》の榮養分となり得るものである。

此等《これら》榮養分中最も重要視さるる三者を特に三大榮養素と稱《とな》へられて來た。故に獻立を作るに當《あた》りても此《こ》の三大榮養素を標準にして之《これ》を考慮し、又一國の食糧政策を確立するにも此の三大榮養素を主眼として計算するのである。而《しか》して此《これ》等《ら》の三大榮養素は何《いづ》れも後《のち》に云ふカロリー原となり得るものにして、卽《すなは》ち日光の力を享くる植物が其《そ》の葉綠部並《ならび》に其《そ》の他の部分に於て集成・造出するところに係り、人類はそれを直接植物より、若《も》しくは動物を通じて奪取《だつしゅ》食用するのである。

而《しか》して人類の食用したる此等《これら》複雜にして大形《たいけい》の分子より成る諸成分が、人體《じんたい》內に於て利用消費せらるゝにはそれ等のものが酸化せられて溫と力を發生《はっせい》するに在るのである。而《しか》してその最終分解產物として炭酸瓦斯《ガス》（CO_2）・水（H_2O）・アンモニア（NH_3）・尿素（U^{+}）・尿酸（U^{-}）等の小碎片《せうさいへん》となる。就中《なかんづく》炭素性分解產物卽《すなは》ち炭酸瓦斯《ガス》は之《これ》を呼氣中に、窒素性分解產物・アムモニア・尿素・尿酸等は主として尿中に排泄せられる。

排泄せられた所謂老廢分《いはゆるらうはいぶん》は或《あるひ》は炭酸瓦斯《ガス》・水の如く直接植物の需用するところとなるか、或《あるひ》はアムモニア・尿素・尿酸の如く一たび細菌の作用を受けて亞硝酸・硝酸に化《くわ》するの後《の》ち吸收せられて植物の養分となる。

斯《か》くて生物を通じて玆《ここ》に成分が循環し因果が應報《おうはう》する。卽《すなは》ち自然界には人類を中心として細菌の大群をも麭括したる動植物の共同生活が營まれ、其《そ》の共榮共存の事相《じさう》から、所謂《いはゆる》物質の不滅の原則が公演せられ、此等物質《これらぶつしつ》に搭乘して溫となり力となり千變萬化《せんぺんばんくわ》する勢力轉化《てんくわ》の妙諦《めうてい》、所謂《いはゆる》勢力不滅の原則が又立證《りつしよう》せらるるのである。而《しか》してそれと同時に動物界殊に吾人《ごじん》の生活現象は※八酸化現象を主體《しゆたい》とするものであると云ふことが分かる。

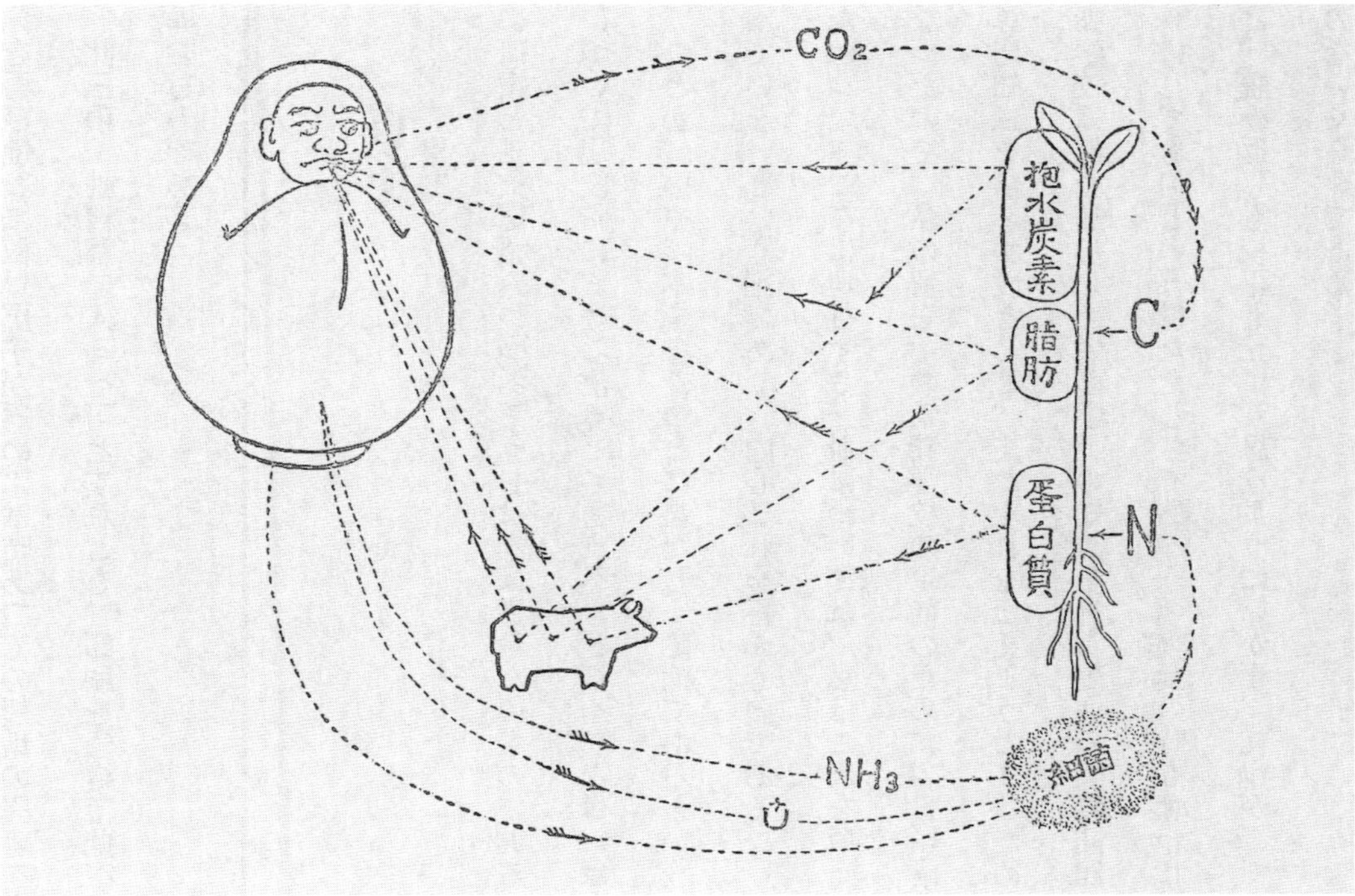

一、斯《こ》の成分の循環が太陽光線の力に籍《たよ》らねばならぬといふ事實《じじつ》から、日輪禮拜《にちりんらいはい》は一大科學的思想であり、光明歸依《くわうみやうきえ》は天地人《てんちじん》を融合する高遠なる識見の發露《はつろ》であることを知る。而《しか》して榮養學の教ふるところは同時に哲學であり、又宗教であると云ひ得る。

二、榮養と光線との密接なる關係に就《つ》いては、近時又新なる一生面の展開せらるるを見る。所謂《いはゆる》 Photo-Nutrition と稱《しよう》するもの之《これ》である。例《たと》へば日光に曝露した食品が佝僂病《くるびやう》の發生《はつせい》を防ぐに有効であり、又光線を吸收せしめた食品を攝《と》れる動物が、何物かを其《そ》の體表《たいへう》から放射して、同棲する他の動物にも併せて好影響を與《あた》ふるが如きである。

三、地上に循環する成分が動物界から植物界に復歸《ふつき》する時、其《そ》の性狀の細分子にして且概《かつおほむ》ね水に溶解性であることも亦《また》注目す可《べ》きである。水は低きに就《つ》きまた蒸散す。海水益々鹹《しほ》を加へ、地殼表在の成分は陸から海へと晝夜《ちうや》を分たず運ばれる。其《そ》の失はれたる成分を再び地表に取り戻すが爲めには時あつての殼地の異變《いへん》をも亦《また》認めねばならぬことになる。
此《この》三項、註釋篇《ちゅうしゃくへん》に入るを可《か》とすれども、印刷を急ぎて此《この》ページに餘白《よはく》を生じたるにより、假《かり》に今埋草《うめくさ》として茲《ここ》に之《これ》を挿《はさ》むものである。

自序

真に研鑽と工夫を積みつつあるうちは本は書けないものであると私は思っている。何故ならば本を書くことは、この道の学識経験について現段階における決算とも言うべき総括をしなければならないからである。故に私は自分に今日なお本を書く気が起きないことが、いや、本を書くことに甚だしく臆病であるということが、私にとって私の学問開拓上の欲望がまだまだ枯渇するに至っていないという証であり、内心これを喜ぶものである。

したがって、ここに刊行する一冊については、私はこれを敢えて本と呼ぶことはしない。ただこの度、急に外国に出張することとなったので、私の留守中の栄養学校の生徒のために、日頃講義で話しているところをなるべく簡単にまとめて記述し、生徒らの専門知識を学ぶ手段として、またそれを伝えようとするためだけのものである。

栄養学校は最も進歩した栄養学上の知識を日常生活の実際問題に結びつけて、明確に学修させようというところである。

それにしても何という慌ただしさであろう。寝食の時も奪われ、たとえようのない繁忙の中に、ただひたすら印刷の工程を急いでは、読み返しも校正も元より思うようにいかず、文章が「である」となっていたり「なり」となっていたりするのすら、直す暇のないくらいである。

読者よ！　志を同じくする人たちよ！　栄養に目覚めたリーダーたらんとする愛するわが校の生徒らよ！　さらに今一つ付け加えたいことがある。それは、将来、この一冊を私が、一片の形も止めず地中に焼き捨ててしまいたいと痛感する時があるかも知れないことを了解しておかれたい。それほどこの記述の中には私の「我観」が入っており、それに対して重い責任を感じている。また同時に、この「我観」の間断なき成長を私は信じるのである。

大正十五年十月国際連盟交換教授として欧米出張が決定した日。

佐　伯　矩識

改訂版に序す

本書を改訂するにあたり、訂正の必要部分のみに止めた。それは、まさしく本書創刊時の創意を保存することを望んだからである。

本書で記述していることがようやく世に広まり、老人、子供だけでなく皆が、栄養についてのちょっとした言葉を口にして敢えて疑うことがなくなった。特に食政篇の全部の項目がすでに、現実として実際生活に着々と具体化されるのを見るのは極めて喜ばしいことである。

本書に掲載の原著的発表も、幸いにして、優れた学者の賛同をもって迎え入れられている。

しかし、真に栄養についての本来の意義の理解を徹底し、正しい栄養の知見が広く認識されるためには、なお道のりは遠い。さらにこの学問を推進する必要を痛感しないではいられない。すなわち本書の解説で足りない部分は、近く別に一書を刊行して補うことを予定している。

昭和十七年吉月吉日

著者識

目　次

註　漢数字は原著の頁数、（　）内数字は本書の頁数を示す。

緒　論

天　養理篇

地　調理篇

人 食政篇

附　註釈篇

巻頭図解

栄養の歌。食物の効果および主要食品の栄養上の価値と市価の比較。習慣食。保健食。表解化学的消化作用。図解化学的消化作用。アミノ酸の結晶。レスピラトリーカロリーメーター。食品の効果と成分の使命。人造米。

巻末表

天然たんぱく質およびその変性物。天然抱水炭素。天然油脂を構成する主要脂肪酸。アルカリ過剰食品と酸過剰食品。各種食品中のビタミン含有量比較表。各種食品中の無機質含有表。食品分析表。

特補 栄養料理。標準精米（無砂無洗七分搗米）。ビタミン一括。栄養学の躍進……………………………三四一—三六五（571）

目次 了

栄養

佐伯矩 著

緒論

食物と食物の変遷

労作によって空腹を招き飲食によって疲労を癒す、その理由は活動が身体の諸成分を消費し、その補給が飲食によってのみ行われるからである。

生活の根源、それを辿ってみれば食物に帰着する。すなわち、生命が実在するということは、各種の生活現象によって各生物が自らが生きていることで証明されるものであり、各種の生活現象は食物から供給される全ての栄養分が利用・活用された反映に外ならないからである。

【原文図－一三頁参照】

「生命食に在り」ということは、ただ独立した一生物の生後における絶対原則であるだけでなく、生前の早い段階からの厳然とした真実である。この理由を知る上で必修すべきは、動物の卵であるか植物の種子であるかを問わず、この世に生を授かったものには、生命の育成に有用な諸材料が例外なく常に準備されている。つまり卵の胚や種子の胚子は、いずれもその生物各個が独占し得る最上のものであり、見方によれば生物第二世といえる。それらを囲んでいる他の部分は器械的な保護を目的とする殻皮を除けば、全て栄養を目的として特別につくられ備えられたものなのである。何と驚くべきことだろうか、自然は周到にも、卵生動物は常に食物の摂取を基準として産床を選択し、胎生動物の母体には、早期から栄養本位の変化が現れるようになっている、という本能・智慧をも生物に与えている。いや、もっと遡って受胎の能力から胎児の性別、さらに新生児の強弱の決定までにも、母体の栄養が最も大きく関係しているという事実が最近の調査研究[※一]によって確かめられてきた。

食物および飲料の摂取の目的・用途および運命は、同一のものであることから、栄養講話をするときには仮に、両者を併せ食物として取り扱う。そのようにしても差し支えないのである。

このように、食物を一日もおろそかにすることができないのは明らかであるが、私たちの食物は祖先以来けっして一定不変のものではなかったのである。言いかえれば、歴史と共に食物は少しずつ、同時に常に変遷している。このような変遷の理由に関して、以前私は、初めて左記の分類を試みた。

第一、交通[※二]の発達

遠く海外に例を探さなくても、眼の前の私たちの国土について考えると、古代日本では食糧が乏しく、主食品、今日のいわゆる五穀の一つをも持ち合わせなかった。そして、最近ではさつまいも・じゃがいも・トウモロコシ・小麦粉・外国米の輸入が行われている。この間日常生活の中で、どのような食物の変遷が行われたかを考察するとよい。そして豆腐・納豆・醤油・パン・乳製品等の種々な加工食品の輸入に至っては、単なる食物の変遷を超えて、産業や経済の上にまでも直接大きな影響を与えている。

こうして食物の国際化が徐々に歩みを進めるとともに、冷熱・湿乾・「その季節のものでなければ食わず」という食物の季節上の特徴も著しく緩和されてきている。例えば、台湾産の若筍と茄子が、私たちの新年の食卓を飾るようになったのもその一例である。

第二、貯蔵法の進歩

缶詰法・冷蔵法・最新乾燥法等については、後章に解説する。

第三、食品工業の勃興

食品工業が盛んになることに伴い、諸多食品の精製と形質に変化がもたらされている。

例えば西洋では、風車の石臼が電動力の回転製粉機にとって代わられてから、日用の小麦粉が精白され、白パンと軟らかなプディングを一般の人々が賞味するようになった。わが国でも、米の精白が原因でいわゆる白米病（脚気）を発症するまでになっている。食品の精製は、常にその成分を単純化する。例えば豆腐は豆乳に比べ、でんぷんは穀粉に比べてその栄養価が減少している。しかし文化の進むに従い、食品原料を加工する傾向はますます助長されてきている。そしてその成分損失の欠陥を補うため、食品配合に一定の複雑さを加える必要が出てくるのである。

第四、調理法の変化

昔、生食から食物に火を通す調理法に移ったことはいうまでもないが、その熱源について見ていくと、木材・石炭・ガス・電気に及ぶ。今後おそらくは無火調理法が大いに発達するであろう。

その他、各国の調理法が相互に影響を与えることは言うまでもない。特に原料の違いは、必然的に調理法の改変も余儀なくさせる。例として熱帯産の米はその品質が水気が少なく粘り気がないため、油で炒めたりカレーライスやピラフなどに適している。また冷蔵魚が普通魚とは異なる食用法を選択すべきであることも一例である。

第五、食器の進化

欧州では、東洋から新たにフォーク[※三]が輸入されるまで、皆、英国女王でさえも、手指で直接肉片をつまんで食した。フォーク・ナイフを用いる場合と箸を用いる場合とでは調理法が別でなければならない。ただフォークと箸だけでなく、すべての食器では大小の形状はもちろん、木・竹・陶・金属など材質が異なることによって、それぞれに適する食物が違ってくることは自然なことである。

第六、経済組織の推移

個人の台所から共同厨房への移行が次第に顕著になってきた。公衆食堂も発達するであろう。

第七、時間と空間との尊重

調理および食事に費す時間と空間の節約である。要は簡易を主とするため、手間をかけ昆布[※四]・大豆・椎茸を取り合わせ、弱火で煮出して作った出汁などで味付ける調理法など廃れてしまう。また、ブレクファスト、フードなど牛乳をかけ砂糖を加え、すぐに食べることのできる手軽な食事が重宝視されている。

第八、嗜好の変化

嗜好は絶対的なものではない。目的達成のための手段によって変わりやすく、また教育によっても変わる可能性が大である。故に嗜好による食物の変化ははなはだ顕著である。

嗜好は無視してはならないし放任してもいけない、その善導[※五]に絶え間ない努力を怠ってはならないのである。

第九、食物の流行

食物には流行があって、あるものは残り、あるものは浮雲のように過ぎ去る。著明な一例はわが国における牛乳の愛用である。王朝の時代には大いに尊重し、一旦忘れ去られ、今日再び流行を競っているようである。日本で多く獲れる鰯を下級の魚類として軽蔑し、肥料として用いながら、欧州から盛んに「サーディン」を輸入して珍重しているのもその一例である。

そうして前に列挙した九ケ条の避けることができない食物変遷の理由の他に、次の第十条がある。

第十、栄養上の価値

栄養上の価値が、食物変遷の最重大な理由として付け加えておかれねばならない、というのが私の主張である。そして生涯をかけての努力の下に私は今、闘いつつあるのである。

食物の真の目的が何であるかは、食物窮乏状態を想定すればだれにでも理解できる。それにもかかわらず平素この点が全くなおざりにされているのは、実に不思議なことである。

そのことについて、敢えて天災・飢饉・戦争時の、国と人との食の苦難の例を挙げて解説すると、非常時の事であることからいたずらに反感を買う怖れがあるので、むしろ興味深い生物学の一小実験を掲げる。これを通して、人知でははかり知ることができない自然のしくみのすぐれた能力に感激反省させられれば得策と考える。小実験の題材としてアメーバーを選ぶ。

【原文図－一七頁参照】

最も単純な動物を代表するアメーバーは、一個の細胞でできており、水中に浮遊して生活している。それを採取して顕微鏡下に置き、微細な炭末または朱粉の一粒を与えると、アメーバーは身体の形状を変化させ突起を出し伸縮し、アメーバー状運動を起こしてこの小粒を取り囲み、一旦体内に摂取するのであるが、それが栄養上無用であることを知ると、再び体外に排出する。

これに反し、炭末、朱粉に代えて脂肪の一小滴を与えた場合は、アメーバーは前回同様に体内に摂り入れ、やがてこの小滴に分解・消化・同化の作用が起こるのが見られる。

この一つの小事実から私たちは、二つの重要な事項を学ぶことができる。すなわち（一）はアメーバーのような単細胞生物の場合、全身・全体表面を使って栄養分摂取を行っている。このことから、いかに栄養が重視されているかが分かるということ。（二）は摂取する食物の性状に関する知識を欠き、どのようなものであるかを事前に判断せずに一旦体内に摂取してから、不要なものは排出し有要なものは留めて利用する。摂取する食物についての予備知識を持ち合わせていないということは、このようなことで示されている。

したがって、もし人間の日常の食物の変遷の理由が、それがどのようなものであろうと、栄養上の価値について考えず行われているならば、それは人類が自身の食物摂取法をアメーバーの原始的生活と同様のレベルに留めたままにしているからである、と言える。世間では、往々にして食事に関し多少の注意を怠る場合もあり、残念なことには、ただ自分一人の体験を頼りに、素人流の判断や知ったかぶりの学問を根拠としているため、結局、自分の都合のよいようなこじつけ、有害無益の栄養法[※六]を用いてしまうのである。

栄養と栄養研究

生命の糧、活動の材料、身体の種々のエネルギー利用を担っているもの、これらを用いて生命が構成され、これらを用いて生活が順調に営まれる。そしてこれら諸成分の生体内・外における全ての調整を、栄養が担当している。栄養を実際に行うに当たり、決して見過ごしてはならない二大眼目がある。（その一）不適切な食事が人類を自滅に導く原因と知って、その基本部分を戒め慎む方法を探る必要があること。無知で気が向くままの栄養法は、単なる味の追求や見た目、そしてさまざまな有害な誘惑に溺れさせる。食の香味刺激、嗜好の偏り、食品精製による成分の欠陥は、時間が経つにつれ徐々に酷い状態が重なり、ひいては一時性の栄養の諸障害をはじめ、人類の長期にわたってもまた、消化器の退化・血液および組織の悪化退廃を来たし、ついには皆、身体衰弱・未熟早老に到り、健康と思想と天寿と子孫を傷つけ損なうことは必然である。（その二）年齢に順応する合理的栄養法を、必ず発見することができることを忘れてはならない。やがて殻を破ろうとする雛の卵に含まれる栄養、すでに産声をあげた仔の乳汁に含まれる栄養、それは幼い者の生活に、弱い者の成長に、その状態、その時々に、是非の論をまたない最適な栄養である。そしてこれらは、適切かつ最善栄養法を示すために充分な実際の手本に他ならない。このことを踏まえれば、活動期の成年者にも、老熟期の高年者にも、また各種各様の生活様式の充実にも、私たちにとって正しい効果を示す栄養法が完成されるであろう。

このようなことから当然、栄養の研究の必要が肯定されるのである。左に掲げたのは先年国立栄養研究所開所式が行われた日に、私が筆を執り来会者に贈呈した印刷物に追加したもので、わが国栄養研究の必要な理由を説明した項目である。上述した栄養研究の二大眼目も包括した。

栄養研究の必要

栄養研究が必要であることは、わが国においてようやく一般の人々が認識するようになったが、これが国家社会と国の秩序をととのえ治める上で、差し迫った課題であることについては、いまだ充分に世間に理解されていない感がある。ここに栄養研究所開所式を挙行するに当たり、重ねて栄養研究の必要な理由を要点として左に並べた。

一、生物学上の必要

個体の生活現象の保障は栄養に在る。

二、社会政策上の必要

(イ) 生活費の中で食費は大部を占め、収入が少ない者はその割合がますます高くなる。

(ロ) 衣食住中食の改善は比較的簡単であり、的確に生活安定の基礎をなすものである。

(ハ) 労働に関する諸問題（時間・賃金・休養・疲労・能率等）の対策にも栄養問題の解決が必要である。

(ニ) 思想問題も右に同じである。

(ホ) わが国における死亡原因中、後天性の原因では下痢および腸炎が最上位となっている。このことは栄養問題が重大であることを意味している。

(ヘ) 近来、乳幼児の死亡率が増加し人口増加率が次第に低下している。原因の大半は栄養不良である。

(ト) わが国は今や世界一結核感染者の多い国として見られている。これは栄養不良が主な原因である。

三、食糧政策上の必要

(イ) 食糧政策上の方針を国で定めるべきである。わが国は食糧の自給自足に努め、不足分は平和的な国際間の交渉に頼らなければならない。

(ロ) 各食品の栄養効率を高める工夫が必要である。

(ハ) 標準食（保健食）を定めるべきである。

四、体格・体質改善上の必要

（イ）国民の体格を強健にするとともに体質を改善し、効率よく健康増進を図るには、まず栄養問題の解決が必要である。

（ロ）発育期における栄養問題は特に研究を極める必要があり、栄養と発育との関係については先進国では学術上の研究のみにとどまらず、施設の実状に大いに見るべきものがある。

五、療病（治療）上の必要

栄養学は保健上の栄養学と治療上の栄養学に区別し、治療上の栄養学はさらに一般栄養療法（一般強壮法）と特種栄養療法（新陳代謝変換法）に二別にして研究する。

六、科学の精華としての必要

栄養学の発達は、その国における科学の進歩の指標と認知すべきである。

栄養研究の歴史

栄養のことは人が何か知っているようで何も分かっていない。何も分かっていないようで何かを知っている。それほどこの問題の範囲が広汎であると共に、私たち自身の生活と密接な関係にある。

私たちが食品の第一位とする米についてみてみると、世界における稲の原産地が未だに不明であり、野生の原種も発見されるに至っていないことから考えると、稲の起源はよほど古いものに違いない。したがって稲を栽培して主食としている民族の歴史は、世界でも最も誇らしいものに違いない。

大和民族の歴史は、まさに米をもってはじまった。そして今日に至ってもなお米が中心である。畏れ多くも皇祖天照大神（天皇の祖である天照大神）が、その子孫である皇孫に下し給える[訳註一]「以吾高天原所御齊庭之穂亦當御於吾兒」（読み：あがたかまのはらに・きこしめす・ゆにわのいなほ・もちて　また・あがみこに・まかせまつるべし）の御勅と共に瑞穂の国（日本の国）をはじめさせ、その範を示された、そのとき以来、国民の栄養のことは、いつの時代にも、政治、経済ならびに生活上の重要な実際問題であった。ことに日本は四方が海に囲まれた島国であり、長い歴史を有し、凶作や戦乱に出合うこともたびたびで、それらの経験によって食品の範囲もその都度拡大され、種々の工夫もなされてきた。

それは諸外国と同じように、栄養の学術的な面よりも主として実際問題（食品の貯蔵や加工や新しい食品の輸入・移入など）食糧経済の面に容易ではない苦心が重ねられてきた。

さらに西洋では最古のヒポクラテス時代から食餌療法が実在しており、東洋でも二千年あまり前から、食養（食養生：食餌で身体を健康にする）ということ、健康な身体を調える摂生法として、あるいは治療法として一般に伝えられてきた。そして、今日のように栄養について科学的に取り扱うことを知ったのは比較的近代のことで、十六世紀における血液循環の発見、特に後述の十八世紀末のラボアジーの学説にはじまるといってよい。その後、輩出した多くの学者によってこの学問領域の急速な進歩を見たが、わが国でも、真に学術的に栄養問題を論ずるようになったのはやはり、きわめて最近のことで、明治維新後、西洋文明が輸入されてからである。当初は、いうまでもなくはなはだ幼稚なもので、医薬学者や農学者がわずかに興味のある一部分にのみ研究を試みたり、素人がちょっとした思いつきであり非学術的な自分の考えを独断で唱えて人を導くにすぎなかった。しかし、この間に日本の最初の生理学者である大澤謙二博士が数種の日本食品の消化吸収率の試験をし、田原良純博士が衛生試験所で食品の科学的分析を行い、森林太郎博士や高木兼寛博士の兵食の改善、隅川宗雄博士とその門下および、特に鈴木梅太郎博士とその門下の研究など、後世に伝えるべき幾多の業績が遺された。それにしても、その研究の手法に至っては、ほぼ先進国のやっていることをそのまま採用したものにすぎなかったのはもちろんであるが、専門に深く掘り下げて研究して、一生をこの問題の解決に終始しようという人は全くいなかったのである。私が栄養研究所設立当時、大澤博士でさえ栄養研究所のことはもはや何の興味ももっていないからと言って、その講習証書授与式への出席を断わられ、また国立栄養研究所開所式場では来賓中の最も有力な一科学者がこの研究所設立は必要でないことを演説して会場の参加者から喝采[訳註二]されたくらいである。

何といっても日本では、栄養研究が独立の事業として一歩を踏み出したのは、芝金杉川口町に生まれた栄養研究所であった。そして、そこでは栄養の総合的究所という世界に例のない試みが初めて採用されたのである。それから五年を経て、全国の識者の協力により国立栄養研究所の実現を見るに至った。この国立栄養研究所の分課規程の示すところならびにその組織が完成した暁には、栄養研究というテーマに関して一般の人々の認識・印象が、今日よりも相当に改められ、そして進展することを信じている。なぜならばわが国立研究所の分課規程は、欧米先進国の諸学者でさえ大いに目を見張り感心・賞賛するところであるからである。

栄養研究所分課規程[※七]

基礎研究部

一、　化学分析に関する事項

一、　新陳代謝試験に関する事項

一、◑生理および病理に関する事項

一、　細菌に関する事項

一、●物理に関する事項

応用研究部

一、　食糧品に関する事項

甲　天然食品（水産品救荒品を含む）

乙　加工食品

●丙　試　培

一、　経済栄養に関する事項

一、　貯蔵配給に関する事項

一、●調理および食器に関する事項

一、●小児栄養に関する事項

一、●廃物利用に関する事項

調　査　部

一、調査、統計、史料に関する事項

一、講習、展覧、宣伝に関する事項

一、人事および文書その他各部に属せざる事項

庶　務　部

一、調度会計に関する事項

部長は所長これを命ず

●印は未設置●は一部設置の分。

此他附属工場と附属医院の必要がある。私立時代の栄養研究所にはそれらが併置されていた。

栄養研究の新様式

考えてみれば、栄養問題が広汎な範囲に及ぶことは、今さらといえ誰も驚きを禁じ得ないところである。私の提言は従来の狭義で断片的であった栄養研究を、新たな様式において、次のように統一された一つの大系の下に、確立しようというのである。それは飲食物について、生理上の要求に応ずる消費法・経済上の生産に適する消費法・社会上の道理に叶う消費法の三者を結合・融和し、かつ合理化することにある。

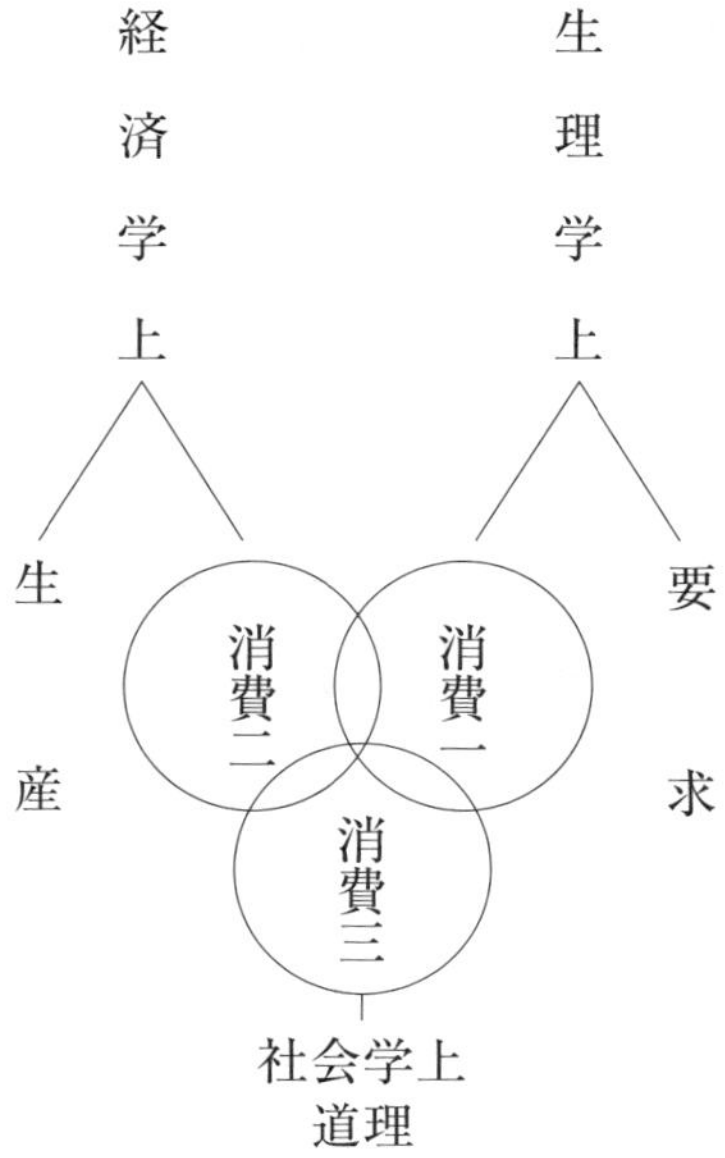

消費一は健康の泉源であり
消費二は経済の根本であり
消費三は道徳の基礎である。

そして以上三個の消費が互に齟《そ》齬《ご》背《はい》馳《ち》（くい違いそむく）することなく、一個となって、三輪適当に重なり合う部分に栄養研究の目的はおかれるべきである。

ここに栄養学を講述するにあたり、私の考えに基づきこれを三篇に分け、（天）養理篇、（地）調理篇、（人）食政篇と命名する。また附篇として別に註釈篇を加えておく。

天　養理篇

生活現象と栄養分

[訳註三]最高の生物と考えられる私たちヒトも、母体内における出発の原点は一個の単細胞に過ぎないのである。一個の細胞から秩序整然として増殖発育し、やがて複雑で完全な成体となる。これを（一）成長という。

精神的ならびに肉体的活動は、私たちヒトに与えられた最大の特長である。これによって具体化した固有の力とエネルギーを発輝する。これを（二）労作という。そして人類は人類の労作によって初めてその存在を崇高にする。

労作によって身体組織の成分に消耗を来すことはいうまでもなく、絶えず復旧を計らなくてはならない。これを（三）補修（修復・回復・治癒と同義語）という。

身体の包蔵する諸器管・諸機能は、至適温度においてのみ健康と効率が維持される。つまりヒトは生きている限り一定の温度を保持する必要がある。これを（四）体温という。

ヒトには寿命がある。そしてその世代を換えてなお生存を続ける。これを（五）種の保存（生殖と同義語）という。そして世代を換えることによって、私たちヒトの改造および創造（進化）の最上のものが行われる。

成長といい、労作といい、補修といい、体温といい、種の保存といい、これらの身体諸機能によって営まれる生活現象のすべては、皆私たちヒトが体外より一定物質を摂取して消費、利用することにより達成されるものであって、このような体外の物質を摂取かつ利用する複雑な機能を称して栄養という。したがって栄養なくして生活現象なし、すなわち栄養なくして生命なし、といえる。

栄養の字義は、栄えであり養いである。栄と養ともに栄養機能を意味し、両者を重複してその意味を強めて用いるのである。あるいは栄生養命と解してもよい。

したがって、栄養研究の基礎には、人体の要求に関する研究調査と飲食物の性状に関する研究調査とがあり、この二つが平行かつ公差して相互共立するところに研究目的を求めるべきである。

栄養分と物質およびエネルギー不滅の原則

身体の栄養を行うためその役割を果たす物質を、栄養分または栄養素という。食品は栄養素から、食物は食品からできている。栄養分すなわち栄養素（物質）には種類がさまざまあり、その各種を混和調合して食物を作るのだが、要するにそれが身体を構成する諸成分のすべてを包括しなければならないことは言うまでもない。したがって化学的元素としては、窒素（N）・炭素（C）・水素（H）・酸素（O）・カリウム（K）・ナトリウム（Na）・カルシウム（Ca）・マグネシウム（Mg）・硫黄（S）・リン（P）・鉄（Fe）・塩素（Cl）・ヨード（I）・フッ素（F）・ケイ素（Si）・マンガン（Mn）・銅（Cu）等を挙げねばならない。その中にも軽重大小があって、窒素と炭素がその両横綱の座を占めている。これらの物質が身体内ではいずれも複雑な化合物の状態で存在し、遊離して存在するのはほんの少量の酸素および窒素だけである。そして、食物中に含まれている物質が栄養分になるためにも、必ず一定の形態を備えるという条件がある。例えば、単に窒素といっても、空気中の窒素や体外のアンモニアや尿素などが人体の栄養分となることは不可能である。同じく炭素であっても、炭やダイヤモンドや炭酸ガスなどが人体の栄養分となることはできない。窒素はたんぱく質の形で、炭素は抱水炭素[訳註四]（含水炭素・炭水化物と同義語）および脂肪の化合物の形でのみ人体の栄養分となり得る。

これらの栄養分中、最も重要視される三者を特に三大栄養素と称してきた。したがって献立を作るに当たってもこの三大栄養素を基準に考慮する。また一国の食糧政策を確立するにも、この三大栄養素を主眼として計算する。これらの三大栄養素はすべて後に説明するカロリー源となり得るものである。日光の力を吸収した植物が、その葉緑部やその他の部分において栄養素を合成する。人類はそれを直接植物から、もしくは動物を通じて奪い取り食用にするのである。

そして人類の食用にされる複雑で大形の分子から形成される諸成分が、人体内において利用消費されるということは、それらが酸化されて熱とエネルギーを発生するということなのである。そしてその最終代謝産物として炭酸ガス（CO_2）・水（H_2O）・アンモニア（NH_3）・尿素（$\overset{+}{U}$）・尿酸（$\overset{-}{U}$）などの小砕片となる。中でも炭素性[訳註五]最終代謝産物すなわち炭酸ガスは呼気中に、窒素性[訳註六]最終代謝産物のアンモニア・尿素・尿酸等は主として尿中に排泄される。

排泄されるいわゆる老廃物の中でも、炭酸ガス・水のように直接植物が需要するものか、あるいはアンモニア・尿素・尿酸のように一旦細菌の作用を受けて亜硝酸・硝酸に変化した後に吸収されて植物の養分となるものがある。

このように生物を通じて成分が循環し因果が応報する。自然界には、人類を中心として細菌の大群をも包括した動植物の共同生活が営まれているということである。その共存共栄の様相から、いわゆる物質の不滅の原則が演じられ、これらの物質をいわば乗り物として熱となり力となり千変万化するエネルギー転化の真理、つまりエネルギー不滅の原則が証明されるのである。同時に動物界、中でも私たちヒトの生活現象は、酸[※八]化現象を主体とするものであるということが分かるのである。

【原文図－二九頁参照】

（図の下の説明）

一、この成分の自然界における循環に太陽光線の力が欠かせないという事実から、日輪を礼拝することは一大科学的思想であり、太陽の光をよりどころとする、という考えは天地人を融合する（天地、あめつちという自然の恵みを受けてヒトを含む生物の一切は生かされている）という高遠な識見の現れであることを知らされる。そして栄養学が教えることは、同時に哲学であり、また宗教であるともいえる。

二、栄養と光線との密接な関係[訳註七]については、近い将来、新たに拓かれた分野での展開が予想される。いわゆるPhoto-Nutrition（太陽光栄養あるいは光子栄養）と呼ばれるものである。例えば、日光に曝露した食品がくる病の発症を防ぐのに有効であり、紫外線を吸収させた食品を摂取した動物が、何らかを体表から放射し、共棲する他の動物にも併せて好影響を与えるようなものである。

三、地上に循環する成分が動物界から植物界に帰る時、それらの性状は小さい分子であり、ほとんどが水に溶解性であることは注目すべきことである。水は低きに流れまた蒸散する。海水はますます塩辛さを増し、地殻表在の成分は陸から海へと昼夜を分かたず運ばれる。その失われた成分を再び地表に取り戻すためには時間が必要であり、穀地の変動をも受け入れなければならない。

この三項目は、註釈篇に入れることが可能であったが、印刷を急ぐ事情により、このページに余白ができたことから、余白を埋める稿として掲載した。

食品の榮養價《か》（カロリーの測定）

食品の榮養價《か》を論ずることは、同時に榮養研究の進歩を說き、獨《ひと》り榮養價《か》のみならず養理學全般の發達《はつたつ》を講ずることになる。いでや其《そ》の心してこれに臨まなむ。

吾人《ごじん》は榮養分として大形《たいけい》の分子を攝取《せつしゆ》し、呼吸によりて供給せられたる空氣中の酸素を用ひて之《これ》を酸化し、以《もつ》て小形《せうけい》の分子片に分解することによつて體溫《たいおん》や種々の活力やを生ずるものなるが故に、榮養上に効果を奏《さう》す可《べ》き物質は必ずやそれが酸化さるるを得《う》べき性質のものならざるべからざると共に、酸化の可能度の大小によりて其《そ》の榮養上の價値《かち》の大小を指示するを得べき理である。卽《すなは》ち「燃燒性――溫原・力原――榮養上の價値《かち》」といふ考へ方によつて、榮養が神祕の境地から初めて科學化されて來たのである。

故に此理《このり》を推して今、體內《たいない》に於て榮養分が分解酸化せしめらるる代りに、體外《たいぐわい》に於て之《これ》を燃燒し酸化※九せしむるとするも、以《もつ》てその榮養分の効果如何《いかん》を判斷《はんだん》することを得《う》べきである。

卽《すなは》ち體外《たいぐわい》に於て食品を燃燒し、此際發生《はつせい》する溫熱の總量《そうりやう》を計りて、その食品の榮養上の價値《かち》を定むることとなし、之《これ》が單位としてカロリー（溫量又は熱量）なるものを用ふる。

一カロリーとは一立方糎《センチメートル》の水を攝氏《せつし》の十五度より十六度に一度昇騰《しようとう》せしむるに必要なる溫熱の量にして、之《これ》を小カロリーと云ひ、その千倍を大カロリーと稱《しよう》す。桝《ます》の單位として小は一合《いちがう》を大は一石《いつこく》を用ふるが如し。榮養上普通に用ひらるゝカロリーはこの大カロリーを意味するものである。

又カロリー測定には一種獨特《どくとく》の裝置を用ひ、之《これ》をカロリメーターといふ。種々なる樣式のものあれ共その要旨とするところは、大小の鐵製罐《てつせいくわん》より成り、其《そ》の內部に安置したる白金皿に試驗せんとする食品の一片を容《い》れて密閉したる小罐《せうくわん》を、水を盛りたる大罐《だいくわん》中に沒入《ぼつにゆう》し、電氣を通じて白金皿中の食片を爆發燃燒《ばくはつねんせう》せしめ、此際發生《このさいはつせい》する溫熱によりて外部の水の溫度の昇騰《しようとう》するを、絕えず水を攪拌《かくはん》しつゝ檢定す。此《これ》に於て幾何《いくばく》グラムの食品が幾何《いくばく》量の水を幾何《いくばく》度の溫度に昇騰《しようとう》せしめたるかを知ることを得。之《これ》より計算によりて供試食品中に含むカロリーの總量《そうりやう》を知ることが出來るのである。此《この》種《しゆ》カロリメーターは後章說明する新カロリメーターに對《たい》し、今は之《これ》をボムブカロリメーター（爆發《ばくはつ》カロリメーター）と呼ばるるものである。而《しか》して食品の榮養上の價値《かち》に關し專《もつぱ》らそのカロリーを標準として批判するの用に供《そな》へられた。

食品の榮養價《か》（化學的分析）

カロリーの量の大小を以《もつ》て榮養上の價値《かち》を批判することは元よりその理由のあることであつて、此《こ》の理由により、體《たい》內《ない》で榮養を行ふことを蒸氣機關《じようききくわん》で石炭を燃燒することゝ同一に視《み》て來たのは決して間違つては居《お》らぬ事であるが、併《しか》しカロリー論丈《だけ》で行かぬとは、身體《しんたい》では肉・血・骨・其《そ》の他各種組織の構成並《ならび》に補修を榮養によつて行はなければならぬことである。卽《すなは》ち機關其《そ》のものゝ構成と保存が又重要問題であるのである。そこで更に一歩を進めて三大榮養素に就《つ》いて仔細に之《これ》を考察すると、此等《これら》の榮養素が體內《たいない》に於ける用途及《および》效果には各特異の性質が認められる。卽《すなは》ち之《これ》を概論《がいろん》すれば、蛋白質は先《ま》づ組織を構成するが爲《た》めに用ひられその過剩は酸化分解して溫及《および》力となり、抱水炭素及《および》脂肪は溫及《および》び力となり其《そ》の過剩は身體《しんたい》內にグリコゲーン及び脂肪として沈着貯藏せらるゝのである。故に三大榮養素中にありても、齊《ひと》しく炭素性榮養素なる抱水炭素と脂肪の兩者は互に相代《あひ》理するを得らるるも、窒素性榮養素なる蛋白質と爾他《じた》二榮養素との間柄は之《こ》れを互に換置することが不可能である。動物試驗では現に抱水炭素と脂肪の何《いづ》れか一《ひとつ》を全然食物中に缺《けつ》如《じよ》せしめて、支障無しとされて居る。夫《そ》の肥滿が往々にして肉食よりも穀食によりて得られ易き所以《ゆえん》もここに在る。而《しか》

して之《こ》れ牛肉とコノシロを同列に置いても、又之《これ》と生揚・饂飩《うどん》・甘藷の各等量が

品名＼百分中	蛋白質	抱水炭素	脂肪	百瓦《グラム》中カロリー
牛肉	20.2	0	4.7	127
コノシロ	20.4	0	4.8	128
生揚	10.3	2.0	8.2	127
饂《う》飩《どん》	4.9	25.9	0.1	127
甘藷	1.4	28.8	0.2	126

よしそのカロリーに於て相匹敵《あひひつてき》するとも、決して之《これ》を直ちに同一榮養價視《かし》することの出來ぬといふ理由でもある。

併《しか》し一方に於いて純粋の三大榮養素は、之《こ》れが燃焼せらるるに方《あた》り其《そ》の各瓦《グラム》が幾何《いくばく》カロリーの溫熱を發生《はつせい》するか明確となれるが爲《た》め、即《すなは》ち蛋白質一瓦《グラム》は四・一カロリーを抱水炭素一瓦《グラム》は四・一カロリーを脂肪一瓦《グラム》は九・三カロリーを放出するのであるから、今茲《ここ》に食品の化學的分析を行ひその三大榮養素の含量を知ることを得ば、以《もつ》てその效用の如何《いかん》を窺《うかが》ふことを得ると共に、カロリーの總量《そうりやう》をも算出し得《う》べく、一擧兩得《いつきよりやうとく》であるのである。例《たとへ》ば

品名＼百分中	蛋白質	抱水炭素	脂肪	カロリーの計算	百瓦《グラム》中に含むカロリー總量《そうりやう》
鰯	21.4	0	6.7	4.1 × 21.4 = 87.7 9.3 × 6.7 = 62.3 150	150
葛粉	0	80.0	0.1	4.1 × 80.0 = 328.0 9.3 × 0.1 = 0.9 329	329
京菜	2.1	0.2	0.2	4.1 × 2.1 = 8.6 4.1 × 0.2 = 0.8 9.3 × 0.2 = 1.8 11	11

故に同一食品に就《つ》いても食品の位置を、その蛋白質を標準として考察比較する時とカロリーを標準として考察比較する時とは大いに其《そ》の趣を異にするものであることを忘れてはならぬ。

食品の榮養價《か》（消化吸收率）

各食品が榮養上の効果を擧《あ》げる爲には、以前には唯《ただ》それが溶液化さへすれば良いので、口腔内で咀嚼することは器械的に之《これ》を溶かす手段の一《ひとつ》に過ぎぬものと考へられたのである。從《したがつ》て胃液の如きすら單に之《これ》れを嚥下したる唾液の貯滞《ちよたい》したものと思つて居たのである。然《しか》るに其《そ》の後追々《おいおい》と食物の消化といふ作用は化學的成分上の大變化《だいへんくわ》を行ふことであるといふことや、吸收といふことが多くの食品では消化されてから後の仕事であるといふことが分つて來た。ペンシルベニア大學の一學生であつたヤングが蛙に就《つ》いて初めて胃液を發見《はつけん》した話はあまり世に知られて無いが、カナダの醫師《いし》ビユーモンが胸に銃彈創《じゆうだんさう》を受けて胃壁に孔《あな》を穿《うが》たれた男に就《つ》いて、その創口《さうかう・きずぐち》から食物の消化の祕密を窺《うかが》ふことが出來たのは興味ある有名な史實《しじつ》として殘つて居る。

化學的研究により或《あるひ》は動物試驗により、消化作用の道程は爾來《じらい》益々その精細さと明確さを加へて來た。斯《か》くて

三大榮養素中

蛋白質 は アシドアルブミン → アルブモーゼ → ペプトン → ペプチード → アミノ酸 となり

抱水炭素 中 澱粉 は 溶解性澱粉 → デキストリン → 麥芽糖 → 葡萄糖 となり

蔗　糖 は 葡萄糖 及《および》 果糖 となり

麥芽糖 は二分子の 葡萄糖 となり

乳　糖 は 葡萄糖 及《および》 ガラクトーゼ となり

脂　肪 は 脂肪酸 及《および》 グリセリン となり

その最終産物が榮養分として吸收されるものであることが分かつた。且《か》つ仔細に此等《これら》消化作用の本態を見ると孰《いづれ》も水の分子を取り入れては分解を進めて行く所謂《いはゆる》化學上の水化作用といふものであることが明らかになつた。

一例を擧《あ》ぐれば

$$C_3H_5(C_{18}H_{35}O_2)_3 + 3H_2O = C_3H_5(OH)_3 + 3(C_{18}H_{36}O_2)$$ である

（トリステアリン）　（水）　（グリセリン）　（ステアリン酸）

而《しか》して此《こ》の如き水化作用の營まるゝは、消化管中に分泌せらるゝ消化液中に消化※一〇酵素なるものありてその作用に依《よ》るものである。酵素には又幾多の種別ありて、決して一種の酵素が總《すべ》ての食品成分を消化する能力を有するものではない。それ〴〵特異の酵素が特異の成分にのみ限りて水化作用を及ぼすことの出來るものである。その關係は丁度《ちやうど》鍵《かぎ》と錠前《ぢやうまへ》の如きものである。酵素は鍵《かぎ》である之《これ》に適合したる錠前《ぢやうまへ》には役立つも他の錠前《ぢやうまへ》には用に立たぬと共に、相手となる可《べ》き鍵《かぎ》の持ち合せの無い消化管内に攝取《せつしゆ》せられた錠前《ぢやうまへ》は所謂《いはゆる》不消化物となるのである。

下等の動物では消化管が單純なる一つの管に過ぎぬが、人類ではそれが大いに複雜となり、一部膨大して胃となり、迂曲廻轉《うきよくくわいてん》して腸となり、口から肛門に至る道程はこれによつて其《そ》の面積が擴大《くわくだい》せられ、これによつて其《そ》の各部署が分たれて居る。故に消化作用は總《すべ》ての食物成分が一樣に一齊《いつせい》に行はれるものではなくして、專門的に各部で特異の消化液が特異の酵素を具備《ぐび》し、その獨特《どくとく》の成分を分擔《ぶんたん》して之《こ》れを行ふものである。故に之《こ》れを約說《やくせつ》すれば

脣にて吸ひ込まれ、前齒（門齒及《および》切齒）にて咬《か》み取られたる食片は

口腔內 に於いて、（臼齒《きうし》・舌・頰・其《そ》の他の筋肉の共同作業により）

（一）全消化の準備となる可《べ》き咀嚼《そしやく》細挫《さいざ》の器械的作用を受く。

（二）此《こ》の作用は同時に消化管の必要なる保護器關たる可《べ》き役目を爲す。

（三）又保護器關たる他の意味に於いて、口腔及《および》食道の上部はその筋肉運動が隨意筋によりて營まるゝ爲《た》め、自由に之《こ》れが內容を吐出《としゆつ》し、或《あるい》は含嗽《がんそう》を行ふことを得る。

（四）アルカリ性の唾液中に溶解性の成分を溶出し、又抱水炭素を糖化するの作用を有す。

胃内 に於ては

（一）食物の一時の貯蔵所となる。其《そ》の形状と其《そ》の位置の變化《へんくわ》とにより食物の停留宜《よろ》しきを得せしめ、以《もつ》て短時間に攝取《せつしゆ》したる食物を緩徐《くわんじよ》に、從つて周到に消化せしむるの調節作用を爲す。

（二）滅菌所となる。消化液中には鹽酸《えんさん》を含むが故である。

（三）蛋白質を消化す。但《ただ》し酸性反應《はんおう》に於ける消化作用に限る。

（四）鹽酸《えんさん》の分泌によりて酸性反應《はんおう》を呈《てい》するに至る迄は唾液に依《よ》る抱水炭素の消化作用持續《じぞく》す。

（五）胃内に於て消化せらる可《べ》き蛋白質は一定度の消化狀態、例《たと》へばその外觀乳糜狀《にゆうびじやう》を呈《てい》するに至つて初めて胃を去り腸に移行するものである。故に蛋白質は他諸成分に比し胃内に停留《ていりう》する時間最も長かる可《べ》きの理也《りなり》。而《しか》して之《こ》れ蛋白食が最も腹持ちの良き同じ理由である。既《すで》に

腸 に到ればこゝには有力なる左の消化液あり、何《いづ》れもアルカリ性反應《はんおう》に於いてその作用を營む。

（一）膵液（膵臓之《こ》れを分泌す）トリプシン・ヂアスターゼ・ステアプシンと稱《しよう》する三種の酵素ありて蛋白質・抱水炭素及《およ》び脂肪三者を消化す。

（二）膽汁（肝臓之《これ》を分泌す）主として脂肪の消化及《およ》び乳化に參與《さんよ》す。

（三）腸液（腸粘膜之《こ》れを分泌す）三大榮養素消化の作用あり。殊にエレプシンと稱《しよう》する特有の酵素ありて蛋白質消化の後殿《しんがり》を擔任《たんにん》す。

（四）而《しか》して腸内に於て更に最特異なることは吾人《ごじん》が茲《ここ》に他の生物を同棲せしめて、共同生活を實演《じつえん》しつゝあることで

ある。

此の生物の數量は甚大にして數百億の群をなす。生物とは何ぞや。曰《いは》く。卽《すなは》ち大腸菌を主とする腸内の細菌これである。

此《こ》の微生物の分解作用を逞《たくまし》ふするに依《よ》りて、食物の消化の上に利益を受くること大なり。例《たと》へば或《あ》る種の抱水炭素は人體《じんたい》内の如何《いか》なる消化液にも消化されざるに、一度腸内細菌の作用に委《まか》せらるゝ後は膵液に依《よ》りて容易《たや》すく消化せらる可《べ》し。

上に述べたるが如く食物の消化が其《そ》の成分の性狀に應《おう》じて各所に分擔《ぶんたん》せられて行はるゝのみならず、同一の成分亦反《もまたはん》覆《ぷく》して消化作用を受け、殊に反應《はんおう》のアルカリ性、酸性の交互に轉換《てんくわん》することは消化を最も徹底的ならしむる所以《ゆえん》である。而《しか》して之《これ》れと同時に、食物の咀嚼が食品の榮養能率の上に非常なる影響を與《あた》ふる所以《ゆえん》をも察知せしめらるゝのである。

消化せられたる諸成分の吸收は口腔・食道及《およ》び胃内に於ては甚《はなは》だしく微量に止《とど》まり、主なる吸收は腸内に於てせらるるものである。卽《すなは》ち腸壁を通じて血液及淋巴《およびりんぱ》の流れの中に投ずる。

腸管が迂曲廻轉《うきよくくわいてん》する所以《ゆえん》も、又比較的消化困難なる食物を喫用《きつよう》する草食動物に於て特に腸管の長さ優ると云ふ理由も、一つには此《こ》の消化吸收面を大ならしめむが爲である。

腸の下部に於ては、水分を主とし其《そ》の他交流力に富む細分子の成分が吸收せらるゝは確實《かくじつ》にして、例《たと》へば下痢を患《わづら》ふるに際し其《そ》の便意を忍耐して半日を過す時は、其《そ》の便稍ゝ《やや・せうせう》硬化するを見ても首肯《しゆこう》せらる可《べ》きである。併《しか》し滋養灌腸に在來の卵や牛乳その儘《まま》を用ひ、之《これ》を口腔より攝取《せつしゆ》せられたるそれと同一の効價《かうか》をあぐるを得るものと考ふるは非也《ひなり》。滋養灌腸の材料の選擇《せんたく》には最榮養學上の知識を要す。

鍵《かぎ》と錠前《じやうまへ》との關係卽《すなは》ち消化酵素と食物成分との關係に就《つ》いては、其《そ》の概觀綜覽《がいくわんそうらん》の便に資《し》せむが爲《た》め、更に一括して圖表《づへう》に作り、之《これ》を巻頭《くわんとう》に掲げて置く。（巻頭圖表《くわんとうづへう》第四及《および》第五）

されど酵素を含む消化液は常に間斷なく分泌流下《りうか》するものにあらず。之《これ》が製出分泌の任に當《あた》る各消化腺、卽《すなは》ち唾液腺・胃腺・膵臟・肝臟・腸腺等の作用には、自《おの》づから勞作時と休息時あり。勞休其《そ》の度を失すれば則《すなは》ち種々の疾病を惹起《じやくき》す可《べ》し。肝臟のみは吸收榮養分を直《ただち》に受容すべき一大任務あるが爲《た》め豫《あらかじ》め胆汁を胆嚢中に貯《たくは》へて置く。

而《しか》して消化腺は何《いづ》れも、（一）食物其《そ》の他直接の器械的刺戟《しげき》（二）溫熱的刺戟《しげき》（三）化學的刺戟《しげき》によりてその分泌作用を催進《さいしん》せられ。（四）又精神感動等による神經的刺戟《しげき》によりても大なる影響を受くるものである。例《たと》へば

（一）パラフィンを咀嚼して唾液の分泌を催し。

（二）氷を用ひて胃液の分泌が妨げられ。

（三）食酢若《も》しくはバタを用ひて唾液の分泌を進め、スープを用ひて胃液の分泌を促すが如し。その他芳香美味《はうかうびみ》或《あるひ》は所謂《いはゆる》嗜好品が消化液の分泌を鼓舞《こぶ》す。

（四）又喜怒哀樂によりて消化液の分泌に變化《へんくわ》あるは人の普《あまね》く知るところ也《なり》。

藥劑にしてアトロピンが分泌を止《とど》めピロカルピンが之《これ》を進むるは顯著《けんちよ》なる例《れい》なれども、別に體內《たいない》に於て產生する化學的物質にして消化液の分泌に影響を與《あた》ふること大なるものあるを見るは極めて興味あることなり。殊に近代スターリング氏が腸粘膜を鹽酸々味《えんさんさんみ》の水にて熱煎《ねつせん》し、之《これ》を靜脈內に注入すれば、膵液の分泌立ち所に旺盛となることを知りて、此《この》腸粘膜中に含まるる膵液分泌催進性《さいしんせい》成分に「セクレチン」（分泌素）なる名稱《めいしよう》を與《あた》へて以來、身體《しんたい》內に於ては臟器は化學的物質を以《もつ》て互に連結せられ相互牽制協調《さうごけんせいけふてう》の實《じつ》をあぐるものたるを明《あきらか》にするを得、而《しか》してかかる使命を荷《にな》ふ化學的

物質を總稱《そうしよう》して「ホルモン」と稱《とな》へ茲《ここ》に所謂《いはゆる》ホルモン説を生じたのである。

　食物の消化吸收が行はるる際、消化液の他消化管では之《これ》に附屬《ふぞく》する筋肉の運動が又非常に大切なことである。斯《か》かる運動は口腔内の咀嚼に初まり、食道の上三分の一以下からは全く不隨意の筋肉運動に轉《てん》ずれども、能《よ》く食物を次ぎへ次ぎへと下方に向《むかひ》て移動せしめる。これを蠕動運動と稱《しよう》し、横に輪狀をなす筋肉と縦に消化管の長軸に沿ふて走る筋肉とが交互に伸縮することによりて起る運動であつて極めて必要なることである。食道の下端《かたん》は胃の入口（噴門と稱《しよう》す）に連《つらな》り胃壁には縦・横・斜走の筋肉ありて秩序正しき種々の運動が營まれ、腹壁の痩せたるものに在つては、體外《たいがい》からも其《そ》の運動の狀態を明らかに目撃することが出來る。而《しか》して茲《ここ》に最《もつとも》興味ある事實《じじつ》は食物受容の後の胃は亂雜《らんざつ》なる運動を起すことにより忽《たちま》ちにして混淆《こんかう》せる雜炊を作るものではなく、却《かへ》つて食物は其《そ》の胃内進入の順序により整然たる層を爲して暫時其《そ》の前後の次第を亂《みだ》さゞることである。故にもし胃内の消化を要すること最大なる蛋白性食品を先導として攝《せつ》食《しよく》する場合には、自《おのづ》から全食物の胃内停滯時間を遷延《せんえん》し、反之《これにはんし》胃内消化の殆《ほと》んど其《そ》の要を見ざる澱粉性食品を前驅《ぜんく》として攝食《せつしよく》する場合には自《おのづ》から全食物の胃内停滯時間を短縮する。而《しか》してこれ食物の攝《と》り方によりて腹持ちの良きと腹の空《す》き易きとの差違を生ぜしむる所以《ゆえん》である。

　胃内の消化その歩武《ほぶ》を進め充分酸性となるに至《いたり》て、胃の出口（幽門と稱《しよう》す）は開放せられ内容は腸に移行す。而《しか》して此《この》もの腸内に於ける消化液のアルカリ性なるが爲《た》め漸次《ぜんじ》中和せられて再びアルカリ性に復す可《べ》し。腸には小腸（十二指腸・腔腸《くうちやう》・回腸《くわいちやう》・（盲腸））・大腸（上行結腸・横行結腸・下行結腸・S字狀部・直腸）の差別あれども、其《そ》の壁も亦《また》縦・横・斜走の筋肉層を有し、蠕動運動によりて、消化作用の完成と共に順次肛門の方向に進み行く〳〵は榮養分を提供して殘渣は排泄物となるのである。

斯《か》くの如く觀じ來《きた》れば所謂《いはゆる》咽頭《のどもと》三寸を過ぐる後の食物の運命は、一《もつぱ》ら消化管壁蠕動運動の調節の下《もと》に左右せらるるものであると云ふて良い。而《しか》してこの蠕動運動が又神經の支配を受けて居ること全身の諸機關同様であるのは言ふ迄もないことである。

凡《すべ》て植物性食物中には、セルローゼが多い爲《た》め、その他セルローゼならずとも寒天の如く不消化性のものや油類の如く消化困難なもの及《および》液體《えきたい》を過量に攝取《せつしゅ》する時には、その刺戟《しげき》に依《よ》つて此《この》蠕動運動が促進せられる。之《これ》に反し易消化性の成分のみを以《もつ》て合成した食物で生活すると、此《この》蠕動運動不充分の爲《た》めに消化障害を起して必ず健康を害するに至るものである。食物中に一定量の不消化分を含有せしめることは生理上必要のことであつて、便秘するものに菜食の推賞《すいしやう》せらるるのは之《これ》が爲である。俗間《ぞくかん》に所謂《いはゆる》抵抗療法など稱《しよう》せらるゝものには此點《このてん》が大《おほい》に利用せらるるのである。又同じ理由によりて不消化性の食品と同時に攝取《せつしゅ》した榮養分の消化吸收の度《とき》は甚《はなは》だしく低下するものであり、献立の作り方卽《すなは》ち副食物の配合如何《いかん》によつて同一食品の榮養價《か》に大差を生ずるものである。

消化產物中より選擇《せんたく》的に榮養分が吸收せらるゝ所以《ゆえん》は、腸壁の内面を被《おほ》へる粘膜の吸收面を形成する絨毛の被覆《ひふく》細胞の機能に歸《き》して之《これ》を説明する外《ほか》なし。而《しか》して一部器械的或《あるひ》は理學的、滲透《しんとう》・交流の作用等が重要なる關係を演出するは勿論である。吸收せられたる成分は血液及乳糜《およびにゅうび》液中に入る。

上に述べたるが如くにして、食品中諸成分の消化吸收の作用が營まるるに當《あた》り、此《この》消化吸收さるる割合を稱《しよう》して其《そ》の食品の消化吸收率といふ。食品の消化吸收率を檢定するには、一定の食品の攝取《せつしゅ》量と之《これ》が消化吸收後再び廢物《はいぶつ》となりて尿中に出現する各成分の量、及《および》不消化不吸收の爲《た》め直接大便中に排泄せらるる量とを比較對照《たいせう》して計算を行ひ、以《もつ》て其《そ》の食品成分中の幾何《いくばく》量が消化吸收せられ、幾何《いくばく》量が不消化不吸收の大便となりて不用に歸《き》したるかを知るのである。

食品の榮養價《か》（生物學的養價《か》）

消化吸收せらるゝことによつて食物は榮養價《か》を生じ、此《こ》の消化吸收率によりて各食品の榮養上の價値《かち》に大小等差を生ずるは前章に於て明《あきらか》にせるところであるが、更に消化吸收せられた成分と雖《いへど》も、それが盡《ことごと》く一樣一律に用立つもので は無い。何となれば前にも說きたるが如く消化吸收といふことは大形《たいけい》の分子造構を細分して血液若《も》しくは淋巴《りんぱ》液中に移行せしむることである。今身體《しんたい》を構成する最《もつとも》主要の成分蛋白質に就《つ》いて之《これ》を見るも、食品中の蛋白質がその儘《まま》身體《しんたい》の蛋白質となるものではない。一たび之《これ》を細片《さいへん》、アミノ酸にまで分解して、其《そ》の破片《はへん》から新《あらた》に所要の蛋白質を構成するものである。肉や卵や豆や米麥《べいばく》や其《そ》の他原料の異なるに從《したがつ》て蛋白質の種類や性狀に異なるところがあり、而《しか》もそれが均《ひと》しく人體《じんたい》筋肉や臟器の蛋白質となることを得る理由は、實《じつ》に此《こ》の改造の手が加へらるゝからである。丁度一個の蛋白質を一個の家屋と見ると良い。即《すなは》ち多くの古い家屋を取りこれを柱や瓦石《ぐわせき》や板や硝子《がらす》や煉瓦《れんぐわ》や建具や釘や鎹《かすがひ》やに取り壞し、それ等の材料を集めて新設計の一屋を建築すると同樣である。此理《このり》を考へると今茲《ここ》に床柱一本を缺《か》くが爲に日本座敷の完成せぬ場合もあらうし、窓枠數個を缺《か》くが爲に洋館の出來せぬ場合もあり得やう。榮養の營爲《えいゐ》が之《これ》と事情を同じくする。蛋白質を構成するアミノ酸の種類や量の異同によつて人體《じんたい》の蛋白質として化成せらるゝ場合にその價値《かち》の大小が分たれるのである。即《すなは》ち蛋白質の榮養上の價値《かち》は之《これ》を構成するアミノ酸によりて定まるものである。（卷頭圖解《くわんとうづかい》第六參照）。

榮養の實際《じつさい》ほど世にも興趣《きようしゆ》あるものはない。その出所出身の何であるかを問ふことなしに、食物中の成分は一度は之《これ》を消化と云ふ大デモクラシーの力に委《ゆだ》ねられ、無差別に待遇せられる、次《つい》でその機會均等《きくわいきんとう》の群中から必要ある者のみが物色《ぶつしよく》採用せらるゝのである。吾人《ごじん》が鳥獸魚介の肉を食ふて吾人《ごじん》の身體《しんたい》に鳥獸魚介の肉の形影《けいえい》を止《とど》めず、吾人《ごじん》が米麥《べいばく》の飯を食ふて吾人《ごじん》の身體《しんたい》に米麥飯《べいばくはん》の臭味《しうみ》を殘さゞるもの亦實《もまたじつ》に此理《このり》による。

此《かく》の如きアミノ酸の榮養上に有効なるもの現に約十八種類が數へられて居る。而《しか》して、今後尚幾多《なほいくた》新種の發見《はつけん》追加せらる可《べ》きことが豫期《よき》されて居る。若《も》しアミノ酸の種類にして假《か》りにアルファベットの字數卽《すなは》ちＡＢＣ・・・ＸＹＺ二十六種に達したりとせば、蛋白質の種類は正《まさ》に辭書《じしよ》に載錄《さいろく》せられたる單語の數丈《だ》け存在し得るの理《り》となる。故にアミノ酸を單位とする蛋白質の種類は驚く可《べ》き莫大《ばくだい》の數に達するものである。

左にアミノ酸から觀《み》た蛋白質の數者《すうしや》を比較對照《たいせう》して此《この》關係を例で示さう。

食品の蛋白質の組成（アミノ酸）

食品名＼アミノ酸	グリココル	アラニン	ヴアリン	ロイシン	プロリン	フェニルアラニン	アスパラギン酸	グルタミン酸	セリン	シスチン	チロシン	アルギニン	ヒスチヂン	リヂン	トリプトファン
白米	＋	三・七〇	?	一四・三〇	三・三〇	二・〇〇	〇・四〇	一四・五〇	—		〇・五〇	一・六〇	〇・八二	〇・八六	—
大麦	〇・〇〇	〇・四〇	〇・二〇	五・七〇	一三・七〇	五・〇〇	—	三六・四〇	—	—	一・七〇	二・二〇	一・三〇	〇・〇〇	＋
小麦	〇・〇〇	二・〇〇	三・四〇	六・六〇	一三・二〇	二・四〇	〇・六〇	四三・七〇	〇・二〇	〇・五〇	一・二〇	三・二〇	〇・六〇	〇・二〇	一・〇〇
大豆	一・〇〇	—	〇・七〇	八・五〇	三・八〇	三・九〇	三・九〇	一九・五〇	—		一・九〇	五・一〇	一・四〇	二・七〇	—
馬鈴薯	—	四・九〇	一・一〇	一二・二〇	三・〇〇	三・九〇	—	四・六〇	—	四・四〇	四・三〇	四・二〇	二・三〇	三・三〇	—
玉蜀黍	〇・〇〇	九・八〇	一・九〇	一九・六〇	九・〇〇	六・六〇	一・七〇	二六・二〇	一・〇〇	—	三・六〇	一・六〇	〇・八〇	〇・〇〇	〇・〇〇
牛肉	二・〇六	三・七三	〇・八一	一一・六五	五・八一	三・一五	四・一五	一五・四九	?		二・二〇	七・四七	一・七六	七・五九	＋
鰹肉	〇・〇〇	二・三〇	二・八〇	一〇・四〇	三・一〇	四・一〇	三・三〇	八・一〇	?		二・一〇	七・八〇	三・〇四	七・四一	＋
鶏肉	〇・六九	二・二九	十?	一一・一九	四・七四	三・五三	三・二一	一六・四八	?		二・一六	六・五〇	二・四七	七・二四	＋
鶏卵（黄卵）	〇・〇〇	〇・八〇	一・九〇	九・九〇	四・二〇	二・六〇	二・二〇	一三・〇〇	—	—	三・四〇	七・五〇	一・九〇	四・八〇	＋
鶏卵（白卵）	〇・〇〇	二・二〇	二・五〇	一〇・七〇	三・六〇	五・一〇	二・二〇	九・一〇	?	〇・四〇	一・八〇	四・九〇	一・七〇	三・八〇	＋
牛乳	〇・〇〇	一・五〇	七・二〇	九・四〇	六・七〇	三・二〇	一・四〇	一五・五五	〇・五〇	〇・〇七	四・五〇	四・八四	二・五九	五・九五	一・五〇
鱈肉	十	三・五三	三・八八	二・四六	一・六八	二・三二	〇・六一	五・二四	〇・五一		二・四六	六・六八	二・二九	八・三五	＋
鯛肉	〇・〇〇	一・〇四	〇・六〇	八・八三	一・三三	四・七三	一・六六	一・六三	?		二・六四	五・一五	二・〇七	六・二八	＋
豌豆	〇・四〇	二・一〇	—	八・〇〇	三・二〇	三・八〇	五・三〇	一七・〇〇	〇・五〇	—	一・六〇	一一・七〇	二・四〇	五・〇〇	＋
隠元豆	〇・六〇	一・八〇	一・〇〇	九・七〇	二・八〇	三・三〇	五・三〇	一四・六〇	〇・四〇	—	二・二〇	四・九〇	二・〇〇	四・〇〇	—

吾人《ごじん》は貧弱なる蛋白質の代表者として屢〻《しばしば》ゼインといふ玉蜀黍《たうもろこし》の蛋白質を例に引く。ゼインは其《そ》の分子中にグリコヽル・トリプトファン及《および》リヂンと云ふ三種のアミノ酸を缺《か》くがために、例《たと》へば之《これ》を用ひて幼鼠《やうラット》を飼育すると、其《そ》の實際《じつさい》が極めて明瞭に分かる。卽《すなは》ち今最初にゼインのみを以《もつ》てすると鼠《ラット》は啻《ただ》にその成長を妨げられるのみならず、漸次《ぜんじ》に却《かへつ》てその體重《たいぢゆう》の減少を見る。試《こころみ》に之《これ》にトリプトフハンを加ふれば鼠《ラット》はその體重《たいぢゆう》を維持することが可能となる。更にリヂンをも添加すると、鼠《ラット》は速かに成長を初める。グリココルは動物の體内《たいない》で自《みづ》から合成製出し得る種類のアミノ酸に屬するため、他のアミノ酸ほど重大の影響はないのである。

メンデル先生及《および》オスボーン博士の研究※一は此《この》方面に於て最《もつとも》偉大なる貢献をなしたものであつた。此《この》問題に關聯《くわんれん》して歴史的に有名な例は膠《コラーゲン》である。膠《コラーゲン》は其《そ》の構造及《および》性狀に於て蛋白質に酷似《こくじ》するものなれ共、トリプトフハンを含有して居ない。又チスチン・チロジンを缺《か》いて居る。故に完全なる蛋白質として效果を擧《あ》げることが出來ぬ。甞《かつ》て佛蘭西《フランス》では膠《コラーゲン》を以《もつ》て肉の代用となすことを得るや否やと云ふ問題を學者が非常に苦心攻究《こうきう》した。フランス革命の際國內食糧缺乏《けつぼふ》の爲《た》め骨及《および》軟骨から製出した膠《コラーゲン》を用ひたところが急に患者と死亡者が增加したからである。結局膠《コラーゲン》は蛋白質の完全なる代用には適せざれど、それは蛋白質に對する膠《コラーゲン》の地位が王冠を載く王子に對《たい》する他の王子との關係にも比《ひ》す可《べ》きものであつて、卽《すなは》ち資格の同一ならざる善き食品として之《これ》を考へて來たのである。但《ただ》し最近では膠《コラーゲン》にリジンを稍《やや》多量に含有することが分つた爲め、之《これ》を他の食品に配合すれば膠《コラーゲン》は甚《はなは》だ良好なる結果を擧《あ》ぐることの出來る特有點《てん》が明かにせられた。

各種蛋白質それ〴〵の化學的造構に就《つ》いては尚《なほ》不明の點《てん》も少なくないが、何《いづ》れにしてもそれが、食用せらるるの後《のち》化《くわ》成《せい》して所要の肉となり得《う》べき可能性の大小あることは、最早《もはや》疑ふの餘地《よち》無きところであると共に、之《これ》を檢《けみ》して、左表の如き成績を得たるにより、今や之《これ》を生物學的養價《やうか》と稱《しよう》するに至つたのである。卽《すなは》ちこれ食品の消化吸收されたる諸成分と雖《いへど》も、もしその生物學的養價《やうか》に於て劣るところあらんか、必ずしも榮養價《か》の優秀なるものと爲すべからずとせらるる所以《ゆえん》である。又諸動物が自體《じたい》の肉が包有すると同一の分子造構を呈《てい》する肉を食用することが、自己の肉を構成する上に最も有利であると云ふ理由、卽《すなは》ち所謂《いはゆる》トモ喰ヒが幼者《えうしや》の成長には最上の效果を齎《もた》らすと云ふ魚類に就《つ》いての實驗《じつけん》や母乳が牛乳に優るといふ長い間の吾人《ごじん》の經驗の說明も亦《また》、之《これ》によつてする事が至當《したう》であるのである。

○カール、トーマス氏系數。

牛乳の蛋白質の養價《やうか》卽《すなは》ち人體《じんたい》蛋白質に化成し得る値を標準とし、假《か》りに之《これ》を一〇〇となし他の食品の蛋白質に養價《やうか》を與《あた》へ

	體重《たいぢゆう》七〇瓩《キログラム》男子必需 一日最少量（瓦《グラム》）	生物學的養價《やうか》
牛肉の蛋白質	三〇	一〇四
牛乳の同上	三一	一〇〇
魚肉の同上	三三	九四
米の同上	三四	八八
馬齢薯の同上	三七	七九
豌《ゑん》豆《どう》の同上	五四	五五
小《こ》麥《むぎ》の同上	七六	三九

玉蜀黍《たうもろこし》	の同上	一〇二	二九

これ、食品中の蛋白質が人體《じんたい》蛋白質の幾分《いくぶん》に代るを得るやを表はすものであつて、食品の全成分を比較したるものにあらず。誤らざるを要する。

〇ウイルソン氏系數。

動物性	蛋白質	一・〇
米	の同上	一・一二
馬齢薯	の同上	一・一七
豌《ゑん》豆《どう》	の同上	一・八二
小《こ》麥《むぎ》	の同上	二・五五
玉蜀黍《たうもろこし》	の同上	三・四

食品の榮養價《か》（瓦斯《ガス》※二新陳代謝試驗）

呼吸装置を用ひて瓦斯《ガス》新陳代謝試驗を行ふことは人體《じんたい》内に於ける榮養の實狀《じつじやう》を審査するために缺《か》くべからざる最新式の實驗《じつけん》方法であると共に、食品の榮養價《か》に關し的確なる解答を與《あた》へるためにも亦《また》必須のものである。

何となれば食物中の窒素性成分即《すなは》ち蛋白質はその利用後主として尿中に尿素・尿酸・クレアチニン・プリン鹽基《えんき》・アンモニア等比較的大形《たいけい》の分子となりて排泄せらるるのであるから、食物中に含まれた窒素分を尿中に排泄せらるる窒素分及《および》糞便中に排泄せらるる窒素分に對照《たいせう》することによりて、所謂《いはゆる》窒素分の新陳代謝即《すなは》ち蛋白質の體内《たいない》に於ける運命が明確に判斷し得らる者であるけれど、之《これ》に反し炭素性成分即《すなは》ち抱水炭素及《および》脂肪はその利用後遙《はるか》に小形《せうけい》の分子即《すなは》ち炭酸瓦斯《ガス》及《および》水となりて、容易に呼吸器及《および》體《たい》表面より排泄せらるるに、一方腸内に於ては、抱水炭素の不吸收分が細菌類の爲に殆《ほとん》どその全部醱酵《はつかう》分解せられ、脂肪も亦之《またこれ》に準じ、從《したがつ》て糞便を分析して得たる抱水炭素及《および》脂肪の量は極めて不確實《ふかくじつ》の數字たるを免《まぬが》れざるが故に、結局炭素分の新陳代謝即《すなは》ち抱水炭素及《および》脂肪の體內《たいない》に於て消費せらるゝ狀態は瓦斯《ガス》新陳代謝上の觀察を度外視しては斷じて正確の決論に到達すること能《あた》はざるものである。

而《しか》して瓦斯《ガス》新陳代謝のことに就《つ》いてはこれ迄とても學者が其《そ》の重大なる意義のあることを知つて、動物試驗などでは可《か》なり研究の積まれたものであつたが、實際試驗《じつさいしけん》を行ふ場合に種々の支障や不完全の點《てん》が有つて、兎角《とかく》思ふ樣に研究が捗《はかど》り兼ねた。從《したが》つて取扱上の困難から問題としては餘程閑却《よほどかんきやく》され勝《がち》であつたものであつたが、近頃になつて實驗《じつけん》的の榮養研究のみならず日常の患者を診察し、治療することにまで、それが應用《おうよう》せられて居ると云ふ位に進步して來たのである。而《しか》して此瓦斯《このガス》新陳代謝を調查するに用ふる裝置を名《なづ》けて「レスピラトリー、カロリメーター」或《あるひ》は「レスピレーション、カロリメーター」と云ひ、又これを簡約して單に「カロリメーター」と呼ばれて居る。而《しか》してそれが爲《た》め、前章に述べた「カロリメーター」と混同せられぬ樣、最初の食品中に含む「カロリー」を測定する「カロリメーター」を「ボムブ、カロリメーター」と稱《しよう》する事になつて居る。

此《この》新式カロリメーターを用ひて痛快なることは、之《これ》によりて身體《しんたい》內に行はるゝ各成分新陳代謝の詳細を時々刻々に明《あきら》かにするを得るが故に、各種疾患の診斷と治療豫後《よご》に指針を與《あた》ふ可《べ》き的確の根據《こんきよ》を提供するのみならず、如何《いか》なる場合に於ても、現にその※一三體內《たいない》に於て成分消費上の何事が實演《じつえん》されつゝあるやを知悉《ちしつ》し、從《したがつ》て例《たとへ》ば一食を主唱しつゝあるものが果して眞《しん》に其《そ》の言《げん》を實行《じつかう》しつゝありや、又其《そ》の空腹滿腹の程度は元より、榮養上に關する幾多の眞實《しんじつ》を其《そ》の祕密を破りて僅少《きんせう》の時間內に測定するを得ること之《これ》である。（卷頭圖解《くわんとうづかい》第七參照）。

而《しか》して人の一人が要求するに榮養量の調查研究に至りては後章說くが如く、必ず此《こ》の試驗法によつて之《これ》を行はねばならぬのであつて、最近盛《さかん》に論議せらるゝ人口論・食糧政策・勞銀《らうぎん》制度等の解決に對《たい》しても亦之《またこれ》が確然たる立脚點《てん》を與《あた》ふるものである。

食品の榮養價《か》（不完全食と完全食）

一個の食品を組織する成分のみを以《もつ》て、吾人《ごじん》の間然《かんぜん》するところなき榮養を完成する事は普通甚《はなは》だ困難のことなり。故に數種の食品を配合して食物を作り榮養を攝取《せつしゆ》するを以《もつ》て法となせども、斯《か》かる配合の如何《いかん》によりては食品の榮養價《か》に至大《しだい》の影響を與《あた》ふると共に私の所謂《いはゆる》不完全食をも成立せしむるものである。其《そ》の最も解《かい》し易《やす》き一例はビタミンであつてビタミンAの過量と缺乏《けつぼふ》は共に脂肪の榮養上に大《おほい》なる支障を來し、ビタミンBの缺乏《けつぼふ》は抱水炭素の新陳代謝に惡影響を與《あた》へ、ビタミンCの缺乏《けつぼふ》が蛋白質の新陳代謝に密接の關係あるが如く、三大榮養素と雖《いへど》も完全食として之《これ》を與《あた》へられざるに於ては、其《そ》の本來の榮養價《か》を發揮《はつき》することが、不可能であるばかりか、不完全食としての禍害《くわがい》は遂に各種の疾病をも發生《はつせい》するに至るものである。而《しか》してビタミン以外の物質にありても、其《そ》の微量の存在を妨げらるる時、不完全食の現象を呈することは、妊娠と榮養の關係の例に見ても之《これ》を證據《しようこ》立つることを得可《うべ》く、又理想的の天然榮養品と目せらるゝ母乳すらも、母の榮養上の些少《させう》の缺點《けつてん》からその乳の榮養價《か》を損じ、小兒《せうに》疾患の原因となることは今や著明の事實《じじつ》である。

食物と各成分の意義　其《そ》の一　概括《がいくわつ》

成分の意義とは成分の効果或《あるひ》は使命を云ふのである。

上章說くところは、食物の諸成分の骨子を爲す三大榮養素を拉《らつ》し來つて題目と爲し、以《もつ》て廣《ひろ》く食品の榮養價《か》を論ずる傍《かたは》ら、榮養研究の發達《はつたつ》の道程を叙《じよ》したものである。斯道《しだう》の進歩に伴ひ、食物のカロリーの測定から化學的分析へ、化學的分析から消化吸收率へ、消化吸收率から生物學的養價《やうか》へ、生物學的養價《やうか》から瓦斯《ガス》新陳代謝研究へと、其《そ》の展開の狀《さま》は如何《いか》にも劃線《くわくせん》的であるけれど、誤つてならぬことはそれ等の古きものが全然無價値《むかち》になつて新らしいものが之《これ》に代つたといふ意味ではないことで、即《すなは》ち第一の試驗法のみを以《もつ》てしては不充分であるといふ重要點《てん》を新《あらた》に發見《はつけん》して之《これ》に第二法が加り、更に同じく第三法第四法が加つたといふことであつて、つまり、カロリー論以下一々の總《すべ》ての觀察方法が何《いづ》れも必要であるといふ複雜の度を加へつゝあるといふことであるのである。

次には此等《これら》三大榮養素が之《これ》を日常吾人《ごじん》の食物として攝取《せつしゆ》せらるゝに方《あた》りては、其《そ》の食品の何の種たるを問はず、天然の狀態で單一榮養素から成る純粹品とては殆んど無く、必ずや重要なる數個の榮養素から加味混成せらるゝを普通とするものである。而《しか》して此際《このさい》食物を構成する此等《これら》諸成分が互に協同作業者となり、能《よ》く一致して以《もつ》て榮養上の效果を擧《あ》ぐ可《べ》きは元より其《そ》の處《ところ》であるが、其《そ》の成分各個に就《つ》いても先《ま》づ、それぞれに特異の意義の如何《いか》なるものありやを考へざる可《べ》からざること亦《もまた》前章に於て既《すで》に述べたるところである。即《すなは》ち今概括《がいくわつ》して之《これ》を言へば

(一) 身體《しんたい》組織の構成に任ずるを以《も》つて第一要義とする蛋白質と溫及力《およびりき》の供給を主眼とする抱水炭素・脂肪の三者は何《いづ》れもカロリー原として、動かす可《べ》からざる榮養上の樞要《すうえう》なる地步《ちほ》を占むることを吾人《ごじん》は知つた。

(二) 而《しか》して斯《か》く三大榮養素に於けるが如くカロリー原とはなるを得ざるも尚《なほ》食物は無機質・ビタミン・水及《および》適當量の不消化分を包含せしめられねばならぬのであつて。

(三) 無機質は身體《しんたい》の組織を構成する爲《た》めに、且《か》つは體内《たいない》に於ける種々なる理化學的作用の運營の爲《た》めに必要であり。

(四) ビタミンは新陳代謝上特殊の任務を有し。

(五) 水は大小諸成分の溶媒となり、全般の理化學的反應《はんおう》を成立せしむるに必須にして。
(六) 不消化分亦《また》欠く可《べ》からざるものである。
(七) 其《その》他食品は屢々《しばしば》多量の有機酸を含有し、之《これ》を取り立てて特別の成分として扱ふ書物もある。有機酸は燃焼してカロリー原となることを得ると共に、一方には新陳代謝を多少抑制するの作用がある。併《しか》し乍《なが》ら三大榮養素より誘導せられたる破片としてこれを三大榮養素中に包括せしめて置いても可《よ》い。（巻頭《くわんとう》圖解《づかい》第一）。

食品の栄養価（カロリーの測定）

食品の栄養価を論ずることは、同時に栄養研究の進歩を説き、栄養価だけでなく養理学全般の発達について考えをめぐらせることになる。さて、どうなるものであるか、十分に気を配ってこれに臨もう。

私たちヒトは、栄養素として大形の分子を摂取し、呼吸によって供給された空気中の酸素を用いて酸化し、小形の分子片に分解することによって体温や種々のエネルギーを生成している。したがって栄養上効果を表す物質は、必ず酸化される性質のものである。同時に酸化の可能性の大小があることが、栄養上の価値もこの大小を指標とすべき理由である。すなわち「燃焼性—温熱源・エネルギー源—栄養上の価値」という考え方によって、栄養が神秘の境地から初めて科学的視点で把握されるようになったのである。

故にこの理論を進めて、生体内における栄養素が分解酸化される代りに、生体外でこれを燃焼し酸化[※九]させることでその栄養素にどのような効果があるかを判断すべきである。

すなわち生体外において食品を燃焼させ、この時発生する温熱の総量を計って、その食品の栄養上の価値を定めることとし、その単位としてカロリー（温量また熱量）というものを用いる。

一カロリーとは一立方センチメートルの水を、摂氏一五度から一六度に一度上昇させるのに必要な温熱の量である。これを小カロリーと呼び、その千倍を大カロリーと称している。桝の単位として小は一合（一八〇グラム）を大は一石（一八〇キログラム）を用いるようなものである。栄養上普通に用いられるカロリー[訳註八]はこの大カロリーを指す。

またカロリー測定には一種独特の装置を用いる。これをカロリメーターと呼び、様式はさまざまであるが、概要は、大小の鉄製缶でできており、内部に安置した白金皿に試験の対象である食品の一片を入れて密閉した小缶を、水を張った大缶中に没入し、電気を通して白金皿中の食片を爆発燃焼させ、この時発生する温熱によって外部の水の温度が上昇するのを、絶えず水を攪拌しつつ測定する。その結果、何グラムの食品が何グラムの量の水を何度の温度に上昇させたかを知ることができる。このことから、計算によって供試食品中に含むカロリーの総量を知ることができるのである。この種のカロリメーターは、後章で説明する新カロリメーターと区別するため、ここではボンブカロリメーター（爆発カロリメーター）と呼ぶ。そしてそのカロリーの数値は、食品の栄養上の価値を評価・判定するための標準として使われる。

食品の栄養価（化学的分析）

カロリーの量の大小によって栄養上の価値を判定することは、もちろん理由のあることであって、この理由により、生体内で行われる栄養を蒸気機関で石炭を燃焼することと同一にみてきたのは、けっして間違ってはいない。しかし栄養については、カロリー論だけで立ち行かない。身体では、肉・血・骨・その他各種組織の構成ならびに修復も、栄養によって行わなければならないのである。すなわち、機関そのものの構成と保持も重要問題だからである。そこでさらに一歩を進めて、三大栄養素について仔細に考察すると、これらの栄養素の生体内における利用および効果には、それぞれ特異の性質が認められる。概論すれば、たんぱく質はまず組織を構成するために用いられ、過剰分は酸化分解してエネルギーおよび温熱となり、抱水炭素および脂肪はエネルギーおよび温熱となり、過剰分は体内にグリコーゲンおよび脂肪として沈着貯蔵される。したがって三大栄養素であっても、炭素性栄養素である抱水炭素と脂肪の両者は互いに代用することができるが、窒素化合物の栄養素であるたんぱく質とその他二つの栄養素とでは、互いに置き換えることができない。動物試験では、実際に抱水炭素と脂肪のどちらかを食物中に完全に欠如させても、支障なしとされている。肥満が往々にして肉食よりも穀食により起こりやすい理由もここにある。そこで牛肉とコノシロをたんぱく質量を同列に置いた場合、また牛肉と生揚・うどん・さつまいもの各カロリーを等量にした場合、左の表のようになる。

【原文表－五八頁参照】

もしカロリーにおいて相匹敵していて（同じカロリーであって）も、けっして栄養価が同じであると判断してはならない理由でもある。

一方において、純粋な三大栄養素は燃焼される際、各グラムが何カロリーの熱量を発生するかが判明している。つまりたんぱく質一グラムは四・一（大）カロリーを、抱水炭素一グラムは四・一（大）カロリーを、脂肪一グラムは九・三（大）カロリーを放出するのである。このことから、食品の化学的分析を行い、その三大栄養素の含量が分かれば、それによって、どのような効用があるかを察知することができるだけでなく、カロリーの総量も算出され、一挙両得である。例えば

【原文表－五九頁参照】

このため、同一食品について食品の栄養素を比較する視点を、たんぱく質を標準として考察比較する場合と、カロリーを標準として考察比較する場合とでは、大いに意味が違うということを忘れてはならない。

食品の栄養価（消化吸収率）

各食品が栄養上の効果をあげるために、以前はそれが溶液化さえすればよいと考えられており、口腔内で咀嚼することは器械的にこれを溶かす手段のひとつに過ぎないものと考えられていた。したがって、胃液でさえも単に食物を嚥下した唾液の貯留したものと思われていたのである。そしてその後、消化という作用は、化学的成分上で食品に大きな変化をもたらすということや、吸収ということは、多くの食品では消化されてから後に行われるということが次々と分かってきた。ペンシルベニア大学の一学生であったヤングが、蛙について初めて胃液を発見した話は、あまり世に知られていないが、カナダの医師ビューモンが胸に銃弾創を受けて胃壁に穿孔を生じた男について、その創口から食物の消化の秘密を窺うことができたのは、興味ある有名な史実として残っている。

化学的研究あるいは動物試験により、消化作用の過程についての知識は、その時以降ますますその精細さと明確さが加わってきた。こうして

三大栄養素中

たんぱく質 は アシドアルブミン → アルブモーゼ → ペプトン → ペプチード → アミノ酸 となり

抱水炭素 中 でんぷん は 溶解性でんぷん → デキストリン → 麦芽糖 → ブドウ糖 となり

ショ糖 は ブドウ糖 および 果糖 となり

麦芽糖 は二分子の ブドウ糖 となり

乳糖 は ブドウ糖 および ガラクトーゼ となり

脂肪 は 脂肪酸 および グリセリン となり

消化の最終産物が栄養素として吸収されることが判明した。その上、これらの消化作用の本態を詳細に見ると、すべて水の分子を取り入れて分解を進めて行く、いわゆる化学的な水化作用（加水分解）というものであることが明らかになった。

一例を挙げれば

$C_3H_5(C_{18}H_{35}O_2)$（トリステアリン） $+ 3H_2O$（水） $= C_3H_5(OH)_3$（グリセリン一分子） $+ 3(C_{18}H_{36}O_2)$（ステアリン酸三分子） である

そして、このような加水分解作用は、消化管中に分泌される消化液中の、消化酵素[※十]というものによる作用である。酵素にはまた多くの種類があり、けっして一種の酵素がすべての食品成分を消化する能力を有するわけではない。それぞれ特異の酵素が特異の成分（基質）にのみ加水分解作用を及ぼすことができる。その関係はちょうど、鍵と錠前に例えられる。酵素は鍵であり、これに適合した基質すなわち錠前の開錠には役立つが、他の錠前には用立たないだけでなく、相手となる鍵の持ち合せのない消化管内では、摂取された錠前はいわゆる不消化物となるのである。

下等の動物の消化管は単純な一つの管に過ぎないが、ヒトではその構造が大いに複雑になり、一部膨大して胃となり、迂曲廻転して腸となり、口から肛門に至る消化管の道程はこれによって面積が拡大され、各部署に区分されている。そのため、消化作用はすべての食物成分が一様に一斉に行われるわけではなく、消化管の各部で特異の消化液が特異の酵素を備えており、それぞれ独特の栄養成分を分担して消化吸収を行うものである。これをかいつまんで説明すれば唇によって吸い込まれ、前歯（門歯および切歯）によって咬み取られた食物片は

口腔内 において、（臼歯・舌・頬・その他の筋肉の共同作業により）

（一）全消化の準備である咀嚼と細挫（細かくすりつぶす）という器械的作用を受ける。

（二）この作用は同時に消化管に必要な保護器関としての役目を果たす。

（三）また保護器関としての他の意味において、口腔および食道の上部では筋肉運動が随意筋により行われるため、自由に内容を吐き出し、あるいは含嗽（口を漱ぐこと）ができる。

（四）アルカリ性の唾液中に溶解性の成分を溶出し、抱水炭素を糖化する作用がある。

胃内 においては

（一）食物の一時の貯蔵所となる。形状と位置の変化とにより、食物の停留によく適し、それにより短時間に摂取した食物をゆっくりと、そして確実に消化する調節作用を行う。

（二）減菌所となる。消化液中には塩酸を含むことが理由である。

（三）たんぱく質を消化する。ただし酸性反応における消化作用に限る。

（四）塩酸の分泌によって酸性反応を呈するまでは唾液による抱水炭素の消化作用を持続する。

（五）胃内において消化されるべきたんぱく質は、一定程度の消化状態、例えばその外観が乳糜（白濁）状を呈するに至って初めて胃から腸に移行する。これがたんぱく質が、他諸成分に比べて胃内に停留する時間が最も長い理由である。またたんぱく食が最も腹持ちがよいのも同じ理由による。食物が

腸に到れば、ここには強力な左記の消化液があり、すべてアルカリ性反応において作用が行われる。

（一）膵液（膵臓が分泌する）トリプシン・ジアスターゼ・ステアプシンと称する三種の酵素があって、たんぱく質・抱水炭素および脂肪の三者を消化する。

（二）胆汁（肝臓が分泌する）主として脂肪の消化および乳化に関与する。

（三）腸液（腸粘膜が分泌する）三大栄養素消化の作用あり。特に、エレプシンと称する特有の酵素があり、たんぱく質消化の最終的な消化を担当する。

（四）そして、腸内においてさらに最も特異なことは、私たちヒトが腸管に他の生物を同棲させ、共同生活を実演しつつあることである。

この生物の数量は甚大で、数百億の群をなしている。この生物が何かといえば、それは大腸菌を主とする腸内の細菌である。微生物の分解作用が盛んに行われることにより、食物の消化上大きな利益を受ける。例えば、ある種の抱水炭素は人体のどのような消化液にも消化されることがないのに、ひとたび腸内細菌を作用させると、後は膵液によってたやすく消化されるのである。

上に述べたように、食物の消化がその成分の性状に応じて、消化管の各所に分担されて行われるだけでなく、同一の成分が反復して消化作用を受け、特にアルカリ性と酸性の反応が交互に転換されることにより、消化が最も徹底的に行われる。そしてそれと同時に、食物の咀嚼が食品の栄養効率に大きな影響を与える理由を察知させられる。

消化された諸成分の吸収は、口腔・食道および胃内においてはごく微量にとどまり、主な吸収は腸内で行われる。そして消化された栄養素は、腸壁を通じて血液およびリンパの流れの中に投入される。

腸管が迂曲回転する理由も、比較的消化困難な食物を喫食する草食動物の消化器官の中でも、特に腸管の長さが長い理由も、一つにはこの消化吸収面を大きくさせるためである。

腸の下部では、水分を主とし、その他水溶性混合力に富む小さな分子の成分が吸収されるのは確実で、例えば下痢を患った場合に便意を我慢して半日を過ごした場合は、便が少々硬化する傾向を見ても納得させられるのである。しかし滋養灌腸に日常食用とする卵や牛乳をそのまま用い、同じ食品を口腔から摂取した場合と同一の効価をあげることができると考えるのは、間違いである。滋養灌腸の材料の選択には、最も栄養学上の知識を要する。

鍵と錠前との関係すなわち消化酵素と食物成分との関係については、その外観の全体を見るために便利なように、さらに一括して図表に作り、巻頭に掲げておく。（巻頭図表第四および第五）

しかし酵素を含む消化液は常に間断なく分泌し、流れ下っているわけではない。消化液が合成分泌を担当する各消化腺、すなわち唾液腺・胃腺・膵臓・肝臓・腸腺等には、労作時と休息時があり、労休の失調は種々の疾病を惹起する原因となる。肝臓だけは吸収した栄養素を（門脈を介して）直接受容する大きな役割があるので、あらかじめ胆汁が胆嚢中に貯えられている。

そしてすべての消化腺は、（一）食物とその他直接の器械的刺激（二）温熱的刺激（三）化学的刺激により分泌作用を催される。

（四）また精神情動等による神経的刺激によって大きな影響を受ける。

例えば

（一）パラフィンを咀嚼して唾液の分泌を催す。

（二）氷で冷やされることで胃液の分泌が妨げられる。

（三）食酢もしくはバターを使って唾液の分泌を進め、スープによって胃液の分泌を促すようなものである。その他香りや美味しさ、あるいは、嗜好品が消化液の分泌を盛んに促す。

(四)また喜怒哀楽の感情により、消化液の分泌に変化があることは広く知られている。

薬剤のアトロピンが分泌を抑制し、ピロカルピンが消化液分泌を亢進することは顕著な例だが、これとは別に体内において産生する化学的物質の中に、消化液の分泌に大きな影響を与えるものがあることは、極めて興味深いことである。特に近代、スターリング氏が腸粘膜を塩酸の酸味溶液を湯煎し、静脈内に注入すると、膵液の分泌が速やかに亢進することを見出して、腸粘膜中に含まれる、この膵液分泌促進性成分に「セクレチン」(分泌素)という名称を与えた。それ以降、身体内において臓器は化学的物質によって互いに連携、すなわち相互抑制・協同の作用によって営まれていることが明らかとなった。このような使命を荷なう化学的物質を総称して「ホルモン」と呼び、いわゆるホルモン説が生まれたのである。

食物の消化吸収が行われる際、消化液とは別に、消化管において附属する筋肉の運動が非常に大切である。この運動は口腔内の咀嚼にはじまり、食道の上三分の一以降から全く不随意の筋肉運動に移行しても、食物を次々と下方に向かって移動させる。これを蠕動運動と呼び、横に輪状となっている筋肉と、縦に消化管の長軸に沿って走る筋肉とが、交互に伸縮することで起きる運動であり、極めて重要な運動である。食道の下端部は胃の入口(噴門と呼ぶ)につながり、胃壁には縦・横・斜走の筋肉があり、規則的な種々の運動が行われる。腹壁の痩せた人では、体の外側からもその運動の様子を観察することができる。そして最も興味あることは、食物受容の後の胃は、無秩序な運動により素早く食物が混合されるのではなく、むしろ食物はその胃内進入の順序によって整然と層をなし、しばらくの間その前後を乱さないことである。したがって、もし胃内の消化に最も時間を要するたんぱく性食品を先に摂食する場合には、おのずと全食物の胃内停滞時間が長びく。これに反して、胃内消化にほとんど時間を要さないでんぷん性食品を最初に摂食する場合には、おのずと全食物の胃内停滞時間が短縮する。これが、食物の摂り方により、腹持ちのよさと腹の空きやすさの差を生じる理由である。

胃内の消化が進行し内容物が充分に酸性となれば、胃の出口（幽門と呼ぶ）は開放され、内容物は腸に移行する。そしてこの内容物は、腸内の消化液がアルカリ性であるため、次第に中和されて再びアルカリ性に戻るのである。腸には小腸（十二指腸・腔腸・回腸・（盲腸））・大腸（上行結腸・横行結腸・下行結腸・S字結腸・直腸）の区別があるが、その壁も縦・横・斜走の筋肉を有し、蠕動運動によって、消化作用の完成とともに、順次肛門の方向に進み、栄養素を供給して、残渣は排泄物となるのである。

このように見ていくと、いわゆる咽頭《のど》三寸《もと》を過ぎた後の食物の運命は、専ら消化管壁と蠕動運動の調節のもとに左右されるといってよい。そしてこの蠕動運動がまた神経の支配を受けていることが、全身の諸機関と同様であることは言うまでもない。

すべての植物性食物中には、セルロースが多く含まれる。その他、セルロース以外でも寒天のように不消化性のものや油類のような消化困難なもの、または液体を過剰に摂取する場合は、その刺激によって蠕動運動が促進される。これに反し、易消化性の成分のみで構成された食物で生活すると、蠕動運動が不充分となり、消化障害を起こし、必ず健康を害することになる。食物中に一定量の不消化分を含有させることは、生理上必要のことである。したがって、便秘がみられる場合に菜食が推奨される。世間で抵抗療法などと呼ばれるものには、この点が大いに利用されている。また同じ理由により、不消化性の食品と同時に摂取した栄養素の消化吸収の程度は、著しく低下するため、献立の作り方すなわち副食物の配合によって、同一食品の栄養価に大差を生じるのである。

消化による産物から選択的に栄養素が吸収される理由は、腸壁粘膜の吸収面を形成する絨毛の、被覆細胞の機能によるものであり、これを根拠として説明する以外にはない。そうして栄養素の消化吸収は、一部器械的あるいは理学的、浸透・血流の作用等が大きく関係して営まれている。吸収された成分は血液および乳糜液の中に入る。

上に述べたように、食品中諸成分の消化吸収の作用が営まれるに当たり、消化吸収される割合を食品の消化吸収率と呼ぶ。食品の消化吸収率を検定するには、一定の食品の摂取量と、その食品の消化吸収後、再び廃物となり尿中に出現する各成分の量、および不消化不吸収により、直接大便中に排泄される量とを比較対照して計算を行い、得られた数値によりその食品成分中のどれだけの量が消化吸収され、どれだけの量が不消化不吸収の大便となって利用されなかったかが分かる。

食品の栄養価（生物学的養価）

消化吸収されることによって食物は栄養価を生じ、消化吸収率によって各食品の栄養上の価値に差が生じることは前章で明らかにしたが、さらに消化吸収された成分であったとしても、すべて同じように用立つということではない。前にも解説したように、消化吸収とは大形の分子造構を細分して、血液もしくはリンパ液中に移行させることである。身体を構成する主要な成分であるたんぱく質について考えると、食品中のたんぱく質がそのまま身体のたんぱく質になるわけではない。一旦たんぱく質が細片のアミノ酸にまで分解され、そのアミノ酸という破片から新たに必要な身体のたんぱく質を構築するのである。肉や卵や豆や米麦や、その他原料の違いによって、たんぱく質の種類や性状に相異があり、しかもそれが同じく人体筋肉や臓器のたんぱく質となることができる理由は、たんぱく質合成という改造（再構築）の手が加えられるからである。一個のたんぱく質を一個の家屋と例えるのがよい。多くの古い家屋を例にとれば、柱や瓦石や板や硝子や煉瓦や建具や釘や鎹《かすがい》などに分解し、それらの材料を集めて新しく設計した一屋を建築するのと同様である。この論拠としては、床、柱一本がなければ日本座敷が完成しない場合もあるし、窓枠数個が不足しているために洋館ができない場合もあるだろう、ということである。栄養の営みは、これと同じ事情なのである。たんぱく質を構成するアミノ酸の種類や量の違いによって、人体のたんぱく質として合成される場合に、価値の大小が分かれるのである。つまりたんぱく質の栄養上の価値は、構成するアミノ酸によって決定されるのである。（巻頭図解第六参照）。

栄養の実際ほど世の中に興味深いものはない。栄養素の由来がどこにあるのかを問うことなしに前に進むことはできない。食物中の成分は一度、消化という大デモクラシーともいうべき大きな変化の力に委ねられ、無差別に受け入れられる。次いで機会が均等である成分の中から、必要のあるもののみが選ばれ合成されるのである。私たちヒトが、鳥獣魚介の肉を食べて、ヒトの身体に鳥獣魚介の肉の形をとどめず、ヒトが米麦の飯を食べてヒトの身体に米麦飯の臭味の特徴を残さないのも、このような理由による。

実際、約十八種類のアミノ酸が栄養上重要なものとして挙げられている。そして、今後幾つもの新種の発見が追加されることが予期されている。仮にアミノ酸の種類が、アルファベットの字数、つまりＡＢＣ・・・ＸＹＺ二十六種に達したとすれば、たんぱく質の種類は、実に辞書に載録された単語の数だけ存在することとなる。このため、アミノ酸構成のレベルで考えると、たんぱく質の種類は驚くべき莫大な数になるのである。

左に、アミノ酸から見たたんぱく質の数種を比較対照して、その関係を例で示そう。

【原文表－六九頁参照】

私たちは、貧弱なたんぱく質の代表者としてたびたびゼイン（ツェイン）というトウモロコシのたんぱく質を参考例とする。ゼインはたんぱく質の分子中に、グリココール（グリシン）・トリプトファンおよびリジンという三種のアミノ酸を欠く。例えばゼインを用いて幼若ラットを飼育すると、その栄養価の実際の低さが極めてよく分かる。すなわち最初にゼインのみを使って飼育すると、ラットは成長を妨げられるだけでなく、徐々に体重が減少するのである。試しにこの餌にトリプトファンを加えると、ラットはその体重を維持することが可能となる。さらにリジンを添加すると、ラットは速かに成長をはじめる。グリココールは、動物の体内でみずからが合成できる何種類かのアミノ酸に属するので、他の二つのアミノ酸ほど重大な影響はない。

メンデル先生とオスボーン博士の研究※二は、この分野において最も偉大な貢献をした。この問題に関連して、歴史的に有名な例はゼラチン（あるいはコラーゲン）である。ゼラチンはその構造、性状がたんぱく質に酷似しているが、トリプトファンを含有していない。またシスチン・チロジンを欠いている。そのため、完全なるたんぱく質として効果をあげることができない。かつてフランスでは、ゼラチンを肉の代用とすることが可能かどうか、という問題を、学者が非常に苦心して追求、研究した。フランス革命の際、国内の食糧欠乏を解消するため、骨や軟骨から抽出産生したゼラチンを用いたところ、急に患者と死亡者が増加したからである。結局ゼラチンはたんぱく質の完全な代用には適さないが、それはたんぱく質に対するゼラチンの地位が、王冠を戴く王子に対する他の王子との関係に例えるべきものであって、つまりは資格の同一ではない善き食品として考えてきたのである。ただし最近では、ゼラチンがリジンを少し多量に含有することがわかったことから、他の食品に配合すれば、ゼラチンは非常に良好な結果をあげることができるという特長が明らかにされた。

各種たんぱく質の化学的構造については、なお不明の点が少なくないが、いずれにしてもそれが、食べられた後に体内で合成されて必要な身体の肉となる可能性に大小の差があることは、疑う余地がない。そしてこれらたんぱく質の栄養価を試験して、左表のような成績を得たことにより、これを生物学的養価（たんぱくの生物価）と呼ぶことになったのである。そして、食品中の消化吸収された諸成分に、もしその生物学的養価において劣る部分があっても、必ずしも栄養価が優れていないとは言えない理由がここにある。また諸動物が、自身の肉（体たんぱく質）がもっているのと同一のたんぱく質分子構造をもつ肉を食用することが、自己の肉のたんぱく質を構成する上で最も有利であるという理由、いわゆる共喰いが、幼体の成長には最上の効果をもたらすという魚類での実験や、母乳が牛乳に優るという、私たちの長い間の経験も、これによって説明することが妥当である。

○カール、トーマス氏系数。

牛乳のたんぱく質の生物価、つまり人体たんぱく質に合成し得る値を標準とし、仮にこれを一〇〇とし、他の食品のたんぱく質に生物価で表すと

	体重七〇キログラム男子の必要量 一日最少量（グラム）	生物価
牛肉のたんぱく質	三〇	一〇四
牛乳の同右	三一	一〇〇
魚肉の同右	三三	九四
米の同右	三四	八八
ばれいしょの同右	三七	七九
えんどうの同右	五四	五五
小麦の同右	七六	三九
トウモロコシの同右	一〇二	二九

これは、食品中のたんぱく質が人体のたんぱく質のどれほどの量に代わり得るかを表すものであり、食品の全成分を比較したものではない。誤りのないように。

○ウイルソン氏系数。

動物性たんぱく質	一・〇
米の同右	一・一二
馬齢薯の同右	一・二七
えんどうの同右	一・八二

小　　麦　の同右	二・五五
トウモロコシの同右	三・四

食品の栄養価（ガス新陳代謝[※二]試験）

呼吸装置を用いてガス新陳代謝試験を行うことは、生体内における栄養の状況を評価するために、なくてはならない最新式の実験方法であるだけでなく、食品の栄養価に的確な解答を与えるために必須である。

食物中の窒素化合物であるたんぱく質は、その利用後、主として尿中に尿素・尿酸・クレアチニン・プリン塩基・アンモニア等の比較的大きな分子となって排泄されるので、食物中に含まれた窒素量を、尿中に排泄される窒素分と糞便中に排泄される窒素量と比較することで、たんぱく質の体内における代謝の結果を明らかにすることができる。一方、炭素性成分である抱水炭素と脂肪はその利用後、炭酸ガスと水という小さい分子になって、呼吸器と体表面から排泄される。他に腸内では、未吸収分が細菌類に発酵分解されることから、糞便を分析して得た抱水炭素と脂肪の量は、極めて不正確な数字にならざるを得ない。結局、生体内における抱水炭素と脂肪は、新陳代謝により消費され最終的に炭酸ガスとなることから、ガス新陳代謝の視点なしに正しい結論、数字を得ることとはできないのである。

このような理由から、ガス新陳代謝について学者らは、以前からその意義、重要性が大きいことを認識していた。動物試験などでかなり研究の積まれていた場合でも、実際、ガス新陳代謝の試験には種々の支障や不完全な点があって、どうしても思うように研究が捗らなかった。したがって、この装置の取り扱い上の困難さから、この問題がなおざりにされがちであったが、最近では実験的な栄養研究のみならず、日常に患者を診察し、治療することに、応用されるまでに進歩してきたのである。そしてこのガス新陳代謝を測定する装置を名づけて「レスピラトリー、カロリメーター」あるいは「レスピレーション、カロリメーター」といい、またこれを簡約して単に「カロリメーター」と呼ばれている。そしてそれが理由で、前章に述べた「カロリメーター」と混同されぬよう、最初の食品中に含む「カロリー」を測定する「カロリメーター」を「ボムブ、カロリメーター」と呼ぶことになっている。

この新式カロリメーターを用いて痛快であるのは、生体内で営まれる各成分の新陳代謝の詳細を時々刻々に明らかにすることができることにより、各種疾患の診断と治療の予後に的確な指針を与え、その根拠を示すことができること。どのような状況下でも、実際にその生体[※一三]内で成分消費上何が行われているのか知ることができること。したがって、例えば一日一食を提唱している人が、果たして本当にその言葉通り実行しているのか、また空腹や満腹の程度を推測することはもちろん、栄養上に関するいくつもの真実や秘密を明らかにして、わずかな時間内で測定することができるのがこの装置なのである。（巻頭図解第七参照）。

そこで、人一人が要求する栄養量の測定、研究に至っては、後章で解説するが、必ずこの装置を用いた試験法によって測定を行わなければならない。最近、盛んに論議されている人口論・食糧政策・賃金制度等の解決に対しても、これが確かな根拠となるのである。

食品の栄養価（不完全食と完全食）

一個の食品を構成する成分のみで欠陥のない栄養を完成させる事は、通常では大変困難なことである。また数種の食品を組み合わせて食物を作り栄養を摂取する方法をとっても、この組み合わせ次第で食品の栄養価に大きな影響がでてくる。私の考えているいわゆる不完全食となってしまうのである。その最も解りやすい一例はビタミンである。ビタミンＡの過剰摂取と欠乏は共に脂肪の栄養上に大きな支障を来し、ビタミンBの欠乏は抱水炭素の新陳代謝に悪影響を与え、そしてビタミンCの欠乏がたんぱく質の新陳代謝に密接に関係するように、三大栄養素とはいえ完全食でなければ、本来の栄養価を発揮することができない。そればかりか、不完全食としての禍害は、各種の疾病をも発症するという結果に至るものである。ビタミン以外の物質についても、成分が微量でも不足している場合、不完全食の現象を呈するのである。このことは、妊娠と栄養の関係の例が証拠となりうる。また、理想的の天然栄養品と考えられている母乳でさえ、母の栄養上の少しの欠点により栄養価を損じ、小児疾患の原因となることは今や明らかな事実である。

食物と各成分の意義　その一　概括

成分の意義とは、成分の効果あるいは使命をいうのである。

これまでに解説してきたのは、食物の諸成分の骨子をなす三大栄養素を敢えて題目とし、それによって広く食品の栄養価を論じながら、栄養研究の発展の道程を記し述べたものである。栄養研究の進歩に伴い、食物のカロリー測定から化学的分析へ、化学的分析から消化吸収率へ、消化吸収率から生物学的養価（生物価）へ、生物学的養価からガス新陳代謝研究へと、展開は段階的に区切られたように見えるが、誤ってはならないことは、それらの古いものが全く無価値になって、新たなものが取って代わったという意味ではない。すなわち、第一の試験法だけでは不充分であるという重要点を見出した結果これに第二法が加わり、さらに第三法第四法が加わったということである。したがって、カロリー論以下一つ一つのすべての観察方法のいずれもが必要であり、そこに複雑な要素が加えられたということである。

次に、これら三大榮養素が、日常私たちの食物として摂取されるに当たり、その食品がどのような種類かを問わず、天然の状態で単一栄養素から成る純粋品はほとんどなく、必ず重要な数個の栄養素から加味混成されているのが普通である。そしてこの際、食物を構成する諸成分が、互に協同して栄養上の効果をあげることはもちろんであるが、その成分各個については、それぞれにどのような特異的意義があるかを考えなければならないことも前章で述べた。

要するに今これを概括すると、

（一）身体組織の構築成分として、第一義的なたんぱく質と熱およびエネルギーの供給を主眼とする抱水炭素・脂肪の三者は、いずれもカロリー源として、外すことのできない栄養上最も重要な位置を占めていることを、私たちは認識した。

（二）三大栄養素のようにカロリー源にはならない成分として、無機質・ビタミン・水および適当量の不消化分があり、食物にはこれらをも含まれていなければならない。

（三）無機質は身体の組織を構成するために、また体内における種々な理化学的作用の営みのために必要である。

（四）ビタミンは新陳代謝上特殊な役割を果たしている。

（五）水は、大小諸成分の溶媒となり、新陳代謝全般の理化学的反応を成立させるために必須である。

（六）不消化分もまた欠けてはならないものである。

（七）その他の食品は、時として多量の有機酸を含む。これを特別の成分として扱う書物もある。有機酸は燃焼してカロリー源となることができるとともに、一方では新陳代謝を多少抑制する作用がある。しかしながら三大栄養素から誘導された成分（代謝産物）として三大栄養素中に含めてよい。（巻頭図解第一）。

食物と各成分の意義　其《そ》の二　無機質

無機質の主なるものは、鐵《てつ》・燐・ナトリウム・カリウム・カルシウム・マグネシウム・硫黄・鹽素《えんそ》等である。就中《なかんづく》骨格や齒牙を構成するにカルシウムが主要のものであることは人の知るところである。卽《すなは》ち骨の固形分の三分の二は無機質より成り、この無機質の九〇%はカルシウム鹽類である。又姙娠時にカルシウムの攝取《せつしゆ》を怠ると母體《ぼたい》の齒牙が損ぜらるる。ビタミン缺乏《けつぼふ》とカルシウムの新陳代謝は最も密接なる關係を有し卽《すなは》ちビタミンD缺乏《けつぼふ》症に於ては佝僂《くる》病《びやう》を發《はつ》し、骨及《および》齒の發育《はついく》を妨げ、ビタミンC缺乏《けつぼふ》症に於ては齒牙に病變《びやうへん》を起し、ビタミンA缺乏《けつぼふ》症に於ては腎臓や膀胱や膽管《たんくわん》に結石を生ずる。又カルシウムは血液及《および》組織内に在つて常に其《そ》の細胞の機能を鼓舞《こぶ》する作用を爲す。日本食では米飯中に合有する丈《だ》けの量では、白米は勿論、よし半搗米を用ひた場合でも尚且《なほか》つカルシウム分の不足を來たす。カルシウムの要求量は一日〇・三二瓦《グラム》以下に見てはならぬ。

鐵《てつ》が血液のヘモグロビン中に含まれ、榮養上重要なることは古くから知られて居る。ヘモグロビンは血色素と稱《しよう》し組織の酸化作用を營むに必要な酸素を供給し、又其所《そこ》に産生せられた炭酸瓦斯《ガス》を體外《たいぐわい》に搬出する大役を勤めつつあるものである。從つて身體《しんたい》の各部に行き渡つて居る、貧血者に鐵劑《てつざい》が用ひらるゝは又之《これ》がためである。一日量〇・〇〇五——〇・〇一瓦《グラム》を攝《と》れば良い。

燐は又神經中樞《ちゆうすう》機關に特別に多量に含有されるところから、從來此《こ》の方面に重要視されて來た。燐は同時に又骨の主要なる成分でもある。一日量〇・六二瓦《グラム》を要する。

カルシウムも鐵《てつ》も燐もそれが有機性化合物であらうと無機性化合物であらうと効果は同一に見て良い。

又食鹽《しよくえん》は日常食物中に特別に添加して吾人《ごじん》が用ふるところのものである。植物性食を主とする場合には植物酸アルカリが體內《たいない》で燃燒された時、そのカリ分によりて血液中のクロールが奪取《だつしゆ》せらるゝため、自然多量の食鹽《しよくえん》を要求し鹽鹹《しおから》き料理を喜ぶ様になる。例《たと》へば山羊は食鹽《しよくえん》が大好物であるのも之《これ》がためである。

食鹽《しよくえん》を主なるものとし、その他の無機鹽類の溶存によつて、身體《しんたい》の組織はその細胞體《たい》にても、その組織液或《あるひ》は血液にても、常に一定の滲透壓《しんとうあつ》を保持して居るものである。故に無機鹽類の不足が生理的作用の不都合を來すと共に、過剰は之《これ》を速かに排泄するに力《つと》められる。

食鹽《しよくえん》の如き之《これ》を多食すれば多食する程尿中に多量に現れるのも、又水腫患者の水氣を除去する爲に食鹽《しよくえん》の食用を禁ずることのあるが如きも此《こ》の理《り》である。又身體外《しんたいぐわい》に切り離した組織片を生存せしめるため、又は重態にある患者に注射して血液や心臓の力を保持する爲め、所謂《いはゆる》生理的食鹽《しよくえん》水を用ふるはこの爲めである。

生理的食鹽《しよくえん》水とは組織や細胞中の食鹽《しよくえん》含量と同一に造つた食鹽《しよくえん》水の謂《いはれ》にして、普通〇・七五％のものを今は用ひる。

食鹽《しよくえん》が胃液中の鹽酸《えんさん》を製出するに必要なるは云ふ迄もないことである。胃酸過多症には鹽鹹《しおから》きものを愼《つつし》む方がよいと云ふのも此《こ》の理《り》である。

無機質中非常に特殊なるものには沃度《ヨード》がある。沃度《ヨード》は甲狀腺中に含有せられ、此腺《このせん》の作用は尚明瞭《なほめいれう》にはなつて居ないが、併《しか》しそれが炭素成分の新陳代謝に大《おほい》に關係あることはアンダヒル博士と私が最初に唱《とな》へ出したことである。今日では甲狀腺の重要なホルモンが沃度《ヨード》を主成分とするチロヨヂンであるとせられて居る。而《しか》して甲狀腺の患者と其《そ》の飲食物中の沃度《ヨード》含量との關係は屢々《しばしば》醫學《いがく》界で問題となつて居る。

牛乳中にはその蛋白質の殆《ほと》んど全量がカゼインであつて、只《ただ》極めて微量のアルブミンが含有せられて居る。併《しか》しアルブミンは其《そ》の成分としてシスチンといふ成長に最大の必要あるアミノ酸を含んで居る。而《しか》してシスチンはその構成分として硫黄《いおう》を含んで居るのを特徴として居るのである。

之《これ》を概論《がいろん》すると文化人には精製食品の常用其《そ》の禍根《くわこん》をなし兎角《とかく》無機質の攝取《せつしゅ》が欽乏《けつぼふ》勝《が》ちである。特別の疾患の場合の他は無機質の過剰で悩まされることはない。その不用分は單《ひと》り尿を通じてのみならず腸壁からも糞便中に排泄せられる。又微量有効の銅・滿俺《マンガン》・亞鉛・コバルト等の研究と米麥搗粉《べいばくつきこ》の害作用の發見《はつけん》は共に警鐘的である。

無機質がそれぞれ全身的或《あるひ》は局所的に分布して、各々其《そ》の効果を擧《あ》げて居る例は上に述べた通りであるが、近來此等《これら》の物質の一層重視せらるゝに至った理由は、身體《しんたい》内にありてもそれがイオンの狀態で活動することである。卽《すなは》ち細胞の生活作用も體内《たいない》に行はるゝ各種化學反應《はんおう》も亦《また》この電子に歸《き》して説明せねばならぬ事が多くなつたからである。細胞を構成する原形質（プロトプラスマ）は元《もと》複雑なる有機物から成る無生物に過ぎぬが、之《これ》に生物としての活性を賦與《ふよ》するものは實《じつ》に無機質であるといふのである。

食物と各成分の意義　其《そ》の三　水

水も亦《また》無機鹽類の如くカロリー原としては効用なしと雖《いへど》も、身體《しんたい》の組織が八〇―九〇％或《あるひ》はそれ以上の水分を含み、各成分は溶液の狀態に於いてか或《あるひ》は膠質《こうしつ》の狀態に於いてその化學作用が營《いとな》まるるので極めて重要である。水の代謝は中《ちゅう》樞並《すうならび》に主としてその滲透壓《しんとうあつ》に據《よ》りて行はれ呼氣・汗・尿及《および》屎《し》中に排泄せられる。發汗《はつかん》が著しきか或《あるひ》は下痢する時は尿量減少す。發汗《はつかん》が體溫《たいおん》調節のために必要なること、發汗《はつかん》後渇《かわき》を覺ゆるは人の知るところである。

今より卅年《さんじうねん》前までに上述蛋白質・抱水炭素・脂肪・無機質を以《もつ》て四榮養素となし之《これ》に水を加へて榮養の機能を完全に行ひ得るものとせられて居たのである。―百年前既《すで》に疑念を抱き爾餘《じよ》の何者《なにもの》かを求めたる學者もあるにはあつたが。

食物と各成分の意義　其《そ》の四　ビタミン

遂に、茲《ここ》に新《あ》らたにビタミンといふものが出現した。

ビタミンは新陳代謝上決して輕視す可《べ》からざる特殊の位置を占むるものにして、その責務の異なるに從ひ現今《げんこん》ABCDE等數十種に區別す。之《これ》が化學的本體《ほんたい》も明《あきら》かとなり、各種ビタミンは獨立《どくりつ》し相互代理する事を得ず。

ビタミンが輓近《ばんきん》に至る迄發見《はつけん》せらるるに至らざりし事實《じじつ》は甚《はなは》だ不可思議なるが如くなるも、そは下に掲ぐる

（一）ビタミンの要求量は甚《はなはだ》微量なること。

（二）偏食せず又調理法宜《よろ》しきを得ば、ビタミンが別に求むるところなくとも極めて自然的に食物中に加味せらるるを常とすること。

（三）食品中の各種の成分を化學的純粋に抽出すること近來益々《ますます》其《そ》の精巧《せいかう》を加ふると共に、夾雜《けうざつ》分としてのビタミンの混入全く制止せられ、從《したがつ》て人工榮養法に於ては顯著《けんちよ》なる各種ビタミン缺乏《けつぼふ》症を初めて發生《はつせい》認識せしむるを得るに至りたること。といふ理由によりて、ビタミンが久しく看過《かんくわ》されて居たものである。

ビタミンA。脂肪に溶解するが故に脂肪溶性ビタミンと云ふ。本因子はメンデル先生及《および》オスボーン並《ならび》にマツカラムの提唱に係る。これを缺《か》く時は眼乾燥症・夜盲症を發《はつ》して甚《はなはだ》しきは失明するに至り、成長を害し、傳染《でんせん》性病原に對《たい》する身體《しんたい》の抵抗力を弱む。又ビタミンA缺乏《けつぼふ》の爲に腎臓・膀胱・膽管《たんくわん》中に結石を生ずることはメンデル先生並《ならび》に我が榮養研究所の發見《はつけん》するところなり。榮養不良の者に夜盲症を見、貧民界に結石病多きはビタミンA缺乏《けつぼふ》症に他ならず。其《そ》の場合々々によりて多少の差ありと雖《いへど》も之《これ》を概論《がいろん》すれば、ビタミンAは攝氏《せつし》百廿《にじふ》度にて破壞す可《べ》く卽《すなは》ち各種ビタミン中熱に對《たい》する抵抗力稍大《ややだい》なるものなり。酸化し易く又酸によりて容易に分解せらる。冷藏によりては影響を受けず、

紫外線には破壊せらる。又植物中にはカロチン或《あるひは》はクリプトキサンチンとして含存《ぐわんそん》せられ、動物體内《たいない》に入りてビタミンAと化す。

ビタミンAを含有する食品は卵・バタ・乳汁・肝油・臓物・牡蠣《かき》・八ッ目鰻・海苔・大根葉・トマト・人参・ホウレン草・白菜・キャベツ等。

我が國風、土用鰻を賞味するは夏日其《そ》の食物の淡白なるに際し、脂肪溶性成分の缺乏《けつぼふ》を補足せむが爲めと解し得《う》。而《しか》してそは單《ひと》りビタミンAに限らずレチチンその他の各種リポイド質をも之《これ》に麭括せしめて可《か》なり。

ビタミンB1。ビタミンB1を缺乏《けつぼふ》する時は麻痺を起し卽《すなは》ち動物の脚氣症を發《はつ》す。人類の脚氣とも密接なる關係を有するが如し。このビタミンは水に溶解す。攝氏《せつし》百度にて分解せらる。アルカリに對《たい》する抵抗力弱し。ビタミンB1に富む食品は酵母・糠・卵黄・バタ・牛乳・臓物・ソバ・大豆・小豆・ホウレン草・人参・白菜・キャベツ・馬鈴薯・海苔其《そ》の他の海艸類《かいさう》。たとひ玄米と雖《いへど》も又半搗米と雖《いへど》も、淘洗《たうせん》はビタミンを浸出滌去《でうきよ》の方法となる。

ビタミンB2は水溶性にして成長促進を主體《しゆたい》とし、卵・牛乳・臓物《ざうもつ》・糠中に含まる。

ビタミンC。ビタミンCの缺乏《けつぼふ》は壞血病の原因をなす。水溶性にして攝氏《せつし》七十度にて破壊す可《べ》し。

ビタミンCを含む食品にはレモン・オレンヂ・夏ミカン・生乳殊《こと》に大根あり。梅干・澤庵《たくあん》は之《これ》を含まず。

ビタミンD。ビタミンDはカルシウムの代謝と關係し、骨・歯の發育《はついく》に要有り。その缺乏《けつぼふ》は佝僂病《くるびやう》又は骨軟化症を發《はつ》す。又紫外線照射に依《よ》りてエルゴステリンから化生《くわせい》す。アルカリ・熱に強く酸に弱し。多くはAと共存す。

此《この》他尚《なほ》繁殖に關係あるビタミンE或《あるひ》はXの存在確定し、其《そ》の本態亦明《もまたあきら》かとなる。チサ・胚子・野菜に含む。

ビタミンは其《そ》の因子の細別と新種の發見《はつけん》に依《よ》りて日に賑《にぎはひ》を加ふ（巻末を參照）。

又ビタミンの檢定は化學的理學的法等あれども、最上は動物試驗によるものとす。即《すなは》ちビタミン缺乏《けつぼふ》症の豫防《よばう》試驗と治癒試驗を行ふのである。試驗動物を三群に分ち、第一群は一定の基本飼料に各種ビタミンの全部を麭含せしめ完全なる榮養料となしたるものを與《あた》へ、充分に動物は成長を遂げ、健康を保ち以《もつ》て全試驗の對照《たいせう》となる。

第二群は同じ基本飼料より試驗せんとする一種ビタミンを除く他のビタミン全部と可檢食品とを調合して、當該《たうがい》ビタミンの缺乏《けつぼふ》症を發《はつ》する事なきや否やを其《そ》の最後迄觀察するのである。即《すなは》ちビタミン缺乏《けつぼふ》症の豫防《よばう》試驗である。もし可檢食品中に可檢ビタミン含有せざれば同缺乏《けつぼふ》症を發《はつ》し、含有せば同缺乏《けつぼふ》症を發《はつ》せず。又其《そ》の含有量の大小によりて病狀に輕重の差を生ずべし。

第三群は基本飼料に試驗せんとするビタミン以外の全ビタミンを含有せしめ、所期ビタミンの缺乏《けつぼふ》症を發《はつ》したる時、之《これ》に可檢食品を與《あた》へて、當該缺乏《たうがいけつぼふ》症の治癒するや否やを試驗するに在り。又そのビタミンの含有量によりて治癒に遲速《ちそく》難易《なんい》がある。

以上三樣の試驗を並行して同一條件の下《もと》に、それぞれ適當なる動物を撰《えら》むで之《これ》を行ひ、その結果を綜合《そうがふ》して判斷を下すのである。動物の種類により各種ビタミンに對《たい》する抵抗力に大《おほ》なる差等がある。

動物試驗の他に酵母や、色の反應《はんおう》や、光學的の檢定方法も出來、それ等は便宜なるが爲め用ひらる。米穀のカタラーゼを定量して間接にビタミンBを定量する法は推奬に價《あたひ》する。

ビタミンは純品の抽出が今は成效《せいこう》し、人工的集成の結晶等をも製出し得、その生理的作用も審《つまびら》かにされ、又國際單位等も制定せられ、ビタミンの神秘的時代は去つたのである。

ビタミンが體内《たいない》に攝取《せつしゆ》せられて後《のち》の運命即《すなは》ち代謝・要求量・飽和點《てん》・分布・不足難と缺乏《けつぼふ》症等も漸次《ぜんじ》明《あきら》かとなり、又體内《たいない》で一定時日間貯藏されることはビタミン缺乏《けつぼふ》飼料を與《あた》へてから同缺乏症《けつぼふ》を發《はつ》する迄に多少の日數《ひくわず・につすう》を要すること及《および》ビタミンに富める乳で養はれた仔鼠《こラット》とビタミンに乏しい乳で養はれた仔鼠《こラット》を同時に離乳せしむるに甲は乙よりも遙《はるか》に發《はつ》育《いく》の率高く又乙は甲に比してビタミン缺乏症《けつぼふ》に罹《かか》り易い例を見ても分つて居た。

比較的少量で而《しか》も榮養全體《ぜんたい》の效果を動すに足る點《てん》から、身體《しんたい》を建築物と見た時の釘《くぎ》の樣なものに比べて見るのが理解し易いとされて居る。故にその過剰の攝取《せつしゆ》は無用であり或《あるひ》は有害であることは當然《たうぜん》である。

食物と各成分の意義　其《そ》の五　嗜好品

從來榮養素に對《たい》して嗜好素なるものを區別し、甲を機關車の燃料となるべき石炭の如く乙を機關の運轉《うんてん》を圓滑《ゑんくわつ》ならしむる機械油の如しと說くを常とし、之一理《これひとつり》なきにあらざりしと雖《いへど》も、余《よ》は之《これ》に贊せず。余《よ》は新《あらた》に提唱して飲食品の總《すべ》てに其《そ》の藥物學的（藥理學的）作用を認むるものである。飲食品が化學的物質である以上、そしてそれが體内《たいない》で酸化・分解・中和・合成等化學反應《はんおう》のあらゆるものを演出する以上、榮養以外に種々の現象が理化學的に同時に見られるに違ひない。例《たと》へば蛋白質の最終分解產物たるアミノ酸が新陳代謝を催進《さいしん》する作用を有することは力學的作用《だいなみつくあくしよん》として疾《と》く知られて居る。胃液中の鹽酸《えんさん》が腸に移行した時膵液の分泌を皷舞《こぶ》するセクレチンの產生に與《あづか》るとか、又セルローゼが便通を促し、果實《くわじつ》汁が利尿の効を奏する等、飲食品の各成分が其《そ》の本來の性狀からか、或《あるひ》はその分解道程の特性からか、或《あるひ》は他の成分との相互關係からか、何《いづ》れにしても其《そ》の榮養達成の目的に供せらるると同時に、大小緩急の差を以《もつ》て複雜を極むる種々の作用を呈《あら》はす可《べ》く、之《これ》を飲食品の藥物學的作用と私は名《なづ》ける。或《あるひ》は之《これ》を飲食品の副作用と觀《み》るも良い。

類脂體《るいしたい》はエナージーの根原とならず又榮養上なくてはならぬものではないことが此頃《このごろ》明《あきらか》になつた。併《しか》し類脂體《るいしたい》は體《たい》内《ない》で種々の重要なる働《はたらき》をする。例《たと》へば消化酵素の作用を催進《さいしん》したり抑制したり、白血球の喰菌現象を制止したり活動せしめたりする。其の他レチヽンが加はる爲めにコレステリーンが體液《たいえき》中に溶存するを得、又類脂體の含有によつて血漿中に脂肪が溶解するを得るのである。

イヌリンは特異の酵素イヌラーゼによりてのみ消化せらる、人體《じんたい》内には何所《どこ》にも消化管内には勿論私の研究によれば血清内にもイヌラーゼは含存してない、又イヌリンを以《もつ》て飼養《しやう》した動物の肝臓内にはグリコゲーンの生成を認められない。故にイヌリンを主成分とする菊芋は榮養上の効價《こうか》に於て落第者でなければならぬ。然《しか》るに臨床家の中には今日尚《なほ》菊芋を糖尿病患者の食餌《しよくじ》として處方《しよはう》するものがある。實際《じつさい》菊芋を食用した後《のち》腸内にイヌリンも糖分もが殘存せぬことを私は知つて居る。又糖尿病患者の抱水炭素飢餓から來る過酸《くわさん》症が菊芋食によつて消失することもありとされて居る。

今矛盾を極めたるが如き上述の記載を整理すると次の如くなる。

一、菊芋は消化液にては消化されない。

一、菊芋は腸管内で細菌の爲めに分解せられる。

一、菊芋が他の抱水炭素性食品の如くにグリコゲーン原となり得ざる事實《じじつ》は菊芋の榮養上の一般的効價《こうか》を否定せねばならぬ。

一、而《しか》も菊芋が酸過多《さんくわた》症に有効であるといふのは其《そ》の藥物學的効用を示すものである。

一、菊芋を糖尿病患者に用ふる場合は右の心得を以《もつ》てす可《べ》きものであつて、之《これ》を普通の他の芋類と同一視し、單なる分析表によつて其の匏含するカロリーなどを計算してするのは大きな誤りである。

飲食品の藥物的作用の最も重大なる點《てん》は又前述セクレチンに因《ちな》むだホルモンとの密接なる關係である。即《すなは》ち身體《しんたい》内で生理的病理的諸作用の調節連絡に任ずるホルモンが蛋白質の分解産物アミノ酸から由來することが追々《おいおい》と明確になつて來た。

例《たと》へば最《もつとも》有名にして強力な副腎のホルモン・アドレナリンはベンゾール核を有しチロジン或《あるひ》はフェニールアラニンと特別の關係に在り。甲狀腺のホルモン・チロキシンはトリプトフハンと共にインドール誘導體《いうだうたい》であつて離る可《べ》からざる關係に在り。腦下垂體《かすいたい》のホルモン・ヒスタミンはヒスチヂンから得られイミダゾール誘導體《いうだうたい》に屬する。又ホルモン生成とは全然別の方面に於て、日々トリプトフハンの少量を注射すると貧血及《および》失血の恢復《くわいふく》が非常に促進せられ其《そ》の日數《ひかず》を半分に短縮することが出來る。恐らくトリプトフハンがヘモグロビン形成の材料となるものであるとせられて居るのである。

而《しか》してこの藥物學的作用の非常に顯著《けんちよ》なるものと、隱微《いんび》なるものとがあつて、その顯著《けんちよ》なるものを嘗《かつ》て嗜好品※一四と名づくるに至つた者であると私は解する。卽《すなは》ちアルコール性飲料・茶・珈琲《コーヒー》・コヽア・各種酸類・香料等の如きものである。アルコール性飲料中のアルコール・茶のテイン・珈琲《コーヒー》のカフエイン・ココアのテオブロミン・食酢中の醋酸《さくさん》・芥子《からし》中の揮發《きはつ》油等はその各飲食品に特有な成分であるので、之《これ》が爲に特殊の名目が作られたのには相違ないけれど、これ等のものに期待したところは要するに之《これ》によつて消化の分泌を進め、從《したが》つて消化吸收の率を增高《ぞうかう》すると云ふ事が主眼であつたのであつて、結局消化管内に於ける事項にのみ制限著目《ちやくもく》した考案である。余《よ》は此《この》消化管の管壁を越へて新陳代謝の深部、それを學術上では中間新陳代謝と云ふが、其《そ》の新陳代謝の全般に影響する食品成分の最後の幕迄一つにして觀《み》ねばならぬと思ふのである。例《たと》へば澱粉質の最終消化產物であつて、生理的糖分と云ふ異名を有する程、組織が直接利用し得る葡萄糖《ぶだうたう》にしても率直に酸化せられて乳酸を生じ、次《つい》で炭酸瓦斯《ガス》と水とになり、以《もつ》て充分に榮養上の効果をあげるか、或《あるひ》は體内《たいない》のアルカリと結合してその儘《まま》尿中に去ると云ふ事實《じじつ》と同時に一方では、酸化の際蓚酸《しうさん》を生じ、それ以上は最早《もはや》分解せられず、從《したがつ》て榮養上の効果に與《あづか》らず、而《しか》かも毒物として作用し、他の中和性物質と結合して尿中に排泄せらるる事實《じじつ》とを併《あは》せて認めねばならぬのである。

ビタミンの如きは私の提唱する食品の藥物學的作用説を最《もつと》も有力に裏書するものであつて卽《すなは》ち其《そ》の微量で効を奏すること、各種ビタミン互に相《あひ》代理することを得ざること、動物の種類に應《おう》じビタミンに對《たい》する態度必要量等に大差あること、他の脂肪・抱水炭素・無機質其《そ》の他榮養成分と密接なる相互的關係を示す程度の顯著《けんちよ》なること、殊《こと》に其《そ》の過量《くわりやう》は却《かへつ》て有害に作用するとの説、其《そ》の他吾《わが》榮養研究所に於て發見《はつけん》せられたるビタミン缺乏《けつぼふ》食によりて結石症・癌腫を生ずること及《および》アルカロイドに對《たい》する中毒量に變動《へんどう》を呈《てい》せしむる等、ビタミンに關する最近の研究はビタミン其《そ》の者の藥劑の如くに作用するが主であることを私に信ぜしむるからである。其《そ》の用量を過《すご》せば毒になると云ふことも之《これ》で説明し得られる。

又諸種の神經作用が各種の生理的病理的現象を起す理由の如きも、現今《げんこん》では神經作用により先《ま》づ細胞の榮養上に影響を與《あた》へ其《そ》の結果一定の現象を題《あら》はすに至るものと解せらるゝに至り、此點《このてん》からも食品の藥物學的作用に重味《おもみ》を加へる。

腸内に於ける食物の醱酵分解によりて生ずる所謂《いはゆる》消化管自家中毒の如きも亦《また》、此際《このさい》併《あは》せて考慮せられなければならぬ事項たることを妨げぬ。

最後に初學の士にしてもし私の食品藥物學的作用説を容易《たや》すく受け取ることの出來ぬ人々には、もつと單簡《たんかん》な左の引《いん》例《れい》の方が或《あるひ》は便宜であるかも知れぬ。卽《すなは》ち麴《かうじ》から作るヂアスターゼが藥劑として認めらるる時、ヂアスターゼ以上に有力の糖化素を含むで居る大根オロシを食用し之《これ》にその藥効を否定する譯《わけ》には行くまい。又單寧《タンニン》酸が有用な收斂劑《しうれんざい》として認めらるゝ際、單寧《タンニン》酸を含む澁味の食品に同一藥効を無視することは出來ぬの理《り》である。ことである。

斯《か》くて榮養素と嗜好素・榮養品と嗜好品との差別を撤廢《てつぱい》せむことを私は主唱する。

食物と各成分の意義　其《そ》の六　不消化分

食品中には一定量の不消化分を含有す。不消化分の中

(一)最も著明なるは植物細胞素である。植物細胞素は植物性食品の組織を機械的に構成支持するが爲めに用意せられたる特殊の物質にして、之《これ》を消化するには特異の消化酵素チターゼなるものを必要とす。草食動物の腸管内にはチターゼあれども人體《じんたい》の消化管内にはチターゼ存《そん》せず。植物性食品が動物性食品に比して消化吸收率低きは之《これ》を主因とする。

(二)ガラクタン・マンナン・イヌリン等特殊の抱水炭素類も亦《また》不消化分として之《これ》を見ねばならぬ。寒天其《そ》の他の海草類・コンニヤク・キク芋等が其の例である。又此等《これら》不消化分中細菌によりて多少分解せらるるものなきにあらずと雖《いへど》も、體内《たいない》に於てグリコゲーン生成の著明なるを得ざるによりて、余《よ》はその榮養上の効果の大を疑ふものである。糖尿病患者の食餌《しよくじ》の場合には此點《このてん》に注意を要す。

(三)嘗《かつ》て述べたるが如く、腸内細菌の作用に委せられし後《のち》膵液によりて多少消化せらるゝに至る寒天・蒟蒻《こんにやく》の如きあり、又動物性食品中の纖維《せんい》組織は難消化性にして胃液のみでは消化せられざるも、胃液の鹽酸《えんさん》の作用を受けて更に腸内に移行すれば膵液によりて消化せらる。從《したが》つて胃癌症に於けるが如く胃液中の鹽酸缺乏《えんさんけつぼふ》せるものには全然不消化分となる。

(四)消化性食品も其の調理法によつて、消化を容易ならしめ若《も》しくは之《これ》を困難ならしむる事實《じじつ》は普《あまね》く人の知るところであ

る。斯《かく》の如き場合の不消化分は私は之《これ》を假性《かせい》不消化分と名《なづ》く。即《すなは》ち假性《かせい》不消化分は眞《しん》の不消化分にあらずして、之《これ》が處理《しより》法の巧拙《かうせつ》によつて變動《へんどう》す。又一方に於ては眞《しん》の不消化分と雖《いへど》も攝取《せつしゆ》前之《これ》に適切の操作を加ふれば充分有効なる榮養分となるを得るものにして、例《たと》へばイヌリンの如きは極めて微量の酸と共に熱すれば果糖となり、非常に消化し易きものと化す、寒天と雖《いへど》も亦然《またしか》り。

上述不消化分、不吸收分の兩者を合算したるものを食物の徒《と》費《ひ》量といふ。共に糞便中に排泄せらる。又糞便中に排泄せらるゝ量によりて食物の不吸收率を定める。

獻立《こんだて》を作るに當《あた》り總《そう》カロリー、利用カロリーといふことあり。總《そう》カロリーとはその食品中に含有するカロリー全體《ぜんたい》を云ひ、利用カロリーとは人體内《じんたいない》に於て實際《じつさい》上利用せらるゝカロリーの量をいふ。故に消化吸收率高きものほど總《そう》カロリーと利用カロリーの差は小となるものであり。從つて植物性食品が動物性食品に比して徒《と》費《ひ》量の大なるは元より其所《そこ》である。普通混食の場合は約一〇％の徒《と》費《ひ》量を考慮して計算するを常とする。

嚴格に之《これ》を言へば食物中の各食品の消化吸收率を計上したるものが其《そ》の食物の全消化吸收率で無く、又食物中の各食品の不吸收率を合算したるものが其《そ》の食物の全不吸收率では無い。何となれば食品の消化吸收率或《あるひ》は不吸收率は食品相互の間に著明の影響を呈《あら》はすものであるからである。換言《くわんげん》すれば同一の米飯を用ふる場合でも其《そ》の副食物の性狀如何《いかん》によつて米其《そ》のものの消化吸收せらるる度合にも差等を生ずるからである。故に正確の徒《と》費《ひ》量は一定の組み合せに在《あ》る食物を檢定しそれに限つて之《これ》を云ふことが出來るのである。

食物中一定量の不消化分を含むことは生理上必要であつて、之《これ》によつて一定の容積を保《たも》たしめ且《か》つ腸の蠕動の刺戟《しげき》となり、便通を利《り》せしむる。動物性食品に偏《へん》する富貴人や患者などか便祕に苦しめらるる例は常に見るところである。又食物を攝取《せつしゆ》せずとも腸内よりは必ず排泄物を生ずるものである。これ皮膚に汗や垢《あか》を見ると同様の理《り》に基《もとづ》き、消化液の分泌や、消化管内の粘膜上皮の脱離、竝《ならび》に身體《じんたい》新陳代謝の產生分の腸粘膜を通じて腸内への排泄等によりて自《おのづ》から糞便を生ずるに至るものである。而《しか》して之《こ》れ斷食者にも便通を見る所以《ゆえん》である。唾液のみにても其《そ》の絶《た》へず嚥下せらるゝ量は豫《よ》想外《さうぐわい》に大量であるのである。

上述の理由により他日《たじつ》榮養學大《おほい》に發達《はつたつ》して、天然榮養品に代る可《べ》き人工榮養品の發明《はつめい》完成する曉《あかつき》と雖《いへど》も、斯《か》かる人工榮養品を合成するに當《あた》り、必ずや其《そ》の中に一定量の不消化分を麴含せしめらる可《べ》きである。

食物と各成分の意義　其《そ》の七　新生成分

食物の成分が其《そ》の儘《まま》直接に身體《しんたい》の成分となるものにあらざることは前章に於いて既《すで》に之《これ》を說いたが、現に身體《しんたい》の組織中に最《もつとも》重要なる成分として不斷に嚴存し乍《なが》ら食物中に之《これ》を缺如《けつじよ》するも不可なきもの亦尠《またすく》なからず。肝臟や筋肉其《そ》の他の臟器中に多量に含有せらるるグリコゲーン、腦髓《なうずい》や血液其《そ》の他プロトプラスマ中に豊富に發見《はつけん》せらるる類脂體《るいしたい》、全身總體《そうたい》あらゆる細胞の核中に其《そ》の主成分として存在するプリン鹽基《えんき》或《あるひ》はピリミヂン塩基の如きは、何《いづ》れも實《じつ》に此等《これら》の成分無しには生物が成立せざる程正規の成分である。而《しか》も實驗《じつけん》によれば食物中に假《かり》に此等《これら》諸成分を麴含せしめずとも、差當《さしあた》り榮養上の支障を惹起すること無しに經過することが出來る。盖《けだ》し此等《これら》の諸成分は身體《しんたい》内で他の成分から集成して新生し得らるゝからである。斯《かく》の如く其《そ》の必要に應《おう》じて身體《しんたい》内に集成し得らる可《べ》き自然の特別の準備を有する各成分は、同時にそれが却《かえつ》て最重要の成分であることを暗示するものとも考へられるのである。

食物と各成分の意義　其《そ》の八　多價《たか》性

前條《ぜんでう》說くところにより、食物中の各成分はそれ〻《ぞれ》特殊の意義を持して榮養上に有用なる所以《ゆえん》が分つた。而《しか》も玆《ここ》に看《み》過《すご》す可《べ》からざることは主要なる食物成分が何《いづ》れも一品一効を以《もつ》て終始するものにあらず、能《よ》くその境遇と時宜《じぎ》に適從《てきじゆう》し、變通《へんづう》、代償の妙《めう》を極むることである。

蛋白質は組織構成を以《もつ》て効用の主眼とすれども必要に應《おう》じて又カロリー原として分解せらるるが如き、含水炭素及《および》脂肪がカロリー原として常用に供せらるゝも必要に應《おう》じ又身體《しんたい》組織中に脂肪となりて沈着せしめらるるが如きは、食物成分の意義に一定の變通《へんづう》性を示すものである。

抱水炭素と脂肪が交互に相《あひ》代理するを得るの例、又此《これ》兩者の身代りによりて蛋白質の分解を防止することを得るの例は食物成分に「代償性」の餘力《よりよく》あるを示すものである。

此《かく》の如き變通《へんづう》代償には元より其《そ》の範圍《はんゐ》の制限あり難易亦《もまた》同一ならずと雖《いへ》ども、以《もつ》て食物成分が石炭の機關に於けるが如く機關の鐵《てつ》に於けるが如く單純なるものにあらず、卽《すなは》ち食物成分の榮養上に於ける多價《たか》性を認めねばならぬのであつて、之《こ》れ身體《しんたい》組織を構成する細胞の生活機轉《きてん》の融通性と相《あひ》待ち、實際《じつさい》生活の上に日常宏大《くわうだい》なる貢獻を爲すものである。

消化吸收せられたる成分の運命・細胞の成分・新陳代謝

消化吸收によりて腸壁を通過したる諸成分は腸壁細胞の急速且《かつ》微妙なる作用によりて、其《そ》の性狀忽《たちま》ち一變《いつぺん》し例《たと》へば蛋白質の破片《はへん》アミノ酸は何時《いつ》しか集成せられて所要の蛋白質と化し、脂肪酸亦《もまた》中性脂肪となる。而《しか》して今や身體《しんたい》諸組織の榮養の實際《じつさい》に參與《さんよ》す可《べ》き新形態を與《あた》へられたる此等《これら》の諸成分は血液及淋巴《およびりんぱ》液中の新成分となつて各所に到《いた》らぬ隈《くま》も無く循《じゆん》流《りう》する。卽《すなは》ち其の血管及《および》淋巴《リンパ》管を通じて組織間に達する時此所《ここ》に待てる細胞は各自自家の要求するところの成分を攝取《せつしゆ》し且《かつ》受容する。

細胞は生體《せいたい》の單位であつて細胞體《さいばうたい》成分には略々《ほぼほぼ》三階級を區別することが出來る。第一成分（又主成分）は卽《すなは》ち細胞體《さいばうたい》を構成する主要のものにして蛋白質・無機質の如くいかなる細胞にも必ず缺《か》く可《べ》からざるものがそれである。第二成分（又副成分）は廣《ひろ》く普遍的に含有せらるゝも亦《また》必ずしも必存を要すと限らざるものにして例《たと》へば脂肪及《および》グリコゲーンの如きである。第三成分（特殊成分）は一定細胞にのみ特有なるものにして例《たと》へばケラチン・メラニンに於けるが如し。

細胞は自己の生活を營み且《かつ》固有の機能を行はむが爲に必要なる、各獨自《どくじ》の成分を分取《ぶんしゆ》し同時にその老廢分《らうはいぶん》を排泄する。

酸化作用に必要なる酸素は肺臟によりヘモグロビンと輕く結合し、酸化ヘモグロビンとなりて組織間に到達し、玆《ここ》に酸素の供給を了《お》へたるヘモグロビンは環流に際して細胞の產する炭酸と結合し炭酸ヘモグロビンと爲つて肺臟に復歸《ふつき》し、呼氣中に其《そ》の炭酸を放出す。炭酸及《および》水の如く呼氣中に移行する以外の老廢分《らうはいぶん》は血液循環により腎臟に至つて尿中に排泄せらる。卽《すなは》ち水・尿素・尿酸・プリン鹽基《えんき》・アムモニア鹽類・燐酸・クロール・カリウム・ナトリウム・カルシウム・マグネシウム等が其《そ》の主なるものである。又一部分は皮膚よりも排泄せられる。卽《すなは》ち所謂《いはゆる》皮膚呼吸と發汗及《はつがんおよび》皮脂皮垢《ひこう》によつて炭酸・水・少量の尿素・アムモニア・クロール等が排泄せらるるのである。

斯《か》くて身體《しんたい》諸成分の新陳代謝※一五が完成する。

人體《じんたい》の榮養の要求量

一個の人體《じんたい》が要求する榮養量が幾何《いくばく》を以《もつ》て適當とするやは非常に重要な題目である。之《これ》を保健食又は標準食と稱《とな》へて來た。

併《しか》し此《この》保健食には元來二種の區別がある。

(甲) 習慣上の保健食。

(乙) 生理上の保健食。即《すなは》ち之《これ》である。

習慣上の保健食とは各自が任意に日々攝取《せつしゆ》して居るもの〻謂《いひ》であつて、その年齢・職業・性別等一般的の相異に左右せらる〻は勿論、地域の事情からエスキモー人が脂肪の大量を食用したり、熱帯地の土人がその裸體《らたい》と淡白大量食の結果膨大するが儘《まま》に任せたる腹部を露出せる等、特殊の理由によりて不同を來《きた》す。されど其《そ》の極端なるものを除いて靜かに之《これ》を觀察すれば習慣性保健食に於ては

	蛋白質	抱水炭素	脂肪	總《そう》カロリー
露西亞《ロシア》勞働者中等度	一三一・八	五八三・四	七九・七	三六七五
瑞典《スエーデン》劇勞	一八九	七一四	一一〇	四七二六
獨逸《ドイツ》兵士	一四五	五〇〇	一〇〇	三五七四
佛蘭西八時間勞働	一三五	七〇〇	九〇	四二六〇
伊太利《イタリー》中等度	一一五	六九六	二六	三六五五
英吉利《イギリス》職工	一五一	—	—	三四七五
澳地利《オーストリー》	一五九	—	—	五〇九八
北米合衆國	一二五	—	—	三五〇〇

（チツテンデン先生輯）

試《こころ》みに之《これ》を圖解《づかい》に取ると、其《そ》の各成分の量と比例が善く分かる。(巻頭圖解《くわんとうづかい》第五頁參照)。卽《すなは》ち概論《がいろん》する時は、世界人類の食物中の成分の大部卽《すなは》ち4/5－3/4は抱水炭素であるといふ事が分かる。此點《このてん》は大《おほい》に留意す可《べ》きである。何となれば吾人《ごじん》の身體《しんたい》を現實《げんじつ》に構成する主なるものは蛋白質であつて之《これ》に次ぐものは脂肪であり、抱水炭素に屬するものは非常に少量である。而《しか》も食物中には抱水炭素が主で殊《こと》に日本人の食用する脂肪分の如きは著しく少量である、一見攝取《せつしゆ》する食物と吾人《ごじん》の現身《げんしん》とが其《そ》の成分に於て、宛《あた》かも相反比巓倒《さうはんくらべてんたう》して居るかの感を起さしめる。併《しか》し仔細に觀察すると、これには相當《さうたう》の理由のあることであつて、卽《すなは》ち多量に攝取《せつしゆ》せられた抱水炭素は體内《たいない》で最も容易に燃燒して能《よ》く他の成分に先んじて活動力の原料となること、又其《そ》の剩餘《じようよ》が脂肪に變形《へんけい》してその儘《まま》組織間に沈着することを得ることとが、前章既《すで》に說きたるが如くであるからである。

而《しか》して要するに習慣性保健食は自然に放任せられ食欲に迎合することによりて成立したりと見る可《べ》きものであり、之《これ》に反し多くの學者は理智により、實驗《じつけん》により、科學的に之《これ》を研究、判定して生理上の保健食を求むるに力《つと》めたものである。それには次の諸例を主なるものとして玆《ここ》に揭げる。而《しか》して普通保健食といふ場合は此《こ》の生理上の保健食を意味し、中等の體重《たいぢゆう》と中等度の勞作に從事するものを標準として論じられて居るのである。

(巻頭圖《くわんとうづ》第六頁)

學者	蛋白質	抱水炭素	脂肪	總《さう》カロリー
フオイト	一一八	五〇〇	五六	三〇〇〇
モルシヨツト	一三〇	五五〇	四〇	三一六〇

ランケ	一〇〇	二四〇	一〇〇	二三二四
フォルスター	一三一	四九四	六八	三一九五
フルトグレン及《および》ランデルグレ	一三四	五二三	七九	三四三六
アトウオーター	一二五	四〇〇	一二五	三三一五
スツーデムンド	一一四	五五一	五四	三三二九
シュミット	一〇五	五四一	六三	三三三五

（チツテンデン先生輯）

之《これ》を見るとその何《いづ》れの例に於ても、生理上の保健食は習慣上の保健食よりは少量で足るといふこと、換言すれば各國とも人平素必要以上に食ひ過ぎて居るといふことが分かる。殊に蛋白質に於てさうである。

日本人では、其《そ》の習慣性保健食に就《つ》いて試《こころ》みに其《そ》の多數研究家の成績を綜合《そうがう》すると

職業	食物種類	體重《たいぢゆう》（瓩《キログラム》）	勞働程度	蛋白質（瓦《グラム》）	抱水炭素（瓦《グラム》）	脂肪（瓦《グラム》）	總《そう》カロリー
學者	米飯混食	四八・〇	輕度	平均 九〇・三一	四七一・九三	五・五八	二四五六
小使	米飯蔬食《そしよく》	――	中等	平均 六五・三六	六〇一・〇六	五・〇〇	二七七九
同	同	六二・六	中等	平均 六四・三六	五六八・九〇	三・七二	二六二七
農夫	米麥飯蔬食《べいばくはんそしよく》	平均 四九・四	重業	一二九・七〇	六八四・〇〇	三二・四五	三六三七
同	同	五二・二	中等	平均 一〇三・七〇	五三九・八〇	二六・一四	二八八二
同	同	平均 五二・八	中等	八二・六六	五五二・九〇	一八・〇五	二八〇五

同	同	五四・三	軽度	平均 六〇・二三	四一七・一〇	一二・九四	二〇九〇
鍛《かじ》工《こう》	米飯混食	平均 五二・九	重業	七二・九二	五七〇・七〇	六・〇五	二六九四
消防夫	同	平均 五二・〇	中等	一〇一・五五	五六七・八〇	九・〇五	二八二八
海兵	和洋混食	平均 六二・四	重業	一三〇・七〇	六四六・九〇	一八・〇〇	二九四四
陸兵	米飯混食	平均 五八・二	中等	八四・八一	五三三・六九	一四・六〇	二六七二
同	米麦《べいばく》混食	平均 五八・四	中等	八七・八〇	五六六・〇九	二〇・四八	二八七〇
同	和洋混食	平均 五六・四	中等	一二三・二九	五〇二・八五	三四・〇〇	二八〇一
同	米麦飯《べいばくはん》混食	—	—	平均 一〇三・六〇	六二九・五〇	一六・八〇	三一六二
陸軍戦時食	同	—	重業	平均 一一〇・二八	六一八・五〇	二三・四三	三三〇六
陸軍囚徒《しうと》	同	六五・三	中等	平均 一〇八・二一	五五六・九四	三四・六七	三〇四九
同	同	平均 六四・五	中等	九八・五〇	四八〇・〇〇	三・二〇	二六八〇
同	同	平均 五九・六	中等	八六・七九	三八四・六八	三一・四二	二三二五

であって大體《だひたい》蛋白質六〇―一〇〇瓦總《グラムさう》カロリー二二〇〇―三〇〇〇の間にあるが、私の經驗に徴《ちよう》すれば、もし經濟的榮養法を行はふといふ場合には其《そ》の獻立にさへ注意すれば、之《これ》を平均體重《たいぢゆう》（十三貫《くわん》五百目―十四貫目《くわんめ》）のものに就《つ》いて中等度勞働には蛋白質五〇―六〇瓦總《グラムそう》カロリー二〇〇〇の程度まで節約するのは至難でない。而《しか》して此《この》ことは後章で更に說明する筈《はず》である。これを「榮養の彈力性」と呼稱《こしよう》せむとす。

合理的に此《この》保健食を定むるには次の如くするのが最新式の法である。即《すなは》ち先《まづ》最初に基礎榮養量なるものを計測する。

基礎榮養量とは人が絶對《ぜつたい》安靜に居り、消化作用迄も休息したる狀態に於ける新陳代謝が現に消費しつゝある榮養量を云ふものであつて、例《たと》へば午後六時に夕食を攝《と》りその後十五六時間を經たる翌朝の九時十時に於て最も安靜に仰臥《ぎやうぐわ》したる時、之《これ》を計測することが出來るのである。卽《すなは》ち人の要求する最低度の榮養量が之《これ》によりて定まるのである。云ふ迄もなくそれは完全なるカロリメーターを用ひて試驗を行はねばならぬ。而《しか》して日本人の基礎榮養量から日本人の保健食を次の如く算出する。

日本人の基礎栄養量（一日）	[※一六]一三四七カロリー	二〇一九		
特殊栄養量	六七二……		二一五三	
消化吸收作用に要する消費（一〇%）	一三四……			二三六八
食物の徒費《とひ》量（一〇%）	二一五……			
保健食總《そう》カロリー	二三六八カロリー			

特殊カロリーとは勞作に從事せむが爲めに必要なるカロリーにして、此《この》量は職業の種別・努力の輕重によりて大差を生ずれども、中等度の勞作に於ては基礎榮養量の約半量と見て大過《たいくわ》なし。次に消化吸收を營むが爲めに要するカロリーと食物の不消化不吸收分に屬するカロリーを加算す可《べ》きは言ふを俟《ま》たざる可《べ》し。

此の他實際《じつさい》問題に臨《のぞ》み榮養の適當量を算定することは、之《これ》を左右す可《べ》き種々の條件を顧慮せざる可《べか》らざるや論なし。例《たとへ》ば體格《たいかく》の大小は身長・體重《たいぢゆう》・體表面積《たいへうめんせき》を異にし、肥瘦・體質《たいしつ》・性別・年齢は消費量に差異を生ず、其《その》他外界の溫度・

濕度《しつど》・氣壓《きあつ》及《および》季節・天候によりてもそれぐ影響ある可《べ》く、就中《なかんづく》最《もっとも》密接の關係あるは勞作の程度なり。今試みに勞作に關して之《これ》が大綱を示せば左の如し。

※一七絶對《ぜったい》安靜時を　一（基礎）とすれば
臥床休息時　一・二（二割增）
床外休息時　一・四（四割增）
中等度勞作　一・六（六割增）
劇　　勞　二・〇（十割增）

女子及《および》未成年者は大體《だいたい》に於て左の標準に由《よ》る。

成年女子及一八―二〇歳男兒・・・・・九割　一四――一七歳男兒・・・・・・八割
一四―一七歳女兒・・・・・・・・・七割　一〇――一三歳男兒・・・・・・六割
六―九歳男兒・・・・・・・・・・五割　二――五歳男兒・・・・・・四割

大食と小食

榮養攝取《せつしゆ》量の大小に就《つい》ては經濟的榮養法の條下《でうか》で論ずる。茲《ここ》では常識での所謂《いはゆる》大食小食問題を説くのである。

大食と小食の利害得失に就《つ》いて之《これ》を論議するに當《あた》り、人多くは單純にその食の量の問題に於てするを常とする。而《しか》しこれ大《だい》なる誤《あやまり》である。

凡《およ》そ食物は其《そ》の各食品の化學的組成が各種各樣なるが爲め、その配合宜《よろ》しきを得ば能《よ》く小量にして理想的の榮養食を得、之《これ》に反して獻立その當《とう》を得ざれば徒《いたづら》に大量を用ふるも尚且《なほか》つその榮養の目的に副《そ》ふこと難し、而《しか》して之《こ》れ榮養法を無智に放任す可《べか》らざる所以《ゆえん》である。

按《あん》ずるに大食の因をなすもの二あり。

（一）食糧消費上の缺點《けつてん》。例《たとへ》ば米を偏重し殆んど白米飯のみによつてその榮養を行はむとす。米の榮養分は元より尊重す可きものなりと雖《いへど》も、之《これ》を一般の思意するが如く、爾《しか》く完全無缺《むけつ》のものとするは誤《あやまり》である。玄米が既《すで》にビタミンAを含有すること僅微《きんび》に止《とど》まるのみならず、普通の炊飯法ではその玄米なると半搗米なるとを問はずビタミンBをも喪失する恐れがある。世上《せじやう》炊飯時の淘《と》ぎ洗ひを十分にする習慣は總《すべ》ての禍根《くわこん》である。又麥《むぎ》を食するの法に於ても丸麥《まるむぎ》のまゝ之《これ》を煮沸し、水洗し、然《しか》る後之《これ》を飯に炊《かし》ぐの風廣《ひろ》く行はる。主食品たる米麥《べいばく》にして既《すで》に然《しか》り。大食するにあらざれば榮養分の不足を訴ふ可《べ》きこと元よりその所である。殊に地方に在住するものにしてその副食物の不如意《ふによい》なるものに於ては殊に然《さ》うでなければならぬ。故に此點《このてん》からの大食は榮養上の知識を以つて容易に之《これ》を矯正することが出來る筈《はず》である。例《たと》へば我が國年々の食糧不足それは殊に米の不足であるがこれは米の消費法の改善と共に獻立の組立方の工夫によつて先《ま》づその處置《しよち》を附けねばならぬ。消費方法の重大なる方面を閑却《かんきやく》して輸移入の食糧にのみ一時を糊塗《こと》するは食糧政策上憂ふ可《べ》きである。

（二）單純なる習慣。元來滿腹の感はその胃腑《ふ》の膨大感に一致する。最早此上《もはやこの》は到底食べられないほど頂戴した時は胃腑《ふ》に「餘地《よち》が無い」と云ふ時である。故に例《たとへ》ばゴム管を胃内に送入して空氣を吹き込むでも滿腹の感覺は之《これ》を贏《か》ち得られる。茶腹も一時《いつとき》といふ邦諺《はうげん》も此《この》理由から成立する。農村からの入營兵士が支給せられた食糧では當初《たうしよ》空腹を感ずるのが普通であるのも、洋行したての日本人が彼《かの》地で大食といふ點《てん》で決してヒケを取らぬのも亦之《またこれ》が爲である。一度擴張《くわくちやう》したる胃腑《ふ》は容易に其《そ》の本來の大《おほき》さに復舊《ふくきう》するものではない。從《したがつ》て其《そ》の習ひ性《しやう》となり大食に傾き易いのである。この非榮養的な大食の習慣を打破するが爲めに稱用《しようよう》せられた最安全な方法は斷食法である。從來屢々之《しばしばこれ》がその効果を現はして居る。斷食期間の注意は元より大切であるが、斷食後の攝生《せつせい》にしてその宜《よろ》しきを得ば胃の擴張《くわくちやう》は大《おほい》に縮小し、更生の攝食《せつしよく》法に入ることが出來る。平素大食に過ぎざるや否やを素人が察知するに便利な法は、その糞便に注意することである。元來日本人はその糞便の量が殊に農村に住むものに於ては大に過ぎる。中には一日中に數囘上厠《すうくわいじやうし》する者もある位である。又都市のものと雖《いへど》もその糞便中に著量《ちよりやう》の抱水炭素の殘留せるを見るを常とする。之《これ》普通西洋人には經驗せざるところである。以《もつ》て我が日常生活上食物の徒費《とひ》量がいかに多いかといふことがわかるのである。夏時《かじ》人が其《そ》の食欲の減退するを普通とするのも、又飽食するものに軟便・下痢の傾向著しきも一種の調節作用に他ならぬ。又凡《すべ》て食事の囘數《くわいすう》を多くする時は總《そう》量に於て攝食《せつしよく》量大となる。故に必要ありて所謂《いはゆる》過食療法などを行ふ場合には其《そ》の食事の囘數《くわいすう》を加ふるのが得策であるのであると共に平常の生活に於ても食事の囘數《くわいすう》を四囘或《あるひ》は五囘《くわい》となす場合には自然大食となり、又之《これ》に反して二食或《あるひ》は一食となす場合には自然小食となるのである。而《しか》して一日二食は誰人《たれびと》にも容易に實行《じつかう》することが出來て私自身も亦嘗《またかつ》ては恩師チツテンデン先生の許にある頃五年に亘《わた》りて之《これ》を經驗したことである。

併《しか》し劇《はげ》しい筋肉勞働者には二食よりは同量でも之《これ》を三囘《くわい》に分けて食する方が、勞作に耐へ易いと彼地《くわの》の理知ある勞働者も告白して居り。又筋肉勞働者にはよし三食中より割《さ》いて作つたものでも「お三時」を與《あた》へることが其《そ》の午後の能率低下を防止する效《こう》があるのに鑑み、一日の食量を考へる時には必ず一囘《くわい》の食量のことを考へ合はせねばならぬ。

(三) 誤《あやま》れる榮養觀念。榮養の改善は大食・飽食・過食・美食・刺戟《しげき》食・高價《かうか》食品・特殊食品によつて得らるるものとの誤解に基《もとづ》くものである。過ぎたるは及ばざるが如しといふ俚言《りげん》は榮養上には最《もつとも》適切に之《これ》を適用することが出來るのであつて榮養善導は大食奬勵《せうれい》では斷じて無いのである。

（四）香味の誘惑。嗜好の乘ずるところとなり、口舌の欲を充《み》たさんが爲めに且《か》つ偏食の必然の結果として、大食を招來《せうらい》するものである。

大食と小食の利害得失に就《つい》ては更に次章經濟榮養法及《およ》び人間の單位の條《でう》を參照されたい。

經濟榮養法

私が創《はじ》めて「經濟榮養法」の名の下に唱導するところは、生理的及《およ》び經濟的二樣の立脚地にその基礎を置いて居るものである。

（一）生理的經濟

食物の諸成分中、量的に問題となるは矢張《やはり》三大榮養素である。就中《なかんづく》下に掲ぐる

（一）身體《しんたい》を構成する固形分の大部は蛋白質であつて、蛋白質（プロテイン）の語原ギリシャπρωτεΰωは第一番といふ意味である。

（二）蛋白質は體内《たいない》に於ける消化過程最も複雜を極め、而《しか》も酸化不充分にして、その最終産物が分子の比較的大なるが爲め、排泄には必ず腎臟の力を籍《よ》らざる可《べ》からざること。

（三）蛋白質分解の中間産物には毒性を具《そな》ふる物質多きこと。

（四）消化吸收せられたるものもその必要以上の分は過剩の度に準じて多量に體外《たいぐわい》に排泄し去られざる可《べ》からざること。

（五）消化吸收せられずして腸内に殘るものは雜多細菌の發育《はついく》增殖を助け、以《もつ》て腸内に於ける異常の醱酵と分解を促し、

その產生物には有害有毒のものあり、所謂《いはゆる》腸の自家中毒症の原因を作る等。

諸種の理由によりて蛋白質は最も重要視せらるゝものである。

蛋白質の攝取《せつしゆ》量は元來幾何《いくばく》を以て適當とす可《べ》きや、又其《そ》の最小要求量は如何《いかん》といふ問題に就《つい》ては、從來多くの研究があり、前章保健食を論ずるに當《あた》りて掲出せる諸家の主張も亦《また》、自《おのづ》から此《この》問題に觸《ふ》れざるを得ざりし所なれども、中にも最も廣《ひろ》く人口に膾炙《くわいしや》せるはフオイト氏の蛋白質一一八瓦《グラム》總《さう》カロリー三〇〇〇說と、之が1／2の蛋白質と遙かに少量のカロリーにて充分なりといふチツテンデン先生の新說である。實際《じつさい》に於て日常生活に於ける食物の量は若干伸縮の餘地《よち》を存し殊に蛋白質の如きは同一人に對《たい》し、一と四の間を自由に選擇《せんたく》採用するを得可《うべ》きは私自身の體驗《たいけん》によるも確實《かくじつ》であると云ひ得る。卽《すなは》ち新陳代謝の冗費《じようひ》主義と緊縮主義の兩極端を見ることが出來、其《そ》の何《いづ》れの主義を選むとも又之《これ》が中間の主義に依《よ》るとも以《もつ》て身體《しんたい》成分出納の平衡を得ることが一程度迄可能である。卽《すなは》ち成分の動き方の大小高低の度を異にして而《しか》も圓滑《ゑんくわつ》なる榮養を實現《じつげん》する成分の調節が行はれて居る。約言《やくげん》すれば收入多ければ消費をそれだけ增すのである。多く攝取《せつしゆ》すれば多く排泄し、少く攝取《せつしゆ》すれば節約が之《これ》に應《おう》じて講ぜらるゝのである。而《しか》して此《かく》の如き榮養成分の大經濟と小經濟の利害得失論が玆《ここ》に討議せられるのである。

チツテンデン先生は此《こ》の徒《いたづら》に習慣による蛋白質及《および》榮養總量《そうりやう》の冗費《じようひ》を省きて遙《はるか》に佳良の健康と能率を擧《あ》げるを得可《うべ》き眞《しん》の新陳代謝を榮養の生理的經濟と命名して極力之《これ》を高調《かうてう》した而《しか》して最も看過してならぬことはチツテンデン先生の說は之《これ》を多數の動物試驗及《および》多數の人體《じんたい》試驗によりて、且《かつ》長期に亘《わた》り其《そ》の實驗《じつけん》を重ね以《もつ》て所信を立證《りつしよう》唱道せるものであることである。殊に其《そ》の被試驗者の種類に富み精神勞働者、筋肉勞働者及《および》老若を併せたことは他に例《ためし》が無い程である。其《そ》の說の世界に重きを爲す洵《まこと》に故ある所である。今其《そ》の浩澣《かうくわん》なる試驗成績中先生の自體を試驗臺《だい》とせるもの〻中より、之《これ》が記録の一端を摘載《てきさい》すれば左の如し。

卽《すなは》ち第一表は五十七瓩《キログラム》の體重《たいぢゆう》を有する先生が一日量六・四瓦《グラム》の窒素卽《すなは》ち四〇瓦《グラム》の蛋白質（6.4×6.25=40）と總《そう》カロリー六一三を以て榮養を支持し、尙且《なほかつ》六日間に一瓦《グラム》の窒素卽《すなは》ち約六瓦《グラム》の蛋白質を體内《たいない》に蓄積せるを示せるものであり。第二表は先生が更に攝取《せつしゆ》榮養量低下し、卽《すなは》ち一日量五・八六瓦《グラム》の窒素卽《すなは》ち三六・六瓦《グラム》の蛋白質（5.86×6.25=36.6）と總《そう》カロリー一五四九となせるに、辛《から》ふじて其《そ》の榮養を支持し、五日間に〇・三五瓦《グラム》卽《すなは》ち約二瓦《グラム》の蛋白質を體質《たいしつ》より損失し、卽《すなは》ち最早《もはや》これ以上榮養攝取《せつしゆ》量の低減を許さざることを示したるものである。

チツテンデン先生はエール大學の繁劇《はんげき》なる教授と學長の職を兼ね、多數の門下を指導し歎美《たんび》に耐へたる健康を樂まれつつ、斯《か》くの如き榮養要求量の生理的經濟論を創始し、彼の榮養學に特別の趣味を有せるフレツチヤーニズムのフレツチヤーをして、普《あまね》く歐米の學事堂を巡歴したる後、チツテンデン先生を以《もつ》て世界一の榮養研究家也と讃賞《さんしやう》せしむるに至つたものである。

之《これ》を吾邦《わがくに》往々にして見るが如く榮養に關する眞《しん》の知識無く、些《わつか》の研究無く、徒《いたづら》に外書飜譯《ほんやく》若《も》しくは非科學的俗論を以《もつ》て說を立つるの類《たぐひ》とは元より其《そ》の選を異にする。

又經濟榮養上合理的の獻立《こんだて》を作るに方《あた》り從來屢々《しばしば》慣行せられたるが如く、其《そ》の單なる總《そう》カロリーを標準とするの不可なること、換言すれば總《そう》カロリーの他蛋白質のカロリーやビタミンと無機質を同時に必ず考慮するを忘る可《べ》からざるの理《り》は重ねて說く迄もなく上述の記述中に明白となりたるところであらう。

（第一表）

窒素[※一八]出納——チッテンデン

	攝取窒素量	排泄量 尿中窒素量	排泄量 糞便量（乾燥）	
一千九百四年四月廿日	6.989瓦	5.91瓦	3.6瓦	
廿一日	6.621	5.52	0.0	體重57.4瓩
廿二日	6.082	5.94	12.0	
廿三日	6.793	5.61	18.5	同 57.20
廿四日	5.057	4.31	23.0	同 57.30
廿五日	6.966	5.39	16.9	廿六日57.5
			74.0瓦（6.42％の窒素を含む）	
	38.508	32.68　＋	4.75	
	38.508	37.43		

故に六日間の窒素出納…………………＋1.078瓦

一日間……………………………………＋0.179瓦

攝取平均量

カロリー（一日量）　　1613カロリー

窒　　素（一日量）　　6.40瓦

（第二表）

窒素出納——チツテンデン

	攝取窒素量	排泄量 尿中窒素量	排泄量 糞便量（乾燥）		
一千九百四年六月廿三日	6.622瓦	5.26	10.6	體重	57.9瓩
廿四日	6.331	5.30	30.7	同	57.6
廿五日	4.941	4.43	14.2		
廿六日	5.922	4.66	11.9	同	57.4
廿七日	5.486	4.98	15.2	同	57.4
			82.6瓦（6.08％ノ窒素ヲ含ム）		
	29.302	24.63＋5.022			
	29.302	29.652			

故に五日間の窒素出納……………………－0.350瓦

一日間………………………………－0.070瓦

攝取平均量

カロリー（一日量）　1549

窒　素（一日量）　5.86瓦

(二) 理財的經濟

榮養の實際《じっさい》には物資の經濟問題と金錢の主計問題が至大《しだい》の關係を有するものである。これその地に豐富《ほうふ》なる食品を重要視して獻立《こんだて》を作るの要あること、季節の材料を愛用して飲食に供するの要ある所以《ゆえん》である。總《すべ》ての飲食品は之《これ》をその成分上より觀る時は榮養價《か》に於て決してその市價《しか》と一致するものにあらず、殊に蛋白質はその或《あるひ》は動物性なると或《あるひ》は植物性なるとその選擇《せんたく》の如何《いかん》によつては市價《しか》に多大の差異を來す。此等《これら》の諸點《てん》に立脚して理財の目的に副《そ》ふ可《べ》き榮養法を行はむが爲めには、社會《しゃくわい》的施設の改善の之《これ》に伴ふを要すること勿論なりと雖《いへど》も各個の家庭に於ても亦《また》其《そ》の材料の選び方、獻立《こんだて》の作り方、調理法の改善、貯藏法の利用、等注意す可《べ》き事項少なからず。而《しか》してこれ等の諸點《てん》に就《つ》いては逐一調理編の條下に之《これ》を譲ることにする。

故に經濟榮養法とは健康を中心とし物資を詮衡《せんかう》し、以《もつ》て天惠《てんけい》を尊重し以《もつ》て食福を裕《ゆた》かにするの謂《いはれ》であつて、斷じて安《あん》價若《かもし》くは貧賤《ひんせん》の食を人に強《し》ひむとするものにあらず。富者《ふしゃ》も貴人《ひと》も齊しく此《この》法に歸依《きえ》すべきものである。

食物と各成分の意義　その二　無機質

無機質の主なものは、鉄・リン・ナトリウム・カリウム・カルシウム・マグネシウム・硫黄・塩素等である。

中でも骨格や歯牙を構成するカルシウムが主要であることは、一般に認知されている。すなわち骨の固形分の三分の二は無機質から成り、無機質の九〇%はカルシウム塩類である。また、妊娠時にカルシウムの摂取を怠ると、母体の歯牙が損なわれる。

ビタミン欠乏とカルシウムの新陳代謝は最も密接な関係があり、ビタミンD欠乏症においては、くる病を発症し、骨および歯の発育を妨げられる。ビタミンC欠乏症においては歯牙に病変を起こし、ビタミンA欠乏症においては腎臓、膀胱や胆管に結石を生じる。また、カルシウムは血液および組織内にあり、常に細胞の機能を高める役割をなす。日本食では、米飯中に合有するカルシウムの量だけでは、白米はもちろんのこと、半搗米を用いた場合でも不足を来す。カルシウムの要求量は一日〇・三二グラム以下に見てはいけない。

鉄が血液のヘモグロビン中に含まれ、栄養上重要なことは古くから知られている。ヘモグロビンは血色素と呼ばれ、組織の酸化作用を営むのに必要な酸素を供給し、またそこに産生された炭酸ガスを体外に搬出する大役を担っている。したがって身体の各部に行き渡っている。貧血者に鉄剤が用いられるのはこのことが理由である。一日量〇・〇〇五―〇・〇一グラムを摂ればよい。

リンは神経中枢機関に特に多量に分布するところから、従来からこの点が重要視されて来た。リンは同時に骨の主要な成分でもある。一日量〇・六二グラムを要する。

カルシウム、鉄、リンも、有機化合物であろうと無機化合物であろうと効果は同一に見てよい。

食塩は、私たちが日常食物中に特別に添加して用いるものである。植物性食を主とする場合には、植物の酸・アルカリは生体内でカロリー源が燃焼された時、そのカリ分によって血液中のクロールが奪取されるため、多量の食塩が必要となり、塩辛い料理を好むようになる。例として、山羊は食塩が大好物であるのもこのためである。

食塩を主とし、その他の無機塩類が溶存することによって、身体の組織は、細胞や組織液あるいは血液においても、常に一定の浸透圧を維持しているのである。したがって、無機塩類の不足が生理的作用の不都合を来すと同時に、過剰分は速やかに排泄するようにはたらくのである。

食塩のように多食すれば多食するほど尿中に多量に現われるのも、水腫（浮腫）患者の水気を除去するために食塩の摂取を禁止するのも、このことが理由である。また身体から切り離した組織片を生存させるため、あるいは重体である患者に注射して血液や心臓の力を保持する目的で、いわゆる生理的食塩水が用いられるのはこのためである。

生理的食塩水とは組織や細胞中の食塩含量と同一に調整された食塩水の意味で、現在は、通常〇・七五％のものを用いている。食塩が胃液中の塩酸を産生するのに必要なのは、いうまでもない。胃酸過多症では塩辛いものを慎む方がよいというのも、このことが理由である。

無機質中で非常に特殊なものにはヨード（ヨウ素）がある。ヨードは甲状腺中に含まれ、この腺のはたらきはまだ明らかにはなっていないが、炭素成分の新陳代謝に大いに関係することは、アンダヒル博士と私が最初に提唱したことである。今日では、甲状腺の重要なホルモンがヨードを主成分とするチロシンであるとされている。そして甲状腺疾患をもつ患者とその摂取飲食物中のヨード含量との関係は、しばしば医学界で問題となっている。

牛乳中のたんぱく質のほとんどはカゼインであるが、その他に極めて微量のアルブミンが含有されており、その成分にシスチンという成長に最も必要なアミノ酸が含まれている。シスチンは、構成元素として硫黄を含んでいることが特徴となっている。

前述したことを概論すると、文化人は精製食品を常用することが病を引き起こす原因となり、ともすれば無機質の摂取が欠乏しがちである。特別の疾患を除けば、無機質の過剰摂取が問題となることはない。なぜならば、過剰摂取による生体内での不用分は、尿を通じて排泄されるだけでなく、腸壁からも糞便中に排泄されるからである。また微量で有効の銅・マンガン・亜鉛・コバルト等の研究と、米麦搗粉[訳註九]の害作用の発見は、ともに警鐘的である。

無機質がそれぞれ全身的あるいは局所的に分布して、各々効果を挙げている例は前に述べた通りであるが、近来これらの物質が一層重要視される理由は、生体内にもイオンの状態で存在していることである。すなわち、細胞の生存の営みについても、各種化学反応についても、最終的にこの電子について説明しなければならないことが多くなったからである。細胞を構成する原形質[訳註一〇]（プロトプラスマ）は、元は複雑な有機物から成る無生物に過ぎないものだが、これに生物としての活性を与えるのは現に無機質である。

食物と各成分の意義　その三　水

水もまた無機塩類と同じくカロリー源[訳註一一]にはならないとしても、身体の組織が八〇―九〇％あるいはそれ以上の水分を含み、各成分は溶液の状態あるいは膠質（コロイド）の状態において化学作用が営まれるので、極めて重要である。水の代謝は、中枢と同様に主としてその浸透圧によって行われ、呼気・汗・尿および糞便中に排泄される。発汗が著しいか下痢をした時は、尿量が減少する。発汗が体温調節のために必要であること、発汗後のどの渇きを覚えることは、一般にも認識されている。

今から三十年前までは、前述したたんぱく質・抱水炭素・脂肪・無機質を四栄養素とし、これに水を加えて栄養の機能を完全に行えるとされていた。――百年前、既にこのことに疑念をもち、それ以外の何かを攻究した学者もいるにはいたが。

食物と各成分の意義　その四　ビタミン

ついに、ここに新たにビタミンというものが出現した。

ビタミンは、新陳代謝上けっして軽視してはならない特殊の位置を占め、その役割、作用によって現在ＡＢＣＤＥ等数十種に区別されている。化学的構造も明らかとなり、各ビタミンはそれぞれ独立した作用をもち、互いに代用することができない。

ビタミンについて、最近まで存在と実態がよく分からなかった理由を次に掲げる。

（一）ビタミンの必要量は大変微量であること。
（二）偏食をせず、また調理法が適切であるならば、別に考慮しなくとも極めて自然に食物中に含有されるのが通常であること。
（三）食品中の各種の成分を化学的に純粋に抽出する精度が近来ますます高まるとともに、夾雑物としてのビタミンの混入を完全に防ぐことができるようになった。したがって、人工栄養法において顕著なビタミン欠乏症が初めて発症したことでそれが認識されるようになったこと。これらの理由により、ビタミンが長い間、見過ごされていたのである。

ビタミンA。脂肪に溶解することから脂溶性ビタミンという。本因子はメンデル先生およびオスボーンならびにマツカラムの提唱に関わる。欠乏した場合は眼乾燥症・夜盲症を発症し、甚しい場合は失明に至る。また成長を阻害し、伝染性病原に対する身体の抵抗力を弱める。またビタミンA欠乏によって腎臓・膀胱・胆管中に結石を生じることは、メンデル先生ならびにわが栄養研究所の発見したことである。栄養不良の者に夜盲症が見られ、貧民界に結石症が多いのは、ビタミンA欠乏症に他ならない。

場合によって多少の差があるが、概論すれば、ビタミンAは摂氏百二十度で破壊される。すなわち各種ビタミンの中でも熱に対する抵抗力はやや大きい。酸化しやすく、酸によって容易に分解される。冷蔵では影響を受けず、紫外線には破壊される。また植物中にはカロテンあるいはクリプトキサンチンとして含まれ、動物体内に入りビタミンAに変化する。

ビタミンAを含有する食品は、卵・バター・乳汁・肝油・臓物・牡蠣・八ツ目鰻・海苔・大根葉・トマト・人参・ホウレン草・白菜・キヤベツ等。

わが国の特徴として、土用鰻を賞味することは、夏に食べる食物が淡白であるものが多く、それによって起こる脂溶性成分の欠乏を補うためと理解できる。ビタミンAのみならず、レシチンその他の各種リポイド質（脂質）についても同様である。

ビタミンB_1。ビタミンB_1が欠乏すると、麻痺を起こし動物の脚気症を発症する。人類の脚気とも密接な関係がある。ビタミンB_1は水に溶解し、摂氏百度で分解される。アルカリに対する抵抗力は弱い。ビタミンB_1に富む食品は、酵母・糠・卵黄・バター・牛乳・臓物・ソバ・大豆・小豆・ホウレン草・人参・白菜・キャベツ・じゃがいも・海苔その他の海草類。たとえ玄米でも半搗米であっても、米の研ぎ洗いは、ビタミンを滲出させ洗い流すことになる。

ビタミンB_2は水溶性であり、成長促進を主な作用とし、卵・牛乳・臓物・糠中に含まれる。

ビタミンC。ビタミンCの欠乏は壊血病の原因である。水溶性であり摂氏七十度で破壊される。

ビタミンCを含む食品はレモン・オレンジ・夏ミカンであり、特に大根に多く含まれる。梅干・沢庵には含まれない。

ビタミンD。ビタミンDはカルシウムの代謝と関係し、骨・歯の発育に必要である。欠乏すると、くる病や骨軟化症を発症する。また紫外線照射によりエルゴステロールから合成される。アルカリ・熱に強く酸に弱い。多くはビタミンAと共存する。

この他、生殖に関係があるビタミンEあるいはXの存在が確定し、その本態が明らかとなっている。レタス・胚子・野菜に含まれる。

ビタミンは因子の細分類と新種の発見によって日々数が増えつつある（巻末を参照）。

ビタミンの検定は、化学的理学的方法などがあるが、最適な方法は動物試験である。つまり、ビタミン欠乏症の予防試験と治癒試験を行うのである。試験動物を三群に分け、第一群は一定の基本飼料に各種ビタミンのすべてを含め完全な栄養材としたものを与える。動物は充分に成長し、健康を維持するため、全試験の対照となる。

第二群は第一群と同じ基本飼料を用いるが試験対象とする一種のビタミン以外のビタミン全部と、検定する食品とを調合して、当該ビタミンが欠乏症を発症するかどうかを最後まで観察する。つまりビタミン欠乏症の予防試験である。もし検定食品中に検定するビタミンを含有しなければ同欠乏症を発症し、含有すれば同欠乏症を発症しない。またその含有量の大小により病状に軽重の差を生じる。

第三群は、基本飼料に試験しようとするビタミン以外の全ビタミンを含有させ、期待されたビタミン欠乏症が発症した時、これに検定した食品を与えて、当該欠乏症が治癒するかどうかを試験する。そのビタミンの含有量により治癒に遅速・難易がある。

以上三通りの試験を並行して同一条件の下に、それぞれ適当な動物を選んで実施し、その結果を総合して判断する。動物の種類により各種ビタミンに対する抵抗力に大きな差がある。

動物試験の他に、酵母や、色の反応や、光学的な検定方法もあり、それらは適宜な方法であるので採用される。米穀のカタラーゼを定量して間接にビタミンBを定量する方法は推奨に価する。

ビタミンは今では純粋品の抽出が成功し、人工的に濃縮し結晶等も作り出されるようになった。その生理的作用も明らかにされた。また国際単位等も制定され、ビタミンの神秘的時代は過ぎ去ったのである。

ビタミンが体内に摂取されて後の運命、つまり代謝・要求量・飽和点・分布・不足と欠乏症等が次第に明らかとなってきた。体内で一定時日間貯蔵されていることも、ビタミン欠乏飼料を与えてから同欠乏症を発症するまでに、多少の日数を要することから判明してきた。またビタミンに富んだ乳で養われた幼ラット甲と、ビタミンに乏しい乳で養われた幼ラット乙を同時に離乳させると、甲は乙よりもはるかに発育の率が高く、乙は甲に比べてビタミン欠乏症を発症しやすいという事例から見ても、ビタミンのはたらきについて分かってきた。

比較的少量で、栄養全体の効果を示すのに足りる点から、身体を建築物に例えた時の釘のようなものとしてみると、理解しやすい。また、過剰摂取は無駄となり、有害にもなりうることは当然のことである。

食物と各成分の意義　その五　嗜好品

従来、栄養素に対して嗜好素というものを区別している。一般には、前者を機関車の燃料の石炭として、後者を機関の運転を円滑にする機械油として語られるが、何らかの根拠があることとはいえ、私はこのような見方に賛同しない。私は新たに飲食品のすべてに薬物学的（薬理学的）作用を認めることを提唱する。飲食品が化学的物質である以上、そして、それらによって生体内で酸化・分解・中和・合成等のあらゆる化学反応が行われている以上、栄養以外の種々な現象が、理化学的に同時に見られるに違いない。例えばたんぱく質の最終分解産物のアミノ酸が新陳代謝を亢進する作用を有することは、力学的作用《ダイナミックアクション》（特殊力源作用あるいは食事誘発性熱産生）として知られている。胃液中の塩酸が腸に移行した時、膵液の分泌を亢進させるセクレチンの産生を促進する作用とか、またセルロースが便通を促し、果汁に利尿効果があるなど、飲食品の各成分が本来の性状からか、または分解過程の特性からか、あるいは他の成分との相互関係からか、いずれにしてもその栄養が達成される目的のために使われると同時に、大小緩急の差によって複雑を極めて種々の作用を呈するのである。これを飲食品の薬物学的作用と私は名づける。あるいは飲食品の副作用と見てもよい。

類脂体（リン脂質などの複合脂質）はエネルギー源とはならないが、栄養上なくてはならないことがこの頃明らかになった。類脂体はエネルギー源にならないが、生体内で種々の重要なはたらきをする。例えば消化酵素の作用を亢進あるいは抑制したり、白血球の貪食現象を抑制あるいは活性させたりする。その他レシチンが加わることで、コレステロールが体液中に溶存することが可能となる、また類脂体が含まれていることによって、血漿中に脂肪を溶解することができる。

イヌリンは、特異の酵素イヌラーゼ（イヌリン分解酵素）によってのみ消化される、消化管内にはもちろん、私の研究によれば、血清内にも、人体内にはどこにもイヌラーゼは存在してない。また、イヌリンを餌として飼養した動物の肝臓内には、グリコーゲンの生成は認められない。故にイヌリンを主成分とする菊芋は、栄養上の効果という点では落第者であるはずである。それにもかかわらず、臨床家の中には、いまだに菊芋を糖尿病患者の食餌として処方する人がいる。実際菊芋を食した後、腸内にはイヌリンも糖分も残存していないことを私は認知している。糖尿病患者の抱水炭素飢餓が招来する過酸症(ケトアシドーシス)が菊芋の摂食によって消失することもあるとされている。

矛盾を極めたような前述の記載を整理すると、次のようになる。

一、菊芋は消化液では消化されない。

一、菊芋は腸管内で細菌の作用で分解される。

一、菊芋が、他の抱水炭素性食品のようにグリコーゲン源とはならない事実は、菊芋の栄養上の一般的効果が否定されることになる。

一、しかも、菊芋が酸過多症に有効であるということは、薬物学的効用を示すものである。

一、菊芋を糖尿病患者の治療に用いる場合は前述のことを踏まえて行うべきであり、普通の他の芋類と同一視したり、分析表のカロリーを計算して得られた数値をもとに用いることは大きな誤りである。

飲食品の薬物的作用の最も重大な点は、前述したセクレチンに関わるホルモンとの密接な関係である。生体内で生理的病理的諸作用の調節連絡をするホルモンが、たんぱく質の分解産物のアミノ酸に由来することが、少しずつ解明されてきたのである。例えば、最も著名な強力な副腎のホルモン、アドレナリンは、ベンゾール核を有し、チロシンあるいはフェニールアラニンと特別な関係をもつ。甲状腺のホルモン、チロキシンはトリプトファンと共にインドール誘導体であって、この二つは離して考えられない関係にある。脳下垂体のホルモン、ヒスタミンは、ヒスチジンから得られたイミダゾール誘導体に属する。またホルモン生成とは別の分野において、毎日トリプトファンの少量を注射すると、貧血および失血の回復が大きく促進され、従来の回復日数を半分に短縮することができる。おそらく、トリプトファンがヘモグロビン形成の材料となっているのである。

そして、この薬物学的作用には非常に顕著なものと、隠微なものとがあって、その顕著なものを嗜好品[※一四]と名づけるに至ったと私は理解する。アルコール飲料・茶・珈琲・ココア・各種酸類・香料等のようなものである。アルコール飲料中のアルコール・茶のテイン・珈琲のカフェイン・ココアのテオブロミン・食酢中の酢酸・からし中の揮発油等は、その各飲食品に特有な成分であるため、特殊な名目が作られたのには違いないが、これらのものに期待することは、消化の分泌を高め、消化吸収率を良好にするということが主眼であって、結局消化管内に限って著目した考え方である。私は、この消化管の管壁を越えて新陳代謝の深部、それを学術上中間新陳代謝というが、その新陳代謝の全般に影響する食品成分の最後の段階まで、目的を一つに観ていかねばならないと思う。例えばでんぷん質の最終消化産物であり、生理的糖分という異名があるブドウ糖は、組織によって直接酸化されて乳酸を生じ、その後炭酸ガスと水になり、充分に栄養上の効果を上げる場合があり、一方では生体内のアルカリと結合してそのまま尿中に排泄されるという事実や、酸化の過程でシュウ酸を生じ、それ以上は分解されず、栄養上の効果を上げずに、しかも毒性を示し、他の中和性物質と結合して尿中に排泄される事実があることを、併せて認めなければならない。

ビタミンのような成分は、私の提唱する食品の薬物学的作用説を最有力に裏付けするものである。それは微量で効果を現すこと、それぞれのビタミンはその役割を互いに代わることができないこと、動物の種類によりビタミンに対する要求性、必要量等に大差があること、他の脂肪・抱水炭素・無機質その他の栄養成分と密接な相互的関係を示すこと、特にその過量はかえって有害に作用するとの説、その他わが栄養研究所において発見されたビタミン欠乏食によって、結石症・癌腫を生じることおよびアルカロイドに対する中毒量に変動があることなどがあり、ビタミンに関する最近の研究は、ビタミンは薬剤であると声を大にして言ってもよい、と考えるほど、その作用が主要であることを私に信じさせるからである。用量が過剰であれば毒になるということも、これで説明される。

また、さまざまな神経作用が各種の生理的病理的現象を起こす理由も、現在では神経作用によりまず細胞の栄養上に影響を与え、その結果一定の現象を現すと理解されるようになった。この点からも食品の薬物学的作用に説得性を加えられる。

腸内における食物の発酵分解で生じる、いわゆる消化管自家中毒もまた考慮しなければならない事項である。

最後に、栄養について学び始めた人の中で、もしも私の食品薬物学的作用説を容易に受け入れることのできない人々には、もっと簡単な次の例を示す方が、理解しやすいかも知れない。それは、麹から作るジアスターゼが薬剤として認められる場合、ジアスターゼ以上の強力な糖化酵素を含んでいる大根おろしを食用した時に、その薬効を否定する訳にはいかない、というものである。またタンニン酸が有効な収れん剤として認められるなら、タンニン酸を含む渋味の食品に同一の薬効があることを無視することはできないということももう一つの理由である。

以上の理由で、栄養素と嗜好素・栄養品と嗜好品との差別を撤廃することを、私は主張する。

食物と各成分の意義　その六　不消化成分

食品中には一定量の不消化成分が含有される。不消化成分の中、

(一)最も著明なのは植物細胞質である。植物細胞質は植物性食品の組織を機械的に構成支持するために用意された特殊の物質であり、消化するには特異の消化酵素チターゼを必要とする。草食動物の腸管内にはチターゼがあるが、ヒトの消化管内にチ

ターゼは存在しない。植物性食品が動物性食品に比べ消化吸収率が低いのは、これが主な原因である。

(二) ガラクタン・マンナン・イヌリン等特殊な抱水炭素類も、不消化成分として認識しなければならない。寒天その他の海草類・コンニャク・菊芋等がこの例である。また、これらの不消化成分中に細菌によって多少分解されるものがあっても、生体内ではグリコーゲンの生成が顕著でないので、私はその栄養上の効果が大きいとされることを疑う。糖尿病患者の食餌の場合にはこの点に注意を要す。

(三) 前述したように、腸内細菌の作用を受けた後、膵液によって多少消化される寒天・コンニャクのようなものもある。また動物性食品中の繊維組織は難消化性であり、胃液のみでは消化されないものの、胃液の塩酸の作用を受けてさらに腸内に移行すると膵液によって消化される。したがって胃癌で胃液中の塩酸が欠乏する場合には、全くの不消化成分となる。

(四) 消化性食品もその調理法によって、消化を容易にする、あるいは困難にする事実は、広く人の知るところである。このような場合の不消化成分を私は假性不消化成分と名づける。仮性不消化成分は真の不消化成分ではなく、処理法の巧拙によって変動する。また一方で、真の不消化成分であっても、摂取前に適切な操作を加えれば充分有効な栄養分となるものもあり、例えばイヌリンは極めて微量の酸と共に加熱すれば果糖となり、非常に消化吸収しやすいものに変化する。寒天にも同じことが言える。

前述した不消化成分、不吸収分の両者を合算したものを、食物の徒費量という。両者とも糞便中に排泄される。また糞便中に排泄される量により食物の不吸収率を定める。

献立を作るに当たり、総カロリー、利用カロリーを念頭に置かなければならない。総カロリーとはその食品中に含有するカロリー全体をいい、利用カロリーとは生体内で実際に利用されるカロリーの量をいう。消化吸収率が高いものほど総カロリーと利用カロリーの差は小となる。植物性食品が動物性食品に比べて徒費量が大きいのは、これが理由であることは言うまでもない。いろいろな複数の食品を食べ合わせている混食の場合は、通常約一〇％の徒費量を考慮して計算する。

厳格に言えば、食物中の各食品の消化吸収率を計上したものがその食物の全消化吸収率ではなく、また食物中の各食品の不吸収率を合算したものがその食物の全不吸収率ではない。なぜならば、食品の消化吸収率あるいは不吸収率は、食品相互の間に著しい影響を及ぼすからである。言い換えれば、同一の米飯を用いる場合でも、その副食物の性状がどのようであるかによって、米そのものの消化吸収される度合にも差を生じるからである。故に、正確な徒費量とは、一定の組み合わせをした食物を検査測定して得られた数値のみを指す。

食物中一定量の不消化成分が含まれることは、生理上必要なことであって、これによって一定の容積が確保され、腸の蠕動の刺激となり、便通をよくする。動物性食品に偏って摂っている富貴人（裕福で社会的地位や身分が高い人）や患者などが便秘に苦しめられる例は、通常一般に見られる。また、食物を摂取しない場合でも、腸内からは必ず排泄物が生じる。皮膚に汗や垢を生じるのと同様の理由で、消化液の分泌や、消化管内粘膜上皮の剝離、そして代謝産物が腸粘膜を通じて腸内への排泄されることなどにより自然に糞便が形成されることになるのである。そのため断食者にも便通があるのである。唾液のみでも、絶えず嚥下される量は予想外に大量である。

前述の理由により、将来栄養学が大いに発達して、天然栄養品に代わる人工栄養品の発明され、完成するようになったとしても、その人工栄養品を製造するに当たり、必ずその中に一定量の不消化成分を含むようにするべきである。

食物と各成分の意義　その七　新生成分

食物の成分が、そのまま直接に身体の成分になるのではないことは前章で解説したが、現に身体の組織中に最重要な成分として常に厳然として存在しながら、その上食物中に欠かしてはならないものが少なからずある。肝臓や筋肉その他の臓器中に多量に含まれるグリコーゲン、脳髄や血液その他プロトプラズマ中に豊富に発見されるリン脂質などの類脂体、全身のあらゆる細胞の核中に主成分として存在するプリン塩基あるいはピリミジン塩基のような成分は、どれも真にこれらの成分なしには生存が成立しないくらいの常在成分である。しかも実験によれば、仮に食物中にこれらの諸成分が含まれなくても、当面栄養上、支障を来すことがなく生活することができる。考えてみるに、これら諸成分は生体内で他の成分から新たに合成できるからである。このように、必要に応じて生体内で合成されるために自然が特別に準備する成分は、常在する一般の成分である反面、重要な成分でもあることを意味しているとも考えられるのである。

食物と各成分の意義　その八　多価性[訳註一二]

前項で解説したように、食物中の各成分はそれぞれ特殊な意義があり栄養上有用であることが分かった。ここで見過ごしてはならないことは、主要な食物成分のすべてがそれぞれ別の効果をもっていることだけでなく、さまざまな条件によって変化融通、代償の巧妙さを極めていることである。

たんぱく質は組織構成を主たる役割とするが、必要に応じて分解されカロリー源となるように、抱水炭素および脂肪がカロリー供給源として常に利用されているが、必要に応じて身体組織中に脂肪となって沈着することは、食物成分の意義に一定の変化融通性を示す。

抱水炭素と脂肪が交互に相代理することができる例や、この両者の分解消費がたんぱく質の分解を抑制することができる例は、食物成分に「代償性」の余力があることを示すものである。

言うまでもなくこの変化融通性・代償性の範囲には制限があり、難易も同じではない、したがって食物成分が石炭の機関におけるような、また機関の鉄のような、などと単純に例えられるようなものではない。すなわち、食物成分の栄養上における多価性を認めなければならないのであって、これは身体組織を構成する細胞の生活機転の融通性と相まって、実際生活に日常大きく寄与するものである。

消化吸収された成分の運命・細胞の成分・新陳代謝

消化吸収により腸壁を通過した諸成分は、腸壁細胞の急速かつ微妙な作用によって、その性状は速やかに一変する。例えばたんぱく質の断片であるアミノ酸は、いつの間にか合成され必要とされるたんぱく質となり、脂肪酸も中性脂肪となる。そして、身体諸組織の栄養の実際に関わるべき新たな形態となったこれらの諸成分は、血液およびリンパ液中の成分となって身体の隈々まで循流する。そしてその血管およびリンパ管を通じて組織間に達する時、これを待ち受ける細胞は各自が必要とする成分を摂取し受容する。

細胞は生体の単位であって細胞体成分は、大きく三階級に区別することができる。第一成分（または主成分）は細胞体を構成する主要なたんぱく質・無機質であり、どのような細胞にも必ず存在する成分である。第二成分（または副成分）は広く普遍的に含まれるものの必ずしも存在しなければならない成分ではなく、例として指肪およびグリコーゲンのようなものがある。第三成分（特殊成分）は特定細胞にのみ存在する成分で、例としてケラチン・メラニンなどがあげられる。

細胞は、自己の生活を営みかつ固有の機能を行うために必要なそれぞれ独自の成分を選び取り、老廃物を排泄する。酸化作用に必要な酸素は、肺によって取り入れられヘモグロビンと軽く結合し、酸素ヘモグロビンとなり組織間に到達する。ここで酸素の供給を終えたヘモグロビンは、血液循環に際して細胞の産生する炭酸ガスと結合し、炭酸ヘモグロビンとなって肺に戻り、呼気中に炭酸ガスを放出する。炭酸ガスおよび水のように呼気中に排出される以外の老廃物は、血液循環により腎臓に至って尿中に排泄される。最終的に水・尿素・尿酸・プリン塩基・アンモニア塩類・リン酸・クロール・カリウム・ナトリウム・カルシウム・マグネシウム等が主なものである。また一部分は皮膚からも排泄される。いわゆる皮膚呼吸と発汗及び皮脂皮垢によって、炭酸ガス・水・少量の尿素・アンモニア・クロール等が排泄されるのである。

このように身体諸成分の新陳代謝※一五が完成する。

人体の栄養の要求量

一個の人体が要求する栄養量がどのくらいをもって適当とするかは、非常に重要なテーマである。これを保健食または標準食と称してきた。

しかしこの保健食には元来二種の区別がある。

(甲) 習慣上の保健食。

(乙) 生理上の保健食。この二つである。

習慣上の保健食とは、各自が任意に日々摂取しているもので、その人の年齢・職業・性別等の違いにより左右されることはもちろん、地域の事情からエスキモーの人が脂肪を大量に食し、熱帯地土着の人が着衣の習慣がないことと淡白な食物を大量に摂取していることにより、大きい腹部を露出しているなど、特殊な理由により違いを来す。しかしながら、極端な例を除いて、客観的にこれを観察すれば、習慣性保健食においては、

	たんぱく質	抱水炭素	脂肪	総カロリー
ロシア労働者中等度	一三一・八	五八三・四	七九・七	三六七五
スウェーデン重労働者	一八九	七一四	一一〇	四七二六
ドイツ兵士	一四五	五〇〇	一〇〇	三五七四
フランス八時間労働者	一三五	七〇〇	九〇	四二六〇
イタリア中等度労働者	一一五	六九六	二六	三六五五
イギリス職工	一五一	―	―	三四七五
オーストリア	一五九	―	―	五〇九八
アメリカ合衆国	一二五	―	―	三五〇〇

（チッテンデン先生による資料）

試みにこれを図解すると、各成分の量と比例がよく分かる。（巻頭図解第五頁参照）。

つまり概論すれば、世界人類の食物中の成分の4/5―3/4に当たる大部は抱水炭素であるという事が分かる。この点は大いに注目すべきである。なぜならば、私たちヒトの身体を構成する主なものはたんぱく質であり、次いで脂肪であり、抱水炭素に属する成分は非常に少量である。しかも、食物中に含まれる成分は抱水炭素が主であり、特に日本人の食用する脂肪分は著しく少量である、摂取する食物とヒトの実際とがその成分において、一見するとあたかも相反比転倒しているように感じる。しか

し詳しく観察すると、これにはそれ相当の理由がある。それは多量に摂取された抱水炭素は、生体内で最も容易に酸化利用され、他の成分に優先して活動力の源となること、またその余剰分は脂肪に合成されてそのまま組織に沈着することである。これは前章ですでに解説してある。

要するに習慣性保健食は、自然のままの食欲に任せた結果により成立したものと見るべきである。これに反し、多くの学者は理論により、また実験により、科学的に研究、判定して生理上の保健食を求める努力をしてきた。その諸例の主なものを次に掲げる。そして普通保健食という場合は、この生理上の保健食を意味する。中等の体重と中等度の労作に従事する者を、標準として論じられるのである。

（巻頭図 第六頁）

学者	たんぱく質	抱水炭素	脂肪	総カロリー
フォイト	一一八	五〇〇	五六	三〇〇〇
モルショット	一三〇	五五〇	四〇	三一六〇
ランケ	一〇〇	二四〇	一〇〇	二三二四
フォルスター	一三一	四九四	六八	三一九五
フルトグレンおよびランデルグレ	一三四	五二三	七九	三四三六
アトウォーター	一二五	四〇〇	一二五	三三一五
スツーデムンド	一一四	五五一	五四	三三二九
シユミット	一〇五	五四一	六三	三二三五

（チッテンデン先生による資料）

これを見るとどの例においても、生理上の保健食は習慣上の保健食より少量で足りるということ、言い換えれば各国においても人は平素必要以上に食べ過ぎているということが分かる。特にたんぱく質についてそのように言える。

日本人の習慣性保健食について、試みに多数の研究家の成績を総合すると、

職業	食物種類	体重（キログラム）	労働程度	たんぱく質（グラム）	抱水炭素（グラム）	脂肪（グラム）	総カロリー
学者	米飯混食	四八・〇	軽度	平均 九〇・三一	四七一・九三	五・五八	二四五六
小使	米飯蔬食	――	中等	平均 六五・三六	六〇一・〇六	五・〇〇	二七七九
同	同	六二・六	中等	平均 六四・三六	五六八・九〇	三・七二	二六二七
農夫	米麦飯蔬食	平均 四九・四	重業	一二九・七〇	六八四・〇〇	三二・四五	三六三七
同	同	五二・二	中等	平均 一〇三・七〇	五三九・八〇	二六・一四	二八八二
同	同	平均 五二・八	中等	八二・六六	五五二・九〇	一八・〇五	二八〇五
同	同	五四・三	軽度	平均 六〇・二二	四一七・一〇	一二・九四	二〇九〇
鍛工	米飯混食	平均 五二・九	重業	七二・九二	五七〇・七〇	六・〇五	二六九四
消防夫	同	平均 五二・〇	中等	一〇一・五五	五六七・八〇	九・〇五	二八二八
海兵	和洋混食	平均 六二・四	重業	一三〇・七〇	六四六・九〇	一八・〇〇	二九四四
陸兵	米飯混食	平均 五八・二	中等	八四・八一	五三三・六九	一四・六〇	二六七二
同	米麦混食	平均 五八・四	中等	八七・八〇	五六六・〇九	二〇・四八	二八七〇
同	和洋混食	平均 五六・四	中等	一二三・二九	五〇二・八五	三四・〇〇	二八〇一
同	米麦飯混食	――	――	平均 一〇三・六〇	六二九・五〇	一六・八〇	三一六二

陸軍戦時食	同	——	重業	平均一一〇・二八	六一八・五〇	二三・四三	三二〇六
陸軍服役者	同	六五・三	中等	平均一〇八・二一	五五六・九四	三四・六七	三〇四九
同	同	平均六四・五	中等	九八・五〇	四八〇・〇〇	三・二〇	二六八〇
同	同	平均五九・六	中等	八六・七九	三八四・六八	三一・四二	二二二五

であって、およそたんぱく質六〇—一〇〇グラム総カロリー二二〇〇—三〇〇〇の間にあるが、私の経験を基に考えれば、もし経済的栄養法を実施しようという場合には、その献立にさえ注意すれば、平均体重（五〇・六—五二・五キログラム）の者について中等度労働にはたんぱく質五〇—六〇グラム総カロリー二〇〇〇カロリー程度まで節約するのは難しくない。そしてこのことについては、後章でさらに説明する。これを「栄養の弾力性」と呼称しようと思う。

合理的にこの保健食を定めるには、次のような手順をとるのが最新式の方法である。まずはじめに、基礎栄養量（基礎代謝量）というものを測定する。基礎栄養量とは人が絶対安静の状態で、しかも消化吸収までも休息している状態における新陳代謝が、消費している栄養量をいう。例えば、午後六時に夕食を摂り、その後十五、六時間を経過した翌朝の九時十時に最も安静に仰臥している時に測定することができる。つまりヒトの要求する最低の栄養量が、この方法によって定まるのである。言うまでもなくそれは、正式なカロリメーターを用いて試験を行わなければならない。そして日本人の基礎栄養量から日本人の保健食を次のように算出する。

日本人の基礎栄養量（一日）　※一六 一三四七カロリー
特殊栄養量　六七二・・・・・ ｝二〇一九
消化吸収作用に要する消費（一〇％）　一三四・・・・・・・・・・・ ｝二一五三
食物の※徒費量（一〇％）　二一五・・・・・・・・・・・・・・ ｝二三六八

保健食総カロリー　　　　　　　　　二三六八カロリー
（※特異動的作用ＳＤＡあるいは食事誘発性熱産生ＤＩＴによるカロリー）

特殊カロリーとは労作に伴う必要なカロリーで、この量は職業の種別・労働の軽重により大差を生じるが、中等度の労作においては、基礎栄養量の約半分と見て大きく間違ってはいない。次に消化吸収に要するカロリーと食物の不消化不吸収分に相当するカロリーを加算すべきかは、あらためて言うまでもない。

この他実際問題に臨み栄養の最適量を算定することは、これを左右するさまざまな条件を顧慮しなければならない。例をあげれば体格の大小は身長・体重・体表面積の違いを生じ、肥瘦・体質・性別・年齢は消費量に差を生じる。その他外界の温度・湿度・気圧および季節・天候によってもそれぞれ影響を受ける。中でも最も密接な関係があるのは労作の程度である。ここで試みに労作に関してこの概略を示せば左のようになる。

絶対安静時を[※一七]　　一（基礎）とすれば
臥床休息時　　一・二（二割増）
床外休息時　　一・四（四割増）
中等度労作　　一・六（六割増）
重　労　作　　二・〇（一〇割増）

女子および未成年者は大体左の標準による。

成年女子および一八—二〇歳男児・・・・・九割　　一四——一七歳男児・・・・・八割

一四―一七歳女児・・・・・・・・・・・・七割　一〇――一三歳男児・・・・・・六割
六―九歳男児・・・・・・・・・・・・・五割　二――　五歳男児・・・・・・四割

大食と小食

栄養摂取量の大小については、経済的栄養法の項で論じる。ここでは一般的に言われる、いわゆる大食小食問題を解説する。大食と小食の利害得失について論議するに当たり、多くの人は単純にその食の量を問題にするのが普通である。しかしこれは大きな誤りである。

食物は各食品の化学的組成がさまざまであるため、その配合が適切であれば小量で理想的な栄養食が得られ、これに反して献立における食品の配合がうまくいかない場合は、無駄に大量の食物を用い栄養の目的に沿うことが難しくなる。そのようなことがあるので、栄養法を知らないことを放置してはならないのである。

おさえておくべき大食の原因となる点が二つある。

(一) 食糧消費上の欠点　例えば米を偏重しほとんど白米飯のみによって栄養を補おうとすること。米の栄養分はもちろん尊重すべきであるが、これを一般に思われているような、完全無欠のものであると考えるのは誤りである。玄米のビタミンAの含有量がごくわずかであることだけでなく、普通の炊飯法では玄米でも半搗米でもビタミンBをも喪失する恐れがある。それは、世間一般の炊飯時における米の研ぎ洗いをし過ぎる習慣が、すべて栄養成分喪失の原因となっている。また麦を食べる方法においても、丸麦をそのまま煮沸し、水洗して飯に炊く方法が広く行われているが、主食としての米と麦で、このような状況である。大食をしない場合当然、栄養分の不足を訴えることになる。特に地方に在住する者で、副食物が思うように調整できない場合は、そのようにならざるを得ない。したがって、大食はこの点についての栄養上の知識があれば、容易に矯正することができるはずである。例えばわが国の年々の食糧不足は主として米の不足であるが、これにはまず米の消費法の改善と献立の立て方の工夫に手を付けなければならない。消費方法の重大な部分をなおざりにして、輸移入の食糧一点でその場しのぎをするのは、食糧政策上憂慮されることである。

（二）単純な習慣　元来、満腹感は胃の膨大感と一致する。もはやこれ以上は食べられないほど頂いた時は、胃に「余地がない」ということである。例えばゴム管を胃内に挿入して空気を吹き込んでも、満腹の感覚は得られる。茶腹も一時（茶を飲んでも一時的に空腹が凌げるの意）という諺もここからきている。農村出身の軍務につく兵士が、支給された食糧では当初空腹を感じることが普通にあるが、洋行したばかりの日本人も、外国で大食になる点で決してひけを取らないのも、ここに理由がある。一度拡張した胃は容易に元の大きさに戻らない。したがって、習慣となって大食になりやすいのである。この非栄養的な大食の習慣を直すために用いられた最も安全な方法は断食法である。しばしばこれが効果を現している。断食する期間の注意はもちろん大切であるが、断食後の摂生を適切に行えば、胃の拡張は非常に縮小し、本来の摂食法に移ることができる。平素大食し過ぎるかどうかを素人が知るために便利な方法は、糞便に注意することである。元々日本人は糞便の量が多く、特に農村に住む者では非常に多い。中には一日に数回用便する者もあるくらいである。また都市部の者でも、糞便中に多量の抱水炭素の残留が見られる。普通西洋人にはみられないことである。したがって私たちの日常生活において、食物が無駄となる量がいかに多いかということがわかる。夏の時期、食欲が減退するのが普通であるのも、食べ過ぎる者に軟便・下痢の傾向が顕著なのも、一種の調節作用に他ならない。また食事の回数を多くした時は総量で摂食量が多くなる。したがって過食療法（高栄養療法）が必要な場合には、食事の回数を増やすのが得策であり、日常の生活でも食事の回数を四回あるいは五回にした場合には、自然と大食となる。これに反して二食あるいは一食とした場合には、自然と小食になるのである。そして一日二食は誰にでも容易に実行することができ、かつて私自身も恩師チッテンデン先生の門下にあった頃、五年間にわたりこれを経験したことがある。

しかし激しい筋肉労働者には、二食より同量でもこれを三回に分けて食べる方が、労作に耐えやすいと外国の知恵ある労働者も告白している。また、筋肉労働者に、三食の中から分食して作った「お三時」を与えることが、午後の能率低下を防止する効果があることを踏まえ、一日の食事量を考える時には、必ず一回の食事量について考慮しなければならない。

(三) 誤った栄養観念　栄養の改善は、大食・飽食・過食・美食・刺激食・高価食品・特殊食品によって得られるものとの誤解に基づくものである。過ぎたるは及ばざるが如しという言葉は、栄養上には最も適切に適用することができる。栄養善導とは、決して大食奨励ではないのである。

(四) 香味の誘惑　嗜好のつけ入るところであり、口舌の欲求を満たそうとするため、そして偏食の必然の結果として、大食を招来する。

大食と小食の利害得失については、さらにに次の章の経済栄養法および人間の単位の項を参照されたい。

経済栄養法

私は新たに「経済栄養法」の主題について説き導こうと思うが、それは生理的および経済的の二通りの立脚点にその基礎を置いている。

(一) 生理的経済

食物の諸成分中、量的に問題となるのは、やはり三大栄養素である。重要な点を次に掲げる。

（一）身体を構成する固形分の大部はたんぱく質であって、たんぱく質（プロテイン）の語原ギリシャπρωτεγω は第一番という意味である。
（二）たんぱく質は体内における消化過程でも最も複雑をきわめ、しかも酸化不充分であり、最終代謝産物の分子が比較的大きいため、排泄には必ず腎臓の力に頼らなければならないこと。
（三）たんぱく質分解の中間代謝物質には、毒性を有する物質が多いこと。
（四）消化吸収されたアミノ酸の内必要以上の分は、過剰の程度に応じて分解され、多量に体外に排泄されること。
（五）消化吸収されずに腸内に残るたんぱく質（未吸収分）は、多くの細菌の作用によって腸内での異常な発酵と分解を促す。その産生物には有害有毒のもの（有害アミン類）もあり、いわゆる腸の自家中毒症の原因を作るなど。

さまざまな理由によって、たんぱく質は最も重要視される。

たんぱく質の摂取量は元々どれくらいを適当としたらよいのか、また最小要求量についてはどうか、という問題については、従来から多くの研究があり、前章で保健食を論じるに当たって掲げた諸研究者の主張も、当然この問題に触れない訳にはいかないけれども、中でも最も人々の評判になり広く知れ渡っている、フォイト氏のたんぱく質一一八グラム総カロリー三〇〇〇説と、その１｜２のたんぱく質と、はるかに少量のカロリーで充分であるというチッテンデン先生の新説である。実際に、日常生活における食物の量は若干の調節の余地があり、特にたんぱく質は同一人に対し、一と四の間を自由に選択し採用できることは、私自身の経験から確実であると言える。すなわち新陳代謝の冗費（無駄遣い）主義と緊縮（節減）主義の両極端をみることができ、そのどちらかの主義を選んでも、間をとった考え方をしても、身体成分出納の平衡状態維持がある程度可能なのである。つまり、生体における成分の動き方の大小高低の度合が違っても、円滑な栄養を実現するように成分の調節が行われている。概略すれば、収入が多ければ消費がそれだけ増すのである。多く摂取すれば多く排泄し、少なく摂取すれば、排泄においても節約が講じられる。このような栄養成分の大経済と小経済の利害得失論が、ここに論議される。

チッテンデン先生は、この無益な習慣によるたんぱく質と栄養総量の無駄を省き、はるかに良質な健康と効率を上げる真の新陳代謝を栄養の生理的経済と命名して、ことさらこれを強く主張された。したがって最も見過ごしてならないのは、チッテンデン先生の説は多数の動物試験と人体試験を行い、長期にわたって実験を重ねて自身の信じるところを立証し、人々を導くものであることである。特にその被験者の種類が多く、精神労働者と筋肉労働者という二つの職域にわたっているだけでなく、高齢層から若年層までと年齢層が広いことは、他に例がない。その説は、この分野において真に確かな根拠に基づくものである。今その広大な試験成績の中で、先生自身を試験台とするものの中の記録から、要点を抜粋すれば左の通りである。

【原文表－第一表（一二〇頁）[※一八]参照】

【原文表－第二表（一二一頁）参照】

（※廿＝二〇　體重＝体重　瓦＝g　瓩＝kg）

第一表は五十七キログラムの体重の先生が、一日量六・四グラムの窒素つまり四〇グラムのたんぱく質（6.4 × 6.25=40）と総カロリー一六一三で栄養状態を維持し、かつ六日間に一グラムの窒素、つまり約六グラムのたんぱく質を体内に蓄積することを示す。第二表は先生がさらに摂取栄養量を低下させ、一日量五・八六グラムの窒素、つまり三六・六グラムのたんぱく質（5.86 × 6.25=36.6）と総カロリー一五四九にしたにもかかわらず、辛うじてその栄養状態を維持し、五日間に〇・三五グラムの窒素、つまり約二グラムのたんぱく質を体成分より損失し、栄養摂取量の低下の限界を示したものである。

チッテンデン先生はエール大学の繁忙な教授と学長職を兼ね、多数の門下を指導しながらも感心するほど素晴らしい健康を楽しまれ、このような栄養要求量の生理的経済論を創始された。栄養学に特別の関心をもつフレッチャーニズムのフレッチャーをして、欧米隅々の学事堂を巡った後、チッテンデン先生を世界一の栄養研究者であると讃賞させるに至ったものである。

これをわが国で時折見かける、栄養に関する真の知識がなく、わずかな研究さえもなく、無益な外書翻訳や非科学的俗論をに基づいて説を立てる類とは、根本的にその方向性が異なる。

経済栄養上合理的な献立を作るに当たり、以前からしばしば慣行されてきた、単なる総カロリーを標準とするだけでは駄目であること、言い方を変えれば総カロリーの他必ずたんぱく質のカロリーやビタミンと無機質を同時に考慮することを忘れてはならない。その理由は重ねて説くまでもなく、前述中に明白となっている。

（二）理財的経済（*理財：有利に貨財を運用すること）

栄養の実際には、物資の経済問題と金銭の主計問題とに最も大きい関係がある。その理由は、地域で生産された食品を重視して献立を作る必要があること、季節の材料を好んで使用して飲食に供するのは大切なこと、である。すべての飲食品は、成分上の栄養価を決して市価が高いか安いかで判断できず、特にたんぱく質は動物性と植物性とでは、選択によっては市価に大きな差が出てくる。これらの点を踏まえ理財の目的に沿った栄養法を行うためには、公的施設での改善はもちろんのこと、個々の家庭でも材料の選び方、献立の作り方、調理法の改善、保存法の実施など、注意すべき事項は多い。そして、これらの点については、それぞれ調理編の各項目で述べることにする。

このように、経済栄養法とは健康を中心とし物資をよく調べ、自然の恵みを尊重し飲食を豊かにすることであって、決して安価あるいは貧しい内容の食を摂るべきだ、ということではない。富裕の者も社会的地位が高い人も、同じくこの方法に従うべきである。

動物性食と植物性食

肉食主義と菜食主義とは古來其の極端に於て世に竝《ならび》に唱道せらる。而《しか》して今に及《およ》むで其の論争止まるを知らざるもの、要は榮養を科學的に取扱ふことを知らざるが故に座《ざ》す。動物性食は主として蛋白質に富み抱水炭素に乏《とぼ》し、植物性食は多くは抱水炭素を主成分とし又少數の蛋白質を主成分とするものあり。動物性食と植物性食とを問はずその所含《しよぐわん》カロリーの大小は常に同時に含存《ぐわんそん》する脂肪の量によりて左右せらる可《べ》し。植物性食品は植物細胞素を多量に含有する爲め人の腸内に於ては消化困難にして、之《これ》が爲に榮養上の價値《くわち》を損すること大也《だいなり》。世には草食動物が單《ひと》り植物界よりのみ其《そ》の榮養を攝《と》り、豐圓《ぼうえん》の肉體《にくたい》を構成するの例を以て、之《これ》を其《その》まま人類に擬《ぎ》せむとするものなきにあらざれども、此《こ》の如きは草食動物の腸内には植物細胞素を消化するチターゼを含むに人類の消化管内には此《この》酵素を缺《か》くの事實《じじつ》を無視するものである。加ふるに之《これ》を概言《がいげん》すれば、植物性食品中の蛋白質には不完全の組成を有するもの多し。例《たとへ》ば動物の成長を標準として之《これ》を批判せば左の如し。

○正規の成長を遂げ得るもの

動物性蛋白質

カゼイン（牛乳）　ラクトアルブミン（牛乳）

オヴハルブミン（鶏卵）　オヴォヴィテルリン（鶏卵）

植物性蛋白質

エデスチン（苧實《おのみ》）　グロブリン（南瓜種子《くわぼちやしゆし》）

エキセルシン （ブラジルクルミ）

グロブリン （綿實）

グリシン （大豆）

○成長に不適のもの

ヴグニン （蠶豆）

グリアヂン （小麥又ライ麥）

レグミン （蠶豆）

コングルチン （靑色又黄色荳）

ゼイン （玉蜀黍）

グルテリン （玉蜀黍）

グルテニン （小麥）

カンナビン （苧實）

レグメリン （大豆）

レグミン （豌豆）

ホルディン （大麥）

ゼラチン （角）

フハゼオリン （白インゲン豆）

メンデル先生及オスボン博士は實驗的に鼠でこれを證明して學界の視聽を聳たしめたのである。其の他動物植物性食品間に於ける差異は、甲がエキス分を多量に含むも乙が之を含むこと少量なるに在り。エキス分は胃液の分泌を促す作用あり。食欲を進め又心臟の力を強くすと稱せらる。又植物性食品にアルカリの多量を含むは前旣に述べたるところなり。又動物性食品に特有なるはコレステリン・レチチン等の多含せらるることなり。リポイド質の多量攝取は血管硬化の因を爲すと稱せらる。高年者及肝臟、腎臟の作用衰へたるものに肉食を節す可きは上に述べたる諸點を參酌し之を認容せざる可からず。

成長期及姙娠時動物性蛋白質を添加することの必要なるは之を以ても明白なり。

又ビタミンが先づ植物界に於て生成せられ、動物はその食用したる植物より之《これ》を得て貯藏若《もし》くは利用するものなることを知るを要す。此《この》理由によりて乳・卵・臟腑《ざうふ》を除けばビタミンの各種は之を植物界に求めざる可からず。

煮汁は槪《ぐわい》して植物性食品に於てその榮養價《か》大なり、何となればその主成分たる澱粉・糖類及有機酸等は煮沸によりて水中に溶出するの性を增强するが故である。されど此《これ》に一つの注意を忘る可《べ》からざるは動物性食品の煮汁も亦《また》從來學者の解《くわい》したるが如く、其の榮養價《か》を苛酷《くわこく》に無視す可《べ》きものにあらず。何となればこの液中或《あるひ》はクレアチン或《あるひ》はグリコ＞ルあり或《あるひ》はタウリンあり或《あるひ》はグリコゲーンありて、所謂《いはゆる》無機鹽類の他少量なれども而《しか》も特殊の成分を包含《はうがん》す可《べ》きが故にカロリーを標準として論斷した舊《きう》式の榮養觀念によるスープの榮養無價値《くわち》說は改訂するの要あるものであるからである。

又一方に於いては、世の所謂《いはゆる》菜食論者及《および》宗敎其《そ》の他の肉斷日の獻立に卵と牛乳が許容されたるを見、又ホルモン及酵素がその科學的構造と性狀に於て蛋白質と密接なる關係を示すことも之《これ》を看過してならぬ。

故に之《これ》を仔細にその成分上より觀察し且之《かつこれ》を人體《じんたい》そのものより考慮する時、人は肉食と菜食の優劣を論爭するの無益なること、及《および》人の食物は動植兩界を通じて廣《ひろ》くその材料を求め、殊に發育期《はついく》にあるものと老衰期にあるものの、同一視す可からざるを解せざる可からず。私は少くとも一代を

(一) 乳兒期《にうじ》―特別の榮養法卽《すなはち》哺乳。

(二) 發育期《はついく》―消化し易く、蛋白質・無機質及《および》エキス分に富むもの卽《すなは》ち肉食を閑却《くわんきやく》す可《べ》からず。ビタミン亦《もまた》必要である。

(三) 盛年期―肉食・菜食・兩者の混成・其の好むところに從ひ唯一方に偏せざるを心掛《こころぐわ》く可《べ》し。

(四) 衰退期―臟器の保護殊に血管及《および》腎臟の保護を以て主眼とす、故に漸次《ぜんじ》菜食に傾くを自然とす。

の如く區別し、各期その宜《よろ》しきに從ふ可《べ》きものなりといふ也《なり》。終《おは》りに植物性食より動物性食に轉《てん》じてその榮養を改善し

得たる場合は、その榮養分殊に蛋白質の完成と無機質の配合に之《これ》が理由を求む可《べ》きも、之《これ》と反對《はんたい》に動物性食より植物性食に轉《てん》じてその榮養を改善し得たる場合は私の所謂《いはゆる》新陳代謝轉換《てんくわん》法とビタミン補給に因《よ》るものと解するを至當《したう》とす。故に前者は貧困粗食にして且幼弱《かつやうじやく》又若冠《じやくくわん》のものに卓効《たくかう》を奏《そう》し、後者は富貴《ふうき》美食にして且《かつ》中年後の成年者に著驗《ちよげん》を示すを例とす。榮養に思《おもひ》を致すもの必ず兩者を混同すること勿《なか》れ。

※一九 腸内の細菌

腸内には大腸菌を主とし常に各種の細菌を藏《ざう》す、その數數百億《すうひやくおく》に上り大便固形分中の三分の一が細菌體《たい》なりと稱《しよう》せらる。此等《これら》の細菌はその醱酵分解作用によりて有毒の分解産物を産出することあると共に、一方には難消化性のものを分解して消化の作用を助くることあり。又細菌の瓦斯《ガス》を産生して、腸壁面の面積の擴大《くわくだい》と食物の移動及榮養分吸收の便宜に資《し》するは元より其所《そこ》なりと雖《いへど》も、更に重要なる腸内細菌の任務は一旦發育《はついく》繁殖して無數に上《のぼ》れる細菌が、腸内に死滅しその細菌體《たい》の分解によりて、人體《じんたい》にヌクレオプロティン、其他の蛋白質殊に初め食品中に含有せられず後《の》ちに細菌體《たい》によりて合成せられたるアミノ酸等を支給し、以て不完全食の缺點《けつてん》を矯正補充するの大功《たいかう》をなすものならむ。人が菜食のみを以《もつ》て尚能《なほよ》く健康を維持し得らるる場合は、斯《か》の如くにして明瞭に之《これ》を説明することが出來る。而《しか》して余《よ》は細菌が産生する乳酸の殺菌作用を謳歌《あうくわ》したるメチニコッフの考案よりも尚一層重大の意義を有するものは腸内細菌が自己菌《きん》體《たい》の構成及解體《およびかいたい》による榮養素産生及榮養素補給の特殊の貢獻であるとするものである。何となれば市販上の多くの乳酸菌製劑は普通に死滅に歸《き》して居るもの多く、又もし乳酸の産生によりて他の腸内雑菌の生活を脅《おびや》かし之《これ》をして多少衰《すい》枯《こ》・致死の運命に導くことありとするも、茲《ここ》には細菌の死滅そのものが有効の理由を爲すものにあらずして、死亡したる細菌體《たい》の分解産物が榮養上の用途を辨《べん》ずるものと考《くわんぐわ》ふ可《べ》きであるからである。卽《すなは》ち腸内無數の細菌は自己の實《じつ》生活と共にその屍體《したい》を以て始終其の寄生體《たい》に寄與《きよ》するところあり、之《これ》と共存共榮の實《じつ》を擧《あ》げつゝあるものである。

腸内の細菌に就《つ》いて尙一條《いちでう》の附言《ふげん》す可《べ》きことは、腸内細菌が人の成長時期并《ならび》に其の食物の種類等によりて、差異を呈《あら》はす事實《じじつ》である。例《たとへ》ば初生兒《しよせいじ》の便所謂《いはゆる》「カニババ」は全然無菌であるが、哺乳初まると共に其の糞便は特種乳酸菌の純粋培養なるやの觀《くわん》あらしめ、爾後《じご》食物性狀の大人に近づくと共に糞便中の細菌の種類と性狀亦《もまた》漸次《ぜんじ》大人のものに移行する。

初生兒《しよせいじ》の腸内元と無菌なるが爲め、もし出産後も引續《ひきつゞ》き之《これ》を人工的に無菌狀態に保つ時、其の結果の如何《いくわん》なるものを招來《せうらい》す可《べ》きやを知ることは更に興味ある問題である。此《この》問題を解決せむが爲め學者は、豫《あらくわじ》め無菌的に孵化せしめたる鷄雛及《けいすうおよび》出産したるモルモットに滅菌食餌《しよくじ》を與《あた》へて飼育を試みたるに、斯《か》かる條件の下には動物は決して生存し得ざるものなることが確められた。併《しか》し食餌《しよくじ》に熱を加へて滅菌する時は同時にビタミンの一部をも破壞するものなることを今日の榮養學は敎へて居る。又初生兒《しよせいじ》が諸種疾患の發病《はつべう》に對《たい》し、大人よりも比較的抵抗力强きが如きも、或《あるひ》は腸内の細菌と一定關係を有するものの如くである。

其の他食品そのものに寄生する細菌の種類も亦《また》各自特有のもの多く、例《たとへ》ば梨を腐敗せしむる細菌と林檎《りんご》を襲《おそ》ふ細菌とは自《おのづ》から別個のものたることに之《これ》を鑑《かんが》むるも、食物と消化管内の細菌、その身體《しんたい》に對《たい》する關係とに就《つ》いては今後益ゝ闡《せん》明《めい》せらるるところがあるであらう。單《ひと》り腸内と言はず口腔内の細菌からその研究が旣に初まつて居るのである。

又大腸菌がビタミンBを産生するといふ研究あれど人體《じんたい》では其の必要量を滿たすに足る充分の量に於てでは無からう、何となれば人體《じんたい》は最《もつとも》容易にビタミンB缺乏《けつぼふ》症を起し得ることからさう考へられるのである。

※二〇　小兒《せうに》の榮養

小兒《せうに》に初生兒《しよせいじ》・乳兒《にうじ》・兒童《じだう》の別ありて各々獨自《どくじ》の世界に住む。

小兒《せうに》の榮養は大人の榮養法を以て之《これ》に臨む可《べ》からざるや論を俟《ま》たざるところである。殊に乳兒《にうじ》にありてはその消化管薄弱なるのみならず、その胃腑《ふ》の形狀と位置大人と異なるが如き、生後一定時間消化液中例《たと》へば膵液に糖化酵素を缺《か》くが如き、特異の事情ありて存するのを忘れてはならぬ。小兒《せうに》榮養に於ける失敗の因《いん》は小兒《せうに》を大人扱ひにするより生ずることが多い

左は小兒《せうに》榮養改善の目的を以て私が嘗《かつ》て調製したポスターの一である。參考の爲めに掲げて置く。

□子供の榮養改善十則□

◎子供を失ふ程不經濟の大なるものなし◎

（一）食物に（對《たい》）する無頓着、簡便主義若くは不合理な節約を以てする事

（二）無用の干渉を加へ病人扱にする事

（三）成長に必要な榮養分の配合を考へざる事

（四）食物の好き嫌ひを矯正せざる事

（五）大人の榮養法を其の（儘《まま》）行ふ事

（六）（乳兒《にうじ》）（幼兒《やうじ》）（學齡兒）の榮養法に差別あるを知らざる事

（七）食物の新鮮度に注意せざる事

（八）間食の用ひ方を知らざる事

（九）嗜好品に特別の注意を（拂《はら》）はざる事
（十）不消化分の利用（宣《よろ》）しきを（得《え》）ざる事

小兒《せうに》の身體《しんたい》に就《つ》きの榮養※二一狀態批判をなすに當《あた》り、之《これ》を體重《たいぢゆう》・身長・胸圍《けうい》等による公式による或《あるひ》は種々の數學的の表現法によりて、之《これ》が甲乙丙を斷定するの法一《ひとつ》にして足らずと雖《いへ》ども、その多くは何《いづ》れも唯《ただ》煩雜を加ふるのみにして得るところ少なき憾《くわん》有り。私は自己の經驗に鑑み寧《むし》ろ左の條項を標示として之《これ》を裁斷《さいだん》認定するを便宜とするものである。即《すなは》ち皮膚の光澤《かうたく》・彈性・乾濕《くわんしつ》・皮下脂肪・血色の五項である。

以下小兒《せうに》の榮養法に關し須知《しゆち》を要する大綱《たいかう》に就《つ》いて說述《せつじゆつ》せむ。

天然榮養と人工榮養

生母《せいぼ》の乳を以て其の兒《こ》を養ふことは天倫《てんりん》なり。母健康にして脚氣《くわつけ》・腎臟病・花柳病《はなやぎべう》・結核其の他小兒《せうに》に惡《わるい》結果を及ぼす可《べ》き何等《なんら》危懼《きく》の原因無き場合と雖《いへ》ども、尚且《なほか》つ細心の注意を要するものである。就中《なかんづく》
（一）初生兒《しよせいじ》は生後數時間熟睡する。その覺めた時から直《ただち》に哺乳を初める。初乳は黄色にして產後三四日間續《つゞ》くがこれは飲ませるが良い。
マクリは必要なし。
（二）授乳の時間を正しくすること。例《たと》へば午前六時より午後九時若《も》くは十一時に亘《わた》りて三時間毎に之《これ》を與《あた》へて夜間は之《これ》を廢《はい》するが如し。小兒《せうに》の泣く度毎《たびごと》に之《これ》を與《あた》ふ可《べ》からず。消化器疾患最も多き夏時の如きは、其の渇《かわき》を訴へて泣くに

當《あた》り、微溫湯を與《あた》へ乳を與《あた》へざるを可《よし》とする。

（三）授乳時には母の乳房と兒《こ》の口腔内を硼酸《はうさん》水を用ひて能《よ》く清拭《せいしき》す可《べ》く、又哺乳を行ふ時間は毎回《まいくわい》十五分乃至《ないし》二〇分間位にてす可《べ》し。

（四）各種榮養分中人體《じんたい》内に於て之《これ》を集成產生すること絶對《ぜつたい》に不可能なるものありて、例《たとへ》ばビタミンの如きは其の例である。故にビタミンは必ず食品より之《これ》を攝取《せつしゆ》せられねばならぬ。乳中のビタミンを缺乏《けつぼふ》せしめざらむが爲めには、その母必ずビタミン含有の食物を用ふるの要あることを知らねばらぬ。

（五）排泄物特に糞便に注意を拂《はら》ふべきである。等は能《よ》く心得て置かねばならぬ事項である。

乳兒《にうじ》を養育するに生母《せいぼ》又は乳母《うば》の哺乳を以《もつ》てする天然榮養の代りに、牛羊乳《ぎうやうにう》又は穀粉《こくふん》其の他諸種の食品の調合により て製出したる食料を以てするを人工榮養と稱《しよう》す。而《しか》して人工榮養の天然榮養に及ばざるもの遠きは人工榮養の尚不完全なるが爲めである。天工《てんかう》の妙《めう》や極まるところなく之《これ》に反して榮養の研究は尚未だ完成の域に達せざるが故である。去《さ》れど人工榮養法を行ふに當《あた》り、周到なる注意を以て之《これ》が成分の配合・濃度・反應《はんおう》・溫度等其の宜《よろ》しきを得るを力《つと》むるに於ては、以《もつ》て大略《たいりやく》その目的を遂ぐること決して難《なん》からざるものである。

（一）純良の乳を得ること。乳の良否を鑑別するには化學的分析か動物飼養試驗に依《よ》る外《ほくわ》なし。但《ただし》粗略なれども簡易なる方法として酒精《しゆせい》法は乳の新舊《しんきう》を鑑別するに足る。次の如し。

（イ）新鮮乳、七〇容量%の酒精《しゆせい》二倍量を加へて凝固せず。（ロ）稍酸敗《ややさんぱい》したる乳、六〇容量%の酒精二倍量にて凝固せず。（ハ）甚《はなは》しく酸敗《さんぱい》したる乳、五〇容量%の酒精《しゆせい》二倍量によりて凝固す。（イ）は小兒《せうに》用（ロ）は大人用（ハ）は用《もち》ゆべからず。

(二) 加工されたる乳及乳製品の使用は已《やむ》を得ざる場合に限ること。

(三) 乳の薄め方を誤らざること。乳を稀釋《きしやく》し之《これ》に滋養糖・乳糖の類を加ふるは元、其の成分を矯正して人乳に近接《きんせつ》せしめむとするの主旨に出でたり。近來《きんらい》又比較的濃厚なる乳を與《あた》へ、カロリーを豐富《ほうふ》ならしむるに力《つと》むるものありと雖《いへ》ども、何《いづ》れにしても急劇《きうげき》なる濃度の變動《へんどう》を愼《つつし》むこと及既《およびすで》に消化障害の起りたる場合は濃厚に過ぎるよりも稀薄に失する方《はう》危険を避くる所以《ゆえん》なることは誤りなきが如し。

左は内務省衛生局から發表《はつぺう》した保健調査會《てうさくわい》委員瀬川博士の手に成る牛乳薄め方の標準を示したものである。但所謂琴《ただしいはゆること》柱《じ》に膠《ニカワ》するは禁物と知る可《べ》し。

生後	授乳の度數	薄め方割合	一回量c.c	一日全量一合《いちがう》は約180cc 一勺《いつしやく》は約18cc
一日	〇—二	一と二	五	半勺
二日	三—五		一〇	一勺半—三勺
三日	七（三時間置き）		一五	六勺
四日			二〇	八勺
五日			三〇	一合
六日			四〇	一合五勺
七日			五〇	二合
二週			六〇—八〇	二合五勺—三合
一ヶ月	六		一〇〇—一二〇	三合五勺—四合
二—三ヶ月		一と二	一二〇—一五〇	四合—四合五勺
四—六ヶ月	五（四時間置き）	二と一	一六〇—一八〇	四合五勺—五合
七—八ヶ月		全乳	一八〇—二〇〇	五合—五合五勺

（注意）近次《きんじ》多くは蔗糖を五％の割合に加へて用ふ。

（四）又加熱滅菌したる乳には大根搾汁《しぼりじる》一日量二〇立方 甅《センチグラム》 卽《すなは》ち五茶匕《さじ》を加へることを必ず忘れてはならぬ。

（五）全乳を用ふる頃より離乳期に入る卽《すなは》ち葛湯・重湯・野菜入りオジアの汁・味噌汁などを混ぜて用ひ、此際《このさい》授乳量を斟酌《しんしゃく》する。凡《すべ》て漸《ぜん》を以て行ふ可《べ》し。

（六）乳は冷藏使用に臨《のぞ》むで之《これ》を適當の溫《おん》に暖《あたた》む可《べ》し。濕《うるほ》ひたる布にて麭み、布の下端を水を盛りたる桶《おけ》に浸し、之《これ》を風通し良き場所に置けば冷藏に妙《めう》なり。又魔法瓶《まはうびん》を用ふるは最《もつとも》危險なり。之《こ》れ飲み加減の溫度は乳の最も腐敗し易き溫度なればなり。近時《きんじ》電氣を用ひて臨機《りんき》乳を暖むる簡便の裝置舶來《はくらい》せり。又坊間《ばうくわん》腐らぬと稱《しょう》するが如きものあればそは不良品なることを自稱《じせう》するものである。乳は腐るものなり。

（七）煮沸滅菌法殊に氣壓《きあつ》を高めて蒸汽《じょうき》滅菌法を行ふ時は乳中諸成分の分解・酵素の破壞を招く事大なるが故、生乳を用ふるを得ざる場合は攝氏《せつし》七五―八〇度に三〇分―一時間加熱して結核菌・チフス菌・赤痢菌等を殺滅《さつめつ》するを可《くわ》とす。而《しか》して之《これ》に新鮮なる大根の搾汁《しぼりじる》を添加すればビタミン・ヂアスターゼ・カタラーゼ・其の他有要《ゆうやう》の成分を補充することを得。又新鮮良質の乳に低溫殺菌法を採用するが良い。

（八）哺乳器及其の取扱方の清潔に注意肝要《くわんえう》なり。

（九）授乳前後は五十倍の硼酸《ほうさん》水を浸したるガーゼにて必ず小兒《せうに》の口を清拭《せいしき》す可《べ》し。

（十）便秘には水飴少量を加減して與《あた》ふ可《べ》し。

（十一）小兒《せうに》の疾患には醫藥《いやく》以上に榮養法の注意を必要とする。脱脂乳の要ありて特別の裝置なき場合には乳を薄め、之《これ》を氷片《へうへん》と食鹽《しょくえん》の混和したるものにて充分冷却し置き、其の上層《ぜうさう》を取り去りて用ふるが便なり。

（十二）一時の消化不良症其の他の事情により脱脂乳又は脂肪の含量少なき乳製品を用ひ、奇效《きかう》を奏したりとて、之《これ》を良乳なりと誤解す可《べ》からず。且何時《かついつ》までもかかる特種のものを持長《じちやう》す可《べ》きにあらず。又世上「小兒乳《せうにゆう》」と稱《しよう》して販《はん》賣《ばい》せらるるものに信頼するは危險なり。

離乳兒《りにゆうじ》の食物

生後七八ヶ月から離乳が行はれる。多くの人が誤解して居るのは、例《たと》へば三年後に離乳したなど稱《しよう》することである。併《しか》しそれは問題の主體《しゆたい》ではない。それよりか授乳中に與《あた》ふる乳汁以外の食物・その種類・分量・順序・そしてそれを何日頃より初めたるかゞ重大な問題であるのである。乳兒《にゆうじ》が母乳を以《もつ》て養はるゝと人工榮養を以《もつ》て育てらるる論なく、離乳《りにゆう》兒《じ》の食物は充分注意されざる可《べ》からず。其《そ》の器械的竝《ならび》に化學的性狀の兩者に鑑みて食品の種類を愼重《しんちよう》に選《えら》む。卽《すなは》ち器械的には一たび粉末となしたるもの、すりつぶしたるもの、能《よ》く煉《ね》りたるもの、裏漉《うらごし》にかけたるもの、長く水煑したるもの等は幼弱《えうじやく》なる胃腸を害せざるものに屬し。又化學的には抱水炭素中澱粉類を易消化性《いせうくわせい》食品として他の諸食品中先登《せんとう》に立たしむ可《べ》きものなり。次《つい》で澱粉類を主體《しゆたい》とし之《これ》に初めは脂肪の少なきものより又乳・卵の應用《おうよう》より出發《しゆつぱつ》して漸次《ぜんじ》大人の食物に進む。

一、人乳兒《じんにゆうじ》は七八ヶ月頃より一日二乃至三回《ないしさんくわい》葛湯・重湯・野菜入りオジヤの搾汁《しぼりじる》・牛乳・味噌汁を與《あた》へる。

一、牛乳兒《ぎうにゆうじ》も亦《また》同じ頃卽《すなは》ち全乳を用ふる頃より、牛乳を水にて薄める代りに、前條の液汁《えきじふ》を加へる。

一、誕生に近づけば野菜入りオジアのスリツブしたるもの・次で同スリツブさぬもの・卵・麩・豆腐を加へた味噌汁・煑じゃがいもの裏漉《うらごし》しにかけたるもの・カルヤキ・パン・カステイラ・ビスケツト・プチング。

一、誕生を過ぐればオジヤを漸次《ぜんじ》に固形食に近づけ、又副食物として魚肉・野菜類を加へる。魚肉の中ではヒラメ・

小魚の肉が良く、野菜ではホーレン草が優れて居る。又此時代《このじだい》から風味と嗜好の教育が必要であり且《かつ》有効である。

食物の好惡《かうを》

既《すで》に生長して兒童《じだう》と稱《しよう》せらるゝに至れば、食物に對《たい》する好惡《かうを》を生ず可《べ》し。食物の好惡《かうを》は時に其《そ》の生理的の要求より來るものなきにあらずと雖《いへ》ども、多くは習慣によりて養成せらるゝ我儘《わがまま》なり。生理的の要求に因《よ》るものは其《そ》の欲求必ず一時性なるが故に容易に區別し得可《うべ》し。例《たとへ》ば連續《れんぞく》して同一物を攝《と》り若《も》しくは廢《はい》したる時、或《あるひ》は春機發動《しゆんきはつだう》期及《および》姙娠時に於て見るが如し。而《しか》して食物の好惡《かうを》は所謂《いはゆる》偏食となり、其《そ》の極例《きはみたと》へば學齡兒童《じどう》にして牛乳或《あるひ》はパンを用ふる能《あた》はざるものあり。米飯を食する能《あた》はざる例をも生ず。偏食の害は文化の進むに從ひ益ゝ《ますます》大を加《くは》ふ。何となれば食糧の工場の發達《はつたつ》と國民の嗜好の浮薄《ふはく》によりて、精製の食品は成分の單調を、耽溺《たんでき》の調理は成分の缺陷《けつかん》を構成するが故なり。又近來富家《きんらいふうか》の子弟に榮養不良兒《ふりやうじ》多きを示すは主として此《これ》偏食に由《よ》る。偏食を矯正するは決して難事《なんじ》にあらず。其《その》法

(一) 教　訓。飲食する目的。嫌惡する食品の效用及《および》食用示範《じはん》等。

(二) 攝食《せつしよく》法の改善。嫌惡するものを先食《せんしよく》してから他の食品に及ばしむ、少量より初《はじ》む。

(三) 調理上の工夫。例《たとへ》ば生の人蔘によりてビタミンを與《あた》へむとする時、之《これ》をアサ漬とし或《あるひ》はおろして梅肉と煉《ね》り合せて用ふるが如し。

(四) 斷　食　法。一食一日の斷食を臨時に行ふことは危害あるものにあらず。

を用ひて必ず成功す可《べ》きである。

大人となりて後《のち》も尚《なほ》特殊の一定食品を食用する能《あた》はざる例は往々《おうおう》見るところにして、斯《か》くの如きは先天性の素質に之《これ》

が説明を求めねばならぬ。例《たとへ》ば卵を用ふれば必ず吐瀉《としや》し、イチゴを攝《と》りて必ず中毒するが如し。私は友人知名の醫家《いか》にして澤庵《たくあん》の臭氣が如何《いか》なる場合にも其《そ》の食欲を頓挫亡失《とんざばうしつ》せしめる實例《じつれい》を知る。

人有り曰《いは》く「偏食の不可なるは之《これ》を解せり、されど好まざるものを強ひて食するも果して榮養上の効果ありや」と。答へて曰《いは》く「善《よ》い哉《かな》、既《すで》にわれに問はんとする所あることや。」夫《そ》れ人其《そ》の好む所を食すれば消化液の分沁催進《さいしん》せられ從《したが》つて榮養の効擧《かうあ》がる。嗜好品の世に必需せらるる亦此理《もまたこのり》に他ならず。而《しか》り然《しか》れども、凡《およ》そ榮養の法に通ずる時は好まざるを強ひて食するの要無きに至る也《なり》。其《そ》の理如何《りいかん》といふに（一）好まざるものを好まずとして尚且《なほか》つ偏食の害を避くるの工夫を講ずる事。（二）好まざるものを必ず好むに至るの工夫を講ずる事。二者共《とも》に可能なるが故である。而《しか》して問者《もんじや》が要求する當面《たうめん》の回答《くわいたふ》には暫《しばら》く左の記述を以《もつ》て之《これ》に當《あ》てることを得可《うべ》きか。

（一）初生兒《しよせいじ》が其《そ》の攝取《せつしゆ》する食物の大人化《くわ》するに從ひ、漸次《ぜんじ》に、その腸内細菌亦《また》大人のものと一致するに至ること前章既《すで》に之《これ》を說いた。

(二)肉食動物例《たとへ》ば犬の唾液中には澱粉消化の要をなす糖化酵素存在せず。然《しか》るに之《これ》を數週間パンを以《もつ》て飼養《しやう》する時は糖化酵素を發現《はつげん》するに至るといふ實驗《じつけん》報告がある。但《ただ》しかゝる短日時間を以《もつ》て證明《しようめい》し得る糖化酵素は決して強大なるものにはあらず。

(三) 蔗《しよ》糖を犬に注射して體内《たいない》の直接酸化を接受《せつじゆ》せしむるに、仔犬《こいぬ》にありてかかる注射を反覆《はんぷく》するときは、蔗《しよ》糖の利用せらるる分量漸次《ぜんじ》に增大す。

以上の事實《じじつ》に食物に對《たい》する身體《しんたい》組織の態度が、如何《いか》にその境遇《きやうぐう》に反應《はんおう》し、且適合せむとするかを示說する者である。卽《すなは》ち之《こ》れ攝取《せつしゆ》を強ひられたる異樣の食物をすら有効に消費せむとする身體《しんたい》の努力である。異味と云へども人類が人類の食物を用ふる場合の如きは、漸《ぜん》を以《もつ》つて之《これ》を行ふに於ては、身體《しんたい》内の利用決して憂《うれ》ふるに足らざるのみならず又軈《やが》て之《これ》を好むに至るであらう。之《これ》に反し、もし異味にして初めより人類の食物に適せざるものにありては此《この》論の外《ほか》に在る可《べ》し。併《しか》し如何《いか》にしても、其《そ》の體内《たいない》に元來から痕跡をだも存在せざる消化酵素を新生《しんせい》することは不可能なのである。例《たと》へば植物細胞素に對《たい》するチターゼ・イヌリンに對《たい》するイヌラーゼの如きがそれである。即《すなは》ち根無し芽は育たぬ。

間食

大人の間食は有害無益《むえき》の場合が多い。之《これ》に反して小兒《せうに》にありては、其《そ》の（一）身體表面積《しんたいへうめんせき》の大なること、（二）運動の活發《くわつぱつ》なること、（三）發育《はついく》機の旺盛なること、によりて比較的高率の榮養量を要すると共に、（四）飽食して食事の囘《くわい》數《すう》を減ずるよりは、やゝ小食なりともその食事囘數《くわいすう》を重ぬることが、結局その全食量に於て大を爲すが故に、間食の要を見るに至る。又勞働の劇務《げきむ》に從事するものが其《そ》の能率減退を防止せむが爲めに午後の間食を用ふるが如きは經濟上では確《たしか》に有効である。

消化器は前既《すで》に説きたるが如く、間斷《かんだん》なくその消化作用を營むものにあらず。例《たと》へば空虚の胃腑《ふ》は其《そ》の前後壁相《あひ》密着し、その内面は中性の粘液を以《もつ》て被《おほ》はれ、全く安静の状態にあるを常となす。而《しか》して胃腑《ふ》に此《こ》の如き休息時を與《あた》ふることは消化器の保護の上より觀て甚《はなは》だ必要のことなり。胃の粘膜が粘液を以《もつ》て被《おほ》はれ又アルカリ性の血液が内部を循環し、ペプシンに對抗《たいかう》する所謂抗《いはゆるかう》ペプシンなる特異の成分含存《がんそん》せられ、此等《これら》の防衞性によつて胃の内容を消化する強力の消化液も敢《あへ》て胃壁面を侵《をか》す能《あた》はざるものなり。而《しか》も斯《かく》の如き有用有効なる防衞性も、一旦障害の之《これ》に加はるあれば立ち所にその効を失ふことあり。例《たと》へば血液循環の一部停滞する時若《もし》くは食後急に死する時等の剖檢《ぼうけん》によりて、胃の所謂《いはゆる》自家消化を見ることあり、否《いな》、此《かく》の如き特別の障害の之《これ》に加ふるなしとするも、強烈なる消化液の執拗《しつえう》なる連續《れんぞく》的活動は能《よ》く遂に生活組織をも消化するに至るものなり。胃液の最初の發見《はつけん》者たるヤング氏は實《じつ》に之《これ》を觀て胃の消化作用を確定したるものである。卽《すなは》ち氏は一蛙《いちあ》を取りその口中に他蛙《たあ》の一脚《いつきやく》を挿入して屢〻《しばしば》取り出し之《これ》を檢視《けんし》した。而《しか》して長時間胃内に挿入せられたる蛙脚《くわきやく》は、遂に生き乍《なが》ら消化の作用を受くるを知つた。故に此《こ》の理《り》を以《もつ》て推せば、胃腑《ふ》内に胃液の間斷なく潴《ちよ》溜《りう》して作用することは、その粘膜を刺戟《しげき》して之《これ》に傷害を加へ遂には加答兒《カタル》を起し、更に他の疾患の誘因ともなり得るものとす。腸に於ても其《そ》の理《り》同じ。之《これ》を要するに胃腑《ふ》及《および》總《すべ》ての消化管はその食間時に於て十分なる休息を與《あた》へられざる可《べ》からず。

間食の有害なるは此理《このり》に由《よ》る。故に此《この》害を避けて能《よ》く間食の効用を發揮《はつき》せしめむとするには、須《すべか》らく次の諸項に留意するを要す。

(一) 胃内に滞留《たいりう》する時間の短きものを選《えら》むこと。
(二) 消化の容易なるものなる可《べ》きこと。
(三) 容積大にして速《すみや》かに胃に滿腹の感を生ぜしむるものなること。
(四) 水分に富むものか、然《しか》らざれば水分を共に攝《と》ること。
(五) 次の食事の妨げとならざること。

等にして卽《すなは》ち此等《これら》の趣旨を行はむと欲せば抱水炭素質を選《えら》み、蛋白質を避くるを良とす。

以上私の主唱に、從來の單に「間食は消化し易き食物を」といふ所說《しよせつ》に一歩を進め更にその食品の成分にまで立ち入りて「間食には容積大なる抱水炭素食を」といふのである。而《しか》して新しき此《この》主唱は昨今大方《おほかた》の士によりてやや認容《にんよう》せらるるを得たるが如くであるが、之《これ》を實際《じつさい》に應用《おうやう》するに方《あた》りては尙其《なほそ》の材料の選擇《せんたく》と輕重を誤り、往々にして私の意に充《み》たざること少なからざる憾《かん》がある。故に、今重ねて簡單なる實例《じつれい》數者を示して之《これ》が參考に供《そな》へて置かうと思ふ。

一、果實《くわじつ》又は果實汁《くわじつじふ》・野菜菜又は野菜汁《やさいじふ》（汁を澱粉又は少量のゼラチンにて固めるも可《よ》し、又野菜は大根・キヤベツ・人參・ホウレン草を最上とす）。

二、葛・片栗（湯・煉《ね》り物・タピオカ・餠・アン其《そ》の他調理法多し）。

三、馬鈴薯。甘藷。

四、飴・飴湯・甘酒。

五、素麵《そうめん》・マカロニー・ウドン（煮出汁・ジヤム・トマトケチヤツプなどをかけ美味に作る）。

六、氷餠《こおりもち》・落雁《らくがん》。

七、パン・センベイ・團子《だんご》・ビスケット等は尙《なほ》用ひ得るも。

八、乳・豆・卵・肉類を材料にしたるもの（例《たと》へばキヤラメル・カステイラ・シユウクリーム等）は避ける。

九、又間食は凡《すべ》て分量を過《す》ごさぬことに注意し茲《ここ》に揭げた諸例中でも後のものほど順次に其《そ》の分量を少くするが可《よ》いのである。

十、其《そ》の香味强烈なもの、刺戟《しげき》性の强い成分を含むものは勿論不可《ふか》、珈琲《コーヒー》・茶は勿論番茶も小兒《せうに》には良くない。

姙產婦の榮養

生理上に於て女性の男性と異なるところの最大なるものは姙娠及《およ》び出產である。而《しか》して新《あら》たなる一人を創造するこの事業の如何《いか》に重大視されて居るかといふ證左《しようさ》の一《ひとつ》を私は先づ婦人の月經に於て見ると云ふのである。即《すなは》ち月經と排卵其《そ》の他の關係に就《つい》ては元より種々の學說ありと雖《いへど》も、榮養學の立脚地《りつきやくち》からは私は月經を以《もつ》て失血及び榮養分割愛《かつあひ》に關する平素の練習と之《これ》を解《かい》せむとするものである。而《しか》して姙娠の初期に於ける特徴は又惡阻《をそ》であつて、之《これ》によつて姙婦は嘔心嘔吐《おうしんおうと》、攝食《せつしよく》殆んど不可能となり甚《はなはだ》しきは流動食の少量をすらも拒否するに至るものあり。此《かく》の如き惡阻《をそ》の原因に就《つ》いては又種々の學說が提唱せらるれども、必竟《ひつきやう》榮養上からは母體《ぼたい》の新陳代謝の標準を低下せむとするの現象と做《みな》すの不可《ふか》なきを私は信ずるものである。平時《へいじ》及《および》姙娠初期の斯《かく》の如き周到なる練習と用意ありて初めて出產の大任《たいにん》を果すを得可《うべ》き、天工《てんこう》の妙《めう》と私は謂《い》ふ。

生理的であるとはいへ姙娠は身體《しんたい》の新陳代謝の上には各方面に亘《わた》りて異常を來すが當然《たうぜん》である。即《すなは》ち卵巢から分泌するホルモン・胎盤から血中に入る諸成分・其《そ》の他神經の亢奮《かうふん》等其の因《いん》を爲し、從《したがつ》て食物の攝取《せつしゆ》の上にも、種々の變調《へんてう》を呈するに至る可《べ》きは論ずる迄も無いので大抵のことは之《これ》を寛大《くわんだい》に考へて差支《さしつくわへ》ないのであるが、併《しか》し甚《はなはだ》しき不消化物及《および》刺戟《しげき》性の食物は之《これ》を禁制《きんせい》するを要する。惡阻《をそ》に際しては食物の性狀を其《そ》の平常と全然反對《はんたい》にすることが好結果を呈することあり。即《すなは》ち植物性食と動物性食、鹹味《からみ》强き料理と鹹味《からみ》弱き料理に於けるが如し。重症の惡阻《をそ》に於ては又滋養灌腸《じようくわんちやう》或《あるひ》は皮下榮養法を必要とすることある可《べ》し。姙娠進むと共に食物は性狀に於て益〻《ますます》完全ならむことを期し、胎兒《たいじ》の發育《はついく》によりて胃部の壓塔《あつぱく》を受くること著しきに至れば食物は容積小《せう》にして特に易消化《いせうくわ》性のものを選《えら》み、一回《いつくわい》に多食する代りに食事の回數《くわいすう》を增すを便とす。又、姙娠腎と脚氣を警戒す可《べ》し。

出產後は速かに軟《やはら》かなる消化し易き食物を攝《と》る可《べ》し、但《ただし》過食は之《これ》を愼まざる可《べ》からず、分娩による腹壓《ふくあつ》の緩解《くわんかい》によりて食事に滿腹の感を得ること稍〻《やや》遲延す可《べ》きが故に注意を要す。

乳の分泌を増加するには牛乳・豆乳・味噌汁を多量に用ふ可《べ》し。

失血を恢復《くわいふく》せむが爲めには肝臟・血液・骨髓の料理・トリプトファンを多量に含有する蛋白質を與《あた》ふ。又必ず生の大根を併用すべし。

精神勞働者の榮養

精神勞働とは筋肉勞働とは其《そ》の根本に於て大《おほい》に趣《おもむき》を異にして居る。故に其《そ》の榮養法亦《また》多大の相違が期待さるる理《り》である。

併《しか》し乍《なが》ら此《この》方面の研究は諸種の困難を伴ふが爲めに未だその充分の發達《はつたつ》を遂げるに至つて無い。
（一）精神勞働では筋肉勞働の場合に於けるが如く多量の炭酸瓦斯《ガス》の發生《はつせい》を見無いこと。（二）精神作用の宿る臟器卽《すなは》ち頭腦《ずなう》は全身重量の僅《わづ》かに十分の一に過ぎざること。等から考察すると其《そ》の攝取《せつしゆ》す可《べ》きカロリーの量は筋肉勞働者の要求に比《ひ》し遙《はるか》に下位にある可《べ》きである。但《ただ》し如何《いか》に低下なりとて俗說で高調《かうてう》せらるる樣に人體《じんたい》の基礎カロリー以下であつてはならぬ。
又腦髓《なうずい》の化學的成分中ではコレステリン・セレブリン・ノイリン・レチヽン等が特有であり、又燐・カルシウム等を豐富《ほうふ》に含有するから、此等《これら》成分の補給を等閑視《とうかんし》してはならぬことは勿論である。

而《しか》して精神勞働と筋肉勞働が全然別個の新陳代謝上に立つことは明白である。何となれば精神勞働の際前述の如く炭酸瓦斯《ガス》排泄量の增高《ぞうかう》極めて小なるに拘らずその血壓《けつあつ》と脈數にありては著しく增加し、又疲勞の恢復《くわいふく》が精神勞働に於て遲《おそ》いが故である。精神勞働者の榮養のことは今後發達す可《べ》き未開拓原野の大《だい》なるものである。

肥瘦《ひそう》

肥瘦《ひそう》の差別は外觀的には皮下脂肪組織に於ける脂肪の沈着の大小によつて生ずる。皮膚を兩指頭間《りやうしとうかん》につまみ上げて皮下脂肪組織の厚薄《こうはく》を容易に見ることが出來る。肥瘦《ひそう》には榮養が大《おほい》なる關係を有し、卽《すなは》ち其《そ》の榮養量の過不足と其《そ》の成分の如何《いかん》が觀面《くわんめん》に影響する。肥瘦《ひそう》が榮養良否の尺度となるは比較的短時日《たんじじつ》間に肥《こ》へたるが瘦《や》せ瘦《や》せたるが肥《こ》へたる場合に限られたるものにあらず。如何《いか》なる場合にも體重《たいぢゆう》に最著大《もつともちよだい》なる影響を與《あた》ふるものは組織中に保留せらるゝ水分の增減を除けば矢張《やはり》脂肪組織の肥瘦《ひそう》を主なるものとする。而《しか》して實際上《じつさいじやう》肥滿せるものと瘦削《るいそう》せるものとの間に穴勝《あながち》健康上の差等を呈することなく活動するを得《う》るのみならず、前者却《かへつ》て小食にして後者往々大食なるを見ることあるが如きは、一《ひとつ》は新陳代謝の標準の高低に一《ひとつ》は食品獻立の種類に一《ひとつ》は其《そ》の勞作及《および》生活の狀態に關係して爾《しか》るものと解して可《か》なれども、尙《なほ》別に看過す可《べ》からざるは、嘗《かつ》て私の創《はじ》めて之《これ》を發見《はつけん》して學界に發表《はつぺう》したるが如く甲狀腺が炭素性成分の新陳代謝に密接の關係あるによりて之《これ》を觀《み》る時、肥瘦《ひそう》は各人必ず其《そ》の體內《たいない》のホルモンに關聯《くわんれん》するもの多かる可《べ》きを私は信ずるものである。これ斷食や減食や過食法によつて一定期間其の肥瘦《ひそう》を左右し得るに拘はらず放任すれば忽《たちま》ち各人固有の舊態《きうたい》に復《ふく》する所以《ゆえん》であり、又年齡に應《おう》じて肥瘦《ひそう》の上に秩序的の變化《へんくわ》を呈する所以《ゆえん》でもある、世俗《せぞく》肥える性質瘦《や》せる性質と云ふも此《ここ》に在るならむか。又榮養法による肥滿法を行ふに際《さい》しては私は一旦先《ま》づ充分なる減食又《または》制限食を行ひ、其《そ》の新陳代謝の標準を低下せしめ置くの後《のち》合理的の肥滿榮養法を行ふを常《つね》とせり。

脂肪の組織に沈着するの狀《じやう》は恰《あたか》も織物に糊附けさるるに似たものである。糊の織物に於けるその纖維を保護するに利《り》あり。且《かつ》使月と共に消耗せらるるを常とすれども、その過量は却《かへつ》て織物の用を妨げ質を損《そん》ずる。

但《ただ》し又一面に於て私は、脂肪の如く體內《たいない》に於いて大容積を占有する成分に就《つ》いては、之《これ》を餘《あま》りに單純視することは冒

険であるではないかと思ふのである。例《たと》へば

(一)脂肪が温の不導體《ふだうたい》なるが爲めに其《そ》の皮下に廣《ひろ》く存在することは之《これ》を以て體表《たいへう》に一脂肪服を着用せしむる所以《ゆえん》であつて、保温の効を致すこと大である。或《あるひ》は身體《しんたい》の各部に被覆《ひふく》することにより又各所に充塡《じゆうてん》することによりて器械的に其《そ》の局部の保護及《および》安定を得《え》せしめる。諸多の臟器が身體《しんたい》の起坐《きざ》・劇動《げきどう》によりても何等《なんら》危害を被《かうむ》らざるは實《じつ》に之《これ》が爲めである。

(二)年齡及《および》男女の相違によつて、身體《しんたい》脂肪組織の增減を見るは何等《なんら》かカロリー給源以外に脂肪の特殊効能を包藏《はうざう》するなきかを疑はしむる。

(三)脂肪は同時に脂肪溶性成分の各種をも溶存《ようぞん》するにも好適す。

(四)不利の點《てん》では例《たと》へば絶食の場合には脂肪の分解によりてアセトン體《たい》を多量に產生し、酸中毒の原因を爲す。脂肪心臟や脂肪過多症に於けるが如く常軌《じやうき》を越へたものは元より病的のものとして取扱ふ可《べ》きであつて器械的に心臟機能や組織の榮養上の障害を來《きた》す。

斷食

飲食物を絶對《ぜつたい》に禁斷《きんだん》し水をも用ひざるを絶對《ぜつたい》的飢餓と云ひ、水のみは之《これ》を用ひ他の飲食物を全廢《ぜんぱい》するを全飢餓と云ひ、之《これ》に對《たい》して一定成分のみを缺如《けつじよ》するを部分飢餓といふ。絶對《ぜつたい》飢餓は口腔・咽喉・食道・其《その》他精神障害の場合に見るところにして多くは已《やむ》を得ざる疾病のことであり、部分的飢餓は平素の不注意なる榮養法及《および》食糧窮乏《きゆうぼふ》の場合に屢〻《しばしば》之《これ》を發《はつ》す。而《しか》して故意の斷食は通常前掲第二者に屬し水を飲むで之《これ》を行ふものである。

断食中實演《じつえん》せらるる體内《たいない》諸成分の動き方は断食直後と其《そ》の後續《こうぞく》期間とでは多少趣《おもむき》を異にするけれども、要するに抱水炭素が最先《もっともさき》に且《かつ》速《すみや》かに消費せられ、次《つい》で脂肪が主として榮養の應急《おうきふ》の役を勤める。蛋白質亦《もまた》元より消費せられざるを得ざるは勿論であるけれども、非常に愛惜《あいせき》される事が分る。そして概括《がいくわつ》して之《これ》を云へば凡《すべ》て榮養分の消費法が極力節約せられ四日以後は全然持久策《ぢきうさく》に移る。卽《すなは》ち其《そ》の消費するカロリーが断食二週間にして三〇カロリー卽《すなは》ち平常の量の約四分の三に、断食三十日には二六カロリー卽《すなは》ち平常量の約三分の二にまで低下する。三十日以上の断食は無用でもあり危險でもある。

断食後食物を攝取《せつしゆ》すると沈淪《ちんりん》せる新陳代謝は復活して、断食日數と同一日數を經過する頃には断食前よりも遙《はるか》に旺盛であり、且《かつ》蛋白質の體内《たいない》沈着著しく脂肪が着々として貯藏せられ抱水炭素から脂肪を化生《くわせい》する作用も亦《また》强調し、從《したがつ》て體重《たいぢゆう》の恢復《くわいふく》と增加が目立つが、やがて二三ヶ月の後には徐々に再び舊《きう》の断食前のものに復する。

故に断食期間は

一、諸般の生活機能減退すること。

二、新陳代謝上の變化《へんくわ》著明なること。

三、殊に酸過多症《さんくわたしやう》を發來《はつらい》して體内《たいない》の化學的反應《はんおう》上に重大なる異常と影響を與《あた》ふること。

四、平素安定して容易に左右せらるゝことなき狀態に在りと考へらるる諸成分をも動搖せしむること。

五、恢復《くわいふく》期の新陳代謝旺盛を極《きは》むること。

等の理由により、断食は所謂《いはゆる》新陳代謝轉換《てんくわん》による體質《たいしつ》改造・心身の修練・若《もし》くは疾病治療の目的を以て之《これ》を行ふことは多くの意義を有することであり同時に多くの危險を伴ふことである。從てその適應《てきおう》、及《および》實行《じつかう》に就《つ》いては至大《しだい》の注意を要す。身體《しんたい》の組織及《および》機能の現狀打破は有害なる攪亂《かくらん》に終つてはならぬ。又必ず建設の用意を缺《か》いてはならぬのである。

故に斷食は先《ま》づ其《そ》の個體《こたい》が斷食に適するか否《いな》やを定め、斷食の目的を明《あきら》かにし、斷食中其《そ》の身體《しんたい》及《および》排泄物の精査を行つて其《そ》の指針を得又臨機《りんき》の處置《しょち》を誤らず總《すべ》てに於て必ず之《これ》を科學的に取扱はねばならぬ。日本に非常に多い神經衰弱症の形を以《もつ》て出發《しゅつぱつ》する結核患者などには斷食は大禁物である。又斷食中の自覺的諸感覺に就《つ》いては精神的修養が一定の關係を示すものである。又榮養上斷食の研究は之《これ》が身體《しんたい》の組織及《および》機能に及ぼす影響と生物學的反應《はんおう》によりて諸臟器及《および》各成分の意義・効價《かうか》・特性・相互間の關係等榮養の生理及《および》病理に關する重要事項を解明せんが爲めに行はれるのである。

榮養の病理と榮養療法

榮養の病理に屬する現象は

一、食物の攝取《せつしゅ》量が身體《しんたい》の要求量に對《たい》し不足するか又は過大なる場合、

二、不完全食の結果、

三、食品の藥理學的作用の影響、

四、榮養機能に干與《かんよ》する臟器の失調、

等によりて之《これ》を招くものである。

故に榮養の改善によりて身神《しんしん》の健全を企圖《きと》することが出來るばかりか、又直接或《あるひ》は間接に疾病治癒の効をも奏《さう》するを得るものである。而《しか》して之《これ》が爲めには

食禁《しょくきん》を守らねばならぬこともあり、

偏食を必要とすることもあり、

一定の成分を特別に豊富《ほうふ》に攝取《せつしゅ》せしむることもあり、

減食を行ふことあり、

斷食を用ふることあり、

食物の性狀・順序・組み合せ・交換・分量・攝取《せつしゅ》法等複雜にして一々別に之《これ》を記載するの要あり、他の刊行物に之《これ》を讓る。かかる場合の食餌《しょくじ》箋《せん》は藥局の藥劑の處方《しょほう》箋《せん》に於けるよりも一層愼重《しんちょう》に考慮せらる可《べ》きものにして同一疾患に對《たい》しても全然相馳背《あひちはい》する攝食《せつしょく》を勵行《れいかう》せしむ可《べ》きこともあり。又糖尿病と腎臟炎の如く食禁《しょくきん》相反するものの合併せる場合、胃腸症と結核の如く適食相傷《あひそこな》ふものの合併せる場合に在つては殊に榮養上の特別の技倆《ぎりやう》を必要とす。

淺見者流《せんけんじやりう》往々にして榮養のことを一本調子に考へ其《そ》の結果不測の禍害を貽《のこ》すの例決して尠《すく》なからず。卽《すなは》ち之《これ》が一二の證《あかし》を擧《あ》ぐれば

一、結核に蛋白食を奬勵《しやうれい》す可《べ》きを知りて、之《これ》が過食の熱發《ねつぱつ》を誘發《いうはつ》することに注意せざるは太《はなは》だ不可なり。

一、創傷の治癒に當《あた》り、組織構成の資料たる蛋白質食用の必要あるは元より其所《そこ》なる可《べ》しと雖《いへど》も、而《しか》も興味あるは蛋白質の攝取《せつしゅ》過多が反《かへつ》て此際《このさい》有害に作用することである。今白鼠《ラット》に就《つ》いて皮膚の切創《せつさう》の治癒に於ける食物の影響を試驗するに、左表に示すが如く、其《そ》の食物の種類に應《おう》じて其《そ》の治癒日數及《および》成績の上に種々の關係を顯《あら》はし、肉芽の發生《はつせい》には肉構成の主なる材料—蛋白質—の多量を與《あた》へて可《か》なりと單純に速斷するが如きは大《おほい》なる誤りであることを悟るであらう。一《ひとつ》の淸潔なる外皮の切創《せつさう》に於て旣《すで》に然《しか》り況《いは》んや他の複雜なる疾患に處《しょ》する榮養法の等閑視《とうかんし》す可《べ》からざるは元より當然《たうぜん》の理《り》である。

一、標準飼料にて飼育したる白鼠《ラット》の切傷《せつしやう》は平均二〇・一五日にして全治す。
一、ビタミンA缺乏《けつぼふ》飼料にて飼育せるものの切傷《せつしやう》は平均一八・一日にして全治す。
一、ビタミンB缺乏《けつぼふ》飼料にて飼育せるものの切傷《せつしやう》は平均二一・三日にして全治す。
一、ビタミンA竝《ならび》に脂肪缺乏《けつぼふ》飼料を給與せしものの切傷《せつしやう》は平均一七日にして全治す（但《ただ》し死亡率高し）。
一、ビタミンA缺乏《けつぼふ》の脂肪過多飼料にて飼育せるものの切傷《せつしやう》は平均二六日にして全治す（但《ただ》し化膿せるものあり）。
一、ビタミンA竝《ならび》脂肪多量なる飼料にて飼育せるものの切傷《せつしやう》は平均一七・六日にして全治す。
一、脂肪缺乏《けつぼふ》飼料（但《ただし》ビタミンAの給源《きふげん》として肝油三%を含有す）にて飼育せるものの切傷《せつしやう》は平均一八・一日にして全治す。
一、蛋白質過多《くわた》飼料にて飼育せるものの切傷《せつしやう》は平均二三・二日にして全治す。
一、蛋白質缺乏《けつぼふ》飼料（但《ただし》ビタミンBの給源《きふげん》として乾燥酵母二%を含有す）にて飼育せるものの切傷《せつしやう》は平均二〇・六日にして全治す。
一、糯米粉《もちごめこ》を主成分とせる飼料にて飼育せるものの切傷《せつしやう》は平均二四・三日にして全治す（但《ただ》し化膿せるものあり）。

又栄養の病理と關聯《くわんれん》して玆《ここ》に附言《ふげん》して置くの利あるを思はしむるものは、私の所謂《いはゆる》栄養上の細胞の變通性《へんづう》といふことである。

動物體内《たいない》の脂肪はオレイン・パルミチン・ステアリンの三者の混合から成り、甲は常溫では液體《えきたい》であるに乙と丙は固《こ》體《たい》である。動物の種類により脂肪の硬軟《かうなん》を異にするは右三者混合の比の差等があるからであり、同種類の動物では之《これ》が一定して居るものである。故に犬の脂肪の熔融點《ようゆうてん》は二十度であり羊の脂肪の熔融點《ようゆうてん》は四十度である。

然《しか》るに今犬を斷食させ體内《たいない》の脂肪を消費し盡《つく》した時羊の脂肪から分解して製した脂肪酸を與《あた》へて此《この》犬を養ふと、犬體《たい》中《ちゅう》に四十度の熔融點《ようゆうてん》を有する脂肪が生ずるといふ實驗《じっけん》をすることが出來る。此實驗《このじっけん》によると脂肪に甚《はなは》だしく缺乏《けつぼふ》した絶《ぜつ》體絶命《たいぜつめい》の犬が間に合せの脂肪を作つて一時《いっとき》を糊塗《こと》して行くといふことが分るのである。斯《か》の如く平常の生活狀態のそれとは異なる榮養機轉《きてん》を行ふ場合を細胞の變通《へんづう》性と呼ぶ可《べ》きである。榮養に無頓着のものは此《こ》の變通《へんづう》性をそれと知らずに信じ過ぎて居るのである。どうにかなるといふことは例《たと》へば堤防の水に於けるが如し其《そ》の溢《あふ》るると溢《あふ》れざるとは一瞬間《いっしゅんのあいだ》を境とするのみである。

榮養の標示

人體《じんたい》の要求する全榮養量の問題卽《すなは》ち食物の量的關係に就《つ》いて一層の研究を要するものあるは勿論なれども、これに比して更に窮明《きうめい》の重要なるは其《そ》の定性《ていせい》的關係である。

榮養標準の標示として從來長く用ひられたのは比較的短時日間《たんじじつかん》一定の體重《たいぢゅう》を維持し且《かつ》窒素出納の平均を得ることであつた。次《つい》で斯《か》かる短時日間《たんじじつかん》に視《み》るところを以《もつ》てしたるのみにては、到底其《そ》の眞《しん》を盡《つく》すものにあらず。必ず長期に亘《わた》りて觀察するの要があるとしてチツテンデン先生の榮養の生理的經濟の研究の如きは數年にまたがつた。蛋白質の化學の進歩により成長といふことが新《あら》たなる一標示となり、又其《そ》の後ビタミンの發見《はつけん》により成分缺乏《けつぼふ》症の研究が盛んとなり之《これ》を以《もつ》て他の一標示となすに至つた。近時《きんじ》繁殖といふことが更に一つの標示となつて來た。最近では一歩を進めて乳汁分泌に必要なる榮養素卽泌乳素《すなはちひつにゅうそ》の存在が立證《りつしょう》せられ、泌乳《ひつにゅう》といふ一新標示が出現したのである。榮養學の進歩と共に榮養の標示は漸次《ぜんじ》複雜を加へ、一食品に關する榮養價《か》の評定が少なからず左右せられる。例《たと》へば歐州大戰頃までは魚肉の蛋白質の構成が獸肉と大差なき爲め、所謂《いはゆる》肉代用品として魚肉の應用《おうやう》が廣《ひろ》く高調《かうてう》せられた。今日吾人《ごじん》の知るところでは獸肉には繁殖榮養素を含めども魚肉には之《これ》を含まざるが如く、其《そ》のアミノ酸の分布に於ては獸肉と魚肉の間に差別を撤廢《てつぱい》するを可《よし》とするに反し、繁殖の標示によりては魚肉は獸肉と同列に置く能《あた》はざるやを疑はしむ。飜《ひるがへつ》て又一人の食物を論ずる場合に在りても、多數の標示に適合する食物でなければ以《もつ》て標準食と稱《しよう》することが出來なくなつたのである。加之《しかのみならず》繁殖の問題の如きは其《そ》の實驗《じつけん》を一代に於てすることは完全の研究とは言ふ可《べ》からず。必ず數代に渉《わた》つて之《これ》を觀察するの要を認むるに至つたのである。

又一方には精神的勞働の如くカロリーを要求すること極めて少量であるに拘はらず、此際《このさい》その脈數は增加し血壓《けつあつ》は亢進するの顯著《けんちよ》なるに鑑み、茲《ここ》に何者か新陳代謝上の重大なる異變《いへん》を招致したるとは疑ふの餘地《よち》ある可《べ》からずと雖《いへ》ども、而《しか》も其《そ》の說明は今日の榮養學では及ばざる所にして、尙之《なほこれ》を將來の研究に待つ他《ほか》無いものもある。

故に榮養の定性的關係に就《つ》いては、窮極其《きうきよくそ》の成分各自の特徴を發揮《はつき》することにより、例《たと》へば「筋肉勞働の食」・「精神勞働の食」・「成長の食」・「美容の食」・「長壽の食」・「繁殖の食」更に細微《さいび》に入りて「數學の食」・「美術の食」・「辯舌《べんぜつ》の食」等を生じ、現時《げんじ》一般人が要望するが如き優越せる個々の特色全部を同時に包含《はうがん》せしむる爲めには其《そ》の食物を將《ひ》ひて非常の複雜さを加へざるを得ざらしむ可《べ》し。而《しか》して撰擇《せんたく》的に所要の成分全部を包含《はうがん》すると同時に、無用の成分の何者をも夾《けふ》雜《ざつ》することなからしむるとは、一層理論的にして且《かつ》最進步したる食物を構成するに必要のことなり、榮養上の此《こ》の考へ方は決して之《これ》を空想視することは出來ぬ。必ず之《これ》を尊重す可《べ》きものであつて、既《すで》に今日に於ても私が屢ゝ之《しばしばこれ》を切言《せつげん》するが如く、生涯の初期に於て

一、希臘《ギリシア》の美の神サイキを實現《じつげん》せしめるが爲めに蛋白質の最優良なるものを豐富《ほうふ》に食用するを要し。

生涯の後半期に於て

一、長壽《ちやうじゆ》を保つに淡白なる菜食と小食を可《よし》とする等。榮養の目的と人生の各期にそれ〴〵適應《てきおう》する食物選定の方法を講ずることが必要なのである。

もし夫《そ》れ若年學生の前に薦《すす》むるに菜食を以《もつ》てし、筋肉勞働者をして一食に頼《たよ》らしめむとするが如きは、畢竟《ひつきやう》、物《もの》無謀《むぼう》者流《しやりう》、榮養上の知識を有せざる罪の致すところのみと云へやう。

榮養を說きて養理篇を終らむとするに臨み、私の心境に最《もつとも》明瞭に反映するところを、忌憚《きたん》なく告白するを得《え》せしむれば、人間人爲の生活が今の如く經濟的經綸を主として進まざる可《べ》からざるに於ては、結局私が末章に於て述べたる分業的人類の養成を最便最上《さいべんさいじやう》とするに歸着《きちやく》す可《べ》きが故に、榮養法の運用によりて人は、或《あるひ》は筋肉的或《あるひ》は精神的各般の一藝《いちげい》一能《いちのう》を發揚《はつやう》す可《べ》き體格體質《たいかくたいしつ》の實現《じつげん》に努力するに至ること、宛《あた》かも、自然が先天的に昆虫をして既《すで》に行はしむるところ、若《もし》くは人力により任意動植物を種々に改變《くわいへん》せしめたる、それ等の事實《じじつ》を人間界に於ても亦實演《またじつえん》せらるるの日あるを確信せしむるに足るのである。卽《すなは》ち斯學《しがく》が現代の「生れ出でたる後《のち》の人間の榮養學」から更に一歩を進めて、「生れ出でぬ前の人間の榮養學」にまで展開す可《べ》きを疑はぬのである。而《しか》して私のこの意見は將來《しやうらい》必ず完成せらる可《べ》き食品の人工的製品に想到《さうたう》することによりて特にその信念を深からしむるものである。

榮養研究最新の行程

「斷食後の恢復《くわいふく》」を實驗《じつけん》的榮養研究の新標示とすることに依《よ》り、食物構成上の新則――「毎回食完全說」――を以《もつ》て愈々《いよいよ》確固不動のものたらしめ、又最《もつとも》興味ある且《かつ》拔本的意義を具《ぐ》したる「食品の特自《とくじ》榮養價《か》（Nutrive Value Proper）」の發《はつ》見《けん》せらるるに至れるは、榮養學の新生面《しんせい》を展開するものであり。又最近第十一回日本醫學會《いがくくわい》第十四分科榮養學會《かくくわい》に於て發表《はつぺう》せられたる「ビタミンの習慣性」は榮養生理の闡明《せんめい》に一新示唆《しさ》を與《あた》ふるものである。

腸管内細菌の研究・減食食生活の窮理《きうり》の、引續《ひきつづ》く學的努力にも亦《また》敬意が拂《はら》はれねばならぬ。

榮養の問題は、醫學《いがく》に於ける生理學・生化學・病理學・細菌學・藥理學・豫防醫學《よぼういがく》・治療醫學《いがく》に關するものの他、農學・工學・理學・藥學・經濟學・政治學・文學等極めて多般の分野に亘《わた》ると雖《いへど》も、既《すで》に榮養學が嚴然獨立《どくりつ》の境地に成人し在る現秩序以上に、「榮養學としての構想並《ならび》に研鑽《けんさん》」は愈々《いよいよ》高く益々《ますます》重きを加へつつあるものとす。

動物性食と植物性食

肉食主義と菜食主義とは、昔から世間で両極端にそれぞれ教えが説かれ論じられている。今に及んでもなお論争が収まることがないのは、要は栄養を科学的に取り扱うことを知らないことが原因である。動物性食は主としてたんぱく質に富み抱水炭素に乏しく、植物性食は多くは抱水炭素を主成分とし、少数であるがたんぱく質を主成分とするものもある。動物性食か植物性食かに関わらず、カロリーの大小は常に一緒に含まれる脂肪の量によって左右される。植物性食品は植物細胞質を多量に含有し、ヒトの腸内では消化困難なことから、栄養上の価値を損じることが大きい。草食動物は植物界からのみ栄養を摂り、豊かな肉体を形成する。世の中にはこの例をそのままヒトに当てはめようとする者がいるのだが、これは草食動物の腸内には植物細胞質を消化するチターゼが含まれ栄養源として利用できるが、ヒトの消化管内ではこの酵素を欠き、利用できない事実を無視している。この概要を言えば、植物性食品中のたんぱく質には不完全なアミノ酸組成を有するものが多く、例えば動物の成長を標準として評価すれば左のようになる。

○成長に寄与するもの

動物性たんぱく質

カ　ゼ　イ　ン　（牛　乳）

オヴハルブミン　（鶏　卵）

植物性たんぱく質

エデスチン　（麻の実）

エキセルシン　（ブラジルクルミ）

グロブリン　（綿　実）

グ　リ　シ　ン　（大　豆）

○成長に不適のもの

ヴ　グ　ニ　ン　（ソラマメ）

グリアヂン　（小麦またはライ麦）

レ　グ　ミ　ン　（ソラマメ）

コングルチン　（青色または黄色豆）

ゼ　イ　ン　（トウモロコシ）

ラクトアルブミン　（牛乳）

オヴォヴィテルリン　（鶏卵）

グロブリン　（南瓜種子）

グルテリン　（トウモロコシ）

グルテニン　（小麦）

カンナビン　（麻の実）

レグメリン　（大豆）

レ　グ　ミ　ン　（エンドウ）

ホルディン　（大麦）

ゼ　ラ　チ　ン　（角）

フハゼオリン　（白インゲン豆）

メンデル先生とオズボーン博士は，ラットを使った実験でこれを証明し，学界の耳目を集めた。

成長期および妊娠時には，動物性たんぱく質を添加する必要性があることは，これを見ても明白である。その他，動物性と植物性の食品間の差異は，前者はエキス分を多量に含むが，後者は少量しか含まないということである。エキス分には胃液の分泌を促す作用がある。また，食欲を進め心臓の力を強くするといわれている。さらに植物性食品にアルカリが多量に含まれることは，前述した。そして動物性食品に特有なことは，コレステロール・レシチン等が多く含まれることである。脂質（あるいは類脂質）の多量摂取は，血管硬化の原因といわれている。高齢者および肝臓・腎臓の機能が低下した者に肉食を制限すべきであることは，前述した諸点を参考にして認めなければならない。

また，ビタミンがまず植物で合成され，動物はそれを食用することで，ビタミンを獲得して貯蔵あるいは利用することを知るべきである。このような理由で，乳・卵・内臓を除けば，各種ビタミンの摂取は，植物性食品によることになるのである。

煮汁は全般的に植物性食品を食材とすると，栄養価は大きくなる。なぜかと言えば，主成分のでんぷん・糖類および有機酸等は煮ることで水に溶出する傾向が強いからである。しかし，一つ注意をしなければならないのは，動物性食品の煮汁も従来から学者が理解しているように，栄養価をことさら無視するべきではないということである。この液中にはクレアチン，グリシン，タウリンあるいはグリコゲーンが溶出している。いわゆる無機塩類の他に，少量ではあるが特殊な成分が含まれる。このことから，カロリーを標準として論じ断定した旧来の栄養観点からの，スープの栄養無価値説は改める必要がある。

一方，世間のいわゆる菜食論者，宗教とその他の肉断日（肉を食べない日）の献立で，卵と牛乳の使用が許されている。このことから，ホルモンや酵素の科学的構造と性状に，たんぱく質と密接な関係があることを見過ごしてはならない。

そのため，成分を詳細に観察し，生体側からも考慮して，肉食と菜食の優劣を論争することは無益なことであり，ヒトの食物の材料は動植両界を通じて広く求めること、特に発育期の者と老齢期の者を同一視してはならないことを理解すべきである。私は少なくとも一代を、

（一）乳児期――特別の栄養法、つまり哺乳。
（二）発育期――消化しやすいもの。たんぱく質・無機質とエキス分に富む肉食を軽視してはならない。ビタミンも必要である。
（三）盛年期――肉食・菜食・両者の組み合わせが必要。嗜好を優先させ一方に偏らないように心がけること。
（四）衰退期――臓器の保護、特に血管と腎臓（循環器系）の保護を主眼とする。したがって徐々に菜食に移行するのが自然である。

このような時期に区分し、各期に応じた適切な栄養に従うべきである。最後に、植物性食から動物性食に変えて栄養状態を改善した場合は、その根拠が栄養分中でもたんぱく質の完成と無機質の配合にあるとし、逆に動物性食から植物性食に変えて栄養を改善した場合は、私の主張する新陳代謝転換法とビタミン補給によるものと理解するのが、最も適当である。よって、前者は貧困粗食で、しかも幼弱者や若者に効果的であり、後者は富も地位もある人の美食や、中年以降の成年者に著効を示すことが例としてあげられる。栄養に向学の者は、決して両者を混同してはならない。

腸内の細菌※一九

腸内には、大腸菌を主とした各種の細菌が常在している。その数は数百億にのぼり、大便固形分中の三分の一が細菌の菌体と言われている。これらの細菌は、発酵分解作用により有毒の分解産物を生成するだけでなく、難消化性の成分を分解して消化の作用を助けるはたらきがある。また細菌がガスを産生して、腸壁面の面積が拡大し、食物の移動および栄養分吸収を良好にする。

さらに、腸内細菌の重要な役割として無数に増殖した細菌が、腸内で死滅するとその菌体の分解によって、核たんぱく質、その他のたんぱく質・アミノ酸を生じ、摂取した食品中にはもともと含有されない、菌体由来の成分を生体に供給する。そのようにして腸内細菌は、不完全食の欠点を補う大きなはたらきをする。ヒトが菜食のみで健康を維持できる場合は、このような根拠から明確に説明することができる。そして、細菌が産生する乳酸による殺菌効果という独自の説を唱えたメチニコフの考えよりも、さらに重大な意義があるのは、腸内細菌が自己の菌体の構成と解体によって栄養素を産生し、栄養素補完という特殊な作用を示すことである。なぜならば、市販の多くの乳酸菌製剤に含まれている細菌は死滅しているものが多く、もし乳酸の産生によって他の腸内雑菌の生活を脅かし、多少とも衰枯・致死の運命に導くことがあっても、細菌の死滅そのものが有効なのではなく、死んだ菌体の分解産物が栄養の目的を果たすと考えるべきであるからである。つまり、腸内に無数にある細菌は、自己の生存とともに、その屍体によって常にその寄生体（宿主）に寄与することで、共存共栄の効果を上げているのである。

腸内細菌についてもう一項付け加えるべきことは、腸内細菌はヒトの成長時期と摂取した食物の種類等によって、差を生じるという事実である。例えば、新生児の便いわゆる「カニババ」（胎便）は全く無菌であるが、哺乳が始まると糞便は特種な乳酸菌の純粋培養のような状態となり、それ以降は食物性状が大人に近づくにしたがい、菌の種類と性状も少しずつ大人と同じものに移行する。

新生児の腸内は元々無菌なので、仮に出生後も引続き人工的に無菌状態を維持した場合、どのような結果が得られるかは、興味ある問題である。この問題を解決するため学者は、あらかじめ無菌的に孵化させた鶏の雛および出生したモルモットに滅菌食餌を与えて飼育し、この条件下では動物は決して生存することができないことを確認した。しかし食餌[訳註十三]に熱を加えて滅菌する場合は、同時にビタミンの一部も破壊することが今日の栄養学ではわかっている。また、新生児が諸種疾患の発病に対し、大人よりも比較的抵抗力が強いことは、腸内の細菌と一定の関係があるようである。

その他、食品に寄生（付着）する細菌の種類も各種特有のものが多く、例をあげれば梨を腐敗させる細菌とりんごを腐敗させる細菌とは別種のものである。これに照らしても、食物と消化管内の細菌、その生体に対する関係については、今後さらに解明されることであろう。腸内に限らず口腔内の細菌からその研究がすでに始まっているのである。

また、大腸菌がビタミンBを産生するという研究があるが、人体では必要量を満たす充分な量は産生されていないであろう。こう考える理由は、ヒトは最も容易にビタミンB欠乏症を起こすことである。

小児の栄養※二〇

小児は新生児・乳児・児童の区分がされ、各々は独自のステージにある。

小児の栄養に、大人の栄養法をそのまま当てはめてはならないことは言うまでもない。特に乳児は消化管が未熟であるだけでなく、胃の形状と位置が成人とは異なる。例えば生後の一定時間、膵液に糖化酵素を欠くなど、特異な状況にあることを忘れてはならない。小児栄養における失敗の原因は、小児を大人扱いにすることより生じることが多い。

左は、小児栄養改善の目的について、私がかつて調製したポスターの一つである。参考のために掲げておく。

◎子供を失うことほど人間にとって大きな損失はない◎

（一）　食物に対する無頓着、簡便主義もしくは不合理な節約をすること

□子どもの栄養改善十則□

（二）無用の干渉をして病人扱いすること
（三）成長に必要な栄養分の組み合わせ、配分を考えないこと
（四）食物の好き嫌いを矯正しないこと
（五）成人の栄養法をそのまま行うこと
（六）乳児、幼児、学齢児の栄養法に違いがあることを知らないこと
（七）食物の新鮮度に注意しないこと
（八）間食の取り入れ方を知らないこと
（九）嗜好品に特別な注意を払わないこと
（十）不消化分を利用しないこと

小児の身体の栄養[※二]状態の評価を行うに当たって、体重・身長・胸囲等を用いた公式、または種々の数学的手法により、甲乙丙の判定する方法には一つとして充分なものがなく、その多くは煩雑さが伴うだけで得るところが少ない感がある。私は自身の経験に照らし、むしろ以下の項目（いわゆる身体所見等）を指標として評価・判定することが都合がよいと考えるのである。それは、皮膚[訳註一四]の光沢・弾性・乾湿・皮下脂肪・血色の五項である。

以下に、小児の栄養法に関し、ぜひとも知っておくべき心得の要点、あらましを解説したい。

天然栄養と人工栄養

母乳で児を養うことは、自然に備わった行為である。母体が健康で脚気・腎臓病・性病・結核その他、小児に悪影響を及ぼす恐れとその原因がない場合でも、なお細心の注意を要する。中でも、

（一）新生児は生後数時間熟睡する。目覚めた時から直ちに哺乳を始める。初乳は黄色で産後三、四日間続くが、これは飲ませるのがよい。マクリ（蛔虫駆除薬）は必要なし。

（二）授乳の時間を正しくすること。例をあげれば、午前六時より午後九時、あるいは十二時までの間に、三時間ごとに与えて、夜間は止めるようにするなどである。小児が泣く度に与えてはならない。消化器疾患の最も多い夏期に、のどの渇きを訴えて泣く時は、微温湯を与えて乳を与えないようにする。

（三）授乳時には、母の乳房と児の口腔内を、ホウ酸水を用いて清拭すること、授乳時間は毎回十五分から二十分間位かけて行う。

（四）各種栄養分の中で、ヒトの生体内では合成が不可能なものがあり、その中にビタミンがある。したがってビタミンは必ず食品から摂取しなければならない。乳中のビタミンを欠乏させないためには、母が必ずビタミンを含む食物を摂る必要があることを知らねばならない。

（五）排泄物、特に糞便に注意を払うべきである。

これらはよく心得ておかなければならない事項である。

乳児を養育する母親あるいは乳母の母乳を天然栄養と呼び、その代りとして、牛羊乳または穀粉その他諸種の食品の調合によって造り出した食料を与えて行うものを、人工栄養と呼ぶ。人工栄養が天然栄養に遠く及ばないのは、人工栄養が未だ不完全なためである。極まることのない自然のわざの素晴らしさに対し、栄養の研究はなおいまだ完成の域に達していないからである。

それでも人工栄養法を行うためには、周到な注意を払い、成分の配合・濃度・反応・温度等を最適状態にする必要があり、その努力をすれば、大体の目的を果たすことができ、決して難しいことではない。

(一) 純良の乳を入手すること。乳の良否を鑑別するためには、化学的分析か動物飼養試験による以外にない。ただし、大まかであるが簡便な方法として、アルコール法は乳が新鮮か古いものかを鑑別するのに充分事足りる。次に示す。

(イ) 新鮮乳：七〇容量%のアルコール二倍量を加えても凝固しない。(ロ) やや酸敗した乳：六〇容量%のアルコール二倍量を加えても凝固しない。(ハ) 著しく酸敗した乳：五〇容量%のアルコール二倍量を加えると凝固する。(イ) は小児用。(ロ) は大人用。(ハ) は用いてはならない。

*酸敗：変敗および腐敗

(二) 加工された乳および乳製品の使用は、止むを得ない場合に限ること。

(三) 乳の薄め方を誤らないこと。乳を希釈し滋養糖・乳糖の類を加えるのは、もともと成分を補正して人乳に近づけようとする目的による。近頃比較的濃厚な乳を与え、カロリーが豊富になるようにする例があるが、いずれにしても急激な濃度の変動は避けること。そして消化障害が起こった場合は、濃度が高すぎるよりも薄すぎる方が失敗する危険を避けられることは間違いがない。

左記は内務省衛生局から発表された保健調査会委員 瀬川博士の手による牛乳の薄め方の標準を示したものである。ただし、いわゆる琴柱[訳註一五]に膠する（柔軟性・融通性を欠いた対応）は禁物である。

生後	授乳の回数	薄め方割合	一回量cc（mL）	一日全量（mL）　＊一合は約180mL、一勺は約18mL
一日	〇—二	一と二	五	半勺
二日	七（三時間おき）		一〇	一勺半—三勺
三日			一五	六勺
四日			二〇	八勺
五日			三〇	一合
六日			四〇	一合五勺
七日			五〇	二合
二週	六		六〇—八〇	二合五勺—三合
一か月			一〇〇—一二〇	三合五勺—四合
二—三か月	五（四時間おき）	一と二	一二〇—一五〇	四合—四合五勺
四—六か月		二と一	一六〇—一八〇	四合五勺—五合
七—八か月		全乳	一八〇—二〇〇	五合—五合五勺

（二日の授乳の回数欄には「三—五」とも記されている）

（注意）最近では多くはショ糖を五％の割合で加える。

（四）また加熱滅菌した乳には、大根[訳註一六]の搾り汁一日量二〇ミリリットル、つまり茶さじ五杯を加えることを、けっして忘れてはならない。

（五）全乳を用いる頃から離乳期に入る。葛湯・重湯・野菜入りおじやの汁・味噌汁などを交ぜて用い、授乳量を適宜調整する。すべて時間と手間を惜しまず行うこと。

（六）冷蔵した乳を使用する場合は、適切な温度に温めること。濡らした布で包み、布の下端を水を張った桶に浸し、これを風通しのよい場所に置けば、適切に冷蔵できる。また魔法瓶の使用は最も危険である。飲むのにちょうどよい加減の温度は、乳が最も腐敗しやすい温度だからである。近頃、必要に応じて電気を使って乳を温める便利な装置が外国から入ってきた。市中で腐らないと言われている乳があれば、それは不良品であることを自称しているようなものである。乳は腐るものである。

（七）煮沸消毒の中でも特に圧力を加えて湿熱殺菌を行うと、乳の諸成分の分解・酵素の破壊が著しいため、生乳を除けば摂氏七五―八〇度に三〇分―一時間加熱して、結核菌・チフス菌・赤痢菌等を殺菌するのがよい。そしてこれに、新鮮な大根の搾り汁を添加すれば、ビタミン・ジアスターゼ・カタラーゼ・その他の有用な成分を補充することができる。また新鮮で良質の乳には、低温殺菌法を採用するのがよい。

（八）哺乳器およびその取り扱い方は、衛生に注意することが重要である。

（九）授乳前後は、五十倍のホウ酸水を浸したガーゼで必ず小児の口を清拭すること。

（十）便秘には水飴少量を加減して与えること。

（十一）小児の疾患では医薬以上に栄養法の注意を必要とする。脱脂乳が必要な場合、専用の装置がない場合は乳を薄め、氷片と食塩を混和したもので充分に冷却し、その上層を取り去って用いるのが簡便である。

（十二）一時の消化不良症やその他の事情により、脱脂乳または脂肪含量の少ない乳製品を用い、思いがけない効果があったとしても、これを良乳と誤解してはならない。そしてこのような特別な種類のものを続けて使用すべきではない。また世間で「小児乳」と称して販売されているものを信用することは危険である。

離乳児の食物

生後七、八か月から離乳が行われる。多くの人が誤解しているのは、例えば三年後に離乳したなどと言うことである。しかし、それは問題の主体ではない。それよりは、授乳期中に与える乳汁以外の食物・その種類・分量・順序・そしてそれをいつ頃から始めたかが、重要な問題なのである。乳児が、母乳で養われるのか人工栄養で育てられるのか論じることとは別に、離乳児の食物には充分注意を払う必要がある。離乳食の器械的、化学的性状の両者を照らし、食品の種類を慎重に選ぶこと。つまり器械的には、一度粉末にしたもの、すりつぶしたもの、よく練ったもの、裏ごしにかけたもの、長く水煮したものなどである。これらは、幼弱な胃腸に負担をかけない形態に属する。化学的には抱水炭素の中でもでんぷん類を易消化性食品として優先して用いるべきである。次いででんぷん類を主体とし、これに初期段階として脂肪の少ないものから、また、乳・卵を応用したものから順次大人の食物に近づけるように進める。

一、母乳児七、八か月頃から、一日に二―三回、葛湯・重湯・野菜入りおじやの搾汁・牛乳・味噌汁を与える。

一、牛乳で育てられた児も母乳児と同じ頃、つまり全乳を用いる頃から、牛乳を水で薄める代りに、前項の液汁を加える。

一、十二か月に近づいたら、野菜入りおじやのすりつぶしたもの・次いで同じものですりつぶさないもの・卵・麩・豆腐の味噌汁・煮たじゃがいもの裏ごし・カルヤキ（軽焼煎餅）・パン・カステラ・ビスケット・プディング。

一、満一歳を過ぎたら、おじやを徐々に固形食に近づけ、副食物としては魚肉・野菜類を加える。魚肉はヒラメ・小魚の肉が適しており、野菜ではホウレン草がよい。また、この頃から風味と嗜好の教育が必要であり、かつ有効である。

食物の好悪（好き嫌い）

成長して児童と呼ばれるようになると、食物に対する好き嫌いが出てくる。食物の好き嫌いは、時に生理的な要求から生じる場合があるが、多くは習慣により形成されたわがままである。生理的な要求が原因である場合は、その欲求は必ず一時的なものであるので、容易に区別できる。例えば、続けて同じものを摂る、もしくは食べない場合や、思春期や妊娠時にみられるものである。そして食物の好き嫌いはいわゆる偏食となり、極端な例では学齢児童で牛乳やパン、米飯を飲食できない者もいる。偏食の害は文化が発展するにしたがってますます大きくなる。それは食糧の工場の発達と国民の嗜好による行動が軽薄であり、精製された食品は成分の単調を、調理に凝り溺れることは成分の欠陥を来たすからである。また近年、富裕層の子どもに栄養不良児が多く見られるのは、主として偏食が原因である。偏食を矯正することは決して難しいことではない。その方法とは、

（一）教訓。飲食する目的を教示する、嫌悪する食品の効用と食べ方の模範を例示するなど。

（二）摂食法の改善。嫌悪するものを先に食べてから他の食品に移る、少量から始める。

（三）調理上の工夫。例えば生の人参でビタミンを与えようとする場合、浅漬にしたり、おろしにして梅肉と和えて用いる。

（四）断食法。一食一日の断食を一時的に行うことは、危険なことではない。

これらの方法を用いれば、必ず成功する。

成人となってからもなお特定の食品が食べられない例は往々に見られるが、このような例は先天性の体質が理由である。例えば卵を食べれば必ず嘔吐し、イチゴを食べて必ず中毒症状を起こすなどである。私の友人である有名な医師が、たくあんのにおいにより、どのような時でも食欲が全くなくなってしまうという実例を知っている。

「偏食が良くないことは理解しますが、好まないものを無理に食べることには、果たして栄養上の効果があるのでしょうか」という問いへの答えは、「よい質問です、それに先立って私に何か聞いておくことがありますか。」。好きなものを食べれば、消化液の分泌が促進して栄養の効果が上がる。嗜好品が世に必需とされる理由もこれに他ならない。しかし、大体栄養の道理に通じていれば、好まないものを強いて食することには意味がない、という結論に至る。その理由は何かと言えば、（一）好まないものを好まないと肯定して、その上で偏食の害を避ける工夫を講じればよい。（二）好まないものを必ず好むようにする工夫を講じればよい。どちらもそれぞれ対応が可能であるからである。質問者へは、とりあえず左のように答えればよいと考える。

（一）新生児が摂取する食物が、成人に近づくに従い、徐々に、腸内細菌もまた成人と同様になることは前章で解説した。

（二）肉食動物の例として、イヌの唾液中にはでんぷんを消化する糖化酵素は存在しない。そこで数週間パンを与えて飼育すると、糖化酵素が発現するという実験報告がある。ただしこのような短日時間の実験で発現することが証明された糖化酵素は、けっして活性が大きくはない。

（三）ショ糖をイヌに注射して体内の直接酸化を見てみると、子イヌの場合、複数回注射をする場合は、ショ糖が利用される分量が次第に増えてくる。

以上の事実は、食物に対する生体組織の対応が、いかにその環境・条件に反応し、かつ馴化しようとするかということを示すものである。つまり、摂取を強いられたその個体にとっては異様な食物すら、有効に消費しようとする生体の努力である。異味といっても、人類が人類の食物を用いる場合、少しずつ移行すれば、生体内の利用については決して心配しなくてもよい。それだけでなく、やがては好むようになるだろう。これに反し、もし異味にして初めから人類の食物に適さないものであるならば、それは論外なのである。どんなことをしても、生体内に元から痕跡もない消化酵素を新生させることはできないのである。例として、植物細胞素に対するチターゼ・イヌリンに対するイヌラーゼのようなものがそれである。つまり根無し芽は育たぬ（生物学的な根拠がなければ適応することができない）。

間食

成人の間食は有害無益である場合が多い。これに反して小児では、（一）体表面積が大きいこと、（二）運動が活発なこと、（三）発育機能が旺盛なこと、によって比較的高い栄養量を要するとともに、（四）腹一杯に食べて食事の回数を減らすよりは、やや小食でもその食事回数を増やすことが、結局その全食量では量的に多くなる。これが間食の長所・要点である。また激務に従事する者が、労働の効率減退を防止するために、午後に間食を摂ることは栄養量のとり方としてはたしかに有効である。

前に解説したように、消化器は常に消化作用を営んでいるわけではない。例として、空の胃は前後の壁が密着し、その内面は中性の粘液で被われ、全く安静の状態にあるのが通常である。胃にこのような安静の時間を与えることは、消化器の庇護の観点から非常に必要なことである。胃の粘膜が粘液で被われていて、アルカリ性の血液が内部を循環し、ペプシンに対抗する抗ペプシンという特異の成分が含まれ、これらの防御性によって胃の内容物を消化する強力な消化液も、胃壁面を侵すことはできない。このような有用有効の防御性も、一旦障害が加われば急激にその働きを失うことがある。例えば、血液循環の一部が停滞する時、あるいは食後急死した時等の病理解剖によって、いわゆる胃の自己消化をみることがある。いや、このような特別の障害が加えられなくても、強力な消化液の持続的作用により、最終的に胃壁の生活組織を消化することになるのである。胃液の最初の発見者であるヤング氏は、実際に以下の実験により胃の消化作用を確認、確定したのであった。氏は一匹のカエルを用いてその口中に他のカエルの一脚を挿入して、時々取り出し検視、観察した。そして長時間胃内に挿入されたカエルの脚は、生きながら消化の作用を受けることを知ったのである。この理論を踏まえて推測すると、胃内に胃液が常に滞溜して作用することで粘膜を刺激し、傷害を加え、カタル（粘膜の滲出性炎症）を起こす。さらにこれは他の疾患の誘因ともなるのである。腸においても、同じ理由で同様なことが起こる。要するに胃およびすべての消化管には、食間時に十分な安静が必要である。

　これは、間食が有害とされる理由である。よってこの害を避けて間食の効用を発揮させるためには、ぜひとも次の諸項目に留意すること。

（一）胃内に滞留する時間の短いものを選ぶこと。
（二）消化しやすいものであること。
（三）容積が大きく速かに胃に満腹感をもたらすものであること。
（四）水分に富むものか、そうでなければ水分を一緒に摂ること。
（五）次の食事の妨げとならないこと。

つまりこれらの趣旨を実行しようとすれば、結果的に抱水炭素質を選び、たんぱく質を避けるのがよいであろうということになる。

　以上私の主張は、これまで単に「間食は消化しやすい食物を」という一般的な説を一歩進め、食品の成分にまで立ち入り「間食には容積が大きい抱水炭素食を」というものである。そしてこの新しい主張は、昨今大方の関係者にやや容認されたようであるが、実際に応用するに当たっては、材料の選択と軽重を誤り、往々にして私の意図するものでない場合が少なからずある。そのため、もう一度簡単な実例をいくつか参考として示しておこうと思う。

一、果実または果汁・野菜または野菜汁（汁をでんぷんまたは少量のゼラチンで固めてもよい、野菜は大根・キャベツ・人参・

ホウレン草が最適である)。

二、葛・片栗(湯・練り物・タピオカ・餅・餡その他調理法は多い)。

三、じゃがいも。さつまいも。

四、飴・飴湯・甘酒。

五、素麺・マカロニ・うどん(煮出汁・ジャム・トマトケチャップなどをかけ美味に作る)。

六、氷餅・落雁。

七、パン・せんべい・団子・ビスケット等は用いてもよい。

八、乳・豆・卵・肉類を材料にしたもの(例えばキャラメル・カステラ・シュークリーム等)は避ける。

九、また間食は量的に多過ぎにならないように注意し、右に掲げた諸例中でも後のものほど順次に分量を少なくするのがよい。

十、香味が強烈なもの、刺激性の強い成分を含むものはもちろん用いず、珈琲・茶は当然のこと番茶も小児にはよくない。

妊産婦の栄養

生理上女性と男性が最も異なるところは、妊娠と出産である。新たな一人の人間を創造するこの事業がいかに重大視されているかという証拠の一つが、私はまず婦人の月経にあると考える。つまり、月経と排卵その他の関連はもちろんのこと、種々の学説はあるが、栄養学の立場から、私は月経は失血と栄養分の割愛という、平素からの妊娠への準備体制と理解する。妊娠初期の特徴は悪阻であり、これによって妊婦は嘔心嘔吐を来し、摂食がほとんどできなくなり、重度の場合は少量の流動食も受け付けないこともある。悪阻の原因については、種々の学説が提唱されているけれども、栄養上から言えることは結局は、母体の基礎代謝を低下させる現象と見なすことができるということであることを私は信じる。平時および妊娠初期のこのような周到な準備と体制があって、初めて出産の大きな役割を成し遂げるという、自然の為せる技であると私は思う。

生理的な現象であるとはいえ、妊娠は新陳代謝の上で各方面にわたり異常を来すのが普通である。卵巣から分泌するホルモン・胎盤から血中に入る諸成分・その他の神経の興奮などがその原因である。したがって食物の摂取においても、体調にさまざまな変調が伴うことは、言うまでもない。そのため、ほとんどの症状については、重大視しなくてもよい。しかし極端に消化が悪い食物や刺激性の食物は禁忌とする必要がある。悪阻が発症した場合は、食物の性状を平常と全く反対にすることで良い結果がみられることがある。植物性食と動物性食、塩味が強い料理と塩味が弱い料理などがその一例である。重症の悪阻では、滋養浣腸（直腸投与）や皮下輸液投与が必要になることもある。妊娠周期が進むとともに、食物の成分をさらに完全であるようにすることが必要である。胎児の発育によって胃部が著しく圧迫されるようになったら、食物は少量かつ特に易消化性のものを選び、一回に多食せずに食事の回数を増やすのがよい。また、妊娠腎と脚気を警戒する必要がある。

出産直後からは、軟らかな消化しやすい食物を摂るようにする。ただし、過食は避けるべきである。分娩により腹圧が緩解し、食事で満腹感を得るのに、やや時間がかかる可能性があるため、注意を要す。

乳汁の分泌を促進するには牛乳・豆乳・味噌汁を多量に摂取させる。

失血を回復させるためには、肝臓・血液・骨髄の料理・トリプトファンを多量に含有するたんぱく質を与える。また、必ず生の大根を併用する。

精神労働者の栄養

精神労働の栄養は、筋肉労働のそれとは根本から大きく異なる。そのため、栄養法にも大きな相違があってしかるべきである。しかし、この分野の研究にはさまざまな困難を伴うため、なかなか進歩せず十分な成果は得られていない。

（一）精神労働では、筋肉労働の場合のように、多量の炭酸ガスの発生がみられない。（二）精神作用を司る臓器である頭脳は、全身の重量の十分の一に過ぎないことなどから考察すると、摂取すべきカロリーの量は筋肉労働者の必要量を大きく下回る。ただし、少ないからといっても俗説でよく言われているように、人体の基礎カロリーを下回ってはならない。

また、脳髄特有の科学的成分には、コレステロール・セレブロシド・ノイリン・レチシン等があり、その他にリン・カルシウム等も豊富に含有することから、もちろんこれらの成分の補給もおろそかにしてはならない。

精神労働と筋肉労働が全く別の新陳代謝の上に成り立っていることは、明白である。その理由は、精神労働をする際、前述のように炭酸ガスの排泄量の増加が極めて小さいにもかかわらず、血圧と脈拍数は著しく増加すること、また、精神労働のほうが疲労回復に時間がかかることである。精神労働者の栄養については、今後進歩すべき広大な未開拓原野に例えられる。

肥瘦

肥っているか瘦せているかの区別は、外観的には皮下脂肪組織での脂肪の沈着の大小による。皮膚を二本の指でつまみ上げれば、皮下脂肪組織の厚さを容易に知ることができる。肥瘦には栄養が大きく関わっている。つまり、栄養量の過不足および摂取栄養成分の違いが、見た目に影響する。肥瘦が栄養の摂り方の尺度となるのは、比較的短期間に肥満者が瘦せ、瘦せている者が肥った場合だけに限らない。どのような場合でも、体重に著しい影響を与えるのは、組織中に保留している水分の増減を除けば、やはり脂肪組織の肥痩が主な原因である。そして、実際に肥満者と痩せている者とを比較すると、特に健康上の差が影響することなく活動できるだけでなく、前者がかえって小食であったり、後者が往々にして大食であったりする場合がある。これについては、一つは新陳代謝の標準の数値の高低、一つは食品や献立の種類、一つは労作および生活の状態が関係していると解してよい。それでもなお、さらに看過できないと私が信じているのは、かつて私が発見して学会に発表したように、甲状腺が炭素性成分の新陳代謝に密接に関係していることを踏まえて考えれば、肥痩には各人必ず体内のホルモンが関連する可能性が高いことである。このことは、断食や減食や過食の方法によって、一定期間肥痩をコントロールできるが、何もしなければごく短期間で各人それぞれ元の状態に戻る理由である。また、年齢に応じて肥痩は変化するが、その変化の仕方に共通点がみられる理由でもある。世間でいう、肥りやすい体質、痩せやすい体質というのも、これで説明がつくのではないだろうか。また、栄養法による肥満矯正を行う際には、私は通常、いったん充分な減食と制限食を行い、新陳代謝の標準を低下させてから、合理的な肥満の栄養療法を行うようにしている。

脂肪が組織に沈着している状態は、糊付けされた織物と同様である。糊は織物の繊維を保護する。そして、織物を使用すると糊はすり減っていく。付ける糊の量が多すぎると、織物の質を損じ、使用しづらくする。

その一方で私は、脂肪のように体内で大きな容積を占有する成分については、あまりに単純視することは危険ではないかと思う。例えば、

(一) 脂肪は熱を通しにくいため、皮下に存在しているのは、体表に脂肪でできた服を着用させるためであり、大きな保温効果がある。または身体の各部を覆ったりその部分を埋めたりすることで、器械的にその部分を保護し安定させている。さまざまな臓器が身体の起坐や激しい動きによって危害を被らないのは、このためである。

（二）年齢および性の違いによって身体脂肪組織の量に違いがあるのは、脂肪にはカロリー供給源の外に特殊な効果があるためではないかと考えている。

（三）脂肪は、各種の脂肪溶性成分が溶存するのにも適している。

（四）不利な点としては、例えば絶食の場合には脂肪の分解によってケトン体を多量に産生し、ケトアシドーシスの原因となることである。心臓周囲脂肪や脂肪過多症のような特殊な状態は病的なものとして取り扱うべきであって、器械的に心臓機能と組織に栄養上の障害を来す。

断食

飲食物を絶対的に禁断し、水も摂取しない状態を絶対的飢餓といい、水のみを摂取し他の飲食物を一切摂らない状態を全飢餓という。これに対して、一定成分だけを摂取しない状態を部分飢餓という。絶対飢餓は口腔・咽喉・食道・その他精神に障害がある場合にみられ、多くの場合はやむを得ない症状である。部分的飢餓は、日常の不注意な栄養法および食糧欠乏の場合によくみられる。そして、意図的な断食は、通常、前掲した部分的飢餓であり、水は摂取する。

断食中にみられる体内諸成分の動き方は、断食直後とその後続期間とでは多少様相が違うが、要約すると抱水炭素が最初に速やかに消費され、次に脂肪が主として、応急的に抱水炭素栄養の代わりにはたらく。たんぱく質ももちろん消費されるが、強い節減作用がはたらくことが分かる。おおよそまとめると、栄養分の消費方法が極力節約され、四日以後はすべての点で持久態勢に移る。つまり、消費カロリーが断食二週間で三〇キロカロリーつまり平常の量の約四分の三に、断食三十日には二六キロカロリーつまり平常量の約三分の二にまで低下する。三十日以上の断食は無用であり危険でもある。

断食後に食物を摂取すると、すっかり低下していた新陳代謝は復活して、断食日数と同じ日数を経過する頃には、断食前よりもはるかに盛んに行われる。たんぱく質は体内保留著しく、脂肪が着々と貯蔵され、抱水炭素から脂肪を合成する作用も高まる。こうして体重が際立って回復・増加し、やがて二、三か月後には断食前の体重に戻る。

したがって断食期間は、

一、諸般の生活機能が減退する。

二、新陳代謝が著しく変化する。

三、特に、ケトアシドーシスを来して、体内の化学的反応上に重大な異常と影響を与える。

四、平素は安定していて、容易に影響を受けることがないと考えられている諸成分にも大きな影響を与える。

五、回復期の新陳代謝の亢進が極まる。

以上のような理由により、断食を、いわゆる新陳代謝転換による体質改善・心身の修練・あるいは疾病治療を目的として行うことには、多くの意義がある。しかし同時に、多くの危険も伴う。したがって、適用と実行については最大の注意を要する。健康のため身体の組織および機能の状態を大きく変える目的で行うことが、有害な誤解や混乱を引き起こすことにならないようにしなければならない。そして、必ず心身の回復・再構築の準備をしておかなければならない。

したがって、断食はまず、対象となる個体が断食に適しているかどうかを判断し、断食の目的を明確にし、断食中は、身体および排泄物の精査を行って目標を設定し、すべての処置を、科学的かつ臨機応変に行わなければならない。日本では、結核患者の初期症状として神経衰弱が非常に多くみられるが、このような患者には、決して断食を行ってはならない。また、断食中の自覚症状、感覚については、対象者個人の精神修養と一定の関連がある。また、栄養の分野における断食の研究は身体の組織と機能に及ぼす影響と、生物学的反応による各臓器および各成分の意義・効果・特性・相互の関係等、栄養が生理および病理に関して重要項目を解明するために行われるのである。

栄養の病理と栄養療法

栄養の病理に属する現象は、

一、食物の摂取量が身体の要求量に対し不足しているか、または過剰である場合、

二、不完全食の結果、

三、食品の薬理学的作用の影響、

四、栄養機能に関与する臓器の失調、

などによって生じる。

このため、栄養の改善によって、身体と精神の健全をはかることができるばかりか、直接的あるいは間接的に、疾病の治癒にもつながる。

そして、そのためには、

摂食の禁忌を守らなくてはならない場合もあり、

偏食を必要とする場合もあり、

特定の成分を特別に大量に摂取させる場合もあり、

減食を行う場合もあり、

断食を用いる場合もあり、

食物の性状・摂取の順序・組み合わせ・交換・分量・摂取法など複雑であり、それぞれ別に記述する必要があるが、これについての説明は、他の刊行物に譲る。このような場合の食餌箋の作成の際には、薬局の薬剤の処方より一層慎重な配慮が必要であり、同一の疾患に対しても全く異なる摂食を励行させなければならない場合もある。また、糖尿病と腎炎のように、食物の禁忌が相反する場合や、胃腸症と結核のように症状に適した食餌が相反する疾病が合併している場合では、特に栄養上の特別の技量を必要とする。

見識の浅いものが栄養について型通りに考え、その結果として不測の障害を来す可能性がある例は、決して少なくない。一、二の実例を挙げれば、

一、結核患者にたんぱく食を奨励すべきであることは知られているが、過食による熱発を誘発することに留意しないのは重大な過失である。

一、創傷の治癒の際、組織構成の材料であるたんぱく質を食用する必要があることは言うまでもないが、興味深いのは、たんぱく質の摂取過剰がかえって有害な作用をもたらすことである。ラットの皮膚の切創の治癒の際の、食物の影響を試験すると、左表に示すように、食物の種類に応じて治癒日数および成績に、さまざまな関連性がみられる。肉芽の発生には肉構成の主な材料―たんぱく質―を多量に与えてよい、と単純に速断するようなことは、大きな誤りであることが分かるだろう。次に示す例は、清潔な外皮の切創の場合である。他の複雑な疾患の治療に際しては、栄養法をおろそかにするべきでないことは、当然のことである。

一、標準飼料で飼育の場合、創傷は、平均二〇・一五日で全治する。

一、ビタミンA欠乏飼料で飼育の場合、創傷は平均一八・一日で全治する。
一、ビタミンB欠乏飼料で飼育の場合、創傷は平均二一・三日で全治する。
一、ビタミンAおよび脂肪欠乏飼料を給与している場合の創傷は平均一七日で全治する（ただし死亡率高し）。
一、ビタミンA欠乏の脂肪過剰飼料で飼育の場合、創傷は平均二六日で全治する（ただし化膿する場合あり）。
一、ビタミンAおよび脂肪が多量に含まれる飼料で飼育の場合、創傷は平均一七・六日で全治する。
一、脂肪欠乏飼料（ただしビタミンAの供給源として肝油三％を含有する）で飼育の場合、創傷は平均一八・一日で全治する。
一、たんぱく質が過剰に含まれる飼料で飼育の場合、創傷は平均二三・二日で全治する。
一、たんぱく質欠乏飼料（ただし、ビタミンBの給源として乾燥酵母二％を含有する）で飼育の場合、創傷は平均二〇・六日で全治する。
一、もち米粉を主成分とする飼料で飼育の場合、創傷は平均二四・三日で全治する（ただし化膿する場合あり）。

また、ここで、栄養の病理と関連して、私が提唱する栄養上の細胞の変化融通性について、付言しておくのがよいであろう。

動物体内の脂肪酸は、オレイン酸・パルミチン酸・ステアリン酸の三つで構成され、常温では、オレイン酸は液体だがパルチミン酸・ステアリン酸は固体である。動物の種類により、脂肪の硬軟に違いがあるのは、この三つの構成割合の差などがあるからであり、同種類の動物ではその割合は一定している。したがって、犬の脂肪の融点は二十度であり、羊の脂肪の融点は四十度である。そして、犬を断食させ、その犬が体内の脂肪をすべて消費したのち、羊の脂肪から分解して精製した脂肪酸を与えると、その犬の体内には融点が四十度である脂肪が生成される。この実験によると、脂肪を著しく欠乏した絶体絶命の犬が、間に合わせの脂肪をつくって一時をしのぐということが分かる。このように、平素の生活状態とは異なる栄養上の対処を行うという性質を、細胞の「変通性」と呼ぶべきである。栄養に無頓着な者は、この変通性を、自覚がないまま信頼しすぎているのである。なにかを食べてどうにかする、ということにも限度がある。例えば堤防の水のように、溢れるか溢れないかは紙一重の差なのである。

栄養の指標[訳註一七]

人体に必要な、全栄養量の問題つまり食物の量的関係について、一層の研究が必要であるのはもちろんだが、さらに重要なのは定性的関係の究明である。

栄養標準の指標として従来長く用いられたのは、比較的短期間に一定の体重を維持し、かつ窒素出納の平均値を得ることであった。これに次いで、短期間の実験だけでは、とても信頼できるデータを得られない、必ず長期間の観察が必要である、としたチッテンデン先生の栄養の生理的経済の研究は、数年に及んだ。たんぱく質化学の研究の進歩により、「成長」が新たな一指標となり、その後ビタミンの発見により、成分欠乏症の研究が盛んになり、新たな一つの指標となった。近年では、「生殖」がさらに指標の一つとして加わった。最近では、一歩踏み込んで、乳汁分泌に必要な養素である泌乳素（催乳ホルモン）の存在が立証され、泌乳という一つの新指標が出現した。栄養学の進歩とともに、栄養の指標はしだいに複雑さを加え、一食品に関する栄養価の判断に少なからぬ影響を与える。例えば、ヨーロッパ対戦（第一次世界大戦）前後までは、魚肉のたんぱく質の構成が獣肉と大差がないため、いわゆる肉代用品として魚肉を用いることが広く主張された。今日われわれが知るところでは、獣肉には生殖に必要な栄養素が含まれるが魚肉には含まれない。アミノ酸の分布については、獣肉と魚肉の区別をしなくてもよいが、生殖の指標では魚肉を獣肉と同様に扱ってよいのかは疑わしいところである。一方で、一人の人間の食物について議論する場合でも、多数の指標に適合する食物でなければ、標準食と呼ぶことができなくなったのである。しかも、前述の生殖の問題などは、一世代だけについての実験では完全な研究とは言えない。必ず数世代にわたって観察する必要があることが分かったのである。また一方では、精神的労働のようにカロリー必要量が極めて小さいにもかかわらず、顕著に脈数が増加し血圧が亢進した場合、新陳代謝に重大な異変を生じさせる原因があることは、疑いの余地がない。しかし、それについての説明は今日の栄養学では不可能であるため、これについては、将来の研究を待つほかない。

したがって、栄養の定性的関係については、各成分の特徴を究極まで発揮することにより、例えば「筋肉労働の食」・「精神労働の食」・「成長の食」・「美容の食」・「長寿の食」・「生殖の食」、さらに細分化して、「数学の食」・「美術の食」・「弁舌の食」なども生まれる。現在一般人が要望するような、優れたそれぞれの特色全部を同時に包含させるためには、食物の構成が非常に複雑とはなるが不可能ではない。そして、選択された所要の成分全部を包含すると同時に、無用な成分が全く混ざらないようにすることは、一層理論的かつ最進歩した食物を構成するために必要である。栄養上のこの考え方は決して絵空事ではない。必ず尊重すべきものであり、すでに今日においても、私がしばしば強調して説いているように、生涯の初期では、

一、ギリシャの美の神サイキを実際に出現させるためには、最も良質なたんぱく質を豊富に食用することが必要である。

生涯の後半期では

一、長寿を保つには、淡白な菜食と小食がよい。

とするなどである。栄養の目的と人生の各期にそれぞれ適応する食物選定の方法を講じることが必要である。

若い学生に菜食を勧め、筋肉労働者に一日に一度の食事で必要な栄養を摂らせようとするようなことは、まったく無茶なことであり、栄養上の知識を持たないがゆえの罪であるとしかいえない。

栄養について説明し、養理篇（栄養理論篇）を終わらせるに際し、私の心境に最も明瞭に反映することを忌憚なく告白すると、

人間の生活が現在のように経済面や国家を治め整える方策を中心として進まざるを得ない状況においては、結局私が末章で述べた、分業的人類の養成が最善の方策であると結論できる。そのため、栄養法の運用によって、人は、肉体的あるいは精神的なあらゆる分野の活動で、それぞれの優れた能力を発揮できる体格体質の実現に努力するようになることである。自然は昆虫に先天的な能力を与えており、人間が動植物を人工的にさまざまに改変している。人間界においても同様のことが行われるであろうことは、十分確信できるのである。すなわち、この学問が現代の「出生後の人間の栄養学」からさらに一歩を進めて、「出生前の人間の栄養学」にまで展開することは疑わない。そして私のこの考えは、将来必ず完成されるであろう食品の人工的製品について考えると、特にその信念が深められるのである。

栄養研究最新の行程

「断食後の回復」を実験的栄養研究の新指標とすることにより、食物構成上の新則──「毎回食完全説」──によって、さらに確固不動のものにし、最も興味深く、かつ抜本的な意義のある「食品の特自栄養価（Nutritive Value Proper）」が発見されたことは、栄養学の新生面を展開する。また、最近第十一回日本医学会第十四分科栄養学会で発表された「ビタミンの習慣性」は栄養生理の分野で不明だった理論や意義を明らかにするための、一つの新しい示唆を与える。

腸内細菌の研究・減食食生活の究明とそれに続く学問的努力にも、敬意が払われなければならない。

栄養の問題は、医学における生理学・生化学・病理学・細菌学・薬理学・予防医学・治療医学に関するもののほか、農学・工学・理学・薬学・経済学・政治学・文学など、極めて多くの分野にわたるが、すでに栄養学がしっかりと独立した分野として進歩・確立した現在、「栄養学としての構想ならびに研鑽」は、ますます高度さと重要さを加えつつあるといえる。

地　調理篇

養理の攻究《こうきう》其《そ》の精緻《せいち》を盡《つく》すも、調理の發達之《はつたつこれ》に伴はざるに於ては、榮養の目的と實効《じつこう》を收むること能《あた》はず。養理を解せずして調理を行ひ、調理に通ぜずして養理を説くは共に殆《あやう》い。漫《そぞろ》に洋書を飜譯《ほんやく》して榮養を論じ、單に技巧を描寫《べうしや》して調理と稱《しよう》するが如き著作に至《いた》ては、世を誤り人を害《そこな》ふこと大也《なり》。故に私が調理篇に於て窃《ひそか》に期待して居たところは、これ迄世上《せじやう》に閑却《かんきやく》され勝《が》ちであつた臺所《だいどころ》の科學的啓發《けいはつ》に、新味《しんみ》を以《もつ》て多少の貢獻を試みむとするにあつたのであるが、今俄《にはか》に匆卒《そうそつ》の間にこれを取り纒《まと》めやうとしても、日子《につし》がそれを許さぬことを知り詳論《しやうろん》は他日に讓《ゆず》ることにする。

献立の作り方

和書には、專《もつぱ》ら酒を勸《すす》むるに就《つ》きて獻《こん》といふ、獻立とは膳部《ぜんぶ》に調する汁肴《じふかう》の次第とあり、洋書にも亦《また》單に献立《こんだて》は御馳《ごち》走《さう》の細目とあつて、今日まで未だ「獻立《こんだて》」といふことに就《つ》いて之《これ》が適切なる定義の加へられたるを見無い。而《しか》も獻立《こんだて》そのものの實質《じつしつ》に合致する一《ひとつ》の定義を得て、之《これ》が取扱《とりあつかひ》に指針を示すことは調理篇の劈頭《へきとう》に於てなす可《べ》き重大事であつて其《そ》の實際《じつさい》の榮養上に影響するところ測る可《べ》からざるものがあらう。乃《すなは》ち私は最愼重《しんちよう》に考慮詮衡《せんかう》して之《ここ》に左の定義を與《あた》へる。

「※二二献立とは飲食物調製の目的を以《もつ》て食品の配合と料理の形式を指定するものにして、之《これ》によりて榮養能率を增高《ぞうかう》し、香味を佳良《かりやう》ならしむるを得、又屢々《しばしば》感情と寓意《ぐうい》の表現に利用せらる」。

而《しか》して献立を表に示《あら》はしたるものを献立表と名《なづ》け、又醫療上《いれう》に用ふるものは之《これ》を食餌箋と稱《しよう》す。

故に献立を作ることは獨《ひと》り人類にのみ特權《とつけん》として許容せられた食物の攝取《せつしゆ》法であつて、人類以外の他の生物の生活には絶《た》へて之《これ》を見ざるところであると共に、人の賢愚《けんぐ》によつても、其《そ》の用ふる献立に雲泥の差を生ずるものである。

されば夫《そ》の原始時代の遺風を繼《つ》ぎ、其《そ》の與《あた》へらるるが儘《まま》に若《も》くは本能的に之《これ》を飲食するは人として耻《は》づ可《べ》きことなれども、而《しか》も世の多數人が左《さ》したる献立作製上の心得も辨《わきま》へず、又榮養攝取《せつしゆ》上の智識にも無關心でありながら、尚且《なほかつ》どうにか、飲食の日常生活を營んで行くことの出來るのを目撃するは果して何の爲《た》めであらうか。

道途《だうと》説を爲《な》すものは常に言ふ。「榮養の事、吾人《ごじん》これを一切の成行《なりゆき》に委《まか》して任ずるも、未だ嘗《かつ》て其《そ》の破綻を示さざるが如きものあるは如何《いかん》。請《こ》ふ先《ま》づこれを解け」と。

私は答へて曰《いは》く、それは明白である。卽《すなは》ち一方は食品と一方は人體《じんたい》との共同協調によつて僅《わづ》かにその圓滑《ゑんくわつ》を維持して居るのに他ならぬと。食品の側では各種食品の成分と性狀が決して同一であり得《え》ざるが爲《た》め、之《これ》を配合することによつて、成分の有無相通じ、性狀の缺陷相殺《けつかんさうさい》せられる。例《たと》へば澱粉食に蛋白食が加はり、酸性食※二三にアルカリ性食が配せられ脆弱《ぜいじやく》性に強靱性が添へらるゝ類である。

人體《じんたい》の側では、又成分の體内《たいない》沈着或《あるひ》は貯藏が行はるゝ爲《た》め、或《あるひ》は必要に應《おう》ずる種々なる程度の成分消費の調節を見る爲《た》め、或《あるひ》は一定成分の代用が一時を間に合せる爲《た》め、之《これ》によりて平素の榮養は勿論、臨時の急需《きふじゆ》にも或《ある》程度までは事を缺《か》かぬだけの餘裕《よゆう》が存《そん》して居る。

此《かく》の如く、食品上に具體《ぐたい》化されたる自然の周到なる用意と、人體《じんたい》内に實演《じつえん》せらるゝ天賦《てんぷ》の微妙なる作用とが相俟《あいま》つて氣まぐれなる献立の缺點《けつてん》を補正すると雖《いへ》ども、補正は決局補工であつて、決して合理化ではあり得ないのを忘れてはならぬ。何となれば不足分が兎《と》も角《かく》もして不充分乍《なが》らも其《そ》の補正を受けねばならぬことの勿論であると共に、他方過剩分が其《そ》の排泄を營まるるには別に中和・分解・酸化等の諸手續《てつづき》を經ねばならぬからである。而《しか》してそは斷じて身體《しんたい》に有利な者ではないからである。否啻《いなただ》に身體《しんたい》に有利ならざるのみならず、食物の成分の分解産物中には屢ゝ甚《しばしばはなはだ》有害なる物質を包括する者にして、所謂《いはゆる》自家中毒なる者の原因を作るに至るものである。殊に献立の不完全や偏食が其《そ》の日を重ね其《そ》の度を過すに於ては身體《しんたい》の貯蔵や應急《おふきふ》作用も終《つひ》に限界を超へ、復奈何《またいかん》ともす可《べ》からざるに至る者である。何となれば前にも既《すで》に言及したることあるが如く、人體《じんたい》内の成分は之《これ》を二様に大別して

(甲)體内《たいない》に於て自から集成轉化《てんくわ》し得る成分

例《たとへ》ば抱水炭素より脂肪を、又蛋白質の分子より抱水炭素・脂肪を、或《あるひ》はアミノ酸中グリコヽル・プロリン又プリン鹽基《えんき》を、其《そ》の他レチチン・コレステリンは比較的豐富《ほうふ》に體内《たいない》で製出せらる。

(乙)體内《たいない》に於て産生する能《あた》はず必ず食物より之《これ》を求めざる可《べ》からざる成分

例《たとへ》ばトリプトフハン・リヂン・シスチン等重要なるアミノ酸・無機質・ビタミン等、

とすることが出來、其《そ》の乙に屬《ぞく》するものを長く食物中に缺《か》くことは、到底《たうてい》許されざるところであるからである。之《こ》れビタミン缺乏《けつぼふ》食料を用ひて分泌する乳中にビタミン缺乏《けつぼふ》を起す所以《ゆえん》であり、白米病が蛋白質・無機質・脂肪の貧弱及《および》ビタミンの飢餓から成立する所以《ゆえん》でもある。殊に食物中の成分の釣合《つりあひ》の取れぬ時一層その禍害《くわがい》が大である。例《たとへ》ば抱水炭素を大量に攝《と》りてビタミンBに缺乏《けつぼふ》する時、脂肪を過度に用ひてビタミンAに缺乏《けつぼふ》する時の如きがそれである。彼《か》の副食物を輕視する生活法に於て、徒《いたづら》に米・麥《むぎ》・藷《いも》等主食品の驚く可《べ》き大食を要求する事實《じじつ》の如きも亦《また》同一の理由に基《もとづ》くものである。故に曰《いは》く献立は保健上に於ける最重の大事であると。

更に經濟方面からしても同一の成分と同等の榮養價《か》とが、献立の作り方如何《いかん》によりて之《これ》に要する經費を著しく異に

することは、又忘れてならぬところである。生理的研究により人體《じんたい》の要求する榮養量や職業別等によりて人體《じんたい》が消費するの榮養量を定むることが出來ても、それは學術上幾何《いくばく》のカロリーと幾何《いくばく》の榮養素を必要とするかを知るに過ぎずして、之《これ》を實際《じつさい》に生活上に應用《おうよう》せむとするには、更に其《そ》の所要榮養量を献立化せねばならぬのである。從《したが》つて此《こ》の献立化の巧《かう》拙《せつ》と適否によつて、經濟上に於ける食費に大なる差等を生ずるに至る。一例を示せば、左の献立表に於て之《これ》を見るが如く甲は高價《かうか》の獻立にして、之《これ》と同等の美味なる榮養が經濟的なる乙によりて達するを得、丙は高價《かうか》の獻立の他の一例にして丁は之《これ》に代用す可《べ》き遙《はるか》に廉價《れんか》のものである。

食物として同一效果を擧《あ》げながら、献立の作製の上から生計費に重大なる影響を與《あた》ふるものであることが之《これ》で分かる。これ私が夙《つと》に大聲叱呼《たいせいしつこ》して榮養の充實《じゆうじつ》・生活の安定・賃銀《ちんぎん》の起算・而《しか》して健康を基礎とする總《すべ》ての社會《しやくわい》政策が合理的献立の教養訓練に待たねばならぬといふ所以《ゆえん》であり、又新たに經濟榮養法なるものを極力唱導し來つた所以《ゆえん》である。

献立を作るに方《あた》りては少くとも左に掲ぐる諸事項を考慮せねばならぬ。

（一）榮養量を適當《てきたう》ならしむること

總《そう》カロリー及其《およびそ》の中に包含《はうがん》せしむ可《べ》き蛋白質性カロリーを左の如くならしむ。

發育期	總《そう》カロリー	――2365 カロリー中	蛋白質―100 瓦《グラム》	＝410 カロリー	＝17.3%
盛年期	總《そう》カロリー	――2365 カロリー中	蛋白質― 80 瓦《グラム》	＝328 カロリー	＝13.4%
↓	總《そう》カロリー	――2365 カロリー中	蛋白質― 60 瓦《グラム》	＝246 カロリー	＝10.4%
衰退期	總《そう》カロリ	2365 カロリー中	蛋白質― 50 瓦《グラム》	―205 カロリー	＝ 8.6%

（甲）高價の獻立

獻立表（三人前）

大正　年　月　日	朝食	晝食	夕食
	小カブの味噌汁	クワイと莢インゲン	アイ鴨と芹おツユ
	淺草海苔佃煮	牛肉の醤油漬	八ツ頭の甘煮
			シャコの天プラ

品名	數量	蛋白質	温量	價格
カブラ	五十匁	三、〇瓦	一三五カロリー	五、〇錢
味噌	三十匁	一三、八	一七八	二、五
生ノリ	三十匁	—	—	一五、〇
牛肉	五十匁	三八、六	二五五	四五、〇
シャウガ	二十匁	—	二三四	二、〇
クワイ	七十匁	一、〇五	二八五	三〇、〇
サヤインゲン	五十匁	六、九	六二	八、〇
アイ鴨	四十匁	三四、〇	一八三	八〇、〇
セリ	十匁	〇、七	八	一、〇
シャコ	四十匁	二八、五	一三〇	二五、〇
メリケン粉	十五匁	六、四	二〇五	一、五
玉子	七匁	三、四	四三	八、〇
ゴマ油	十五匁	—	五〇四	六、〇
大根	三十匁	〇、七	二〇	一、〇
八ツ頭	百匁	一〇、五	四五〇	八〇、〇
白米	一升五勺	一〇〇、四	四八一四	五〇、〇
計		二五七、四	七四〇六	三六〇、〇
一人當り		八五、八	二四六八	一二〇、〇

(乙) 經濟の献立

献立表(三人前)

大正年月日	献立
朝食	大根の味噌汁 燒海苔
晝食	ホウレン草のホワイト煮 サハラの付燒
夕食	精進汁 大根のフロフキ ヒラメのオランダ揚

品名	數量	蛋白質	温量	價格
大根	二百匁	五、二瓦	一三四カロリー	五、五錢
味噌	六十匁	二七、六	三五六	五、〇
燒海苔	三匁	|	|	一二、〇
バター	五匁	|	一七二	五、〇
ホウレン草	百匁	八、六	七一	五、〇
牛乳	三十匁	三、八	七八	六、〇
メリケン粉	十五匁	六、五	二〇五	一、五
サハラ	六十匁	四三、〇	二一四	三〇、〇
シヤウガ	十匁	|	一一七	一、〇
人參	三十匁	一、四	四四	二、〇
椎茸	五匁	|	|	二〇、〇
ジヤガ芋	五十匁	二、八	一六一	三、〇
黒ゴマ	十五匁	一一、〇	三二一	四、五
ヒラメ	六十匁	四三、二	一八七	三〇、〇
ラード	十匁	〇、一	三四四	四、五
莢インゲン	三十匁	三、九	三七	五、〇
白米	一升五勺	一〇〇、四	四八一四	五〇、〇
計		二五七、六	七二五五	二〇〇、〇
一人當り		八五、八	二四一八	六六、〇

(丙) 高價の献立

献立表（三人前）

大正　年　月　日	朝食	晝食	夕食
	ホウレン草のスマシ	ジャガ芋のオロシ煮	野菜のサツマ煮
	玉子の落し焼	鯛の若狭漬	ブロイルドビーフ

品名	數量	蛋白質	温量	價格
ホウレン草	五十匁	四、三瓦	三三六カロリー	五、五錢
玉子	五十匁	二四、四	三一一	三五、〇
バター	十匁	〇、三	二九四	五、〇
ジャガイモ	百三十匁	七、三	四一九	七、〇
大根	百八十匁	四、七	一二二	六、五
カタクリ	二十匁	—	二七〇	二、〇
ゴマ油	五匁	—	一六九	二、〇
タイ	五十匁	三五、四	一七八	三五、〇
ニンジン	五十匁	二、四	七三	六、五
油アゲ	十匁	八、三	一〇〇	三、〇
味噌	三十匁	一三、八	一七八	二、五
ゴボウ	五十匁	二、六	二〇六	四、〇
牛肉	四十匁	三〇、九	一五三	五〇、〇
キャベツ	五十匁	五、四	一三	四、〇
白米	一升五勺	一〇〇、四	四八一四	四〇、〇
計		二四〇、二	七三三六	二〇八、〇
一人當り		八〇、一	二四四五	六九、五

(丁) 經濟の献立

献立表（三人前）

大正　年　月　日	朝食	晝食	夕食
	ニンジンの味噌汁	鹽鮭の白煮 ホウレン草のシタシ	甘藷の煮付 アサリのサラダ

品名	數量	蛋白質	温量	價格
ニンジン	六十匁	二、九瓦	八八カロリー	八、〇錢
ホウレン草	二十匁	二、〇	一四	六、〇
味噌	六十匁	二七、七	三五六	五、〇
鹽鮭	六十匁	五八、七	三〇六	一二、〇
メリケン粉	三十匁	一三、一	四一一	三、〇
ラード	十五匁	〇、二	五一九	七、五
甘藷	百五十匁	六、〇	六三〇	五、〇
アサリ	五十匁	二四、八	一一六	九、〇
キャベツ	五十匁	五、四	八八	四、五
白米	一升五勺	一〇〇、四	四八一四	四〇、〇
計		二四一、二	七三四二	一〇〇、〇
一人當り		八〇、四	二四四八	三四、〇

(二) 材料の選《えら》み方を正しくすること

(イ) 食品の効果と其《そ》の成分の使命に重きを置く事。巻頭《くわんとう》（第八）二見ヶ浦の圖《づ》を參考せられたい。之《これ》は榮養研究所内公開標本室の爲《た》、主婦及《および》學生其《そ》の他非専門家と一般通俗を對象《たいしやう》として、私の作製せしめたところであつて榮養の根元は太陽のエナージに之《これ》を置く可《べ》きが故に、特に二見ヶ浦の情景を選び、甲柱には「肉と血になる―蛋白質・無機質・ビタミン。」の給源たる可《べ》き食品を、乙柱には「力と溫になる―抱水炭素・脂肪。」の給源たる可《べ》き食品を分載し、二柱の巖《いはほ》が立てる天地を「榮養研究」の太陽の光明に照射せしめたるものである。別に嗜好品及《および》不消化食品の少數が各附屬《ふぞく》小岩として添加せられて居る。元より日常食品の性質に關する概念を與《あた》ふるの目的に過ぎざれども、今試みに集載せられたる食品の主なるものを掲出せば次の如くである。

肉と血になる。・・・・・・・・・蛋白質・無機質・ビタミン。

果物（ビタミン原）。
梨・林檎・桃・蜜柑《みかん》・枇杷《びわ》・李《すもも》・葡萄《ぶだう》・苺・無花果《いちじく》・梅實《ばいじつ》・杏《あんず》。

野菜（ビタミン原）。
ニンジン・ハウレン草・キヤベツ・玉葱・落花生・大根・ナス・タケノコ・白菜・馬鈴薯・トマト・キウリ。

豆類（蛋白質原）。
豌豆《ゑんどう》・ウヅラ豆・大豆・鞘《さや》豆・落花生・隱元《いんげん》豆・蠶豆《そらまめ》・鉈豆《なたまめ》・大豆粉。

鳥類（蛋白質原）。
家鴨《あひる》肉・鴨肉・鵞鳥《がてう》肉・鶏肉・鶏卵・七面鳥肉。

獣肉（蛋白質原）。

牛肉・豚肉・馬肉・兎《うさぎ》肉・鹿肉・腸詰・鯨肉・羊肉・牛乳・山羊乳。

皮（無機質原）。

野菜の皮・果物の皮・穀物の皮。

貝類（蛋白質原）。

アワビ・淺蜊《あさり》・赤貝・牡蠣《かき》・田螺《たにし》・蛤《はまぐり》・馬鹿貝・貝柱。

海草類（無機質原）。

荒布《あらめ》・昆布・海苔・鹿尾菜《ひじき》・若布《わかめ》。

骨（無機質原）。

魚の骨・鳥の骨・目刺《めざし》・小魚・小鳥等。

臓物及《および》鹹《しほ》製品（無機質原）。

味噌・醤油・漬物・福神漬・梅干・鹽《しほ》辛・鹽《しほ》魚・胡麻鹽《しほ》。

加工食品（蛋白質原）。

乾酪《チーズ》・豆乳・半片・味噌・凍豆腐・豆腐・納豆・麩・コンデンスミルク・蒲鉾《かまぼこ》・ハム・鰹節・燻製品。

魚類（蛋白質原）。

アジ・アナゴ・鮎・アミ・イワシ・イナギ・イカ・ウナギ・ワニ・エビ・カツヲ・カレイ・カマス・数《カズ》ノ子・鯉・コノシロ・コチ・サバ・鮭・サメ・サヨリ・サンマ・サハラ・シラウオ・スズキ・鯛・鱈・タナゴ・ニシン・ハモ・ハゼ・

平目・ブリ・フナ・ボラ・ホーボー・マグロ・マス・ムツ・ドジヤウ・ナマヅ・カニ・メザシ・シラスボシ・スルメ。

嗜好品 一般人の會得《えとく》に便ならしめむが爲《た》め舊慣《きうくわん》に従《したが》ひ暫《しばら》く此目《このもく》を置く。

酒・焼酎・葡萄酒《ワイン》・白酒・シヤンパン・ビール・ブランデー・コーヒー・芥子・胡椒・ワサビ。

力と溫になる。・・・・・・・抱水炭素・脂肪。

果物（抱水炭素原）。

柿・栗・バナナ。

穀類（抱水炭素原）。

小豆・芋ガラ・ウド・オモユ・甘藷・米・蕎麥《そば》・糠・鳩麥《むぎ》・稗《ヒエ》・道明寺・粟・饂飩《うどん》粉・大麥《むぎ》・燕麥《えんばく》・黍《キビ》・小麥《むぎ》・唐モロコシ・裸麥《むぎ》・引割麥《ひきわりむぎ》・麥《むぎ》コガシ。

加工食品（抱水炭素原）。

飴・砂糖・カステイラ・葛粉・凍餅《しみ》・晒餡《さらしあん》・素麺・麵麭《パン》・ビスケット・水飴・羊羹・蒸菓子・干瓢《かんぺう》。

野菜（抱水炭素原）。

南瓜・クワイ・里芋・ゼンマイ・八ツ頭・蓮根・銀杏・午蒡《ごぼう》・自然生《じねんじよ》・ツクネ芋・百合根・馬齢薯。

脂肪（脂肪原）。

牛豚油・油揚・胡麻・肝油・湯葉・バタ・マルガリン・生揚・胡桃《くるみ》。

消化し難き食品

寒天・天草・茸類・イヌリン芋・コンニヤク。

（ロ）榮養上の價値《かち》と市價《しか》の比較を詳《つまびらか》にすること。榮養上の價値《かち》と市價《しか》とは一致するものでないことは餘《あま》りに明瞭な事實《じじつ》である。具體《ぐたい》的の例證《れいしよう》は巻頭《くわんとう》の口繪《くちえ》（第一）を參照。

（三）調理法の改善。

献立の趣旨に副《そ》ふ可《べ》き調理法を必要とする。完全なる献立を作るに方《あた》りては必ず同時に其《そ》の調理法を考慮するものである。調理法に就《つ》いては後段に細論《さいろん》す。

（四）日本食の缺點《けつてん》を補ふことに注意する

（イ）カロリー。容積を縮小してカロリーを豐富《ほうふ》ならしむること。

（ロ）蛋白質。良質の蛋白質を選び、動物性蛋白質の若干量を加味すること。

（ハ）無機質。食品の不可食分及《および》煮出汁の諸成分を利用すること。

（ニ）ビタミン。簡易なるビタミン攝取《せつしゆ》法を常用すること。

（ホ）砂糖風味の素。に支配さるる禍害《くわがい》の大なるに注意すること。

（五）風味の問題。別に說く可《べ》し。

献立は斯《か》くて充分科學的に完全に作製されねばならぬ。同時に又其《そ》の調理に於て之《ここ》に一個の藝術《げいじゆつ》品としての價値《かち》をも具有《ぐいう》せしむるを得ば一層實際《じつさい》的となる。

調理操作の對象《たいしやう》

調理を行ふて食品に一定の操作を加ふることは、即《すなは》ち其《そ》の成分の個々に一定の操作を加へることである。故に調理への第一歩は、先《ま》づ食品一般成分の主要なるものに就《つ》いて其《そ》の抽出を試み、之《これ》が存在の實狀《じつじやう》に親接《しんせつ》せしむることより初むるを以《もつ》て最善とす。

調理操作の對象《たいしやう》を食品の成分に置くことが出來る樣になれば、その調理は必ず合理的で且《か》つ精巧《せいかう》なものとなる。反之《これにはんし》、調理操作の對象《たいしやう》が從來の如く食品の外觀の上に置かるるに於ては、その調理は必ず因循《いんじゆん》で且《か》つ淺薄《せんぱく》なものに墮《だ》する。一度茹でることを學びてよりは如何《いか》なる調理の場合にも之《これ》を行ひ、左《さ》なり不必要と戰ふてまで、尚且《なほかつ》千篇一律茹でて其《そ》の成分を犧牲にする。而《しか》して斯《か》くの如き不覺の實例《じつれい》は、畢竟《ひつきやう》調理操作の對象《たいしやう》を食品の成分の上に置かぬからである。

次には試驗材料として米・乳汁・大豆の三者を選むだ。

米。

一握りの玄米を取り之《これ》を磨碎《まさい》器又は乳鉢にて粉末となし、被ぶさる程のエーテルを加へ、能《よ》く攪拌して後《の》ち濾紙《ろし》にて濾過《ろくわ》し、濾液《ろえき》を清潔なる硝子《ガラス》皿中に取り重湯煎《ぢゆうたうせん》上に低溫を以《もつ》て蒸發《じようはつ》すれば跡に脂肪が殘るを見む。

濾紙《ろし》上の殘渣は重湯煎《ぢゆうたうせん》上に溫めてエーテルを去り少量のアルカリを含ませたる水を加へ能《よ》く振盪《しんたう》するの後濾過《ろくわ》し、この透明なる濾液《ろえき》に薄き醋酸《さくさん》を滴加して中和すれば白色絮狀《じよじやう》の沈澱を生ず、沈澱を濾紙《ろし》上に集めて採取すればこれ蛋白質なり。

アルカリ水にて浸出したる時の殘渣は、水を充分に加へて攪拌し、放置して上清《じやうせい》液を去り、數回之《すうくわいこれ》を反覆《はんぷく》したる後、布片にて漉《こ》し漉液《ろえき》を放置して沈澱したるものを採取すればこれ澱粉なり。

乳汁。

牛乳を少量取り、苛性加里《かせいカリ》一滴を加へ振盪《しんたう》し、次《つい》でエーテルと酒精《アルコール》を等分に和したるものを稍《やや》多量に加へて能《よ》く振盪《しんたう》するの後、放置して上清液層《じやうせいそう》の分離するを待ち、この上清液層《じやうせいそう》を取りて重湯煎《ぢゆうたうせん》上に蒸發《じようはつ》すれば脂肪殘留す。又牛乳一合を水にて五倍に薄め、之《これ》に注意しつつ醋酸《さくさん》を滴加し攪拌すれば、白色絮状《じよじやう》の沈澱を生ず。此《この》沈殿はカゼインと稱《しよう》する一種の蛋白質なり。濾過《ろくわ》し、濾液《ろえき》を熱して煮沸すればアルブミンと稱《しよう》する更に別種の蛋白質が凝固析出せらるるを見る。濾過《ろくわ》してその濾液《ろえき》を取り、蒸發《じようはつ》して濃縮し、冷所に放置する時は、乳糖の結晶を生ず可《べ》し。乳糖は乳中に含存《がんそん》する特種の抱水炭素なり。

大豆。

數十粒の大豆を取り、敲《たた》きて粉末となし、之《これ》にエーテルを加へて浸出し、エーテルを重湯煎《ぢゆうたうせん》上に蒸發《じようはつ》すれば脂肪が殘る。

脂肪を取りたる殘渣を水中に磨《す》りて放置し乳狀の上清液《じやうせい》を分取《ぶんしゆ》し、煮沸して之《これ》にニガリ若《もし》くは硫酸マグネシアの數滴を加ふれば白沈《はくちん》多量を生ず、これ蛋白質なり。

乳狀の上清液《じやうせい》を去りたる殘渣は多量の水と共に布片にて漉過し、漉液《ろえき》を採收《さいしう》し、放置すれば最底に白色の沈澱を生ず。これ澱粉なり。

以上は唯《ただ》平易を旨として、蛋白質・抱水炭素及《および》脂肪の三大成分の抽出を手近の食品に試みたるものなれども、之《これ》を專門學的に分析したり研究することはさう單簡《たんかん》には行かぬので、玆《ここ》には、食物中に含まるる各成分が決して架空的のものでないといふことが會得《えとく》が出來、且《か》つそれ等の成分を尊重しつつ食品を處理《しより》して行くのであるといふことを理解が出來れば、良いのである。

蛋白質・抱水炭素・脂肪の他には無機質と植物細胞素とビタミンとであるが、無機質は凡《すべ》て食品を燒いて後に殘る灰《くわい》分《ぶん》其《その》者を云ふのであるから、精製されない食品ほど無機質に富めることが誰にでも分かる。

植物細胞素は前述米・豆等の搾《しぼ》り粕中に存在し、水・アルコール・エーテル・アルカリ・酸等に溶解せず。乳汁中には此《この》成分を缺《か》ぐ。

ビタミンは微量有効《いうかう》の成分にして、脂肪或《あるひ》は水その他の溶媒中に、不純の粗製品として、容易に溶解抽出するを得《う》可《べ》きも、之《これ》を純粋の状態或《あるひ》は結晶として製出するには、稍《やや》大量の原料に就《つ》いて特別の操作を必要とす。又ビタミンは他の榮養素に比し、著しく偏在性である。例へば米は玄米に在りてもAを殆んど含まざるにBは豐富《ほうふ》なり、大豆も亦《また》同様Aを有せずBを多含《たがん》し、乳汁はABCを含むが如し。而《しか》して之等《これら》のビタミンが夫《そ》れ〲熱・酸・アルカリ・酸化作用等に對《たい》する抵抗力に甚《はなは》しき差異を呈するが爲《た》め、一層調理上に特別の留意を要し、卽《すなは》ち食品とその成分を連結して考へざる可《べ》からざるを最《もつと》も適切に指摘するものとす。

風味の一　味の科學

風味は榮養上竝《ならび》に調理上の重大問題である。其《そ》の研究が困難であるからとて之《これ》を非科學的に取扱ふことは許さる可《べ》きで無い。風味とは何ぞやといふ問に對《たい》しては食物の刺戟《しげき》に對《たい》する「感じ」であると答へる。感じは氣紛れの謂《いはれ》ではない之《これ》を分析し整頓して條理つけることによつて其《そ》の性質を明確にすることが可能なのである。

解剖學上では所謂《いはゆる》味蕾《みらひ》と稱《しよう》する味神《みしん》の爲《た》めに特別に用意せられた感覺装置が舌の乳嘴《にゆうし》中に在るを發見《はつけん》せられ、又舌尖《ぜつせん》は甘味、舌縁《ぜつえん》は酸味、舌根は苦味、舌全面は鹹《かん》味、舌中央は無感味といふ様に、舌の異なる部分が異なる風味を感受する分擔《ぶんたん》の現象が研究せられた。

併《しか》し風味の世界は斯《か》く特有なる味器によりて行はるる味神《みしん》の他少くとも、觸神《しよくしん》・部位神・壓神《あつしん》・溫神・嗅神《きうしん》・視神・及《およ》び感情が之《これ》に加はつて完成せらるゝものと見ねばならぬ。就中《なかんづく》口唇及《およ》び齒齦《しぎん》・舌下面・頬粘膜を除く口腔内の諸粘膜卽《すなは》ち舌の上面・舌根・舌尖・軟硬口蓋《こうがい》の諸粘膜竝《なら》びに嗅《きう》神が宿る鼻粘膜こそは様々なる食物の刺戟《しげき》を迎ふ可《べ》き接觸《せつしよく》面の主要なるものである。左は味と風味・美味及《およ》び嗜好の正解に就《つ》いての私の考案を一覧圖《づ》に作つたものである。

●味と風味の別を知れ▲附け味の利害に心せよ。
●風味は固定せず▲風味教育の要▲絶對の美味なし▲美味は流行なり。
●嗜好の成立▲嗜好の變化を善用すべし。
●食物の成分と身體の新陳代謝上の要求とは扁桃腺によりて先《ま》づ第一の連絡を取る。

味と風味と嗜好

（佐伯一家言）

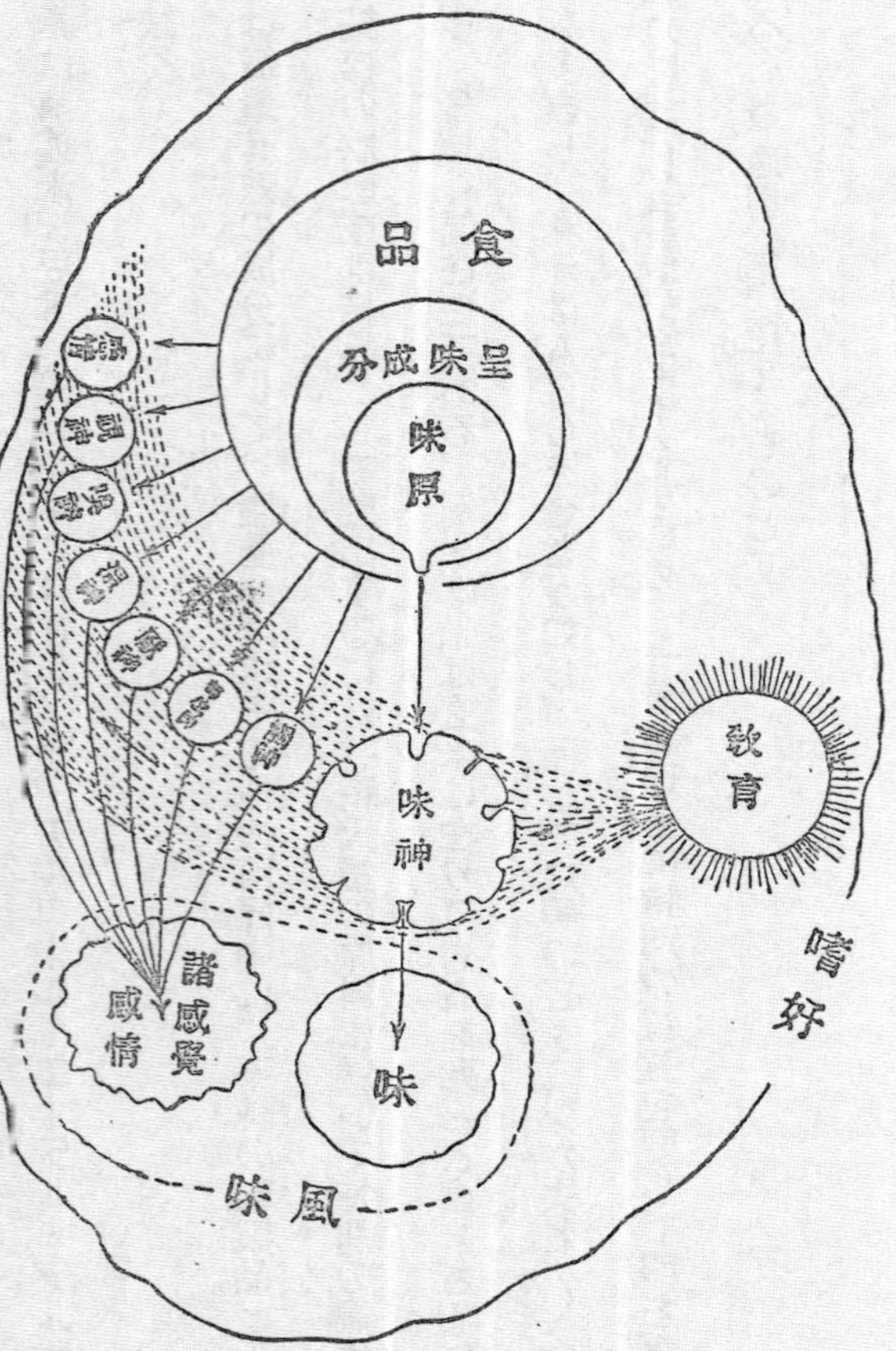

（禁轉載）

刺戟《しげき》となる可《べ》き食物は、其《そ》の理化學的性狀の異同に依つて千百の刺戟《しげき》を呈す可《べ》ければ、無數の風味を算するは自然の理である。

（一）化學的刺戟《しげき》

化學的刺戟《しげき》は最重要にして固有の味の原因をなすものであつて、即《すなは》ち味神《みしん》の機能は實《じつ》に之《こ》れによつて發動《はつどう》する。食物中の呈味成分は皆其《そ》の中に味原《みげん》となる可《べ》き元子又は元子簇《ぞく》を抱有するが爲《た》めに呈味成分となるものであつて、即《すなは》ち呈味成分は其《そ》の無機有機何《いづ》れなるを問はず、凡《すべ》て電離によつて「イオン」を生じ、これ味器《みき》を刺戟《しげき》して味覺を起す。而《しか》して此《こ》の刺戟《しげき》を實現《じつげん》するが爲《た》めに呈味成分は神經組織内に滲透《しんとう》するを要し、即《すなは》ち結晶性物質でなければならぬのである。斯《か》くて呈味成分の化學的造構に應《おう》じてそれぞれ特異の味性《みしやう》、嚴格に云へば化學味を生ずる。之《こ》れを通常鹹《かん》・甘・酸・苦の四種の絶對《ぜつたい》味に分けて居る。

鹹《かん》味は陰性イオンに因る。主として無機鹽類に屬《ぞく》す。他の三者は無機・有機兩化合物共に見るところにして、甘味及《および》苦味は陽イオンにより、酸味はHイオンによりて生ず。

例《たとへ》ば

鹽化《えんくわ》ナトリユウム（食鹽《しよくえん》）は鹹《しほけ》。

鉛・アルミニユーム・硼素《はうそ》・等の可容性鹽類は甘。

カルシユウム・マグネシウム・亞鉛等の可溶性鹽類は苦。

OH 基，$(CH_2O)_n$，アミノ酸 - 甘
NH，NH_2- 甘又は苦
CNO_2・CH_2 OH 苦
有機酸の金屬鹽類《えんるい》 鹹《かん》

分子造構の變動《へんどう》により、其《そ》の味性に強弱を生じ、味性を轉化《てんくわ》し、又有味を無味とし、無味を有味とする關係に就《つ》いて、一例を示せば

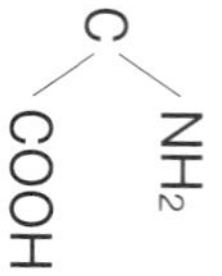

は甘酸味を呈するに其《そ》のNH_2をCOにて換置すれば

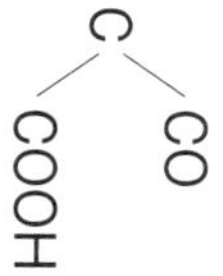

苦酸に移る。

グルコフオール說なるものあり。「グルコフォーア」（發味團《はつみだん》）を有する化合物に「オーゾグループ」（誘味團《ゆうみだん》）なる基《き》の加はるによつて、初めて甘味物を生ずるといふのである。詳論《しやうろん》は略する。

四種絶對味《ぜつたいあじ》は味の單位であつて、之《これ》より多數の複合味、或《あるひ》は多數の混合味を生ずる。又味調《みてう》が成立する。此《こ》の他に尙《なほ》旨味と稱《しよう》する一種の味を特設すと雖《いへど》も、これは單純の味にあらずして諸味《しよみ》の複合調和せるものである。蛋白質はこの旨味を呈するが爲《た》め、特に愛好せらるゝものである。

蛋白質の分解產物にして旨味に大關係あるアミノ酸は、其《そ》の旋光性の異なるに從《したが》ひ味を異にす。次の表の如し。

	右旋	左旋	不旋
Histidine	旨味	苦味	——
lutamicacid (salt)	同（快）	無	——
Asparagine	同上	同上	——
Alanin	同上	强旨味	——
Sexine	淸旨味	旨味	——
Phenylalanine	旨味	微苦味	——
Leucine	甘味	同上	——
Valine	微苦味	强旨味	——
Leucine (salt)	强甘味	帶甘苦味	——
Triptophane	無味	微苦味	甘味
Glycocoll	旨味	旨味	旨味

風味が如何《いか》に複雑を極むるかは、試みに肉蛋白質の例に於いて其《そ》の味に影響する諸種の事項の左に掲ぐるが如く多端《たたん》なるに觀《み》てもそれが分かる。

（イ）、水分少くして肉蛋白質含量多きもの味佳《か》なり。卽《すなは》ち水分七五―七七％以下粗蛋白質窒素一九％以上なるは旨味濃厚にして、水分八〇％以上窒素一七％以下なるは淡白なり。

（ロ）、脂肪は旨味を強む。一様に分布せる脂肪一―三％を良しとす。

（ハ）、リヂンは肉に彈力性を與《あた》へ、物理的に味を強くす。

（ニ）、ヒスチヂン・イノジン・グルタミン酸は旨味を呈するものの中最も有力なるものなり。又單獨《たんどく》にては呈味力少なく調理によりて損せられ易し、化合體《たい》となりては比較的安定にして呈味力強し。

（ホ）、アルギニンは遊離の狀態にありては劇《はげ》しき嫌味《けんみ》あり。

（ヘ）、モノアミノ酸中八種が特味《とくみ》あり。モノアミノ酸は主なる味を呈し、ヂアミノ酸の味は從なり。

（ト）、シスチンは味を良くす。其《そ》の含有する硫黄《いおう》分が輝發《きはつ》性なる時は一層佳《か》なり。

（チ）、クレアチン及びクレアチニンは單獨《たんどく》にては何の旨味をも有せざるも、刺戟《しげき》性を帶《お》び食欲を增す。

（リ）、肉製食品中に往々含有する 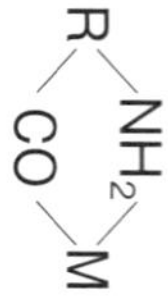 は遊離アミノ酸と鹽基《えんき》性金屬鹽《きんぞくえん》より生ずるものにして、不味《ふみ》を呈す。

此《かく》の如く複雜ではあるけれども、物質の化學的構造を明《あきら》かにすることによつて、之《これ》が味を知ることの可能なると共に其《そ》の味の本態が其《そ》の化學的組成に發程《はつてい》するは明白である。

（二）電氣的刺戟《しげき》

電氣味と稱《しよう》す。電氣味は口腔及《およ》び味蕾細胞周圍《しうゐ》の液體《えきたい》の電離に因《よつ》て起るものなるが故に、必竟亦《ひつきやうまた》一種の化學味とも見るを得るものである。

以下述ぶるところの他の刺戟《しげき》は電氣的刺戟《しげき》と共に味神《みしん》の不當刺戟《ふたうしげき》と稱《しよう》せられ、味神《みしん》に對《たい》するよりも寧《むし》ろ接觸《せつしよく》面の各種感覺を誘起することによりて風味に多大の影響を與《あた》ふるものであつて、器械的及《およ》び溫熱的刺戟《しげき》では味覺は起らぬものとされて居る。

(三) 器械的刺戟《しげき》

食品の形態・粗滑《そくわつ》・硬軟・彈性・粘度・稠度《ちうど》等食物の器械的作用上の差異は、前述絶對《ぜつたい》味を種々に改變《かいへん》する。單簡《たんかん》なるは角砂糖・粉砂糖・氷砂糖・双目《ざらめ》が同一の砂糖にてあり乍《なが》ら異なる風味を感ぜしむるので分かる。又甘酒を取り之《こ》れを布片にて漉《こ》し、其《そ》の液汁を用ふれば飴湯《あめゆ》の風味を與《あた》へ、布片内の不消化性殘渣が浮游《ふいう》することによつて固有の甘酒の風味を生ずるものであることが明《あきらか》となる。同一物にても大片と小片と引きちぎりたると、切り離したると、おろしたると、磨《す》りたるとがそれ〴〵特異の風味を化成するもの皆此《みなこ》の機械的作用に基《もとづ》くものである。又夫《そ》の福神漬を作るには澤庵《たくあん》を割《きざ》みて水に浸し充分に洗ひたる後、之《これ》に醬油を加ふるものなるが故に、其《そ》本來の味は醬油にあるものなれども、福神漬の味が飽迄《あくまで》福神漬の味なるは、必竟《ひつきやう》その器械刺戟《しげき》による風味の改變《かいへん》に他ならぬ。

(四) 溫熱的刺戟《しげき》

食物の溫度變《へん》ずれば風味亦變《もまたへん》ず。ソップ・味噌汁・牛乳其《そ》の他實例《じつれい》多し。食品には寒熱共に佳味《かみ》を呈するものあれど、又一定の好適溫度を有するもの或《あるひ》は溫度の變化《へんくわ》に伴ひて甚《はなは》しく不味《ふみ》に變《へん》ずるものもある。

(五) 變調變調《へんてう》と對比《たいひ》

味神の第一の刺戟《しげき》は第二の刺戟《しげき》に因《よ》る味覺の上に影響を及ぼす場合がある。例へば一%の鹽剥《えんポツ》は感じ得難き程の味なるに之《これ》を含嗽《がんそう》した後に飲む水は甘く感ぜられる。又一%の食鹽水《しよくえんすい》は一二%の砂糖水の甘さを增し、一五%の砂糖水は〇、〇一%の食鹽《しよくえん》又は〇、〇〇一%の硫酸キニーネによつて甘味を強くす。又凡《すべ》て甘味食用後は酸味が著しく高まるものである。かかる現象を變調《へんてう》といふ。而《しか》して之《これ》を兩味の對比《たいひ》といふ事で說明して居る。

（六）風味と味神《みしん》と無味の味

食物の風味の完成に方《あた》り、之《これ》に關係する因子の轉《うた》た煩雑を加へざるを得ざる所以《ゆえん》のものは、其《そ》の如何《いか》なる食物たるに關せず、それが單純なる味神《みしん》の支配下に止《とど》まるものにあらずして前に述べた觸神《しよくしん》・部位神・壓神《あつしん》・溫神・嗅神《きうしん》・視神の何《いづ》れからも無關係に攝取《せつしゆ》せられることが不可能なるが故である。即《すなは》ち此等《これら》諸神が味神《みしん》と其《そ》の作用の聯合《れんがふ》によつて風味の總《そう》決算が與《あた》へらるるのである。從つて或《ある》極端なる場合には眞の味にあらざるものを以《もつ》て味の如くに感想せしむることがある。左の如し。

（イ）、苦味と甘味に粘膜の灼熱感及《および》粘滑《ねんくわつ》感が加つてアルカリ味と呼ぶ特異の味を生じ、又甘味と酸味に粘膜の緊縮感が加つて金屬味と稱《しよう》する特種の味を呈す。

（ロ）、澁味《しぶみ》・辛味も亦《また》粘膜の感覺に基《もと》くものにして絶對《ぜつたい》の味にあらずとせらる。

（ハ）、更に興味あるは私の所謂《いはゆる》「無味の味」である。化學的成分によりて味を呈《あら》はすことは其《そ》の呈味成分が水或《あるひ》は唾液に溶解することを前提とせねばならぬ。又可溶性なりとて滲透性なきものは味性《みしやう》を有せず、卵白の如き膠《コラーゲン》様性物質がその例である。故に全然不溶解性不《ふ》滲透《しんとう》性の物質にして尚且《なほか》つ特殊の風味を與《あた》ふるもの、例へば植物細胞素・パラフイン塊の如きが何等《なんら》絶對《ぜつたい》味を有せざるにかゝはらず、又常に渝《かわ》らざる中性の無味を有し、之《これ》を咀嚼すれば盛《さかん》に唾液を分泌するものである。而《しか》して此《かく》の如き無味の存在は食物の風味の實際《じつさい》の上に又甚《はなは》だ緊要《きんえう》のものである。

（ニ）、麻醉《ますい》藥の作用其《そ》の他諸種の疾病に依《よ》りて、風味を損害若《も》しくは改變《かいへん》するは人の周《あまね》く知るところである。これ風味に關係する諸神《しよしん》の障害によりて來《きた》るあり、又味神《みしん》中一定絶對《ぜつたい》味にのみ關するものあり。

（七）風味と一般生理

（イ）、風味と食欲及《および》消化。風味上の好惡《かうを》は食欲及《および》消化の上に大なる影響を與《あた》へる。卽《すなは》ち嗜好するところの風味は食欲を催進《さいしん》し且《かつ》消化液の分泌を旺盛ならしめ、之《これ》に反して嫌惡《けんを》するところの風味は食欲を阻止し且《かつ》消化液の分泌を抑制する。故に風味の如何《いかん》は榮養上深甚《しんじん》の關係を有するものである。左《さ》れど玆《ここ》に忘る可《べ》からざることは嗜好及《および》食欲を以《もつ》て全然飢餓感と合致するものと誤認してはならぬことである。此等《これら》の三者は各個獨立《どくりつ》して散在し、互ひに連帶して同一方向に動くことあると共に又互に獨立《どくりつ》し相離反《りはん》して現はるゝことあり。何となれば嗜好及《および》食欲は旣《き》往に於て經驗せられた感覺觀念の記憶《きおく》として殘れるものに發《はつ》すること多く、從つて嗜好及《および》食欲は嘗《かつ》て之《これ》を試用せざるものに對《たい》しては無關心であり、又之《これ》を直ちに身體《しんたい》の要求として受け入れることは甚《はなは》だ危險である場合が多いのである。かの長く食用を中絶したるものは忘れられ、回想《くわいさう》して後年之《これ》を食し見るに、甚《はなは》だ不味にして到底昔日《せきじつ》記憶《きおく》の風味を再現すること能《あた》はざるものあるが如きは之《これ》が爲《た》めである。邦人が西瓜の紅色を忘れず黄色の西瓜を歡《よろこ》ばざる如きも亦之《またこれ》が爲《た》めである。

嗜好・食欲・飢餓感の獨立《どくりつ》せることは、一定の疾病及《および》斷食を行ふ場合等に於て明かに之《これ》を體驗《たいけん》するを得るものである。例へば十二指腸蟲《ちゆう》寄生其《そ》の他の原因によりて貧血せる患者に異嗜《いし》症と稱《しよう》し平素常人《じやうじん》の口にせざる消し炭・生米・壁土等を嗜《たしな》みて之《これ》を制する能《あた》はざるが如き、又胃液の分泌過多症に於て食欲のみ必要以上に旺盛にして之《これ》が爲《た》めに胃症《いしやう》治癒の大障害となるが如きは常に經驗するところである。

偏食の禍害《くわがい》・高價《こうか》食の尊重・患者の食餌法の過誤等は多く此《この》關係を等閑視《とうかんし》するに基《もと》くものが多いのである。尙此項《なほこのかう》に就《つ》いては次の二項を參看《さんかん》す可《べ》きである。

（ロ）、飢餓感。食物中一定の成分に缺乏《けつぼふ》する時若《も》しくは身體《しんたい》中一定成分の過剰を見る時、之《こ》れに原因する體内《たいない》新陳代謝上の要求により、其《そ》の他健康上の常調《じやうてう》を失せるが爲《た》め、飢餓感・食欲及《およ》び食物の風味を貫く一定の關係を出現する場合のあるのは勿論である。例《たとへ》ば菜食を主とするものに食鹽《しよくえん》の多量を要求するの理は前章に於て既《すで》に說いたところである。小《せう》兒《に》が甘味を嗜《たしな》むは其《そ》の活動の旺《さか》んなるが爲《た》めであり、又姙婦が酸性食物を好むは無機質の攝取《せつしゆ》を必要とするからであり、一定患者があらゆる食品に苦味を感じて食欲振はざるは、食物の多食によりて熱發《ねつぱつ》を助長し若《も》しくは消化器を惡化するの虞《おそ》れがあるからであり、有熱患者が甚《はなは》だしく渇《かはき》を訴へ水を嗜《たしな》むも其《そ》の體內《たいない》に產生する毒物を稀薄し緩和し且《か》く發汗《はつくわん》によりて熱を去るに水分の補充を要するが故である。境遇の如何《いかん》によりて欲求する風味を異にし、例へば下宿人や勞働者には濃厚な豚肉のフライなどカロリーの豐富《ほうふ》なるが歡《よろこ》ばれ、食通や安逸者《あんいつしや》には淡白な野菜の料理が嗜《たしな》まれるが如きも亦《また》、新陳代謝上にその理由を求むるを得可《うべ》く、又斷食時には風味を分析鑑別する力が非常に鋭敏となり、單純の水までが複雜を極めた美味となるのも之《これ》が爲《た》めである。

（ハ）、習慣。風味と習慣は密接の關係がある。或《ある》種の風味にして嗜好に適せざるのみか之《これ》を嫌忌《けんき》する程のものも、用ひ慣《な》るれば新に之《これ》を賞味し之《これ》を要求するに至る。例《たとへ》ばニンジン・葱の白根・豆腐・納豆等に此《この》例を作る人が多い。移住民が其《そ》の土產《どさん》の風味を愛好するに至れば移住は成功しつゝあるものと見て良いのである。故に日本人のセロリー・チーズ・蒜《にんにく》に於ける、洋人《やうじん》の刺身・肉の鋤燒《すきやき》・澤庵《たくあん》に於ける例は興味あるものである。一般に幼時は風味に對《たい》し嗜好の範《はん》圍《ゐ》に制限があり、成長と共に訓練によりて順次に擴大《くわくだい》進展せらるるものである。旅行・寄宿生活等が食物の風味に對《たい》する態度に變化《へんくわ》を與《あた》ふるのも、又食物の流行が一つの流行を成立し得るの理由も、要は其《そ》の習熟に在るのである

（ニ）、味神《みしん》の興奮と疲勞及《およ》び痲痺。味神《みしん》興奮の大小長短によつて食品の風味を異にす可《べ》きは當然《たうぜん》である。故に口內に攝《せつ》取《しゆ》する食物の分量、刺戟《しげき》作用の持續《じぞく》等之《これ》に關する事項は甚《はなは》だ多岐に亘《わた》ると雖《いへど》も、凡《およ》そ生體《せいたい》には同一刺戟《しげき》が常に同一の

感觸《かんしよく》を與《あた》ふるものでは無い。例《たとへ》ば痒《かゆみ》を掻くことは初め快感なりと雖《いへど》も其《そ》の度を過ぐる時忽《たちま》ちにして厭《いと》ふ可《べ》き痛みとなる。又總《すべ》ての細胞の機能は連續《れんぞく》する刺戟《しげき》による興奮によりて速《すみやか》に疲勞を來《きた》し後《のち》遂に痲痺するに至るものである。これ如何《いか》なる作用も興奮の後には一定の休息時を要する所以《ゆえん》である。食物攝取《せつしゆ》の法正しくして咀嚼を充分にすれば、食物片はその成分各個の理化學性狀からと、竝《ならび》に組織構成の器械的の關係からと、味神《みしん》の刺戟《しげき》が刻々に變化《へんか》するのである。卽《すなは》ち成分の唾液に對《たい》する溶解度・成分の濃度に依《よ》る滲透壓《しんとうあつ》・外表と深部の成分上の差異等は、食片が口腔内に入るの始めと既《すで》に嚥下せられむとする最終とは其《その》性狀に於て著しき相違を呈するものである。從《したがつ》て風味も亦之《またこれ》に伴ふを常とする。而《しか》して斯《かく》の如き攝《せつしゆ》食法は唾液との接觸《せつしよく》を完成する爲《た》めその消化作用を催進《さいしん》するの用をなすのみならず、又同時に味神《みしん》の刺戟《しげき》を緩和轉換《てんくわん》して、長く風味を傷《そこな》はざる所以《ゆえん》ともなるものである。而《しか》してこれ前に述べたる「無味の味」が食物風味鑑賞の上に重要の意義を有する所以《ゆえん》でもあるのである。卽ち濃厚食の一口毎《ごと》に淡白食を交錯し、若《もし》くは適當《てきたう》なる飲料を用ふるは風味の支持に其《そ》の當《たう》を得たるもと言はねばならぬ。日本食の副食物の間に挾《はさ》みて、精白米飯が玄米飯に勝《まさ》りて歡迎せらるゝ所以《ゆえん》亦茲《もまたここ》にあるのである。又專門家が飲食品の風味を鑑別比較するに當《あた》りて、之《これ》を口にする前後に必ず口内含嗽《がんそう》を行ふこと、休憩時なしには能《よ》く同種のものを検査するに足る精緻の味覺を保持すること能《あた》はざるも亦之《またこれ》が爲《た》めである。其《そ》の他果實《くわじつ》を以《もつ》てするよりは鹽《しお》煎餅を喫《きつ》してビール・茶・珈琲《コーヒー》を美味ならしむるが如き、又甘味を食前に攝取《せつしゆ》して食欲を損するが如き、或《あるひ》は豪粱《がうりやう》後の茶漬一碗に舌皷《したづつみ》を打つが如き。其《そ》の類例は甚《はなは》だ多い。

（ホ）、氣候。氣候の關係は食物生產の種類及《および》性狀が季節によりて大差あると、人體《じんたい》の要求するところが寒暑によりて變化《へんくわ》すると、の二方面に由來するものであって、大體《だいたい》に於ては食物の「シユン」を選みて之《これ》を食用するを當《あた》れりとし、又寒候には人の溫を失ふこと大なるが爲《た》め、溫量を含むこと最《もつとも》多き脂肪を攝《と》り、從《したがつ》て濃厚の風味を愛し、暑季には人の溫を失ふこと少なきが爲《た》め、容積に比して榮養分少なき菜食に傾き、從《したがつ》て淡白の風味を嗜《たしな》むのである。又肉食が冬時に於て用ひらるることの多きは、此《この》季節に於て肉が脂肪に富み、榮養價《か》高く美味となるに加へて、其體内《そのたいない》に於ける蛋白質の藥理學的作用が抱水炭素及《および》脂肪の燃燒を熾盛《しじやう》する特異性を具《そな》ふるに依《よ》る。

（ヘ）、感覺の退化と食物の外觀。五官の官能にして、人類に於ては甚《はなはだ》しく退化したと見る可《べ》きものがある。それは例《たとへ》ば嗅覺である。次は恐らく味覺の番である。既《すで》に味覺は個人間に於ける敏鈍《びんどん》の差が餘《あま》りに著しい。斯《か》くて結局は之《これ》を主に視覺に訴へて其《そ》の食物の好惡《かうを》を識別せねばならぬ時が來るのも遠くはあるまいとの考へ方もあな勝《が》ち否定し去る可《べ》きではない。此《この》意味に於て食物の外觀を重視し、之《これ》を以《もつ》て徒《いたづら》に空虛の美術品或《あるひ》は好奇の藝術《げいじゆつ》品に墮《おと》せしめざるやう特別の注意と用意が必要であると共に、又一方に於ては、經濟榮養や群聚《ぐんしゆう》榮養を行ふ場合に其《そ》の廉價《れんか》なる材料を隱蔽《いんぺい》して俗《ぞく》眼《がん》の輕侮《けいぶ》を豫防《よばう》することも、實際《じつさい》上に必要のことである。

（ト）、食物の溫度。は嗜好上から、風味上から、食物には溫度を適切ならしむることが大切であるが、生理上からも矢張《やはり》重視す可《べ》きものであつて、食物の溫度高きに失すれば痛覺を起し、胃粘膜を害し、又胃潰瘍を發生《はつせい》す。料理人に胃潰瘍多きは此理《このり》を以《もつ》て説明されて居る。又心臟作用の興奮を起す可《べ》きが故に心臟の弱き者は特別の注意を必要とする。又之《これ》に反し寒冷其《その》度を過ごす時は不快の寒冷感覺を起し、體溫《たいおん》の下降を見るに至る。貧血者には大害《たいがい》あり。又寒冷なる食物は之《これ》を體溫《たいおん》まで溫むる爲《た》め熱を要し、從《したがつ》て食品熱量の徒費《とひ》を招き、甚《はなはだ》しきは一日の所要總《そう》カロリーの五％にも達することがある。

（八）　風味餘論《よろん》

（イ）、風味の鑑定。材料の選擇《せんたく》に臨み風味を本位とすることが屢々《しばしば》必要である。此際《このさい》先《ま》づ（一）、口内の清潔が大切である。朝起《おき》齒を磨きて口を漱《すす》ぐこと、邦人の朝餐《てうさん》前梅干を食し、外人の朝食に限り果實《くわじつ》を前菜として口内の淸拭《せいしき》を行ふこと、等は皆風味の鑑賞に資《し》するところが大である。（二）、濃度を稀薄して之《これ》が鑑賞を行はねばならぬ。（三）、溫度を體溫《たいおん》と同一になし置くこと最も可《よ》し。（四）、大量を口にしてはならぬ。（五）、口内では敏速《びんそく》を要し吐き出して速《すみやか》に口を嗽《すす》ぐ。（六）、成る可《べ》く比較す可《べ》き標準の備へ付けが肝要である。

（ロ）、食物調製用具。例《たと》へば釜・鍋其《そ》の他食用の器具及《および》燃料と、食物風味との關係は密接である。之《こ》れ火力の高低・溫熱傳導《でんだう》の遲速《ちそく》・蒸氣壓《あつ》の大小が食物中の各成分に及ぼす影響に差等を生じ、又器具の成分溶出してその微量が尙且《なほかつ》風味に影響を與ふるからである。又不良食器からは鉛・銅・砒素《ヒソ》・其《そ》の他有毒性物質を溶出することあり。

（ハ）、食卓上の作法。これ食物の風味に關聯《くわんれん》して又別に重要なる問題である。料理は順次世界化の傾向顯著《けんちよ》なりと雖《いへど》も、各國皆現《げん》に其《そ》の特徴を具《そな》へ、例へば齊《ひと》しく西洋料理といふも、米國は力《つと》めて食品天然の風味を鑑賞せしむるを主旨とする。これ材料豐富《ほうふ》にして新鮮なるものを得易《えやす》き地の利に職由《しよくいう》する。故に調理に人工を加へることが執拗《しつやう》でない、味附けにも食鹽《しよくえん》を以《もつ》てすることが多い。食欲不進若《も》しくは何等《なんら》か特別の理由がなければソース其《そ》の他の刺戟《しげき》性調味料を用ふることがない。英國は食堂に於て之《これ》を食するに臨みバター・ソース・食鹽《しよくえん》・胡椒等を用ひて食卓上更に仕上げの味附けを行ひ、各人好むところのものを作りて之《これ》を賞するの風がある。卽《すなは》ち一個の食卓に列する各人が同一料理に別々の風味を味ひつつあるのである。佛國《フランス》では食卓に運ばれたる各皿が、その儘之《ままこれ》を口にする樣加工及《および》調味の極致を施して成《な》れるものにて、卓上唯《ただ》ナイフとフオークを動かせば足るの槪がある。

（二）、風味の研究と風味の敎育。風味の關するところは食物消費上重要事項の一《ひとつ》なること、殊に其《そ》の實際《じつさい》は非常に複雜なる多數の因子によつて構成せらるること上に述べたるが如くなれども、仔細に之《これ》を觀察すると、結局風味の問題を天來《てんらい》の妙機《めうき》としたり。生れ付きの本能視して、之《これ》が科學的の攻究《こうきう》と證明《しょうめい》を拒否す可《べ》き何等《なんら》の理由をも藏《ざう》せざるものなることが分かる。況《いは》んや其《そ》の因子中或者《あるもの》の如きは極めて不合理・迷信・虚榮に過ぎざるもの亦尠《またすく》なからざるに於てをや。故に詳《つまびら》かに之《これ》を解剖分析して、具《つぶ》さに學術上から各因子の價値《かち》と利害を考察すべきである卽《すなは》ち食物の風味に關し五味或《あるひ》は八味を説いて徒《いたづら》に口舌の悦《えつ》を迎ふることを以《もつ》て能事《のうじ》とす可《べ》きではない。

又特に大切なるは、風味の問題には教育が利《き》くといふことである。（一）一般に口に慣れざるものを直ちに最上味とすること能《あた》はざること、（二）幼少よりの慣用するものに愛着を生ずること、（三）長く食用を中絶したるものは忘れられ、山國《やまぐに》の人《ひと》生の海魚を好まず海濱の人《ひと》川魚の味を解せざるは何《いづ》れも其《そ》の因《いん》の平常の食事に在ること、（四）豫《あらかじ》め其《そ》の材料と調理法を知りては風味の判定に累《るひ》を及ぼすこと、（五）廉價《れんか》のもの卽《そく》不味と考へたり、珍味と美味とを混同すること、（六）又精神作用の風味に關係する所は大にして、屠牛《とぎう》場を觀たる直後は肉を口にするに忍びざるが如き、偶然下痢腹痛を起せる食品を後日再び食用する能《あた》はざるが如き、（七）其《そ》の他嗜好上の異同の如きも甚《はなは》だ多種に上《のぼ》るを常とすること等は、之《これ》れ凡《すべ》て風味に對《たい》する人の愛好が絶對《ぜつたい》的のものにあらずして、習慣と境遇が之《これ》を支配すると共に教育と訓練に依《よ》りて、之《これ》を改變《かいへん》し、之《これ》を善導し得ることを示説するものである。須《すべか》らく世人の食物の風味に對《たい》する態度を革正《かくせい》し、食物の風味に盲目的の支配を受けるの迂愚《うぐ》から脱却せしめねばならぬ。

風味の二　調理と風味

調理の實際《じつさい》上に風味を取扱ふには二つの着眼點《てん》あり。

（一）、は自然味を尊び各食品本來の風味を鑑賞せむとするもの。

(二)、は人工味を重んじ加工によりて風味を最も自由に變化《へんくわ》改造するもの。

二者各利害得失ありと雖《いへど》も、槪《がい》して甲に高尚《かうしやう》優美の風味多く、乙に俗惡卑近《ひきん》の風味多し。例《たとへ》ばキャベツ・ニンジンを實《み》にして味噌汁を製する時、特に煮出汁を用ひざればキャベツ・ニンジンの本來の甘味と風味とによりて高尚清楚《かうしやうせいそ》愛す可《べ》きものを得可《うべ》く、之《これ》に反して南瓜・甘藷を煮、カマボコを作るに尚且《なほかつ》大量の砂糖を加ふるは濃艶《のうえん》重厚飽き易きものを生ず可《べ》し。

　自然味は同一の食品でも、諸般の事情の下に變化《へんか》するものである。例へばマグロの刺身が漁《と》り立てのものでは漁《と》つてから一定時間を經たものの様な風味が無い。之《こ》れ筋肉内に自家融解の作用がまだ行はれてないからである。例へば牛肉が新しきに過ぎて尚《なほ》死後强直《がうちよく》の殘つて居る間は堅く不味であり、乳酸が化生《くわせい》してからは軟《やはらか》く且《かつ》美味となる。例へば北《きた》國米《ぐにまい》は南國米《なんごくまい》よりも内地米は熱帶米よりも甘味が強い。之《こ》れ稻《いね》が成熟を急ぎ又空氣が濕氣《しつけ》を多く含む場合、米粒中の所《いは》謂《ゆる》胚乳部が澱粉化する機轉《きてん》を多少未完成に終るからである。例へば畑に其《そ》の儘《まま》放置せらるる大根は軟く煮るを得れど、一旦引き抜きて地中に埋めたる大根は煮て軟かくなり難し、これ大根の成熟機轉《きてん》が促進せられ纎維組織の硬化が開始せられるからである。其他《そのた》動物性食品に在りては肉・乳・卵・魚・介何《いづ》れも其《そ》の年齢・習慣・勞作・及《および》食料によりて風味の特性を生じ、又植物性食品に於ても、早生《わせ》と晩產《ばんさん》・土質と肥料・天候の如何《いかん》によりて風味の差別を呈するは人の熟知するところである。之《こ》れあるが故に自然の風味を生かして用ふれば、調和したる天工《てんかう》の妙が千變萬化《せんぺんばんくわ》して、人の一通りの滿足を購《あがな》ひ得る斗《ばか》りか新らしい嗜好をまで涵養《かんやう》するに足るのであるのである。

　人工味は之《これ》に反して兎角《とかく》千篇一律の弊《へい》に陥《おちい》り易く、遂には食せずして既《すで》に其《そ》の風味を察知することが出來る様になる。何となれば人工味は極端に制限されたる品種の獨《ひと》り舞臺《ぶたい》となるからである。曰《いは》く砂糖・曰《いは》く味淋・曰《いは》く風味の素・曰《いは》く胡椒・カラシ・其《そ》の愛用せらるゝもの實《じつ》に指を屈するに足る。故に人工味は其《そ》の風味單調《たんてう》となるにあらざれば所謂《いはゆる》二味《にみ》となり三味《さんみ》となり支離滅裂《しりめつれつ》の味となり易し。而《しか》して刺戟《しげき》性强烈なる藥味の有害なるは論ずる迄もなきところである。

自然味の深遠《しんえん》優雅なるは、同時に榮養に必要なる諸多《しよた》成分の損亡《そんまう》を防ぐ調理法と合致し、人工味の牽强浮薄《けんきやうふはく》なるは、同時に榮養に必要なる各種成分の喪失を招く調理法に墮《だ》する事、元より當然《たうぜん》の歸結《きけつ》と謂《い》ふ可《べ》し。況《いは》んや愛用せらるる精製調味料が、概《おほむ》ね其《そ》の成分に於て非常に單純なること、既《すで》に醬油及食酢《およびしよくす》などに劣ること千百歩なるに於ては、いかでか、之《こ》れを自然味の豐富《ほうふ》なる貴要《きえう》成分の調合熟成せるものに比す可《べ》けむやである。

されど自然味と人工味とを劃然區別《くわくぜんくべつ》し得るは比較的近代の事でなければならぬ。之《これ》を既往《きおう》に溯《さかのぼ》る時は、食は凡《すべ》て自然味の鑑賞に初まつた。次で各食品の自然味を助長隱蔽《いんぺい》若《も》しくは矯正せむが爲《た》めに附け味を行ひ、以《もつ》て調和せられたる美味を完成新生《しんせい》するに力《つと》めたるに初まり、此《こ》の際自然味が飽迄《あくまで》も主であつて附け味は從であつた。而《しか》して此《この》附け味の餘《よ》弊《へい》が本末を顚倒《てんたう》したるところに今日の人工味が成立したのである。故に自然味を無視した人工味は調味上の叛逆《はんぎやく》であると云ひ得る。併《しか》し又附け味の全部を否定するは間違つて居る。人は此《こ》の分水嶺《ぶんすいれい》に立つて分別《ふんべつ》を誤つてはならぬ。附け味は其《そ》の本來の目的に副《そ》ふ限りは大《おほい》に之《こ》れを利用して良いのである。卽《すなは》ち食品の含有する呈味成分貧弱にして、味《み》性《しやうも》亦《また》甚《はなは》だ鈍調《どんてう》なるが爲《た》め、殆んど何等《なんら》愉快《ゆくわい》なる風味を生ぜざるに於ては、附け味として別に旨味を具有《ぐいう》する調味料を用ふるに至るのである。鰹節・煮干・豆・昆布・椎茸の類これである。而《しか》して此等《これら》の調味料が優秀なる所以《ゆえん》は其《そ》の旨味を與《あた》ふる以外、各種の榮養素を含有し、風味と共に榮養上の缺點《けつてん》をも改善するの效用《かうよう》あるに在ること、前章既《すで》に述べたところである。

献立にして如何《いか》に完全なりとも、之《これ》を實際《じつさい》に取扱ふに方《あた》り、徒《いたづ》らに有害なる風味の頤使《いし》するところに委《まか》せて、結局調理法をしも其《そ》の宜《よろ》しきを得ざらしむるに於いては、献立の效果《かうくわ》は終《つひ》に空虚に歸《き》す可《べ》きである。

故に風味の完美ならざる調理法は榮養上亦《もまた》不具《ふぐ》の調理法であり、又食物の眞味《しんみ》を解せず、妄《みだ》りに俗惡の風味に耽溺《たんでき》して調理を行ふは、榮養・經濟・美味の三者何《いづ》れをも賊《そこな》ふものであると言ひ得る。

地　調理篇

養理（栄養理論）の研究において詳細を追求し尽くしても、調理の発達が伴わないことには、栄養の目的と実際の効果を収めることはできない。養理を理解せずに調理を行うことも、調理を熟知することなしに養理を説くことも、共にあやうい。

何という目的もなく洋書を翻訳して栄養を論じ、単に技巧を写し取り調理と称する著作に至っては、世間に誤解を招き人に不利益をもたらすこと大である。故に私が調理篇において心中期待していたのは、これまで一般に軽視されがちであった台所の科学的啓発に、新しい視点から多少の貢献を試みようとしたのであるが、今急に慌しい中これを取りまとめようとしても、日数が足りないことがわかったため、詳しい論述は別の機会に譲ることにする。

献立の作り方

日本語で書かれた書物には、専ら酒を勧めることに関して献（献）という、献立とは膳をととのえ供する汁肴の次第（順番）とあり、洋書にも単に献立は御馳走の細目（個々の料理名）とあって、今日まで「献立」について適切な定義がなされたものを見たことがない。しかも献立そのものに合致する一つの定義が得られ、その処理・手順を示すことが調理篇でまず最初になされるべき重大なことである。それは実際の栄養上に測り知れない影響がある。したがって、私は最も慎重に選考して「献立」に左の定義[訳註一八]を与える。

「献[※二二]立とは飲食物調製を目的として、食品の配合と料理の形式を指定するものであり、これによって栄養効率を高め、香味を良好にすることができ、また往々にして感情と寓意（他に事よせて思いを示す）の表現に利用される」。

そして献立を表に示したものを献立表と名づけ、医療上に用いるものは食餌箋[訳註一九]と呼ぶ。

このように、献立を作ることは人類にだけ特権として許された食物の摂取法であって、人類以外の他の生物の生活には全くみられないことである。同時に、人の知的レベルによっても、その用いる献立に雲泥の差を生じる。

そうであれば、原始時代からの習慣を受け継ぎ、教えられたままにあるいは本能的に食物を飲食することは、人として恥ずべきことである。しかも世の多くの人が格別の献立作成上の心得もわきまえず、また栄養摂取上の智識にも無関心でありながら、どうにか飲食の日常生活を営んでゆくことのできるのを目にするのは、結局のところなぜなのだろうか。

世間で理屈を語る人は、常にこのようなことを言う。「栄養のことについては、私たちは何も気にせず一切の成り行きに任せて営んでいても、これまで破綻を示していないのはどうしてですか。まずこのことについて説明を求めます」。

これに対する答えは、「それは明白である。一方では食品と一方では人体との共同協調によって、わずかに円滑さを維持しているのに他ならないのである。食品については、各種食品の成分と性状が決して同一ではないため、配合することによって、成分の有無が相通じ、性状の欠陥が相殺される。例えばでんぷん食にたんぱく食が加わり、酸性食[※二三]にアルカリ性食が組み合わされ、脆弱性に強靱性が添えられるようなものである。

人体については、成分の体内沈着あるいは貯蔵が行われるため、あるいは必要に応じるさまざまな程度の成分消費の調節がみられるため、あるいは一定成分の代用が一時を間に合わせるため、日常の栄養はもちろん、臨時の緊急な需要にもある程度までは不足しないような余裕がある」というものである。

このように、食品に具体化された自然の周到な用意と、人体内で行われる天賦の微妙な作用とが相まって、気まぐれな献立の欠点が補正される。しかし、補正は結局補正であって、けっして合理化ではないということを忘れてはならない。なぜなら、不足している栄養素が不充分にでも補正されなくてはならないことは言うまでもなく、他方過剰分が排泄されるためには、それとは別に中和・分解・酸化等の過程を経なければならないからである。そして、これらのことは身体にとってよいことではないからである。いや、それだけでなく、食物の成分の分解産物中には、往々にして極めて有害な物質が含まれ、それらはいわゆる自家中毒の原因をつくる。特に献立の不完全さや偏食が何日も続き度を過ごす状況においては、身体の貯蔵分や応急作用もそのうち追い付かなくなり、調節不可能な結果となるのである。それは前にも言及したように、人体内の成分は次の二つに大別されるからである。

（甲）生体内において自から合成・転化可能な成分

例えば抱水炭素から脂肪を、またたんぱく質の分子から抱水炭素・脂肪を、あるいはアミノ酸の中でもグリココール（グリシン）・プロリン、そしてプリン塩基を、その他レシチン・コレステロールは比較的豊富に体内で合成される。

（乙）生体内において産生することが不可能で、必ず食物を供給源としなければならない成分

例えばトリプトファン・リジン・シスチン等重要なアミノ酸・無機質・ビタミン等、

とすることができ、乙に属するものが食物中に欠乏していることは、保健上（健康維持のために）到底許容できないのである。これは、ビタミン欠乏食料を摂っている母親が分泌する乳中にビタミン欠乏を起こす要因であり、白米病（脚気）がたんぱく質・無機質・脂肪の不足およびビタミンの飢餓によるとする理由でもある。特に食物中の成分の均衡がとれない場合は、一層障害が大きい。例えば、抱水炭素を大量に摂ってビタミンBが欠乏する場合、脂肪を過度に摂ってビタミンAが欠乏する場合の状態がそれである。いわゆる副食物を軽視する生活法においては、米・麦・いも等主食品を驚く程、むだに多く摂ることを求める事実もまた同一の理由に基づく。このようなわけで私が言いたいことは、献立は保健上における最重の大事であるということである。

さらに経済方面から見ても、同一の成分と同等の栄養価でも、献立作成の違いによって、経費が大きく変わることを忘れては

ならない。生理的研究により、人体のに必要な栄養量や、職業別等によって人体が消費する栄養量を定めることができても、それは学術上、どれだけのカロリーとどれくらいの栄養素を必要とするかが分かるに過ぎない。これを実際に生活上に応用しようとするには、さらにその所要栄養量を献立化しなければならない。したがって、この献立化の巧拙と適否によって、食費の経済的な面に大きい差等を生じる結果となる。一例を示せば、左の献立表を見ればわかるように

（甲）高価な献立　献立表（三人前）

※一匁《もんめ》＝3.75グラム　一升五勺＝2.7リットル　カロリーは大（キロ）カロリーのこと

瓦＝グラム　一銭＝1/100円→大正十年代の一銭は現在の十四・七〜二十五・九円に相当

（大正時代の白米価格と公務員初任給から算出）

【原文図‐二〇九頁参照】

（乙）経済の献立　献立表（三人前）

※一匁《もんめ》＝3.75グラム　一升五勺＝2.7リットル　カロリーは大（キロ）カロリーのこと

瓦＝グラム　一銭＝1/100円→大正十年代の一銭は現在の十四・七〜二十五・九円に相当

（大正時代の白米価格と公務員初任給から算出）

【原文図‐二一〇頁参照】

（丙）高価な献立　献立表（三人前）

※一匁《もんめ》＝3.75グラム　一升五勺＝2.7リットル　カロリーは大（キロ）カロリーのこと
瓦＝グラム　一銭＝1/100円→大正十年代の一銭は現在の十四・七～二十五・九円に相当
（大正時代の白米価格と公務員初任給から算出）

【原文図－二一一頁参照】

（丁）　経 済 の 献 立　　献立表（三人前）
※一匁《もんめ》＝3.75グラム　一升五勺＝2.7リットル　カロリーは大（キロ）カロリーのこと
瓦＝グラム　一銭＝1/100円→大正十年代の一銭は現在の十四・七～二十五・九円に相当
（大正時代の白米価格と公務員初任給から算出）

【原文図－二一二頁参照】

甲は高いコスト（一二〇・〇銭）の献立であり、これと同等の美味しい栄養を経済的な乙の献立により可能（六六・〇銭）とすることができ、丙は高コスト（六九・五銭）の献立の他の一例であり、丁は丙の代用となり、しかもはるかに低コスト（三四・〇銭）である。

食物として同一効果であっても、献立の作成次第で生計費に重大な影響を与えることがこれで分かる。これは、私が以前から大声叱呼して、栄養の充実・生活の安定・賃金の計算・そして健康を基礎とするすべての社会政策が、合理的献立の教養訓練によってなされなければならないという理由であり、また新たに経済栄養法を極力唱導してきた理由でもある。

献立を作るにあたっては、少なくとも左に掲げる諸事項を考慮しなければならない。

（一）栄養量を適正に設定すること

総カロリーおよびその中に含むべきたんぱく質由来のカロリーを左のようにする。　※カロリー＝キロカロリー

発育期　総カロリー　――2365カロリー中　たんぱく質―100g＝410カロリー　＝17.3％

成人期　総カロリー　――2365カロリー中　たんぱく質―80g＝328カロリー　＝13.4％

↓　総カロリー　――2365カロリー中　たんぱく質―60g＝246カロリー　＝10.4％

老齢期　総カロリー　――2365カロリー中　たんぱく質―50g＝205カロリー　＝8.6％

（二）材料を適切に選ぶ

（イ）食品の効果とその成分の役割に重きをおくこと。巻頭（第八）二見ヶ浦の図を参考にされたい。これは栄養研究所の所内公開のため標本室に、主婦および学生その他非専門家と一般見学者を対象として私が作製させたもので、栄養の根元を太陽のエネルギーとすべきことから、特に二見ヶ浦の環境を選び、甲の柱には「肉と血になる―たんぱく質・無機質・ビタミン。」の供給源となる食品を、乙の柱には「力と熱になる―抱水炭素・脂肪。」の供給源となる食品を分けて掲載し、二つの柱の巌が立っている天地を「栄養研究」という太陽の光明に照らしたものである。それとは別に、嗜好品および少数の不消化食品が各付属の小岩として加えられている。いうまでもなく、その目的は、日常食品の性質に関する概念を普及することに過ぎないが、試みに集載された食品の主なものを掲げれば次のようになる。

肉と血になる。・・・・・・・・・たんぱく質・無機質・ビタミン。

果物（ビタミン源）。

梨・林檎・桃・蜜柑・枇杷・スモモ・ブドウ・イチゴ・イチジク・梅の実・アンズ。

野菜（ビタミン源）。

ニンジン・ホウレン草・キャベツ・玉葱・落花生・大根・ナス・タケノコ・白菜・じゃがいも・トマト・キウリ。

豆類（たんぱく質源）。

エンドウ・うずら豆・大豆・さや豆・落花生・インゲン豆・ソラ豆・ナタ豆・大豆粉。

鳥類（たんぱく質源）。

合鴨肉・鴨肉・ガチョウ肉・鶏肉・鶏卵・七面鳥肉。

獣肉（たんぱく質源）。

牛肉・豚肉・馬肉・ウサギ肉・鹿肉・腸詰・鯨肉・羊肉・牛乳・山羊乳。

皮（無機質源）。

野菜の皮・果物の皮・穀物の皮。

貝類（たんぱく質源）。

アワビ・アサリ・赤貝・カキ・タニシ・ハマグリ・バカ貝・貝柱。

海草類（無機質源）。

アラメ・昆布・海苔・ヒジキ・ワカメ。

骨（無機質源）。

魚の骨・鳥の骨・メザシ・小魚・小鳥等。

臓物および塩製品（無機質源）。

味噌・醤油・漬物・福神漬・梅干・塩辛・塩魚・ごま塩。

加工食品（たんぱく質源）。

チーズ・豆乳・はんぺん・味噌・凍豆腐・豆腐・納豆・麩・コンデンスミルク・かまぼこ・ハム・鰹節・燻製品。

魚類（たんぱく質源）。

アジ・アナゴ・鮎・アミ・イワシ・イサキ・イカ・ウナギ・ウニ・エビ・カツオ・カレイ・カマス・カズノコ・鯉・コノシロ・コチ・サバ・鮭・サメ・サヨリ・サンマ・サワラ・シラウオ・スズキ・鯛・鱈・タナゴ・ニシン・ハモ・ハゼ・平目・ブリ・フナ・ボラ・ホウボウ・マグロ・マス・ムツ・ドジョウ・ナマズ・カニ・メザシ・シラスボシ・スルメ。

嗜好品　一般人の理解に便利なように、古きに習いしばらくこの項目を設ける。

酒・焼酎・ぶどう酒・白酒・シャンパン・ビール・ブランデー・コーヒー・からし・胡椒・ワサビ。

力と熱になる。・・・・・・・抱水炭素・脂肪。

果物（抱水炭素源）。

柿・栗・バナナ。

穀類（抱水炭素源）。

小豆・いもガラ・ウド・オモユ・さつまいも・米・ソバ・糠・ハトムギ・ヒエ・道明寺・粟・うどん粉・大麦・燕麦・キビ・小麦・トウモロコシ・裸麦・引割麦・麦こがし。

加工食品（抱水炭素源）。

飴・砂糖・カステラ・葛粉・凍餅《しみ》・さらし餡・素麺・パン・ビスケット・水飴・ようかん・蒸菓子・かんぴょう。

野菜（抱水炭素源）。

南瓜・クワイ・里芋・ゼンマイ・八ツ頭・蓮根・銀杏・ごぼう・自然薯・ツクネ芋・百合根・じゃがいも。

脂肪（脂肪源）。

牛豚脂・油揚・ごま・肝油・湯葉・バター・マーガリン・生揚・くるみ。

難消化食品

寒天・天草・茸類・イヌリン芋・コンニャク。

（ロ）栄養上の価値と市価の比較を詳しく調べること。栄養上の価値と市価が一致しないことは明らかな事実である。具体的な例証は巻頭の口絵（第一）を参照。

（三）調理法の改善

献立の趣旨にかなう調理法を必要とする。完全な献立を作るにあたっては、必ず同時に調理法を考慮する。調理法については後段に細論する。

（四）日本食の欠点を補うことに注意する

（イ）カロリー。容積を縮小してカロリーを豊富にすること。

（ロ）たんぱく質。良質のたんぱく質を選び、動物性たんぱく質の若干量を加味すること。

（ハ）無機質。食品の不可食分および煮出汁の諸成分を利用すること。

(ニ) ビタミン。簡易なビタミン摂取法を常用すること。

(ホ) 砂糖風味の素のひんぱんな使用による害が大きいことに注意すること。

(五) 風味の問題。別に解説をする

献立は、このようにして充分科学的に、そして完全に作成されなければならない。同時にその調理において一個の芸術品としての価値をももつことができれば、一層実用的となる。

調理操作の対象

調理をして食品に一定の操作を加えることとは、個々の成分に一定の操作を加えることである。したがって調理への第一歩は、まず食品一般成分の主要なものについて抽出を試み、その存在の実態に近づくことから始めるのが最善である。

調理操作の対象を食品の成分とすることができるようになれば、その調理は必ず合理的で精巧なものとなる。これに反して、調理操作の対象が従来のように食品の外観とされるのであれば、その調理は必ず旧来の方法から脱却できない浅く薄いものに堕ちてしまう。一度茹でることを学べば、それ以降はどんな調理でも茹で作業をとり入れ、不必要と分かっていても、何でも茹でてその成分を損失する。そしてこのような心得のない実例があるのは、結局調理操作の対象を食品の成分としないからである。

次に試験材料として米・乳汁・大豆の三者を選んだ。

米。

一握りの玄米を磨砕器または乳鉢で粉末にし、かぶるくらいのエーテルを加え、よく撹拌した後、濾紙で濾過し、濾液を清潔なガラス皿中にとり、重湯煎の上で低温で蒸発させれば、脂肪が残るのを確認できる。

濾紙上の残渣は重湯煎の上で温めてエーテルを除去し、少量のアルカリを含ませた水を加え、よく振った後、濾過し、この透明な濾液に薄い酢酸を滴加して中和すると、白色綿状の沈澱を生じ、この沈澱を濾紙上に集めればたんぱく質が採取できる。

アルカリ水で浸出した時の残渣に水を充分に加えて攪拌し、放置して上澄み液を除去し、数回これを繰り返した後、布片で漉し漉液を放置すると沈澱物が採取できる。これがでんぷんである。

乳汁。

少量の牛乳に、苛性カリ（水酸化カリウム）一滴を加え振り、エーテルとアルコールを等分に混和したものをやや多量加えよく振った後、放置して上澄み液層が分離するのを待ち、この上澄み液層を取り重湯煎の上で蒸発すると脂肪が残留する。

また牛乳一合を水で五倍に薄め、これに少量ずつ酢酸を滴加し攪拌すると、白色綿状の沈澱を生じる。この沈殿はカゼインと呼ばれる一種のたんぱく質である。濾過し、濾液を煮沸すればアルブミンと呼ばれる別種のたんぱく質が凝固析出するのを確認できる。濾過して濾液を蒸発濃縮し、冷所に放置すると乳糖の結晶を生じる。乳糖は乳中に含まれる特種な抱水炭素である。

大豆。

数十粒の大豆を叩いて粉末にし、エーテルを加えて浸出し、エーテルを重湯煎の上で蒸発すれば脂肪が残る。

脂肪を取った残渣を水中ですりつぶして放置し乳状の上澄み液を取り分け、煮沸してニガリもしくは硫酸マグネシウムを数滴加えると白沈多量を生じる。これはたんぱく質である。

乳状の上澄み液を除いた残渣は多量の水と共に布片で濾過し、濾液を採収し、放置すると最底に白色の沈澱を生じる。これはでんぷんである。

以上はただ平易であることを主眼として、たんぱく質・抱水炭素および脂肪の三大成分の抽出を手近の食品で試みたものであるが、これを専門学的に分析したり研究することはそうは簡単にはいかない。ここでは、食物中に含まれる各成分が決して架空のものではないという知識を得ることができ、かつそれらの成分を重要物質と認識しつつ食品を処理するということが理解できればよいのである。

たんぱく質・抱水炭素・脂肪の他には無機質と植物細胞素（食物繊維に相当）とビタミンがあるが、無機質とは食品を焼いて後に残る灰分そのものであるから、精製されない食品ほど無機質に富むことが誰にでも分かる。

植物細胞素は前述の米・豆等の搾りかす中に存在し、水・アルコール・エーテル・アルカリ・酸等に溶解せず。乳汁中にはこの成分を認めない。

ビタミンは微量で効力を現す成分であり、不純の粗製品としては、脂肪あるいは水その他の溶媒中に、容易に溶解抽出することができるが、純粋の状態あるいは結晶としてとり出すには、比較的大量の原料に特別の操作を必要とする。またビタミンは他の栄養素に比べ著しく偏在的である。例えば米は玄米であっても（ビタミン）Aをほとんど含まないのに（ビタミン）Bは豊富であり、大豆も同様に（ビタミン）Aを含まず（ビタミン）Bを多く含み、乳汁は（ビタミン）ABCを合むような傾向・分布を示す。そしてこれらのビタミンがそれぞれ熱・酸・アルカリ・酸化作用等に対する抵抗力に著しい差異を現すので、調理上さらに特別な留意を必要とする。これらのことは、食品とその成分を関連させて考えるべきであることを、最も適切に指摘している。

風味の一　味の科学

風味は栄養上ならびに調理上の重大問題である。研究が困難であるからといって、非科學的に取り扱うことは許されない。風味とは何かという問に対しては、食物の刺激に対する「感じ」であると答える。感じは気紛れから来ているのではない。これを分析し整理して理論的に整合性をとることによって、その性質を明らかにすることができるのである。

解剖学上では、いわゆる味蕾と呼ばれる味神[訳註二〇]（味覚神経）に独自にみられる感覚装置が、舌の乳嘴中にあることが発見され、舌尖は甘味、舌縁は酸味、舌根は苦味、舌全面は鹹《かん》味、舌中央は無感味というように、舌の部位によって異なる風味を感受する分担の現象が研究された。

しかし風味の世界は、このような特有な器官である味覚神経の他に、少なくとも、触覚（感覚神経を介して部位・圧・温を感じる感覚）・嗅覚神経・視覚神経・および感情がこれに加わって完成されたものと考えなければならない。中でも口唇および歯肉・舌下面・頬粘膜を除く口腔内の諸粘膜、すなわち舌の上面・舌根・舌尖・軟硬口蓋の諸粘膜や嗅覚神経が存在する鼻粘膜こそは、さまざまな食物の刺激を受容する接触面のうちの主要なものである。味と風味・美味および嗜好の正しい解釈について私の考えを一覧図とした。

【原文図－二二〇頁参照】

●味と風味の区別を知れ▲味付けの利害に留意せよ。

●風味は固定せず▲風味教育の要▲絶対の美味なし▲美味は流行である。

●嗜好の成立▲嗜好の変化を利用すること。

●食物の成分と身体の新陳代謝上の要求は、扁桃腺によって第一の連絡を取る。

刺激となる食物は、理化学的性状の違いによって刺激の現れ方もさまざまであり、それによってかもし出される風味は数限りない。

（一）化学的刺激

化学的刺激は最重要であり、固有の味の大元となるものであり、味覚神経の機能は正に化学的刺激によって発動する。食物中の呈味成分は皆その中に味の元となる原子または原子団を保有している。つまり呈味成分は無機物、有機物にかかわらず、すべて電離によって「イオン」を生じ、これが味蕾を刺激して味覚を生じさせるのである。そしてこの刺激を実感するために、呈味成分は神経組織内に浸透する必要がある。すなわち結晶性物質でなければならないのである。そして呈味成分の化学的構造に応じて、それぞれ特異の味性、厳格にいえば化学味を生じる。これを通常、鹹《かん》・甘・酸・苦の四種の絶対味に分けている。

鹹味は陰性イオンに因る。主として無機塩類に属する。他の三者は無機・有機両化合物ともにみられ、甘味および苦味は陽イオンにより、酸味は水素イオンにより生じる。

例えば、

塩化ナトリウム（食塩）は塩味。

鉛・アルミニウム・硼素《ほうそ》・等の可容性塩類は甘味。

カルシウム・マグネシウム・亜鉛等の可溶性塩類は苦味。

OH 基，$(CH_2O)n$，アミノ酸	甘味
NH，NH_2	甘味または苦
CNO_2・CH_2OH	苦味
有機酸の金属塩類	塩味

分子造構の変化により、味性に強弱を生じ、味性を転化し、有味を無味とし、無味を有味とする関係について、一例を示せば、

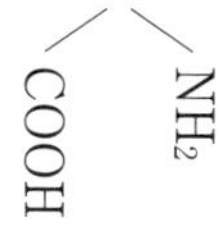
は甘酸味を生じるがNH_2をＣＯで換置すれば、

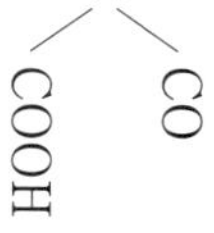
苦味と酸味に変わる。

グルコフォール説というものがある。「グルコフォーア」（発味団）をもつ化合物に「オーゾグループ」（誘味団）という基が加わることによって、甘味物を生じるという説である。詳論は略する。

四種の絶対味は味の単位であって、ここから多数の複合味、あるいは多数の混合味を生じる。また味の調整も可能になる。この他に加えて旨味と呼ばれる一種の味を特別に設けるが、これは単一の味ではなくさまざまな味が複合調和されたものである。たんぱく質はこの旨味があることから、特に愛好される。

たんぱく質の分解産物で旨味に大きく関係するアミノ酸は、旋光性が異なることで味が違ってくる。次の表に示す。

	右　旋	左　旋	不　旋
Histidine	旨　味	苦　味	—
Glutamicacid（salt）	同（快）	無	—
Asparagine	同　上	同　上	—
Alanine	同　上	弱旨味	—
Serine	清旨味	旨　味	—

Phenylalanine	旨味	微苦味	——
Leucine	甘味	同上	——
Valine	微苦味	強旨味	——
Leucine (salt)	強甘味	帯甘苦味	——
Triptophane	無味	微苦味	甘味
Glycocoll	旨味	旨味	旨味

風味がいかに複雑を極めるかを説明するため、例として肉たんぱく質に影響するさまざまな事項を左に掲げる。複雑で多岐にわたることが分かる。

（イ）、水分が少なく、肉たんぱく質の含量量が多いものは味がよい。つまり、水分七五—七七％以下、粗たんぱく質窒素一九％以上であれば、旨味が濃厚であり、水分八〇％以上窒素一七％以下になれば淡白となる。

（ロ）、脂肪は旨味を強める。脂肪一—三％が一様に分布しているものがよい。

（ハ）、リジンは肉に弾力性を与え、物理的に味を強くする。

（ニ）、ヒスチジン・イノシン・グルタミン酸は、旨味を呈するものの中で最も有力である。また単独では呈味力が少なく調理により損失されやすい。化合物の形では比較的安定しており呈味力は強い。

（ホ）、アルギニンは遊離の状態では激しい苦味がある。

（ヘ）、モノアミノ酸中八種に特有の味がある。モノアミノ酸が味の中心となっており、モノアミノ酸の味を主とすれば、ジアミノ酸の味は従である。

（ト）、シスチンは味をよくする。含有する硫黄が輝発性である場合は一層よい味となる。

（チ）、クレアチンおよびクレアチニンは単独では何の旨味もないが、刺激性があり食欲を増進する。

（リ）、肉製食品中にしばしば含有する$R\left\langle {NH_2 \atop CO} \right\rangle M$は遊離アミノ酸と塩基性金属塩より生じるもので、不味を呈する。

このように、複雑ではあるけれども物質の化学的構造を明らかにすることによって、味を知ることを可能にするとともに、その味の本態が化学的組成に由来することは、明白である。

（二）電気的刺激

電気味と呼ばれる。電気味は口腔および味蕾細胞周囲の液体における電離作用により起こるもので、要するに一種の化学味ともみることができる。

以下に述べる以外の刺激は、電気的刺激とともに味覚神経の不当刺激と呼ばれ、味覚神経よりもむしろ接触面の各種感覚を誘起することで風味に多大の影響を与える。器械的および温熱的刺激では味覚は起こらないものとされている。

（三）器械的刺激

食品の形態・粗滑・硬軟・弾性・粘度・密度など食物の器械的作用上の違いは、絶対味をさまざまに変化させる。簡単な例をあげると、角砂糖・粉砂糖・氷砂糖・ざらめが同一の砂糖でありながら異なる風味を感じることで分かる。また甘酒を布片で漉し、その液汁を使えば飴湯の風味が加えられ、布片内の不消化性残渣が浮遊することで甘酒の固有の風味を生じることがわかる。同一のものでも大片と小片と引きちぎったものと、切り離したものと、おろしたものと、すったものとがそれぞれ特異の風味として感じられるのは、機械的作用による。また福神漬を作るには、沢庵を刻んで水に浸し充分に洗った後、醤油を加える。本来の味は醤油にあるはずだが、福神漬の味があくまで福神漬の味であるのは、つまるところ器械刺激による風味の改変に他ならない。

（四）温熱的刺激

食物の温度が変われば風味も変わる。スープ・味噌汁・牛乳そのほか、実例は多い。食品には寒熱ともに良い味を呈するものがあるが、一定の好適温度を有するものや温度の変化に伴い著しく味が損われるものもある。

（五）変調[訳註二二]と対比

味覚神経の第一の刺激は、第二の刺激による味覚に影響を及ぼす場合がある。例えば一％の塩剥[訳註二三]（塩素酸カリウム）は滅多に味わうことがない味なので、これで口をすすいだ後に飲む水は甘く感じられる。また、一％の食塩水は一二％の砂糖水の甘さを増し、一五％の砂糖水は〇・〇一％の食塩または〇・〇〇一％の硫酸キニーネによって甘味を強く感じる。また甘味食を摂った後には酸味を著しく強く感じる。この現象を変調という。そしてその理由は、両味の対比であると考えられる。

（六）風味と味覚神経と無味の味

食物の風味が決まる際、これに関係する因子がますます煩雑になる理由は、どのような食物でも、味覚神経だけでなく、前に述べた触覚（感覚神経を介して部位・圧・温を感じる感覚）・嗅覚神経・視覚神経のすべてによって摂取されているからである。すなわちこれらの神経と味覚神経の作用の連合によって風味の総合的結果が与えられるのである。したがって、ある極端な場合には、真の味でないものを味のように思わせることがある。左に例をあげる。

（イ）、苦味と甘味に粘膜の灼熱感および粘滑感が加わって、アルカリ味と呼ばれる特異な味が生じ、甘味と酸味により粘膜が引きしまる緊縮感が加わって、金属味と呼ばれる特殊な味を呈する。

（ロ）、渋味・辛味も粘膜の感覚に基づくもので、絶対の味ではないとされる。

（ハ）、さらに興味深いのは、私のいわゆる「無味の味」である。化学的成分により味を呈することは、その呈味成分が水あるいは唾液に溶解することを前提としなければならない。また可溶性といっても浸透性がないものは味性がなく、卵白のようなコロイド様物質がその例である。そのため不溶解性不浸透性の物質で、なおかつ特殊な風味があるもの、例えば植物細胞素・パラフィン塊のようなものが、何の味もしないにもかかわらず、常に中性の無味という状態を保ち、咀嚼すれば盛んに唾液を分泌する。そしてこのような無味の食物の存在は、食物の風味を決定する上では極めて重要なことである。

（ニ）、麻酔薬の作用その他さまざまな疾病により、風味が損なわれたり変化させられたりすることはよく知られている。これは風味に関係する諸神経の障害によって起こる。また味覚神経の中には、一定の絶対味にしか関連しないものもある。

（七）風味と一般生理

（イ）、風味と食欲および消化。風味上の好き嫌いは食欲および消化に大きな影響を与える。好きな風味は食欲を増進し、消化液の分泌を旺盛にする。これに反して嫌いな風味は食欲を減退させ、消化液の分泌を抑制する。そのため風味は栄養と、非常に深く関係している。しかしここで忘れてはならないことは、嗜好および食欲が、飢餓感と完全に合致するものであると誤認してはならないということである。これらの三者は各個独立して散在し、互いに連携して同一方向に動くことがあれば、互いに独立し相離反して現われることもある。なぜなら、嗜好および食欲は、過去で経験した感覚や意識の記憶を由来としていることが多いからである。嗜好および食欲は、それまで食べたり飲んだりしなかったものに対しては無関心であり、嗜好や食欲を身体の要求と思い込むことは極めて危険である場合が多い。長い間食用を中断したものは忘れられ、後に思い出して食べてみると、極めてまずいと感じて、どうしても以前の記憶の風味を再現することができない場合があるのは、このためである。日本人が西瓜の紅色を忘れず、黄色の西瓜を喜ばないのもこの理由からである。

嗜好・食欲・飢餓感が独立していることは、一定の疾病および断食を行う場合等に、はっきりと実感できる。例えば、十二指腸寄生虫などの原因により、貧血症状がある患者に、異嗜症（異食症・異味症）という、普通人が口にしない消し炭（燃やし残りの炭）・生米・壁土等を食べ、制止することができない例や、胃液の分泌過多症で食欲だけが過剰に旺盛なために、胃症治癒の大きな障害となるという例は、常にみられる。

偏食の禍害・高価格の食事を重んじること・患者の食餌法の過誤等は多くの場合、これらを無視して放置しておくことが原因であることが多い。なおこの項については次の二項を参照すべきである。

（ロ）、飢餓感。食物中の一定の成分が欠乏した場合、もしくは身体内の一定成分が過剰になった場合、これらを原因とした新陳代謝上の要求により、他の健康上の常調（内部恒常性）を失ったことで、飢餓感・食欲および食物の風味の三者を結びつける一定の関係が出現する場合があるのは言うまでもない。例えば、菜食を主とする者が多量の食塩を必要とする理由は、前章に解説したところである。小児が甘いものを好んで食べるのは、活発に行動しているためであり、また妊婦が酸性食物を好むのは無機質の摂取が必要であるからである。一定の患者があらゆる食品に苦味を感じて食欲が振わないのは、食物の多食により熱発を助長もしくは消化器を悪化する恐れがあるからであり、発熱している患者が渇きを訴え水をよく飲むのも、体内に産生する毒物を希釈・緩和し、発汗により熱を下げるために水分の補充を必要とするためである。境遇によって欲求する風味が異なり、例えば下宿人や労働者には濃厚な豚肉のフライなどカロリーの豊富なものが喜ばれ、食通や気楽にゆったりと暮らしている者には淡白な野菜の料理が好まれるのも、その理由は新陳代謝上にあるといえる。また、断食時には風味を分析鑑別する能力が異常に鋭敏となり、単なる水までもが複雑を極めた美味と感じるのも、このためである。

（ハ）、習慣。風味と習慣には密接な関係がある。ある種の風味で、嗜好に適さないだけでなく嫌忌するような食物も、食べ慣れればこれを賞味し、要求するようになる。例えばニンジン・葱の白い部分・豆腐・納豆等でこの例を経験する人が多い。移民がその土地の産物の風味を愛好することになれば、移住は成功するだろうとみてよいのである。したがって、日本人にとってのセロリ・チーズ・ニンニクや、欧米人にとっての刺身・すき焼き・沢庵などの例は興味深いことである。一般に幼児期は、風味に対し嗜好の受容範囲に制限があり、成長と訓練によって順次に嗜好の受容が拡大進展される。旅行・寄宿生活等が食物の風味に対する態度を変化させることも、食物の流行が一つの流行を成立させる理由も、要するにその慣れにあるのである

（二）、味覚神経の興奮と疲労および麻痺。味覚神経興奮の大小長短によって食品の風味が異なるのは当然のことである。したがって口内に摂取する食物の分量、刺激作用の持続等、これに関する事項は非常に多岐にわたるが、大体において生体では同一刺激から常に同一の感覚を受けるわけではない。例えば痒いところを掻くことは初め快感であるが、度が過ぎるとたちまち嫌な痛みとなる。またすべての細胞の機能は、刺激が連続すると、その興奮により速やかに疲労を来して、最終的に麻痺することになる。どのような作用も興奮の後には一定時間休むことが必要となるのはこのためである。食物摂取の方法を正しくし咀嚼を充分にすれば、食物片はそれぞれの成分の理化学性状により、また、組織構成の器械的関係により、味覚神経への刺激が刻々と変化する。唾液に対する成分の溶解度・成分の濃度による浸透圧・外表と深部の成分の差異等は、食片が口腔内に入ったときと嚥下されようとするときとでは、性状に著しい違いがある。それに伴って風味も変化する。そしてこのような摂り方は、食物と唾液とを十分に接触させるので、消化作用を促進するだけでなく、味覚神経の刺激を緩和転換して、長く風味を損なわないことにもつながる。そしてこれは、前に私が述べた「無味の味」が食物風味の鑑賞において重要な意義をもつ根拠でもある。濃厚食を一口食べた後に淡白食を食べるか適当な飲料を摂ることは、風味を保持するためにまさに理に適った方法である。日本食において、副食物と副食物の間に摂取する主食に関して、精白米飯が玄米飯より歓迎される理由もここにある。また専門家が飲食品の

風味を鑑別比較するときに、飲食品を口にする前後に必ず口をすすぐこと、同じような検査をする時に休憩なしでは充分繊細な味覚を保持することができないことも、このためである。そのほか、果実を食べた後より塩煎餅を食べた後にビール・茶・コーヒーを美味しく飲める、甘味を食前に摂取すると食欲がわかない、あるいは豪粱[訳註二三]（豪華、豪勢な食事）後のお茶漬け一杯に舌皷を打つようなこと。そのような類例は大変多い。

（ホ）、気候。気候との関係は、季節によって食物生産の種類および品質に大きな差があること、人体が必要とするものが寒暑により変化することの二面によるもので、多くの場合は食物の「シュン（旬）」を選んで食用とすることによってこれに対応する。また寒い気候の時期には体温が失われるため、最も多くの温量（熱量）を含む脂肪を摂り、濃厚な風味が好まれる。暑い季節には体温が失われることが少ないことから、容積に比して栄養分が少ない菜食に傾き、淡白な風味を嗜むのである。また肉食が冬時に用いられることが多いのは、この季節には肉が脂肪に富み、栄養価が高く美味となるのに加え、体内におけるたんぱく質の薬理学的作用が、抱水炭素および脂肪の燃焼を促進する特異性（特異動的作用、食事誘発性熱産生）をもっていることによる。

（へ）、感覚の退化と食物の外観。五官の官能において、人類で著しく退化したとみるべきものがある。それは例えば嗅覚である。次に退化するのはおそらく味覚である。既に味覚は個々人で敏感・鈍感の差があまりにも著しいのが現実である。そして結局は、主に視覚によって食物の好き嫌いを識別することができる時が来るのも遠くではないとの考え方も、あながちまちがいではないだろう。この意味で食物の外観を重視し、不用意に空虚な美術品あるいは好奇の芸術品に堕しめることのないように、特別の注意と用意が必要である。一方、経済栄養や群集（集団）栄養を行う場合に、世間の人から侮られないように安価な材料を隠すことも、実際には必要である。

（ト）、食物の温度。嗜好上から、風味上から、食物は温度を適切にすることが大切である。生理上からもやはり重視すべきであって、食物の温度を誤って高くしてしまえば痛覚を起こし、胃粘膜を障害し、また胃潰瘍を発生させる。料理人に胃潰瘍が多いのはこれが理由である。また心臓作用につながる興奮を起こすので、心臓の弱い人は特別の注意を必要とする。これに反し冷たすぎる場合は不快な寒冷感覚を起こし、体温が降下する。貧血者には大きな害がある。冷たい食物を摂ると、その温度を体温まで温めるため熱を必要とし、食品熱量の無駄を招く。著しい場合は一日の所要総カロリーの五％にも達することがある。

(八) 風味余論

(イ)、風味の鑑定。材料を選択するに当たり、風味を第一に優先することがあるが、この際、まず（一）、口内の清潔が大切である。朝起きて歯を磨き口をすすぐこと、日本人は朝食前に梅干を食し、外国人は朝食に限って果実を前菜として摂り、口内の清拭を行うことなどは、風味の鑑賞に大いに役立つ。(二)、材料の濃度を希釈して評価しなければならない。(三)、体温と同じ温度にするのが最もよい。(四)、大量を口にしてはいけない。(五)、口内に含み風味を感じたらすばやく吐き出して速やかに口をすすぐこと。(六)、なるべく比較する標準の材料を用意しておくことが肝要である。

(ロ)、食物調製用具。例えば釜・鍋その他食用の器具及び燃料と、食物風味との関係は密接である。火力の高低・熱伝導の遅速・蒸気圧の大小によって、食物中の各成分に及ぼす影響が違ってくる。また、器具の成分が溶出してその微量が風味に影響を与える。また品質不良の食器からは、鉛・銅・ヒ素・その他の有毒性物質が溶出することがある。

(ハ)、食卓上の作法。これは食物の風味に関連し、ほかのこととは違う意味で重要な問題でもある。料理は現状、順次国際化の傾向が顕著であるが、それでも食卓での作法には国それぞれの特徴がある。例えば同じ西洋料理といっても、米国はできるだけ天然の風味を味わうことを三眼とする。これは新鮮な材料を豊富に入手しやすいという地の利があるからである。だから調理にそれほど手をかけず、味つけには食塩を使うことが多い。食欲不振もしくは何らか特別の理由がなければ、ソースやその他の刺激性調味料（スパイス）を用いることがない。英国は食堂で食事を摂る際に、バター・ソース・食塩・胡椒等を用いて食卓上で仕上げの味つけをし、各人が好む風味を作り賞味する傾向がある。要するに、一つの食卓に列する各人が、同一の料理で別々の風味を味わっているのである。フランスでは、食卓に運ばれた各皿をそのままに口にすることができるように、加工および調味の極致を施しているので、卓上でただナイフとフォークを動かして食べればよいのである。

（ニ）、風味の研究と風味の教育。風味に関することは食物消費の上で重要事項の一つであること、特に非常に複雑な多数の因子によって構成されるという事実は前述したが、細かに観察すると、結局風味の問題を先天的な感受性であるとしたり、生れつきの本能と見なして、科学的な追究や証明をせずそれを拒否する者は、その拒否する理由は何も持ち合わせていないのである。極めて不合理・迷信・虚栄に過ぎない場合も少なくないことをみても、なおさらそう言えるのである。したがって風味については詳しく細部まで分析して、漏れなく学術上から各因子の価値とその利害を考察すべきである。食物の風味に関しては、五種の味あるいは八種の味について説明しただけで、ただ口舌が満足して喜ぶことを主旨とすべきではない。

特に大切なことは、風味の問題には教育が効果を及ぼすということである。（一）一般に食べ慣れないものを短期間で最上の味とすることはできないこと、（二）幼少より慣れ親しんだものに愛着を生じること、（三）長期間食用を中断したものは忘れられ、山国の生れの人は海魚を好まず、海浜の人は川魚の味を理解しない原因は、どちらも常日頃の食事にあること、（四）あらかじめ材料と調理法を知ることで風味の判定に影響を及ぼすこと、（五）安価であるというだけでまずいと考えたり、珍味と美味とを混同すること、（六）精神作用が風味に大きく関係する。屠殺の現場を見た直後は肉を口にすることができなかったり、偶然下痢腹痛を起こした時の食品を後日再び摂ることができないこと、（七）その他嗜好上の違いも非常に多様であることが普通であることなどは、風味に対する人の愛好が絶対的なものではなく、習慣と境遇によって身に付いた嗜好が教育と訓練によって改善し得ることを示す。世間の人の食物の風味に対する態度を正しく改め、食物の風味に盲目的な支配を受けてしまい物事に疎い状況から脱却させなければならない。

風味の二　調理と風味

調理の実際上、風味を取り扱うに当たっては二つの着眼点がある。

(一)、は自然味を尊び各食品本来の風味を鑑賞するもの。

(二)、は人工味を重んじ、加工によって風味を最大自由に変化改造するもの。

二者ともそれぞれ利害得失があるけれども、大まかにとらえると（一）には上品で美しいな風味が多く、(二)には通俗的で下品な風味が多い。例えば、キャベツ・ニンジンを実にして味噌汁をつくる場合、特に煮出汁を用いなければキャベツ・ニンジンの本来の甘味と風味で、上品ですっきりした愛すべきものが得られ、これに反してかぼちゃ・さつまいもを煮、カマボコを作る時に大量の砂糖を加えると、しつこく重く飽きやすい風味となる。

自然味は同一の食品でも、諸般の事情により変化するものである。例えば漁り立てのマグロの刺身には、漁ってから一定時間を経たもののような風味がない。これは、まだ筋肉内に自家融解の作用が行われていないからである。例えば、牛肉が新鮮すぎて、死後強直の残っている間は、肉が堅く味が悪いが、乳酸が生じてからは軟らかくかつ美味となる。例えば、北国の米は南国の米よりも、内地米は熱帯米よりも甘味が強い。これは、稲が成熟を急ぎ空気が湿気を多く含む場合、米粒中の胚乳部がでんぷん化する機転が、多少未完成であるからである。例えば、畑にそのまま放置される大根は軟らかく煮ることができるが、いったん引き抜いて地中に埋めた大根は煮ても軟らかくなりにくい、これは大根の成熟機転が促進され、繊維組織の硬化が開始されるからである。その他、動物性食品では、肉・乳・卵・魚・貝はどれも、生育期間・生育環境・運動および食料により風味に特性が出る。また植物性食品にでも、早生と晩生・土質と肥料・天候の状況によって風味の差がみられるのは、人が皆良く知っていることである。このような知識をもとに自然の風味を生かし用いれば、自然から与えられた素晴らしく調和された技が千変万化して、人が一通りの満足を得るばかりか、新しい嗜好まで養成することができるのである。

人工味はこれに反し、とにかくどれも代わり映えがしない弊害に陥りやすく、食べなくてもその風味を察知することができるようになる。それは、人工味は極端に制限された種類の独り舞台となるからである。砂糖・味淋・風味の素・胡椒・カラシなど、愛用されるものは指を折って数えられる程度しかない。人工味はさまざまな風味があるため、二味となり三味となり、ばらばらの乱れた味となりやすい。そして刺激性強烈な薬味が有害であることは言うまでもない。

自然味の奥が深く優雅なのは、同時に栄養に必要な多くのさまざまな成分の損亡を防ぐ調理法と合致し、人工味が強引で軽薄なことと、栄養に必要な各種成分の喪失を招く調理法に墮ちることは、言うまでもなく当然の帰結となる。まして愛用される精製調味料が、大体において成分が非常に単純な点で、醤油および食酢などに千百歩と大きく劣ることから見てもなおさらである。いや、これを自然味の豊富な貴重成分の調合熟成されたものと比べることができるだろうか。

しかし、自然味と人工味とをはっきりと区別できるようになったのは比較的近代になってからのことである。過去に溯って考えれば、すべての食は自然味の鑑賞に始まったということである。次に各食品の自然味を助長・遮蔽（マスキング）もしくは矯正するために付け味を行い、調和された美味を完成新生することに努めた。この際自然味があくまでも主であって、付け味は従であった。そしてこの付け味の本来の役割以外の部分が、本末を顚倒するという弊害となり、今日の人工味が成立したのである。したがって、自然味を無視した人工味は調味上の逆行であると言える。しかし、全ての付け味を否定することは間違っている。

人はこの方向を決定する分岐点に立ち、分別を誤らないようにしなければならない。付け味は本来の目的に添う限りは、大いに利用してよいのである。すなわち食品が含む呈味成分の量が不充分で、味性が著しく鈍く、良好な風味を全く生じない場合は、付け味として別に旨味をもつ調味料を用いる結果となることもある。鰹節・煮干・豆・昆布・椎茸などである。そしてこれ等の調味料が優秀なのは、旨味を与えるだけでなく各種の栄養素も含有し、風味と栄養上の欠点も改善する効用があることである。このことは、前章で既に述べた。

献立としていかに完全であっても、これを実際に取り扱うに当たり、考えもなく害となる風味を出すことにとらわれていて、その上で、調理法を用い結局うまくいかなければ、献立の効果は何の意味もなさない。

このように風味が完全に充実していない調理法は、栄養上でも不完全な調理法である。食物の本来の味わいを理解せず、やたら低俗な風味に溺れて調理を行うことは、栄養・経済・美味の三者のすべてを損なうと言える。

最上の献立

上に述べ來《き》たつた各項を綜合《そうがふ》抱括して、其《そ》の宜《よろ》しきを得るところに、献立を構成する時は、榮養問題解決の最後の歸《き》結《けつ》、即《すなは》ち食物消費法の最上が出現するのである。從《したがつ》て普通俗間《ぞくかん》に行はるる（一）、非科學的獻立の不完全なるは元より之《こ》れを論ずる迄もなく、多少榮養上の注意を加味したる獻立に在りても、單に（二）、カロリーの計算のみを以《もつ》て主眼としたるもの（三）、料理を顧慮《こりよ》せず徒《いたづ》らに材料の分析表を組み合はしたるものなど、何《いづ》れを見ても。其《そ》の實用《じつよう》に適せざるもの比々《ひひ》皆然《しかあ》らざるはなき有様であつた。而《しか》して之人體《このじんたい》の生理或《あるひ》は食品の化學を解するの士は調理の實際《じつさい》に通ぜず、調理に堪能《たんのう》なるものは生理及《およ》び化學の素養を缺《か》けるが爲《た》め、榮養上の學術と技術の兩個が互に相隔絶離反《かくぜつりはん》して存在して居ることの致すところである。

此《こ》の點《てん》に着目して、私は、獻立を作るに當《あた》り其《そ》の食品の材料と其《そ》の量目《りやうもく》を指示して他の一切を料理人に委《まか》するの舊慣《きうくわん》を去り、之《これ》が料理としての仕上り及び其《そ》の調理法をも併せて指導し、以《もつ》て研究室裡《り》の知識を遺憾《ゐかん》なく家庭の實《じつ》生活に適合せしむる様に力《つと》めた。又私が先年來主唱《しゆしやう》しつつある新獻立法は、一日の副食量を四等分し、其《そ》の一つを朝食に、其《そ》の一つを晝食《ちうしよく》に、其《そ》の二を夕食として各別の獻立を作るの法である。即《すなは》ち獻立に一食を單位とするの法である。此《ここ》に於て乎《や》、榮養上から見た獻立の發達《はつたつ》を次の如く三大期に分つことが出來る。

（一）、榮養學の知識に頓着《とんちやく》せず、本能によりて飲食を實行《じつかう》し、四時の季節に依《よ》る食品の變換《へんくわん》によりてのみ、辛《かろ》ふじて其《そ》の榮養完成の機會《きくわい》を作るのが一般人の爲《な》すところであつた。

（二）、生理學上の見地から保健食が主張せらるるに至り、其《そ》の一日量を標準として獻立を考慮することとなつた、即《すなは》ち榮養上の缺陷《けつかん》は一日を期間として是正せしめやうといふのであつて。之《こ》れが近代の學術的榮養法であつたのである。

(三)、私の提唱するところは、毎回《まいくわい》の食事に於て、榮食上の完全を期するを眼目とするものである。

食品中に含有せらるる成分相互の關係、體内《たいない》生理學的機能の統一、及び食品の藥物的作用に思《おもひ》を致す時、私の此《こ》の態度は遂に必ず是認せられなければならぬ。私は一回《いつくわい》の食事は愚《おろ》か一皿中に盛り上げた食物もが、完全なる榮養食となる迄に發達《はつたつ》させたいと考へて居る。何《なん》となれば斯《か》くの如き方法によりてこそ、正しい食品の組み合せ方が最も簡易に人心に入り且實際《かつじつさい》化せらるるに至るからである。私は料理人に平易な辭《ことば》で此《こ》の趣旨を傳《つた》へて居る。曰《いは》く「鑿《のみ》と槌《つち》は同時に之《これ》を手にす可《べ》きものである。」と。

左に此《こ》の新式獻立の實《じつ》例を掲げる。

獻立は日本人の平均體重《たいぢゆう》十三貫五百目中等度の勞働に從事する男子を標準として作製され、凡《すべ》て三人前を計上記入す。外に一人當《あた》りの米三合五勺《しやく》（米は三分して一日三回等量を食す）を食用とするものとしての副食物である。

獻立表（三人前）

大正　年　月　日		品名	數量	蛋白質	溫量	價格
朝食	アサリの味噌汁 ジヤガイモのこし煮	ジヤガイモ	百三十匁	七・四瓦	四二一カロリー	略 舊時代の日本の獻立表の量目は五人前を記入するを法とせるも後三人前を取り、今は一人當りの量を示す。
		味噌	三十匁	一三・八	一七八	
		アサリ	三十匁	一四・八	六九	
		計		三六・一	六九九	
晝食	チクワ、ニンジン、燒豆腐、ゴボウの煮しめ	チクワ	三十匁	七・四	九六	
		燒豆腐	五十匁	二四・七	二一一	
		ニンジン	三十匁	一・四	四三	
		ゴボー	八十匁	四・二	三三〇	
		計		三七・七	六八〇	
夕食	キヤベツの吉野園子すまし 八ツ頭と吉野打 鹽サケと味噌キヤベツの膾	鹽サケ	四十匁	三九・三	二〇四	
		八ツ頭	五十匁	五・二	二二五	
		味噌	三十匁	一二・八	一七八	
		キヤベツ	百匁	一〇・九	一七六	
		片栗	二十五匁	ー	二七七	
		セウガ	二十五匁	ー	二九三	
		計		六九・二	一三五三	

大正　年　月　日	品名	數量	蛋白質	温量	價格
朝食	味噌	三十匁	一三.八瓦	一七八カロリー	
大根の味噌汁	大根	百匁	二.六	六七	
銀杏大根と大豆の煎煮	大豆	十五匁	一九.三	二三七	
	ゴマ油	六匁		二〇一	
	計		三五.五	六八三	
晝食	ジャガイモ	六十匁	二.一	一九四	
アサリと野菜のカレー煮	アサリ	五十匁	二四.八	一一六	
	レンコン	五十匁	三.三	九九	
	ニンジン	五十匁	二.四	七三	
	カタクリ粉	五匁		六五	
	ゴボウ	三十五匁	一.九	一四三	
	計		三四.五	六八〇	
夕食	干ウドン	四十匁	一七.八	四七四	
ブタと燒豆腐の煮つけ	ネギ	二十匁	一.二	二〇	
干ウドンの玉子とじ	ブタ	四十五匁	二四.四	六八五	
	玉子	三十匁	一四.八	一一八	
	燒豆腐	二十匁	九.八	八八	
	計		六八.〇	一、三八五	

五人前の献立は客膳用であるからであり、三人前とせるは調理上の利便からであり、一人前とするは榮養標準量を第一義とせるものである。

大正年月日	品名	數量	蛋白質	温量	價格
朝食 サヽガキゴボウ 味噌汁 車麩のふくめ	車麩	二十匁	一九・四瓦	二七〇カロリー	
	味噌	三十匁	一三・八	一七八	
	ゴボウ	五十匁	二・六	二〇七	
	計		三五・八	六五五	
晝食 干タラの田樂 ゼンマイの油煮	干タラ	三十匁	二〇・九	八八	
	味噌	三十匁	一三・八	一七八	
	ゼンマイ	十五匁	|	|	
	ゴマ油	十二匁	|	四〇五	
	計		三四・七	六七一	
夕食 馬肉と野菜の衞生煮	馬肉	六十匁	五四・五	二四九	
	玉ネギ	五十匁	三・〇	七五	
	ニンジン	五十匁	二・四	七三	
	ジャガイモ	五十匁	二・八	一六一	
	メリケン粉	二十匁	八・〇	二六〇	
	ラード	十五匁	|	五一七	
	計		七〇・七	一・三三五	

大正年月日	品名	數量	蛋白質	溫量	價格
朝食 大根菜の煎味噌汁 シラス干のおろし和へ	味噌	三十匁	一三・八瓦	一七九カロリー	
	大根菜	三十匁	二・八	二三	
	シラス干	十匁	一八・六	七九	
	大根	三十匁	○・七	二○	
	ゴマ油	十一匁	—	三七一	
	計		三五・九	六七二	
晝食 燒豆腐とゴボウの味噌煮	燒豆腐	四十匁	二○・一	一一九	
	味噌	三十匁	一三・八	一七八	
	ゴボウ	五十匁	二・六	二○六	
	シヨウガ	十四匁	—	一六四	
	計		三六・五	六六七	
夕食 牛肉の小間切と野菜の濃汁	牛の小間切	五十匁	三八・一	二五五	
	ジヤガイモ	六十匁	三・三	一九四	
	味噌	三十匁	一三・八	一七八	
	ニンジン	三十匁	一・五	四四	
	豆腐	四十匁	九・九	八七	
	インゲン豆	四十匁	三・○	四六八	
	ゴマ油	四匁	—	一三四	
	計		六九・六	一、三六○	

大正　年　月　日

	献立	品名	數量	蛋白質（瓦）	温量（カロリー）	價格
朝食	刻みジヤガイモ味噌汁	ジヤガイモ	五十匁	二・六	一六一	
	シラス干とおろし大根	味噌	三十匁	一三・八	一七八	
		シラス干	十匁	一八・六	七九	
		大根	三十匁	〇・八	二〇	
		ゴマ油	七匁	—	二三九	
		計		三五・八	六七七	
晝食	鹽サケと野菜のごた煮	鹽ザケ	三十五匁	二五・三	一七八	
		大根	六十匁	一・五	四〇	
		八ツ頭	五十匁	五・二	二二五	
		ゴボー	五十五匁	二・八	二一六	
		計		三四・八	六七九	
夕食	サバの味噌煮	サバ	六十匁	四七・四	二九七	
	キヤベツとジヤガイモの油いり	キヤベツ	五十匁	五・四	八八	
		味噌	三十匁	一三・八	一七九	
		ジヤガイモ	六十匁	三・三	一九四	
		ラード	十七匁	—	五八五	
		計		六九・九	一、三四三	

大正年月日	品名	數量	蛋白質	温量	價格
朝食 ネギの味噌汁 卯之花の酢煎	味噌	五十匁	二三・一瓦	二九六カロリー	
	ネギ	四十匁	二・四	三九	
	豆腐から	五十匁	|	|	
	煮干	四匁	一〇・四	七三	
	ショウガ	八匁	|	八四	
	ゴマ油	五匁	|	一六九	
	計		三五・九	六六一	
晝食 馬肉のみどり煮	馬肉	三十五匁	三二・〇	一五三	
	サツマイモ	百匁	四・〇	四二〇	
	ラード	三匁	|	一〇三	
	計		三六・〇	六七六	
夕食 鹽サケの北海揚 刻甘藍と鹽サケの松前押	鹽サケ	四十匁	三九・一	二〇四	
	ラード	十五匁	|	五一八	
	ジャガイモ	百匁	一四・二	二八〇	
	玉子	十匁	四・九	四六〇	
	キャベツ	六十匁	六・五	一〇五	
	パン粉	五匁	一・三	四七	
	メリケン粉	十匁	四・三	一三七	
	計		七〇・三	一、三四一	

大正年月日		品名	數量	蛋白質（瓦）	溫量（カロリー）	價格
朝食	ジャガイモの味噌汁 油アゲとミョウガのから煮	ジャガイモ	五十匁	二・八	一六一	
		味噌	三十匁	一三・八	一七九	
		油アゲ	二十五匁	二〇・五	二四九	
		ショウガ	七匁	―	八二	
		計		三七・一	六七一	
晝食	ブタの小間切 玉ネギの丸山煮	ブタの細切	五十五匁	二六・〇	五三七	
		玉ネギ	四十匁	二・四	六〇	
		玉子	十五匁	七・三	九一	
		計		三五・七	六八八	
夕食	鹽サケと大根のおすまし 鹽サケの尾州煮	鹽サケ	七十匁	六八・五	三五七	
		大根	百匁	二・六	七六	
		人参	五十匁	二・四	七三	
		ゴマ油	十五匁	―	六〇七	
		片栗粉	二十匁	―	二四六	
		計		七三・五	一、三五九	

大正年月日	献立	品名	數量	蛋白質	温量	價格
朝食	漉しジャガイモ 納豆ときカラシ	ジャガイモ	百二十匁	六・七瓦	三八六カロリー	
		玉子	十三匁	六・四	八四	
		納豆	三十匁	二一・七	二〇二	
		計		三四・八	六七二	
晝食	燒豆腐とサツマイモの田樂	燒豆腐	四十匁	一九・六	一七六	
		サツマイモ	六十五匁	二・六	二七三	
		白ゴマ	五匁	三・八	一一五	
		味噌	二十匁	九・二	一一六	
		計		三五・二	六八〇	
夕食	鹽サケの赤茄子あんかけ 大根のニューチャン煮 吉野トマトすまし	鹽サケ	六十五匁	六・三	三三一	
		大根	百匁	二・六	六八	
		カタクリ粉	三十匁	—	四〇五	
		ラード	十五匁	〇・三	五一九	
		トマト	百匁	三・八	八三	
		計		六九・七	一、四〇六	

大正　年　月　日	品名	數量	蛋白質（瓦）	溫量（カロリー）	價格
朝食　ニンジンの味噌汁　炒り豆腐	豆腐	四十匁	九・九	八九	
	味噌	三十匁	一三・八	一七八	
	ニンジン	四十匁	一・八	五八	
	玉子	十五匁	七・三	九四	
	ラード	七匁	○・一	二四二	
	計		三三・○	六五九	
晝食　サバの叩き揚げ　おろし大根	サバ	四十匁	三一・六	一九八	
	大根	三十匁	○・七	二○	
	メリケン粉	十匁	四・三	一三七	
	ゴマ油	十匁	｜	三三六	
	計		三六・六	六九一	
夕食　鑵詰の牛肉と　野菜の多福汁	鑵詰ビーフ	四十匁	四二・七	二二一	
	ゴボー	八十匁	四・一	三二九	
	大根	五十匁	一・三	三三	
	ニンジン	三十匁	一・五	五八	
	ネギ	二十匁	一・二	一九	
	味噌	三十五匁	一六・一	二○三	
	シヨウガ	十九匁	｜	二二一	
	ジヤガイモ	八十匁	四・五	二五八	
	計		七一・四	一、三四二	

大正　年　月　日

		品名	數量	蛋白質	温量	價格
朝食	大根の味噌汁	大根	五十匁	一・三瓦	三三カロリー	
	ハゼシヨウガの佃煮	味噌	四十匁	一八・四	二三六	
		ハゼ	二十五匁	一七・二	七五	
		シヨウガ	二十八匁	―	三二六	
		計		三六・九	六七〇	
晝食	馬肉とキャベツの茹でもの	馬肉	四十匁	三二・一	一四五	
		キャベツ	三十五匁	三・八	六二	
		ラード	十三匁	〇・一	四四九	
		計		三六・〇	六五六	
夕食	ハマグリのにごり汁	ハマグリ	二十匁	九・九	四六	
	鹽タラとジヤガイモの澤煮込	メリケン粉	十五匁	六・五	二二五	
		牛乳	五十匁	六・五	一三一	
		バター	十五匁	〇・四	四四一	
		鹽タラ	六十匁	四一・八	一七五	
		ジヤガイモ	百匁	五・六	三二二	
		計		七〇・七	一、三四〇	

今一つ此《この》新獻立法の新らしい有利な點《てん》は、其《そ》の朝・晝《ひる》副を交換し若《も》しくは組み合せることによりて、例《たと》へば三日間の獻立を利用して多數日間の獻立に變化《へんくわ》せしむることを得る點《てん》である。而《しか》して此《この》特徴は實地《じつち》の經營及《および》經濟の上に最重要の意味を有する。即《すなは》ち（茲《ここ》に副とは副食物の意）。

	(朝)	(晝《ひる》)	(夕)
第一日	●	○	●●
第二日	▲	△	▼▲
第三日	■	□	■■

の三日間の獻立を基本とし、試みに朝副は朝副とのみ、晝《ひる》副は晝《ひる》副とのみ、夕副は夕副とのみ置換すとする。此《この》時の組合わせを統計學的に考へ、左式により廿七《にじうしち》種を得る。

●	○	●●
■	△	▼▲
▲	○	■■
▲	△	▼▲
▲	□	●●
▲	□	▼▲
■	□	■■
●	○	▼▲
■	△	■■
●	○	■■
■	○	■■
●	□	■■
▲	△	■■
▲	□	■■
▲	○	●●
■	□	▼▲
■	△	●●
▲	○	▼▲
●	□	●●
●	□	▼▲
●	△	●●
▲	△	●●
■	○	●●
●	△	▼▲
■	□	●●
■	○	▼▲
●	△	■■

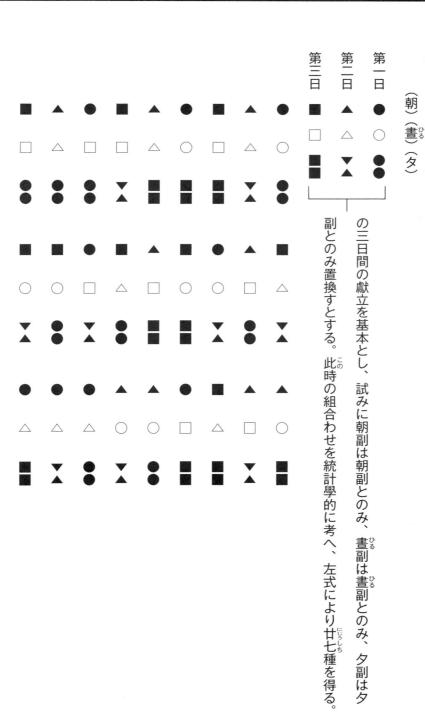

$$_3C = \frac{3\times2\times1}{1\times(3-1)} = 3$$

$$_3C_1 \times {}_3C_1 \times {}_3C_1 = 27$$

圖《づ》解にすると上圖《づ》の如くである。

次に朝副と晝《ひる》副に交換するとすれば、それによりて

$$_6P_2 \times 3 = 6.5 \times (\text{順列}) = 90$$

九十種を生ずる。但《ただし》其《そ》の内で、同一日の單なる朝副と晝《ひる》副交換を別個の獻立と見るは穩當《おんたう》を缺《か》くの嫌《きらひ》あるが爲《た》めそれを減算すると丁度半分になる。

$$_3C_2 \times 3 = \frac{6.5.4.3.2.1.}{2.1\times(6-2).3.2.1} = 45$$

卽《すなは》ち次の圖《づ》に示す數丈《だ》け四十五種を得るのである。

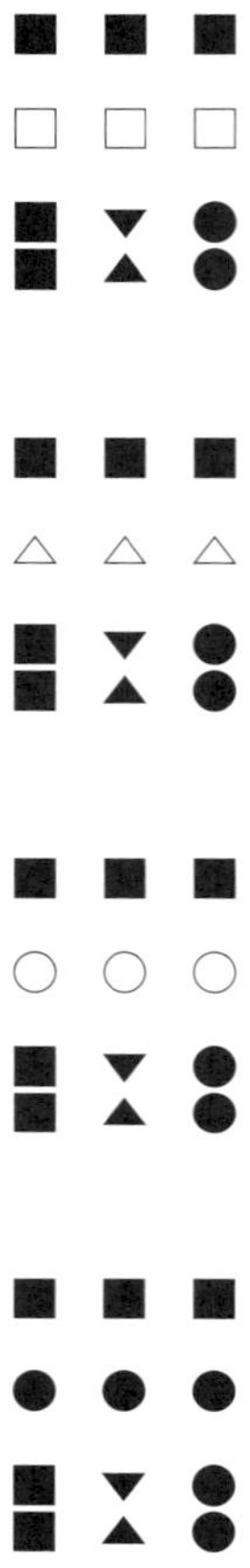

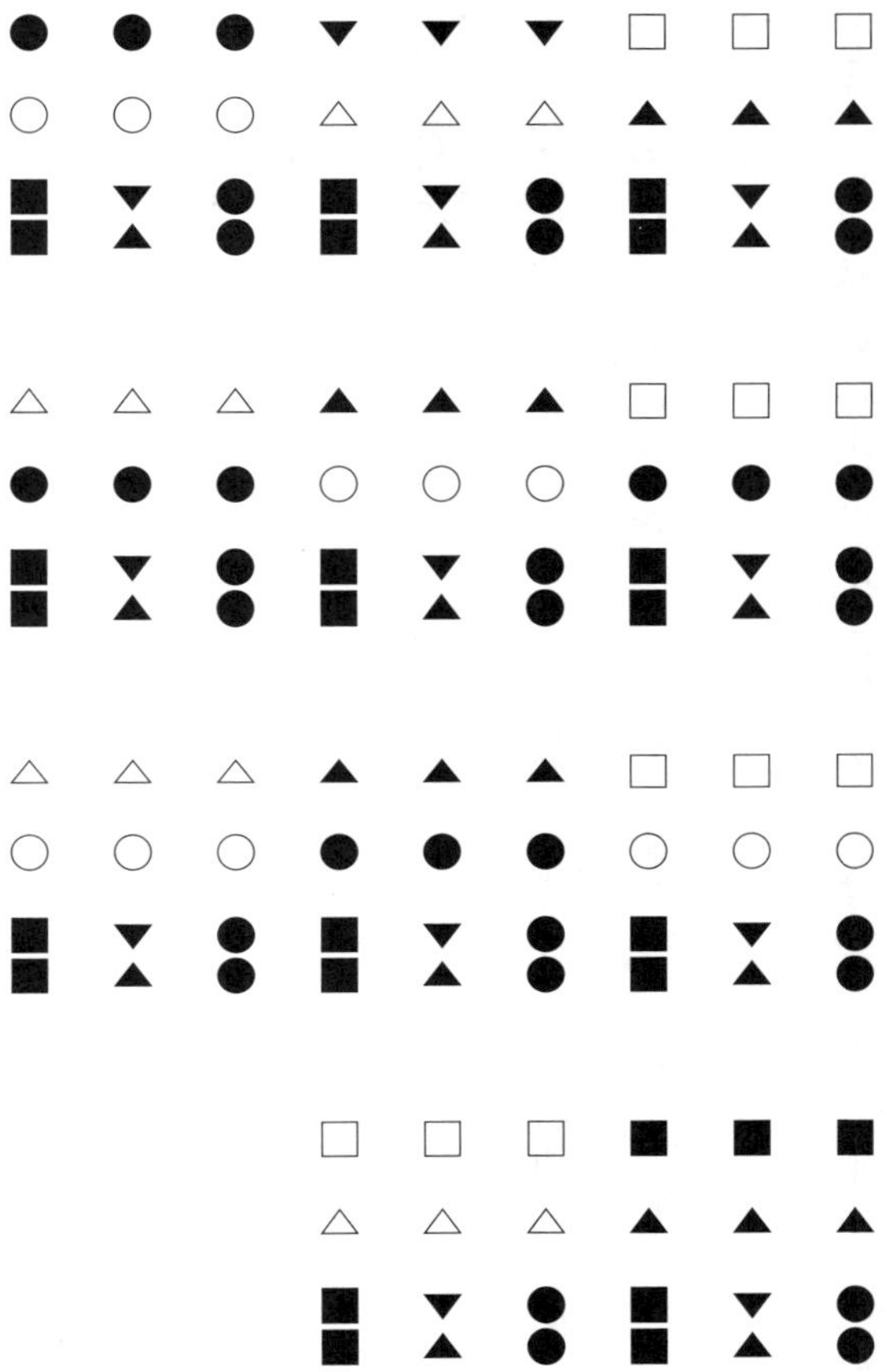

朝副と晝《ひる》副を組み合せ之《これ》を夕副として用ふれば、其《そ》の種別十五種を生ず。

$_3C_2=6$.(6 − 1)=15. 卽《すなは》ち左の圖《づ》解の如し。

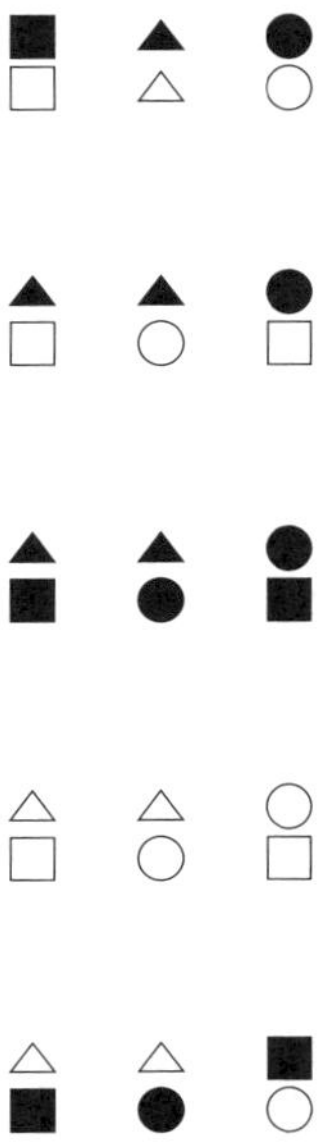

基本

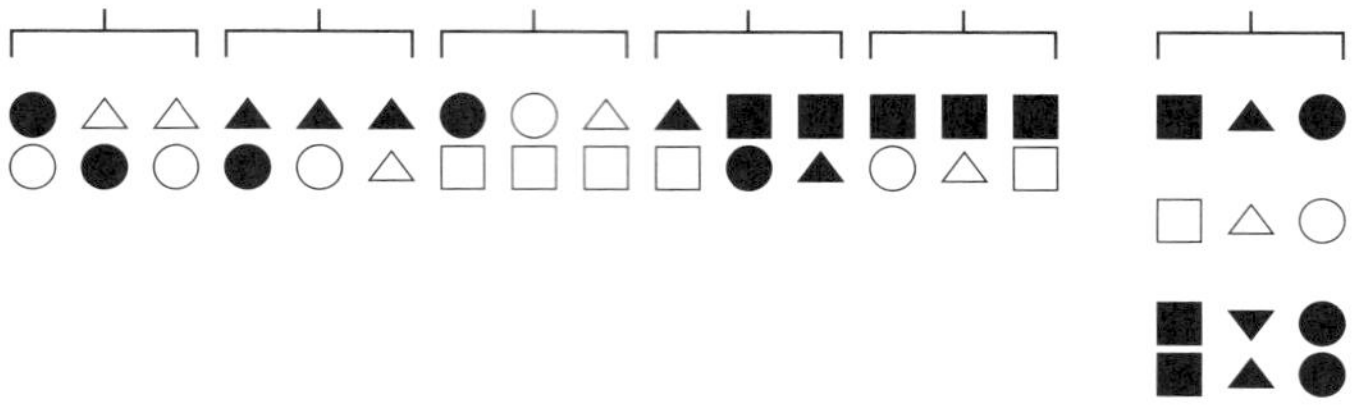

上述によりて明《あきら》かなるが如く、初めに與《あた》へられた三日間の獻立からは、結局、朝副が三種・晝《ひる》副が三種・夕副が十八種ある時、且《かつ》同一日の朝・晝《ひる》を換置したものは同一物と考へて、幾《いく》何《ばく》種の獻立が成立するかといふことになり。之《これ》を圖《づ》解にて示せば上圖《づ》の如くである。

卽《すなは》ち假《か》りに朝副と晝《ひる》副とを一定不變《ふへん》に置いて考ふるも、尙且《なほかつ》十八種の獻立が出來る。然《しか》るに朝副・晝《ひる》副からは十五種の組合せが得らるゝ故、18×15=270 實《じつ》に二百七十種のものを生ずることになる。但茲《ただしここ》に考慮を要するは朝副●・晝《ひる》副□とある時、その夕副として●□を用ひることを避けるから、270-15=255 二百五十五種の獻立を得るとす可《べ》きである。

卽《すなは》ち私の新獻立法によると僅《わづ》かに三種の獻立から、二百五十五種の合理的の獻立に之《これ》を轉用《てんよう》することが出來るのである。

調理理論

調理は食物を攝《せつ》取するに利便ならしむるが爲《た》め、その消化吸收を助けるが爲《た》め、若《も》くはその風味を佳良ならしむるが爲《た》めに行ふものにして、既《すで》に火食を採用することによりて一大革命を來し、今や食品工業の勃興によりて日々その面目《めんもく》を改めつゝあり。

されど之等《これら》各種の調理及《およ》び加工は、要するに種々なる理化學的作用の應用《おうよう》に外ならずして、卽《すなは》ち

（一）器械的作用

先《ま》づ食品の不可食分（レフユーズ又は廢物《はいぶつ》）を取り去るに在り。可食分と不可食分の區別《くべつ》は絶對《ぜつたい》的のものではない。廢物《はいぶつ》利用法の進歩と共に不可食分は漸次《ぜんじ》に縮小す。

食品の大片を小片とし、硬きを軟かとし、切ること、削ること、刻むこと、おろすこと、磨《す》ること、攪拌すること、泡立てること、漉《こ》すこと、搾《しぼ》ること、壓《あつ》すること、打つこと、ひねること、ねじること、こさげること、碎《くだ》くこと、粉にすること、煉《ね》ること等は皆器械的作用である。

凡《すべ》て食品の何《なん》たるを問はず、その纖維を縱斷したるものは硬く、之《これ》を横斷するか、又はおろしたるものは軟かなり。故に例へば肉を切らむとせば必ずその纖維を横ぎるを要し、長《た》けたる筍の既《すで》に硬化したる部分も、これを卸《お》ろし金にておろしたる後調理すれば以《もつ》て食用に供するに足る。大根葉の如き粗硬《そかう》のものも之《これ》をすり鉢にて磨《す》る時は口に適ふに至るべし。

小片・薄片・粉末と爲《な》し或《あるひ》は切目を與《あた》へることが軟浸・溶解・煑熟《にじゆく》・浸出・煎出及《せんじだしおよび》味附を容易ならしむるは人の日常經驗するところであるが、之其《これそ》の接觸《せつしよく》面の擴大《くわくだい》と傳達《でんたつ》距離の短縮と透徹《とうてつ》力の増加に由《よ》るものである。故に（イ）時間を節約して調理を行はむとする時例《たとへ》ば早煑の場合（ロ）煑出汁若《も》しくはスープを製する時、又之《これ》と反對《はんたい》し、（ハ）福神漬、佃煮の如く若《もし》くは味附け困難なるものに附け味を行ふ時等には庖丁《はうちやう》を加ふること愈《いよいよ》細きを當然《たうぜん》となす。（ニ）從《したがつ》て其《そ》の材料中に本來の風味を保留して調理を行はむとする場合には之《これ》を大片に於てするの要があると共に（ホ）小片調理の際其《そ》の煮汁を輕視するは損害であることを知つて置かねばならぬ。

器械的處置《しよち》が、食品消化吸收率の上に如何《いか》に有要の效果を呈するかは、次の數例を見ても分かるのである。

○大豆粉の煮豆に於ける

百分中消化吸収	蛋白質	抱水炭素	脂肪
大豆粉	九三・二	九六・二	九六・九
煮豆	六三・〇	八九・九	—

○玄米粉の玄米飯に於ける

百分中消化吸収	蛋白質	抱水炭素	脂肪	無機質	總《そう》溫《おん》量《りやう》
玄米粉（團子《だんご》として）	八二・六	九九・〇	八八・五	七六・一	九四・八
玄米飯	七八・六	九八・五	六一・九	七一・五	八九・九

○米團子《だんご》の米飯に於ける

百分中消化吸収	蛋白質	抱水炭素	脂肪	無機質	總《そう》溫《おん》量《りやう》
白米粉（團子《だんご》として）	八五・一	九九・七	九〇・九	八八・〇	九六・九
白米飯	八一・四	九九・五	八五・九	八四・三	九五・八

○餅のおこはに於ける

百分中消化吸収	蛋白質	抱水炭素	脂肪	無機質	總《そう》溫《おん》量《りやう》
餅	八五・二	九九・七	九二・三	九〇・六	九六・三
オコハ	八一・五	九九・六	九〇・五	八九・四	九五・四

而《しか》してこれ會《あひあひ》ゝ咀嚼が榮養上に極めて大切なることを説明する所以《ゆえん》でもある。

此他《このほか》器械的作用に屬するものにして又食品に一定の形狀を賦與《ふよ》すること、卷くこと、結ぶこと、縛《しば》ること、固めること、又種々の細工を行ふことなどをも數ふ可《べ》し。寒天及《および》ゼラチンの應用《おうよう》或《あるひ》は各種の人工着色の如きも亦一《またもつぱ》ら美術的技巧と目《もく》す可《べ》くし此賦形《このふけい》法に屬するものである。斯《か》かる操作の中唯單《ただ》に無用なる裝飾の努力に過ぎざるものも決して尠《すく》なからず。

(二) 温熱的作用

乾熱・濕熱及《しつねつおよび》冷却である。即《すなは》ち

(イ) 乾熱には乾燥すること・燒くこと・炙《あぶ》ること。

(ロ) 濕熱《しつねつ》には煮ること、蒸すこと、煎《せん》じること。

(ハ) 冷却には冷すこと、凍らせること。

此等《これら》の作用の影響はその作用の强弱と及《およ》びその食品の化學的成分の異なるに依《よ》て、それぞれ固有の變化《へんくわ》を呈する。

尚《なほ》熱の應用《おうよう》に際して、次の常識丈《だけ》は之《これ》を心得て置く可《べ》きである。

(一) 其《そ》の燃料の木材・石炭・瓦斯《ガス》何《いづ》れなるを問はず、火焔《くわえん》が部分的に熱度を異にすること。即《すなは》ち空氣との混和が充分である外表部に高く酸素の供給少なき内心部に低い。

(二) 完全に燃燒するところには油烟《ゆえん》を生ぜず不完全に燃燒するところには油煙多し。故に濃煙《のうえん》は不經濟なり。

(三) 熱の良導體《たい》と不導體《たい》との別があつて之《これ》を利用す可《べ》きこと。

◎乾熱《かんねつ》。ではその水分の脫失により、乾燥してその質を脆弱《ぜいじやく》にし、或《あるい》は强靭《きやうじん》にする。或《あるひ》は熔融《ようゆう》・膨脹・凝固・乾餾《かんりう》・炭化の各種現象を呈する。低溫にても化學的に分解するものあり、高溫にても分解せざるものあり。

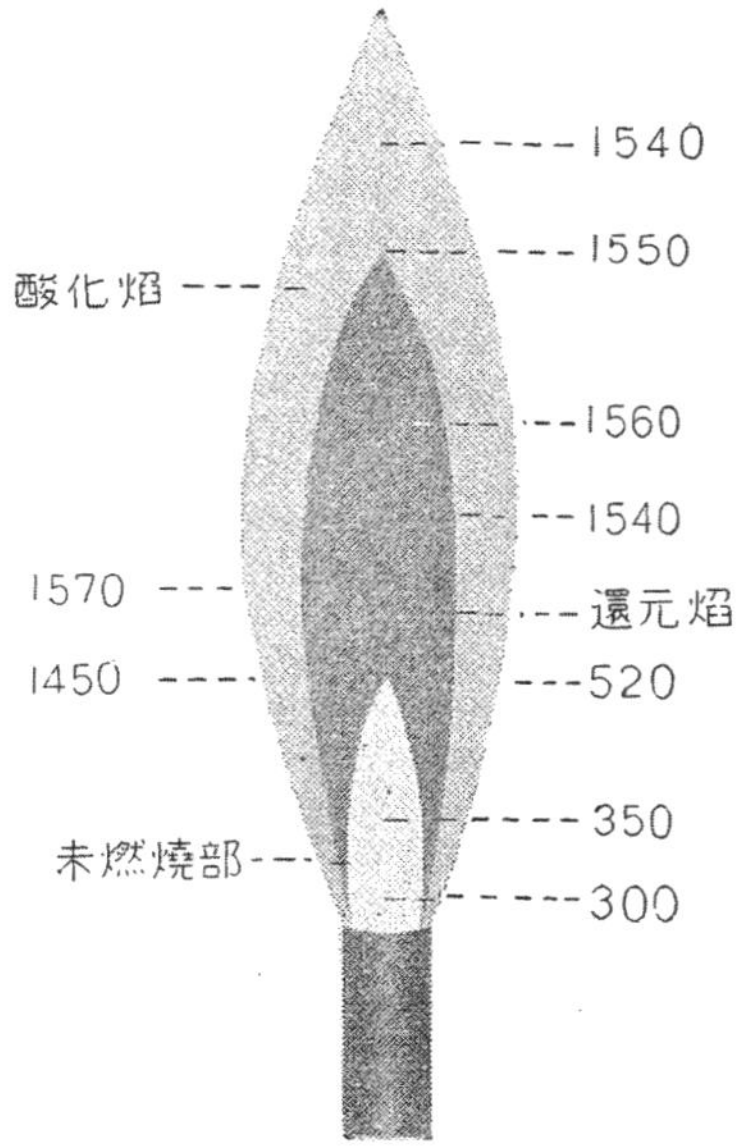

普通臺所《だいどころ》に於て用ひらるる乾熱は文火《ぶんくわ》と一般に稱《しよう》せらるる程度の溫度卽《すなは》ち、焦がさず、沸騰せず、緩徐《くわんじよ》に小熱を用ふることもあれど、多くはやや高熱にして

○蛋白質。は凝固し、容積縮小し、再び水に溶解するの性を失ふ。

併《しか》しこは蛋白質の形態の變化《へんくわ》にして、決して、その化學的組成を變化《へんくわ》したるものにあらず。黑焦となれば蛋白質固有の榮養分を失ふ可《べ》きも然《しか》らざる限りは之《これ》を失ふことなし。又强き火力を用ひ、速《すみやか》に肉を燒く時は、凝固したる蛋白質は外圍《ぐわいゐ》の被膜となり、成分の内部よりの漏失《ろうしつ》を防ぐ可《べ》し。之《これ》燒肉の煮肉よりもその味に於て優《すぐ》る所以《ゆえん》也。又蛋白質の凝固はその性や其《その》他の事情に依《より》て大なる差異を呈する者である。例へば卵白は其《その》儘《まま》固まり、牛乳は煮るも凝固せず腐敗して酸を生じたる時忽《たちま》ち凝固する。大豆の蛋白質も單純に煮たるのみにては固まらず之《これ》にニガリを加ふることにより直ちに凝固す。肉を煮るに醬油を加ふること早ければ硬化するのも、酸味ある魚肉は煮て著しく硬化するのも、肉・卵の類を食鹽《しよくえん》に染《し》みさせて燒くを便とするのも、皆此《この》理に依《よ》るのである。

蛋白質に熱を加へて凝固するのは實《じつ》はその中性若《も》しくは酸性の場合に限ることであつて、アルカリ性に在《あ》りては此事《このこと》が無い却《かへつ》て蛋白質は溶解するのである。豆を煮るにソーダを用ふるは之《これ》が爲《た》めである。

○抱水炭素。は加熱によりて可溶性澱粉となり、又その細胞を包む植物細胞素の膜と網とを破るが爲に消化性大《おほい》に増進す。例へば生栗が消化甚《はなはだ》困難にして下痢を催すに拘《かか》はらず、加熱したる栗は非常に消化し易き食品の一《ひとつ》となる。而《しか》して總《すべ》ての穀類及《および》植物性食品は抱水炭素を主成分とするが故に、人類火食の榮養増進上の意義は肉食に於ては殆《ほとん》ど無價《か》値《ち》なるに反し、菜食に於てその効顯著《けんちよ》なるものとす。卽《すなは》ち肉食に於ける火食の効は人類に危害を及す可《べ》き病原體《たい》の殺滅《さつめつ》と及《および》貯藏上の便宜《べんぎ》を主なるものとし、他は調理と風味上の變化《へんくわ》を樂むを得るに止《とどま》る。之《これ》に反して菜食に於ける火食の効果は頗《すこぶ》る偉大にして、之《これ》によりて榮養能率を劇增し、經濟上缺《か》く可《べ》からざるの法である。抱水炭素も亦《また》酸性反應《はんおう》に於て加熱せらるる場合は影響を受くること大である。卽《すなは》ち澱粉類は分解して糖分に化す。寒天・イヌリンの如き全然不消化性の抱水炭素も酸と共に熱せらるる時それ〴〵有用なる糖分と化して榮養上の意義を生ずるに至る。又アルカリ性に於て熱せらるる時は澱粉の如きも可溶性澱粉となり糖分の如きも更に分解して常溫に於て強き還元性を呈する物質に變《へん》ずれど、其《そ》の分解の度は酸性反應《はんおう》の場合に於けるが如くには顯著《けんちよ》ならず。又抱水炭素は一度乾燥したる後、之《これ》に更に高度の乾熱を加ふれば、膨脹して輕鬆《けいしよう》となる。炭化すればカロリー原としての効用を失ふ可《べ》きも、炭化の度に達せざる分解產物には種々特効あるものを生ず。

○脂肪。はその熔融點《ようゆうてん》を異にする爲《た》めステアリン・パルミチン・オレインの三種を區別《くべつ》す。何《いづ》れも熱に會《あ》ふて流動性を高め、その組織の固有の位置より逸出《いつしゆつ》して周圍《しうゐ》に擴布《くわくふ》す、故に脂肪に富む食品は調理後彈力を生じ、軟弱となるを常とす。之《これ》脂肪は膨脹系數大なるが爲《た》め、熱によりて組織間に瀰蔓《でいまん》浸潤するの便を得るが故也《なり》。肥《こ》へたる肉の料理したるものが軟《やはら》かくして美味なるはこれが爲《た》めなり。又脂肪の一部は容易《たやす》く燃焼し各種の香味を呈する脂肪酸其《そ》の他の分解産物を化生《くわせい》す。脂肪はアルカリと共に熱を加へらるる時殊に脂肪酸に分解す、酸と共に加熱せられたる時は、その影響著しからず。

◎濕熱《しつねつ》。水と共に熱を加へ、若《も》しくは水蒸氣を以《もつ》て熱せらるる時は、其《そ》の熱が食品の成分に及ぼす影響は乾熱に於ける場合に準ず可《べ》しと雖《いへ》ども、水煮に特有なる左の諸點《しよてん》あり。

(イ)通常開放せられたる鍋の中にては水の溫度が攝氏《せつし》百度以上には昇騰《しようとう》せざるを常とする。故に高溫に禍《か》せられて榮養分の損失する憂《うれひ》は殆《ほとん》ど無いと云ふて良い。重湯煎《ぢゆうたうせん》では大抵八十度である。

(ロ)但《ただ》し攝氏《せつし》百度以内と雖《いへど》も、之《これ》が爲《た》めに起る調理上の効果は決して單純ではあり得ない。例《たと》へば各種蛋白質には固有の凝固溫度あり、卵を以《もつ》て之《これ》を説明すれば卽《すなは》ち白味は主として卵アルブミンと稱《しよう》する蛋白質より成り、攝氏《せつし》百度にて凝固す、黄味中の蛋白質はヴイテルリンと稱《しよう》し攝氏《せつし》七五度にて凝固す。故に沸湯《ふつたう》中に二分間熱を加ふれば、卵白凝固し黄味は尙沸湯《なほふつたう》凝固せず之《これ》を半熟の卵と云ふ。此際《このさい》卵黄の凝固するに至らざるは熱が卵黄に迄到達するの暇《ひま》無《な》きによる。之《これ》に反して、攝氏《せつし》七三―七五度に於て、三十分間熱を加ふれば、卵黄凝固し、卵白尙《なほ》凝固せざる卵を得可《うべ》きなり。時間に餘裕《よゆう》ありて熱が内部に傳達《でんたつ》せらるるに足ると共に、一方溫度が卵白を凝固する度に上昇せざるが故である。又攝氏《せつし》百度以上にて十分間以上加熱すれば卵白・卵黄共に凝固して熟煮《じゆくに》卵を得るは人の知るところ也《なり》。

(ハ)又溫によりて溶解度增加し、肉類からは無機質・グリコゲーン・グリココル・タウリン・クレアチニン等水に可溶性の成分溶出す。又野菜類からはアルカリ・ビタミン・糖分・有機酸等の溶出を見る。

(ニ)單に水煮せらるるのみにて、旣《すで》にコラーゲンは膠《ニカワ》となり、澱粉は糊となり、脂肪は分離して水上に浮ぶ。

(ホ)水に溶存する成分の性質に應《おう》じて異なる結果を得ることも亦《また》注意せねばならぬ。例へばその反應《はんおう》が酸性なるに於ては、蛋白質の凝固が催進《さいしん》せられ抱水炭素の糖化と脂肪の分解が增强せらるるに反し、アルカリ性なるに於ては之《これ》と反《はん》對《たい》に蛋白質及《および》抱水炭素の溶解及《および》脂肪の石鹼化が行はれる。之《こ》れ調理の際食品の取り合せによりて、その煮上げたるものに硬軟・美不味を生ずる所以《ゆえん》である。例《たと》へば肉類を酸味のものと共に煮れば非常に硬化し、之《これ》を豆類と共に煮れば非常に軟化す。豆類はアルカリに富むを以《もつ》てなり。

(ヘ) 食品中に含まるる無機質と水との間には交流作用が行はれる。

(ト) 熱湯に投じて急に煮る場合と水により徐々に煮る場合とにては大差を生ずる。

(チ) 水蒸氣にて蒸す場合は水中にて煮るが如き多量の水分を浸潤せしむることなくして、而《しか》も比較的高溫によつて加熱することを得るの利あり。卽《すなは》ち揮發《きはつ》性の成分は失ひ易きも、エキス分の損失は少なし。蒸したものが煮たるものよりも風味に富むは之《これ》が爲《た》なり。

(リ) 高壓《かうあつ》釜の利用は今後の家庭に望ましきことである。例《たと》へば輕き新合金を以《もつ》て作りたる釜あり、豆を煮るに數十分間にて軟《やは》かとなり、又滅菌力强きが爲《た》め煮たるものの腐敗を遷延《せんえん》せしむること大なり。

(ヌ) 總《すべ》ての物質に於て、その溶解の難易遲速及《ちそくおよび》飽和度は溫度と密接の關係にあるが爲《た》め、必要に應《おう》じてその斟酌《しんしやく》非常に大切なり。例ば煎汁《せんじゆう》を作るに當《あた》り、美味を主とする煮出汁を作るには一煮沸《ひとにたち》を度としそれ以上長時に亘《わた》るを避《さ》く可《べ》く、之《これ》に反し榮養を主とするソップを作るには長時間且《かつ》比較的高溫を撰ぶを可《か》とするが如し。煮出汁《だし》・ソップ(ズッペ・スープ)・ブイヨン(ブリオン)・肉羹汁(肉汁)、は皆異名同一品のみ。又調理に所謂《いはゆる》ざつとゆでるといふことは、外表丈《だ》けには充分なる高熱を加ふるに、深部は尙《なほ》半熟若《も》しくは生々しき儘《まま》に止《とど》むる法を云ひ、所謂《いはゆる》落し蓋《ぶた》をして煮るといふことは、充分なる熱と水蒸氣の壓《あつ》を加へて長時間を費して、内部まで徹底的に煮崩すなり。あげ物及《および》豚肉をざつと湯を通すことよつて臭味《くさみ》を去り淡白美味とするの法もあり。

清潔・消毒の目的を以《もつ》て、若《も》しくは外の薄皮をとる爲《た》めには、ざつと煮を用ふ、例へばトマトを熱湯中に火傷《やけど》せしめてうす皮を除くが如し。又煮え易きものと煮え難きものを一つ鍋にて煮るには、之《これ》を投入する順序に注意して且《か》つ當初《たうしよ》よりその切り方に心掛けある可《べ》きなり。かき雜《ま》ぜては醜く碎《くだ》け且《か》つ焦《こ》げつく恐《おそれ》あり。

（ル）長時間水を差しつつ煮ることは、その揮《き》發《はつ》成分の脫失を助長すること、食品中の成分と液汁中の成分とが混和融合の熟することによりて、或《あるひ》は化學分解の營まるゝことによりて、遂に別格の風味を新生するに至るものである。これ短時間では動《どう》もすれば二味《にみ》となるものも支那《しな》料理法によれば能《よ》く味の調和を得る所以《ゆえん》なり。

（オ）加熱したるものを冷却する操作によりて、その食品の性狀及《および》外觀に大なる差異を生ず。殊に食品調理後の乾燥及《および》光澤《くおうたく》を望む場合は、水蒸氣の未だ冷却し去らざるに先《さき》だち、速《すみやか》に之《これ》を飛散せしむるを要す。然《しか》らざれば多少凝結水を生じて外觀を損ずるのみならず、風味を惡化し且《かつ》腐敗を招き易し。パンを燒くにはパンは釜中水蒸氣の飽和したる狀態にて加熱するを得れば其《そ》の色澤《しきたく》最も美し。

（ワ）又水の代りに油にて煮たる場合は、その作用たるや、上述乾熱と濕熱《しつねつ》の中間を行ふものである。溫度は黃色油揚げの場合に於て攝氏《せつし》百四十度、やや強く焦げ氣味となるには百六十度を示す。玄米センベイを以《もつ》て米のビタミンを食用せむとの考案は放棄されねばならぬ。

（カ）加熱による今一つの大影響は、食品中に含有せらるる酵素の破壞《はくわい》である。食品が皮を以《もつ》て被覆《ひふく》せらるる限り無事なるを得るに反し、一旦《いつたん》其《そ》の皮を傷《きず》つけらるるか、又は切り目が入れられて空氣に曝露すると、直ちに其《そ》の酸化現象を發《き》揮《はつ》して、速《すみや》かに黑色、暗色或《あるひ》は褐色を呈する者あり。之《こ》れオキシダーゼと稱《しよう》する酵素の作用に依《よ》る者であつて、芋類・

午蒡《ごぼう》・茄子其《そ》の他の野菜は之《これ》に庖刀《はうちやう》を加ふると共に直《ただち》に水中に投ずるにあらざれば汚色《おしよく》によりて著しく外觀を損ずるに至る者である。併《しか》しこれは皮の儘之《ままこれ》を燒くか若《もし》くは煮ることによりて、或《あるひ》は油を以《もつ》ていためることに依《より》て此《この》オキシダーゼの作用を壞滅《はめつ》に歸《き》せしむる事が出來るのである。夫《そ》のアクの強いと稱《しよう》せられ之《これ》を生食すれば極めて不味なる食品も同樣の方法により加熱の手段を以《もつ》て、化學的變化《へんくわ》を遂げしむる時は能《よ》くその風味を改善することを得る者である。此《かく》の如き酵素は食品中皮を以《もつ》て被覆《ひふく》せらるる間チモゲーン又はプロエンチームと稱《しよう》する母體《ぼたい》の形態に於て存在し、外皮除去せられ酸素に接觸《せつしよく》すると共に速《すみやか》に酵素となつて作用するのである。

◎寒冷。寒冷の極《きはみ》は蛋白質・抱水炭素・脂肪等總《すべ》てのものを凝固せしむ。魚肉の洗ひ、卵及《および》牛乳のアイスクリームバタの賦形《ふけい》等は其《そ》の例である。又凍冷工業によりて提供せらるる多くの製品凍餅《しみもち》・凍豆腐・凍蒟蒻《こおりこんにやく》等は凍冷の儘《まま》乾燥したるものなること皆《みな》人の知るところである。東洋の特産である。

斯《かく》くの如く其《そ》の外觀に於て理學的變化《へんくわ》を招くこと著しきを致す程度の寒冷に委《まか》するの他、稍ゝ《やや》緩和せる寒冷を用ひ其《そ》の食品固有の香味を傷《きずつ》けざるを力《つと》むるの法あり。又屢ゝ《しばしば》單に普通の食品を氷間に冷藏し、若《もし》くは冷却して用ふることあり。夏時《かじ》に賞《しやう》せらるゝこと多し。洋風の冷スープ・冷肉・我が國の冷ヤツコ・冷素麵は此類なり。されど此等《これら》は化學上に於て何等《なんら》の變化《へんくわ》を之《これ》に伴ふものにあらず。凍冷の應用《おうよう》により日本酒中の水分を凍結せしめて之《これ》を取り去り濃縮することは日露戰爭當時《せんさうたうじ》軍用品として盛《さかん》に試作せられたところである。

寒冷によりて多くの細菌は其《そ》の發育《はついく》を阻止せらるゝも、之《これ》により死滅することなし。又絲狀菌《しじやう》は寒冷に對《たい》する抵抗力他の雑菌よりも強大にして氷中にも發育《はついく》するものあり。故に滅菌不完全なる材料若《もし》くは場所に於て、絲狀菌《しじやう》を利用せんとするには寧《むし》ろ低溫に置くを可《か》とす。

(三) 鹽《えん》類の作用。

中性鹽《えん》類が役立つのである。最廣《もっともひろ》く用ひらるゝのが食鹽《しょくえん》である。その强大な交流作用により脱水・乾燥・防腐の作用が營まれる。又漬物の調製には缺《か》くべからざるものである。外國では肉の貯藏に硝石が用ひられる場合がある。

又加工食品製造の場合、例へば日本で豆腐を作るに硫酸マグネシウムを主成分とする二ガリを用ひて蛋白質析出法を行ふ。眞《しん》に巧妙な塩類の利用法であるのである。

(四) 化學的作用。

調理に際し各食品を別々に煮又は燒くことの多い日本料理には、化學的作用に委《まか》せらるるものが稍《や》ゝ《や》少い。されど尚《なほ》酸の應用《おうよう》により肉を浸して凝固せしめたり、カルシウムを浸出して骨を軟化せしめたり、澱粉質を分解して糖分を生じ以《もつ》て甘味を生ぜしめたり、又ソーダを用ひて軟か煮又は早煮の助となすが如きはそれぞれ化學的作用に基づくものである。又何の食品たるを問はず一度燒くか油炙《ゆあぶ》りにしたる後煮たるものの特徴や熟煮に依て甘酒の甘味を増し、冷飯が美味なる鮨を製するに適ぜざる、豆と共に煮て肉の軟くなる等、皆之《これ》が理由を化學的作用に歸《き》して説明す可《べ》きである。

支那《しな》料理の如く多種多様の食品を配合煮熟する場合には、相互間に行はるる化學的變化顯著《へんくわけんちよ》なるものある可《べ》きは、日本料理に於ける最大の忌避卽《すなは》ち食味の所謂《いはゆる》二味三味《にみさんみ》と云ふことが、支那《しな》料理には跡方も無く消え失せ、能《よ》く融合調和せられて支離滅裂の痕《あと》を殘さざるに至るを常とするによりても之《これ》を察知することが出來る。

(五) 酵母及《および》細菌の作用。

日本でには味噲・醬汨・納豆・酒・甘酒・鰹節・漬物、西洋ではパン・チーズ・ビールの類であつて、此等《これら》は酵母及《および》細菌の作用を利用して製出せられる。酵母及《および》細菌を飲食物に應用《おうよう》することは東洋が遙《はるか》に歐米《おうべい》を凌駕《りょうが》して居る。空氣中濕分《しつぶん》に富み遙《はるか》に多種類の菌類を有するが故である。

其《そ》の他全然別方面の應用《おうよう》に屬するが卽《すなは》ち其《そ》の發育《はついく》に際し高溫を發《はっ》する細菌を取り之《これ》を利用して、無火《むくわ》調理法に應用《おうよう》する私の考案は今後大《おほい》に發達《はったつ》す可《べ》き運命にあるものと私は信ずる。

調理の實際《じっさい》

飯の形態を以《もっ》て米麥《べいばく》を食用する事は決して保健的且《かつ》經濟的と云ふ可《べ》からざるも、實際《じっさい》問題を論ずるには暫《しばら》く現下《げんか》の風習の上に於てせねばならぬ。乃《すなは》ち主食品たる飯より出發《しゅっぱつ》する。

飯

（一）精白度と米の成分との關係。

○半搗米。

半搗米卽《すなはち》五分搗米とする時は、玄米一〇〇瓦《グラム》より半搗米九六・四一瓦《グラム》と糠三・五九瓦《グラム》を得。

成分	玄米一〇〇瓦中	五分搗米九六・四一瓦中	五分搗米一〇〇瓦中	糠三・五九瓦中	糠一〇〇瓦中
蛋白質	七・一九瓦	六・四五瓦	六・六九瓦	〇・七四瓦	二〇・六一瓦
抱水炭素	七一・八九	七〇・九九	七三・六三	〇・九〇	二五・〇七
脂肪	二・六六	一・八一	一・八八	〇・八五	二三・六八
無機質	一・三九	〇・九五	〇・九九	〇・四四	一二・二六
纖維	一・五〇	一・一二	一・一六	〇・三八	一〇・五八
P_2O_5	一・〇二〇	〇・七一三	〇・七四〇	〇・三〇七	八・五五一
K_2O	〇・一六〇	〇・一〇六	〇・一一〇	〇・〇五四	一・五〇四
Na_2O	〇・〇六〇	〇・〇三九	〇・〇四〇	〇・〇二一	〇・五八五
CaO	〇・〇二〇	〇・〇〇九	〇・〇一〇	〇・〇一一	〇・三〇六
MgO	〇・〇九〇	〇・〇五八	〇・〇六〇	〇・〇三二	〇・八九一

〇七分搗米

七分搗米は五分搗米と精白米の中間に位するものにして、玄米一〇〇瓦《グラム》より七分搗米九五・四三瓦《グラム》と糠四・五七瓦《グラム》を得。

而《しか》して胚子は尚《なほ》保存せらる。

成分	玄米一〇〇瓦中	七分搗米 九五・四三瓦中	七分搗米 一〇〇瓦中	糠四・五七瓦中	糠一〇〇瓦中
蛋白質	七・一九瓦	六・二〇瓦	六・五〇瓦	〇・九九瓦	二一・六六瓦
抱水炭素	七一・八九	七一・二七	七四・六八	〇・六二	一三・五七
脂肪	二・六六	一・一三	一・一八	一・五三	三三・四八
無機質	一・三九	〇・六七	〇・七〇	〇・七二	一五・七五
繊維	一・五〇	一・〇四	一・〇九	〇・四六	一〇・〇七
P_2O_5	一・〇二〇	〇・五〇六	〇・五三〇	〇・五一四	一一・二四七
K_2O	〇・一六〇	〇・〇七六	〇・〇八〇	〇・〇八四	一・八三八
Na_2O	〇・〇六〇	〇・〇二九	〇・〇三〇	〇・〇三一	〇・六七八
CaO	〇・〇二〇	〇・〇〇九	〇・〇一〇	〇・〇一一	〇・二四一
MgO	〇・〇九〇	〇・〇三八	〇・〇四〇	〇・〇五二	一・一三七

〇白米

精白米とする時は、玄米一〇〇瓦《グラム》より白米九一・二一瓦《グラム》と糠八・七九瓦《グラム》を得。

成分	玄米一〇〇瓦中	白米 九一・二一瓦中	白米一〇〇瓦中	糠八・七九瓦中	糠一〇〇瓦中
蛋白質	七・一九瓦	五・四七瓦	六・〇〇瓦	一・七二瓦	一九・五七瓦
抱水炭素	七一・八九	六九・七三	七六・四五	二・一六	二四・五七
脂肪	二・六六	〇・四六	〇・五〇	二・二〇	二五・〇三
無機質	一・三九	〇・四七	〇・五一	〇・九二	一〇・四七
繊維	一・五〇	〇・六七	〇・七三	〇・八三	九・四四
P_2O_5	一・〇二〇	〇・三二八	〇・三六〇	〇・六九二	七・八七三
K_2O	〇・一六〇	〇・〇六四	〇・〇七〇	〇・〇九六	一・〇九二
Na_2O	〇・〇六〇	〇・〇二七	〇・〇三〇	〇・〇三三	〇・三七五
CaO	〇・〇二〇	〇・〇〇九	〇・〇一〇	〇・〇一一	〇・一二五
MgO	〇・〇九〇	〇・〇二七	〇・〇三〇	〇・〇六三	〇・七一七

（二）精白度と米の消化吸収率との關係。

（イ）消化吸収率。（百分比）。

精白度	蛋白質	抱水炭素	粗脂肪	無機質
白米	八五・七	九九・六	八六・八	九〇・八
七分搗米	八二・九	九九・五	八〇・五	八七・三
半搗米	八一・九	九九・二	七四・三	八四・三
玄米	七四・八	九八・六	五八・二	七七・九

精白度の進むに従ひ其《そ》の消化吸收佳良《かりやう》なり。

（ロ）吸收實量。（玄米一〇〇瓦《グラム》より出發《しゆつぱつ》して計算す）。

精白度	蛋白質	抱水炭素	粗脂肪	無機質	カロリー
白米飯	〇・七九瓦	七一・三四瓦	〇・三五瓦	〇・二五瓦	三一五・八
七分搗米飯	〇・八六	六七・一四	〇・六八	〇・三五	三〇三・三
半搗米飯	一・〇一	六〇・八五	〇・八八	〇・三八	二八三・五
玄米飯	一・〇〇	五七・七六	一・一九	〇・六一	二七三・五

精白度の進むに従ひ其《そ》の値順次に小也《なり》。（但《ただ》し抱水炭素を除く）。

（ハ）不吸收實量《じつりやう》。（糞便中排泄實量《じつりやう》平均値）。

精白度	蛋白質	抱水炭素	粗脂肪	無機質	カロリー
白米飯	〇・一三瓦	〇・二三瓦	〇・〇六瓦	〇・〇二瓦	四・八
七分搗米飯	〇・一七	〇・二七	〇・一六	〇・〇五	六・九
半搗米飯	〇・二二	〇・四三	〇・三〇	〇・〇七	一〇・一九
玄米飯	〇・三三	〇・八二	〇・八五	〇・一七	一九・七二

精白度の進むに従《したがつ》ひ不吸收實量《じつりやう》量小なるを示す。

右（一）（二）に掲ぐる米の精白度が米の榮養價《か》に及ぼす影響の研究を基礎として、保健及《およ》び經濟の兩方面から之《これ》を觀察すると、私は七分搗米を差し當《あた》り推薦して置く。

(三)飯を炊《かし》ぐに方《あた》り第一に淘洗《たうせん》の損失の大なる事に就《つ》いて充分留意せねばならぬ。私は他に率先して米の「トギベリ」といふことを世に警告した。當時之《たうじこれ》に關し化學分析及《およ》びそれから算出した米の損失高をも發表《はつぺう》すると共に無砂無洗米《むさむせんまい》の完成に努力した。優秀なるタイム式精米機なども單に無砂搗《むさづき》を標榜《へうばう》して居たものであるが、私は同機發明《はつめい》者佐藤氏に一歩を進めて無洗米とする別の工夫を追加す可《べ》きことを依囑《いしよく》し、同氏は此旨《このむね》を領して種々の試製装置を作り、私の私立時代の研究所で試驗した。又同時代に矢野氏は私の主張に贊同して夙《つと》に家庭用米麥《べいばく》無水清拭《せいしき》器なるものの製作に成功した。而《しか》して今日では無洗米の主旨に副《そ》ふ可《べ》き米の供給に苦心する米商が頓《とみ》に增加して居る。

○米の淘洗《たうせん》による各成分の損失（混砂搗《こんさづき》白米）。――泔《とぎ》水を分析して。

分析材料	蛋白質	脂肪	抱水炭素（葡萄糖として）	無機質	
第一回泔水	四・六〇	三六・一〇	〇・八二	六四・六四	
第二第三第四回泔水	一一・一〇	六・五〇	一・一四	八・三三	
合計	一五・七〇	四二・六〇	一・九六	七二・九七	無機質中には化粧粉を含む

我が内地米六千萬石《まんごく》の產出高に就《つ》き、搗減《つきべり》八歩《ぶ》を見積り五千五百二十萬石《まんごく》の白米として計算するに、蛋白質白米八百六十五萬石《まんごく》分・脂肪白米二千三百五十一萬石《まんごく》分・抱水炭素白米百十萬石《まんごく》分及《およ》び無機質の大量とビタミンの殆んど全部を流失するものである。

又四斗俵《たはら》（十五貫《くわん》）目の玄米一俵《たはら》は、搗減《つきべり》（八歩《ぶ》として）により一貫《くわん》二百匁《もんめ》を失ひ、淘洗《たうせん》により五十五匁《もんめ》を失ひ、結局十三貫《くわん》二百五十匁《もんめ》の白米となりて利用せらるるの理である。

○米の淘洗《たうせん》と各成分（無砂《むさ》七分搗）。――米粒《べいりふ》を分析して。

	蛋白質	脂肪	抱水炭素	無機質
淘洗前	一〇・二一	一・〇七	八七・〇四	〇・六八
最小限度淘洗	九・七〇 （四・九八％）	〇・九七 （九・四一％）	八六・五〇 （〇・七九％）	〇・六〇 （一一・七五％）
完全淘洗	九・六九 （五・一二％）	〇・一九 （一五・八三％）	八六・二四 （〇・九一％）	〇・三六 （四七・一四％）

淘洗《たうせん》は精白にも優《すぐれ》る米食人の禍根《くわこん》である。私の主唱する無砂無洗米《むさむせんまい》を用ふるに至らずとも、責めては淘洗《たうせん》の實演《じつえん》を成《な》る可《べ》く消極的にすることを心掛けねばならぬ。

夏時《かじ》腐らぬ飯の炊き方として淘洗《たうせん》を充分にせよといふのは、榮養分を亡失《ばうしつ》せしめ細菌の發育《はついく》増殖にも適せざる飯を作ると云ふことである。

其《そ》の他腐らぬ飯の炊き方として食酢・食鹽《しよくえん》等種々のものを混入するの法は認む可《べ》き効力なし。又防腐劑を加ふるは禁物と知る可《べ》し。寒天を溶し込みて米粒《べいりふ》を包むは消化を妨《さまた》ぐるの虞《おそれ》あり。

（四）炊飯には張り釜にせぬことが要義である。例へば二升炊の釜で一升の飯を炊く様に注意し、糊やエキス分の溢《いつ》出《しゆつ》を防ぐことが大切である。私の私立時代の榮養研究所には私の創意に成るツバ上の高き特種の釜ありたり。今も遺存《いそん》す。之《これ》を嘗《かつ》て埼玉縣《けん》の某氏《ぼうし》に一見せしめたるに氏は私に無斷にて右の釜の新案特許を取得し自から作成して市販上のものとなせり。

（五）釜の内部の氣壓《きあつ》を高くすること、それには釜蓋を重くする事が肝要である。又私の助炊器《じよすいき》を釜蓋に附《ふ》するを最も良しとする。

（六）炊飯時に加ふべき水の量は米の種類・新舊《しんきう》水分の含量等によりて異なるが故に一概《いちがい》に云ふ事不可能なれども、普通米一升に對《たい》して水約一升二合にて可《か》なり。

（七）飯櫃《めしびつ》は清潔にし、日光の直射によりて乾かして置き、飯の熱き間に之《これ》を移す。杓子《へら・しやくし》は熱湯にて濕《うる》ほし水を用ふ可《べ》からず、飯櫃《めしびつ》の上には清潔なる白布を被《おお》ひ蒸發《じようはつ》する水分の凝結するものを吸收せしむ。

（八）飯の腐敗は米及《および》水中に混在せる細菌の殘存せるものを主とし、又炊飯後空氣・器具・手指等より落下迷入《めいにふ》する細菌の發育《はついく》によつて營まるゝものである。

（九）炊飯の技術としては煮立つ迄は充分火力を強くし、煮立てば此《この》時其《そ》のオネバをこぼさぬ様に注意し、一旦《いったん》火を落し、薪《まき》ならばその燃《た》き落しの火で又瓦斯《ガス》或《あるひ》は電氣なれば微量の熱を尙《なほ》數分間續けて加へる。

（一〇）一個人の健康上からも又食糧政策上からも、平素飯は色飯《いろめし》に親しむ習慣を養ふが良い。色飯とは雜穀・芋類其《その》他種々の野菜類をも炊き込むものをいふ。

（一一）寒時冷飯を蒸して溫めて用ふる場合には御飯蒸し器に容《い》れる水の量をなるべく少くしその水は必ず廢棄《はいき》せず飲用するか若《も》しくは他の汁などに應用《おうよう》するが良い。

（一二）特に美味なる飯を作らむとせば微量の砂糖を加ふ。但《ただ》し砂糖を加へたりと感ずる程多量を加へては不可《ふか》。過熟に至らざる米、乾き切らざる米、及《および》新米の美味なるはその胚乳中の甘味が主なる原因を爲《な》すものである。

（一三）終《つひ》に最《もつとも》必要なる知識、米の調理法とその消化吸收率の關係を左に掲出して置かう。之《これ》を見ると、從來一般に考へられて居たところとは大いに其《そ》の趣を異にする點《てん》が多々ある。甚だ有益《いうえき》な試驗成績である。

○白米・玄米團子《だんご》玄米飯。(數字は各成分消化吸收率を示す。他も同斷《どうだん》。)

調理法	蛋白質	抱水炭素	粗脂肪	無機質	總溫量
白米飯	八六・六	九九・六	八八・七	八八・○	九六・七
玄米團子	八二・六	九九・○	八八・五	七六・一	九四・八
玄米飯	七八・六	九八・五	六一・九	七一・五	八九・九

○白米粥と白米飯。

調理法	蛋白質	抱水炭素	粗脂肪	無機質	總溫量
白米粥	八○・六	九九・二	九○・九	八七・九	九三・四
白米飯	八五・八	九九・八	九一・七	八六・九	九六・八

○オジヤと白米飯。

調理法	蛋白質	抱水炭素	粗脂肪	無機質	總溫量
オジヤ	八三・七	九九・五	九二・四	八九・五	九五・五
白米飯	八六・五	九九・七	九○・四	八七・六	九七・四

○スシと白米飯。

調理法	蛋白質	抱水炭素	粗脂肪	無機質	總溫量
スシ	八四・二	九九・八	九二・一	八八・九	九七・三
白米飯	八二・三	九九・七	九○・六	八六・五	九六・九

○小豆汁と白米飯。

調理法	蛋白質	抱水炭素	粗脂肪	無機質	總温量
小豆汁飯	八四・七	九九・七	九二・二	九〇・四	九六・八
白米飯	八一・九	九九・六	九〇・七	八七・二	九六・五

○赤飯と白米飯。

調理法	蛋白質	抱水炭素	粗脂肪	無機質	總温量
小豆粒飯	七九・一	九九・五	八七・〇	八八・一	九五・六
白米飯	八四・六	九九・七	九一・一	八九・七	九七・一

○オコハ（糯《もち》白米七合 粳《うるち》白米三合）と白米飯。

調理法	蛋白質	抱水炭素	粗脂肪	無機質	總温量
オコハ	八三・二	九九・六	八九・一	八八・一	九五・三
白米飯	八四・一	九九・六	九一・七	八九・一	九六・七

○白米團子《だんご》と白米飯（前出）。

○餅とオコハ（前出）。

米と麥《むぎ》

米と麥《むぎ》とが食糧中最も重視さるゝ所以《ゆえん》はその產額《さんがく》最大なるものなればなり。米麥《べいばく》共に其《その》種類甚《はなは》だ多しと雖《いへど》も吾國《わがくに》に於ける如き米の産額《さんがく》六千萬石《まんごく》麥《むぎ》の産額《さんがく》二千萬石《まんごく》、兩者相提携せしめて、以《もつ》て國民の榮養に任ぜしむるの緊要《きんえう》なるは、一《ひとつ》にその國土の狹小《けふせう》にして、二毛作を奬勵《しやうれい》せざるべからざるによる。斯《か》くの如く米麥《べいばく》兩立する所に、米麥《べいばく》優劣比較論の折に觸《ふ》れて唱《とな》へらるるは元よりその所なるべし。而《しか》してその論議の變遷《へんせん》の恰《あたか》も榮養學の進歩の次第と一致するは興味あることである。

（一）最初此《この》問題を考察したるものの重きを置きしところは、實《じつ》にその化學上の分析にてありしなり。蓋《けだ》し白米は淘《たう》洗《せん》後蛋白質僅《わづか》に六―七%なるに麥《むぎ》は裸麥《むぎ》に於て一〇%大麥に於て一一%を含有す。故に麥飯《むぎめし》に比して米飯は動《どう》もすれば窒素分の不足を生じ易き食糧にして、卽《すなは》ち麥は米に優《すぐ》ると云ふ說なりき。此《こ》の說は脚氣病に關聯《くわんれん》して大《おほい》に世に傳《つた》へられた。

（二）米麥《べいばく》兩者の消化吸收率を比較試驗して、米麥《べいばく》中蛋白質の不吸收率二一・〇四%なるに、麥飯《むぎめし》中の同率は米七分麥三分の配合に於て三二・七%なり、又麥飯《むぎめし》の或《ある》場合には五三・三%を示すことすらあるを知り、此《こ》の知見によりて、化學分析上麥の蛋白質含有量徒《いたづら》に高しとて何《なに》かせんと云ふに至れり。米麥《べいばく》間不吸收率の此《ここ》に示せる差等は稍ゝ《やや》大に過ぐるが如く、最近榮養研究所に於ける實驗《じつけん》成績によれば、米飯蛋白質の消化吸收率八五・七%に對《たい》し重量比米六麥四の裸丸麥飯八二・五%、同米飯八三・六%に對《たい》し押大麥飯《おしおほむぎめし》七八・八%を以《もつ》てするを妥當《だたう》とする。それにしても米の方が麥に比べて消化吸收率の著しく高いことは動《うごか》すべからざる事實《じじつ》である。

（三）更に晩近《ばんきん》生物學的榮養價《か》の研究によりて、その蛋白質の効價《か》米に在りて八一大麥に在りて六六なることを明《あきらか》にし、卽《すなは》ち米の蛋白質の養價《か》は麥のそれに優《すぐ》ること數等《すうとう》なる事實《じじつ》を發見《はつけん》した。

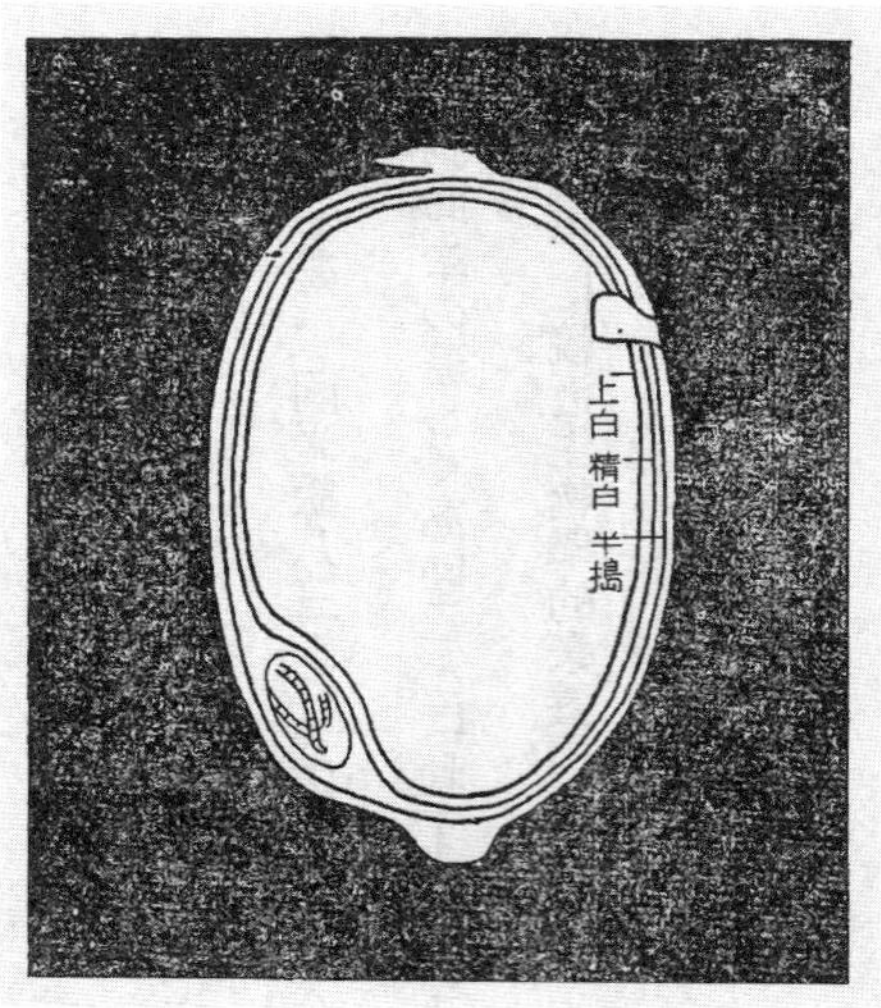

上圖《じやうづ》は米穀粒と精白度との關係を示し、下圖《かず》は同表層《へうそう》に近き部分を擴大《くわくだい》して組織の各層を現はしたるものなり。――これは大正博覽會《くわい》の時私が創《はじ》めて試作せしめた米の模型を寫《うつ》したもので、それ迄此國《このくに》に米の模型が無かつたのは不可思議といふ可《べ》きである。否《いな》主食品をも如何《いか》に非科學的に取扱つて來たかが分かる。

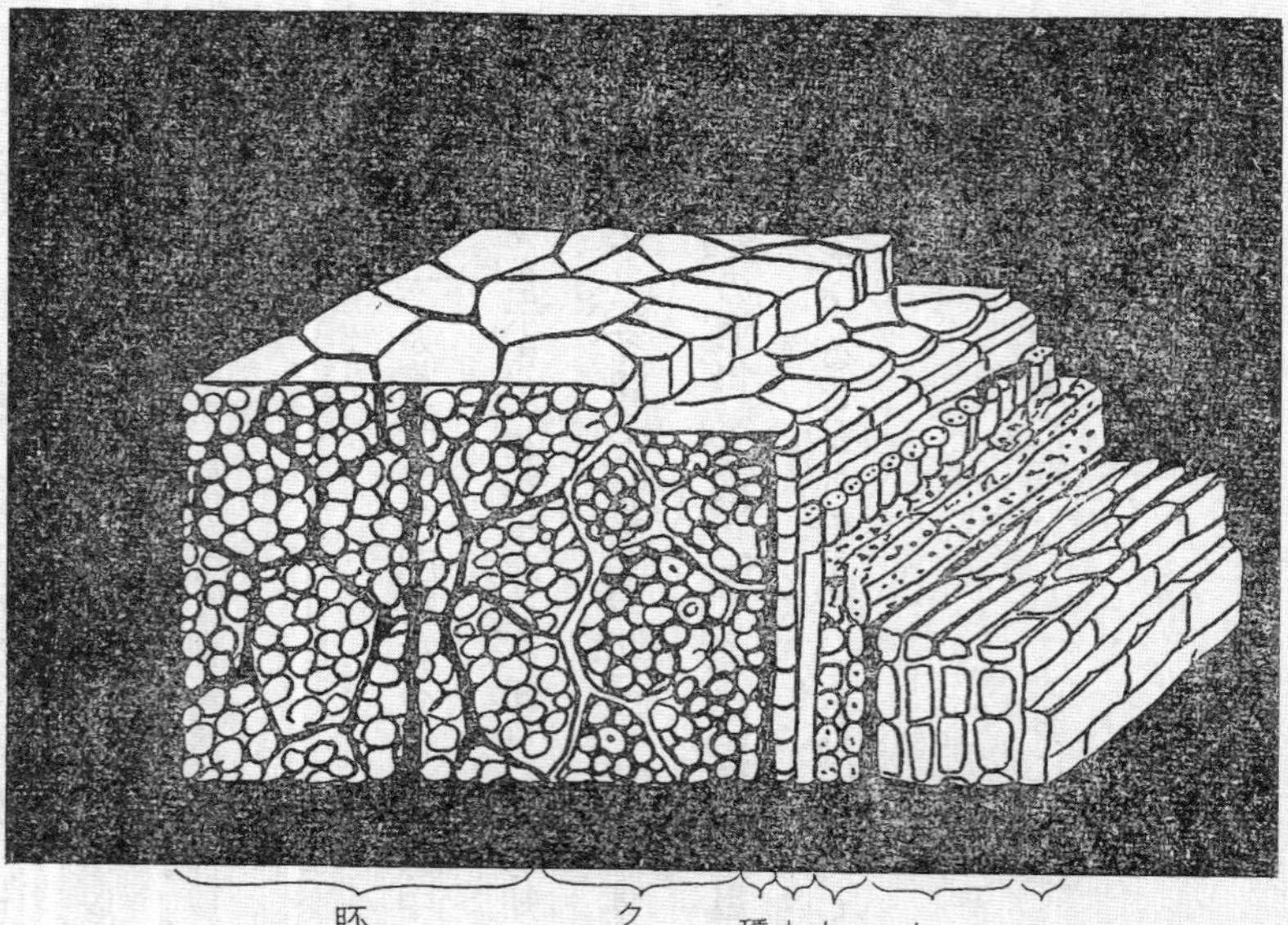

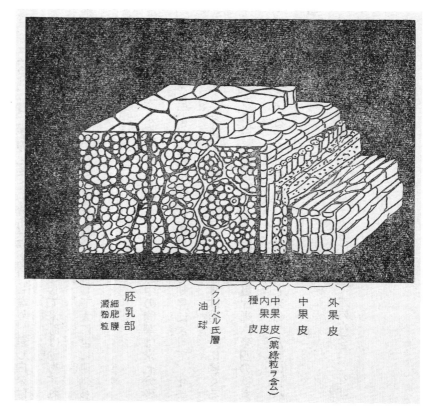

されど私を以《もつ》て之《これ》を見れば、米麥優劣論たる尚未《なほいま》だ最後の決定に到達せざるものにして、上述の他考慮す可《べ》き諸點《しよてん》甚《はなはだ》多し。

(一) 例へば其《そ》の精白度及淘洗法《およびたうせん》によりて米麥《べいばく》共にその効果に大差を生すべし。

(二) 齊《ひと》しく麥と稱《しよう》するも、小麥と大麥及《および》裸麥は之《これ》を同一視す可《べ》からず。小麥の如く甚《はなはだ》しく其《その》精白の不容易なるものあり、又挽《ひ》きて粉末となすに當《あた》り、クレーベル氏層と稱《しよう》する蛋白質及《および》脂肪に富む部分の之《これ》に混入するに反し、雪白《せつぱく》の精米に在りてはクレーベル氏層脱失す。但《ただ》し小麥粉と雖《いへど》も、近代のローラー式製粉機によるものは胚芽及《および》外皮の成分排除せらるゝが爲《た》め、純白にして前述の有利なりし特徴を失ふ。

(三) 小麥中には之《これ》を製パンに用ふる時膨脹《ぼうちやう》の用をなすグルチンと稱《しよう》する特別の含窒素成分を含有す。米及《および》裸麥・大麥中には此《こ》の成分なし。

(四) 麥粒《ばくりふ》には縱走《じゆうそう》の小溝《せうこう》ありて、此《こ》の部分は搗精《たうせい》を免《まぬ》かる。從《したがつ》て皮質部に含む無機質・ビタミン等の微量を殘存せしむるに足る。

(五) パンとして食用する場合は、酵母自體《じたい》の成分バタ其《そ》の他諸種の混入成分を夾雜《けふざつ》し、單純に麥の成分に止《とど》まると考ふべからず。之《こ》れ亦《もまた》パンの飯に優《すぐれ》る一つの重要なる點《てん》を爲《た》す。

副食物

食物の効果の擧《あぐ》るや否《いな》は榮養・經濟兩方面とも、實《じつ》に副食物の上に立つて居るのである。故に副食物の調製には多大の注意が拂《はら》はれねばならぬ。

第一、俎《そ》上《じやう》。

調理の初め若《も》しくは食膳の上から、不可食分として器機的に不用に歸《き》せしめらるる量目《りやうもく》の大なるものあるは、實《じつ》に豫《よ》想《さう》外にして、普通一〇%より二五%に達し、筍の如きは五二%にも達す。又其《その》可食分中に在りても、調理の劈頭《へきとう》に於ける第一の操作、卽《すなは》ち俎《そ》上《じやう》に、凡《すべ》て肉類と云はず野菜類と云はず、之《これ》を敲《たた》いたり切つたり、機械的操作を加ふる場合其《その》固形竝《ならび》に液體《えきたい》成分の損失は誰人の眼をも逸《いつ》することなかる可《べ》し。これ等《ら》は唯慣れて關心せられざるのみ。

（一）最初に始末が面倒であつたり不味であつたりする部分が先《ま》づ切り捨てられるが、皮とか頭とか骨とかの部分は特殊なる成分を含むを普通とするから、此等《これら》は夫々《それぞれ》工夫して用に立てる事が肝要である。

（二）野菜を皮のまゝ食して風味の口に適せざる場合は強《しひ》て爾《し》かするの要なし。只之《これ》を捨て去らず、適當《たう》に調理して別に食すれば可《か》也と云ふなり。例へば大根の青葉を油炙《ゆあぶ》りにして胡麻和《あ》へになし、冬瓜の皮を非常に細かく斜《なゝめ》に刻み味淋・醬油にて煮つけるとか、或《あるひ》は魚頭を充分に焼きて細かに刻みスリ鉢にてすり大根なますに振りかけて用ふるの類である。

（三）茄子のヘタや瓜・大根・人參・蓮根等の皮は之《これ》を串にて貫《つらぬ》き日乾《ひぼし》にして貯《たくは》へ置き、佃煮又はちらし壽司の材料として用ふれば美味なり。其《そ》の他すべて廢物《はいぶつ》は刻んだり摺りつぶしたりして、めりけん粉・味噌などに混ぜ合せて、夫《そ》れ〴〵有益《いうえき》なる利用の途《みち》あるもの也《なり》。

（四）新鮮なる材料から逸出《いつしゆつ》して溜《たま》つた俎上《そじやう》の液汁は、煮出汁《だし》溜めの中に入れるか、又はメリケン粉に吸ひ取らして用ふる。

（五）大根の如きはその汁が大切である。ヂアスターゼやビタミンは液汁中に含んで居る。刻んで鹽《しほ》モミして用ふる場合は、福神漬の澤庵《たくあん》に於けるも同じく賦形《ふけい》料としての効が主なるものとなる。即《すなは》ち大根は既《すで》に死骸となつて居る。

(六) 食品中の成分の含まれ方を心得置く事が肝要である。例へば数種の野菜に就《つ》いて之《これ》を観みるも

甘　藷　一〇〇瓦《グラム》中

皮質部　一五・六四瓦《グラム》
肉質部　八四・三六瓦《グラム》

成分	新鮮物 皮質部百分中	新鮮物 肉質部百分中	甘藷百分中 皮質部	甘藷百分中 肉質部	各成分分布の割合 皮質部	各成分分布の割合 肉質部
水分	六三・八二四	六三・九八四	一〇・一〇三	五四・二四〇	一五・七〇一	八四・二九九
粗蛋白質	一・三八七	〇・八〇三	〇・二一五	〇・六八一	三〇・六九一	六九・三〇九
粗脂肪	一・二三七	〇・八四〇	〇・一九四	〇・七一二	二一・四一二	七八・五八八
粗繊維	二・三八七	〇・五〇二	〇・三七八	〇・四二六	四七・〇一四	五二・九八六
抱水炭素	二八・六五四	三二・五一二	四・五三五	二七・五六〇	一四・一二八	八五・八七二
粗灰分	一・三二三	〇・八六八	〇・二〇九	〇・七三六	二二・一一六	七七・八八四

馬鈴薯　一〇〇瓦《グラム》中

皮質部　一一・一八瓦《グラム》
肉質部　八八・八二瓦《グラム》

成分	新鮮物 皮質部百分中	新鮮物 肉質部百分中	馬鈴薯百分中 皮質部	馬鈴薯百分中 肉質部	各成分分布の割合 皮質部	各成分分布の割合 肉質部
水分	三八・〇〇〇	七七・一九七	四・五二二	六九・四〇〇	六・一一五	九三・八八五
粗蛋白質	一〇・二三六	二・四六九	一・二一八	二・二七一	三四・九〇九	六五・〇九一
粗脂肪	〇・八四四	〇・一〇二	〇・一〇〇	〇・〇九二	五二・〇一〇	四七・九九〇
粗繊維	六・一〇一	〇・一四一	〇・七二六	〇・一二七	八五・一一一	一四・八八九
抱水炭素	三四・五六九	一八・〇〇〇	四・一一四	一六・一八二	二〇・二七〇	七九・七三〇
粗灰分	三・八四一	〇・八六〇	〇・四五七	〇・七七三	三七・一五四	六二・八四六

茄子一〇〇瓦《グラム》中
- 皮質部及《および》ヘタ　二四・四三瓦《グラム》
- 肉質部　七五・五七瓦《グラム》

成分	新鮮物 皮質部百分中	新鮮物 肉質部百分中	茄子百分中 皮質部	茄子百分中 肉質部	各成分分布の割合 皮質部	各成分分布の割合 肉質部
水分	九四・〇一一	九四・八四八	一三・一二六	七一・六七八	二四・三九三	七五・六〇七
粗蛋白質	一・三二四	〇・八九九	〇・三二四	〇・六七九	三二・三〇三	六七・六九七
粗脂肪	〇・一三二	〇・二四四	〇・〇三二	〇・一八〇	一五・五六六	八四・四三四
粗繊維	一・六八五	〇・五八八	〇・四一二	〇・四四四	四八・三〇八	五一・六九二
抱水炭素	一・四九七	二・九七〇	〇・三六七	二・二四四	一四・〇五五	八五・九四五
粗灰分	〇・七三〇	〇・三六五	〇・一七九	〇・二七六	三九・三四〇	六〇・六六〇

白瓜一〇〇瓦《グラム》中
- 皮質部　八・八二瓦《グラム》
- 肉質部　七八・三八瓦《グラム》
- 種子　一二・八〇瓦《グラム》

成分	新鮮物 皮質部百分中	新鮮物 肉質部百分中	しろ瓜百分中 皮質部	しろ瓜百分中 肉質部	各成分分布の割合 皮質部	各成分分布の割合 肉質部
水分	九四・八二九	九六・二四六	八・四一五	七五・五七〇	一〇・〇一九	八九・九八一
粗蛋白質	一・二五四	〇・七三〇	〇・一一一	〇・五七三	一六・二二八	八三・七七二
粗脂肪	〇・一七九	〇・一四〇	〇・〇一六	〇・一一〇	一一・九〇四	八八・〇九六
粗繊維	一・四〇八	〇・五七七	〇・一二五	〇・四五三	二一・六二六	七八・三七四
抱水炭素	〇・九八〇	一・七一〇	〇・〇八七	一・三四三	六・〇八四	九三・九一四
粗灰分	〇・七四二	〇・四二二	〇・〇六六	〇・三三一	一六・六二四	八三・三七六

西瓜 一〇〇瓦《グラム》中
- 皮質部 二三・〇五瓦《グラム》
- 肉質部 七六・七二瓦《グラム》
- 種子 一・二三瓦《グラム》

成分	新鮮物 皮質部百分中	新鮮物 肉質部百分中	西瓜百分中 皮質部	西瓜百分中 肉質部	各成分分布の割合 皮質部	各成分分布の割合 肉質部
水分	九五・〇三七	九五・四五一	二一・〇九八	七三・三〇六	二二・三四八	七七・六五二
粗蛋白質	〇・九〇七	〇・三二九	〇・二〇一	〇・二五三	四四・二七三	五五・七二七
粗脂肪	〇・一九五	〇・二三九	〇・〇四四	〇・一八三	一九・三八三	八〇・六一七
粗繊維	一・九八一	〇・二九三	〇・二一八	〇・二二五	四九・二〇九	五〇・七九一
抱水炭素	一・六〇四	三・五七七	〇・三五六	二・七四七	一一・四七二	八八・五二八
粗灰分	〇・七九六	〇・〇四八	〇・一七六	〇・〇三七	一七・三七一	八二・六二九

南瓜 一〇〇瓦《グラム》中
- 皮質部 一七・八二瓦《グラム》
- 肉質部 七四・七五瓦《グラム》
- 種子及《およ》びヘタ 七・四三瓦《グラム》

成分	新鮮物 皮質部百分中	新鮮物 肉質部百分中	南瓜百分中 皮質部	南瓜百分中 肉質部	各成分分布の割合 皮質部	各成分分布の割合 肉質部
水分	八三・一九一	八九・六二三	一四・八八一	六七・一三一	一八・一四四	八一・八五六
粗蛋白質	三・二四四	一・一九八	〇・五八一	〇・八九八	三九・九六〇	六〇・〇四〇
粗脂肪	〇・六二五	〇・二〇九	〇・一一二	〇・一五七	四一・六三五	五八・三六五
粗繊維	二・六七〇	〇・七五二	〇・四七八	〇・五六三	四五・九一七	五四・〇八三
抱水炭素	八・七七〇	七・四八六	一・五七二	五・六〇八	二一・八九四	七八・一〇六
粗灰分	一・〇二八	〇・五一〇	〇・一八四	〇・三八二	三二・五〇八	六七・四九二

に於けるが如く

（イ）皮質部と肉質部の等量を取りて比較すれば皮質部には肉質部に劣らざる成分を含有すること。

（ロ）各成分の分布率は何《いづ》れも皮質部には肉質部よりも小なれ共《ども》、粗蛋白質は三割乃至《ないし》四割を占め粗灰分《そくわいぶん》は二割乃至《ないし》四割を占むること。

（八）粗織維の分布率は馬鈴薯を除けば肉質部に比し皮質部に大なるものを見ざること。

を知り、これ不可食分とせらるゝ皮質部も適當《てきたう》なる調理法の下に之《これ》が利用に力《つと》む可《べ》きなりとの理由を強からしめる。

（七）薯《いも》の皮を普通の如くに剥《は》ぎ、切つて水に浸す時は、蛋白質の三五％・無機質七％及《および》澱粉二〇％を失ふ可《べ》し。故に皮のまま、先《ま》づ茹でてより薄皮を去ることにするが良し。

（八）魚類の頭部・臓腑《はらわた》・外皮・血液にはそれ〴〵特有の成分あり。必ず利用す可《べ》きものなり。

（九）鹽《しほ》抜きに鹽水《えんすい》を用ふるが如きはその一例なれども、所謂《いはゆる》料理の祕傳《ひでん》には一種の迷信に過ぎざるもの多し。

（一〇）庖刀《はうちやう》の用ひ方は大《おほい》に習熟を必要とす、又庖刀《はうちやう》使用後は磨《みが》きて油布《ゆふ》にて拭《ぬぐ》ひ置くべし、使用後の手入れを怠り使用前に磨《みが》くは甚《はなはだ》不可《ふか》なり。

第二、火　上。

火力の強弱・時間の長短・水加減・操作の順序等、煮燒に際し注意す可《べ》き事項甚だ多し。

（一）料理の全般に通じたる祕訣の一とも云ふ可《べ》きものは、その日本料理たると支那《しな》料理たると、西洋料理たるとを問はず、長時間水煮する事なり。硬き肉も粗《あら》き野菜も獨《ひと》り此《こ》の法によりて軟かく且《かつ》美味となる。

（二）醬油を加ふることに依《よ》りて煮物の硬くなるは、其《そ》の中に含んで居る酸の爲《た》すところなり。肉類も酸の生成顯著《けんちよ》なる場合は煮て硬化す。肉が死後自家《じか》融解《ゆうかい》作用の爲《た》め乳酸を產生したる場合、又はその運動強烈にして乳酸の產生著しき場合等はその肉硬し。鳥獸魚肉何《いづ》れも同一なり。

醬油はアルカリ性にては不味にして必ず酸性なるを要す。良品はその熟成する時適當《たう》量の酸を含有す。

(三)近時《きんじ》行はるゝ日本料理は非常に贅澤《ぜいたく》なる料理法なり。これ必竟《ひつきやう》煮出し殼を作りて、之《これ》に別に調合せられた味附けをなすの法であるが故である。故に淡白にして榮養價《か》少きを常とす。素麵を茹でこぼして水に投じ、水もみして水に晒して用ふるが如き之《これ》が適例なりとす。而《しか》して上白米飯の茶漬に澤庵《たくあん》を以《もつ》てするに至ては最も貴族的なる攝食《せつしよく》法であると云へる。平素《へいそ》美食するものにのみ要ありて、然《しか》らざるものは之《これ》に耽溺《たんでき》せしむ可《べ》からず。

(四)茹でこぼしが食品成分の上に如何《いか》なる程度の損失を興《あた》ふるものなるかを示せば左の如くである。

筍	生の筍	茹でたる筍	生の筍百瓦卽茹でたる筍九四・七五瓦中の成分	損失せる成分の%	各成分の損失%
水分	九一・二四%	九一・九四%	八七・一一瓦		
粗蛋白質	二・二八	二・○○	一・八九	○・三九	一七・一○五
粗脂肪	○・七一	○・五一	○・四八	○・二三	三一・三九四
粗纖維	一・一七	一・○六	一・○○	○・一七	一四・五二九
抱水炭素	三・○四	二・四八	二・三五	○・六九	二二・六九七
無機質	○・七二	○・六四	○・六一	○・一一	一五・二七八

キャベツ	キャベツ百分中	茹でたる者百分中	生のキャベツ百瓦卽茹でたる者七三・六六瓦中の成分	損失%	各成分の損失率%
水分	八七・○二八	九○・九四四	六六・九八九	二○・○三九	
粗蛋白質	一・五二五	一・一一二	○・八一九	○・七○六	四六・二九五
粗脂肪	○・三六九	○・二六四	○・一九四	○・一七五	四七・四二五
粗纖維	一・四四四	一・三七三	一・○一一	一・四三三	二九・九八六
粗灰分	一・一六五	○・七一三	○・五二五	○・六四○	五四・九三五
抱水炭素	八・四六九	六・○九五	四・四八九	三・九八○	四六・九九四

(五)日本料理の貴族的なるに比すれば支那《しな》料理はその反對《はんたい》を行く。總《すべ》ての材料を洗ひ去らず茹でこぼさず、只能《よ》く責合せることによりてその數種の風味もやがて融和熟成せられて複雜なる一個の美味なるものに化するのみならず、消

化吸收率も榮養能率も共に增大す。
（イ）榮養分を失はぬこと。
（ロ）煮出汁を要せざること。
（ハ）乾物其《そ》の他貯藏品の應用《おうよう》大なること、從《したが》つて價廉《あたいれん》になること。
（ニ）油を用ふること多く從《したが》つて所含カロリー量優越すること。
（ホ）其《そ》の他殘物の利用に便なること及《およ》び食卓の實際上には客人の不慮の增員が苦にならぬこと。
等の理由により大《おほい》に民衆的實利的であると云へる。
（六）日本料理の欠點《けつてん》は淡白なる煮出汁の偏重・醬油味萬能《ばんのう》・美術を愛する國民性、調理用具及《およ》び燃料の節約其《そ》の他婦女謙讓の國風等により、之《これ》が利益を得たると共に其《そ》の弊害を排除せざりし罪過《ざいか》に歸《き》す可《べ》きものが多い。
（七）煮出汁に萬年煮出汁を奬勵《しやうれい》せねばならぬ。卽煮出汁の殘餘は何でも之《これ》を一つに貯へて置くべき壺を作るのである。
（八）かけ醬油として用ふるものと煮物用として用ふるものとは家庭に於ても、その差別を知つて置く可《べ》きである。
又眞の風味は醬油を用ひたるものより、鹽《しほ》を用ひたるものに在ることを解すると良い。
（九）汁の上に浮ぶ油滴を去る必要のある時には濕《む》したる布片にて漉《こ》すべし。又濁りたる汁を澄ますには卵白を用ふるか又は卵殼を貯へ置きて冷した汁の中に入れ、十分攪拌して後熱を加へる。
（一〇）到底茹で捨を要する場合には靑菜の如きも洗つて之《これ》を茹でるよりも、茹でて洗つた方が色も良く上り病原菌や寄生虫からの被害を防ぐに利有り。
（一一）生と煑たると燒きたると榮養上の優劣が屢々《しばしば》質問の題目となることあり。

肉類及《および》卵にては
（生）消化し易く、榮養分に富む。寄生虫は警戒せざる可《べ》らず。
（煮）エキス分・無機質・ビタミン等失はる。
（燒）榮養分の殆ど全部を含む、食欲を催進す。
野菜類にては
（生）消化困難・榮養能率低し・寄生虫に警戒を要す。
（煮）榮養分の利用著しく增進す。
（燒）前同斷。
（一二）生食を安全に行ふには、その材料を豫《あらかじ》め消毒するの要あり。消毒方法としては差し當《あた》り、左の諸法を試《こころ》む可《べ》し。飲食物に混和して無害なる滅菌用若《も》しくは防腐用の藥品の如きは今日尚《なほ》完成するに至らざるところである。
（イ）器械的に清潔の水にて能《よ》く洗ふ。但《ただ》其《そ》の効力は完全であり得ない。
（ロ）さつと熱湯を通す。蛔蟲《くわいちゆう》卵の如きは數秒時にして死滅す。細菌には大《おほい》なる危害を加ふ可《べ》きも充分にとは云ひ難し。即ちチブス・赤痢・結核等の病原菌は沸騰水中に二三分間放置するか、攝氏七十五度乃至《ないし》八十度の溫に於て三十分間を經過せしめぬに於ては安全とは言へぬ。
（ハ）クロール消毒法。即ち晒し粉を加へたる水中に沈め、取り出し、水洗の後、次亞硫酸曹達《ソーダ》液にして殘留するクロールの臭氣を去り、再び水洗ひするの方なれども、風味を損する恐《おそれ》有り。且《かつ》寄生虫卵の如く卵殼を有するものには効なし。

（二）壮年の頃私は飲用水の消毒法に就き種々研究に従事した。クロールや沃度《ヨード》や過満俺酸加里《かマンガンさんカリ》や多數のものを試驗した後《の》ち、終に石灰を選んだ。一リーテル（五合五勺）中一・五瓦《グラム》の酸化カルシウムを加へると、隅田川の流れから採集した汚水中でも能《よ》く抵抗力の強いチブス菌が五分間で死滅するのを確め得た。酸化カルシウムは普通坊間《ぼうかん》で販賣する石灰を用ひて可《よ》い。但《ただ》し不純物多きもの及《およ》び風化したるものの効力少なきことは勿論である。自宅で一度焼きて用ふれば更に良い。水に投入すれば生石灰《きせつかい》となり。これ無害にして甚《はなは》だ有力なる滅菌劑である。食品材料にも此《この》石灰消毒法の利用を可《か》とせむ。卽《すなは》ち焼きたる石灰末を密栓せる瓶に貯へ置き用に臨んでその都度一匕《さじ》を水中に投入して新鮮毒液を作るのである。

生食に關聯《くわんれん》して茲《ここ》に注意を喚起して置くを便とする一事は、食物若《も》しくは飲用水に就《つ》いて相當《さうたう》の清潔を重んずるに拘《かかわ》らず、洗滌《せんじやう》用水若《も》しくは調理用具及《およ》び食器を拭《ぬぐ》ふ布巾の清潔を閑却《かんきやく》する世人の過誤《くわご》である。蠅《ハエ》の危險は説くまでもない。又松柏《しようはく》類の新鮮なる綠葉稍〻《やや》多量を投入し置く時は、水中細菌の殺滅に多少の効有ることを私は認めた。

第三、卓　上。

（一）食卓では食前必ず感謝の誠意を喚起すること。

（二）食事中多くを語らず、能《よ》く咀嚼することを心掛《こころが》く可《べ》し。洋風は社交的に可《か》ならむも、保健上には禪宗《ぜんしゆう》道場の風《ふう》が好ましい又食ひ殘しをなるべく作らざること、かけ醤油を節約すべきことなどは言ふ迄もなし。

麵麭《パン》

（一）蒸し麵麭《パン》製法

煎茶々碗《わん》を標準として

水　一杯と四分の一

裏漉《うらご》しせる馬鈴薯　半杯

砂糖・鹽《しほ》　適宜

小麥粉　二杯半

重《ぢゆう》曹《そう》　一グラム

大豆粉　一杯

枸《ク》櫞《エン》酸《さん》　〇・九瓦《グラム》

一、馬鈴薯は皮の儘《まま》茹でて裏漉《うらごし》すること。

二、蒸籠《せいろ》又は御飯蒸《むし》の湯を沸《わか》し置く。

三、右分量の水・馬鈴薯・砂糖及《および》塩を混和する。

四、次に小麥粉と細末《さいまつ》になしたる重曹《ぢゆうさう》とを加へてよく捏《こ》ね合す。

五、最後に大豆粉と細末《さいまつ》になしたる枸櫞酸《クエンさん》とを加へて捏《こ》ね合せ、適宜の形となして、沸騰し居る蒸籠《せひろ》又は御飯蒸《むし》の中に入れて約十五分間蒸す。

蒸し麵麭《パン》は南瓜・甘藷・玉蜀黍《たうもろこし》・粟・黍《キビ》・野菜・果實《くわじつ》・肉其《そ》の他何品にても之《これ》に混和することを得。故に平素《へいそ》此《この》法を活用せば健康と經濟の道に叶《かな》ひ、又美味である。

（二）焼麺麭《やきパン》製法

蒸し麺麭《パン》に飽きたる時は焼きパンに作るも可《か》なり。焼きパンには焼き竈《かまど》を必要とす。此《この》目的に向《むかひ》て「佐伯式天火《てんぴ》」はパン焼・焼魚・焼肉・焼芋・照り焼・菓子焼に應用《おうよう》し得可《うべ》く輕便《けいべん》にして價《あたひ》も亦廉《またやすひ》なり。焼パンの材料及《および》調製法は蒸しパンの時と同様なり。種々の材料より成る焼パンは辨當《べんたう》用として最《さい》好適す。

最上の献立

これまでに述べてきた各項を総合的に抱括すれば、適切な献立を構成すれば、栄養問題解決の最後の帰結、すなわち食物消費法の最上のものが出現する。したがって普通世間で行われる（一）、非科学的献立が不完全であることは論ずるまでもなく、多少栄養上の注意を加味した献立であっても、単に（二）、カロリー計算のみを主要としたもの（三）、料理に配慮することなしに、ただ材料の分析表を組み合せたものなどは、どれも実用には適さず、皆不適当なものばかりであった。そして人体の生理あるいは食品の化学を理解する人は、実際の調理についてはよくわかっておらず、調理に優れている人は生理および化学の素養に欠けることから、栄養に関する学術と技術の二つが互いに隔絶離反を引き起こしている実態がある。

この点に着目して、私は、献立を作るに当たり食品の材料と重量を指示して、他の一切を料理人に任せるという、古くからの慣習を止め、料理としての仕上りおよび調理法をも併せて指導し、研究室がもっている知識を十分に家庭の実生活に適合させるように努めた。また私が先年来、主となって提唱してきた[訳註二四]新献立法は、一日の副食量を四等分し、その一つを朝食に、その一つを昼食に、その二を夕食とした、各々別の献立作成法である。要するに献立に一食を単位とする法であり、ここに確固たる思いがある。栄養上から見た献立の発達を次のように三大期に分けることができる。

(一)、栄養学の知識を気にせず、本能により飲食し、食品を季節によって変えるだけで、辛うじて栄養完成の機会を作ることが一般人のできることであった。

(二)、生理学上の見地から保健食の必要性が主張されるようになり、一日量を標準とした献立を考慮することとなった。すなわち栄養上の欠陥は一日の中で是正しようというのであって、これが近代の学術的栄養法であった。

(三)、私の提唱するのは、一回一回の食事それぞれで、栄食上の完全を期すことを主たる目的とするということである。

食品中に含有される成分相互の関係、体内の生理学的機能の統一、および食品の薬理学的作用を考えると、私のこの取り組みは適切であると認められるべきである。私は一回の食事のみならず、一皿中に盛り付けた食物をも、完全な栄養食となるまでに展開させたいと考えている。それは、このような方法をとれば、正しい食品の組み合せ方が最も簡易に人々に理解され、現実にも実施可能なものとなるからである。私は料理人に平易な言葉でこの趣旨を伝えている。それは、「鑿(のみ)と槌(つち)は同時に手にすべきものである。」という言葉である。

左にこの新式献立の実例を掲げる。

この献立は、日本人[訳註二五]の平均体重十三貫五百目(一貫目＝三・七五キログラム→五〇・六キログラム)中等度の労働に従事する男子を標準として作成されたもので、すべて三人前を計上して記入している。このほかに主食として一人当たり米三合五勺[訳註二六](六三〇ミリリットル＝米四九〇グラム)(米は三分して一日三回等量、約一六三グラム)を食用とする場合の副食物の献立である。(米一合を一四〇グラムとして計算。ただし米を計る時米を入れた容器に振動を与えると米と米との隙間が詰まり米一合で一五〇グラムくらいになる)

※米一六三グラムは米飯三七五グラムに相当する(米・米飯換算係数を二・三として計算)

一合＝一八〇ミリリットル　一勺《しゃく》＝一八ミリリットル　一貫＝三・七五キログラム　一匁《もんめ》＝三・七五グラム

【原文図－二六五～二七四頁参照】

この新献立法の新しく有利なもう一つの点は、朝・昼の副の交換するか組み合せることにより、例えば三日間の献立を利用して、多数日間の献立に変化させることができる点である。そしてこの特徴は、実際現場での経営および経済上に最重要な意味をもってくる。すなわち（ここで副とは副食物の意味）。

	（朝）	（昼）	（夕）
第一日	●	○	●●
第二日	▲	△	▼▲
第三日	■	□	■■

の三日間の献立を基本とし、試みに朝副は朝副とのみ、昼副は昼副とのみ、夕副は夕副とのみ置換するとする。この時その組み合せを統計学的に考え、左式により二十七種ができる。

【原文図－二七五頁参照】

$${}_3C_1 = \frac{3\times2\times1}{1\times(3-1)} = 3$$

$${}_3C_1\times{}_3C_1\times{}_3C_1 = 27$$

図解にすると右図のようになる。

次に朝副と昼副を交換すると、それによって

$${}_6P_2\times3=6.5\times(\text{順列})=90$$

九十種になる。ただし、その内同一日の単なる朝副と昼副交換を別個の献立と考えるのは、不適当で好ましくないので、それを減算するとちょうど半分になる。

$${}_3C_2 \times 3 = \frac{6.5.4.3.2.1.}{2.1 \times (6-2).3.2.1} = 45$$

つまり、次の図に示すように四十五種になる。

【原文図－二七六、二七七頁参照】

朝副と昼副を組み合わせ、これを夕副として用いれば、その種別は十五種となる。

${}_3C_2=6.(6-1)=15.$ すなわち左の図解の通りとなる。

【原文図－二七七頁参照】

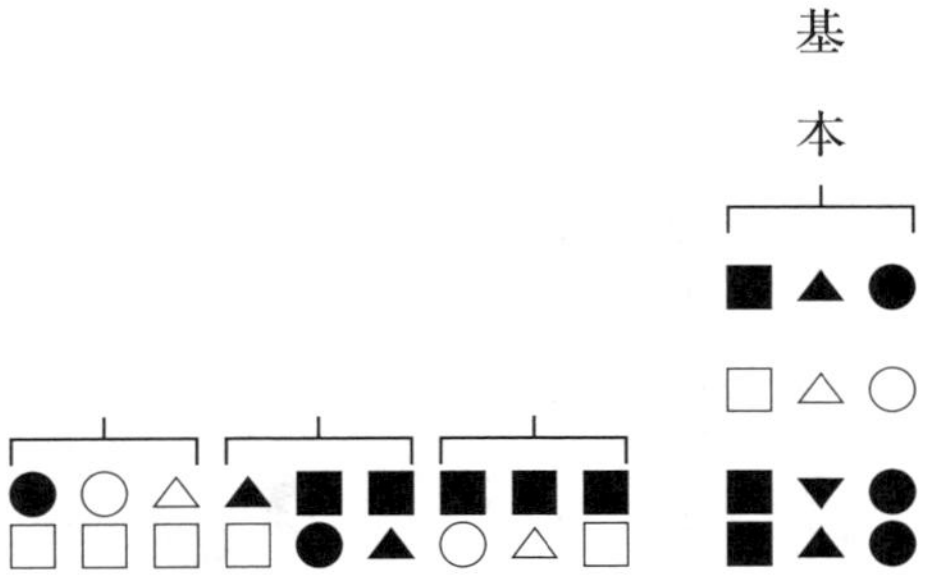

上述により明らかになったように、はじめに与えられた三日間の献立からは、結局、朝副が三種・昼副が三種・夕副が十八種である時、かつ同一日の朝・昼を換置したものは同一物と考えて、どれだけの種の献立が成立するかということになり、これを図解で示せば上図のようになる。

つまり、仮に朝副と昼副とを固定して変えなくても、十八種の献立ができる。そうであれば朝副・昼副からは十五種の組み合せが得られるので、18 × 15 ＝ 270 で、二七〇種となる。ただし、朝副●・昼副□となった場合、その日の夕副は●□となることを避けるため、270－15=255 二五五種の献立が得られると考えるべきである。

このように、私の新献立法によると、わずかに三種の献立を、二五五種の合理的な献立として転用することができるのである。

●△△▲▲▲
○●○●○△

調理理論

調理は食物を摂取する際に、食べやすくするため、消化吸収を助けるため、またその風味を良好にするために行うものである。人類史上、火を用いた調理を採用することにより一大革命をもたらし、現在では食品工業の勃興により日々その様相を改めつつある。

しかし、これら各種の調理および加工は、つまりは種々の理化学的作用の応用に外ならないものである。

（一）器械的作用

まず食品の不可食分（レフューズまたは廃物）を取り除くことにある。可食分と不可食分の区別は絶対的なものではない。廃物利用法が進歩すれば、不可食分は次第に縮小する。

食品の大片を小片にし、硬いものを軟らかくし、切ること、削ること、刻むこと、おろすこと、擂ること、撹拌すること、泡立てること、漉すこと、搾ること、圧すること、打つこと、ひねること、ねじること、こそげること、砕くこと、粉にすること、綟ることなどはみな器械的作用である。

食品の種類を問わず、その繊維を縦に断ち切ったものは硬く、横に断ち切るか、おろしたものは軟らかである。したがって、例えば肉を切るときは、必ず繊維を横に切る必要があり、成長し伸びてしまった筍の硬い部分も、おろし金でおろした後に調理すれば食用に供することができる。硬い大根葉も摺り鉢で摺れば食べられるようになる。

小片・薄片・粉末にしたり切れ目を入れたりすれば、軟浸・溶解・煮熟・浸出・煎出および味付けしやすくなることは、日常経験していることであるが、これは、その食材の接触面の拡大、機械的伝達距離の短縮と浸透力の増加によるものである。したがって、（イ）時間を節約して調理を行おうとする場合、例えば早煮の場合、（ロ）煮出汁、スープをとる時、またこれと反対に、（ハ）福神漬、佃煮のような味付け困難なものに味付けを行う時には、材料に庖丁を入れることで形態をより細かくしなければならない。（ニ）したがって材料中の本来の風味を保ちながら調理しようとする場合は、材料を大きい形にする必要があるとともに、（ホ）小さい形の材料を調理する際、その煮汁を重視しなければ料理の風味を損ねてしまうことを知っておかなければならない。

器械的処置が、食品消化吸収率の上に、いかに重要な効果を現すかは、次の数例を見ても分かる。

○大豆粉の煮豆における消化吸収率（%）

百分中消化吸収	たんぱく質	抱水炭素	脂肪
大豆粉	九三・二	九六・二	九六・九
煮豆	六三・〇	八九・九	―

○玄米粉の玄米飯における消化吸収率（%）

百分中消化吸収	たんぱく質	抱水炭素	脂肪	無機質	総熱量（キロカロリー）
玄米粉（団子として）	八二・六	九九・〇	八八・五	七六・一	九四・八

	たんぱく質	抱水炭素	脂肪	無機質	総熱量（キロカロリー）
玄米飯	七八・六	九八・五	六一・九	七一・五	八九・九

○米団子の米飯における消化吸収率（%）

百分中消化吸収	たんぱく質	抱水炭素	脂肪	無機質	総熱量（キロカロリー）
白米粉（団子として）	八五・一	九九・七	九〇・九	八八・〇	九六・九
白米飯	八一・四	九九・五	八五・九	八四・三	九五・八

○餅のおこわにおける消化吸収率（%）

百分中消化吸収	たんぱく質	抱水炭素	脂肪	無機質	総熱量（キロカロリー）
餅	八五・二	九九・七	九二・三	九〇・六	九六・三
おこわ	八一・五	九九・六	九〇・五	八九・四	九五・四

この数値は、どのような場合も、咀嚼が栄養上で極めて大切であることを説明する根拠でもある。

このほか、器械的作用に分類されるものとして、食品に一定の形状を与えること（成形法）つまり、巻くこと、結ぶこと、縛ること、固めることなど、さまざまな細工を行うことがある。寒天およびゼラチンの応用あるいは各種の人工着色も、また同種の美術的技巧とみるべきもので、この成形法に分類される。このような機械的操作の中には、ただ単に無用な装飾に過ぎないものも少なくない。

(二) 温熱的作用

乾熱・湿熱および冷却である。すなわち

（イ）乾熱は乾燥すること・焼くこと・あぶること。

(ロ) 湿熱は煮ること、蒸すこと、煎じること。

(ハ) 冷却は冷やすこと、凍らせること。

これらの作用の影響は、作用の強弱と食品の化学的成分の違いによって、それぞれ固有の変化がみられる。

なお熱の応用に際して、次のことについて常識として心得ておくべきである。

(一) 燃料が木材・石炭・ガスのどれでも、炎の温度が部分によって違うこと。つまり空気との混和が充分である外表部の温度は高く、酸素の供給少ない内心部は低い。

【原文図－二八二頁参照】

(二) 完全に燃焼すれば油煙は発生せず、燃焼が不完全だと油煙を多く発生する。したがって濃煙は不経済である。

(三) 熱の良導体と不導体があるため利用すること。

◎乾熱では食品・食材の脱水によって乾燥し、その性質を弱く脆く、または強くしなやかにする。あるいは熔融(溶融・融解)・膨張・凝固・乾溜・炭化の各種現象がみられる。低温であっても化学的に分解するものがあり、高温でも分解しないものもある。

通常、台所で用いられる乾熱は一般に文火と呼ばれる程度の、焦がさず、沸騰させず、緩やかに熱を通す弱い火力を用いることもあるが、多くの場合はやや高熱を用いる。その結果、

○たんぱく質は凝固、縮小し、再び水に溶解する性質を失う。

しかし、これは形態の変化であって、決してたんぱく質の化学的組成が変化したわけではない。黒く焦げるようなことになればたんぱく質固有の栄養分が失われることになるが、そうでなければ栄養分が失われることはない。また強い火力を用い、短時間で肉を焼く時は、凝固したたんぱく質が外側に被膜をつくり、内部からの成分漏失を防ぐ。これは焼いた肉の味が煮た肉より

も優れている理由である。またたんぱく質の凝固は、性質やその他の条件によって大きな差がみられる。例えば、卵白はそのまま固まり、牛乳は沸かしても凝固しないが酸化すると凝固する。大豆のたんぱく質も単純に煮ただけでは固まらないが、ニガリを加えると凝固する。肉を煮る場合に、醤油を加える時間が早ければ硬化すること、酸味を加えた魚肉は煮ると著しく硬化すること、肉・卵の類を食塩に馴染ませて焼くことをよしとするのも、皆この理由によるのである。

たんぱく質に熱を加えて凝固するのは、中性もしくは酸性の場合に限り、アルカリ性では凝固がみられず、逆に溶解する。豆を煮る場合にソーダ（重曹）を用いるのはそのためである。

○抱水炭素は加熱により可溶性でんぷんとなり、また植物細胞を包み繊維が付属する細胞壁と膜とを破壊することから、消化性を大きく高める。例えば、生栗の消化がきわめて困難で下痢を起こす一方、加熱した栗は非常に消化しやすい食品の一つである。そしてすべての穀類および植物性食品は抱水炭素を主成分とすることから、人類が火食をするようになったことによる栄養増進上の意義は、肉食ではほとんどないものの、菜食では効果は顕著である。すなわち、肉食における火食の効用は、人類に危害を及ぼす病原体の殺滅および貯蔵上の便宜を主とし、他は調理と風味上の変化を楽しむことにとどまる。これに反して、菜食における火食の効果はすこぶる偉大であり、栄養効率を劇増させ、経済上も欠くことができない方法である。抱水炭素も酸性反応で加熱される場合は、大きな影響を受ける。でんぷん類は分解して糖分に変化する。寒天・イヌリンのような全く消化できない不消化性の抱水炭素も、酸と共に熱するとそれぞれ有用な糖分となり、栄養上の意義を生じる。一方アルカリ性の条件で熱する場合には、でんぷんも可溶性でんぷんとなり糖分もさらに分解して、常温でも強い還元性を示す物質に変化する。しかし、その分解の度合は酸性反応の場合のように顕著ではない。また抱水炭素は一度乾燥した後、さらに高度の乾熱を加えれば、膨張して軽鬆（軽く多孔質状態）となる。炭化すればカロリー源としての価値が失われるが、炭化に達する手前の分解産物にはさまざまな特効がある。

○脂肪。その融点を異にすることからステアリン酸・パルミチン酸・オレイン酸の三種を区別している。三種とも加熱すると流動性を高め、組織のそれぞれの融点で漏出して周囲に拡布する。したがって脂肪に富む食品は調理後に弾力が生じ、次いで軟弱となるのが通常である。この脂肪は膨張系数が大きいため、熱によって組織間に拡がり浸潤するので調理に都合がよい。脂肪がついた肥えた肉を料理したものが軟らかく美味であるのは、このためである。脂肪の一部は容易に燃焼し、各種の香味を呈する脂肪酸などの分解産物を生じる。脂肪はアルカリとともに加熱した場合、脂肪酸に分解するのが特徴であり、酸とともに加熱した場合は、影響はそれほど著しくない。

◎湿熱。水と共に熱を加えたり水蒸気で熱したりする際は、その熱が食品の成分に及ぼす影響は乾熱に準ずるといわれるが、以下のような水煮に特有な点がある。

（イ）通常ふたをしない鍋の中では、水の温度が摂氏一〇〇度以上には昇騰しない。したがって高温で加熱されても栄養分が損失する心配はほとんどないといってよい。重湯せんでは大抵摂氏八〇度である。

（ロ）ただし摂氏一〇〇度以内であっても、調理上の効果はけっして単純ではない。例えば、各種たんぱく質には固有の凝固温度があり、卵で説明すれば、白身の成分は主として卵アルブミンと呼ばれるたんぱく質で、摂氏一〇〇度で凝固する、黄身中のたんぱく質はヴィテルリンと呼ばれ摂氏七五度で凝固する。したがって沸騰中に二分間加熱すると、卵白は凝固し卵黄はまだ凝固しない。これを半熟の卵という。この際、卵黄が凝固に至らないのは、熱が卵黄にまで到達していないからである。これに反して、摂氏七三―七五度で三十分間加熱すると、卵黄は凝固し、卵白はまだ凝固しない。熱が内部に伝達する時間はあるが、卵白が凝固するまで温度が上昇しないためである。また、摂氏一〇〇度以上で一〇分間以上加熱すれば、卵白・卵黄ともに凝固して熟煮卵ができるのは、多くの人が知っていることである。

（ハ）温度上昇によって溶解度が進み、肉類からは無機質・グリコーゲン・グリココル（グリシン）・タウリン・クレアチニン等、水溶性の成分が溶出する。野菜類からはアルカリ・ビタミン・糖分・有機酸等の溶出がみられる。

（ニ）単に水煮されるだけで、コラーゲンは膠（ニカワ）となり、でんぷんは糊となり、脂肪は分離して水分の上に浮かぶ。

（ホ）水に溶けている成分の性質に応じて、異なる結果が出ることにも注意しなければならない。例えば、酸性の場合、たんぱく質の凝固が促進され抱水炭素の糖化と脂肪の分解が進むのに反し、アルカリ性の場合は、たんぱく質と抱水炭素の溶解および脂肪の石鹸化が起こる。これは調理の際、食品の取り合わせにより、出来上がりに硬軟や美味・不味を生じる理由である。例えば、肉類を酸味のものと一緒に煮ることで非常に硬化し、豆類と一緒に煮ることで非常に軟化する。豆類はアルカリに富むものと煮るのがよい。

（ヘ）食品中に含まれる無機質と水との間には、交流作用（水と無機質の移動）が起こる。

（ト）食品を熱湯に入れて急に煮る場合と水から徐々に煮る場合とでは、大きな差がある。

（チ）水蒸気で蒸す場合は、水中で煮るような多量の水分に浸すことなく、しかも比較的高温による加熱ができる。すなわち揮発性成分は失われやすいが、エキス分の損失は少ない。蒸したものが煮たものより風味に富むのはこのためである。

（リ）高圧釜の利用は今後の家庭に望ましいことである。例えば軽い新合金でできている釜があり、豆を煮ると数十分間で軟らかくなり、滅菌力も強いことから、煮たものの腐敗を遅れさせる効果が大きい。

（ヌ）すべての物質において、溶解の難易、遅速および飽和度に、温度と密接な関係にあるため、必要に応じてその調整が非常に大切である。例えば煎汁を作る際、美味を主とした目的で煮出汁を作るには一煮立ちを限度とし、それ以上長時間にならないようにするが、これに反し栄養摂取を目的とするソップを作るには、長時間かつ比較的高温で加熱することがよいとされるようなものである。煮出汁・ソップ（ズッペ・スープ）・ブイヨン（ブリオン）・肉羹汁（肉汁）、は、みな異名同一のものである。また調理で、いわゆるざっと茹でることとは、食品の外表だけに充分な高熱を加え、深部は半熟もしくは生のままの状態に止める方法である。落とし蓋をして煮ると、充分な熱と水蒸気の圧を長時間かけて加え、徹底的に内部まで軟らかくなる。揚げ物および豚肉を、ざっと湯を通すことよって臭みを除去しあっさりとした味わいとする方法もある。

清潔・消毒のため、あるいは外の薄皮を取り除くためには、ざっと煮を用いる。例えば、トマトを熱湯中に投入加熱させてうす皮を除く例がある。また煮えやすいものと煮えにくいものを一つの鍋で煮るには、材料を投入する順序と切り方に注意するべきである。そうしなければ焦げつくおそれがある。また、かき混ぜたりすれば、砕けて見た目が悪くなったりする。

（ル）長時間水を差しながら煮ると、揮発成分が失われやすくなる。食品中の成分と液汁中の成分とがしっかり混和融合すること、あるいは化学分解の作用により、別格の風味が新生される。短時間では、ややもすれば二味となってしまいがちだが、中華料理の調理法を用いれば味の調和が得られる。

（オ）加熱したものを冷却する操作により、その食品の性状および外観に大きな違いが出る。特に食品調理後、食品を乾燥させ光沢を出したい場合は、水蒸気が冷却される前に、速やかに飛散させる必要がある。そうしなければ、多少の凝結水を生じて外観を損ねるだけでなく、風味が低下し腐敗を招きやすい。パンを焼くにはパンは釜の中で水蒸気が飽和した状態で加熱されれば、色つやは最も美しくなる。

（ワ）水の代りに油で煮た（揚げた）場合は、上述した乾熱と湿熱の中間の作用がみられる。温度は、黄色い油揚げを作る場合で摂氏一四〇度、やや強く焦げ気味になる場合には一六〇度である。玄米せんべいで米のビタミンを摂取するという考えは放棄されなければならない。

（カ）加熱によるもう一つの大きな影響は、食品中に含有される酵素の破壊である。食品が皮で覆われている限りは無事であるが、皮が傷つけられるか、切れ目が入れられ空気に曝露されると、酸化現象が発現して、急速に黒色、暗色あるいは褐色に変色することがある。これはオキシダーゼと呼ばれる酵素の作用によるものであり、芋類・ごぼう・なすその他の野菜は包丁で切った直後に水中に投入しなければ、色が悪くなり著しく外観を損なう。しかし、皮のまま焼く煮ること、あるいは油で炒めることによって、オキシダーゼの作用を壊滅（不活性化）させることができる。アクが強いと言われ、生食すると極めて不味な食品も、同様の方法をとり、加熱の手段を用いて化学的変化が行われれば、風味が改善される。このように、酵素は食品の中で被覆されている間は、チモゲーンまたはプロエンチームと呼ばれる母体の形態（酵素の前駆体）で存在し、外皮が除去され酸素に接触すると、速やかに酵素に変化し作用（活性化）するのである。

◎寒冷。強く冷やすとたんぱく質・抱水炭素・脂肪等すべてのものを凝固させる。魚肉のあらい（魚の調理法）、卵および牛乳のアイスクリーム・バターの形成などはその例である。また冷凍工業によって提供される、凍餅・凍豆腐・凍こんにゃくなどの多くの製品は、凍冷のまま乾燥（凍結乾燥）したものであることは、知られている。これらは東洋の特産品である。

このような、外観に理学的変化をもたらすほどの著しい寒冷処理の他に、もう少し緩やかな寒冷を用い食品固有の香味を損なわない方法がある。また単に食品を氷間に冷蔵、冷却することがあり、夏の時期に好まれることが多い。洋風の冷製スープ・冷肉・わが国の冷やっこ・冷たい素麺はその例である。けれども、これらは化学上の変化を伴わない。凍冷の応用によって日本酒中の水分を冱結させ、水分を除去し濃縮することは、日露戦争当時軍用品として盛んに試作された。

寒冷で多くの細菌は発育が阻止されるが、死滅はしない。また、糸状菌は寒冷に対する抵抗力が他の雑菌よりも強力で、氷中に発育するものもある。滅菌が不完全な材料または場所によっては、糸状菌を利用する場合は低温にするのがよいとされる。

(三) 塩類の作用

中性塩類が使われる。最も広く用いられるのが食塩である。その強大な食品との相互作用により、脱水・乾燥・防腐の作用が発現する。また漬物の製造には欠くことができない。外国では、肉の貯蔵に硝石が用いられる場合がある。

加工食品製造の場合、例えば日本で豆腐を作る場合に、硫酸マグネシウムを主成分とするニガリを用いてたんぱく質析出法を行う。真に巧妙な塩類の利用法である。

(四) 化学的作用

調理に際し、各食品を別々に煮たり焼いたりすることの多い日本料理には、化学的作用に任せられるものがやや少ない。しかし酸の応用により肉を浸して凝固させたり、カルシウムを浸出して骨を軟化させたり、でんぷん質を糖化させて甘味を生じさせたり、ソーダ（重曹）を用いて軟らか煮や早煮の補助にさせたりすることは、みな化学的作用に基づくものである。食品の種類を問わず一度焼くか油あぶりにした後に、煮たものの特徴や熟煮によって甘酒の甘味を増すこと、冷飯が美味な鮨をつくるのに適しないこと、豆と一緒に煮ると肉が軟らかくなることなど、みな化学的作用によるものと説明すべきである。

中華料理のように多種多様な食品を配合・煮熟する場合には、相互間に行われる化学的変化が顕著な場合があれば、日本料理において最大に忌避される、食味のいわゆる二味三味（味の不統一、味にまとまりがない）が全くない。中華料理ではよく融合調和され、通常、不統合の痕跡が見当たらないことからも察知することができる。

(五) 酵母および細菌の作用

日本では味噌・醤油・納豆・酒・甘酒・鰹節・漬物、西洋ではパン・チーズ・ビールの類に関することで、これらの食品は酵母および細菌を利用して製造される。酵母および細菌を飲食物に応用する例の多さは、東洋がはるかに欧米を超えている。欧米に比べ空気中の湿気分に富み多種類の菌類を有するからである。

その他に全く別分野の応用になるが、菌の発育に際し高温を発する細菌を選び利用し、無火（火力を使わない）調理法に応用する私の発想は、今後大いに発達すべき運命にあるものと信じている。

調理の実際

飯の形態で米麦を食用とすることは、健康面でも経済面でもよいとは言えない。しかし、実際の問題を論じるに当たっては、現況の習慣に基づかなければならない。それで、飯を主食品とすることを前提として始める。

飯

（一）精白度と米の成分との関係

○半搗米。

半搗米を五分搗米にすると、玄米一〇〇グラムから半搗米九六・四一グラムと糠三・五九グラムが得られる。

【原文表－二八九頁参照】

○七分搗米

七分搗米は五分搗米と精白米の中間に位置するもので、玄米一〇〇グラムから七分搗米九五・四三グラムと糠四・五七グラムが得られる。そして胚芽はまだ残存する。

【原文表－二九〇頁参照】

○白米

精白米にすると、玄米一〇〇グラムから白米九一・二一グラムと糠八・七九グラムが得られる。

【原文表－二九〇頁参照】

(二) 精白度と米の消化吸収率との関係

(イ) 消化吸収率。(百分比)

【原文表－二九一頁参照】

精白度が進むほどに消化吸収が良好である。

(ロ) 吸収実量 (玄米一〇〇グラムを基にして計算している)

【原文表－二九一頁参照】

精白度が進むほどにその値は順次小さくなる。(抱水炭素を除く)

(ハ) 不吸収実量 (糞便中排泄実量平均値)

【原文表－二九一頁参照】

精白度が進むほどに不吸収実量が小さくなることを示す。

右(一)(二)に掲げた、米の精白度が米の栄養価に及ぼす影響の研究を基礎として、保健および経済の両面からこれを考察すると、私は七分搗米を当面、推薦する。

(三) 炊飯に当たり、第一に研ぎ洗いによる損失が大きいことに充分留意しなければならない。私は他に先んじて、米の「トギベリ（研ぎ減り）」ということを一般社会に警告した。当時これに関し、化学分析とそれから算出した米の損失量を発表するとともに無砂無洗米[訳註二七]の完成に努力した。優秀なタイム式精米機なども単に無砂搗を標榜していたが、私は同機発明者の佐藤氏に、一歩を進めて無洗米が可能な別の工夫をすべきことを依頼し、同氏はこの趣旨を理解してさまざまな試作機を作り、私の私立時代の研究所で試験をした。また、同時代に矢野氏は私の主張に賛同して、早い時期から家庭用米麦無水清拭器というものの製作に成功した。そして、今日では無洗米の主旨にかなう米の供給に苦心する米穀商がにわかに増加している。

○米の研ぎ洗いによる各成分の損失（混砂搗白米）[訳註二八]。――研ぎ水を分析して。

【原文表－二九二頁参照】

わが国の内地米六〇〇〇万石（8,417,391t）の生産高につき、つき減りを八％と見積り、五五二〇万石（7,744,000t）の白米として計算すると、たんぱく質白米八六五万石分（1,215,808t）・脂肪白米二三五一万石分（3,298,944t）・抱水炭素白米一一〇万石分（151,782t）および大量の無機質とビタミンのほとんど全部を流失する。

また四斗俵（十五貫目＝五六・三キログラム）の玄米一俵は、搗き減り（八％として）により一貫二〇〇匁《もんめ》（四・五キログラム）を失い、研ぎ洗いにより五五匁《もんめ》（二〇六グラム）を失う。結局一三貫二五〇匁《もんめ》（四九・七キログラム）の白米となって利用される。

○米の研ぎ洗いと各成分（無砂七分搗き）。――米粒を分析して。

【原文表－二九三頁参照】

米の研ぎ洗いは、精白にも増して米を食べる人にとっての元凶である。私が主張、提案している無砂無洗米を用いないまでも、せめて研ぎ洗いをなるべく消極的にすることを心掛けねばならない。

夏季に、腐らない飯の炊き方として研ぎ洗いを充分にすることは、栄養分を流失させ細菌の発育増殖に適しない飯を作るということである。

その他腐らない飯の炊き方として、食酢・食塩などさまざまなものを混入する方法は効果が認められない。また防腐剤を加えるのは禁物と認識しなければならない。寒天を溶かし込んで米粒をコーティングすると、消化を妨げるおそれがある。

（四）炊飯では張り釜（容量一杯）にしないことが要点である。例として、二升炊の釜で一升の飯を炊くように注意し、糊やエキス分が溢れ出るのを防ぐことが大切である。私の私立時代の栄養研究所には、私の創意を生かしたツバ（羽釜の羽）上の高い特種な釜があり、今も残っている。以前これを埼玉県の某氏にちょっと見せたところ、氏は私に無断でその釜の新案特許を取得し、自から作成して市販品としてしまった。

（五）釜の内部の気圧を高くすること、それには釜蓋を重くすることが必要である。また、私の助炊器を釜蓋に付け加えることを最もよいとする。

（六）炊飯時に加えるべき水の量については、米の種類・新旧・水分の含量等によって異なることから、一概に言うことができないが、普通米一升に対して水約一升二合にする。※容量で一・二倍にする。

（七）飯櫃は清潔にし、直射日光で乾かし、飯の熱いうちに飯櫃に移す。しゃもじは熱湯で潤し、水を用いないようにする。飯櫃の上は清潔な白布で被い、飯から蒸発凝結する水分を吸収させる。

（八）飯の腐敗の原因は、米および水中に混在する細菌が残存したものが主であり、炊飯後の空気・器具・手指等から落下混入する細菌の繁殖によって起こる。

（九）炊飯の技術としては、煮立つまでは充分火力を強くし、煮立ったら吹きこぼれないように注意し、いったん火を落とし、薪ならばその焚き火落としの火（熾火：おきび）で、ガスあるいは電気であれば微量の熱で数分間続け加熱する。

（一〇）一個人の健康上からも食糧政策上からも、日常、飯は色飯に親しむ習慣をつけるのがよい。色飯とは雑穀・芋類そのほかさまざまな野菜類を炊き込むものである。

（一一）寒い季節に、冷飯を蒸して温める場合には、御飯蒸し器に容れる水の量をなるべく少なくし、その水は廃棄せず必ず飲用もしくは他の汁などに利用するのがよい。

（一二）特に美味しい飯を作ろうとするならば、微量の砂糖を加える。ただし砂糖の味を感じない程度の量にしなければならない。未熟米、未乾燥米、および新米が美味しいのは、胚乳中の甘味が主な原因である。

（一三）結果として、最も必要な知識、米の調理法とその消化吸収率の関係を左に掲げておこう。これを見ると、従来一般に考えられていたことと様子が大いに違っている点が多くある。非常に有益な試験成績である。

○白米・玄米団子 玄米飯。（数字は各成分消化吸収率を示す。他も同じ。）

【原文表－二九五頁参照】

○白米粥と白米飯。

【原文表－二九五頁参照】

○おじやと白米飯。

【原文表－二九五頁参照】

○すしと白米飯。

【原文表－二九五頁参照】

○小豆汁と白米飯。

【原文表－二九六頁参照】

○赤飯と白米飯。

【原文表－二九六頁参照】

○おこわ（うるち米七合 餅米三合）と白米飯。

【原文表－二九六頁参照】

○白米団子と白米飯（前出）。

○餅とおこわ（前出）。

米と麦

米と麦が食糧中最も重視される理由は、生産量が最大であることによる。米麦ともにその種類は非常に多いが、わが国における米の総生産量六〇〇〇万石（8,417,391t）、麦の総生産量二〇〇〇万石（2,805,797t）、両者合わせて国民の栄養の中心であることの理由の一つに、日本の国土が狭く、二毛作が奨励できないことがある。これが、米麦が両立している現状の中で、米麦の優劣比較論が機会ある度に行われる理由である。この論議の変遷が、ちょうど栄養学の進歩の過程と一致するのは興味深いことである。

（一）最初この問題を考察した上で重点をおいたのは、化学分析である。考えてみれば、白米は研ぎ洗い後含有するたんぱく質がわずかに六―七％であるが、麦は裸麦が一〇％、大麦では一一％を含有している。したがって麦飯に比べて米飯はどうかすれば窒素分が不足しやすい食糧で、麦は米より優っている、という説がある。この説は脚気病に関連して広く世に伝えられた。

（二）米麦両者の消化吸収率を比較試験した結果、米麦中のたんぱく質の不吸収率は二一・〇四％であるが、麦飯中の同率は米七分麦三分に配合した場合では三二・七％である、また麦飯では五三・三％を示す場合もあることがわかった。この知見で、化学分析上、麦のたんぱく質含有量がきわめて高いことが何の役に立つのかわからない、という結論がでた。ここに示した米麦間の不吸収率の差は、やや大き過ぎるが、最近の栄養研究所での実験成績によれば、米飯のたんぱく質の消化吸収率八五・七％に対し、重量比で米六麦四を配合した裸丸麦飯は八二・五％である。また、同米飯は八三・六％、押大麦飯七八・八％の結果を妥当とする。それにしても米の方が麦に比べて消化吸収率が著しく高いことは動かし難い事実である。

（三）さらに、最近生物学的栄養価の研究によって、たんぱく質の効価が米では八一、大麦では六六であることが明らかにされ、米のたんぱく質の栄養価は麦のそれに数段優る事実を発見した。

【原文図－二九八頁参照】

（解説）上図は米穀粒と精白度との関係係を示し、下図は同表層に近い部分を拡大して組織の各層を現わしたものである。これは大正博覧会の時に私が初めて試作した米の模型を写したもので、それまでこの国に米の模型[訳註二九]がなかったのは不思議なことである。いや、主食品であるにもかかわらずいかに非科学的に取り扱ってきたかがわかる。

しかし、私から見れば、米麦優劣論がいまだ最後の決着に至っていないので、前述の他に考慮すべき点は非常に多い。

（一）例えば精白度および研ぎ洗い法によって、米麦ともにその効果に大きな差が生じる。

（二）同じ麦といっても、小麦と大麦および裸麦は同一視してはならない。小麦のような精白が非常に難しいものでは、挽いて粉末にする時、クレーベル氏層と呼ばれるたんぱく質および脂肪に富む部分が混入するのに対し、純白な精麦ではクレーベル氏層を失う。ただし小麦粉でも、近代のローラー式製粉機によるものは胚芽および外皮の成分が排除されるため、純白であっても前述の有利な特徴を失ってしまう。

（三）小麦は、パンを作る際に膨張作用があるグルテンという特別な窒素成分を含有している。米および裸麦・大麦中にはこの成分は含まれない。

（四）麦粒には縦走の小さい溝があり、この部分は搗精されない。したがって皮質部に含む無機質・ビタミン等が微量に残存することになる。

（五）パンとして食用する場合は、酵母自体の成分とバターほかさまざまな混入成分が入り混じり、単純に麦の成分に止まると考えてはならない。これは、パンが飯に優る一つの重要な点でもある。

副食物

食物が効果を挙げるかどうかは、栄養・経済両方面とも、副食物によって決まる。したがって、副食物の調製には、大きな注意が払われなければならない。

第一、俎上

調理のはじめから、もしくは食膳の上から、不可食分として機械的に廃棄される量は予想外に大きく、普通一〇％から二五％に達し、筍の場合は五二％にもなる。また可食部中でも、調理の第一の操作、すなわち俎上に、肉類でも野菜類でも、叩いたり切ったり、機械的操作を加える場合は、その固形成分ならびに液体成分の損失は、誰の眼にも見えているはずである。これらはただの慣れのせいで関心がもたれないだけである。

（一）最初に処理が面倒であったり味が悪かったりする部分が廃棄されるが、皮、頭、骨などの部分は特殊な成分を含んでいることから、これらはそれぞれ工夫して利用することが肝要である。

（二）野菜を皮のまま食べて、風味が口に合わない場合は、強いてそうする必要はない。ただ、捨てずに、適当な調理法で食べられるようにできればよいと言われる。例えば大根の青葉を油炒めにしてごま和えにする、冬瓜の皮を斜めに極細かく刻み味淋・醤油で煮付ける、あるいは魚の頭を充分に焼いて細かに刻み、擂鉢で擂り大根なますに振りかけて用いる、などがある。

（三）茄子のヘタや瓜・大根・人参・蓮根等の皮は串に刺し日干しにして貯えておき、佃煮またはちらし寿司の材料として用いれば美味である。その他すべての廃棄部は刻んだり、摺りつぶして訳註三〇メリケン粉・味噌などに混ぜ合わせるなど、それぞれ有益な用途があるものである。

（四）新鮮な材料から浸み出して溜った俎上の液汁は、煮出汁溜めの中に入れるか、またはメリケン粉に吸着させて用いる。

（五）大根は汁が大切である。ジアスターゼやビタミンが液汁中に含まれている。刻んで塩もみして用いる場合は、福神漬の沢庵と同じような形態を保つ役割が主になる。この場合、大根はもはや栄養給源としては期待できない。

（六）食品中の成分の含まれ方を心得ておくことが肝要である。例えば数種の野菜についてみると

【原文表－三〇一頁参照】

さつまいも　一〇〇グラム中
- 皮質部　一五・六四グラム
- 肉質部　八四・三六グラム

じゃがいも　一〇〇グラム中
- 皮質部　一一・一八グラム
- 肉質部　八八・八二グラム

【原文表－三〇一頁参照】

茄子一〇〇グラム中
- 皮質部およびヘタ　二四・四三グラム
- 肉質部　七五・五七グラム

【原文表－三〇二頁参照】

白瓜一〇〇グラム中
- 皮質部　八・八二グラム
- 肉質部　七八・三八グラム
- 種子　一二・八〇グラム

【原文表－三〇二頁参照】

西瓜一〇〇グラム中
- 皮質部　二二・〇五グラム
- 肉質部　七六・七二グラム
- 種子　一・二二グラム

【原文表－三〇三頁参照】

南瓜一〇〇グラム中
- 皮質部　一七・八二グラム
- 肉質部　七四・七五グラム
- 種子およびヘタ　七・四三グラム

【原文表－三〇三頁参照】

このように

（イ）皮質部と肉質部の等量を比較すれば、皮質部は肉質部に劣らない成分を含有すること。

（ロ）各成分の分布率はすべて皮質部は肉質部より小さいが、粗たんぱく質は三割〜四割を占め、粗灰分は二割〜四割を占めること。

（ハ）粗繊維の分布率は、じゃがいもを除けば肉質部に比べ皮質部に大きな数値をみないこと。

を知り、不可食部とされる皮質部も、適当な調理法で利用に努めるべきであるという理由が強められる。

（七）いもの皮を普通にむき、切って水に浸すと、たんぱく質の三五％・無機質七％およびでんぷん二〇％を失う。したがって皮がついたままでまず茹でてから薄皮を除くのがよい。

（八）魚類の頭部・内臓・外皮・血液にはそれぞれ特有の成分がある。必ず利用すべきである。

（九）塩抜きに塩水を用いるのはその一例だが、いわゆる料理の秘伝には一種の迷信に過ぎないものが多い。

（一〇）包丁の用い方は大いに習熟を必要とする、また包丁使用後は磨いて油布でよく拭きとること、使用後の手入れを怠り使用前に磨くことは避けるべきである。

第二、火上

火力の強弱・時間の長短・水加減・操作の順序等、煮焼に際し注意すべき事項はきわめて多い。

（一）料理の全般に通じた秘訣の一つともいえることは、日本料理であるか、中華料理であるか、西洋料理であるかを問わず、長時間水煮であることである。硬い肉も粗い野菜も、この方法をとるだけで軟らかく、かつ美味となる。

（二）醤油を加えると煮物が硬くなるのは、その中に含まれる酸の作用によるものである。肉類が酸を生成が顕著に生成している場合は、煮ると硬化する。肉が、死後自家融解作用により乳酸を産生した場合、または生前激しく運動していて乳酸の産生が著しい場合等は、その肉は硬い。鳥獣魚肉すべて同じである。

醤油はアルカリ性では味が悪いため、必ず酸性であること。良品は熟成する時、適当量の酸を含有している。

（三）近頃の日本料理は、大変にぜいたくな料理法をとっている。つまり、出し汁を作る時に出し汁殻と出し汁を分けて味付けをするからである。このため、淡白で栄養価が少なくなってしまう、これが当たり前のようになされている。素麺を茹でこぼし水に入れ、水中でもみ洗い水に晒して用いるのが適当な例とされている。上等な白米飯の茶漬を沢庵で食べることに至っては、最も貴族的な食べ方と言える。日常、美食している者だけが必要とする食べ方であり、そうでない者は、このような食べ方ばかり好んでいてはならない。

（四）茹でこぼしが食品成分にどの程度の損失を与えるものかを示すと、左のようになる。

【原文表－三〇五頁参照】

（五）日本料理の貴族的な（無駄を出しぜいたくな）摂り方に比べれば、中華料理はその反対の料理法である。すべての材料を成分を漏出させるほど水に晒したり茹でこぼしたりせず、単純に煮合せることによって、その数種の風味が融和熟成され複雑な一つの美味なものに変化する。それだけでなく消化吸収率も栄養機能もともに増大するのである。

（イ）栄養分を失わないこと。

（ロ）出し汁を必要としないこと。

（ハ）乾物その他貯蔵品を大いに活用すること、結果として廉価になること。

（ニ）油を多く用いるため、含まれるカロリー量が大きくなること。

(ホ) その他、残り物を活用しやすくすること、および食卓の実際的なことでは、客が増えてしまった不測の状況に対応できること。等の理由で、大いに民衆的・実利的であると言える。

(六) 日本料理の欠点は、淡白な出し汁の偏重・醤油味万能・美術を愛する国民性、調理用具および燃料の節約、その他に婦女謙譲の俗習等により、これが長所であると同時に、その弊害を排除しないという罪があることも多い現実がある。

(七) 出し汁に常時出し汁を奨励しなければならない。すなわち出し汁の残余はなんでも一つに貯えておくための壺を用意する。

(八) かけ醤油で用いるものと煮物で用いる醤油の違いを、家庭でも知っておくべきである。本当の風味は醤油を用いたものより塩を用いたものにあることを理解しておくとよい。

(九) 汁の上に浮かぶ油滴を取り除く必要のある場合は、湿った布片で漉すとよい。濁った汁を澄ますには、卵白を用いるか貯えておいた卵の殻を冷した汁の中に入れ、十分混ぜてからその後熱を加える。

(一〇) どうしても茹でこぼしが必要な場合、青菜などは洗ってから茹でるよりも、茹でてから洗った方が色もよく仕上がり、病原菌や寄生虫の害を防ぐのに有利である。

(一一) 生と煮ると焼くとの栄養上の優劣が、しばしば質問の題目となることがある。

肉類および卵では、

(生) 消化しやすく、栄養分に富む。寄生虫に注意しなければならない。

(煮) エキス分・無機質・ビタミン等が失われる。

(焼) 栄養分のほとんど全部が含まれる、食欲を増進する。

野菜類では、

(生) 消化困難・栄養能率は低い・寄生虫に注意が必要である。

(煮) 栄養分の利用は著しく増進する。

(焼) 前に同じ。

(一二) 生食を安全に行うには、その材料をあらかじめ消毒する必要がある。消毒方法としては差し当たって、左の方法を試行する。飲食物に添加しても無害な滅菌用あるいは防腐用の薬品は、今日まだ完成には至っていない。

(イ) 器械的に清潔な水でよく洗う。ただしその効力は完全ではない。

(ロ) さっと熱湯に通す。回虫卵は数秒で死滅する。細菌には大きく危害を与えるが充分とは言えない。チフス・赤痢・結核等の病原菌は、沸騰水中に二三分間放置するか、摂氏七十五度~八十度の温度で三十分間を経過しないと安全とは言えない。

(ハ) クロール消毒法。いわゆる晒し粉(漂白粉、カルキ)を加えた水中に浸けおき、取り出し、水洗の後、次亜硫酸ナトリウム液によって残留するクロールの臭気を除去し、再び水洗いする方法だが、風味を損ねるおそれがある。また寄生虫卵のような卵殻を有するものには効力がない。

(ニ) 壮年の頃、私は飲用水の消毒法についてさまざまな研究に従事した。クロールやヨードや過マンガン酸カリウムなど多数のものを試験した後、最終的に石灰を選んだ。一リットル中に一・五グラムの酸化カルシウムを加えると、隅田川から採集した汚水中の抵抗力の強いチフス菌が、五分間で死滅することを確かめた。酸化カルシウムとしては普通に街中で販売する石灰を用いてよい。ただし不純物が多いもの、および使用期限が切れたものの効力は期待できない。自宅で一度焼いて用いればさらによい。水に投入すれば生石灰となり、これは無害できわめて有効な滅菌剤である。食品材料にもこの石灰消毒法の利用が可能である。焼いた石灰末を密栓した瓶に貯え常備して、その都度一匙を水中に投入して新しい消毒液を作るのである。

生食に関連して、ここで注意を喚起しておくことがよいと思われる一事例は、食物もしくは飲用水については相当に清潔であることを重視するにもかかわらず、洗浄水または調理用具および食器を拭く布巾の清潔をなおざりにするという世間の人の過誤である。またハエの危険性は説くまでもない。常緑樹の新鮮な緑葉をやや多量投入しておくことで、水中細菌の殺滅には多少有効であることを私は確認した。

第三、卓　上

(一) 食卓では食前に必ず感謝の気持ちを思い出すこと。

(二) 食事中は会話を慎み、よく咀嚼することを心がけること。洋風では社交的にふるまうことが望ましいことかもしれないが、保健上には禅宗の修行場のような食事の頂き方が好ましい、また食べ残しをなるべく作らないこと、かけ醤油を節約することなどは言うまでもない。

パン

(一) 蒸しパン製法

煎茶用の茶碗を標準として

水　　一杯と四分の一

裏漉しじゃがいも　　半　杯

砂糖・塩　　適　宜

小　麦　粉　　　二杯半
重　　曹　　　一グラム
大　豆　粉　　　一杯
クエン酸　　　〇・九グラム

一、じゃがいもは皮のまま茹でて裏漉しすること。
二、せいろあるいは御飯蒸し器の湯を沸かしておく。
三、右の分量の水・じゃがいも・砂糖と塩を混ぜる。
四、次に小麦粉と細かく粉末にした重曹とを加えてよくこねる。
五、最後に大豆粉と細かく粉末にしたクエン酸を加えこね合わせ、適当な形にして、沸騰したせいろあるいは御飯蒸し器の中に入れ約十五分間蒸す。

蒸しパンは南瓜・さつまいも・とうもろこし・粟・キビ・野菜・果実・肉その他どのようなものでも混ぜることが可能であり、日頃この方法を活用すれば健康と経済の目的に沿う上、美味でもある。

(二) 焼パン製法

蒸しパンに飽きた時は、焼きパンを作ることもできる。焼きパンを作るためにはオーブンが必要である。この目的で「佐伯式天火」はパン焼・焼魚・焼肉・焼芋・照り焼・菓子焼に応用することができ、便利で価格も安い。焼パンの材料および調製法は蒸しパンの場合と同様である。さまざまな材料から作った焼パンは、弁当用としても適している。

代用食

左に掲ぐるは私立時代の榮養研究所から發表《はつぺう》推薦したものである。助手一戸伊勢子《いちのへいせこ》女史と共に試製して、講習に誌上に其《そ》の他に屢ゝ《しばしば》之《これ》を世に問ふた。當時幾多《たうじいくた》の代用食唱導せられたりと雖《いへ》ども之《これ》が右に出《い》づるものを見なんだ。而《しか》して茲《ここ》に代用食を再録するに方《あた》りて、今昔《こんじやく》の感慨《かんがい》に堪《た》へざるものあるは、殊に麵麭《パン》である。往年《わうねん》パンは代用食として宣傳《せんでん》太《はなは》だ努められ、榮養研究所の如きも其《そ》の直轄の工場に於て、東京府の依囑により、日々美味なるパンを自から製造して之《これ》を學校又は公設市場の供給に從事したる程なり。就中高粱《なかんづくコウリヤン》パンは最《もつとも》推奬す可《べ》きものであつた。今や麵麭《パン》の消費高激增、都市にありては日用必需品と化し、品質亦佳良《ひんしつもまたかりやう》となり、代用食中から之《これ》を拔き去りて、別個に取扱はざる可《べ》からざる迄に普及されて來た。

代用食を撰《えら》むに方《あた》りては、在來の米の用法が普通飯とするに在るを以《もつ》て、從《したがつ》て代用食の調製は之《これ》を可及的《かきふ》主食品の性狀、即《すなは》ち風味淡白にして比較的大量に攝取《せつしゆ》し、且《かつ》消化し易く、他の副食物との調和にも無難であり得る等の諸點《しよてん》に注意して着手せなければならぬ。

（一）　麥飯《ばくはん・むぎめし》

麥《むぎ》　四合九勺《しやく》
胡麻　適宜
鹽《しほ》　適宜

右の量にて白米三合五勺《しやく》に相當《さうたう》する溫量《おんりやう》と十三匁餘《もんめよ》の蛋白質を含む。麥《むぎ》をよく洗ひ、その乾燥の度によつて多少水加減をなし、普通の飯の様に炊き、出來上つた時胡淋鹽《しほ》をかけて食す。

（注意）乾燥麥《むぎ》は割合に粘り氣あり麥《むぎ》ばかりでも食べられます。若《も》し尚《な》ほ粘り氣を望めば馬鈴薯三四個生のをおろして用ひても良いのであります。

（二）芋入れ麥《むぎ》飯

甘　藷　百五十匁《もんめ》
麥《むぎ》　二合八勺餘《しやくよ》
鹽《しほ》　一匁《もんめ》半

右の量にて白米三合五勺《しやく》に相當《さうたう》する溫量《おんりやう》と九匁《もんめ》八分餘《よ》の蛋白質を含む。麥《むぎ》は普通のように洗ひ、甘藷は皮を剝ぎて三分角三分角《さんぶかく》に切り、麥《むぎ》と混ぜ合せ、鹽《しほ》を入れて一緒に炊《かし》ぐ。

（注意）芋は何芋にても良ろし、里芋は粘り氣多き故麥《むぎ》とよく混ざり結構であります。

（三）五目麥飯《むぎめし》

麥《むぎ》　二合三勺餘《しやくよ》
油　揚　一　枚
甘　藷　百五十匁《もんめ》
馬鈴薯　三十匁《もんめ》
茶　二　匁《もんめ》
鹽《しほ》　一匁《もんめ》半

右の量にて白米三合五勺《しやく》に相當《さうたう》する溫量《おんりやう》と十一匁《もんめ》七分餘《よ》の蛋白質を含む。麥《むぎ》は普通のように洗ひ、油揚は纖切《せんぎり》甘藷は三分角切《さんぶかくぎ》りにして普通の水加減より多少水を多くして仕込み置き、茶はさつと煎りて能《よ》く摺り、仕込んだ水の一部分を用ひて、全部釜又は鍋に移し、馬鈴薯の皮を剝《は》ぎしを、おろし金にかけながら加へ鹽《しほ》にて味をつけて炊《かし》ぐ。

（注意）馬鈴薯は粘り氣をつけるために用ゐたものであるけれども甘藷を多くせば使用せざるも可《よ》し、尙《な》ほ炊く時酒少し入れれば光澤《くわうたく》が出て味も美味しくなります。

（四）饂飩《うどん》かけ麥飯《むぎめし》

乾《ほし》饂《う》飩《どん》	半　把《たば》
麥《むぎ》	二合三勺《しやく》弱
油　揚	一　枚
葱	一　本
片栗粉	五　匁《もんめ》
生　姜	十　匁《もんめ》
醬　油	三　勺《しやく》
鹽《しほ》	適　宜
煮　干	適　宜

右の量にて白米三合五勺《しやく》に相當《さうたう》する溫量《おんりやう》と十八匁餘《もんめよ》の蛋白質を含む。普通の麥《むぎ》飯を炊き、饂飩《うどん》は湯《ゆ》でて水氣を去り麥《むぎ》飯にかけ、油揚は纖切《せんぎり》として下煮をし、細く切つた葱と油揚を火からおろし際に入れてサツト煮、饂飩《うどん》の上に載せ、その煎汁《せんじふ》に片栗粉を水溶きして入れ薄餡《うすあん》を作り、全體《ぜんたい》の上にかけて溫きうちに食べる、生姜は適當《たう》にふりかけて、良ろし。

（五）粟入れ麥《むぎ》飯

粟　一合
麥《むぎ》　二合三勺《しやく》弱
甘藷　百匁《もんめ》
馬鈴薯　三十匁《もんめ》
鹽《しほ》　一匁《もんめ》

右の量にて白米三合五勺《しやく》に相當《さうたう》する溫量《おんりやう》と十匁《もんめ》の蛋白質を含む。粟及麥《およびむぎ》をよく洗ひ、普通の水加減より一割位多くして釜又は鍋に仕込み、甘藷は五分位の角に切つて入れ、馬鈴薯は皮を剝き生にておろし金にかけ摺りつつ入れて、鹽《しほ》で味をつけて炊く。

（注意）馬鈴薯を生で用ひたのは粟と麥《むぎ》に粘り氣をつけるため故、摺りおろしの際にその汁を捨てぬ様にすべし。

（六）芋　麵

甘　諸　百　匁《もんめ》
メリケン粉　九十四匁《もんめ》弱
鹽《しほ》　少　量

右の量にて白米三合五勺《しやく》に相當《さうたう》する溫量《おんりやう》と十一匁《もんめ》半餘《よ》の蛋白質を含む。甘藷をおろし金にて摺りおろしそれにメリケン粉を加へてよく練り混ぜ、普通の麵の如くに伸《のば》して充分よくつなぎの出た時、纖《せん》に切り熱湯にて茹で、澄し汁の中に入れ葱及び大根おろしを添へて食べます。

（注意）甘藷とメリケン粉は、成《な》る可《べ》くよく丁寧に打ち混ぜる事が肝要であります。

（七）手打饂飩《うどん》の味噌煮

メリケン粉	七十匁《もんめ》
豚の小間切	三十匁《もんめ》
味噌	三十匁《もんめ》
葱	一本
鹽《しほ》	適宜

右の量にて白米三合五勺《しやく》に相當《さうたう》する溫量《おんりやう》と十四匁《もんめ》餘《よ》の蛋白質を含む。鹽《しほ》水でメリケン粉を練り、よく打ち伸《のば》す事數囘《すうくわい》充分つなぎのつきし時纖《せん》に切り、熱湯にて茹であげ豚肉は水から入れて約三四十分間炊き、味噌を加へて一度煮立て、其《その》中に手打饂飩《うどん》を入れて煮、溫《あたた》きうちに食べます。

（注意）藥味には葱、大根おろしを添へ、つなぎのために山芋少し用ひれば一層よく、又蕎麥《そば》粉を用ひて蕎麥《そば》とするも可《か》。

（八）甘藷入れ蕎麥煉《そばね》り

蕎《そ》麥《ば》粉	七十三匁《もんめ》
甘藷	百五十匁《もんめ》
海苔	適宜
鹽《しほ》	適宜

右の量にて白米三合五勺《しやく》に相當《さうたう》する溫量《おんりやう》と十一匁《もんめ》餘《よ》の蛋白質を含む。甘藷の皮を剝き、水を多くして煮る、芋の充分

軟かくなりし時つぶし、其中《そのなか》に鹽《しほ》を入れ蕎麥《そば》粉を少しづつ入れてよく煉る、充分煉れたらば各自の好みに任せ砂糖、醬油又は黄大豆粉《きなこ》などつけても宜《よろ》し。

（九）馬鈴薯餠

馬鈴薯	三百匁《もんめ》
メリケン粉	九十六匁《もんめ》
鹽《しほ》	適宜

右の量にて白米三合五勺《しやく》に相當《さうたう》する溫量《おんりやう》と十五匁《もんめ》の蛋白質を含む。馬鈴薯を茹でて裏漉《うらごし》にかけメリケン粉を加へてよく混ぜ合せ鹽《しほ》を入れ適宜の大きさに形作り熱湯の中に入れて茹でる。これは好みにより黄大豆粉《きなこ》又は餡《あん》をつけるか、胡麻を煎りて摺り砂糖にて味をつけ、鹽《しほ》、醬油を加へたものをつけてもよく、又煮出汁を作り雜煮《ざふに》の樣にして食するもよし、取り合せに葱、大根おろしを添へる。

（一〇）芋入れ稗飯《ヒエめし》

稗《ヒエ》	四号五勺《しやく》弱
里芋	五合
鹽《しほ》	二匁《もんめ》
黑胡麻	適宜

右の量にて白米三合五勺《しやく》に相當《さうたう》する溫量《おんりやう》と十一匁餘《もんめよ》の蛋白質を含む。稗《ヒエ》をよく洗ひ里芋は亂切《らんぎり》にして混ぜ合せ水加減して鹽《しほ》を入れて炊く、出來上りし時黑胡麻鹽《しほ》をかけて食す。

(一一) 黍《キビ》餅《もち》

黍《キビ》粉　五十匁《もんめ》
小豆　一合五勺餘《しやくよ》
砂糖　二十匁《もんめ》
鹽《しほ》　適宜

右の量にて白米三合五勺《しやく》に相當《さうたう》する溫量《おんりやう》と十八匁《もんめ》の蛋白質を含む黍粉《キビこ》を水にて練り團子《だんご》に作り、熱湯に入れて茹で、小豆の煮たのをつけて食す。

(注意) 稗《ヒエ》同様薯《いも》を混ぜ入れるか、白玉粉を混ぜて餅とするもよし。

(一二) 外米

外米は約十一二時間水に浸し置き、約三割强の水加減にて炊く、火加減は初め沸騰するまで強い火にて炊き、瓦斯《ガス》なれば沸騰せし後《のち》火の消えぬ範圍《はんゐ》にて火をゆるめ二三分にして火を消す。薪炭《まきすみ》の時には充分沸騰せし後全部火を取り去りてよし。

外米のみ炊く時には外米にツナギなきが故に内地米の碎米《コゴメ》の粉末にしたるもの少量を沸騰を初めたる時加ふれば米粒の外表は内地米により鍍金《ときん》せられて、ツナギを生ずるのみならず、飯に内地米の風味を生ず。

外米飯を嫌惡《けんを》するものにはオハギなどに作りて、これが食用に慣れしむるが良い。

又外米は單獨《たんどく》に炊きて用ふる外、芋類・大豆・小豆・油揚・昆布・大根等を嗜好に應《おう》じて混飯《まぜめし》に炊くが可《か》なり、又熱帯米はフライして用ふるに最《さい》好適す。

人造米

人造米とは米以外の材料を用ひて米粒に似せたる外觀のものとなし、之《これ》を飯に炊《かし》ぎて用ひむとするものである。今日迄人造米の材料としては玉蜀黍《たうもろこし》・馬鈴薯・高粱《コウリヤン》・豆粕《まめかす》等が多く用ひられ、或《あるひ》は單純に自然の儘《まま》を小破片《せうはへん》に碎《くだ》きて米粒大にしたるに止《とど》まるものあり、或《あるひ》は先《ま》づ粉末となしたる數品を混和しこれを捏《こ》ね合せて製したるものあり何《いづ》れも未だ完成の期に達したるものが無く、多くは眞《しん》の米に其《そ》の幾分《いくぶん》かを混和して混ぜ飯として供用せらるるに過ぎず。（巻頭寫眞《くわんとうしやしん》第九參照）。

今後の臺所《だいどころ》

これからの臺所《だいどころ》には、たとひ個人の家庭でも、俎板及庖刀《まないたおよびはうちやう》同樣、必ず備へ附けてなければならぬ品々としては

（第一）秤量《ひやうりやう》器。容積と目方を計る爲《た》めのハカリが缺《か》けてはならぬ。材料の購入、調理を適確にするに必要である。

（第二）磨碎《まさい》器。就中《なかんづく》肉刻みが入用《にふよう》である。何の材料でも何の殘片《ざんぺん》でも一度之《これ》を磨碎《まさい》すれば外觀上の弱點《じやくてん》が一掃される。

（第三）フライパン。日本人の平素の食物の大缺點《けつてん》の一つは其《そ》の容積に比してカロリーの少ないことである。日米料理は主として淡白なる食物を調製したが、今や社會的事情が漸次《ぜんじ》人の活動の度を加へて來た。從《したが》て所含《しよがん》カロリー高く調理上の取扱ひ方便にして應用範圍《おうようはんゐ》廣《ひろ》く且《かつ》經濟的でもある油脂類の消費が增進するのは當然《たうぜん》である。

（第四）穀粉類。殊にメリケン粉の應用《おうよう》は一層擴大《くわくだい》せらる可《べ》きである。調理にも消化にも共に輕便《けいべん》にして且《かつ》急速に用を辨《べん》ずる。殊に其《そ》の吸收力其《そ》の粘着性等が器械的に他の食品の形態を變化《へんくわ》せしむることの著しい點《てん》は最《もつと》も尊重せられねばならぬ。救荒食品《きうくわうしよくひん》などを用ひねばならぬ時は勿論、日常經濟的榮養を行はむとする場合缺《か》く可《べ》からざる地位を

占めて居る。

（第五）乾物。鑵詰《くわんづめ》等貯藏品の應用《おうよう》、ソース・グレビー等かけ汁の工夫及何等《およびなんら》の調理を施すことなくして食用に供し得《う》可《べ》き加工食品の利用は益々盛行《せいかう》を見るに至るならむ。

元來物質に缺乏勝《けつぼふが》ちでありしが爲《た》め、吾國《わがくに》の家庭では、從來臺所《だいどころ》を最輕便《もっともけいべん》にして且《かつ》經濟的のものとするに力《つと》めた苦心があり〱と殘つて居る。臺所《だいどころ》にはこれといふ設備もなく、作業も亦《また》簡單を主とした。而《しか》も其《そ》の手段は其《そ》の本旨に副《そ》はず、却《かへつ》て保健上から竝《ならび》に經濟上から至大の損失を現出するの結果に到着したのである。

今後の臺所《だいどころ》は科學的に處理《しより》さるる様になると共に、一時《いつとき》の設備費の如きは稍《や》や其《そ》の額を增すとも、永久に利すること多きものを選《えら》むの方針を立つるに至らむ。例へば小さな一例でも臺所《だいどころ》には檢溫器が必ず備へ付けらるるであらう。天火《てんぴ》の裝置が無くては有る可《べ》からず。稍高價《ややかうか》のものでは高壓釜《かうあつ》更に高價《かうか》のものでは料理竈《かまど》を用ふることが能率を擧《あ》げるであらう。數百金を價《あたひ》する竈《かまど》が嫁入り道具の第一のものであり、食卓上の諸器具が結婚祝ひの最上の贈品《ぞうひん》であるとする西洋の風習は嘉《か》す可《べ》きである。懸賞の場合などにも賞品として臺所《だいどころ》道具が屢〻《しばしば》用ひられて居る。一家一國の健康と經濟と繁榮は此所《ここ》から出發《しゆつぱつ》する。

而《しか》して斯《かく》の如き趣旨と文化生活に副《そ》はむが爲《た》めには又速《すみや》かに各家庭でも養價計《やうかけい》が用ゐらるる程度に到達させたい。養《やう》價計《かけい》は寄宿舍・病院等には勿論甚《はなはだ》必要のものであるに拘《かか》はらず。之《これ》が應用《おうよう》は愚か此《この》裝置に就《つ》いて知る人すらも尚稀《なほまれ》な如《ごとく》であるから左に極めて簡單な說明を加へて置く。

養《やう》價《か》計《けい》

一般統計用或《あるひ》は食品配合用其《そ》の他正確に食品の榮養價《か》をカロリーによりて算出せむとするに方《あた》り、必ず缺《か》く可《べ》からざるものは食品の分析表である。かかる分析表には今日まで三つの様式がある。

(第一)は食品百分中に含有せられる蛋白質・抱水炭素及《および》脂肪の量を表示したものであつて、此《この》表を用ふる爲《た》めには食卓に於て攝取《せつしゆ》せる食品を一々秤量《ひやうりやう》計算して先《ま》づ其《そ》の三大榮養素の實際《じつさい》含量を瓦《グラム》にて知り、次《つい》で其《そ》の瓦《グラム》量に蛋白質及《および》抱水炭素は四・一を脂肪は九・三を乘じ、此等《これら》のものを全部加算して其《そ》の總《そう》カロリー量を知ることを得るのである。

(第二)は三大榮養素の含有百分率の代りに、食品の一定量中三大榮養素をカロリーに換算したるものの含有量を記入して表に作れるものにして、此《この》表に依《よ》る時はカロリーを算出するに第一法の煩雑さから幾分《いくぶん》を脱することが出來る。

(第三)はカロリーの百分比例を示す表にして、此《この》法は凡《すべ》て百カロリーを含有する各食品の量目《りやうもく》を標準量と定めその中に三大榮養素のカロリーが如何《いか》なる割合を以《もつ》て含有せらるるかを知るを得る。

第三法による表はフイツシヤー博士の作製する處《ところ》にして一例を馬鈴薯に取りて擧《あ》ぐれば左の如きものである。

食品名	百カロリー目分量	百カロリーの量目		榮養素の百分比例		
		瓦《グラム》	オンス	蛋白質	脂肪	抱水炭素
馬鈴薯(蒸燒き)	普通大	86	3.05	11	1	88
同(煮たるもの)	大形	102	3.62	11	1	88
同(碎きたるもの)	一人前	89	3.14	10	25	65
同(蒸したるもの)	同	101	3.57	11	1	88
同(刻みたるもの)	半人前	17	.6	4	63	33

同氏は又此《この》カロリー表を幾何學的に表現し且《か》つ之《これ》を目睹《もくと》せしむることに成功した。即《すなは》ち總《すべ》ての食品を直角三角形CFPにて表はし三ケの三角形COF・COP・FOPは各百カロリー中の蛋白質・脂肪及《および》抱水炭素の割合を示すのである。今圖解《づかい》に便せむが爲に蛋白質淡黑・脂肪濃黑・抱水炭素中黑を以《もつ》てせば、第一圖《づ》は牛乳百カロリー中に於ける蛋白質・脂肪・抱水炭素の殆んど同等の割合に含まれたるを示し、第二圖《づ》は蛤《はまぐり》の大量なる蛋白質を、第三圖《づ》はパンの抱水炭素に富める割合を示し、第四圖《づ》乃至《ないし》第八圖《づ》はそれぞれビーツの蛋白質に乏《とぼ》しき、鷄肉及《および》牛肉の抱水炭素少なき、無花果《いちじく》及《および》普通ブイヨンスープの脂肪乏《とぼ》しきを示し斯《か》くて一見して各食品の性狀を知らしむるに便したるものである。

又O點《てん》の移動により各三角形の面積を異にするは勿論にして、即《すなは》ちCに近けば其《そ》の食品は抱水炭素に富み、Fに近けば脂肪に富み、Pに近けば其《そ》の食品は蛋白質に富み、Cを抱水炭素頂角・Fを脂肪頂角・Pを蛋白質頂角と呼ぶ。

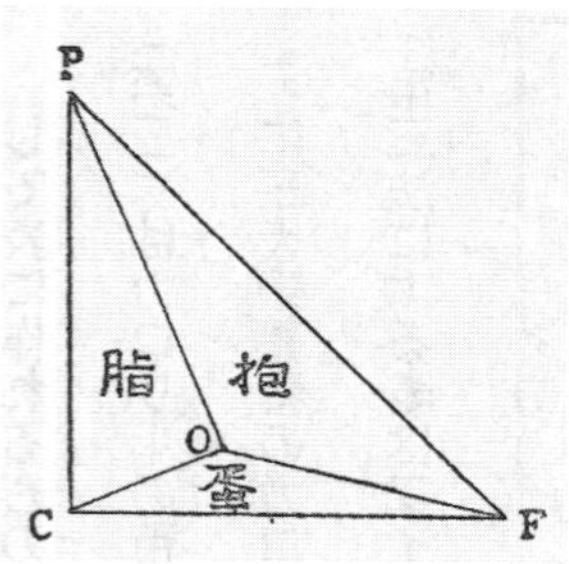

今O點《てん》のCF線上に於ける高下《かうげ》は其《そ》の三角面の大小の割合を定め、此《この》三角形面の大小は蛋白質の割合を示すものなれば、O點《てん》の上下は即《すなは》ち蛋白質の含量の多少と比例するを見る。脂肪及《および》抱水炭素に就《つ》いても同樣の關係にあるは說くを用ひず。故に結局O點《てん》を求めて之《これ》を三角形内の正當《せいたう》なるところに置く時は其《そ》の食品のカロリー價《か》の分布の狀《さま》を定むることを得るのである。而《しか》して斯《かか》る點《てん》は前述食品表により上揭圖解《づかい》の如き縱横線を附したる三角形内に之《これ》を定むること容易なり。もし食品二品なれば二O點《てん》を接續《せつぞく》して其《そ》の中央點《てん》を求め、三品なれば先《ま》づ二品よりOを得次《つい》でそのOと第三の食品のOとの中央點《てん》を求むる時に所要の全配合食品のOを得るのである。幾千種の食品を増加するも此理《このり》同一である。

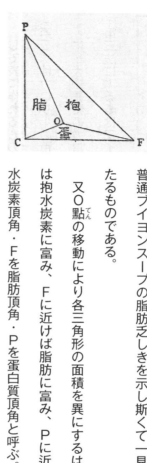

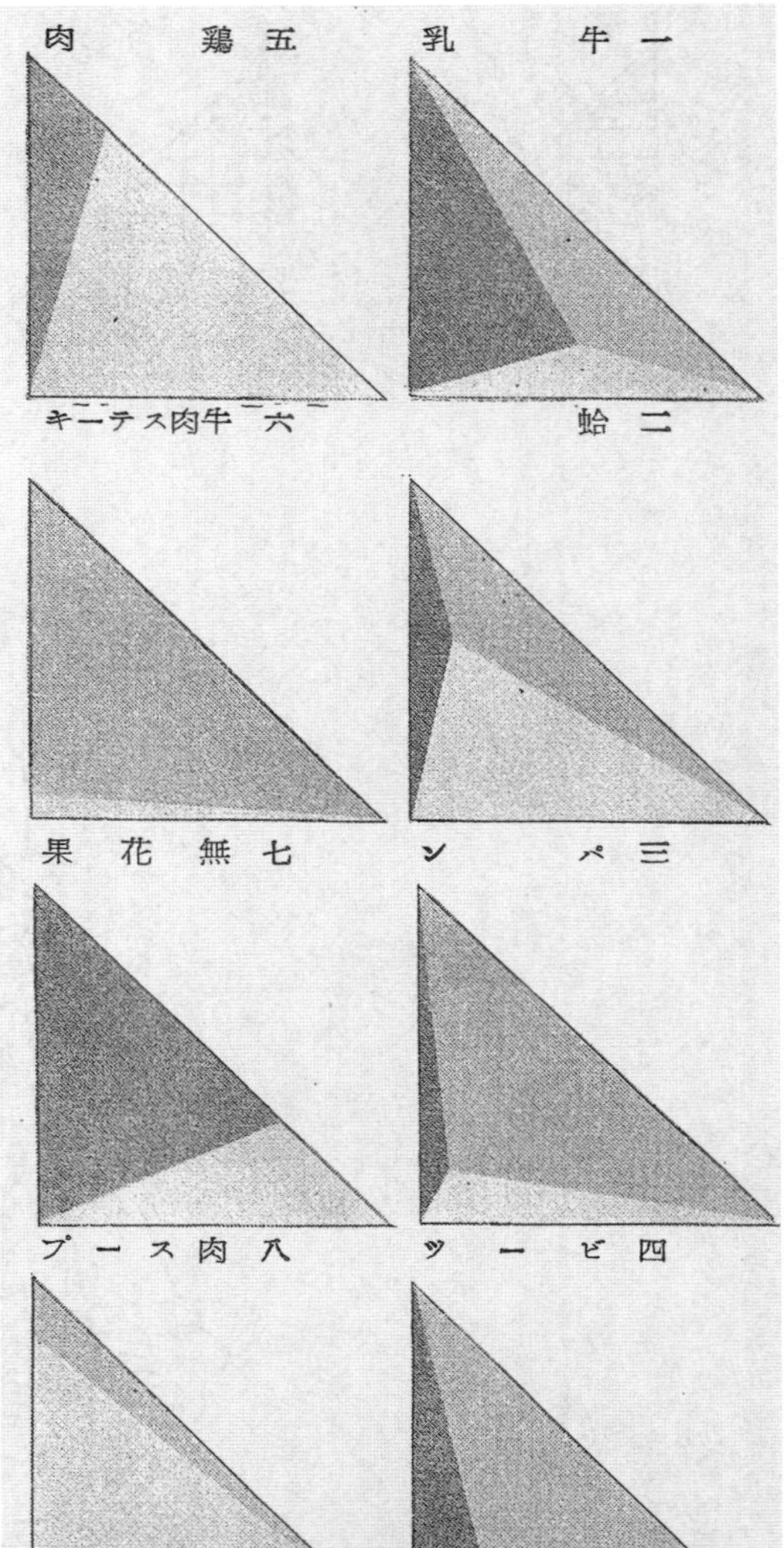

更に一歩を進めてフイツシヤー博士は吾人《ごじん》の常に食用する各種食品を代表す可《べ》き○點《てん》を求むるに、一種の装置を以《もつ》てすることを工夫した。即《すなは》ち三角形に縦横線を印刷したる紙片《しへん》（イ）、之《これ》を屋床《おくせう》の如くに懸垂せしむる釣臺《つりだい》（ロ）、及《および》イ・ロを架《わた》せしむる支持器（ハ）、より成り、又別に食品百カロリーの標準量を代表せしむる爲《た》め若干《じやくかん》個の留針《とめばり》形の秤馬針《ひやうましん》（ニ）、を附す。同時に標準量の二分の一・四分の一を代表せしむ可《べ》き秤馬針《ひやうましん》を半減又は四分せるものをも加へ置く。通例一標準を代表する秤馬針《ひやうましん》十五個、二分の一のもの十を備へんか、其《そ》の秤馬針《ひやうましん》の總計《そうけい》は二十標準分量二千カロリーを代表せしむるを得可《べ》し。

此《この》装置を使用するには其《そ》の食品の數及《および》種類に應《おう》じて、カロリー表に從ひ、紙片《しへん》上の三角形内適當《たう》の個所に適當《てきたう》なる秤《ひやう》馬針《ましん》の若干個を刺入《しにふ》し、之《これ》を懸垂せしめて其《そ》の重心を求めるのである。重心は針を以《もつ》て紙面を刺し小孔《せうこう》を作りて印出《いんしゆつ》

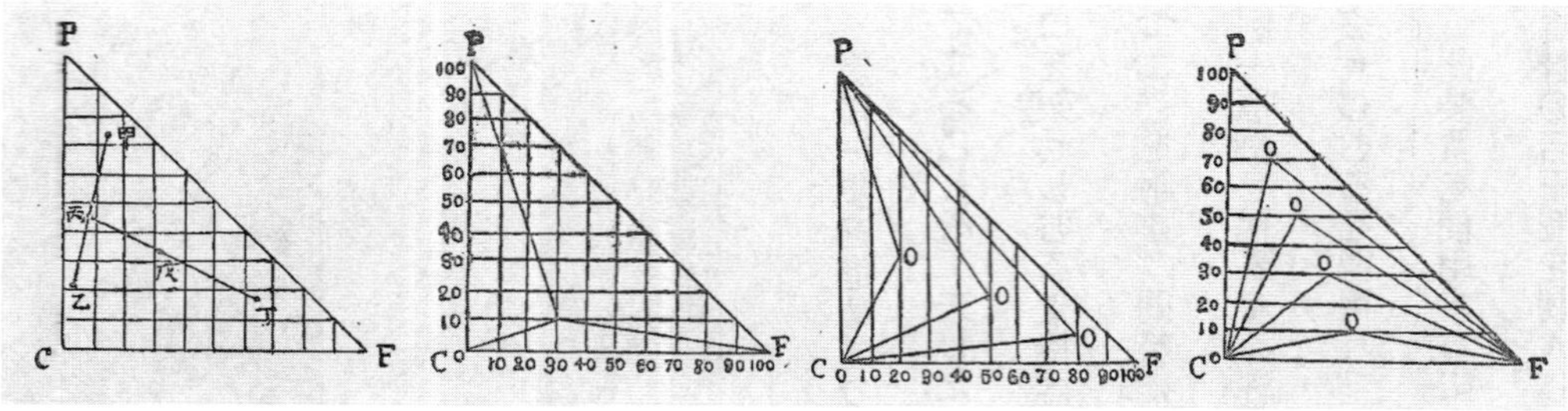
P
甲
丙
乙
戊
丁
C
F
P
100
90
80
70
60
50
40
30
20
10
C 0
10 20 30 40 50 60 70 80 90 100
F
P
C 0 10 20 30 40 50 60 70 80 90 100 F
P
100
90
80
70
60
50
40
30
20
10
C 0
F

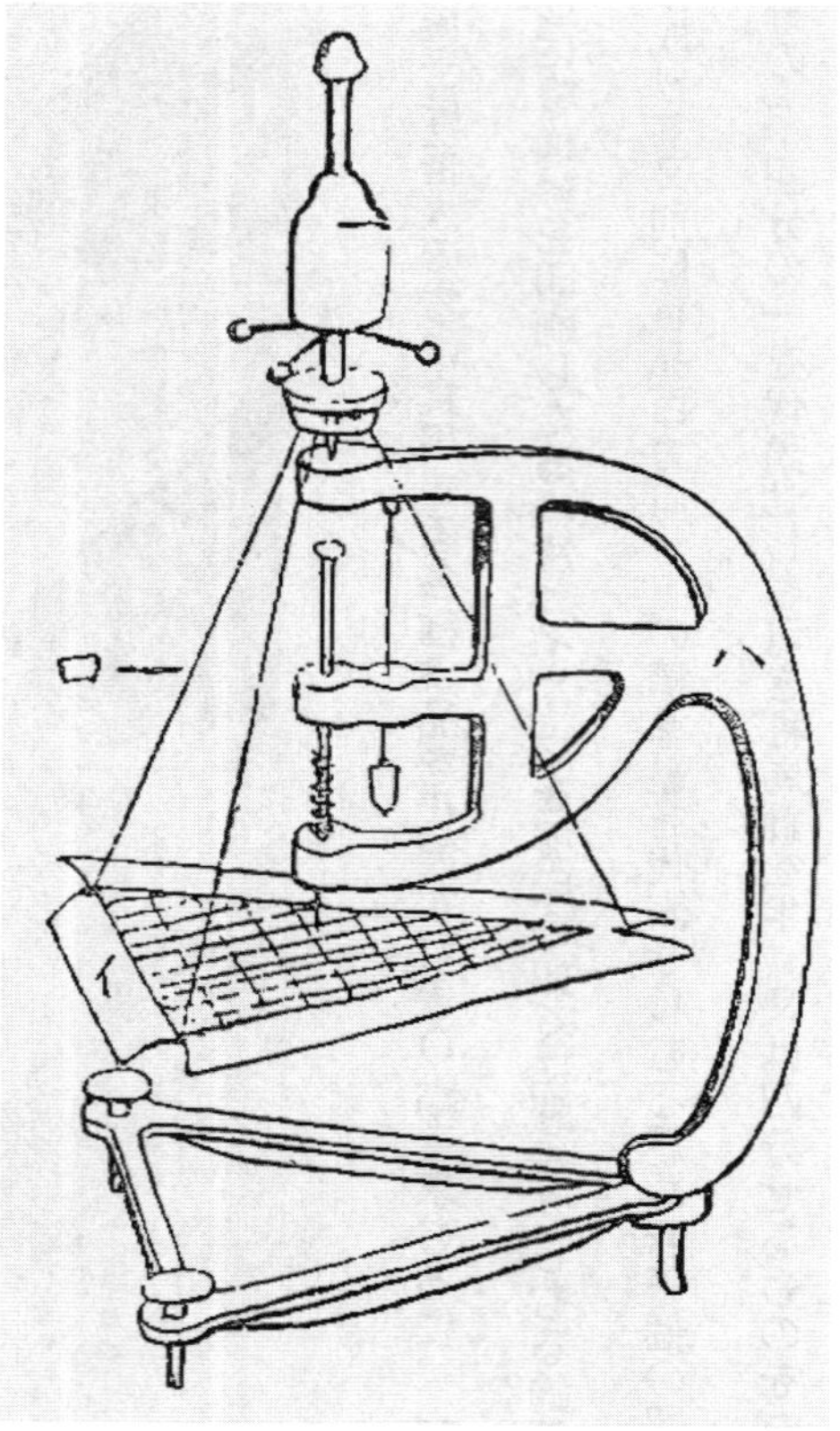
ロ
イ

する様作製しあり。此重心孔《このじうしんこう》こそは卽《すなは》ち求むる所の攝取《せつしゆ》せる食品總計算《そうけいさん》の〇點《てん》に一致するのである。

實用《じつよう》に便し實利《じつり》を主とするに於ては、養價計《やうかけい》は更に一層之《これ》を簡單化し得ると私は思ふ卽《すなは》ち日常の榮養は其《そ》の攝取《せつしゆ》するカロリー總量及《そうりやうおよび》蛋白質量を骨子《こつし》とし、之《これ》に無機質・ビタミン其《そ》の他の事項を肉附けすることによつて達成せらる可《べ》きものにして、就中《なかんづく》抱水炭素と脂肪兩者間の量の大小を詮議《せんぎ》するが如き第二段に屬するとも見らるべき事項に就《つい》ては、特殊なる疾病其《その》他の場合を除くの外、あまりに之《これ》を重大視するの要なかる可《べ》きが故に、それよりも總《そう》カロリー及總《およびそう》カロリーと其《そ》の内に含まるる蛋白質より來るカロリーとの比を知り、最《もつとも》簡易にその攝取《せつしゆ》榮養の骨子《こつし》の適否を知ることが必要なりといふ見地から、私は、別の養價計《やうかけい》を考案して見た。それには矢張《やはり》、カロリー一〇〇を含む食品を單位とし。

(一)、食品の總《そう》カロリー一〇〇カロリー中蛋白質から發生《はつせい》するカロリーの%を示す表。

(二)、食品の一〇〇カロリーと其《そ》の半量、及《および》四分の一量を代表する秤馬《ひやうま》。

(三)、秤馬《ひやうま》を懸垂して所要の計算を示す支柱。

から成るものにして、支柱に附屬する指針は攝取《せつしゆ》蛋白質の總攝取《そうせつしゆ》カロリーに對《たい》する%量を示し、攝取總《せつしゆそう》カロリーは用ひたる秤馬《ひやうま》の總和《そうわ》によつて之《これ》を知ることを得せしむるに在る。

食物貯藏法

食品の變敗《へんぱい》は細菌の增殖による腐敗作用と生物死後の自家融解による分解作用によりて生ずるものである故、食物の貯藏法は此《この》二點《てん》に着眼せざる可《べ》からず。

腐敗を防止せんとせば、細菌の發育《はついく》と增殖を防止す可《べ》し。細菌はその種類多し芽胞《がはう》を生成して抵抗力強大なるものあり、糸状《しじやう》菌と稱《しよう》する黴《かび》の如きは我國に於ては殊にその種類に富み、空氣塵埃《ぢんあい》の中到る所に存在す。而《しか》して之《これ》等微生物の生存には必ず濕氣《しつけ》・榮養分・適當《たう》の溫度の三者を要求す、殊に夏季に於て食品の變敗《へんぱい》に陷り易きは此等《これら》三要件を完全に具備《ぐび》するによる。從《したが》つて之《これ》を防止するの法は一般生物に對《たい》すると同じく、

（一）日光照射（二）乾燥（三）加熱及《および》冷却（四）化學品添加等に依《よ》らねばならぬのである。

食品貯藏法として最も簡單なるは、干物に作るにあり卽《すなは》ち（一）と（二）とを併用するのである。又熱を加へて乾燥す、近時《きんじ》眞空《しんくう》乾燥法に於ける長足《ちようそく》の進歩を見る。

眞空《しんくう》乾燥法によるものは之《これ》を水に浸して再原形に近く復歸《ふつき》せしむるを得るもの多し。牛乳の如き液性食品も眞空《しんくう》乾燥法によりて粉末とすることを得。原料が包含《はうがん》する大量の水分を除去するを得て、運搬上の裨益《ひえき》大なり。

加熱の應用《おうよう》には之《これ》を焼くもあれど最も廣《ひろ》く用ひらるゝは鑵詰《くわんづめ》法也《なり》。

加熱の反對《はんたい》に冷藏法あり。凍冷・氷詰等種々の法あれど、細菌の發育《はついく》を防止するに止《とゞま》り、之《これ》を殺滅するの効なし。又之《これ》を室溫に移したる時速《すみや》かに腐敗するの欠點《けつてん》あり。

化學品には最も汎用《はんよう》せらるるものに食鹽《しよくえん》あり砂糖あり。又硝石・サルチル酸・安息香酸・硼酸《ホウさん》等の應用《おうよう》せらるることあれども例外の場合に限られ、一般有力の滅殺菌劑は人體《じんたい》にも亦《また》害作用を及ぼすべきを以《もつ》て文明國は皆之《これ》を禁止す。

自家融解とは身體《しんたい》組織中生前に於ては完全に抑制せらるる所なれ共、死後速《すみや》かに開始活動する特異現象にして各臟器は各自その麹有する自家の分解作用によつて潰頽《くわいたい》に陷るものなり。この作用は冷藏中と雖《いへど》も停止せらるるに至らず、只その强度の減退するに止《とゞ》まる。腐敗せざる動物性並《ならび》に植物性食品が或《あるひ》は軟化し或は異臭を放つに至るは之《これ》が爲也《なり》。夫《そ》の鹽《しほ》カラの調製は此理《このり》を應用《おうよう》したるものにして又俗に生魚の「生き腐《ぐさ》り」と云ふも之也《これなり》。

家庭に於ける食物貯蔵法亦《もまた》上述の諸法を参酌《さんしゃく》して臨機活用す可《べ》きものである。例へば

(イ)、臺所《だいどころ》を家屋の南側に築造するは不可《ふか》、之《これ》を北側にするを有利とすること。

(ロ)、焼きて硬き外皮を作る事によつて如何《いか》なる食片《しょくへん》にても又握り飯にてもその變敗《へんぱい》を遷延《せんえん》し得ること。

(ハ)、被《おほ》ひ蓋をなしたる器中にて一煮沸《ひとにたち》し蓋をその儘《まま》にし置けば防腐の効あること。

(ニ)、食鹽《しょくえん》の完全なる防腐はその含量二〇％以上なるを要すること。

(ホ)、魔法瓶《まはふびん》に溫めたるものの危険なること。

(ヘ)、熱湯を以《もつ》て殺菌したる器物も之《これ》に滅菌せざる布片を加ふれば無効となること。等。

人工食品

人工食品が完成せらるるの曉《あかつき》は、上述食物調理篇が根本的に改變《かいへん》される。食品の選擇《せんたく》から貯蔵法に至り一般に亘《わた》つて其《そ》の用と其《そ》の趣に革命を見る可《べ》きは當然《たうぜん》である。人工食品とは前に言及した人造米の如きをいふのではない。卽《すなは》ち自然界に在りて既《すで》に榮養素を含む物例《たと》へば食物の廢物《はいぶつ》から新食品を調合製出するの謂《いはれ》ではない。榮養素としては効用なき單純な物質から各種の榮養素を作り各種の榮養素から更に榮養品を製するのを云ふのである。卽《すなは》ち太陽光線の助力により土中及《および》空氣から無機成分を攝《と》りて有機榮養素をも合成する植物の役目を理化學によりて代理せしめ様といふ努力である。之《これ》は決して架空の論でなく、今日でも或《ある》程度迄は成效《せいかう》して居る。例へば糖、例へばペプチード、例へば脂肪の化學的集成が既《すで》に出來上つて居る。今に完全な食品が化學室から製出せられ得《う》るであらう。併《しか》し前途《ぜんと》尚遼遠《なほれうゑん》ではある。而《しか》して其《そ》の間に恐《おそ》くは一つの移行期間として細菌其《そ》の他の微生物の應用《おうよう》が盛行《せいかう》せられる中間時代が出現するのを私は信ずる。

何となれば空間の節約と且《か》つ化學室裡《り》の作業に適する自然方は種々の點《てん》に於て其《そ》の利便なる細菌及《および》微生物の利用の右に出《い》づるものはないからである。例へば化學がまだ蛋白質の合成を完成し得ぬ今日細菌は本能で之《これ》を製出し。化學がビタミンの構造をすら明《あき》らかにするを得ぬ前に酵母は多量に之《これ》を産生するからである。細菌其《そ》の他の微生物が吾人《ごじん》の榮養素の給源として植物及《および》動物に代る時代は既《すで》に近い。即《すなは》ち食品の調達が原野から化學室に移管せらるる中介として細菌及《および》其《そ》の他の微生物は最有力有望なものである。否々《いないな》、動物の飼料及《および》人類の食物としての酵母の應用《おうよう》の如きは、既《すで》に實際《じつさい》問題として近來頻《しき》りに其《そ》の進歩の度を加へつつあるものである。

　而《しか》して人工食品の極致はその資源を廣《ひろ》く天體諸星《てんたいしよせい》の放射性物質とエナージーに求め得《う》る迄、進展す可《べ》きであるといふ、正夢《まさゆめ》をなむ私は抱《いだ》くものである。

代用食 訳註三一

　左に掲げるのは私立時代の栄養研究所から発表推薦したものである。助手の一戸伊勢子女史と共に試作して、講習に誌上にその他に、何度もこれを世に問うた。当時多くの代用食が提案され指導されたが、私たちが発表推薦したものの右に出るものはなかった。そしてここに代用食を再録するに当たって、今も変わらず感慨に堪えなかったのは、特にパンについての記憶である。少し前には代用食としてパンの宣伝は大変熱心に行われ推奨され、栄養研究所も直轄の工場で、東京府の依嘱により、日々美味しいパンを製造して学校または公設市場への供給に携わっていた。中でもコウリャンパンは最も推奨できるものであった。今やパンの消費は激増し、都市においては日常の必需食品となり、品質も良好となった。代用食の中でも、別個に取り扱わなければならないほどに普及されてきた。

現在、通常の米の用いられ方が飯であることを考えると、代用食の調製は可能な限り主食品の性状として、風味が淡白で比較的大量に摂取でき、消化しやすく、他の副食物との調和に無理がないなどの諸要件を満たすことに注意しなければならない。

（一）麦飯

麦　　四合九勺《しやく》（882mL）

ごま　　適宜

塩　　適宜

右の量で白米三合五勺《しやく》（630.0mL）に相当するカロリーと十三匁《もんめ》（48.8g）強のたんぱく質を含む。麦をよく洗い、乾燥度によって多少水加減をし、普通の飯のように炊き、でき上がったら胡麻塩をかけて食べる。

（注意）乾燥麦は比較的に粘り気があり麦だけでも食べられます。もしもっと粘り気がほしければ、生のじゃがいも三〜四個をおろして加えてもよいのです。

※（注意）の文章は一般向けに口語調になっている。

（二）芋入れ麦飯

さつまいも　　百五十匁《もんめ》（562.5g）

麦　　二合八勺《しやく》（504g）強

塩　　一匁《もんめ》半（5.6g）

右の量で白米三合五勺《しやく》（630.0mL）に相当するカロリーと九匁《もんめ》八分（36.8g）強のたんぱく質を含む。麦は普通に洗い、さつまいもは皮をむいて三分[訳註三二]角に切り（9.09mm の角切り）、麦と混ぜ、塩を入れて一緒に炊く。

（注意）芋は何芋でもよろしい、里芋は粘り気が多いので麦とよく混ざります。

（三）五目麦飯

麦　　　　二合三勺《しやく》（414.0g）強
油揚　　　一枚
さつまいも　百五十匁《もんめ》（562.5g）
じゃがいも　三十匁《もんめ》（112.5g）
茶　　　　二匁《もんめ》（75.0g）
塩　　　　一匁《もんめ》半（5.6g）

右の量で白米三合五勺《しやく》（630.0mL）に相当するカロリーと十一匁《もんめ》七分（43.9g）強のたんぱく質を含む。麦は普通に洗い、油揚はせん切り、さつまいもは一センチメートル弱の角切りにして、水加減を普通より少し多くして仕込み、茶はさっと煎ってよく摺り、仕込んだ水の一部分を用い、茶全部を釜または鍋に移し、じゃがいもの皮をむいたものを、おろし金にかけながら釜に加え塩で味を付けて炊く。

（注意）じゃがいもは粘り気を出すために用いましたが、さつまいもを多くすれば使用しなくてもよいでしょう。なお炊く時に少し酒を入れれば、光沢が出て味も美味しくなります。

（四）うどんかけ麦飯

うどん乾麺　半　把《たば》

麦　二合三勺《しゃく》（414.0mL）弱
油揚　一枚
ねぎ　一本
片栗粉　五匁《もんめ》（18.8g）
生姜　十匁《もんめ》（37.5g）
醤油　三勺《しゃく》（54.0mL）
塩　適宜
煮干　適宜

右の量で白米三合五勺《しゃく》に（630.0mL）に相当するカロリーと十八匁《もんめ》（67.5g）強のたんぱく質を含む。普通に麦を炊き、うどんは茹でて水気をとり麦飯にかけ、油揚はせん切りにし下煮をし、細く切ったねぎと油揚はだし汁を火からおろす際に入れてさっと煮、うどんの上にのせ、その煮出し汁に水溶き片栗粉を入れ薄あんをつくり、全体にかけて温かいうちに食べる。生姜は適当にふりかければよろしい。

（五）粟入れ麦飯

粟　一合（180.0mL）
麦　二合三勺《しゃく》（414.0mL）弱
さつまいも　百匁《もんめ》（375.0g）
じゃがいも　三十匁《もんめ》（112.5g）

塩　　一　匁《もんめ》（3.8g）

右の量で白米三合五勺《しゃく》（630.0mL）に相当するカロリーと十匁《もんめ》（37.5g）のたんぱく質を含む。粟と麦をよく洗い、普通の水加減より一割増にして釜または鍋に仕込み、さつまいもは五分（1.5cm）位の角切りにし、じゃがいもは皮をむきおろし金ですり入れて、塩で味を付けて炊く。

（注意）じゃがいもを生で用いたのは粟と麦に粘り気をつけるためであり、すりおろしの際の汁を捨てないようにする。

（六）芋　麺

さつまいも　百　匁《もんめ》（375.0g）

小　麦　粉　九十四匁《もんめ》（352.5g）弱

塩　　少　量

右の量で白米三合五勺《しゃく》に（630.0mL）に相当するカロリーと十一匁《もんめ》半（43.1g）強のたんぱく質を含む。さつまいもをおろし金ですりおろし小麦粉を加えてよく練り混ぜ、普通の麺のように延ばして充分につなぎが出たら、せん切りにし熱湯で茹で、すまし汁の中に入れる。ねぎおよび大根おろしを添えて食べます。

（注意）さつまいもと小麦粉は、なるべく、ていねいに打ち混ぜることが重要です。

（七）手打うどんの味噌煮

小　麦　粉　七　十　匁《もんめ》（262.5g）

豚の小間切　三　十　匁《もんめ》（112.5g）

味　　噌　三　十　匁《もんめ》（112.5g）

ねぎ　一本
塩　適宜

右の量で白米三合五勺《しゃく》（630.0mL）に相当するカロリーと十四匁《もんめ》（52.5g）強のたんぱく質を含む。塩水で小麦粉を練り、数回よく打ち延ばし、充分につなぎが出たらせん切りにし、熱湯で茹であげる。豚肉は水から入れ約三、四〇分間炊き、味噌を加えて一度煮立て、そこに手打ちうどんを入れて、温かいうちに食べます。

（注意）薬味にはねぎ、大根おろしを添え、つなぎに山芋を少し用いればなおよく、またそば粉を用いてそばにするのもよい。

（八）さつまいも入れ蕎麦ねり

蕎麦粉　七十三匁《もんめ》（273.8g）
さつまいも　百五十匁《もんめ》（562.5g）
海苔　適宜
塩　適宜

右の量で白米三合五勺《しゃく》（630.0mL）に相当するカロリーと十一匁《もんめ》（41.3g）強のたんぱく質を含む。さつまいもの皮をむき、水を多めにして煮る。芋が充分軟らかくなったらつぶし、塩を入れそば粉を少しづつ入れてよく練る。充分練ったら各自の好みに合わせ砂糖、醤油またはきな粉などつけてもよい。

（九）じゃがいも餅

じゃがいも　三百匁《もんめ》（125.0g）
小麦粉　九十六匁《もんめ》（360.0g）

塩　　　　　　適　　宜

右の量で白米三合五勺《しやく》（630.0mL）に相当するカロリーと十五匁《もんめ》（56.3g）のたんぱく質を含む。じゃがいもを茹でて裏ごしにかけ、小麦粉を加えよく混ぜ合せ、塩を入れ適宜の大きさに形作り熱湯に入れて茹でる。好みによりきな粉またはあんを付けるか、煎りごまを擂って砂糖、塩、醤油で味を付けたものをつけてもよく、また出汁を作り雑煮のようにして食べてもよい、取り合せにねぎ、大根おろしを添える。

（一〇）芋入れヒエ飯

ヒ　エ　　　　　四号五勺《しやく》（810.0mL）弱

里　芋　　　　　五　合（900.0mL）

塩　　　　　　　二　匁《もんめ》（7.5g）

黒胡麻　　　　　適　宜

右の量で白米三合五勺《しやく》（630.0mL）に相当するカロリーと十一匁《もんめ》（41.3g）強のたんぱく質を含む。ヒエはよく洗い里芋は乱切りにして混ぜる。水加減して塩を入れて炊く。でき上ったら黒胡麻塩をかけて食べる。

（一一）キビ餅

キビ粉　　　　五十匁《もんめ》（187.5g）

小　豆　　　　一合五勺《しやく》（270.0mL）強

砂　糖　　　　二十匁《もんめ》（75.0g）

塩　　　　　　適　宜

右の量で白米三合五勺《しゃく》（630.0mL）に相当するカロリーと十八匁《もんめ》（67.5g）のたんぱく質を含む。キビ粉を水で練り団子を作り、熱湯に入れて茹で、小豆の煮たものを付けて食べる。

（注意）ヒエと同様に芋を混ぜ入れるか。白玉粉を混ぜて餅にするのもよい。

（一二）外　米（外国産の米）

外米は約十一、二時間浸水し、約三割強の水加減で炊く。火加減ははじめ沸騰するまで強い火で炊き、火力がガスであれば沸騰した後、火が消えない範囲で火を弱め二、三分してから火を消す。薪、炭の場合には充分沸騰させた後全部火を取り去ってよい。外米だけを炊く時には、外米につなぎとなる粘り気がないので内地米（日本国内の米）の砕米《こごめ》の粉末（米粉）の少量を、沸騰しはじめに加えれば、米粒の外表が内地米によってコーティングされ、つなぎが出るだけでなく内地米の風味を生じる。

外米飯を嫌悪する人は、オハギなどにして食べ慣れていくのがよい。

また外米は単独で炊いて用いる以外に、芋類・大豆・小豆・油揚・昆布・大根等を好みに応じて混ぜご飯にするのがよい。熱帯米はフライにするのが最も適している。

人造米

人造米とは米以外の材料を用いて外観を米粒に似せてつくったものであり、飯として炊いて用いる。今日まで人造米の材料としては、とうもろこし・じゃがいも・コウリャン・豆粕等が多く用いられ、あるいは単純に自然のままを細かく砕き、米粒大にしただけのものがある。あるいはまず粉末にした数品を混ぜ、これをこね合せて加工したものである。現在では完成の域に達したものはなく、多くは真の米にこれらの幾分かを混入して混ぜご飯として供用されるくらいである。（巻頭写真第九参照）。

今後の台所

これからの台所は、仮に個人の家庭でも、まな板や包丁同様、必ず備え付けなければならない器具・常備食品としては、

（第一）秤量器。容積と重量を計るための秤がなくてはならない。材料の適切な購入、調理を行うのに必要である。

（第二）磨砕器（ミンチ機・ミキサー）。中でも挽き肉機が必要である。どんな材料でもミンチ機やミキサーにかければ、元の材料の形を止めないので、見た目の欠点をなくすことができる

（第三）フライパン。日本人の日常の食物の大きな欠点の一つは、容積の割にカロリーが小さいことである。日米料理は主として淡白な食物を調製していたが、今や社会的情勢においては次第に人の活動が盛んになってきており、食事のカロリーが高くなること、調理上の使い勝手がよく応用範囲が広いこと、そして経済的である油脂類の消費が高まるのは当然のことである。（訳者註：今後、油脂の摂取のためフライパンが必要となる）

（第四）穀粉類。特に小麦粉の応用は増々拡大されるべきである。調理の面でも消化の面でも手軽で、時間がかからない。特にその吸着力、粘着性等が器械的に他の食品の形態を変化させるためにきわめて有効である点で、最も大切な食品として扱われなければならない。[訳註三三] 救荒食品などが必要な場合はもちろん、日常、経済的栄養を行おうとする場合に欠かせない食品の地位を占めている。

（第五）乾物。缶詰などの貯蔵品の応用、ソース・グレビー等のソース類の改良および全く調理の手を加えないで供される加工食品の利用は、今後ますます盛んになるだろう。

元々物量不足の傾向にあったことから、わが国の家庭には、台所をより便利で経済的なものにする努力と苦心がはっきりと残っている。台所にはこれといった設備もなく、作業も簡単なものが主であった。しかもその手段は本来の趣旨に添わず、かえっ

て保健上、経済上にこの上ない大きい損失をもたらす結果になったのである。

今後の台所は科学的に配慮・設計されるようになるとともに、設備費の額がやや大きくなっても、将来的にメリットが大きいことを選び計画を立てることになる。小さな一例であるが、台所には検温器が必ず備え付けられるだろう。オーブンの設備はなくてはならない。やや高価なものとして高圧釜、さらに高価なテーブルレンジを用いればさらに能率が上がるだろう。数十万円に価するテーブルレンジが嫁入り道具の第一のものであり、食卓上の諸器具が結婚祝いの最上の贈り物であるとする西洋の風習はめでたく、喜ばしいことである。懸賞などでも、台所器具がたびたび賞品とされている。一家一国の健康と経済と繁栄は、ここからスタートする。

そして、このような趣旨と文化生活に適うためには、早々に各家庭でも栄養価の算出がなされるようになることが望ましい。栄養価算出は寄宿舎・病院等にはもちろん必要であるにもかかわらず。この応用はおろかこの設備について知る人もまだ少ないことから、左に極めて簡単な説明を加えておく。

養価計[訳註三四]（栄養価の算出）

一般統計用あるいは食品配合用、その他正確に食品の栄養価をカロリーによって算出しようとするときに、けっして欠かせないのは食品の分析表である。この分析表には今日まで三つの様式がある。

（第一）は食品百グラム中に含有するたんぱく質・抱水炭素および脂肪の量を表示したもので、この表を用いるためには食卓で摂取する食品を一つ一つ秤量計算して、まずこの三大栄養素の実際含量のグラム（重量）を知り、次いでそのグラム量にたんぱく質と抱水炭素には四・一を脂肪には九・三を乗じ、これらを加算合計して総カロリー量を知ることができる。

（第二）は三大栄養素の含有百分率の代わりに、食品の一定量中三大栄養素をカロリーに換算した含有量が記入され作表されたもので、この表を使う時はカロリーを算出するのに第一法の煩雑さを少し軽減することができる。

（第三）はカロリーの百分比例を示す表で、この方法はすべて一〇〇キロカロリーを含有する各食品の量を標準量と定め、その中に三大栄養素のカロリーがどのような割合で含有されるのかを知ることができる。

第三法による表はフィッシャー博士が作成したもので、じゃがいもを例とすると左の表のようになる。

【原文表－三四九頁参照】

同氏はこのカロリー表を幾何学的に表現し、目で見て分かるようにすることに成功した。すべての食品を直角三角形ＣＦＰで表わし、直角三角形内の三つの三角形ＣＯＦ・ＣＯＰ・ＦＯＰは、各一〇〇キロカロリー中のたんぱく質・脂肪および抱水炭素の割合を示す。図を理解しやすいように、たんぱく質を灰色・脂肪を黒色・抱水炭素を中間の黒色で表す。第一図は牛乳一〇〇キロカロリー中におけるたんぱく質・脂肪・抱水炭素がほとんど同等の割合に含まれていることを示し、第二図はハマグリが多量のたんぱく質を含有し、第三図はパンの抱水炭素が大きな割合を示し、第四図から第八図は、それぞれビーツがたんぱく質に乏しく、鶏肉と牛肉に抱水炭素が少なく、イチジクと普通ブイヨンスープに脂肪が乏しいことを示す。このように、一見して各食品の特性を理解することに便利なものである。

【原文図－三五〇頁参照】

【原文図－三五一頁参照】

また、Ｏ点の移動により各三角形の面積が変化することは言うまでもなく、Ｏ点がＣに近づけばその食品は抱水炭素に富み、Ｆに近づけば脂肪に富み、Ｐに近づけばその食品はたんぱく質に富む。Ｃを抱水炭素頂角・Ｆを脂肪頂角・Ｐをたんぱく質頂角と呼ぶ。

O点のCF線上における位置で三角の面積の大小の割合が決まり、この面積の大小はたんぱく質の割合を示すことから、O点の位置はたんぱく質の含量の多少に比例することが分かる。脂肪および抱水炭素についても同様の関係にあるので、解説は省く。つまり、O点を三角形内の適切なところにおけば、その食品のカロリー価の分布が決まることになる。そしてO点は、前述の食品表により、上に掲げた図解のような縦横線を付した三角形内に定めることが容易になる。もし食品が二品ならば二つめのO点を線でつないでその中央点を求め、三品ならばまず二品からOを求め、次いでそのOと第三の食品のOとの中央点を求めれば、用いた食品が配合された時のOが求められる。どんなに多くの食品を増やしても、この方法は同じである。

さらに一歩を進めて、フィッシヤー博士は私たちの日常食用する各種食品を代表するO点を求めるために、一種の装置を用いることを工夫した。三角形に縦横線を印刷した紙片（イ）を、屋床[訳註三五]（屋根裏床）のように吊り下げた釣台（ロ）、およびイ・ロを取り付けた支持器（ハ）で構成されており、食品一〇〇キロカロリーの標準量を代表させるいくつかの留針形の秤馬針[訳註三六]（ニ）、が付属する。同時に標準量の二分の一、四分の一を代表させる秤馬針を、半減または四分するものも加えておく。通例一標準を代表する秤馬針十五個、二分の一のもの十を備えるため、秤馬針の総計は二十個、標準分量二〇〇〇キロカロリーを代表させることができるのである。

この装置を使用するには、食品の数および種類に応じて、カロリー表に従い、紙片上の三角形内の適当な個所に適当な秤馬針の何本かを刺し、これを吊り下げて重心を求める。重心は、針で紙面を刺し、小孔を開けて印が残る仕様になっている。この重心の穴が摂取した食品総計算のO点に一致するのである。

【原文図－三五二頁参照】

実用に便利で現実に役立つようにするためには、栄養価の算出はさらに簡易化できると私は思う。つまり、日常の栄養は摂取するカロリー総量およびたんぱく質量を中心とし、そこに無機質・ビタミンその他の項目を付け加えることによって達成される。中でも抱水炭素と脂肪の両者間の量の大小を解析し明らかにするのは二の次で、特殊な疾病等を除いては、重大視する必要がない。重要なのは、総カロリーとその中に含まれるたんぱく質由来のカロリーとの比（たんぱく質エネルギー比）を知ることである。その摂取栄養の適否を簡単に知ることが必要という見地から、私は、別の栄養価の算出を考案してみた。それにはやはり、一〇〇キロカロリーを含む食品を単位とし、

(一)、食品の総カロリー一〇〇キロカロリー中、たんぱく質から発生するカロリーの割合（%）を示す表。

(二)、食品の一〇〇キロカロリーとその半量、および四分の一量を代表する秤馬。

(三)、秤馬を吊り下げて所要の計算を示す支柱。

から成るものであり、支柱に付属する指針は、摂取たんぱく質の総摂取カロリーに対する割合（%）を示し、摂取総カロリーは用いた秤馬の総和によって知ることができるようにする。

食物貯蔵法

食品の変敗は、細菌の増殖による腐敗作用と生物死後の自己融解による分解作用によって生じるものである。したがって食物の貯蔵法は、この二点に着眼することが必要である。

腐敗を防止するには、細菌の発育と増殖を防止すること。細菌に種類が多く、芽胞を形成して強い抵抗力をもつものがある。糸状菌と呼ばれるかびは、わが国では特に種類が多く、空気やほこりの中などいたるところに存在している。

そして、微生物の生存には、必ず湿度・栄養分・適当な温度の三つが必要である。特に、夏季に食品の変敗が起こりやすいのは、これら三要件を完全に満たすことによる。したがってこれを防止する方法は、一般生物に対するのと同じく、（一）日光照射（二）乾燥（三）加熱および冷却（四）化学品添加等を手段としなければならない。

食品貯蔵法として最も簡単なことは、干物にすること、すなわち（一）と（二）とを併用することも有効であり、最近は真空乾燥法で急速な進歩が見られる。

真空乾燥法では、製品を水に浸けて原形に近く再現できるものが多い。牛乳のような液性食品も真空乾燥法により粉末にすることが可能である。原料が含んでいる大量の水分を除去することができ、運搬上の利点が大きい。

加熱の応用には、焼くという方法もあるが、最も広く用いられるのは缶詰法である。

加熱と反対に冷蔵法がある。凍冷・氷詰等さまざまな方法があるが、細菌の発育を防止するに止まり、殺菌する効果はない。冷凍品を室温に移した場合は、非常に速く腐敗するという欠点がある。

化学品には、最も広く用いられるものに食塩、砂糖がある。また硝石・サルチル酸・安息香酸・ホウ酸等が応用されることがあるが例外の場合に限られ、一般的に効果が高い殺菌剤は人体にも害作用を及ぼすので、文明国では皆これを禁止している。

自己融解とは、身体組織中で生きている時には完全に抑制されているが、死後速やかに開始を活動する特異現象であって、各臓器は各自が持つ自己の分解作用によって、組織細胞が潰れ崩れる。この作用は冷蔵中でも停止することができない、ただその強度を減退させるだけに止まる。腐敗しない動物性と植物性食品が軟化したり異臭を放つのは、これが原因である。塩辛の調製はこの作用を応用したものであり、俗に生魚の「生き腐れ」というのもこれである。

家庭における食物貯蔵法も、上述の諸法を参考にして臨機に活用すべきである。例えば、

(イ)、台所を家屋の南側に築造することは好ましくない、北側にするのが有利であること。
(ロ)、焼いて硬い外皮を作ることで、どんな食片でも、例えば握り飯でもその変敗を延ばすことができること。
(ハ)、被い蓋をした容器中でひと煮立ちし蓋を閉めたままにしておけば、防腐の効果があること。
(ニ)、食塩で完全に防腐するには、食塩量が食材の二〇％以上必要であること。
(ホ)、魔法瓶で保温したものは危険であること。
(ヘ)、熱湯をかけて殺菌した器物も、滅菌しない布巾などで触れれば殺菌が無効となること。等。

人工食品

人工食品が完成された暁には、上述した食物調理篇が根本的に改変される。食品の選択から貯蔵法まで、全般にわたってその機能と形態に革命が起こることは当然の成り行きである。人工食品とは、前に言及した人造米のようなもののことではない。自然界の中で、そのままで栄養素を含む物、例えば食物の廃棄物から新食品を造り出すわけでもない。栄養素としては効用がない単純な物質から各種の栄養素を作り、各種の栄養素からさらに栄養品を創り出すことを言うのである。つまり太陽光の力により、土中および空気から無機成分を摂って有機栄養素をも合成する植物の役割を、理化学的な手法によって代行させようという努力である。このことは決して架空の論ではなく、今日でもある程度までは結果が出ている。例えば糖、ペプチド、脂肪の化学合成がすでに完成されている。今に完全な食品が化学実験室から創り出されるだろう。しかし、目的に到達するまでには、まだまだ困難がある。そしてその間に、おそらくに一つの移行期間として、細菌その他の微生物の応用が盛んとなる中間時代が訪れることを、私は信じている。それは、空間の節約と化学実験室内の作業に適する自然の力は、さまざまな点つまり細菌および微生物の利用の点で、これ以上優れるものはないからである。例えば、化学分野でまだたんぱく質の合成が完成していない今日でも、細菌は本能でたんぱく質を造り出し、化学がビタミンの構造すら明らかにできていないにもかかわらず、酵母は多量に産生しているからである。細菌その他の微生物が、私たちの栄養素の供給源として、植物および動物に代わる時代の到来は近い。食品の調達が、原野から化学実験室に移管される仲介として、細菌およびその他の微生物は最有力、有望なものである。いや、動物の飼料および人類の食物としての酵母の応用などは、すでに実際問題として近年、たびたびその進歩の度を加速しつつある。

そして、人工食品の極致は、資源を広く天体諸星の放射性物質とエネルギーに求めるまで、進展すべきであるということを、正夢として私は抱いている。

人　食政篇

人も國も食の上に立つ

人も國も食の上に立つ。宜哉《むべなるかな》、古《いにしへ》より八政《はつせい》食を以《もつ》て始《はじめ》と爲すことや。食政《しよくせい》其《そ》の宜《よろ》しきを得ずして何の處《ところ》に生活の安定と家國の繁榮を求む可《べ》き。而《しか》して我が國の深憂《しんいう》とするところは

（一）食糧の自給自足の計《けい》既《すで》に破れて年々少くとも四百萬石《まんごく》の補給米を輸入に仰ぐにあらざれば、以《もつ》て國民の需求《じゆきふ》を充《み》たす能《あた》はざることである。其《そ》の量に於《おい》て、其《そ》の價《あたひ》に於《おい》て多大の調節を要する。常平倉《じやうへいさう》・米相場の取締、所謂《いはゆる》代用食の奬勵《しやうれい》等皆此《みなこの》目的に出《い》づると雖《いへど》も尚《なほ》一層の工夫を要す可《べ》し。

（二）我が國に於《おひ》ては體質《たいしつ》幷《ならび》に健康上の改善急を要するものあり。而《しか》して其《そ》の因を國民の榮養問題に發《はつ》するもの最《もつとも》重きは實情《じつじやう》に照して明白のことなり。

（三）わが皇室に於《お》かせられては古來盛飯《せいはん》を廢《はい》せさせ御仁慈《おんじんじ》の大本《だいほん》を躬行《きゆうかう》し給へる例甚《はなは》だ多し。以《もつ》て道徳の基礎のあるところを示させ給へるなり。故に食政は啻《ただ》に食糧の生産と消費、需用と供給の調節を圓滑《ゑんくわつ》ならしむるの努力のみを以《もつ》て甘んず可《べ》きにあらず。必ずや國民の保健殊に先衞醫學《せんえいいがく》（Preventive Medicine）の知見に立脚して積極的強健法に關する諸般の施設を實行《じつかう》することをも目的とせねばならぬのであると共に道徳の根源亦此《またここ》に在ることを看過《かんくわ》してはならぬのである。食の重きは人重きが故なり。食を忘れざるは人を忘れざるが爲《た》めなり。一國の隆興《りゆうこう》には食政先《ま》づ講ぜられざる可《べ》からず。

榮養と食物の道徳

一人が要求するところの榮養分を完全に具有《ぐいう》せしめ、特に其《そ》の風味の好惡《こうを》を重んじ、之《これ》を求めて市價《しか》の高きを厭《いと》はず、之《これ》を撰んで材料の稀《まれ》なるを思はざるを得れば理想の榮養法を行ふこと稍々《やや》簡易なるを得《う》べし。然《しか》れども斯《か》くの如きは只《ただ》患者及老幼《およびろうえう》に容《よう》さるべき特殊の榮養法といふに過ぎずして、一般に廣く實際《じつさい》榮養法として之《これ》を望むべからざるや明《あきら》けし。卽《すなわ》ち民衆榮養の實際《じつさい》には、榮養分に富み美味なると共に、必ず經濟的有利なるの榮養法を講ぜざるべからず。卽《すなわ》ち食物の榮養上の價値《かち》に二つの細別《さいべつ》のあることを知つて置かねばならぬ。

（一）生理上の榮養價《か》。

（二）經濟上並《ならびに》社會《しやくわい》政策上の榮養價之也《かこれなり》。

甲は身體《しんたい》内に於ける利用の大小輕重《けいぢゆう》によつて定まり狹義の所謂《いはゆる》榮養價値《かち》である。

乙は食糧の生産量の多寡《たくわ》と嗜好の適否をも參酌《さんしやく》し、且《かつ》時代に適應《てきおう》する各般の施設によりて定まり、廣義《くわうぎ》の食品榮養上の價値《かち》である。

榮養研究を醫學《いがく》の一部と誤《あやま》り、狹義の食品榮養價《か》を論ずるを以《もつ》て滿足するものは眞《しん》の榮養研究を解《かい》せざるものなるは既《すで》に遙かに前章に於て論述したる處《ところ》なり。

故に同一《どういつ》人でありても、一個人を主として考ふる時の醫學《いがく》的榮養法と、社會《しやくわい》人として取るべき經濟上並《ならび》に社會《しやくわい》政策上の榮養法とはそこに顯然《けんぜん》たる區別《くべつ》を存す可《べ》きである。米麥《べいばく》が農民にのみ屬するものに非《あら》ず、又富める人が食糧を專有する能《あた》はざるの理を思はざる可《べ》からざる也。之《これ》を飲食の道徳といふ、或《あるひ》は食物の社會《しやくわい》化と云ふ。而《しか》して之《こ》れその共同庖厨《ばうちゆう》及び公設食堂の發達《はつたつ》に最《もつとも》有力なる援助の一理由を與《あた》ふるもの也《なり》。

食糧政策上より見たる日本

惟《おも》ふに我が國の食糧政策は之《これ》を三段に區分《くぶん》して考へて置かねばなるまい。

(一)は　平時にして食糧輸移入の比較的容易なる時

(二)は　非常時にして日本海の制海權《せいかいけん》を保有する時

(三)は　日本海の制海權《せいかいけん》を失ふたる時

一　の場合は市價《しか》の高低と品質の善惡に準據《じゅんきょ》し最《もっと》も自由に之《これ》を遠近の海外に求むるを以《もっ》て常《つね》となす。例《たと》へば濠洲《ごうしゅう》より小《こ》麥《むぎ》と肉と乳製品を求め蘭貢《ラングーン》・西貢《サイゴン》及《および》印度《インド》より熱帶米を求め、南洋諸地方より落花生を求め、支那より綿實《めんじつ》を求むるが如し。されど此《かく》の如きは食糧政策上元《もと》より一時を彌縫《びほう》する姑息の手段に過ぎず。

二　の場合は對島《つしま》・津輕・宗谷及《および》間宮海峡の守りを固くし滿蒙《まんもう》及《および》西比利亞《シベリア》地方及《および》朝鮮より食糧品を輸移入するの策にして高粱《かうりやん》・粟・大豆・米・小麥《こむぎ》等何《いづ》れも榮養價《か》に富み産額亦《もまた》極めて豐《ゆた》かなるものである。

三　の場合は我が邦《くに》本土の所産《しょさん》に滿足せざるを得ざるの時なり。雜穀諸種の野生食料、草根木皮《さうこんもくひ》は勿論藁《わら》をも利用す可《べ》し。

食糧政策上の榮養問題を所理《しょり》するに當《あた》りて又忘る可《べ》からざることは、その榮養能率の增進を計ること之也《これなり》。而《しか》して之《こ》れ食品各個の全成分を活躍發動《はつどう》せしむる謂《いはれ》にして、單に單獨《たんどく》なる特定の成分の消化吸收率の增進を意味するものにあらず。例《たと》へば米を消費するに當《あた》りて、米の節約は之《これ》を玄米食に於《おひ》てするよりも精白米食に於《おひ》てするよりも之《これ》を七分搗半搗に於《おひ》てするを當《あた》れりとするが如し。

(一)米を以《もっ》て小麥《こむぎ》に代《か》ゆべからざる一つの有力なる理由は異變《いへん》に際し、藁《わら》は之《これ》を食用し得《う》く且《かつ》その額大なりと雖《いへ》ども、小麦《こむぎ》には此點《このてん》にて全然望みなきこと。

(二) 我が國では魚類を重んずべきこと。

(三) 水田沼澤《せうたく》河川を利用して鯉・鮒・鰌・鰻及《および》貝類の増殖を計ること。

(四) 我が國の如く食糧不足勝《ふそくがち》の國にありては、殊に畜産上その飼育と收穫との收支決算を顧慮せざるべからず。例《たと》へば豚は不利の點《てん》多く、鷄は最《もつとも》有利なるが如し。

(五) 地域狹隘《けふあい》なる我が國の畜産事業は小動物に重きを置く可《べ》きこと。

(六) 又一朝有事の日に於《おひ》て人類と同樣の飼料を要求する諸動物は、食糧窮乏の際、敵方であると云ふこと。

(七) アメリカ蛙よりは鼠族《そぞく》の食用の大《おほい》に奬勵《しやうれい》せらる可《べ》きもの也。

(八) 日常食膳に上せ得るもの其《そ》の數約四百、救急食品に屬するもの約五百を數ふべし。

救急植物の如きは之《これ》を校庭、公園に栽培し、又盆栽挿花《さしばな》として家庭に近接せしめ置くの要あり。

これ等食糧政策に關する事項は其《そ》の社會《しやくわい》政策に關する事項と共に平素より之《これ》が攻究と教育を怠つてはならぬ。

畏《かしこ》くも吾《わ》が國立國《りつこく》の初めに當《あた》り、其《そ》の第一詔勅《みことのり》が國民榮養問題の重要なるを宣《せん》せさせ給へるものなるは榮養研究の歷史を敍述する時旣《すで》に之《これ》を說きたるところなり。德川家康が腹八分目說の宣傳《せんでん》に力《つと》めたる、又年貢に米を以《もつ》てせる政策の如きは大《おほい》に鑑みるべきの價値《かち》あるもの也。

又食糧問題國際化の機運が近來其《そ》の傾向の益ゝ《ますます》著《いちじるし》きものあるは、歐洲戰に於《おい》て新生したる「A man Value」に之《これ》を見るも、又平時にありて、熱帶醫學會《いがくくわい》がその國際的威力に籍《たよ》る米の精白度制限實施《じつし》を提唱し、汎太平洋會議《くわいぎ》が常に食糧問題を重要題目中の主題とするに之《これ》を見るも、其他《そのた》尚動《なほどう》もすれば一國の防穀令が他國の食糧窮乏を脅《おびや》かしめて顧みざる不都合に之《これ》を見るも、其《そ》の例何《いづ》れも皆共榮的協力を人類食糧の上に加ふるの日を促進する一方である。

榮養と人口問題

人口問題は又我が國に於《おい》て一日の偸安《とうあん》を許さざる問題なり、現状を以《もつ》て放任されたりとせば日本全土はやがて琉球となる可《べ》し。私は愛す可《べ》き琉球が先例を示して、嚴肅《げんしゆく》なる事實《じじつ》により日本の前途を警告しあるものと爲すものである。何を以《もつ》てか之《これ》を云ふ。曰《いは》く。私は

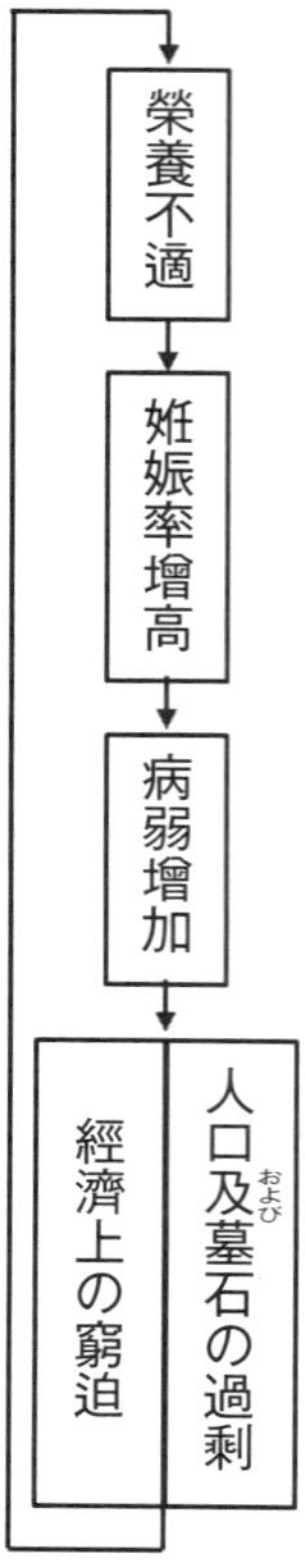

の因果關係を確信するが故である。

先年警視《けいし》廳《ちやう》保健衛生實地《じつち》調査に際し、私は特に此點《このてん》に著眼《ちやくがん》して其《そ》の調査の行はれむことを提唱し、調査が高嶋技師以下當務《たうむ》部員の大《おほい》なる勞苦の下《もと》に進められた。而《しか》して其《そ》の成績は私をして次の斷案《だんあん》に到達せしめたのである。

「母體《ぼたい》の榮養不良なる時は姙娠率高く流産早産多く産兒亦《さんじもまた》弱質なるに反し、母體《ぼたい》の榮養佳良なる時は姙娠率低く姙産共に異常少なく産兒亦《さんじもまた》强健なるを常《つね》とする」と。卽《すなは》ち、私は所謂《いはゆる》「貧乏人の兒澤山《こだくさん》」を榮養問題に歸《き》して説明するものである。

世、人口調節を論ずる者漸《やうや》く多きを加へ、產兒《さんじ》制限法も亦頻《またしき》りに議せらるると雖《いへ》ども、私は惟《おも》ふに、斯《かく》の如きは之《これ》が贊意を表す可《べ》きものにあらず、而《しか》して最《もつと》も有効にして有益《いうえき》なる國民の榮養改善法を實行《じつかう》して、人口の自然的調節を遂ぐ

ると共に、能《よ》く國民の體位《たいい》亦之《もまたこれ》を向上せしむることを得るに於《おい》ては、之寔《このまこと》に一擧兩得且萬全《いつきよりやうとくかつばんぜん》の策と謂《い》はねばならぬ。爲政者・經世家・あらゆる識者は私の此《この》提言必ず一考せられむことを望むものである。

兒童《じどう》給食

兒童《じどう》給食は第二の國民を養成するに當《あた》りて最《もつとも》大切の事項なり。西哲既《せいてつすで》に學校給食に關し「教育はパンを與《あた》へて後《のち》に」と絶叫せるも之《これ》が故である。然《しか》れども私の唱《とな》ふるところは其《そ》の兒童《じどう》給食を經濟の意味を以《もつ》てするよりは保健の意味を以《もつ》てす可《べ》きものなることを強調し來《きた》れるが故に、多少見るところを異にするものと云ふて可《か》なり。卽《すなは》ち私は學童及托兒所《およびたくじしよ》に於《お》ける兒童《じどう》給食に重きを置くことによりて

（一）兒童《じどう》の體格體質《たいかくたいしつ》の改善を達成せむとするものである、故に貧困者のみならず富者《ふしや》の子弟も亦《また》均一に之《これ》が恩惠を享《う》く可《べ》きものであるとすること。

（二）給食によりて榮養に關する知識を涵養《かんやう》し保健・經濟及《および》道德の上に、實《じつ》生活の基調たるべき最《もつとも》有力なる根據《こんきよ》を與《あた》ふること。

之《これ》である。

我國に於《おひ》てその規模稍大且實績顯著《ややだいかつじつせきけんちよ》なるを得たる給食事業は、關東大震災後東京市社會局《しやくわいきよく》が大阪朝日新聞及《および》大阪毎日新聞社の義捐金《ぎえんきん》によりて行ひたるものにして、其後缺食學童救濟《そのごけつしよくがくどうきうさい》を目標の給食國庫支辨《しべん》を見、各府縣《けん》に在りても學校其《その》他《た》に此種《このしゆ》事業の採用せらるるもの漸《やうや》く多きを加へつつありて、當初《たうしよ》私の提唱せるが如く、榮養學の特別技能によりて經營するを原則とするに至れり。

工場食・海員食

産業國たらむとする我國《わがくに》に於《おひ》て必ず留意す可《べ》きは工場の食事なり。職工其《そ》の他寄宿生活を營むものにありては食は自ら之《これ》を選むの自由を有せず。與《あた》へらるるものに其《そ》の滿足を求めざる可《べ》からずして實《じつ》に食事上の專制下に生活する者なり。疲勞を醫《いや》し健康を保ち、疾病に對《たい》する抵抗力を賦與《ふよ》するものは其《その》資料を食物に攝《と》らざる可《べ》からざるの理を工場管理者は牢記《らうき》せねばならぬと共に、賄方《まかないかた》は就業員及社會《およびしやくわい》に對《たい》し自己が調理する食物の果して合理的にして且《かつ》從業員の滿足す可《べ》きものなるやを立證《りつしよう》し説明し得るの準備が常に肝要である。吾《わ》が國現代の工場に於《おい》ては其《そ》の食事が果して就業員の榮養上の要求に副《そ》ふものなりや否《いなや》に對《たい》し、何等《なんら》責任を帶《お》ぶと認む可《べ》き方法が實行《じつかう》されて居ないのである。完全なる榮養法は大局に於《おい》て從業員の健康と能率を增進し且《かつ》經濟的にして物質的にも亦《また》必ず報いらるるものである。

榮養上の缺陷《けつかん》より工場に於《おい》ては結核・脚氣・神經《しんけい》衰弱等の諸症をし易く、又午後に於《お》ける一般能率の減退の如きもそのお八《や》つによりて之《これ》を防止することを得るものである。

我が國でも政府は既《すで》に工場法案を脱稿した。就《つい》て見るに工場の設備より作業に至るまで、各方面に亘《わた》つて詳細なる規程を作り、之《これ》が改善を企圖《きと》するものゝ如し。然《しか》れども太《はなは》だ憾《おし》むらくは工場に於《お》ける何物よりも最《もつとも》重大なる要素、即《すなは》ち就業員の榮養に關して何等《なんら》顧慮せられたるの跡を見ず。就業員の榮養に就《つ》いては當局《たうきよく》者は、速《すみやか》に適宜《てきぎ》の規程を設け、且《か》つ之《これ》を嚴重に監督するの態度に出でなければならぬ。必ずならぬ。

尚此《なほここ》に附言《ふげん》して置くが工場には從業員の爲《た》めに適當《てきたう》の轉地《てんち》保養所を有せねばならぬ。又此《この》保養所には榮養のことが第一に考慮されなければならぬ。一般患者の轉地《てんち》療養なると學生の林間學校なるとを問はず、其《そ》の榮養上の便宜を得るにあらざれば斷じて之《これ》を實施《じつし》するなかれといふのが今日の原則であることを忘れてはならぬ。海員其《そ》の他の集團《しふだん》生活者の榮養に就《つ》いても亦之《またこれ》が改善の要《かなめ》は工場に於《お》けると同一なり。

榮養士の養成

前掲兒童《じどう》給食に於《おい》ても又工場食・海員食其《そ》の他に於《おい》ても、其《そ》の他食物調製の事務に擔《にな》はるものは、特に榮養上から其《そ》の理論の概要と技術の正確さを保證《ほしよう》されたるものに限り、之《これ》に信頼せらるるを得可《うべ》きである。故に此《こ》の如き榮養士の養成を必要とする。國家は又速《すみやか》に榮養實務者《じつむしや》検定試験の制度を設けて、一般に且確實《かつかくじつ》に其《そ》の効果を擧《あ》ぐるに力《つと》む可《べ》きである。

廢物利用と化學工業及《および》公設市場

食物を處理《しより》して廢物《はいぶつ》多きところに不健康と不經濟がある。又私が先年東京市の塵埃《じんあい》の處分《しよぶん》を調査したる時、不景氣の財界に於《おい》ては塵埃《じんあい》中の食物殘片《ざんぺん》が減少の著しきこと、靑物高價《こうか》の日は野菜の影をだに塵埃《じんあい》中に發見《はつけん》すること稀なるの事《じ》實《じつ》を知り、之《これ》に就《つ》いて說述《せつじゆつ》したことがあつた。

榮養の知識が重んぜられると臺所《だいどころ》に於《おい》ては殆んど廢物《はいぶつ》を出す可《べ》くもない。殊に榮養工學と食品工業の發達《はつたつ》によりて之《これ》が進境《しんきやう》に近つくべし。

（一）例《たと》へば一個の筍を取りその剝《む》きたる外皮の白き部分卽《すなはち》基底部は細かに刻みて之《これ》を調理し、その根元の硬き部分は前に述べたるが如くおろし金にておろしたる後之《これ》を調理し、趣味に富みたる新食物を調理し得《う》べし。而《しか》して此《こ》の如きは各家庭に於《おい》て行ふに適する事項である。

（二）之《これ》に反して大量生産の廢物《はいぶつ》にかゝる、糠・豆粕の食用の如きは之《これ》を工業化によりて大規模に計畫實施《けいくわくじつし》せられねばならぬ。

此《この》意味に於《おい》て昔日《せきじつ》の農漁以外工業が食糧問題に大關係を有する様になつた、況《いは》んや食品工業は漸次《ぜんじ》完全食若《もし》くは人造食品の完成上、必ず將來之《これ》が力を籍《たよ》らざる可《べか》らざること火を見るよりも燎《あきら》かなるに於《おい》てをや。

（三）又公設市場は今の如く唯《ただ》小賣商《こうりしやう》の延長を以《もつ》て滿足すべきにあらず。公設市場は物品を本位とせず、一人の生活を標準として商賣《しやうばい》を行ふ可《べ》きである。一例を擧《あ》ぐれば榮養研究所發表《はつぺう》の献立に應《おう》ずる材料を「組み」にして供給するが如き施設を實行《じつかう》するにあらざれば、各人は不必要なる數量をも購入せざる可《べ》からず、從《したがつ》て廢物《はいぶつ》を生ずる源となる可《べ》く且《かつ》甚《はなはだ》不便なり。

榮養上の法規條約

榮養の問題を正解する時、科學と道德と人類愛が翕然《きふぜん》として統一融合せられる。穀類搗精混砂問題に於《お》けるが如き國内的の者は勿論、例《たと》へば精白米及《およ》び白パンを奢侈品《しやしひん》として之《これ》に消費税を賦課《ふくわ》す可《べ》しといふ私の案、食糧の需給を圓滑《ゑんくわつ》ならしめ分配の不平均を緩和するに適切なる手段達成の氣運を國際的に催進《さいしん》せしむ可《べ》しといふ私の案の如き、榮養の確保と改善の爲《た》めに必要なる國法或《あるい》は條約の考究を忽《ゆるがせ》にす可《べ》からざることをみな一同が悟らねばならぬ。

救荒《きうくわう》食品

飢饉の際食用するもの也《なり》。平素之《これ》を食用せざるは榮養價《か》低きか、不味なるか、習慣に反するか、採集に困難なるか、食用に手數がかかるか、何等《なんら》か不經濟にして、要するに實用的《じつようてき》ならざるによる。

救荒《きうくわう》食品と普通食品との間には元來劃然《くわくぜん》たる區別《くべつ》は無い。何となれば今日普通に用ひらるる食品と雖《いへ》ども其《そ》の古《いにし》へに溯《さかのぼ》れば皆これ野生の貧弱なる階級から選擇《せんたく》培養せられたるものに過ぎぬからである。

救荒《きうくわう》食品に屬するものを食用するに方《あた》りては必《かなら》ず細かに刻み薄く剝《そ》ぎ水に浸し晒《さら》し軟かく煮て用ふべし。一回《いつくわい》に多食する事なかれ。又味に苦澁《くじふ》なるを發見《はつけん》せば食せざるを良しとす。往々毒成分を含有するものあり。又未知未經驗のものを食する場合には必ず單味として用ふることを忘るる勿《なか》れ。普通料理人等が行ふ如く胡麻あへなどに作りてその風味を被ふ時は食後胃痛を起し嘔吐を發《はつ》す可《べ》きものをも取り紛《まぎ》れて食用することあれば也。之《これ》に反し既《すで》に定評ある安全の諸品と雖《いへど》も或《あるい》は餅に作り或《あるひ》は他《ほか》物に配合して、其《そ》の原料を隱蔽《いんぺい》する丈《だ》けの調理法を行ふにあらざれば賞味し難きこと多し。

巻末に表として添附《てんぷ》したるは、榮養研究所に於て囑託岡崎博士が、古來東洋に慣用せられた救荒《きうかふ》食品中、植物界に屬するものの名稱《めいしよう》を集錄《しうろく》したものである。

救荒《きうかふ》植物一覧

實類

榧《カヤノミ》・榛《ハジカミ》・柯樹《シヰノミ》・蓮實《ハスノミ》・芡實《オニバス》（ミヅハス）・雀麥《カラスムギ》・燕石《チヤヒキグサ》・蓬草子《ヨモギノミ》・菰實《マコモノミ》・竹實《タケノミ》・狼尾草《クマビヘ》・葤草子《オカヒイ》・茜子《アカネノミ》・槲實《ナラノミ》・橡實《クヌギノミ》・栗《クリ》・銀杏《ギンナン》・桃仁《モヽ》・杏仁《アンズ》・黄麻子《イチビ》・鹽麩實《カツノミ》・蜀黎《トウキビ》・胡頽子《ナツグミ》・野豌豆《ノエンドウ》・鷄眼草《ヤハスサウ》・野葡萄《ノブドウ》（エビカツラ）・梨實《ナシ》・林檎《リンゴ》・安石榴《ザクロ》・柑實《ミカン》・橙《カウジ》・柚《ユヅ》・枸櫞《クネンボ》・金柑《キンカン》・橄欖《カンラン》・櫨榲《クワリン》・榲桲《マルメロ》。

根類

瓜蔞根《カラスウリ》・團慈姑《カタクリコ》・百合《ユリ》・巻丹《オニユリ》・黄精《ナルコユリ》・慈姑《クワイ》・烏芋《クロクワイ》・蕨《ワラビ》・蓮根《ハスネ》・薇《ゼンマイ》・澤瀉《オモダカ》・草石蠶《チヨロギ》・皷子花《ヒルガホ》（旋花の事）・蕺菜《ドクダミ》・蒼木《オケラ》・香蒲《ガマ》・菖蒲《アヤメ》・菰首《コモヅノ》・荇菜《コウホネ》・蘆筍《ヨシノメ》・蓴菜《ジユンサイ》・薊菜《アザミ》・苳莖《フキ》・水芹《ミズセリ》・靑蒿《ノニンジン》・萎陵菜《ウラヒル》・蔓菁《カブラナ》・苧麻《カラムシ》・麥門冬《タツノヒゲ》・山慈姑《ヤマクワイ》・紫芋《トウイモ》・鷄鴟《ヤツガシラ》・黄獨《カシユイモ》・野山藥《ジネンジヨ》・甘藷《サツマイモ》・佛手薯《ツクネイモ》・薯蕷《ナガイモ》・葱《ネギ》・韮《ニラ》・薤《ラツケウ》・蒜《ニンニク》・胡葱《アサツキ》・山蒜《ノビル》・水蘿蔔《ハナダイコン》。

嫩《どん》葉《えふ》類

虎杖《イタドリ》・荷葉《ハスナ》・地膚《ハウキノハ》・繁縷《ハコベ》・商陸《ヤマゴボウ》・蒼木《オケラ》・瓜蔞《カラスウリ》・地楊梅《カラスノヤ》・鹽麥《カツノキノハ》・鴨跖草《トンボウクサ》・玉簪《ウルイ》・野菊《ノギク》・カナヤ・杜板歸《ウシヒタイ》・靑蒿《ノニンジン》・山蒜《ノビル》・蒲公英《タンポポ》・葛葉《クズノハ》・楊櫨《ヤマウツキ》・木天蓼《マタタビ》・マユミの葉《ハ》・紅藍花《ケバナ》・藜《アカザ》・灰藋《アヲアカザ》・胡葱《アサツキ》・皷子花《ヒルガホ》・百合《ユリ》・巻丹《オニユリ》・野蜀葵《ミツバセリ》・車箭草《カヘルハ》・巻耳《ミヽナ》・薺《ナツナ》・藘蒿《ヨメガハギ》・白蘇《エクサ》・接續草《スギナクワ》・馬齒莧《スベリビユ》・楤《タラ》・莧菜《ハビウ》・白莧《シラビユ》・赤莧《アカビユ》・野莧《ノビユ》・班莧《マダラビユ》・茉苡《オホバコ》・雁來紅《ハケイトー》・拘杞《クコ》・榎《エノキ》・白タム木《シロキ》・鷄頭花《ケイトーゲ》・胡枝葉《ハギノハ》・兎絲子《メナシヅル》・茅芽《チガヤノメ》・山萮菜《ワサビ》・菫菜《スミレ》・山蒜《ヤマニンニク》・蛇麻《ヘビアサ》・野款冬《ヤチフキ》・錦葵《カラアヲヒ》。

葉《えふ》莖《けい》類

鼠麴草《ハハコクサ》（葉莖）・河原《カハラ》シチゴ・艾葉《ヨモギノハ》・蒡蓊《ゴボウノハ》（葉）・於保都知《オホツチ》・款冬《フキ》（莖）・槖吾《ツバブキ》（葉）。綟木《サルナシ》（葉）・合歡木《ネムノキ》・林檎《リンゴ》・木槿《ムクゲ》・羊蹄苗《ギジギジ》・綿絲菜《タヒラゴ》（鹽《しほ》を加《くはへる》）・鋸草《ノコギリ》・五加苗《ウコギ》・土筆《ツクシ》・木通《アケビ》・茼蒿《シユンキク》・防風《ボウフ》・萵苣《チサ》・獨活《ウド》（葉莖）・水苦蕒《カハチサ》・苦菜《ニガナ》・莙菜《トウヂサ》・槐《エンジユ》・忍冬《スイカツラ》（花も食ふ）萱草《クワンザウ》・蘿藦《コンカラヒ》・豨薟《メナモミ》（米泔に一夜浸す）。菒耳《ヲナモミ》・黄精《ナルコユリ》（嫩葉《どんえふ》）・黄菜嫩《オニタヒラゴ》・桔梗《キキヨウ》（煠《せつ》浸《しん》し苦《にがみ》を去り食す）。カワラチヤ・團慈姑《カタクリ》（若苗及《および》花）・水芥菜《タダイコン》・餘藺《バリン》・剪刀股《チシバリ》（嫩葉《どんえふ》）。水朝顔《ミズアサガホ》・澤瀉《オモダカ》（水に浸し後食ふ）・鷄眼草《ヤハヅサウ》・野薔薇《ノバラ》・珍珠菜《トラノヲ》（水に浸して後食ふ）・鹻蓬《クカヒジキ》（水浸《みずにひたし》鹽《えん》味《み》を去り喰ふ）・敗醤《オミナヘシ》（嫩苗《どんめう》）・金盞花《キンセンクワ》（苗葉水浸《みずにひたし》酸味を去り食ふ）・糸瓜《ヘチマ》・賀捐箒《メドハギ》（若苗《じやくめう》）・鳳仙花《ホウセンクワ》（一夜水に浸す）・皀莢《サイカチ》（若苗《じやくめう》）・香椿《チヤンチン》（若苗《じやくめう》）・虎耳《ユキノシタ》・豇豆葉《サヽギノハ》・裙帶豆《ジウロクサヽゲ》・豌豆《ヱンドウ》・菜豆《インゲン》・蠶豆《ソラマメ》葉・豆葉《マメ》・赤小豆葉《アヅキ》・茜草《アカネクサ》・酸漿《ホウヅキ》。

附　註釋篇《ちゆうしやく》

〔 〕内は本書該当頁。

※一、榮養と繁殖。（二頁）〔一三頁〕。

後章三二〇頁を一参看《さんかん》せよ。

※二、食物と交通。（三頁）〔一三頁〕。

前獨逸《ドイツ》外務次官トツフエルが獨逸《ドイツ》國民の榮養の爲《た》め有効にして經濟的なる食糧の探求を目的で來朝《らいてう》した時、親しく私に語つて云《い》はく「歐洲大戰後の獨逸《ドイツ》の外交には、國民の榮養問題を、如何《いか》にして圓滑《ゑんくわつ》ならしむ可《べ》きかといふより大きなものはなかつた。これ科學者たる私が特に選ばれて外務次官に任命された所以《ゆえん》である。獨逸《ドイツ》は今國産の馬齢薯と南米からの小麥《こむぎ》と北海からの鯡《ニシン》を以《もつ》て榮養を行ふて居る。私は東洋方面に榮養上の何者《なにもの》かを期待して本國を出發《しゆつぱつ》したものである」と。同氏は滿州産の大豆に著目《ちやくもく》し、榮養研究所でキナ粉・豆腐・醬油の製法を學習して歸《かへ》つた。

※三、ホーク。（四頁）〔一五頁〕。

ホークが今日の如く、普《あまね》く歐米諸國に於《お》て採用せられる樣になる迄には、容易ならぬ困難を經《へ》た。ホークが彼等の常に夷狄視《いてきし》する東方異國からの傳來《でんらい》であるといふ毛嫌ひに加へて、其《そ》の最も有力なる忌憚《きたん》はホークが惡魔獨得《どくとく》の武器とする（股槍《こさう》）を縮圖《しゆくづ》にした外形を具《そな》へて居ることであつた。ホークは斷じてこれを吾人《ごじん》の身邊《しんぺん》に近づけてはならぬといふ宗教方面からの反對《はんたい》であつた、乃《すな》はち嚴令《げんれい》を以《もつ》てこれが使用を禁止したものである。人情の機微に觸《ふ》れた此《こ》の考へは今も尚《なほ》一掃されるに至らないのが不思議な程で、例《たと》へば近來結核傳染《でんせん》の豫防《よばう》運動から、竝《ならび》に其《そ》の他の衞生上の着眼から、ホークの洗滌清拭《せんでうせいしき》に便ならしめむが爲め、その四本の脚《あし》を二本に改めたいといふ提案に對《たい》しても人は決してこれに聽從《ちやうじゆう》しようとしないのである。曰《い》はく「かくの如きはいよいよホークを惡魔の股槍《こさう》其《そ》の儘《まま》に生寫《いきうつ》しするものである。吾人《ごじん》は惡魔であつてはならぬ」と。

※四、調味。（五頁）［一五頁］。

昆布・大豆・椎茸其《そ》の他種々のものを煮て作りたる煮出汁《にだしじる》は其《そ》の成分に於《おい》て決して單純なものではない。それは後章適當《てきたう》の條下《でうくわ》に改めて說くところがあるであらうが、要するに煮出汁《にだしじる》やスープが榮養上に輕視せられたのはカロリー萬能《ばんのう》論時代の舊慣《きうくわん》に過ぎざるものであつて、卽《すなは》ち今は然《しか》らず。故に單一の成分から成る風味の素などを煮出汁《にだしじる》に代用することは、徒《いたづら》にその味覺に一時の安價《あんか》な眩惑《げんわく》を與《あた》ふるに過ぎずして、かかる風味の素はそれ自體《じたい》が、よし多少の榮養分を含有するとしても、そは元來議論するに足るの量に達するものにあらず。寧《むし》ろ之《これ》と同伴を要する他の複雜にして貴要《きえう》なる諸成分の缺陷《けつかん》を有し、之《これ》に原因する危險を憂慮せざる可《べ》からざるの立場にあるものである。かかる意味に於《おい》て精製されたる食品同樣精製されたる風味の素の愛用は戒《いまし》む可《べ》きである。

又煮熟《にじゆく》を手早くせむが爲《た》めに曹達《ソーダ》を加ふるが如きも、之《これ》を用ひて可《か》なる場合なきにあらねど、例《たと》へば大豆に於《お》けるが如きは其《そ》の含有する、ビタミンBを破壞し去るものであることを忘れてはならぬ。

※五、嗜好。（五頁）［一六頁］。

一國としては其《そ》の食糧政策を劃立《くわくりつ》する上に、個人としては其《そ》の偏食の禍害《くわがい》を豫防《よばう》する上に、風味のことが常に必ず考慮の中に置かれてなければならぬのは勿論である。併《しか》し同時に又重要問題として、人は平素から、强烈なる異常の嗜好に征服せらるるの危險をも戒《いまし》めて置かねばならぬ。それは所謂《いはゆる》嗜好品と稱《しよう》せらるるものの極端な實例《じつれい》――例《たと》へば茶と阿《ア》片《ヘン》とを交換して共に倶《とも》に傷《きず》つ《?》いた英國《イギリス》と支那《シナ》とに鑑みると良いのである。カレーやソースの過劇《くわげき》なるもの、茶や珈琲や異國の酒などは必ず之《これ》に耽溺《たんでき》してはならぬのである。

※六、榮養觀念。（七頁）［一八頁］。

試みに誤れる此《この》種榮養觀念の實例數者《じつれいすうしや》を擧《あ》ぐれば

一、食後速《すみやか》に空腹を感ずるものを以《もつ》て消化良好なりとする（食物の胃内通過時間と消化性の難易を混同するもの）。

一、腹持ち良きものを榮養豐富《ほうふ》とする（食物の胃内滯留時間を以《もつ》て榮養効價《かうか》の大小を論ずる誤り）。

三、高價《かうか》のものを榮養食と思へる（市價《か》と榮養價《か》の別を考へざるもの）。

四、滿腹や美味を以《もつ》て榮養食と誤り（滿腹感と美味の本態を知らざるに座《ざ》す）。

五、小食萬能《ばんのう》を過信する（大食にあらず小食にあらず身體《しんたい》の眞の要求量を充たすを以《もつ》て本とせねばならぬ。吾人《ごじん》は適《てき》當《たう》食を尙《たふと》び小食も大食も共に過ぎたるは決して適當《てきたう》食ではないのである。筋肉勞働者に一食主義を說くが如きも亦《また》誤りである）。

六、高年者に適する食物を以《もつ》て弱年者や一般人に、强《し》ひんとする（年齢・職業・生活狀態等によりて身體《しんたい》の要求が異なることを思はぬものである）。

七、病人と健者を同一視する（乳兒《にゆうじ》の消化不良症にありて牛全乳は其《そ》の生命を奪ふに餘《あま》り脫脂乳僅《わづか》に用ひられるに足るとす可《べ》きも、既《すで》に一旦病から恢復《くわいふく》すれば脫脂乳は其《そ》の子を榮養不良に陷《おとしい》れ牛全乳は遙《はるか》に其《そ》の効果大なるの事實《じつ》を知らざるの類《たぐひ》である。異なる場合は異なる場合であるのである）。

一、アルカリ論又は酸論を以《もつ》て食物全體《ぜんたい》を律せむとする（勿論之《これ》を無視してはならぬがアルカリと酸とは榮養分中の一小部分に過ぎぬ。一束《いつそく》の竹竿壁下地《ちくかんかべのしたぢ》として要《えう》有り、卽《すなは》ち要は要なりと雖も之《これ》を以て大廈《たいか》を作るには足らざるを奈何《いかに》せむ。これ豈《あ》に單《ひと》りアルカリ論酸論のみに止《とど》まらうや、最近のビタミン論でも亦其《またそ》の幣《へい》がある）。

一、斷食の適用を誤る（例ば肥胖《ひはん》病者糖尿病者には可《か》なり、之《これ》に反して結核患者には危險である。結核の初期にして往々神經《しんけい》衰弱症の症狀を呈するものあり誤つて之《これ》に斷食を適用すれば忽《たちま》ち病勢《びやうせい》を進む。）

一、同一材料を用ひ乍《なが》ら其《そ》の効用を全《まつた》くするを得ざる（材料各個が具有する性狀の長短利害を辨《わきま》へざるに由《よ》る）。

其《そ》の他際限《さいげん》なきことである。

※七、分科規程。（一三頁）［一二三頁］。

榮養研究所分課規程

〇基礎研究部

一、化學分析に關する事項

例《たと》へば食品の化學分析を行ひ、其《そ》の組成と成分の特徴を闡明《せんめい》する。

一、新陳代謝試驗に關する事項

例《たと》へば食品の身體內《しんたいない》に於《お》ける消化吸收率を檢定し、又その利用せらるる狀態如何《いかん》を攻究する。

一、生理及《およ》び病理に關する事項

例《たと》へば榮養上の生理的要求、各般の榮養狀態に應《おう》ずる身體《しんたい》の態度、榮養上の缺陷《けつかん》が身體《しんたい》に及ぼす影響及之《およびこれ》を豫《よ》防《ばう》矯正且《かつ》治癒せしむる方法。

一、細菌に關する事項

例《たと》へば消化管内に於《お》ける細菌竝《ならび》に食品の加工調製に關する各種微生物の研究。

一、物理に關する事項

例《たと》へば膠質《かうしつ》化學及《およ》び力學に關する榮養學上の諸問題。

○應用《おうよう》研究部

一、食糧品に關する事項

甲　天然食品（水産品、救荒《きうくわう》食品を含む）

自然の儘《まま》其《そ》の原料を家庭に接受《せつじゆ》して之《これ》を各自に調理食用するもの。

乙　加工食品

工場若《も》しくは製造所に於《おい》て一旦一定の加工を施したるもの。

丙　試培

動物と植物たるとを問はず野生物若《も》しくは海外に產するものの移殖。

一、經濟榮養に關する事項

經濟的にして榮養に富み且《かつ》美味なる榮養法の調査研究。

一、貯藏配給に關する事項
各種貯藏法に依《よ》る食品成分の變化《へんくわ》、運搬竝《ならび》に配給の方法が食品に及す影響等。
一、調理及《および》食器に關する事項
食物調製方法竝《ならび》に之《これ》に使用せらるる機械器具及《および》食器等、相關聯《あひくわんれん》して榮養と經濟上に改善を要する諸問題。
一、小兒《せうに》榮養に關する事項
發育《はついく》期の榮養殊に乳兒幼兒《にゆうじえうじ》の榮養は大人のものとは其《その》趣を異にするが爲《た》め特別に研究するの要《えう》がある。
一、廢物利用に關する事項
豆粕・糠・麥酒《ビール》粕・醬油粕・其《そ》の他食品の所謂《いはゆる》不可食分にして產額の大なる且《かつ》榮養素に富むものは、之《これ》を美味なる有用食品に改造するの要《えう》がある。

（以下各事項讀《よ》むで字の如し。故に略す。）

※八、酸化現象。（二一一頁）［二八頁］。
植物が還元作用を原則として、カロリーに豐富《ほうふ》なる物質の集成《しふせい》に從事し、動物が酸化作用を本領としてカロリーを包《はう》含《がん》する物質の分解を能事《のうじ》とすること、從《したがつ》て植物が炭酸を攝取《せつしゆ》して酸素を呼出《こしゆつ》し、動物が酸素を要求して炭酸を排泄するといふことは、素《もと》より其大綱《そのたいかう》を論じたものであつて、もし部分的に之《これ》を細說《さいせつ》すると、下等の植物にして動植物の中間に位《くらゐ》するものもあれば、或《あるひ》は醱酵作用によりて溫熱を發生《はつせい》するものもある。例《たと》へば細菌の多數は盛んに高級化合體《くわごうたい》を分解して單一なる小破片に轉化《てんくわ》するのが專門であるかの觀《くわん》を呈すれど、荳科《まめか》植物と共生

する根瘤バクテリアは之《これ》に反して空氣中の窒素を直接に攝《と》つて窒素化合體《くわごうたい》を集成するので有名である。

又高等植物と雖《いへど》も夜陰及《および》葉綠素を含有せざる部分に在りては動物に見るが如く酸素を消費して酸化作用を營むものである。一方に於《おい》ては動物體中《どうぶつたいちゆう》にも亦《また》一部重要なる集成機轉《きてん》の常に演行《えんかう》せられつつあるは明白な事實《じじつ》である。

而《しか》して何れにしてもそれ等が動植兩界を通覽《つうらん》しての大體《だいたい》論に何等《なんら》妨げをなすものでは無い。

※九、酸化。（二二頁）［五六頁］。

左の小實驗《じつけん》は隨所《ずいしよ》に之《これ》を行ひ得る誰にも出來る興味あるものである。

一、準備品。廣口硝子筒《ひろくちガラスづつ》一個、厚紙・板若《も》しくは金屬板の小片二枚、張金《はりがね》一尺、短かき蠟燭《らうそく》片一個、マツチ一個、バリツト水少量──水酸化バリウムを十倍の蒸餾《じようりう》水に溶解したるものにして若《も》し混濁あれば紙にて濾過《ろか》し淸澄《せいちよう》となし置く。小鼠《マウス》一匹、硝子《ガラス》製コツプ一個。

一、第一實驗《じつけん》。

廣口《ひろくち》の硝子筒《ガラスづつ》を取り、其《そ》の中に點火《てんくわ》したる短かき爉燭《らうそく》を送入《そうにふ》し、蓋を以《もつ》て筒口を密閉し、蠟燭《らうそく》の火の消ゆるを待ち、靜かに蠟燭《らうそく》を取り出して手早く別の蓋取り替ふるか、或《あるひ》は蓋を筒口に密着せるまま保持しつつ張金《はりがね》を引き拔きつつ蠟燭《らうそく》を釣り上げ筒の上部に殘留せしむ。今筒内には蠟燭《らうそく》の燃燒によりて炭酸と水を生じ其《そ》の水は凝結して瓶の内壁に附着《ふちやく》するが故に容易《たや》すく之《これ》を目擊するを得る。而《しか》して蠟燭《らうそく》の火の消ゆるは罎《びん》内の酸素を用ひ盡《つく》したるが爲めである。此《ここ》に於《おい》てバリツト水少量を罎《びん》口より注入し、輕く之《これ》を振盪《しんたう》する時は、著明に白濁を呈するを見る。之《こ》れ罎《びん》内に產生せる炭酸と結合して炭酸バリウムを化生《くわせい》するが爲《た》めである。又バリツト水を注入する代りに小鼠《マウス》を落し込みて罎《びん》口を密閉すれば窒息して死するを見る。壜《びん》内の酸素は既《すで》に炭酸となり居るが爲《た》めである。

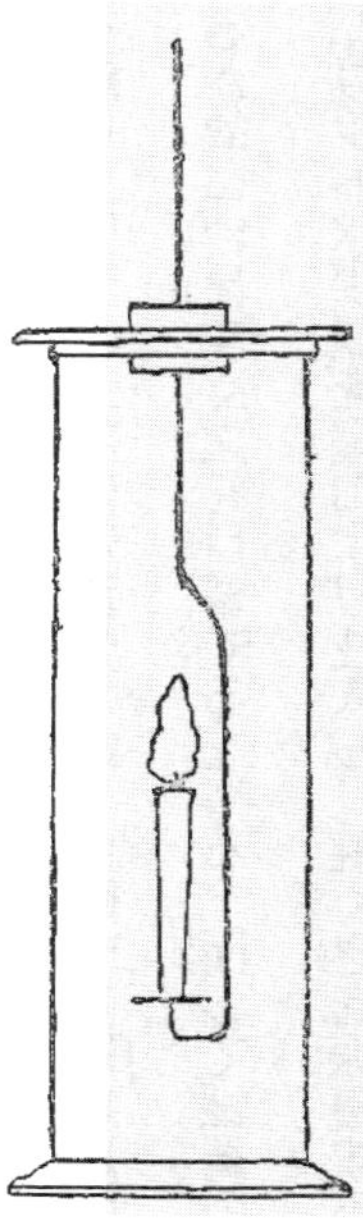

一、第二實驗《じつけん》。更に試験を新にして、清拭《せいしき》したる前の硝子筒若《ガラスづつもし》くはコップを取り、之《これ》に少量のバリツト水を入れ、之《これ》に硝子管若《ガラスくわんもし》くは竹管・麥藁管《むぎわらくわん》にてもよろし、吾人《ヒト》の呼氣を、此《この》水中に吹き込む時はやがて白濁を生ずるを見む。これ吾人《ヒト》の呼氣中には豊富なる炭酸瓦斯《ガス》の存せるを證《しよう》するものなり。吾人《ヒト》の呼氣中に水分の多含《たがん》せらるることは呼氣を鏡面に吹きかけて曇りを生ぜしむるにても分り、又汽車、電車の窓硝子《ガラス》に水滴の凝結するを見ても分かる。

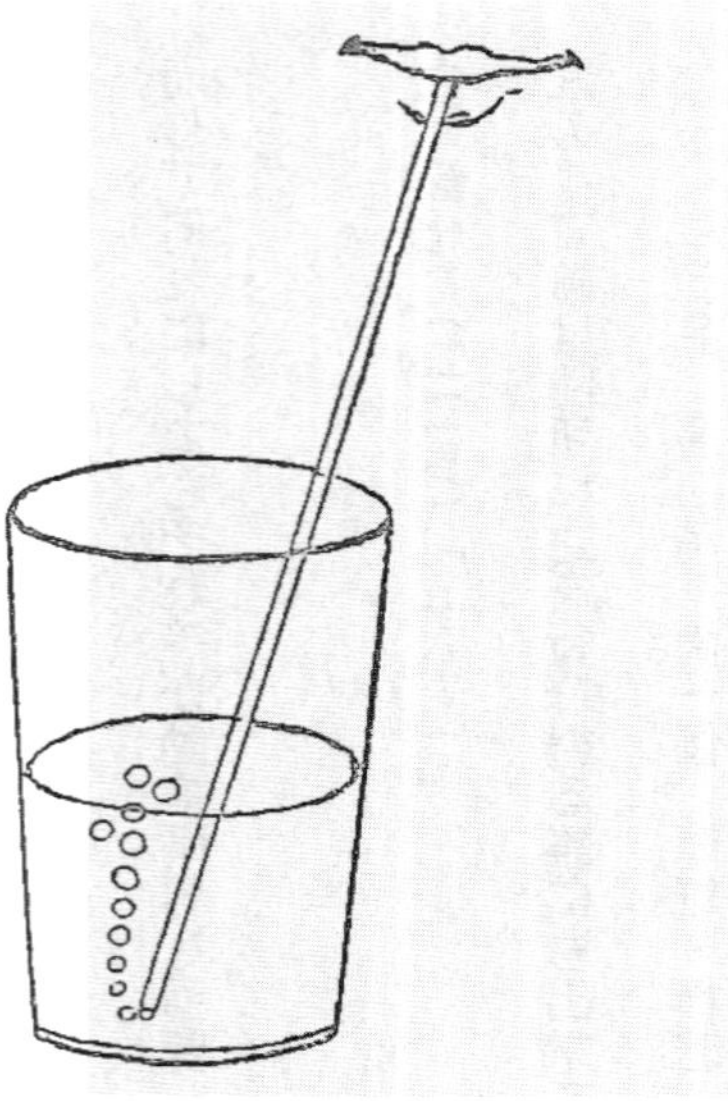

前の二つの實驗《じつけん》は唯《ただ》初心者にも會得《えとく》し易く又何《いづ》れの家庭に於《おい》ても試み得らる可《べ》き極めて卑近《ひきん》な一例を擧《あ》げたまでなる

が、それにしても尚《なほ》、吾人《ヒト》の身體《しんたい》を一個の蒸汽機關《じようききくわん》と想定し、卽《すなは》ち蒸氣機關《じようききくわん》が石炭の燃燒によつて溫と力とを生ずる如く、身體《しんたい》も亦《また》酸化作用によつて溫と力とを發《はつ》するものであつて、食物は宛《あた》かも石炭と同一視す可《べ》きものであるといふ說明を與《あた》へられても、決して其《そ》の道理無きにあらざることが首肯《しゆこう》せらるるのである。

此《この》事たるや元佛蘭西《フランス》の碩學《せきがく》ラボアジーが「吾人《ヒト》の生活現象は酸化作用に他ならぬ」との有名な學說を立てたるに初まり、旭日昇天《きよくじつしようてん》の勢《いきほひ》を以《もつ》て化學を中心とする今日の所謂《いはゆる》科學を生長發達《はつたつ》せしむるに至らしめたものである。而《しか》して當時《たうじ》文化の度遙かに遲《おく》れて常に輕侮《けいぶ》を甘受《かんじゆ》せざるを得なんだ獨逸《ドイツ》が、鋭意この佛蘭西《フランス》の學問を學修したのが後日獨逸《ドイツ》の科學を大成せしめた所以《ゆえん》であるのである。

今日ではラボアジーの學說にも多少改變《かいへん》を要する新研究が出ないでは無い。特に最近では筋肉運動の際、其《そ》の攣縮《れんしゆく》卽《すなは》ち活力を實現《じつげん》するには酸素を要せず、これ迄の定說の樣に例《たと》へばグリコゲーンが葡萄《ぶだう》糖となり次《つい》で一氣呵成《いつきかせい》に酸化されて全部が炭酸に化するものではなく、其《そ》の主なる部分は單に乳酸となるに止《とど》まり僅《わづ》か一小部分のみが炭酸となる。卽《すなは》ち酸素を消費することなくして筋肉が活動し、此《この》場合酸素は只《ただ》勞作せる筋肉の成分恢復《くわいふく》に關聯《くわんれん》して之《これ》を必要とするのみであるといふ新學說が有力になつた如きがそれである。併《しか》し此《この》新學說に從ふても尚且《なほかつ》グリコゲーンが、其《そ》の消費量の約四分の一は酸素を攝つて炭酸となる。而《しか》して炭酸となるのが其《そ》の終局であるといふことは嘗《かつ》て動かされはせぬ。唯《ただ》學問には奥に又奥があり、兎角單簡《とかくたんかん》に早飲込《はやのみこ》みをするものの危險を戒《いまし》めむが爲《た》めには良い例である。

※一〇、酵素。（二七頁）［六一頁］。

〇準備。

小ビーカー一　　試験管五本　　パラフイン塊一片

一〇％苛性那篤倫《ソーダ》液　　一〇％硫酸銅液

約二％稀鹽酸《えんさん》水　　ラクムス試験紙

氷醋酸《さくさん》少量　　鹽酸《えんさん》フエニールヒドラヂン少量

○實驗《じつけん》

一、含嗽《がんそう》を行ひ、先《ま》づ口内を清淨《せいじやう》にし、パラフインの小片を咀嚼して分泌する唾液をビーカーに採集す。水を以《もつ》て之《これ》を約五倍に稀釋《きしやく》し外觀不潔なれば濾過《ろか》し濾液《ろえき》を用ふ。

一、試験管四本を取り左の如く液を盛る。

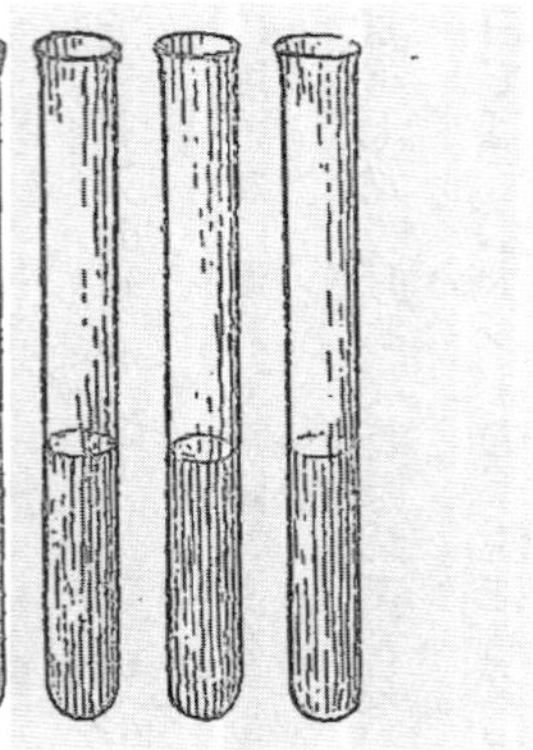

甲、唾液（生のまま）

乙、唾液（ランプの焔上《ほのほじやう》に一分間煮沸す）

丙、約二％　鹽酸《えんさん》　水

丁、常水

一、此《ここ》に於《おい》て四本の試驗管に各々數粒の米飯を投じて能《よ》く數分間振盪《しんたう》混和せしむ。

一、丙を取りランプ焔上《ほのほじやう》に數分間煮沸し、冷却して後《のち》苛性那篤倫《ソーダ》液にて中和す。

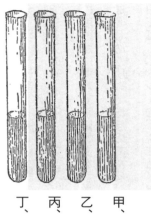

一、甲を二分し其《そ》の一《ひとつ》に就《つ》いて液の五分の一の苛性那篤倫《ソーダ》液を加へ、振盪《しんたう》し、數滴の硫酸銅液を注加《ちゆうか》し、其《そ》の深藍《しんらん》色となれるをランプの焰《ほのほ》の上に熱すれば忽《たちま》ちにして赤色を呈す。これ所謂《いはゆる》糖のアルカリ性銅液還元反應《はんおう》と稱《しよう》せらるるものなり。

一、乙に同還元反應《はんおう》を試《こころ》むるも赤色を呈《あら》はさず。

一、丙に同還元反應《はんおう》を試《こころ》むるに甲と同じ反應《はんおう》を呈《あら》はす。

一、丁に同還元反應《はんおう》を試《こころ》むるに赤色を呈《あら》はさず。

右の小實驗《じつけん》によりて唾液中には澱粉を糖化する强力なる酵素を包含《はうがん》し數分時にして米飯を消化するに足り、其《そ》の消化產生物として糖分の生成せることはアルカリ性銅液還元反應《はんおう》を呈《あら》はすによりて之《これ》を判知《はんち》することを得るなり。而《しか》して酵素の作用は宛《あた》かも鹽酸《えんさん》を加へて煮沸し強烈なる水化分解作用を營ましめたるものと匹敵するを知る。乙は煮沸によりて破壞されたる酵素が唾液中にその作用を失ふを示し、丁は對照《たいせう》試驗なり。

一、二分したる甲の一《ひとつ》は之《これ》に氷醋酸《さくさん》五滴と鹽酸《えんさん》フエニールヒドラヂン五滴を加へ能《よ》く振盪《しんたう》混和するの後、重湯煎《じうたうせん》内に三十分乃至《ないし》一時間加熱すれば黃色の美なる針狀結晶を生ずるを見る。之《これ》をオザツオーンと稱《しよう》し、化學上糖の證《しよう》明《めい》には最好適する特異の反應《はんおう》なりとす。

※一一、メンデル先生及《および》オスボーン博士。（三六頁）［七〇頁］。

メンデル先生及《および》オスボーン博士は牛乳から「無蛋白乳」といふものを作り、この無蛋白乳は遺殘《いざん》せる少量の蛋白質と乳糖無機質及《および》少量の不明なる無窒素物より成るものであつて、之《これ》を基本となし、之《これ》に糖分・澱粉・精製したる脂肪と各種の純蛋白質材料を加へ、この加へたる蛋白質材料の如何《いかん》によりていかなる影響を發育《はついく》上に及ぼせるかを試驗した、試驗に白鼠《ラット》及《および》二十日鼠《マウス》を用ひ三代に亘《わた》つて之《これ》を觀察したものである。非常に興味ある且有益《かついうえき》な研究であつたのである。即《すなは》ち其《その》成績の一班を述べると左の如くである。

(一) 單一なる蛋白質を加へたる場合。

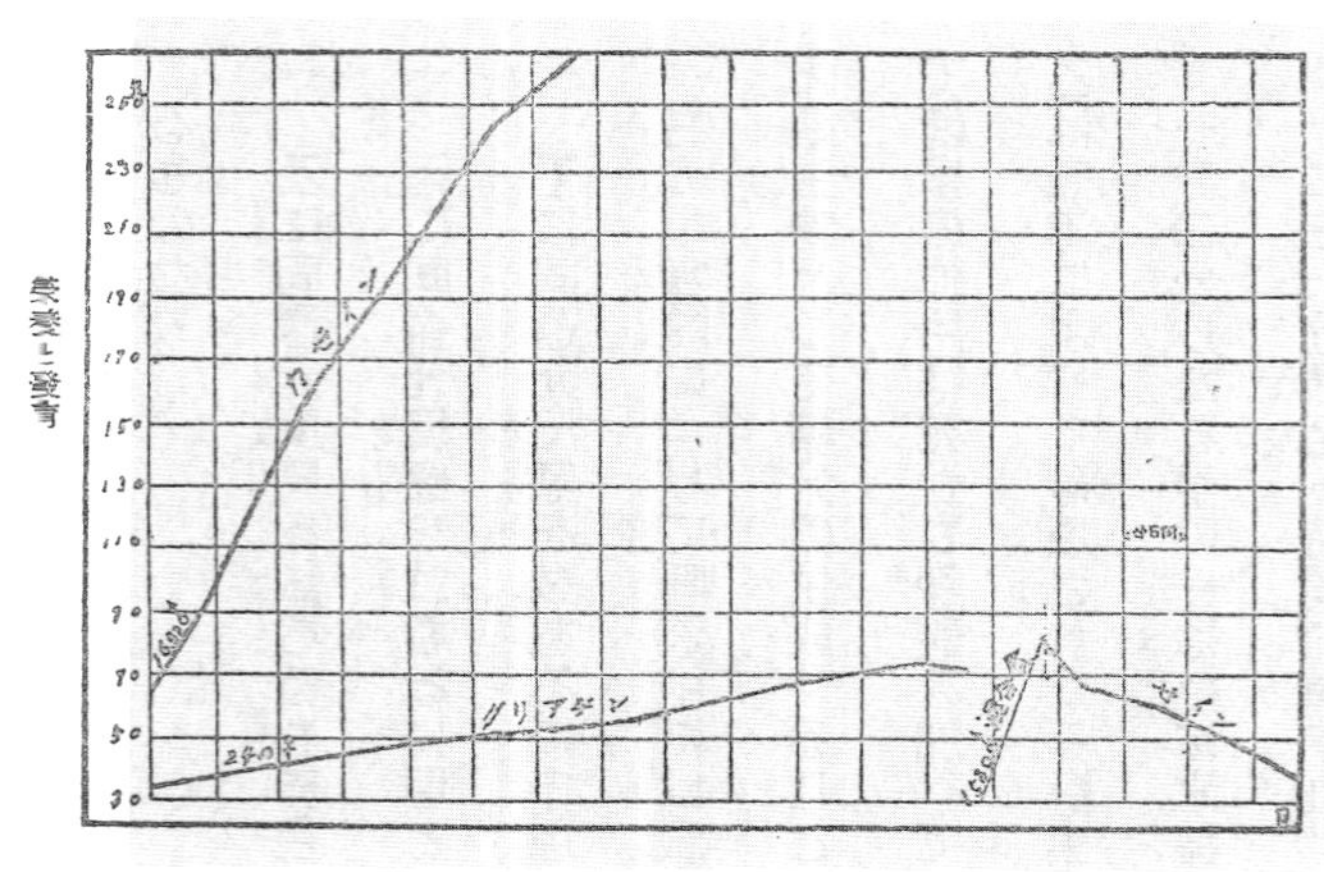

○カゼインはグリココルを缺《か》ぐも、グリココルは體内《たいない》に於《おい》て集成さるるを得るが爲《た》め完全なる成長を遂ぐ。

○グリアチンはリジン欠乏の爲《た》め體重《たいぢゆう》の維持以上は唯僅《ただわつか》の發育《はついく》に止《とど》まる。

○ゼインはグリココル・リジン・トリプトファンの欠乏により體重《たいぢゆう》の維持すら不可能なり。

（二）アミノ酸を添加したる場合。

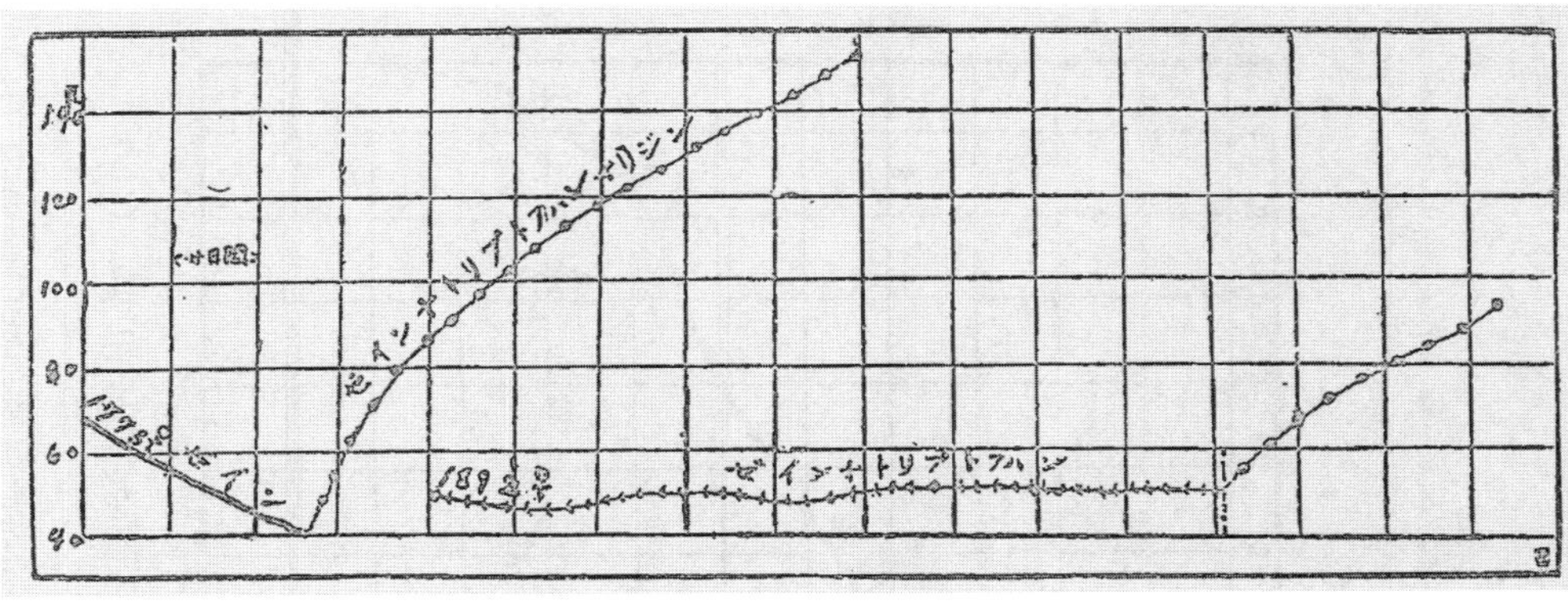

○ゼインのみにては發育《はついく》不可能なるにトリプトフハンを加ふれば體重《たいぢゆう》を支へ而《しか》も成長は未だし。

○ゼインにトリプトフハンとリジンを加ふれば顯著《けんちよ》なる生長《せいちやう》を遂ぐ。

興味あるは六ヶ月間アミノ酸不完全の爲《た》め、其《そ》の成長の停止狀態に在りしものが其《そ》の本來の成長能力を喪失するに至らずして、榮養分の矯正せらるるや否や直ちに其《そ》の成長を開始したることである。

（三）佳良蛋白質を添加したる場合

（三）佳良蛋白質を添加したる場合

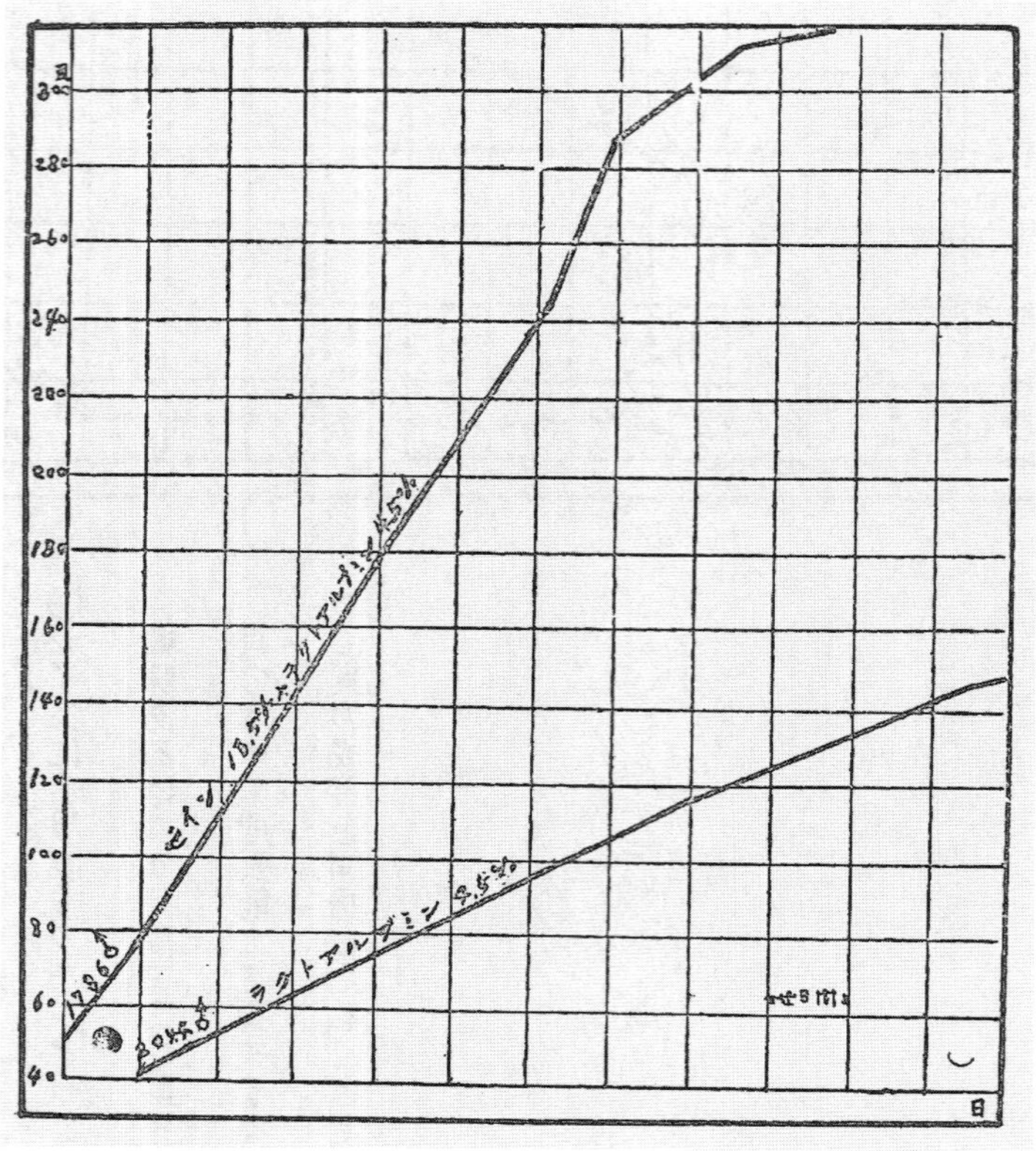

○アミノ酸の代りに之《これ》を含む蛋白質を用ふるも同一の結果を得るものにして、ゼインにラクトアルブミンを加へて完全の成長を示すは比例なり。而《しか》してラクトアルブミンの効果がアミノ酸補給にあることはラクトアルブミンのみを以《もつ》てする對照《たいせう》試驗に於《おい》て發育《はついく》充分ならざるに徵《ちよう》して明かなり。

（四）主要アミノ酸の含量一定量に達せざる時。

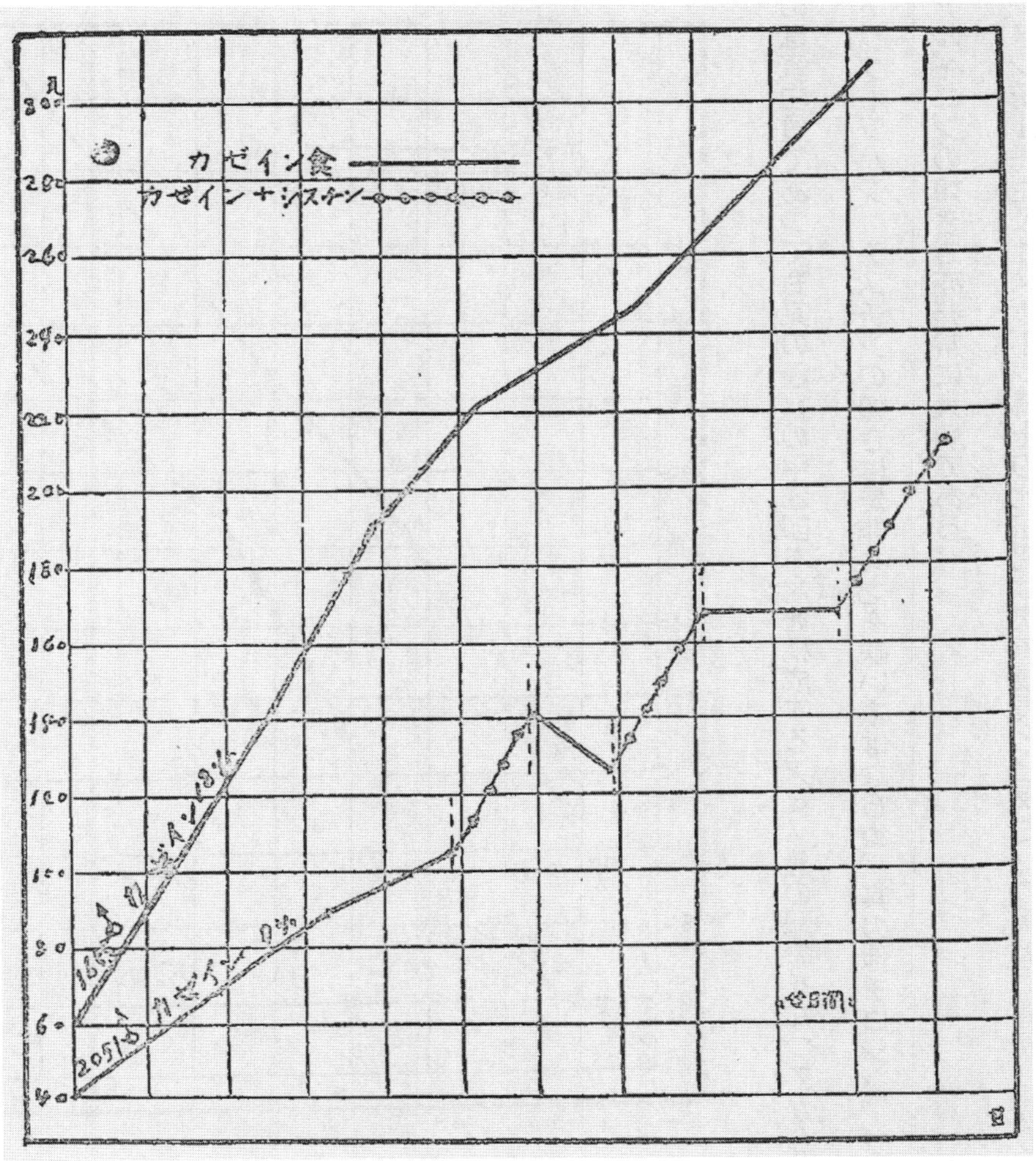

主要アミノ酸がよし欠《けつ》如《じよ》するに至らずとも其《そ》の含量不充分なる時は、其《そ》の成長制限せらるるものにして、例《たと》へば

一八％のカゼインを含ましむれば動物は能《よ》く成長するも九％のカゼインには成績稍《やや》劣る。此際《このさい》九％のカゼインに少量のチスチンを加ふれば成長甚《はなはだ》旺盛となり、チスチン添加を中止すれば又忽《たちま》ちにして成長は停止す。

（五）同上別例

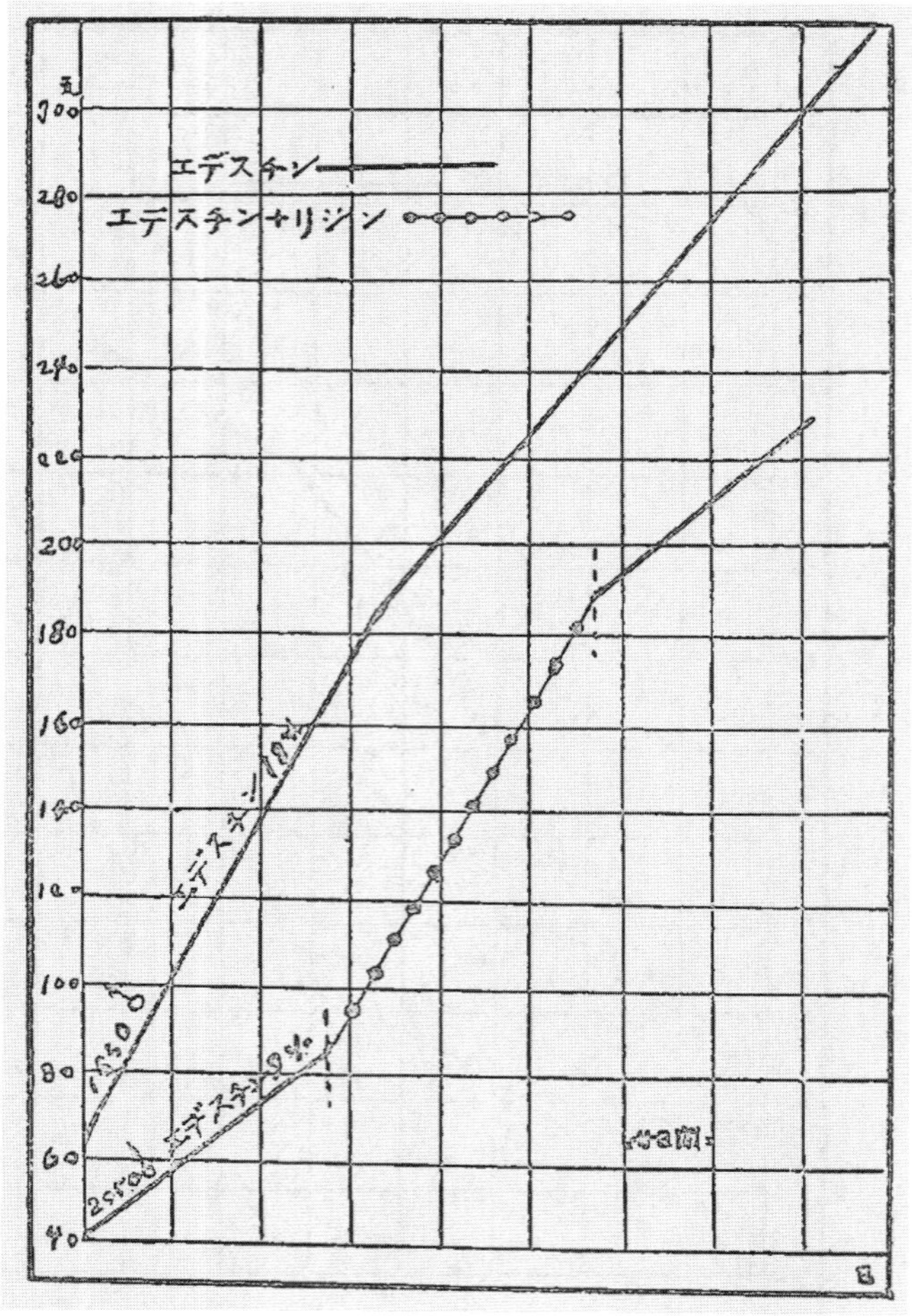

一八%のエデスチンを加へたるものは發育《はついく》良好にして九%エデスチンを加へたるものは之に及ばざるにリヂンを加ふれば九%のものも一八%のものに劣らざる成長を遂げ、リヂンの添加を中止すれば成長率再び低落す。

故に發育《はついく》期中にあるものには蛋白質であつても其《そ》の種類の甲乙卽《すなは》ち之《これ》を構成するアミノ酸の配率を知つてから之《これ》に對《たい》せねばならぬ。例《たとへ》ばリジン・トリプトフハン・チスチンの如きは是非共之《これ》を缺《か》いてはならぬ。其《そ》の他チロジン・フエニールアラニン・ヒスチヂン・アルギニンの如きも亦《また》非常に大切である。

メンデル先生及《および》オスボーン博士の此《この》研究は次《つい》で成長とビタミンの關係に進展したのであるが、ここには今蛋白質を論じて居るのでそれを略する。そして上述の試驗の理解に便ならしめむが爲《た》め代表的蛋白質の構成成分表を左に掲げて置く（オスボーン博士に據《よ》る）。

	Casein	Ovalbumin	Gliadin	Zein	Edestin	Legumin(Pea)
Glycocoll	0.00	0.00	0.00	0.00	3.80	0.38
Aranin	1.50	2.22	2.00	13.39	3.60	2.08
Valin	7.20	2.50	3.34	1.88	6.20	?
Leucin	9.35	10.71	6.62	19.55	14.50	8.00
Prolin	6.70	3.56	13.22	9.04	4.10	3.22
Oxyprolin	o.23	?	?	?	?	?
Phenolalanin	3.20	5.07	2.35	6.55	3.09	3.75
Glutaminic acid	15.55	9.10	43.66	26.17	18.74	13.80
Aspartic acid	1.39	2.20	0.58	1.71	4.50	5.30
Serin	0.50	?	0.13	1.02	0.33	0.53
Tyrosin	4.50	1.77	1.61	3.55	2.13	1.55
Cystin	?	?	0.45	?	1.00	?
Histidin	2.50	1.71	1.49	0.82	2.19	2.42
Arginin	3.81	4.91	2.91	1.55	14.17	10.12

※一二、瓦斯《ガス》新陳代謝。（三九頁）［七二頁］。

一番初めの榮養研究時代には、食品が含む所の「カロリー」の量を計つて、そうしてそれによつて食品の榮養價《か》の大小を定めた。その「カロリー」を計る装置を「カロリメーター」と名付けて居たが、其後《そのご》斯學《しがく》の進歩は、新たなる而《しか》も全然別個の「カロリメーター」即《すなは》ち人體《じんたい》を直接試驗材料とする「カロリーメーター」が完成されたのである。それで世間の人が動《どう》もすれば一番先《さ》きの「カロリーメーター」と今日の最新式の「カロリーメター」とを混同して考へたりする。殊に獨乙《ドイツ》の流れを酌む我が醫學《いがく》界で此《この》方面の研究が閑却され勝《が》ちで、從つてカロリメーターの混同の如きは寧《むし》ろ當然《とうぜん》過ぎる程であつた。私は周圍《しうゐ》の非難を省みず初めて此《この》試驗法を我が國に輸入した關係上特に數ページを此《この》新研究領域の爲《た》めに割愛して置く。

蓋《けだ》し今日迄の榮養試驗の行き方では口から攝《と》つた食物を調査して、其《その》中の蛋白質・抱水炭素・脂肪等の量を知り、一方に於《おい》ては身體《しんたい》の中で消化吸收せられて役に立ち、次《つい》で排泄される尿の成分を檢査し、別に糞便の成分をも分析して、此等《これら》三者を照し合せて行つて來たのであるが、その中で蛋白質の方は其《その》中心成分が窒素である爲《た》め尿の窒素と糞便の窒素を食物中の窒素と比較して觀ると、其《そ》の勘定が比較的簡單に出來るのであるが、併《しか》し茲《ここ》に他の成分例《たと》へば抱水炭素であると、其《そ》の排泄の經路《けいろ》が必ずしも尿と糞便に限らぬ。其《そ》の他にも、否其《いなそ》の大部分が呼吸器の方から出て行く或《あるい》は皮膚から出て行くものもある。從《したがつ》て唯《ただ》尿や糞便ばかり調べても、呼吸器や皮膚を通じて出て行くものを調べなければ其《そ》の排泄の狀《さま》を詳《つまびらか》にすることは出來ぬ。加之《これにくわへて》、抱水炭素の消化管内に於《お》ける不吸收分は腸内で大抵細菌のために分解せられ、醱酵作用を起して速《すみやか》に原形を失ふて仕舞《しま》ふ、例《たと》へば、日本人の様に澱粉質を多量に食用するものに稍《やや》々趣《おもむき》を異にするが米國人《アメリカ》などであると日常の糞便の中に、澱粉質の著明な分量が検出されるといふ事は殆ど無いことである。澱粉質が澤山《たくさん》に證明《しようめい》せらるる場合は、その人が下痢を起したとか或《ある》ひは消化不良を起したとかの場合に限られ、健康な人の糞便中には普通澱粉は消失して痕跡《こんせき》も無くなつて居る。これ併《しか》し、食用した澱粉質の全量が榮養の役に立つたと云ふのでは決してないのである。斯《か》かる事項を檢明《けんめい》するには尿と糞便を分析した丈《だけ》では到底其《そ》の目的は遂げられぬ。呼吸や皮膚の方から炭酸瓦斯《ガス》及び水分となつて排泄されるものをもよく調べなければ澱粉質の行衞《ゆくゑ》を突き止めることは出來ぬのである。而《しか》して此《この》關係は脂肪に就いても同一である。

尿及《および》糞便の檢査に依《よ》る從來の新陳代謝の試驗の方法では蛋白質の場合にこそ何の不都合をも認めざれ、抱水炭素とか脂肪に屬するものになると其《そ》の成績が前述の如く確實《かくじつ》であるとは云ふを得られぬ。而《しか》してこれを正しく檢明《けんめい》する爲には瓦斯《ガス》新陳代謝卽《すなは》ち呼吸器竝《ならび》に皮膚面から排泄せらるゝ成分と吸入する酸素とを定量して、其《そ》の出納と又どう云ふ風にそれが身體《しんたい》内で使用されたかと云ふ事を調査するの他は無いのである。

今日まで一個の人が幾何《いくばく》量の食物を攝《と》つて居るか、幾何《いくばく》量の榮養分を消費してゐるかと云ふ事、又一人の眞に要求する基礎榮養量は如何《いかん》或《あるひ》は各種職業に依《よ》りて必要とせらるる特殊溫量は如何《いかん》と云ふが如き問題を解決するに方《あた》りては、其《そ》の實際攝取《じつさいせつしゆ》した食物中の蛋白質・抱水炭素・脂肪の分量から、糞便中の同じ成分の分量を減算し、その差額から體内《たいない》消費「カロリー」の量を算出したものである。卽《すなは》ち人體《じんたい》の側からでは無く食物の側から計算した。謂《い》はば間接的に推斷《すいだん》したものに過ぎなかつたのである。

所が此《こ》の新らしい「カロリーメーター」を使つて行ふところの瓦斯《ガス》新陳代謝の試驗法では一人の全身體《ぜんしんたい》を裝置の中に入れて、實際《じつさい》に成分の消費されつつあるところを直接に計測するのであるから、確實《かくじつ》にその人がどう云ふ分量に「カロリー」を使つてゐるかと云ふ事がハツキリ解る。そして其《そ》の法の原理は大體《だいたい》次に述べる樣な根據《こんきよ》の上に立つものである。

身體《しんたい》内に攝《と》り入れられた成分が燃燒する時には必ず酸素を用ふる。充分に燃燒するとその最終產物として炭酸と水になるのは、人の皆知る所である。今其《そ》の燃燒する成分が例《たと》へば抱水炭素であると、抱水炭素で一番簡單なものは葡萄《ぶだう》糖であつて卽《すなは》ち $C_6H_{12}O_6$ と云ふ化學的構造を有《も》つて居る。之《こ》れが體内《たいない》で酸化された場合には、併《しか》し其《そ》の燃燒によつて水を成生する丈《だ》けの水素と酸素は其《そ》の本來の分子の組成の中に既《すで》に豫《あらかじ》め備へられてゐる。卽《すなは》ち $\boxed{C_6H_{12}O_6}$ であつて、そこに六分子の水が出來る樣になつてゐる。そこで葡萄《ぶだう》糖が此《こ》の際要求する酸素と云ふのは炭酸を生ずるための酸素六分子である。卽《すなは》ち左の化學方程式が示す通り

$$C_6H_{12}O_6 + 6CO_2 = 6H_2O + 6CO_2$$

葡萄《ぶだう》糖を攝《と》ると酸素の六分子を消費して六分子の水と六分子の炭酸瓦斯《ガス》が出來ると云ふ事になる。それで瓦斯《ガス》の等容積は等數の分子を含むと云ふ事が物理學上の原則であるので、純粹の葡萄《ぶだう》糖が酸化する際一リーテルの酸素を消費して一リーテルの炭酸瓦斯《ガス》を生ずるの理となる、此《ここ》に於《お》いて兩瓦斯《ガス》の容積比卽《すなはち》 $\frac{CO_2}{O_2}$ を求むれば =1.00 となる。此《この》容積比卽《すなは》ち酸素の容積を以《もつ》て炭酸の容積を除したるものを「呼吸商」と名《な》つけ、これ瓦斯《ガス》新陳代謝試驗上に非常に有要なるものである。

而《しか》して右の如く葡萄《ぶだう》糖に就《つ》いて述べたるところは、獨《ひと》り葡萄《ぶだう》糖のみならず、澱粉・蔗糖・果糖・乳糖等に就《つ》いても亦《また》同樣に其《そ》の呼吸商は皆 1.00 になるのである。

故に身體《しんたい》に就《つ》いて、其《そ》の攝取《せつしゆ》したる總《そう》酸素の量及《およ》び呼出《こしゆつ》したる總《そう》炭酸の量を定量して兩者容量が等量なれば、其《そ》の人體《じんたい》或《あるひ》は動物の呼吸商は 1.00 となるのである。

脂肪に就《つ》いても又其《そ》の理を一つにし其《そ》の一瓦《グラム》が燃燒する時 2.844 瓦《グラム》卽ち 1.990.8 立方仙米《センチメートル》の酸素を要し 2.790 瓦《グラム》

卽《すなは》ち1.420.4立方仙米《センチメートル》の炭酸を生ずるのである。故に其《そ》の呼吸商は

$$\frac{CO_2}{O_2}=\frac{1.420.4}{1.990.8}=0.713$$

となる。

蛋白質は前二者の如く單簡《たんかん》なわけには行かぬ。何となれば蛋白質は身體《しんたい》内に於《お》いて完全に燃焼せらるゝものとは異なり、半燃焼の形態にて體外《たいがい》に排泄せられるものであるからである。而《しか》して其《そ》の呼吸商は0.81となる。

斯《か》くて體内《たいない》に燃焼する物質の種類の如何《いかん》によつて、生活體《たい》に於《お》ける呼吸商は非常に差異を呈するものであると云ふことが上に述べたところでもわかるのである。従つて此《こ》の呼吸商の價値《かち》と變動《へんどう》を知ることによつて身體《しんたい》成分の分解作用の本態と推移を知ることを得るのである。例《たと》へば普通の食物を攝《と》り其《そ》の食物中の大部分が抱水炭素より成る時は、其《そ》の呼吸商は炭素の燃焼に特有なる1.00近づき、之《こ》れに反して、飢餓時に於《お》いて其《そ》の新陳代謝を定むる場合には、身體《しんたい》の脂肪の分解さるること顯著《けんちよ》なるが爲《た》め、呼吸商は低下して0.71に近づくの理である。

蛋白質に對《たい》する呼吸商の計算が甚《はなは》だ複雑なることは既《すで》に述べたところであるけれども、幸にして（一）蛋白質の代謝は全代謝中の比較的小部分に過ぎざると、且《か》つ（二）著しく不變動《ふへんどう》性を示すと云ふ有利な點《てん》があつて、殊にマグヌス、レーヴイー氏の如きは蛋白質の分解を分解總量《そうりやう》の15プロセントとして計算した。故に蛋白質の其《そ》れを引き去りたる殘り卽《すなは》ち總《そう》代謝の85プロセントが、抱水炭素のみによりて營まるゝとせば、呼吸商は1.00の代り0.971となり、又それが全然脂肪のみによりてせらるるとせば、呼吸商は0.71に對《たい》し0.722となる理である。

要するに呼吸商が0.71—1.00の間に在り、且《か》つ尿中の窒素排泄量が判明すれば、體内《たいない》に於《おい》て行はるゝ蛋白質・抱水炭素・脂肪の分解作用の實情《じつじやう》を詳《つまびらか》にするを得るのである。

普通の狀態の下《もと》では、呼吸商は右の如く0.71と1.00の二點《てん》の間に存するべきであるが、又これより上又は下なることもあつて、その場合には分析上に缺點《けつてん》があるか、左《さ》もなければ異常の新陳代謝が行はれて居ると認むべきである。又1.00より大なる數を得たる時には抱水炭素から、脂肪の形成せらるるとも解せらる可《べ》きであつて、卽《すなは》ちそれは抱水炭素より脂肪に移行する場合には、酸素を吸收することなしに炭酸を生ずるからである。もし又反對《はんたい》に0.71より低下した時は、脂肪から抱水酸素の形成せられたるを意味するとも解せらるるのである。卽《すなは》ちそれは酸素を吸收し炭酸の生成を伴ふことなきを得るからである。

斯《かく》の如くにして呼吸商を愼重《しんちよう》に測定すれば身體《しんたい》内に於《おい》て燃燒する物質の性狀を窺《うかが》ふ爲《た》めに充分なる光明の與《あた》へらるるものである。

次に問題を新《あらた》にして、瓦斯《ガス》新陳代謝と溫の產生の關係を觀《み》ると、それは又太《はなは》だ密接である。卽《すなは》ち抱水炭素及び脂肪が燃燒する時、酸素を攝《と》り炭酸を生ずると共に又一定量の溫の發生《はつせい》を伴ふものである。此《この》「溫の產生と酸素の消費」又は「溫の產生と炭酸の產生」の比を酸素又は炭酸の「溫量的同價《カロリフィックエクイヴァレンツ》」と名付けられ「呼吸商」と等しく、又有要の數字をなすものである。生體《せいたい》に就《つ》いて酸素の攝取《せつしゆ》炭酸の產生を注意して定量する時は、此《こ》の溫量的同價《どうか》を根據《こんきよ》として正確なる計算を行ひ、以《もつ》て啻《ただ》に燃燒せる物質の性狀を知ることを得るに止《とど》まらず、又生體《せいたい》の總《そう》エナージー代謝をも綿密に之《こ》れを測定し得るものである。

而《しか》してかゝる方法によりて觀察を行ふ時看過《かんくわ》すべからざることは、元來抱水炭素と脂肪とは燃燒する際兩者の間に顯《けん》著《ちよ》なる差異の存することであつて、卽《すなは》ち

抱水炭素の燃燒によつて形成せらるる炭酸の各瓦《グラム》は二・五七カロリーを產生し、

同其《おなじくその》各リーテルは五・〇四カロリーを産生し、

又脂肪の燃焼によりて形成せらるる炭酸の各瓦《グラム》は三・四〇カロリーを産生し、

同其《おなじくその》各リーテルは六・六八カロリーを産生するものである。

嘗《かつ》てペツテンコーフエル及《および》フオイトなどは、炭酸を定量して瓦斯《ガス》代謝の試験を行ひ、試験が理想通りには成功しなかつたのであるが、其《そ》の後攝取《せつしゅ》した酸素を定量して算出することが、身體《しんたい》より放出するエナージーを直接に、測定するよりは一層便利な測定法であるといふことが分つた。それ故凡《すべ》て生體《せいたい》の消費する酸素の價《あたひ》を求め、それを産生溫量の標示として、換算することを得るに至つたのである。併《しか》し又今日では、アトウオーター、ベネヂクトの装置が完成されて以來、生體《せいたい》が産生する溫量を、その放出する炭酸の量からも、同一の正確度を以《もつ》て間接的に計ることが出來るやうになつたのである。

之《これ》を要するに瓦斯《ガス》新陳代謝の研究は其《そ》の産生する炭酸と消費する酸素の量を精密に定量し之《これ》によりて、（第一）呼吸商及體内《およびたいない》に燃焼する物質の性状を知り、（第二）體内《たいない》に産生する總《そう》溫量、身體《しんたい》の溫熱必要量及《および》絶食時身體《しんたい》成分の消費せらるる實狀《じつじやう》を明《あきらか》にすることを得、又之《これ》を臨床上に應用《おうよう》すれば、（第一）榮養分が其《そ》の消費を補ふて充分なりや、反對《はんたい》に其《そ》の不足を訴ふることなきやを定め（第二）普通の方法を以《もつ》てすれば數日或《あるひ》は數週を要する榮養上の經過を急速に知ることを得、（第三）抱水炭素・脂肪・筋肉等身體《しんたい》組織の侵《おか》さるる場合、一々之《これ》を正確に知ることを得、且體重《かつたいぢゆう》の變化《へんくわ》の如き題目に就《つ》いてもこれが確乎《かつこ》たる原因闡明《せんめい》せられ、屢々《しばしば》見るところの水分の増減によつて生ずるものと、組織の眞の消耗によつて來《き》たるものとの混同に陷るが如き憂《うれひ》無からしむるものである。

※一三、體内成分消費《たいない》の實狀《じつじやう》。（四〇頁）［七三頁］。

身體《しんたい》の組織内で榮養が如何《いか》なる事態に在るかを鏡《めがね》にかけて觀るが如くであるので、愉快なる一挿話は嘗《かつ》てフレツチヤー式食養法で有名なフレツチヤーが非常に小食で活動することの出來るといふ、自家の説を一時他から疑惑の眼を以《もつ》て視られた時、氏は直ちに瓦斯《ガス》新陳代謝研究の大家カーネギー榮養研究所長ベネヂクト博士を訪《おとな》ひ、自から博士のカロリーメーター中に被試驗者となつて収容を乞《こ》ひ、其《そ》の主唱の確實《かくじつ》さを立證《りつしよう》したことがある。又嘗《かつ》て吾《わ》が邦《くに》では一食主義を標榜《へうばう》する一人が榮養研究所のカロリーメーター中に入りて忽《たちま》ちその虚構を發見せられたる例もあれば、現に二食を實行《じつかう》しつゝある他の一人が此《この》裝置内で檢定の結果二食の全食量が普通人の三食の全食量と同一であることが分つた例もあり、又極端なる小食主義を主唱して嫌疑の中に在り乍《なが》らカロリーメーターを恐れて回避《かいひ》する更に他の一人の例もあり、皆なフツチヤーとは反對《はんたい》の人達である。

此《この》試驗裝置は最近アメリカで發達《はつたつ》した爲め、歐州大戰前獨逸醫學《ドイツいがく》に偏重して居た吾《わ》が醫界《いかい》では、私が此《この》裝置を初めて輸入した時未だ誰にもかかるものの存在すら知られてなかつた、甚《はなはだ》しきは爆發《ばくはつ》式のカロリーメータート考へ違ひをして有力な方面から手厳しい非難をも受けたものである。今は學術的の研究や患者の實際《じつさい》の治療用の爲《た》めに、日本内地でも此《この》裝置を製作するやうになつた。感慨に堪《た》へぬものがある。

※一四、嗜好品。（五四頁）［一〇二頁］。

從來嗜好品として取り扱はれたものの中にはアルカロイド・酸・アルコール其《そ》の他顯著《けんちよ》なる薬物學的作用を有するものが主であつたが、茶のテイン、珈琲のカフエイン等は何としても小兒《せうに》に嚴禁す可《べ》きである。ココアのテオブロミンは稍《や》々《や》緩和であるから、大人でも衛生を重んずるの士は之《これ》を選《えら》むが良い。

※一五、新陳代謝。（六二頁）［一〇八頁］。

これまで説いたところによると、體外《たいがい》から攝《と》つた榮養分を材料にして身體《しんたい》の組織を構成する作用と身體《しんたい》の成分が絶へず分解せられて尿や呼氣や汗中に排泄せられる作用とが體内《たいない》に於《おい》て兩立して行はるることが分つた。前者を同化作用後者を異化作用と名《な》づけ、兩作用を總括《そうかつ》して新陳代謝の機能と稱《しょう》するのである。生命の續《つづ》く限り此《この》機能も亦續《またつづ》く可《べ》きは言《げん》を俟《ま》たぬが、吾人《ヒト》の發育《はついく》期に於《おい》ては同化作用が遙《はるか》に異化作用を凌《しの》ぎ身長・體重《たいぢゅう》共に增加すれども、やがて盛年《せいねん》期に至れば兩者相《あひ》匹敵し、既《すで》に衰退期に及べば異化作用の同化作用を壓《あつ》するを見る。諸種の疾患に於《おい》ても亦《また》異化作用盛《さかん》にして同化作用の之《これ》を補ふ能《あた》はざるを見ることが多い。又運動劇《はげ》しければ肥滿する能《あた》はず、安逸者《あんいつしゃ》睡眠時間長き者の肥滿に傾くのも亦《また》同じ關係から來るのである。

※一六、基礎榮養量。（六六頁）［一一三頁］。

此《この》數値の基礎は多數の日本人成年男女に就いて精密なる調査研究の結果

日本人中年（例《たとへ》ば三十五歳）男子體表《たいへう》面積　三七・三三なるを知り

一平方米《メートル》より一時間に消費するカロリー

身長一六〇糎《センチメートル》・體重《たいぢゅう》五二瓩《キログラム》の日本人は體表《たいへう》面積　一、五〇四平方米《メートル》なるが故に

$37.33 \times 1.504 = 56.144$

$56.144 \times 24 = 1347$ カロリー　これ二十四時間卽《すなはち》一日量なり。

女子に於《お》ける數値は男子よりも低く卽《すなは》ち男子の三七・三三に對《たい》し三三・八四を示せり。

嚴格に言へば榮養の必要量を從來一般に慣行《くわんかう》されたるが如く、其《そ》の體重《たいぢゆう》の比律《ひりつ》にのみ準じて單簡《たんかん》に之《これ》を算出することは既《すで》に舊式《きうしき》である。其《そ》の身體《しんたい》の表面積を重要なるものとし其《そ》の他の因子をも之《これ》に加算して、以《もつ》て精確《せいかく》なる解答を求む可《べ》きである。而《しか》して例《たと》へば瘦せたるものは肥へたるものよりも小兒《せうに》は大人よりも、身長大なるものは身長短なるものよりも其《そ》の體表《たいへう》面積が比較的に大であること等から考へても、日本人は日本人特有の體格《たいかく》を有するが故に、此《かく》の如き計算に必要なる體表面《たいへうめん》計算の公式若《も》しくは係數は日本人に就《つ》いて多數調査の上之《これ》を定めねばならぬのである。

此《こ》の目的を以《もつ》て榮養研究所が攻究發表《はつぺう》したる數式は左の如きものである。

（一）體重及《たいぢゆうおよび》身長から

$A = W^{.427} \times H^{.718} \times 74.49$

Aは體表《たいへう》面積平方糎《センチメートル》。Wは體重《たいぢゆう》瓩《キログラム》。Hは身長糎《センチメートル》。

によりて先《ま》づ身體《しんたい》の表面積を求むることを得、次には體表《たいへう》面積一平方米《メートル》より一時間に放散するカロリー量を標準として求むるところのカロリーを正確に算出し得るものである。

而《しか》して此《こ》の如き體表《たいへう》面一平方米《メートル》より一時間に放散する基礎カロリー量は其《そ》の年齢に應《おう》じて上の如き曲線を書《か》き卽《すなは》ち五、六歳に於て要求量の最高を示し一旦下降して春期發動《はつどう》期に至れば再び僅《わつか》に上昇すれども、二十歳頃よりは殆んど著《ちよ》變《へん》なく年齢を重ぬると共に徐々に下降するのを見る。

又其《そ》の理由尙《なほ》不明なれども一般に女子は其《そ》の基礎榮養量に於《おい》て男子の以下にあること前に述べたるが如くにして、これ恐らくは女子の體質《たいしつ》の脂肪に富めること竝《ならび》に其《そ》の筋肉の發達《はったつ》と勞作に於《おい》て男子に比し遜色あることが主なる因を爲すものならむ。

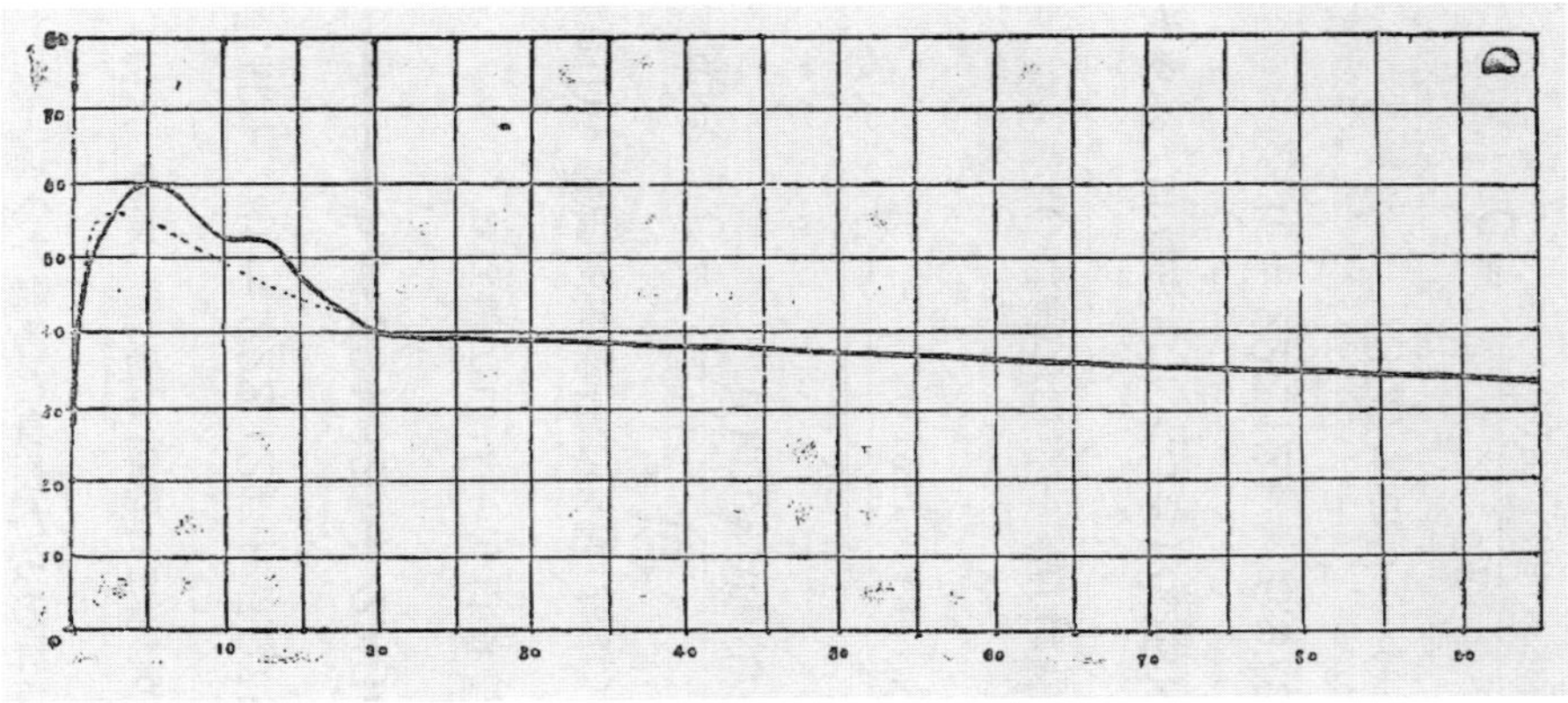

今《いま》年齡別及《および》性別を計算に入れて算定せられたる日本人の標準を示せば左の如し、

年　齡	男　子	女　子
20――30	37.83　カロリー	34.34　カロリー
30――40	37.33　同	33.84　同
40――50	36.83　同	33.34　同

試みに此《この》數値をデユボイス氏發表《はっぺう》の標準値を是正したサンボーン氏の標準値

年　齡	男　子	女　子
20――30	37.7　カロリー	35.2　カロリー
30――40	37.7　同	34.7　同
40――50	36.7　同	34.2　同

に對照《たいせう》すると、殆んど同値であるのを見る。但《た》だ女子に在《あつ》ては日本人に於《おい》て稍《や》々《や》低い。これは日本婦人の筋肉的活動の西洋婦人に比して稍《や》々《や》輕易《けいい》であることを示すものと私は思惟《しゐ》する。

以上述べた體重《たいぢゅう》と身長からの計算方式の他、又

(二)、身長、體重及《たいぢゅうおよび》年齢より次式を應用《おうよう》して一日の總《そう》基礎カロリーを求むる法。

男子　$h = 222.121 + 5.975s + 5.361w - 2.683a$

女子　$h = 591.620 + 2.434s + 3.815w - 1.689a$

hは總《そう》カロリー .sは身長 .wは體重《たいぢゅう》 .aは年齢。

(三)、體重及《たいぢゅうおよび》年齢より次式に從ひて一日の總《そう》基礎カロリーを求むる法。

男子　$C = \frac{\sqrt{W}}{0.1070 \times A35^{0.1333}}$

女子　$C = \frac{\sqrt{W}}{0.1251 \times A35^{0.1333}}$

Cは總《そう》カロリー．Wは體重《たいぢゅう》．Aは年齢。

がある。今前例の一人に當《あ》て嵌《は》めて計算を試みると

$h = 222.121 \times 5.975 \times \underline{160} + 5.361 \times \underline{52} - 2.683 \times \underline{35}$

$= 1363$ カロリー（一日量）

$C = \frac{\sqrt{52000}}{0.107 \times 35^{0.1333}}$

$= 1346$ カロリー（一日量）

を得、三法共大體《だいたい》に於《おい》て相《あひ》同じきを見る。併《しか》し右三法の間には自《おのづ》からそれぞれ特有の長短ありて、例《たと》へば第二法では身長・體重《たいぢゅう》が著しく大なる時一方に偏《へん》したる値を示す可《べ》く、第三法では身長が全然度外視されたるを以《もつ》て著しく身長を異

にする者の差は現はれざる類《たぐひ》である。故に體形《たいけい》の著しく普通人と異なるものを比較する場合には第一に據《よ》るが最も良い。

而《しか》して此等《これら》の複雑なる對數《たいすう》計算を使用することなく簡單に圖表《づへう》によりて所要の値を求むるの法を示せば左の如きものあり。此《この》種の圖表《づへう》には初めデユポイスの發案《はつあん》せるもの最も廣《ひろ》く用ひらるると雖《いへど》も、わが研究所に於《おい》て高比良技師が日本人の爲に作製せるものは日本人に就《つ》いての調査研究を基礎として計算描出《べうしゆつ》したものである。

※一七、榮養の要求量。（六七頁）［一一三頁］。

参考資料として左の二つの標準を摘記する。

○フオイトの標準（體重《たいぢゆう》一瓩《キログラム》に付《つき》二十四時間に要するカロリー）

絕《ぜつ》對《たい》安靜時　二四――三〇カロリー
平常臥床時　三〇――三四カロリー
床外安靜時　三四――四〇カロリー
中等度勞作時　四〇――四五カロリー
强度勞作時　四五――六〇カロリー

○アトウオーターの標準（體重《たいぢゆう》一瓩《キログラム》に付き二十四時間に要するカロリー）

絕《ぜつ》對《たい》安靜時　二四・三カロリー
床外安靜時　三八・六カロリー

身長と體重より體表面積を知る圖表

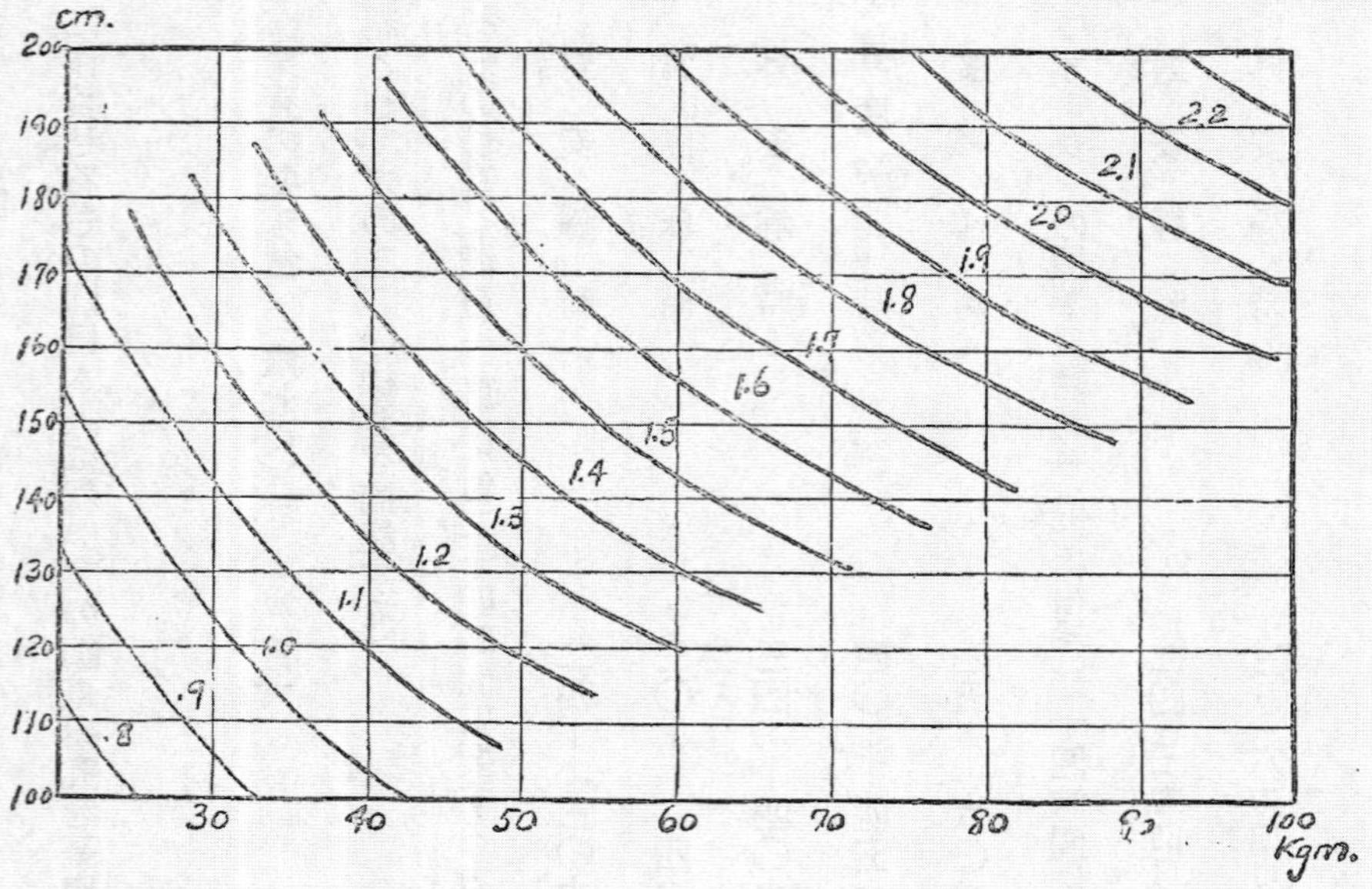

年齢と體表面積より所要榮養カロリー量を知る圖表

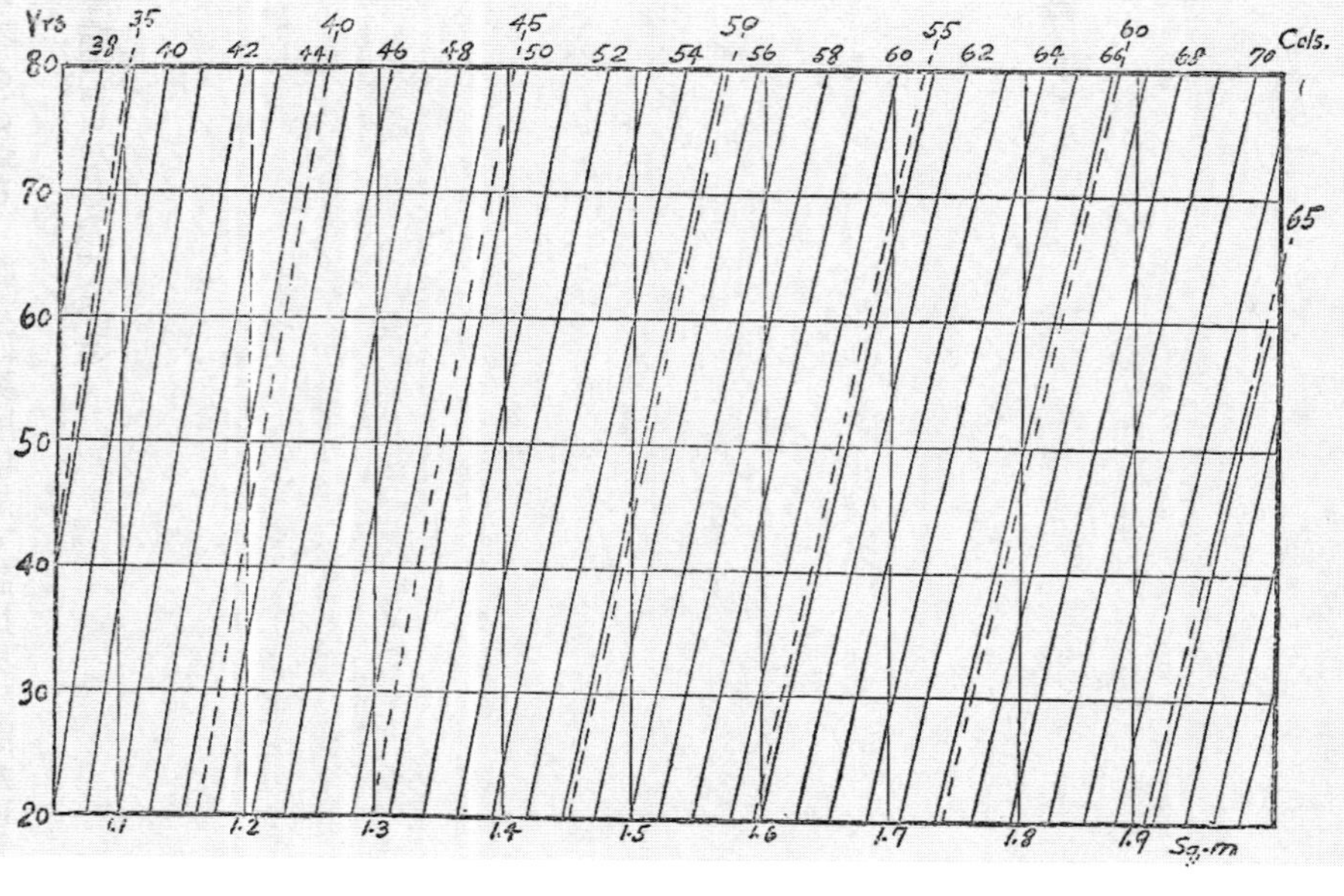

輕度勞作時　四三・〇カロリー
中等勞作時　五〇・〇カロリー
强度勞作時　五四・二――一二八カロリー

榮養の要求量といふ題目は重大であるが故に古くして常に新しい。而《しか》して此《この》問題の解決には、從來の觀察法よりは一層根本的な一先決《いちせんけつ》問題を新《あらた》に私は提出しよう思ふ。それは「人間の單位」という問題である。

今日迄の生理學では人間の單位といふものが極めて無造作に取扱はれて來た。それは科學が「多數決」を求めて之《これ》を正常と爲し之《これ》に立脚して研究を進めるを例とするが故に、生理上の人間といふことに就《つ》いても比較的無雜作に取扱はれて居る。卽《すなは》ち一個の普通人を取つて直ちに之《これ》を代表とするか又は多數の人間を搗《つ》き交《ま》ぜ其《そ》の平均値を得てこれに當《あ》てて居る。斯《か》くの如く只漫然《ただまんぜん》と眺めた自己の姿は果して正しいものであるか否か、嚴格に云ふ時それが果して眞の人間の單位として認め得らるるものなりや否やを私は疑ふ。人體《じんたい》を觀察すれば元之《もとこれ》を組成する成分には種々の別ありて、決して單一なる物質からは出來てない。燃燒してカロリー原となり得る物質が其《そ》の大部分であるがそれが大別してさへ蛋白質・抱水炭素・脂肪の三種類にもなつて居て、決して蠟燭《らふそく》やアルコールランプの樣に單純ではない。而《しか》して人間の存在の目的が其《そ》の勞作に在ること及其《およびそ》の出入の量的に著大《ちよだい》なることを考へ合せると右三種類の成分中でも筋肉を構成する蛋白質は寧《むし》ろ固定資本に、抱水炭素と脂肪は流動資本に屬するものとして見られ得る。斯《か》くて抱水炭素及《および》脂肪は、人體《じんたい》内では動產の意味で存在する。卽《すなは》ち、其《そ》の間斷なき。需用《じゆよう》と不時《ふじ》の必要の爲《た》めに必ず大小の餘裕《よゆう》を作つて常に用意されてなければならぬ。就中《なかんづく》脂肪はかかる目的に最も好適する物質である。何となれば他の二養素が其《そ》の一瓦《グラム》から四・一カロリーを發生《はつせい》するに對《たい》し獨《ひと》り脂肪は九・三カロリーを發生《はつせい》することを得る。故に二倍以上に濃縮されたるカロリー貯藏物質として之《これ》を尊重することが出來る。肝臓や筋肉内に沈着するグリコゲーンと稱《しよう》する抱水炭素や皮下其《そ》の他各臓器中に保管せらるる脂肪は、何《いづ》れも身體《しんたい》の動產である。故に肥へたる人は大きな動產を瘦せたる人は稍《やや》小なる動產を所有するものである。必要あればこれを小出しにして用ふる。斷食を行ふ時肥へたる人は瘦せたる人よりも之《これ》に耐へ易く且《か》つ苦痛少なきを常とするは之《これ》が爲《た》めである。故に幾日間《いくにちかん》も引き續《つづ》いて食を絕つ場合を考慮に入れざるに於《おい》ては、左程《さほど》過大の豫備《よび》的貯藏成分は、其《そ》の必要を見ざる理であるのみか、不急の動產を體內《たいない》に占有することは無用の體重《たいぢゆう》を加へ之《これ》が働作にも亦應分《またおうぶん》の過勞を招くことになる。何《いづ》れにしても貯藏成分が餘《あま》りに其《そ》の必要度を超過することは策の得たるもので無いのは明《あきら》かであるが、去《さ》りとて不足しては又不都合である。身體《しんたい》それ自身は全然無產といふことを許されてないのである。卽《すなは》ち疾病・豫定外《よていぐわい》の勞作等內的外的の事故の爲《た》めに必ず若干かの動產を必要とするものである。然《しか》らば如何《いか》なる程度にその動產を所有することが適當《てきたう》であるか、言ひ換へればどこまでが本來の自體《じたい》でどこからが豫備《よび》の動產であるかといふ身體《しんたい》成分の境界を求めるとなると、それは分らぬ。嚴格に云ふと眞の自己といふものが何であるか固有の自己の姿といふものは今迄未だ之《これ》を見定めたものは無いのである。此等《これら》の點《てん》に關し、多少とも光明を投げるものは斷食の硏究である。斷食の場合に身體《しんたい》成分消耗の模樣を靜觀すると、其《そ》の抱水炭素が先《まづ》第一に消費せられる、抱水炭素が殆んど盡《つ》きてから脂肪の消費に移る。脂肪が大部分消費されると次に蛋白質の分解が初まるといふ順序である。併《しか》し仔細に之《これ》を檢すると其《そ》の最も先きに殆んど一氣に消費せられる抱水炭素にしてもが、完全にその全部が一掃せらるるといふにはあらずして、例《たとへ》ば肝臓內に於《お》けるグリコゲーンの如きも、初め其《そ》の大量が最も速《すみやか》に消失し去るに拘《かか》はらず一部痕跡のグリコゲーンは最後迄殘つて、餓死するに至つても尙且之《なほかつこれ》を檢出せぬといふことは無いのである。此《かく》の如く殘留する部分のグリコゲーンは極めて微量ではあるけれども、肝臓の細胞の核と結合して肝臓の重要なる器質的成分として存在するものであると考へて良い。即《すなは》ちグリコゲーンといふ一成分に就《つ》いては此點《このてん》こそ身體《しんたい》固有の成分と動産として存する豫備《よび》的成分との境界をなす者ではあるまいか。そして總《すべ》ての成分に就《つ》いて此《この》關係が考へられぬではない。例《たと》へば餓死した屍體《したい》に就《つ》いて之《これ》を見るも痩せて骨と皮にはなつて居るが尚且《なほかつ》若干％の脂肪が殘存して居て、それが諸成分中消耗されたものの筆頭を爲す。即《すなは》ち餓死に際して身體《しんたい》の各成分が別々の割合で定量的に減少しては居ても、定性的に消費し盡《つく》されたといふ成分は嘗《かつ》て檢出され無いのである。故に身體《しんたい》の諸成分中單に活力の貯藏用のみを目的として存在するものは無いといふことになる。又歐州大戰に於《おい》て食糧封鎖に惱まされた獨　澳《ドイツ・オーストリア》で榮養不良の爲小兒《せうに》が戸外に遊戲《いうぎ》せざる様になり、婦女が月經を見ざるに至つたことなどを考へ合せると、その身體《しんたい》の貯藏成分と目さるるものが全部消費し盡《つく》されぬ以前に於《おい》て既《すで》に活動を欲せざる小兒《せうに》、月經なき婦女といふ、生理上一人前の人間としては最早甚《もはやはなはだ》しく傷《きずつ》けられたものになつて居る。

此《この》理を以《もつ》て推《お》すと眞の人間自己は普通にいふ人間一個とは全然別であつて例《たと》へば斷食を行ふて一定度迄進むだところに之《これ》を見出さなければならぬ理ではある、が、其《そ》の境界の點《てん》が今のところまだ判明して居ないのである。もし此點《このてん》を明らかにするを得て其《そ》の時の新陳代謝を眞の根基《こんき》新陳代謝（ラヂカール、メタボリスム）として、それは所謂《いはゆる》基礎新陳代謝よりも下位に居り、之《これ》に勞作や疾病や外來の迫害やに對《たい》する特殊の生活機轉《きてん》を行ふ爲《た》めに必要な成分を添加して初めて玆《ここ》に一人の合理的の榮養要求量を算出されるのではあるまいか。即《すなは》ち今日學者の稱《しよう》して居る基礎新陳代謝なるものは、人間の習慣に其《そ》の儘《まま》放任せられた生活狀態に於ける安靜狀態の最小新陳代謝であるので、其《そ》の値尚稍《なほやや》高きに過ぎるものではないかと私は考へる。此等《これら》のことは元來非常に重大な問題であるので、私は夙《つと》に此點《このてん》に鑑みるところがあつた爲《た》め、國立榮養研究所で、日本人の榮養要求量の新研究を開始するに方《あた》り、特に高比良技師をして被試驗者の前晩の食物を一定させて置いたものである。又一定減食生活の場合をも試驗させることにした、併《しか》し基礎新陳代謝を現今《げんこん》歐米學者の定めたその儘《まま》に取扱ふか或《あるひ》は私が考察する如く遙《はるか》に之《これ》よりも低い根基《こんき》新陳代謝迄低下せしむるかは重大なる問題である。ベネヂクト氏の有益《いうえき》なる減食試驗は既《すで》にあれど、ありふれた體重《たいぢゆう》とか肥瘦《ひそう》とかに拘泥《こうでい》することなく、卽《すなは》ち上に掲げた人間一個の標準を新たに探求するの企劃《きかく》を以《もつ》て、同時に之《これ》に應《おう》ずる榮養の最適要求量を科學的に攻究したるものは未だあらず。私は此《この》問題を特に重要なりと思意《しい》し、高比良博士に此《この》問題を授けて研究に從事せしめた。完結には達せぬけれども多少得るところがあつたと考へるのである。卽《すなは》ち減食或《あるひ》は小食の實驗《じつけん》的研究である。

試驗臺《しけんだい》となつた篤志家は今のところ二人である。一人は神道教師にして御嶽教に屬し祈禱《きたう》の道場を有す、長期斷食の經驗を有し、平素小食を以て實際《じつさい》に生活しつつあるの士であり、一人は僧侶にして減食及《および》斷食に習熟し、此《この》種の題目に精神的の牢乎《らうこ》たる安心と趣味を兼ね備ふるの士である。而《しか》して兩士共に堅忍・誠實《せいじつ》其《そ》の成績は最上の信頼を置くことが出來るのである。

今兩士に就《つ》いて觀たるところを略述すると

伊藤氏（體重《たいぢゆう》七四・一基瓦《キログラム》）。三十三歳男。

實驗《じつけん》全期を三期に分ち。

（第一期）。食物一日量一二〇〇カロリー（食物中全窒素量一〇・二五副食物中肉あり。）を以《もつ》て出發し、基礎新陳代謝量一五三〇カロリー。九日間體重《たいぢゆう》を維持す。それより體重《たいぢゆう》降下を初む。卽《すなは》ち

（第二期）。食量を増加し、第一一日目より三十四日間（卽《すなは》ち四十五日目迄）、食物一日量一四七六カロリー（食物中窒素七・二四瓦《グラム》。副食物野菜。醬油と味噌にて味附け。）とするも尚《なほ》體重《たいぢゆう》下降す。基礎新陳代謝量は漸減《ぜんげん》一日一五〇〇――一四〇〇――一三五〇――一三〇〇を示す。朝食を廢《はい》し二食とし絶對《ぜつたい》の菜食なるが爲《た》め食物中の全窒素は初め九・

七瓦《グラム》なるを半減して五・〇時としては四・〇とせることあり。運動の日課は一時間三哩《り》の速度を以《もつ》て歩行すること四時間。

(第三期)。食物一日量一九八一カロリー(食物中全窒素七・二九瓦《グラム》)、なれば體重《たいぢゅう》の遞減《ていげん》止まる。

基礎新陳代謝量　一三〇〇カロリー。

以上總《そう》日數五十一日間の觀察により

一、體重《たいぢゅう》は減食と共に漸下《ぜんげ》す(止《とど》まるところを知らず)。

二、基礎新陳代謝量は初め下るも後《の》ちには一定のところに止まる。

三、尿中排泄する總《そう》窒素量は基礎新陳代謝と同一關係を示す。

體《たい》　重《ぢゅう》

基礎新陳代謝量

尿　中　窒　素

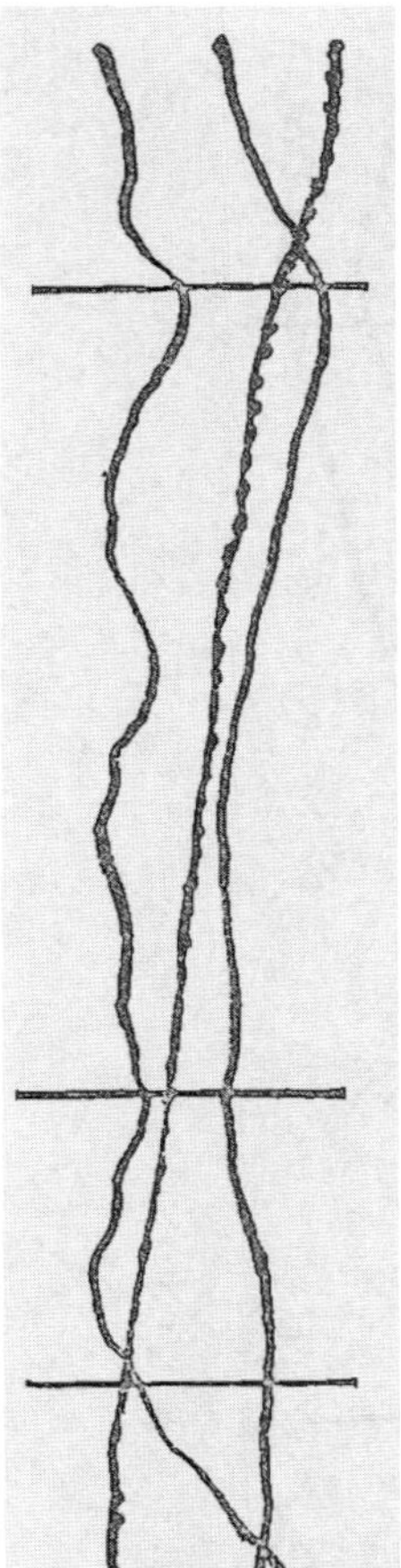

ことを知るを得たり。

之《これ》を要するに、基礎新陳代謝量卽《すなは》ち人體《じんたい》の最低榮養要求量は減食と共に多少低下して之《これ》に應《おう》ず可《べ》きが、減食の度が一定度を越ゆる時は遂には其《そ》の調節を廢《はい》して低下を止《と》む。新陳代謝を代表する尿中の窒素の消長《せうちやう》も亦之《またこれ》と同一の關係を示す。故に食量不足すれば其《そ》の不足を身體《しんたい》固有の成分中より補給せられ、爲《た》めに體重《たいぢゅう》を漸減《ぜんげん》す。此事《このこと》餓死に到達するまで續行《ぞつかう》せらる可《べ》し。

杉浦氏（體重《たいぢゅう》四六・五基瓦《キログラム》）。二九歳男。

實驗全期を四期に分つ。

（第一期）。食物一日量一二〇〇カロリー（食物中全窒素量一〇・二五瓦《グラム》。副食物中肉を配す。）を以《もつ》て初む。基礎新陳代謝量一一五〇カロリー、九日間體重《たいぢゅう》を維持す。

（第二期）。食物一日量一一六五カロリー（食物中全窒素量五・九五八瓦《グラム》。菜食）。體重漸降《たいぢゅうぜんかう》す。基礎新陳代謝量一一〇〇——一〇五〇カロリー。

運動日課前被試驗者同斷《どうだん》。

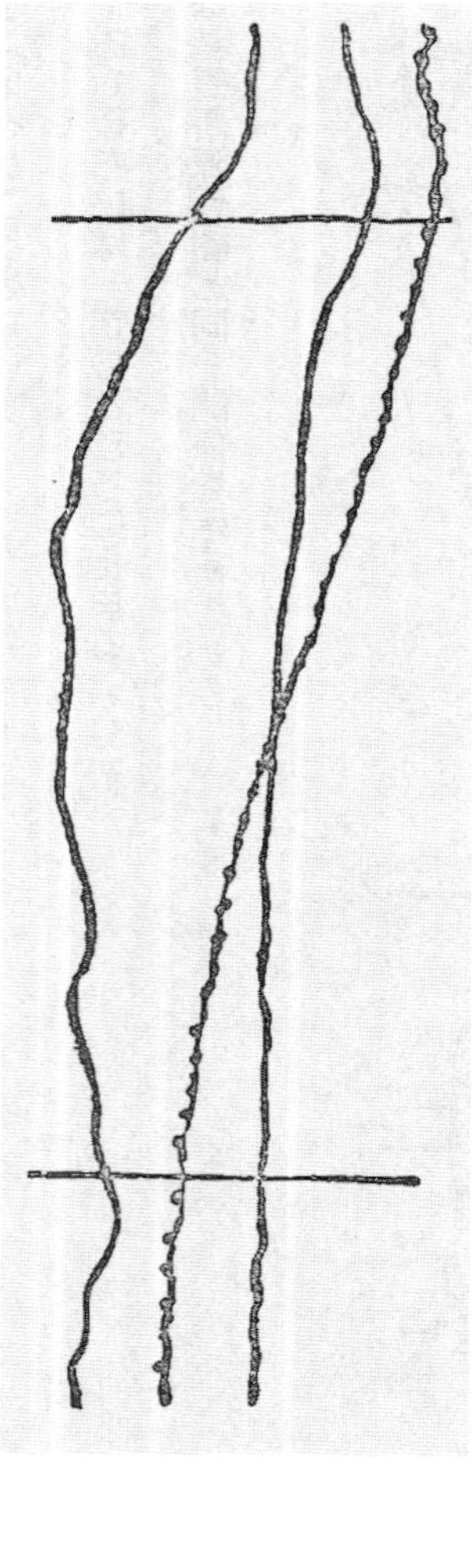

（第三期）。第四十三日目より食物一日量一六七〇カロリー（食物中全窒素量六・〇〇八瓦《グラム》。菜食。）を攝《と》りて體重《たいぢゅう》の降下止まり。

（第四期）。第五十一日目より食物一日量一七〇五カロリー（食物中全窒素量一〇・二三瓦《グラム》。肉食加味。）を用ひて體重《たいぢゅう》増加す。

以上總《そう》日數五十七日間の觀察とす。

上述二例の實驗《じつけん》成績に之《これ》を徴《ちよう》する時は、人の存在の標準は基礎新陳代謝量が減食によりて一度下降し、一定度に達して最早《もはや》其《そ》の下降を停止し其《そ》の現狀を保留するの點《てん》に於《おい》て、之《これ》を選定せらる可《べ》きであると思はれる。之《これ》を私は假《かり》に最低基礎新陳代謝量（或《あるひ》は根基《こんき》基礎新陳代謝量）と呼ぶ。而《しか》して此《この》最低基礎新陳代謝量は體重《たいぢゆう》を犧牲に供《きよう》しつつ、換言せば身《しん》體《たい》組織を消費しつつ、極端に之《これ》を支持するに力《つと》めらるるものである。又此《この》最低基礎新陳代謝量は比較的大なるものにして一般人が平素攝取《せつしゆ》する食物中に含む全カロリーの約半量を占むるものである。

往年私立時代の榮養研究所に於《おい》て、私が講習に採用し又、献立に發表《はつぺう》した、日本人標準食として一日量カロリー二〇〇〇蛋白質五〇——六〇瓦《グラム》といふのは矢《や》張《はり》最《もつと》も適切のものであつたと思はれる。（榮養の彈力性成立す）。

併《しか》し此際《このさい》忘れてならぬことは世間で非科學的に、唱道《しやうだう》せらるる小食論が往々にして一日全食量九〇〇カロリー或《あるひ》は八〇〇カロリー以下を以《もつ》て可《か》なりとなすが如きは、既《すで》に絶對《ぜつたい》に必要なる最低基礎新陳代謝量にすらも不足する分量にして、斯《かく》の如き說は極めて無謀且《かつ》危險であることである。而《しか》してもし一人にして忠實《ちゆうじつ》にかかる主張を實踐《じつせん》して健在するの事實《じじつ》ありとせば、そは其《そ》の榮養不足を臨時無意識に攝取《せつしゆ》する剩餘《よじよう》の榮養分によりて補充せられつつあるものであることは疑ふ可《べ》くもない。現に前記被試驗者の如きも從來非常の小食を以《もつ》て充分其《そ》の健康を支持する自己の經驗に堅く信頼したるものなれども、一旦嚴肅《げんしゆく》なる學術的研究の鏡前《きやうぜん》に立つに及んで、其《そ》の豫想《よさう》を裏切らるるを見たのである。斯《か》くて嘗《かつ》て自己の體驗《たいけん》せる減食生活には、數日毎若《ごともし》くは時々平常以上に攝食《せつしゆ》せるものなることを想起肯定するに至れり。又研究所に於《お》ける減食試驗の際の如きも、何《いづ》れも一日一二〇〇カロリーといふ小食を用ひて、能《よ》く九日間その體重《たいぢゆう》を維持し得たる事實《じじつ》に之《これ》を照《てら》して、身體《しんたい》の貯藏及《および》調節機關は、數日の間に不識《ふしき》の破格を挿入することによりて、能《よ》く成分收支の勘定上或《ある》程度迄之《これ》が破綻を免《まぬか》れしむるを得るものであることが充分に判る。（減食研究の成績の詳細に就《つい》ては他の榮養研究所の總《すべ》ての研究事項に於《お》けるが如く、研究に從事することを命ぜられたる所員の名を以《もつ》て必ず發表《はつぺう》せらるの機ある可《べ》し）。

其《そ》の他（一）攝取《せつしゆ》したる食物の性狀の異同により、カロリー原として消盡《せうじん》せらるる時日《じじつ》に長短の差を生じ、例《たとへ》ば糖類・アルコール類に在りては速《すみや》かに酸化分解を了《お》へ其《そ》のエナージ化するを見るに反し、肉類に在りて其《そ》の餘燼《よじん》若《もし》くは影響が數日後に於《おい》て尚且《なほかつ》殘留せるものあるを認むること。（二）平素筋肉的力行者《りきぎやうじや》たる自由勞働者が其《そ》の基礎新陳代謝に於《おい》ても比較的高率のエナージー要求量を示すを常とすることの如きは、元より食物の藥物學的作用及人體《およびじんたい》細胞の習慣性等に關係するところ大なるものある可《べ》からむも、同時に又標準となる可《べ》き人間單位問題の解答には看過《かんくわ》す可《べ》からざる幾多の事項のあることを指示するものである。

故に嚮《さ》きには生理學者が身體《しんたい》組織の主成分卽《すなはち》蛋白質の量に特別に深甚《しんじん》の注意を拂《はら》ひ保健上の最低蛋白質量の研究に沒頭したもの少なからず。殊にフオイト其《そ》の他の保健食を修正せむが爲《た》めに此《この》問題に畢生《ひつせい》の大努力を試みたのはチツテンデン先生であることは前にも述べたところであり、ヒンドヘーデなども此《この》方面の研究に參加した著名な一人であり、又カロリーの要求量に就《つ》いても舊聞《きうぶん》は之《これ》を略しアトウオーターに次《つい》でベネヂクト其《そ》の他により無數の研究が今も尙連續《なほれんぞく》して行はれつつあるのである。が、榮養學上の問題が非常に複雜になつて來た爲《た》め蛋白質やカロリー以外に考慮す可《べ》き事項が續々《ぞくぞく》增加した中に私は、今日迄採用して來た人間の單位或《あるい》は標準に就《つ》いて根本的の疑《うたがひ》を持つ樣になつたのである。そして此《こ》の疑念から先《ま》づ闡明《せんめい》しなければならぬと思ふのである。（肥波《ひさう》の項を參照のこと）。

※一八、窒素出納。（七三頁）［一二〇頁］。

生活現象は成分の消費を意味するが故に、一人の健康を保障するには體外《たいがい》より攝取《せつしゅ》する成分と、體外《たいがい》に排泄する成分の出納が平均するを必要とする。もし此《この》平均にして一朝《いってう》其《そ》の調《てう》を失《う》せむか、例《たと》へば絶食・過勞の場合に於《お》ては、其《そ》の體《たい》重《ぢゅう》を減じ、飽食・安逸《あんいつ》の場合に於《お》ては其《そ》の體重《たいぢゅう》を増す。而《しか》して此《かく》の如く消費せらる各種成分中に在りても、前既《すで》に述べたるが如く、勞作のカロリー原となるものは主として其《そ》の抱水炭素及《および》脂肪に屬し、組織の構成に與《あずか》るものは主として蛋白質に關するが爲《た》め、組織の本體《ほんたい》を第一位に置き、卽《すなは》ち窒素組成分の不足或《あるい》は毀損《きそん》せらるることなきやを注目し、之《ここ》に一般榮養の標準を置くを便とした。之《こ》れ（一）には抱水炭素及《および》脂肪が燃燒し易く、以《もつ》て蛋白質の燃燒を防止することが通則であるから、從《したがつ》て窒素性成分の出納平均を得ることは體重《たいぢゅう》の安定以上に適確なる榮養上の標準となり得るものであり。（二）には今日でこそ榮養研究方法の進歩により、新式のカロリーメーターを用ひて、抱水炭素及《および》脂肪の出納如何《いかん》をも精細《しやうさい》に測定することを得可《うべ》けれど、從來は其《そ》の消化吸收試驗に之《これ》を徴《ちよう》する以上の、適確なる試驗法が存ぜざりしが故である。

故に榮養の過不足如何《いかん》を知らむが爲《た》めには、飲食物中の窒素分と抱水炭素及《および》脂肪を分析定量し、之《これ》より大便中に排泄する窒素分と抱水炭素及《および》脂肪を分析定量して減算して、其《そ》の差額により窒素分と抱水炭素及《および》脂肪の體内《たいない》利用量を知り、又玆《ここ》に算出せられたる體内《たいない》利用の窒素分と別に分析定量せられたる尿中排泄窒素分卽《すなはち》消費せられたる窒素分とを比較對照《たいせう》して、前者が大なればその差額丈《だ》け窒素が身體《しんたい》組織に沈着したるを意味し、反之《これにはんし》後者が大なれば身體《しんたい》組織の分解を見たるを意味するものであるとした。或《あるい》は別の算出法により卽《すなは》ち、大便中の窒素と尿中の窒素を合計して之《これ》を排泄せられたる總《そう》窒素量とし、之《これ》を飲食物中の窒素と對照《たいせう》して、窒素出納の狀《じやう》を定むるも良いのである。此際《このさい》甲が乙よりも小なれば窒素の出納はポシチーブ（十）即《すなはち》榮養に餘《あま》りありて窒素が體內《たいない》組織中に殘留したるを意味し。甲が乙よりも大なれば窒素の出納はネガチーブ（一）にして即《すなはち》榮養の不足に因《よ》り窒素が體內《たいない》組織自己を分解して其《そ》の一時を糊塗《こと》したるを示すものである。

窒素分はキエールダール氏の驚嘆す可《べ》き卓絕《たくぜつ》なる定量法の夙《つと》に案出せられ、其《そ》の操作平易其《そ》の成績精確《せいかく》なるを得たるが爲《た》め、窒素出納の研究及《および》調査は從來と雖《いへど》も非常に微細なる點《てん》まで之《これ》を詳《つまびらか》にすることを得、永く之《これ》によつて榮養上の羅針盤を手にするを得たのであつた。

※一九、消化管內の細菌。（八〇頁）［一五二頁］。

消化管內の細菌には多くの細菌あり。常住《じやうぢゆう》するもの、臨時に現はるもの、有效のもの、無害のもの、有害なるもの、其《そ》の種類甚《はなは》だ多端《たたん》である。試みに其《そ》の主なるものを列擧《れつきよ》すると。

口腔非病原菌

乳脂酸菌	B. butyricus (Botkin).	乳脂酸菌	B. butyricus (Hueppe).
乳酸菌	B. Acidi lactici.	發光菌	B. Phosphorescens.
靈菌	B. Protigiosus.	赤色螺旋狀菌	Spirillum rubrum.
紫色菌	B. Violaceus Berolinensis.	胃中八聯球菌	Sarcina ventriculi.
青乳菌	B. Cyanogenus.	巨大菌	B. Megaterium.

口腔病原菌

化膿性葡萄狀球菌	Staphylococcus pyogenes.	癩病菌	B. lepræ.
化膿性連鎖狀球菌	Streptococcus pyogenes.	ヂフテリー菌	B. diphtheriæ.
肺炎球菌	Diplococcus Pneumoniæ.	流行性感冒菌	B. influenzæ.

腦脊髓膜炎菌	M. meningitis Cerebrospinalis.	ワンサン氏菌	B. vincinti.
四聯球菌	Tetracoccus.	綠膿菌	B. pyocyaneus.
結核菌	B. Tuberculosis.		

齲齒ノ細菌（酸產生菌）

深層	短聯鎖狀菌	Streptococcus brevis.
	壞疽性齒牙菌	Bacillus necrodentalis.
	白色葡萄狀球菌	Staphylococcus albus.
淺層	短連鎖狀菌	Streptococcus brevis.
	黃色八聯球菌	Sarcina lutea.
	橙黄色八聯球菌	Sarcina aurantica.
	白色八聯球菌	Sarcina alba.
	白色葡萄狀球菌	Staphylococcus albus.
	黃金色葡萄狀球菌	Staphylococcus aureus.

齒牙脫灰菌（齲齒ノ淺層ニ存スルモノ）

普通馬鈴薯菌	B. mesentericus vulgatus.	運動性液化性螢石光菌	B. liquifaciens fluorescens motilis.
赤色馬鈴薯菌	B. mesentericus ruber.	枯草菌	B. subtilis.
褐色馬鈴薯菌	B. mesentericus fuscus.	ツェンケル氏變形菌	Proteus Zenkeri.
化膿性齒齦菌	B. gingivae pyogenes.	叢狀菌	B. plexiformis.

胃内には鹽酸《えんさん》の分泌せらるる爲《た》め、嚥下せられたる細菌は大抵殺滅《さつめつ》せらるるも、胃の分泌機能に異常ある時は細菌・酵母等を多數に見る。既《すで》に腸内に入れば其《そ》の下部に進むに從ひ腸内固有の細菌群漸次《ぜんじ》其《その》數を增し、驚く可《べ》き大數となる。

腸内細菌數（二十四時間）

ギルベルト及ドミニチ氏ノ計算ニヨレバ	12,—15, Milliarden.	（百二十億一百五十億個）
サツクスドルフ氏ニヨレバ	55,	（五百五十億個）
クライン氏ニヨレバ	8800,	（八萬八千億個）
平　均	100,000,000,000	（一千億個）

腸内細菌 (Darmflora)

常住菌	大腸菌	*Bacillus coli.*	其の他	B. perfringens,	Staphylococcus
	双頭菌	B. bifudus.		B. funduliformis,	B. capilosus,
	腸内球菌	Enterococcus		B. veutriosus,	Coccobacillus,
	酸性菌	B. acidophilus.		Diplococcus,	Hefen,
	エキシリス菌	B. exilis.		Protozoen.	

腸内病原菌

チフス菌	Bacillus typhosus.	パラコレラ菌	Vibrio parachorae.
パラチフスA菌	B. paeatyphosus A.	赤痢菌	B. dysenteriae.
パラチフスB菌	B. „ B.	結核菌	B. tuberculosis.
パラチフスC菌	B. „ C.	デフテリア菌	B. diphtheriae.
腸炎菌	B. enteritidis gärtner.	化膿菌類	Verschiedene arten des pyogenen bacterien.
肉中毒菌	Bac. botulenus.	赤痢アメーバ等	Entamoiba histolytica etc.
コレラ菌	Vibrio cholerae.		

一、腸内に於《おい》て常住《じやうぢゆう》の細菌の繁榮する現象は、腸の内容物から菌體《きんたい》を新生し、以《もつ》て榮養分の保留と貯藏の兩用を兼ね行ふものと見るを得ること。

二、飢餓、其《そ》の他の必要時に難消化性のものをも消化して、之《これ》を身體《しんたい》榮養分の强要に應《おう》ずべき非常用を辨《べん》ずること。

右は腸内細菌に對《たい》する私の臆斷《おくだん》である。

三、而《しか》して腸内細菌は必ずしも飲食物より來るものと限らず。最近佐多愛彦博士等の研究では、チフス菌の如きも口を經ずとも、皮膚を通じて能《よ》く腸内に移行し得ることが立證《りつしよう》した。又余《よ》は健犬肝臟に生菌の潛在を認めた。

※二〇、小兒《せうに》の榮養。（八二頁）［一五四頁］。

獨逸國《ドイツ》ドレスデンに於《おい》て郡部《ぐんぶ》學童四二〇〇人市部《しぶ》學童一二〇〇〇人に就《つ》いて調査したる結果、（一）身長小なる者に進級不能者の多い事、（二）市部《しぶ》資産家の兒童《じどう》よりも郡部《ぐんぶ》無産者の兒童《じどう》の年々の發育《はついく》成長率の低いこと、之《これ》を概論すれば富裕者の兒童《じどう》は下層者の兒童《じどう》よりも發育《はついく》良好にして學業の成績も優れたるを發見《はつけん》した。他の衞生的狀態も之《これ》に關係あるは勿論なれども就中最《なかんづくもつとも》重要の意義のあるのは榮養問題であつて母の不注意、家計の貧困、物價騰貴《ぶつかとうき》、婦人勞働等が兒童《じどう》榮養の缺陷《けつかん》次《つい》で榮養不良の因《いん》をなすのみならず各種疾患に對する素質をも釀成《ちやうせい》するものである。墺匈國《あうきようこく》が歐洲大戰に際し食糧不足の爲《た》め國民一般の榮養上の障害から敗戰以上の慘害《さんがい》を招いたこと殊に發育《はついく》期にあるものに於《おい》て其《そ》の犧牲の大なるものがあつたといふことは顯著《けんちよ》な事實《じじつ》であつた。就中《なかんづく》結核患者の劇增及《および》結核死亡者の增加の如きが太《はなは》だしく目立つて結核と榮養との密接なる關係が闡明《せんめい》せられた。

ウインのピルケーが此《かく》の如き悲惨なる時局に處《しよ》して可憐なる兒童《じどう》を救濟せむが爲《た》めに、所謂《いはゆる》ネムシステムなる榮養法を案出發表《あんしゆつはつぺう》して之《これ》を實際《じつさい》に施設し、北米合衆國《アメリカ》の救助金を迄仰《あお》いで大《おほ》に其《そ》の効果を擧《あ》げたのは尚《なほ》耳新しい事實《じじつ》である。

わが國に於《おい》ても、農村の兒童《じどう》は都市の兒童《じどう》に比し一般に發育劣等《はついくれつとう》にして榮養不良の狀態にあるは既《すで》に實地《じつち》調査により明《あきらか》にせられたるところなり。學童給食問題は各國共輓近大《ばんきんおほい》に其《そ》の力を致すところにして、わが國學童給食の顯著《けんちよ》なる効果擧《あ》ぐるを得たる實例《じつれい》は東京市社會局《しやくわいきよく》の榮養不良兒《ふりやうじ》給食に於《おい》て之《これ》を見るを得可《うべ》し。

東京市直營小學校榮養不良兒調査

	校名	大正十二年五月定期身體検査（即大震前）身體検査兒童數	榮養丙兒童數	榮養丙百分比	大正十三年五月定期身體検査（即大震後）身體検査兒童數	榮養丙兒童數	榮養丙百分比
給食したるもの	萬年	368	58	16%	794	21	3%
	靈岸	500	97	19%	371	12	3%
	三笠	491	154	31%	275	47	17%
	玉姫	920	216	23%	759	4	0%
	芝浦	424	89	21%	828	29	4%
	菊川	767	99	13%	569	6	1%
	猿江	773	217	28%	639	17	3%
	太平	548	180	33%	497	62	13%
半ば給食したるもの	鮫橋	558	147	26%	585	33	6%
給食せざるもの	絕江	389	10	3%	336	78	23%
	林町	833	181	22%	901	160	18%

給食は日曜祭日を除き晝食一回分を給するものにして大正十三年一月開始せり

※二一、榮養批判。（八三頁）［一五五頁］。

従來榮養狀態を表現するに通例《つうれい》用ひられたものはボルンハルトの公式である卽《すなは》ち

$$\frac{\text{身長} \times \text{胸圍《きょうゐ》}}{\text{體重《たいぢゅう》}} = 240$$

を標準とし其《そ》の一〇%の上下で榮養佳良なるや否《いなや》を定めたものであるが、墺《オーストリア》國小兒《せうに》科の大家ピルケーの新案は坐高と體重《たいぢゅう》とを基礎として榮養狀態を數字的に評價《ひやうか》するのである卽《すなは》ち

$$\frac{100\sqrt[3]{10 \times \text{體重《たいぢゅう》}}}{\text{座高}}$$ 體重《たいぢゅう》は瓦數《グラムすう》　座高は糎數《センチメートルすう》

を榮養指數と定め筋肉發育《はついく》佳良にして肥へたるものは此《この》指數が一〇〇以上になり瘦せたるものは九〇以下となるのである。

次に又ピルケーは體重或《たいぢゅうあるひ》は體表《たいへう》面積より其《そ》の所要カロリーを算出する代りに腸面積から榮養量を計算することを企て、それには

一、腸面積を知るには腸管の長さを八・七米《メートル》としその周圍《しうゐ》を八・六糎《センチメートル》とし、大人坐高の平均數八四・六糎《センチメートル》に對照《たいせう》すると腸管の長さは坐高の十倍となり腸管の周圍《しうゐ》は其《そ》の十分の一に當《あた》るので

$10\text{座高} \times 1/10\text{座高} = \text{座高}^2$ は腸面積を表はすのである、そして此《この》關係は小兒《せうに》に於《お》いても同様であるといふのである。

二、標準乳汁。蛋白質一・七%抱水炭素六・七%脂肪三・七%の一瓦《グラム》を榮養價單位《えいやうかたんい》（Nahrungs(榮養)-Einkeit(單位)-Mich(牛乳)）となしその頭字を取りてNemネムと稱《とな》へ、總《すべ》ての食品の榮養價《か》を計算する標準としたのである。而《しか》して一ネムの乳汁は體内《たいない》

に於《おい》て〇・六六七カロリーを發生《はつせい》し蛋白質一瓦《グラム》は大約六ネムの抱水炭素一瓦《グラム》は六ネム脂肪一瓦《グラム》は一三ネムに相當《さうたう》し、食品は其《そ》の成分を知れば直ちに一瓦《グラム》中のネム價《か》を算出し得るのである。

三、腸面積に對《たい》するネム量算定は腸面積一平方糎《センチメートル》は一ネムの吸收能力を有するも安靜時には$3/10$ネムにて足り發《はつ》育及《いくおよび》運動の爲《た》めに$1/10$—$5/10$ネムを要するから年齢と運動の多少に依《よ》り$3/10$—$8/10$ネムの割合を以《もつ》て計算するのである。

歐人《ヨーロッパじん》を基礎として立てた學説であるから體格《たいかく》の異なる日本人に其《そ》の儘《まま》適用し得ざるは明《あきら》かである。

※二二、獻立《こんだて》。（一一〇頁）［二〇五頁］。

食品の種類が可《か》なり多い、そして各食品は皆それ〴〵その化學的組成を異にして居る。同一食品と雖《いへど》も其《そ》の產地の異同は元より肥料の施し方や採取の時期如何《いかん》等によりて、その成分が左右せらるることも容易なるを解《かい》すれば僅《わづか》に數種の食品を以《もつ》てするも其《そ》の組み合せによつて無限數の獻立《こんだて》を作り得るの理を悟ることが出來よう。

今假《か》りに食品甲が純粹蛋白質より成り、食品乙が純粹の抱水炭素より成り、食品丙が純粹の脂肪より成るとし此《この》三者を以《もつ》て合理的の獻立《こんだて》を作るとせむに、中度等に勞働する中等體格《たいかく》の一人一日の標準として二三六五カロリーを要求し、内八十瓦《グラム》の蛋白質より供給せられねばならぬカロリー三二八を減算すれば殘額二〇三七カロリーとなり、此《この》二〇三七カロリーを四百瓦《グラム》以上

$$\begin{array}{r} 2365 \\ 4.1 \times 80 = \cdots\cdots\cdots -328 \\ \hline 2037 \end{array}$$

の抱水炭素若干量と脂肪とにて塡充《てんじゆう》されねばならぬ時、獻立《こんだて》中の抱水炭素の量を一瓦《グラム》づつ變動《へんどう》することによりて

$$2037 \div 4.1 = 496.8$$

$$401 \cdots\cdots\cdots 496.8 = 96$$

即《すなは》ち九十六種の獻立《こんだて》を得可《うべ》き計算であり、又抱水炭素の量を一カロリー宛變動《づつへんどう》することによりて、

$$496.8 \times 4.1 = 396.88$$

即《すなは》ち三百九十六種の獻立《こんだて》を作り得可《うべ》きである。

同様に二〇三七カロリーを四百瓦《グラム》の抱水炭素と若干量の脂肪とにて補給せねばならぬ時、獻立《こんだて》中の脂肪の量を一瓦《グラム》づつ變動《へんどう》することによりて

$$4.1 \times 400 = \cdots\cdots\cdots \begin{array}{r} 2037 \\ -\ 1640 \\ \hline 397 \end{array} \qquad 897 \div 9.3 = 42.6$$

即《すなは》ち四十二種の獻立《こんだて》を得可《うべ》き計算であり、又脂肪の量を一カロリーづつ變動《へんどう》することによりて

$$42.6 \times 9.3 = 396.1$$

即《すなは》ち三百九十六種の獻立《こんだて》を作り得可《うべ》きである。

既《すで》に純粋にして單一なる蛋白質・抱水炭素・脂肪を以《もつ》てするすら、此《か》く《かく》の如く獻立《こんだて》が多様多岐に亙《わた》るのに、實際《じつさい》食品中の三大榮養素は決して、爾《しか》く單純であり得ざることが常である。例《たと》へば理論的に簡明《かんめい》を主として三大榮養素を説く時などは蛋白質は單純の蛋白質・抱水炭素は單純の抱水炭素・脂肪は單純の脂肪として之《これ》を取扱ふを例とすと雖《いへ》ども、もし夫《そ》れ一旦此等《これら》の三大榮養素が現實《げんじつ》にそれ等の包藏《はうざう》せらるる食品となつて出動するを見るに際しては、蛋白質は、抱水炭素は、脂肪は、それぞれ更に次に掲ぐる表の如く複雑なる分類、即《すなは》ち送迎に暇《いとま》なき形態の變化《へんくわ》と種別の差異を吾人《ごじん》の

前に展開するのである。

三大榮養素が斯《かく》の如く食品の形態と種別を極端に複雜ならしむるに足るのに。況《いは》んやこれに調理法の變化《へんくわ》が加はるあり、調理法の變化《へんくわ》は同一材料の同一量目を用ひて尚且《なほかつ》つ多くの異味珍肴《ちんかう》を製出することが可能であるので、從つて獻立《こんだて》の種類こそは之《これ》を世にも無限大に擴張《くわくちやう》せられ得可《うべ》しといふのが當然《たうぜん》であるのである。

天然蛋白質及其の變性物

(甲) 蛋白質

	性質	所在
I. 單純蛋白質(加水分解によりアミノ酸のみを生ずる天然蛋白質)		
1. Albumins	水に可溶、熱にて凝固す。	血液及動物體液中の Seralbumin, 卵白 albumin, 乳汁の Lactalbumin 小麥、ライ麥、燕麥の Leucosin, 豆の Legumin等
2. Globulins	水に不溶、中性鹽類の稀薄水溶液に可溶。	血液及動物體液中の Seroglobulins, Fibrinogen, 筋肉の Myosin, 豆の Legumin, 巴旦杏の Amandin,
3. Glutelins	水及中性溶劑に不溶、稀薄なる酸及アルカリに可溶。	小麥の Glutenin
4. Alcohol-Soluble Proteins	水及中性溶劑に不溶。70—80%酒精に可溶。	小麥の Gliadin, 玉蜀黍の Zein, 燕麥の Fordein.
5. Albuminoids	中性溶劑に極て溶け難し。	毛爪、蹄、角、羽毛中の Keratin, 結締織中の Elastin, 腱、軟骨の Collagen, 絹絲の Fibroin, Sericin, 骨の Ossein, 其他 Gelatin, Reticulin, Cornein, Spongin, Conchiolin. 植物界に無し。
6. Histones	水及稀薄酸に可溶、アンモニヤに不溶、鹽基性を有す。	胸腺 Histone, ヘモグロビン及鯖の精液より得らるる Globin, Scombrine. 植物界に無し。
7. Protomines	天然蛋白質中最簡單なるものにして强き鹽基性を有し、水に溶け加熱により凝固せず。	鮭の精液により得らるゝ Salnin, Clupein. 植物界に無し。
II. 複合蛋白質(非蛋白質物と結合せる蛋白質)		
8. Nucleoproteins	蛋白質とニュクレイン酸の結合せるもの。	細胞核の主成分をなす。Nucleins.
9. Glucoproteins	其の分子中に抱水炭素を含む	組織の固着劑となり、又各種粘質物の成分となる。Mucins, Ovomucoid, Ovalbumin.
10. Phosphoproteins	含燐化合物(ニュクレイン酸及レシチン等は除く)と結合せるもの。	牛乳の Caseinogen. 卵黄の Vitellin 等。
11. Haemoglobins	Hacmatin 其他類似物質と結合せるもの。	赤血球の xyhaemoglobin.
12. Lecithoproteins	Lecithin と結合せるもの	動植物體細胞神經組織に多し、Lecithalbumin, Lecithin-nucleovitellin.
III. 變成蛋白質(天然蛋白質の理化學的作用により變性せるもの)		
A. 輕變性蛋白質(僅に變性せるもの)		
13. Proteans	可溶性天然蛋白質が種々の影響により不溶性となりたるもの	Edestin. 血液の Fibrin, 不溶性 Myosin.
14. Metaproteins	酸又はアルカリ等により天然蛋白質より變性し protean よりも變化の程度進みたるものと認めらる水には溶けざれども稀薄なる酸或はアルカリに溶解す。	Aidalbumin, alkalialbuminate.
15. Coagulated proteins	單純蛋白質が其膠質溶液よりアルコール、熱等の作用によりて凝固せるもの。	
B. 重變性蛋白質(天然蛋白質の加水分解により生ず、又自然界にも存す)		
16. Proteoses Protsalbumoée Meteroalbumoée Leuteroalbumoée 17. Peptones 18. Peptides	天然蛋白質の加水分解によりて生じ分解の程度によりて斯く區別せらるゝも明なる分界點はなし、いづれも水に溶け易く、膠質性減少し種々の半透膜を通過し易し、Peptides の簡單なるものは種々のアミノ酸より人工的に合成し得。	之等に相當する物質は天然界に存在することあれども少し。

(乙) 天然アミノ酸

I. 一鹽基一アミノ酸 Monoamino-monocarboxylic acid.

(1) Glycocoll (2) Alanine (3) Valine (4) Leucine (5) Isoleucine (6) Norleucine (7) Serine (8) Phenylalanine (9) Tyrosine (10) Cystine(含硫アミノ酸)

II. 二鹽基一アミノ酸 Monoamino-dicarboxylic acid.

(11) Aspartic acid (12) Glutamic acid (13) β-Hydroxy-glutamic acid

III. 一鹽基二アミノ酸 Diamino-Monocarboxylic acid.

(14) Arginine (15) Lysine

IV. 異種環狀化合物 Heterocyclic compounds.

(16) Tryptophane (17) Histidine (18) Proline (19) Oxy-proline

天然抱水炭素

〔I〕 單糖類 (Mono-saccharides)

1. ペントース (Pentoses) 〔$C_5H_{10}O_5$〕

アラビノース (l-Arabinose)

キシロース (l-Xylose)

2. メチルペントース (Methyl-pentoses) 〔$C_6H_{12}O_5$〕

ラムノース (l-Rahmnose)

フコース (Fucose), ロデオース (Rhodeose)

3. ヘキゾース (Hexoses) 〔$C_6H_{12}O_6$〕

葡萄糖 (d-Gulcose or Dextrose)

果　糖 (d-Frustose or Laevulose)

ガラクトース (d-Galactose)

マンノース (d-Mannose)

ソルボース (d-Sorbose), アロース (d-Allose)

イドース (d-Idose), グロース (d-Gulose)

〔II〕 二，三及四糖類 (Di–, Tri—and Tetra-saccharides)

4. 二糖類

麥芽糖 (Maltose) 二分子の葡萄糖より成る。

蔗糖 (Saccharose or Sucrose) 一分子の葡萄糖及一分子の果糖より成る。

乳糖 (Lactose or milk sugar) 一分子葡萄糖及一分子のガラクトースより成る。

トレハロース (Trehalose) 二分子の葡萄糖より成る。

メリビオース (Melibiose) 一分子の葡萄糖及一分子のガラクトースより成る。

ゲンチオビオース (Gentiobiose) 二分子の葡萄糖より成る。

5. 三 糖 類

ラフイノース (Raffinose) 先づ一分子の果糖及一分子のメリビオースを生ず。

メレチトース (Melecitose) 先づ一分子の葡萄糖及 Turanose なる二糖類を生ず。

ゲンチアノース (Gentianose) 先づ一分子の果糖及一分子のゲンチオビオースを生ず。

マンニノトリオース (Manninotriose) 一分子の葡萄糖、二分子のガラクトース。

ラムニノース (Rhamninose) 一分子のガラクトース、二分子のラムノース。

6. 四 糖 類

スタキオース (Stachyose) 先づ一分子のマンニノトリオースを生ず。

[III] 多 糖 類 (Poly-saccharides)

7. ペントサン (Pentosans)

アラバン (Araban) (Gum Arabic)

キシラン (Xylan) (Wood gum)

8. ヘキゾサン (Hexosans)

澱 粉 (Starch)

デキストリン (Dextrin)

グリコゲーン (Glycogen)

纖維素 (Cellulose)

イヌリン (Inulin)

ガラクタン (Galactan)

マンナン (Mannan)

9. ペントヘキゾサン (Pento-hexosans)

arabo-galacaon, xylongalactan 等。

天然油脂ヲ構成スル主要脂肪酸

A　飽　和　酸

醋酸族一般式　$C_n H_{2n}$ + COOH 又は $C_n H_{2n} O_2$

ラウリン酸 Lauric acid　$C_{11}H_{23}COOH$

ミリシチン酸 Myristic acid　$C_{13}H_{27}COOH$

パルミチン酸 Palmitic acid　$C_{15}H_{31}COOH$

ステアリン酸 Stearic acid　$C_{17}H_{35}COOH$

アラヒン酸 Arachidic acid　$C_{19}H_{39}COOH$

ベヘン酸 Behenic acid　$C_{21}H_{43}COOH$

リグノセリン酸 Lignoceric acid　$C_{23}H_{47}COOH$

B　不飽和酸

オレイン酸族 (一般式 $C_n H_{2n-1}$ COOH 又ハ $C_n H_{2n-2}O_2$)

ヒポゲー酸 Hypogeic acid　$C_{15}H_{29}COOH$

オレイン酸 Oleic acid　$C_{17}H_{33}COOH$

エルカ酸 Erucic acid　$C_{21}H_{41}COOH$

リノール酸族 (一般式 $C_n H_{2n-2}COOH$ 又は $C_n H_{2n-4}O_2$)

リノール酸 Linolic acid　$C_{17}H_{31}COOH$

エレオマーガリン酸 Eleomargaric acid　$C_{17}H_{31}COOH$

リノレン酸族 (一般式 $C_n H_{2n-5}COOH$ 又は $C_n H_{2n-6}O_2$

リノレン酸 Linolenic acid　$C_{17}H_{29}COOH$

イソリノレン酸 Isolinolenic acid　$C_{17}H_{29}COOH$

アルカリ過剰食品（N/10 HCl ニテ表ハス）

食品	値
乳汁、雞卵	
卵白	4.80
人乳	2.80
牛乳	0.30
蔬菜、豆類	
ハウレン草	12.00
ツマミ菜	7.40
サラダ菜	6.63
京菜	5.80
キヤベツ	5.40
隱元豆	5.20
ゼンマイ	5.20
小松菜	4.60
三ツ葉	4.40
小豆	2.40
大豆	2.20
莢豌豆	1.60
豆腐	0.20
根及根球	
大根	9.28
人參	8.32
午蒡	8.01
コンニヤク粉	8.00
里芋	7.80
筍	5.80
蕪菁	5.40
馬鈴薯	5.20
サツマイモ	4.60
百合	4.40
ヤマノ芋	4.40
蓮根	3.40
玉葱	2.40
紅生姜	1.40
種實	
南瓜子	5.80
茄子	4.60
胡瓜	4.60
菌蕈	
松蕈	6.40
シメジ蕈	5.40
椎蕈	4.00
海藻	
ワカメ	15.60
昆布	14.40
漬物	
菜漬	2.60
澤庵	0.60
果實類	
蜜柑汁	10.00
西瓜赤肉	9.40
葡萄汁	9.40
バナナ	8.40
梨	8.40
林檎	8.20
イチゴ	7.80
乾葡萄	7.60
栗	6.80
柿	6.20

※二三　酸性食とアルカリ性食。（一一一頁）［二〇六頁］。近次食物の種類による酸性・アルカリ性過剰を重大視し之《これ》が均衡を力說する學者もあるが、之《こ》れ身體《しんたい》内に於《お》ける酸過多症《アシドージス》の發生機轉《はつせいきてん》を解する時は、左迄に極論するにも及ばざるが如し而《しか》して單《ひと》り此點《このてん》のみを强調して榮養の全體《ぜんたい》を律せむとせば、そは宛《あたか》も日本に於《お》けるカリウム・ナトリウム論を全榮養論の根據《こんきょ》とするが如きのものにして、其《その》說不可なるにはあらずと雖《いへど》も、十三絃《じうさんげん》中の一絃《いちげん》を彈《だん》して以《もつ》て琴樂《きんがく》を奏せむとする憾《うら》みあるものである。參考の爲《た》め普通用ひらるる食品の之《これ》に關する表を添へて置く。

酸過剰食品（N/10 NaOH ニテ表ハス）

肉類	
鶏肉	7.60
馬肉	6.60
豚肉	5.60
牛肉	5.00
肉エキス	4.20
鶏肉ソツプ	0.80
乳汁、鶏卵	
卵黄	18.80
乾酪	1.00
魚類、貝類	
鯛白子	15.60
カズノコ	12.00
鰹節	11.40
牡蠣	10.40
鮪	8.40
生鮭	7.60
鰻	6.60
鯉	6.45
鯛	6.20
貝柱	5.00
スルメ	4.80
タコ	4.60
蛤	4.60
トゼウ	3.40
アサリ	2.00
アワビ	1.80
エビ	1.80
穀類	
白米	11.67
玄米	10.60
オートミル	9.00
糠	8.00
フスマ	7.40
ヒキワリ麥	6.80
ウドン粉	6.50
麩	5.40
ソバ粉	5.40
大麥	2.50
食パン	0.80
豆類	
蠶豆（煮タモノ）	4.40
蠶豆	1.40
豌豆	1.00
落花生	3.00
油揚	0.40
生揚	0.20
其他	
慈姑	1.20
乾海苔	0.60
アスパラガス	0.20
酒類	
酒粕	12.00
清酒（澤ノ鶴）	8.00
麥酒（エビス）	4.80

各種食品中のビタミン含有量比較表

凡例

+	ビタミンを少量含有
++	稍《やや》多量のビタミンを含有
+++	多量のビタミンを含有
++++	極めて多量のビタミンを含有
*	極めて微量のビタミンを含有
ー	ビタミンを含有せず
?	ビタミン有無不明或《あるい》は含有量に疑《うたがひ》あり

無記號《きがう》は未だ研究發表《はつぺう》を見ざるもの

肉類	A	B	C
牛肉（脂肪に乏しき）	+	+	+
馬肉（同）	+	+	
羊肉（同）	+	+	+
肉汁	ー	ー	ー
肝臓	++	++	+

腎臓	++	++	+?
心臓	+	+	+?
膵臓		++	
脳《なう》髄《ずい》	++	+++	+?
コーンビーフ	+		
鱈	++	+	
鯡《にしん》	++	+?	
鮪肉	+++		
鰻	+++		
鰻肝臓	++++		
鰻心臓	++++		
八ツ目鰻	++++		
鮭罐《かん》詰《づめ》	+		
蟹罐《かん》詰《づめ》	?		
鱒卵	++		
貝類			
浅《あさ》蜊《わり》		−	
蜆		−	
牡蠣	+++		
野菜類			
馬鈴薯	+	++	++
甘藷	++	++	*
豌《えん》豆《どう》（新鮮）	++	++	+

蕪	*	++	+++
胡《こ》蘿《ら》蔔《ふ》	++	++	++
キャベツ（新鮮）	+	+++	++++
薹《だい》蕓《うん》（アブラナ）	+?	++	+++
菠《ほう》薐《れん》草《そう》	+++	+++	*
大根葉	+++		
大根	?	?	++++
トマト	++	+++	++++
チシヤ	++	++	+++
玉葱	*	++	+++
南瓜	++	*	*
胡瓜	*	+	+
漬物			
大根糠味噌漬	*	*	+
澤庵	?	?	
白菜鹽《しほ》漬《づけ》			++
胡瓜（糠味噌漬）			+
茄子（同）			?
キャベツ（同）			+
穀類			
白米	−	−	−
玄米	+	++	
大《おほ》麥《むぎ》	+	+++?	

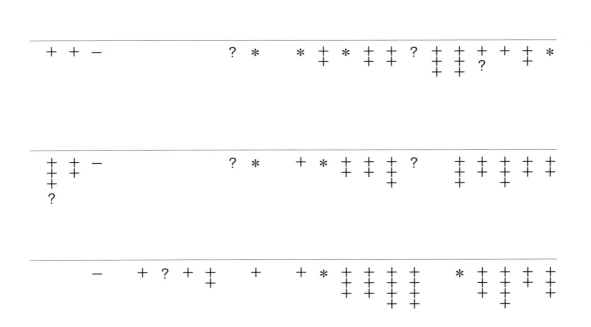

小麦《こむぎ》	+	++	−
小《こ》麦《むぎ》精粉	+	+	−
燕《えん》麦《ばく》	+	++	
玉《たう》蜀《もろ》黍《こし》（黄色）	+	++	−
同（白色）	−	++	−
蕎《そ》麦《ば》	?	+++	
白パン	?	+	−
ライ麦《むぎ》パン		++	
麦《ばく》芽《が》越《エ》幾《キ》斯《ス》	+	+	?
小《こ》麦《むぎ》麩	+	++	−
其他種子類			
大豆	+ ?	+++	−
小豆		+++	
サヽゲ	++	++	++
隠元豆	*	+++	−
白豆	+	+	
落花生	+	++	−
豆類モヤシ	*	*	++
豆腐		+	
豆乳		+	
納豆		+	
果物			
林檎	+	+	+

梨	*	+	?
李《すもも》	*	+	?
バナナ	+?	+?	+
オレンジ	+	++	+++
夏密柑	+		++
レモン	*	++	+++
葡《ぶ》萄《だう》	*	+	+
乾葡《ぶ》萄《だう》	*	+	+
梅干	−	−	−
梅酢	−	−	−
油脂類			
牛脂油	++	−	−
牛脂	+	−	
ラード（和製市販ノモノ）	+		
日本薬局方豚脂	−		
米國製ラード	−		
馬脂	+	−	−
羊脂	++		
犬脂	++	−	−
鯡《にしん》油	++	−	
肝油（鱈）	++++		
肝油（鮪肝油）	++		
魚油	++		

落花生油	?	－	－
オレーブ油	?	－	－
胡麻油	－	－	－
玉《たう》蜀《もろ》黍《こし》油	+?	－	－
人造バター（動物性脂肪ヨリ製セルモノ）	+?	－	－
同（植物性油脂ヨリ製セルモノ）	*?		
酪農品			
鶏卵	++	++	+
牛乳	+++	++	+
クリーム	+++	++	+
コンデンスミルク	+++	++?	+
粉乳	+++	++	+?
バター	++++	－	－
チーズ	++	*	*
雑			
酵母（麦酒《ビール》）	－	++++	－
蜂蜜	－	+	－
乳糖	－	－	－
珈琲實（煎ツタモノ）		+	
茶			+?
味噌、醤油		*?	－
乾海《の》苔《り》	+++	++	

各種食品ノ無機質含有表

食品	CaO	P_2O_5	FeO	食品	CaO	P_2O_5	FeO	食品	CaO	P_2O_5	FeO
玄米	0.013	0.610	0.0239	チシヤ	0.146	0.175	—				
白米	0.013	0.442	0.0012	菠薐草	0.094	0.313	0.0047	林檎	0.018	0.036	0.0039
小麥	0.035	0.807	0.0218	葱	0.212	0.145	0.0439	蜜柑	0.051	0.037	—
大麥	0.058	0.772	0,0261	玉葱	0.012	—	0.0139	葡萄	0.014	0.072	2.0000
粟	0.026	0.439	0,0048	セロリー	0.110	0.107	0.0118	バナヽ	0.001	—	0.0139
黍	0.032	0.708	0.0504	アスパラガス	0.069	0.118	0.0216	無花果	0.039	0.008	0.0035
高梁	0.026	1.058	0.0388					パイナツプル	0.015	0.028	0.0014
玉蜀黍	0.030	0,638	0.0106	胡瓜	0.023	0.014	0.0025	杏	0 019	0.077	—
蕎麥	0.105	0.042	0.0414	南瓜	0.267	1.136	0.0899	梅	0.028	0.147	0.0007
				西瓜	0.020	0.037	0.0372	桃	0.022	0.110	0.0004
大豆	0.012	0.035	—	茄子	0.008	—	—	梨	0,021	0.120	0·0004
小豆	0,094	0.992	0.0294	トマト	0.015	0.120	0.0005	栗	0.048	0.428	0.0009
豌豆	0.133	0.976	0.0230					櫻實	0.012	—	—
蠶豆	0.154	1.204	0.0142	筍	0.039	—	—	胡桃	0.117	—	—
菜	0.012	—	0.0354	茸類	0.024	0.497	—	棗	0.031	0.258	0.0039
				乾椎茸	0.188	—	—	落花生	0.100	1.835	0.0026
甘藷	0.009	0.008	—	豆腐	0.032	—	—				
馬鈴薯	0.028	0.018	0.0119					卵	0.091	0.828	0.0039
青芋	0.415	0.910	0.1178	肉類(平均)	0.016	0.992	0.0039	卵白	0.021	0.064	0.0001
薯蕷	0.013	0.020	0.0050	魚類(平均)	0.031	1.056	0.0014	卵黄	0.192	2.410	0.0112
蓮根	0.021	—	—	蛤	0.148	0.212	—				
慈姑	0.029	—	—	牡蠣	0.073	0.713	0.0059	ビール	0.003	—	—
蒟蒻	0.014	—	—					葡萄酒	0.012	0.069	0.0004
				牛乳	0.416	0.467	0.0022	サイダー	0.011	0.041	0.0003
大根	0.034	—	—	クリーム	0.107	0.099	0.0133	シトロン	0.169	0.152	—
胡羅蔔	0.024	0.131	0.0104	バター	0.021	0.078	0.0003	ココア	0.157	3.261	0.0035
牛蒡	0.011	0.069	0.0198	チース	1.303	3.142	0.0017				
蕪菁	0.013	0.034	0.0094					赤味噌	1.140	—	—
				辛子	0.689	3.473	—	白味噌	0.498	—	—
甘藍	0.155	0.108	0.0029	胡椒	0.008	0.120	0.005	醤油	0.032	—	—

八　食政篇

人も国も食の上に立つ

人も国も食の上に立つ。まさしくその通りなのである。古くから政治を行うために必要な八政[訳註三七]は、食を第一とすることから始まる。食に関する行政がうまくいかなければ、生活の安定、家と国の繁栄は考えられない。我が国が深く憂慮することは、

（一）食糧の自給自足の計画・見積もりが既に成り立たなくなっており、毎年少なくとも四〇〇万石（561,200t.）の米を輸入しなければ、国民の需要を充足することができない。それを補うには多大な調節を要する。常平倉[訳註三八]（貯蔵米の放出）・米相場の取り締まりが必要となる。そして、代用食の奨励等もこの充足を目的にするものであるが、さらなる工夫が必要である。

（二）わが国においては国民の体質ならびに健康上の改善に急を要する。それは国民に栄養問題があるためであり、その解決の重要性は現状をみれば明白である。

（三）わが皇室におかせられては、古来より器に飯をたくさん盛ることを廃され、慈悲の根本を皇室自らが実践された例が数多くある。そのことによって道徳の範を示されたのである。したがって、食政は単に食糧の生産と消費、需要と供給の調節を円滑にする努力に甘んずることなく、それが必ずや国民の保健、特に予防医学（Preventive Medicine）の知見に立脚し、積極的[訳註三九]強健法に関する諸々の計画を実行することをも目的としなければならない。そして、道徳の根源もそこにあることを見逃してはならない。食が重要であることは人が尊いからである。食を忘れてならないのは、人を忘れてはならないからである。一国の繁栄にはまず食政が講じられなければならない。

栄養と食物の道徳

一人が必要とする栄養成分が十分に満たされていれば、食事の風味の好き嫌いが優先されたり、選んだ材料が高価で、かつ稀少なものであっても、それを特に気にかけなければ理想の栄養法を行うことはさほど難しいことではない。しかしこのようなことは、患者や老人、幼児に容認される特殊な栄養法であって、一般の栄養法にこれと同じことを望むべきではない。一般人の栄養の実際では、栄養分に富み味がよいだけでなく、経済的に有利な栄養法を講じることが重要である。また、食物の栄養上の価値はさらに二つに分けられることを知っておくべきである。それは、

（一）生理上の栄養価

（二）経済上ならびに社会政策上の栄養価の二つである。

（一）は身体内における利用効率、意義によって規定される。いわゆる狭義の栄養価値である。

（二）は食糧の生産量の多少と嗜好の適否をも参考にし、それぞれの時代に適応してつくられるさまざまな計画によって規定される広義の食品栄養上の価値である。

[訳註四〇]栄養研究を医学の一部と勘違いし、狭義の食品栄養価を論じることで満足するものは、真の栄養研究を理解していないということは、既に前章で述べた。

したがって、対象が同一人であっても、一個人を主として考える場合の医学的栄養法と、一般社会人に対応すべき経済上、社会政策上の栄養法とは明確に区別されるべきである。米麦が農民にのみ関係するものではなく、富裕層が食糧を独占することが許されない理由を考えなくてはならない。これを飲食の道徳という、あるいは、食物の社会化というのである。そしてこれは共同厨房や公設食堂の展開を助ける最有力な理由の一つである。

食糧政策上より見た日本

私が考えるわが国の食糧政策[訳註四一]は、次の三段階に区分して考えておかねばならない。

（一）は　平常時であって食糧輸入の比較的容易な時

（二）は　非常時の日本海の制海権を保有する時

（三）は　日本海の制海権を失った時

（一）の場合は、食糧の市価の高低と品質の良し悪しによって、遠近かかわらず海外から自由に入手・確保することができる。例えば、オーストラリアより小麦と肉と乳製品を、ラングーン（ヤンゴン）・サイゴンおよびインドより熱帯米を、南洋諸地方より落花生を、中国より綿実を確保することができる。しかし、このようなことは基本的に食糧政策上、一時しのぎの手段にすぎない。

（二）の場合は、対島・津軽・宗谷および間宮海峡の守備を堅固にして、満州・内蒙古、シベリア地方、朝鮮より食糧品を輸入する方策によって、コーリャン・粟・大豆・米・小麦等を確保することができる。これらはいずれも栄養価に富み生産量が極めて豊富である。

（三）の場合は、わが国本土の産物で充足せざるを得ない事態である。雑穀やさまざまな野生食料、草根木皮はもちろんのこと、藁をも利用しなければならない。

食糧政策上の栄養問題に取り組むに当たって忘れてはならないことは、栄養効率の向上を計ることである。そしてこれは食品各個の全成分を無駄なく活かすことであって、単に特定の成分の消化吸収率を高めることを意味するものではない。例えば、米を消費する場合、節約のためには玄米食や精白米食にするよりも七分搗・半搗米にすることが最適である、ということである。

（一）小麦を米の代用品としてはならない有力な理由の一つに、非常時に際し、藁は食用として利用でき、その生産量も多いが、小麦はこの点で全く期待することができないことがある。
（二）わが国では食糧として魚類を重んじるべきこと。
（三）水田、沼沢、河川を利用して、鯉・鮒・鰌・鰻および貝類の養殖を計画すること。
（四）わが国のような食糧が不足しがちの国においては、特に畜産上の飼育と生産量との収支を考慮しなければならない。例えば豚は不利な点が多いが、鶏は最も有利である。
（五）土地利用面積が狭いわが国の畜産事業は、小動物に重点をおくべきこと。
（六）有事の際には、人の食糧と同様の飼料を必要とする畜産動物の飼育は、食糧窮乏の際には人と敵対することになる。
（七）アメリカ蛙よりは鼠類の食用が大いに奨励されるべきである。
（八）日常食膳に供され得る食材は、約四〇〇種がある。救急食品に属するものは約五〇〇種を数える。救急植物は校庭、公園に栽培し、また盆栽仕立てにするなどして、一般家庭に近接した場所で栽培しておく必要がある。

これらの食糧政策に関する事項は、社会政策に関する事項とともに、平素より攻究と教育を怠ってはならない。

かしこくも、わが国の立国の初めに際して、第一詔勅（天皇が自らの意思を公に示されたことば）で、国民栄養問題が重要であるとおおせられたことは、栄養研究の歴史を叙述する際、既に解説した。徳川家康が腹八分目説の宣伝に努めたこと、また年貢を米で納める政策をとったことは、大いに鑑みるべきである。

また近来、食糧問題国際化の機運が著しく高まりつつあるのは、第一次世界大戦において新生した「A man Value」にみられる。また平時でも、熱帯医学会が国際的威力に頼る米の精白度制限実施を提唱し、汎太平洋会議が常に食糧問題を重要テーマとしている。その他、ややもすれば一国の穀物輸出禁止令が、他国の食糧窮乏の脅威となって顧みられないという不都合が生じている。どの例をとっても皆、共栄的協力を人類の食糧に加味する方向に進んでいるのである。

栄養と人口問題

人口問題はわが国において一時しのぎの策で現在をやりすごすことが許されない問題である。現状のまま放任されれば、日本全土はやがて琉球のようになる。私は、愛すべき琉球の先例を示して、厳然とした事実により日本の前途を警告する。なぜこれを論ずるかというと、私は左図のような因果関係があることを確信するからである。

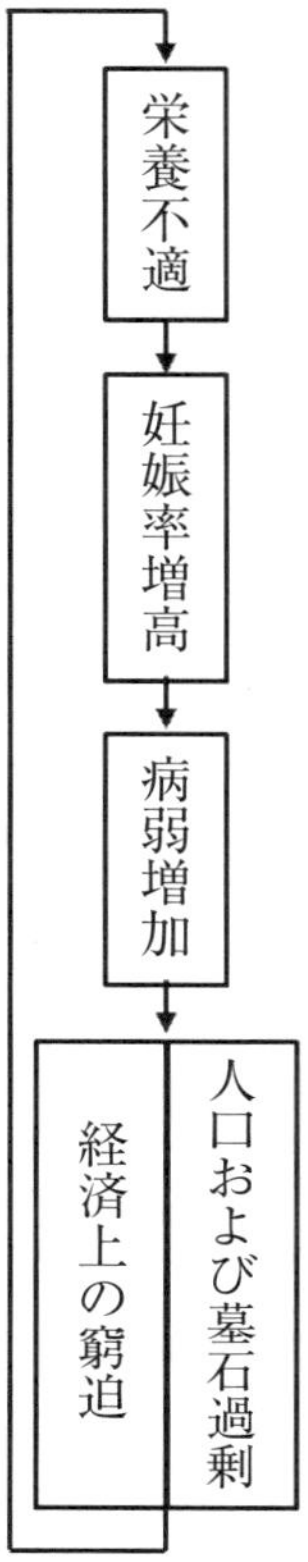

先年の警視庁の保健衛生実地調査に際し、私は特にこの点に着目して調査が行われることを提唱し、調査は高嶋技師以下当務部員の大きな労苦の下に進められた。そしてその成績から、次の結論に達したのである。

「母体が栄養不良である時には妊娠率は高いが流産や早産が多く、産児も虚弱なのに反し、母体が栄養佳良な時には、妊娠率は低いが妊婦・産児共に異常が少なく、産児も強健な場合が普通である」。すなわち、私はいわゆる「貧乏人の児だくさん」を栄養問題に立ち帰って説明する。

世間では、人口調節を論ずる者が次第に増え、産児制限法についても頻りに議論されているが、私の考えでは、このようなことに賛同を表わすべきではなく、国民の栄養改善法の実行が最も有効かつ有益であり、人口の自然的な調節がなされるとともに、国民の健康状態を充分に向上させることができれば、一挙両得かつ万全な方策というべきであろう。政治家・経済論者・あらゆる識者は、私のこの提言を是非一考されることを望む。

児童給食

児童給食は、次世代を担う国民を養成するに当たって最も大切な事項である。西洋のすぐれた賢人が、既に学校給食に関し「教育はパンを与えた後に」と声を大にしているのも正にこれが理由である。一方で、私が強く主張するのは、児童給食を経済よりは保健を主眼とすべきであるということであり、多少視点が異なるといってもよいだろう。つまり私は、学童および託児所における給食に重きをおくことにより、

(一) 児童の体格体質の改善の達成を目指す、したがって、貧困者のみならず富裕者の子どもも平等にこの恩恵を受けるべきである。

(二) 給食によって栄養に関する知識を徐々に教え養うことで、保健・経済および道徳の上に、栄養が実生活の基調であるという考えの最も有力な根拠を与える。

これらを目的とすることができるのである。

わが国では、関東大震災後、東京市社会局が大阪朝日新聞および大阪毎日新聞社の義援金により、給食事業が行われ、顕著な実績を上げた。その後、欠食学童児の救済を目標として国庫から給食への支出がなされ、各府県でも学校その他にこの種の事業が採用されることが次第に多くなり、当初私が提唱したような栄養学の特別技能により経営・運営することを原則とするようになった。

工場食・海員食（海員：船の乗組員）

産業国を目指すわが国において、必ず留意すべきことは工場の食事である。職工や寄宿生活をする者は、食を自ら選ぶ自由がなく、与えられるものに満足を求めざるを得ない。まさに食事上の専制下（上司の思うがまま）に生活する者である。疲労を癒し健康を保ち、疾病に対する免疫・抵抗力を与えるものは食物から摂らざるを得ない。このような理論を工場管理者はしっかりと認識しなければならないと同時に、食事担当者は就業者および社会に対し、自身が調理する食物が果して合理的で従業員を満足させるものかを立証、説明する準備があるかが肝要である。わが国の現在の工場では、食事の内容が従業員が栄養上必要としているものに適しているかどうかに、なんらかの責任をもっているわけではない。完全な栄養法では、大局的にみて従業員の健康と労働効率を向上し、経済的であり物質的にも必ず良い結果が得られるものである。

栄養上の欠陥があると、工場では結核・脚気・神経衰弱などの諸疾患を発症しやすくなる。また午後の労働効率の減退は、おやつを提供することにより防止することができる。

わが国でも、政府は既に工場法案が脱稿段階にある。これについてみると、工場の設備から作業に至るまで、各方面にわたって詳細な規程を作り、改善を目的とするものである。しかし大変残念なことに、工場における何よりも重大な従業員の栄養に関して、なんら配慮された形跡がみられなかった。従業員の栄養について当局者は、速やかに適切な規程を設け、これを厳重に監督する体制をつくらなければならない。必ずそうするべきである、と重ねて述べておく。

なお、付け加えて言うならば、工場は従業員のための適当な転地保養所を設けるべきである。またこの保養所では栄養のことが第一に考慮される必要がある。一般患者の転地療養でも学生の林間学校でも、栄養上の配慮を受けられなければけっして実施してはならないというのが、今日の考え方の原則であることを忘れてはならない。

海員その他の集団生活者の栄養についても、栄養改善の要点は工場と同じである。

栄養士の養成

前に掲げた児童給食、工場食・海員食その他においても、特に栄養の理論の概要についての知識があることと、技術の正確さを保証された者だけが、食物調製の事務の実務を任せられるべきである。したがって、このような栄養士の養成が必要とされる。国家は速やかに栄養実務者検定試験の制度を設けて、広く一般にそして確実にその効果を挙げることに努めるべきである。

廃棄物利用と化学工業および公設市場

食物を処理した廃棄物が多いところに、不健康と不経済が存在する。私が以前東京市のゴミの処分場を調査した時、経済的に不景気な折はゴミの中の食物残片の減少が著しいことや、青果物高騰の日は、野菜の痕跡さえゴミの中に発見することができなかった事実を知り、これについて解説したことがあった。

栄養の知識が重視されれば、台所ではほとんど廃棄物を出すことはないはずである。特に栄養工学と食品工業が発達すれば、廃棄物利用が向上する。

（一）例えば一個の筍についてであるが、筍をむいた外皮の白い部分つまり基底部は、細かに刻んで調理し、その根元の硬い部分は、前述したようにおろし金でおろしてから調理すれば、変化豊富にあふれた新食物を調理することができる。このようなことは、各家庭においても無理なくできることである。

（二）これに反して、大量生産の廃棄物である糠・豆粕などを食用にすることについては、工業化によって大規模に計画・実施されなければならない。

この意味において、昔の農業・漁業以外の工業が、食糧問題解決に大きく関係をもつようになってきた。まして完全食や人造食品を完成させていくためには、将来食品工業に頼らざるを得ないことは、火を見るより明らかである。

（三）公設市場は、現在みられるような単なる小売商の延長で満足すべきではない。公設市場は物品を本位とするのではなく、一人の生活を標準として商売を行うべきである。一例を挙げれば、栄養研究所発表の献立に対応する材料を「セット」にして供給するというような施設運営をしなければ、消費者は不必要な分も購入せざるを得ず、その結果、廃棄物が出る原因となる。また非常に不便でもある。

栄養上の法規・条約

栄養の問題を正しく解決する時、科学と道徳と人類愛が一致して統一融合される。穀類搗精混砂問題におけるような国内的なことはもちろん、例えば精白米および白パンを贅沢品として消費税を課すべきというのが私の案である。食糧の需給を円滑にして、分配の不均衡を緩和する適切な方法達成の気運を国際的に醸成すべしという私の案のように、栄養の確保と改善のために、必要な国法あるいは条約の考究をおろそかにしてはならないことに、皆が気付かなければならない。

救荒食品

飢饉の際食用するものをいう。平素これらを食用しないのは栄養価が低い、味が悪い、習慣に反する、採集が困難、調理に手数がかかる、不経済であるなど、要するに実用的でないことによる。

救荒食品と普通食品との間には、元来明確な区別はない。なぜかといえば、今日普通に用いられている食品でも、その元をたどれば皆野生種であり、食用としては貧弱な水準から選択培養されたものに過ぎないからである。

救荒食品に属するものを食用するに当たっては、必ず細かに刻み薄くそぎ水に晒し軟らかく煮て用いる。一回に多食してはならない。また味に苦みや渋みを感じたときは食べない方がよい。しばしば毒成分を含有するものがある。また未知未経験のものを食する場合には、必ず単独の味として用いることを忘れてはならない。普通料理人らが行うような、ごま和えなどに作ってその風味を隠してしまえば、食後胃痛・嘔吐を起こす原因のものが紛れ込んでしまうことがあるからである。これに反し、既に定評ある安全なものであっても、餅に作ったり他の食品に配合して、その原料を隠すだけの調理法でなければ、賞味することができないことが多い。巻末に表として添付したものは、栄養研究所において嘱託の岡崎博士が、古来東洋で慣用されてきた救荒食品中、植物に属するものの名称を集録したものである。

救荒植物一覧

【原文三八一～三八二頁参照】

附　註釈篇

※一、栄養と繁殖。（四〇頁）。

後章　三二〇頁を一参照のこと。

※二、食物と交通。（四〇頁）。

前ドイツ外務次官トッフェルが、ドイツ国民の栄養のために有効で経済的な食糧の探求を目的として来日した時、親しく私に語ったことは「第一次世界大戦後のドイツの外交には、国民の栄養問題を、どのように円滑にするべきかということの他に重要なものはなかった。これが、科学者である私が特に選ばれて外務次官に任命された理由である。ドイツは今国産のじゃがいもと南米産の小麦と北洋産のニシンによって栄養補給を行っている。私は、東洋方面に栄養上何か有用なものが見つかることを期待して本国を出発したのである」と。同氏は満州産の大豆に着目し、栄養研究所できな粉・豆腐・醤油の製法を学習して帰国した。

※三、フォーク。（四二頁）。

フォークが今日のように、ヨーロッパ諸国で広く採用されるようになるまでには、大きな困難があった。フォークが、彼等が常に野蛮人視する東方異国からの伝来であるという嫌悪に加えて、フォークを忌避する最も大きな理由は、フォークがキリスト教の悪魔の武器である股槍を縮小した形をしていることであった。フォークはけっして人間の身辺に近づけてはならない、という宗教方面からの反対があり、厳令によって使用を禁止した。このような人間の感覚を優先する考えが今もなお残っているのは不思議なことで、例えば、近来結核伝染の予防運動ならびに衛生上の観点から、フォークを洗浄し清拭しやすくするため、四本に分かれている先端部を二本にするという提案に耳を傾けようとしないのである。その理由は、「そのような処置は、まさにフォークを悪魔の股槍そのままに生写（コピー）するということである。人間は悪魔であってはならない」というものである。

※四、調味。（四二頁）。

昆布・大豆・椎茸その他さまざまなものを煮て作った煮出汁の成分は、けっして単純なものではない。それは後章の適当な項目に改めて説くことがあると思うが、要するに煮出汁やスープが栄養上で軽視されたのは、カロリー万能論時代の古い考えに過ぎないのであって、今はそうではない。したがって、単一の成分から成る風味の素などを煮出汁に代用することは、無益にその味覚に一時の安っぽい眩惑を与えるだけであって、このような風味の素は、もし多少の栄養分を含有するとしても、それは元来議論するに足る量ではない。むしろ元々一緒に含まれる複雑で有用な諸成分が欠落してしまうことを意味し、これを原因とする危険が憂慮される。このような意味において、精製された食品と同様に精製された風味の素の愛用は止めるべきである。

また熟煮を簡単にするためソーダ（重曹などのナトリウム化合物）を加えることも、よい場合もあるが、例えば大豆の調理では含有するビタミンBを破壊してしまうことを忘れてはならない。

※五、嗜好。（四二頁）。

一国として食糧政策を画立する上で、個人としては偏食による禍害を予防する上で、風味が常に考慮されていなければならないのはもちろんである。しかし、同時に重要な問題として、人は平素から、強烈に異常な嗜好にとらわれる危険性があることも戒めておかなければならない。それはいわゆる嗜好品と呼ばれるものの極端な実例――茶と阿片とを交換して共に傷ついた英国と支那の例を考えてみるとよい。味や香味が強すぎるカレーやソース、茶やコーヒーや異国の酒などには、けっして耽溺してはならないのである。

※六、栄養概念。（四四頁）。

試みに、栄養概念の誤っている実例を数例を挙げれば、

一、食後すぐに空腹を感じるものを消化良好であるとする（食物の胃内通過時間と消化性の難易を混同するもの）。

一、腹持ちがよいものを栄養豊富とする（食物の胃内滞留時間によって栄養効価の大小を論ずる誤り）。

三、高価なものを栄養食と思える（市価と栄養価の区別を考えないもの）。

四、満腹したり美味だと感じるものを栄養食と誤る（満腹感と美味の本態を知らないこと）。

五、小食が万能であること過信する（大食でもなく小食でもなく、身体の真の要求量を充たすことを本義としなければならない。人は適当食を尊重し、過剰な小食も大食もけっして適当ではない。筋肉労働者に一食主義を説くことも誤りである）。

六、高年者に適する食物を、弱年者や一般人に強制しようとする（年齢・職業・生活状況等により身体の要求が異なることを考えていない）。

七、病人と健常者を同一視する（例えば、乳児の消化不良症では、全乳を与えることは生命を奪うに十分であり、脱脂乳を少量用いて足りるのであるが、病から回復すれば、逆に脱脂乳はその児を栄養不良にしてしまい、全乳ははるかに大きい効果を現わすという事実を知らない、ということである。一つ一つの異なる場合に対し、適切な対応はそれぞれ異なるのである）。

一、アルカリ論または酸論によって食物全体を規定してしまう（もちろんこれを無視してはならないが、アルカリと酸とは栄養分中の一小部分に過ぎない。例えれば、土壁の下地の竹竿のようなものであり、必要ではあるがこれだけでは豪壮な建築物を造るには不十分である。どうしたらよいか。単にアルカリ論と酸論のみに止まってよいのだろうか。いやそうではない。最近のビタミン論でも同様の弊害がある）。

一、断食の適用を誤る（例えば肥満者、糖尿病者には可能であるが、結核患者には危険である。結核の初期でしばしば神経衰弱症の症状が現れる場合がある。もし誤って断食を適用すれば、急激に病状が悪化する。）

一、同一材料を使いながらその効果を発揮できない（材料各個がもっている特定成分の長短利害を見分けることができないことによる）。

その他際限ないことである、ここで止めておこう。

※七、分科規程。（四九頁）。

栄養研究所分課規程

○基礎研究部

一、化学分析に関する事項

例として、食品の化学分析を行い、組成と成分の特徴を明らかにする。

一、新陳代謝試験に関する事項

例として、食品の身体内における消化吸収率を検定し、利用される状態・作用を攻究する。

一、生理および病理に関する事項

例として、栄養上の生理的要求、さまざまな栄養状態に応じる身体の状況、栄養上の欠陥が身体に及ぼす影響および予防し、矯正し、治癒させる方法。

一、細菌に関する事項

例として、消化管内における細菌ならびに食品の加工製造に関する各種微生物の研究。

一、物理に関する事項

例として、膠質化学および力学に関する栄養学上の諸問題。

○応用研究部

一、食糧品に関する事項

甲　天然食品（水産品、救荒食品を含む）

自然のままその原料を家庭に受入れて各自で調理食用するもの。

乙　加工食品

工場もしくは製造所でいったん一定の加工を施したもの。

丙　試培

動物と植物を問わず、野生物もしくは海外で産出するものの移殖。

一、経済栄養に関する事項

経済的で栄養に富み、かつ味がよい栄養法の調査研究。

一、貯蔵配給に関する事項

各種貯蔵法による食品成分の変化、運搬ならびに配給の方法が食品に及ぼす影響等。

一、調理および食器に関する事項

食物調製方法ならびに使用される機械器具および食器など、互いに関連して栄養と経済上に改善を要する諸問題。

一、小児栄養に関する事項

発育期の栄養、特に乳児幼児の栄養は、大人とは要点が異なるため、特別に研究する必要がある。

一、廃棄物利用に関する事項

豆粕・糠・ビール粕・醤油粕・その他食品のいわゆる不可食分として産出される数量・金額が大きく栄養素に富むものは、これを味がよい有用食品に改造する必要がある。

（以下各事項は標記通りなので略す。）

※八、酸化現象。（五四頁）。

植物は還元作用を原則として、カロリー豊富な物質の合成を行い、動物は酸化作用を本領としてカロリー源となる物質の分解を営む。したがって、植物が炭酸ガスを摂取して酸素を呼出し、動物が酸素を必要として炭酸ガスを排泄するということは、その根本を論じたものであって、部分的に詳しく解説すると、以下のようになる。

下等な植物には、動植物の中間に位置するものもあれば、発酵作用によって温熱を発生するものもある。例えば、細菌の多くはさかんに高分子化合物を分解して単一の小分子片に転化するだけと思われるが、マメ科植物と共生する根瘤バクテリアは、空気中の窒素を直接に摂って窒素化合物を合成することがよく知られている。

また高等植物であっても、夜間や日陰にある場合および日が当たっていても葉緑素を含まない部分では、動物と同様、酸素を消費して酸化作用を営んでいる。一方、動物体中でも一部重要な合成機構が常に機能していることは明白な事実である。

いずれにしても、それらのことは、動植両界を通しての全体論には何ら妨げをなさない。

※九、酸化。（七六頁）。

左の小実験は、どこでも誰にでもできる興味ある実験である。

一、準備品。広口ガラス筒一個、厚紙・板もしくは金属板の小片二枚、針金三十センチメートル、短いろうそく片一個、マッチ一個、バリット水少量（水酸化バリウムを十倍の蒸溜水に溶解したもの。もし混濁していれば濾過して清澄な状態にする）、マウス一匹、ガラス製コップ一個。

一、第一実験。

広口のガラス筒の中に点火した短いろうそくを送入し、蓋で筒口を密閉し、ろうそくの火が消えるのを待ち、静かにろうそくを取り出して手早く別の蓋と取り替えるか、蓋を筒口に密着させたまま保持しながら、針金を引き抜きつつ同時にろうそくを釣り上げ筒の上部に残留させる。この時筒内にはろうそくの燃焼によって炭酸ガスと水を生じ、その水は凝結してガラスの内壁に付着するので、たやすく確認することができる。そしてろうそくの火が消えるのは、筒内の酸素を使い尽くしたためである。ここでバリット水を少量筒口より注入し、軽く振ると、明らかに白濁するのを確認できる。これは、筒内に産生した炭酸ガスと結合して炭酸バリウムを生じたからである。バリット水を注入する代わりにマウスを落とし入れて筒口を密閉する、窒息死する。筒内の酸素はすでに炭酸ガスとなっているためである。

【原文図－三九〇頁参照】

一、第二実験。新しい試験を用意し、清拭した前述のガラス筒あるいはガラスコップに少量のバリット水を入れ、ここにガラス管あるいは竹管・麦わらストコーを使ってヒトの呼気を吹き込むと、白濁が生じる。このことで、ヒトの呼気中に豊富な炭酸ガスが存在することが証明できる。ヒトの呼気中に水分が多く含まれることは、呼気を鏡面に吹きかけて曇りを生じることや、汽車、電車の窓ガラスに水滴が凝結するのを見ても分かる。

【原文図－三九〇頁参照】

この二つの実験は初心者にも分かりやすく、どこの家庭でも試みが可能な身近な一例であるが、それに加えて、ヒトの身体を一個の蒸汽機関と想定し、その蒸気機関が石炭の燃焼によって熱と力とを生じるように、身体も酸化作用によって熱と力とを発する。食物は石炭と同一視すべきものである、という説明をされても、絶対に間違っているとは言えないことが納得させられる。

前述したことは、元フランスの大学者ラボアジェが「ヒトの生活現象は酸化作用に他ならない」との有名な学説を立てたことに始まり、旭日昇天の勢いで、化学を中心とする今日のいわゆる科学を生長進歩させ、発展に至らしめた。そして、当時文化のレベルがはるかに遅れていて、常に侮られることに甘んじていたドイツが、鋭意このフランスの学問を学修したのが、後日ドイツの科学を大成させた理由である。

今日では、ラボアジェの学説にも多少改変を要する新研究がない訳ではない。特に最近では、筋肉運動の際、攣縮すなわち活力を発現するには酸素を必要とせず、これまでの定説のように、例えばグリコーゲンがブドウ糖となり、次いで一気に酸化されて全部が炭酸ガスになるのではなく、主な成分は乳酸となり、わずか一小部分のみが炭酸ガスとなる。つまり、酸素を消費することなしに筋肉が活動し、この場合、酸素は労作による筋肉の成分回復に必要とされるのみであるという新学説[訳註四二]が有力になった。しかし、この新学説に従っても、やはりグリコーゲンの消費量の約四分の一は酸素を消費して炭酸ガスとなり、最終的に炭酸ガスとなるということは、今まで一度も動かされることのない事実である。ただ学問には奥にまた奥があり、とにかく簡単に早飲込みをすることの危険を戒めるためにはよい例である。

※一〇、酵素。（八〇頁）。

○準備。

小ビーカー一　　試験管五本　　パラフィン塊一片

一〇％苛性ソーダ液　　一〇％硫酸銅液

約二％稀塩酸水　　ラクムス試験紙

氷酢酸少量　　塩酸フェニールヒドラジン少量

○実験

一、まず口をすすぎ口内を清浄にし、パラフィンの小片を咀嚼して分泌する唾液をビーカーに採集する。これを水で約五倍に稀釈し、見た目が不潔であれば濾過し濾液を用いる。

一、試験管四本で左図のように液を盛る。

【原文図－三九二頁参照】

一、四本の試験管にそれぞれ数粒の米飯を投入して、数分間よく振って混和させる。

一、丙をランプ炎上で数分間煮沸し、冷却して後苛性ソーダ液で中和する。

一、甲を二つに分け、その一つに液の五分の一の苛性ソーダ液を加え、振り、数滴の硫酸銅液を注ぎ加え、深藍色となったものをランプの炎の上で熱すると、すみやかに赤色になる。これは糖のアルカリ性銅液還元反応と呼ばれるものである。

一、乙に同還元反応を試みても、赤色にならない。

一、丙に同還元反応を試みると甲と同じ反応を示す。

一、丁に同還元反応を試みても、赤色にならない。

右の小実験によって、唾液中にはでんぷんを糖化する強力な酵素が含まれ、数分で米飯を消化できることがわかる。消化産生物として糖分が生成されることは、アルカリ性銅液還元反応を現わすことで判別できる。そして、酵素の作用は、塩酸を加えて煮沸し、強烈な加水分解作用を示したものに匹敵することがわかる。

乙は、煮沸によって破壊された酵素が、唾液中で作用しないことを示し、丁は対照試験である。

一、二つに分けた甲の一つに氷酢酸五滴と塩酸フェニールヒドラジン五滴を加え、よく振って混和した後、重湯煎内で三十分から一時間加熱すると、黄色の美しい針状結晶が生じる。これをオザツォーンと呼び、化学上、糖の証明に最も適する特異の反応であるとされる。

※一一、メンデル先生およびオスボーン博士。（八八頁）。

メンデル先生およびオスボーン博士は、牛乳から「無たんぱく乳」というものを作った。この無たんぱく乳は、残存する少量のたんぱく質と乳糖無機質および少量の不明な無窒素物から構成されており、これに糖分・でんぷん・精製した脂肪と各種の純たんぱく質材料を加え、加えたたんぱく質材料の種類によって、発育上どのような影響を及ぼすかを試験した、試験にラットおよびマウスを用い三世代にわたって観察した。非常に興味深く有益な研究であった。その成績の一部を述べると左のようである。

（一）単一のたんぱく質を加えた場合。カゼイン、グリアジン、混合食＋ゼイン（縦軸：体重、横軸：日数）

【原文図－三九四頁参照】

○カゼインはグリシンを欠くが、グリシンは体内で合成されるため完全な成長を遂げた。
○グリアジンはリジン欠乏のため、体重は維持するが、それ以上の発育はわずかであった。
○ゼインはグリシン・リジン・トリプトファンの欠乏により体重の維持すら不可能であった。

(二) アミノ酸を添加した場合。

【原文図－三九五頁参照】

○ゼインのみでは発育不可能なので、トリプトファンを加えたところ、体重は維持するが成長はしなかった。
○ゼインにトリプトファンとリジンを加えた例では顕著な成長を遂げた。

興味深いのは、六か月間アミノ酸不完全のため、成長が停止状態にあったものが本来の成長能力を失うに至らず、栄養分の矯正がなされた後、直ちに成長を開始したことである。

(三) 良質のたんぱく質を添加した場合

【原文図－三九六頁参照】

○アミノ酸の代わりにアミノ酸を含むたんぱく質を用いることで同一の結果を得た例の一つに、ゼインにラクトアルブミンを加えると充分な成長がみられたというものがある。ラクトアルブミンによる効果を出すには、アミノ酸補給も必要であることは、ラクトアルブミンのみを用いる対照試験では発育が不充分であるという結果とあわせて考えても明らかであった。

(四) 主要アミノ酸の含量が一定量に達しない場合。

【原文図－三九七頁参照】

主要アミノ酸が仮に欠如しないまでも含量が不充分な場合は、成長は制限されるもので、例えば一八％のカゼインを含むようにすれば、動物はよく成長するが、九％のカゼインでは成績がやや劣る。この場合、九％のカゼインに少量のシスチンを加えれば成長は非常に旺盛となり、シスチン添加を中止するとたちまちに成長は停止した。

（五）同上別例

【原文図ー三九八頁参照】

一八％のエディスチンを加えたものは発育良好で、九％のエディスチンを加えたものは一八％のエディスチンを加えたものに及ばなかったが、リヂンを加えれば九％のものも一八％のものに劣らず成長を遂げ、リヂンの添加を中止すると成長率は再び低落した。

したがって、発育期中には、たんぱく質であってもその種類、すなわちたんぱく質を構成するアミノ酸の配合比率を踏まえて対応しなければならない。例えばリジン・トリプトファン・シスチンは、決して欠いてはならない。その他チロシン・フェニールアラニン・ヒスチジン・アルギニンも非常に大切なアミノ酸である。

メンデル先生およびオスボーン博士のこの研究は、次に成長とビタミンの関係に進展したのであるが、ここではたんぱく質について論じているので略する。上述の試験を理解しやすくするため、代表的なたんぱく質の構成成分表を左に掲げておく（オスボーン博士による）。

【原文表ー三九九頁参照】

※一二、ガス新陳代謝。（九〇頁）。

一番初めの栄養研究時代には、食品が含む「カロリー」の量を計って、それによって食品の栄養価の大小を定めた。その「カロリー」を計る装置を「カロリメーター」と名づけていたが、その後この学問は進歩し、新たなしかも全く別個の「カロリメーター」すなわち人体を直接試験材料とする「カロリーメーター」が完成された。世間の人はややもすれば一番先につくられた「カロリーメーター」と、今日の最新式の「カロリーメーター」とを混同して考える。特に、ドイツの流れを酌むわが医学界でこの方面の研究がなおざりにされがちで、カロリーメーターについての混同はむしろ当然過ぎるほどであった。私は周囲の非難を省みず、初めてこの試験[訳註四三]法をわが国に輸入した関係上、特に数ページをこの新研究領域のために割いておく。

思うに、今日までの栄養試験の方法では、口から摂った食物を調査して、その中のたんぱく質・抱水炭素・脂肪等の量を算出し、身体の中で消化吸収されて役に立つ分、次いで排泄される尿の成分を検査して得られる分、別に糞便の成分も分析して得られる分、これら三者を照らし合わせて行ってきた。たんぱく質は中心成分が窒素であるため、尿中と糞便中の窒素を食物中の窒素と比較してみると、計算が比較的簡単にできる。しかし他の成分、例えば抱水炭素の場合、尿と糞便として排泄されるとは限らない。その他にも、いや、その大部分が呼吸器あるいは皮膚から排泄される。したがって、尿や糞便だけでなく、呼吸器や皮膚を通じて体外に出て行くものを調べなければ、排泄の状況を詳細に知ることはできない。これに加えて、抱水炭素の消化管内における不吸収分の大部分は腸内で細菌によって分解され、発酵作用を起こして速やかに原形を失ってしまう。例えば、日本人のようにでんぷん質を多量に食用する場合はやや異なるが、アメリカ人などは日常の糞便の中に、明らかな分量のでんぷん質が検出されることはほとんどない。でんぷん質が大量に含まれていることがわかる場合は、その人が下痢を起こした、あるいは消化不良を起こしたなどの場合に限られ、健康な人の糞便中では通常でんぷんは消失して痕跡もなくなっている。しかしながら、決して食用したでんぷん質の全量が栄養の役に立ったということではない。このような事項を検証し明らかにするには、尿と糞便を分析しただけでは到底その目的は遂げられない。呼吸や皮膚から炭酸ガスおよび水分となって排泄されるものもよく調べなければ、でんぷん質の行方を突き止めることはできない。そして脂肪についても同じことが言える。

従来の尿および糞便の検査による新陳代謝の試験の方法では、たんぱく質の場合にこそ何の不都合もないが、抱水炭素や脂肪に属するものについては、前述のような確実な成績を出せるとは言えない。そしてこれを正しく検証し明らかにするためには、ガス新陳代謝、すなわち呼吸器ならびに皮膚面から排泄される成分と吸入する酸素とを定量して、出納とそれがどのように身体内で使用されたか、ということを調査する他はないのである。

今日まで一個の人がどれだけの量の食物を摂っているか、どれだけの栄養分を消費しているかということ、一人が真に必要とする基礎栄養量はどれだけであるか、あるいは各種職業によって必要とされる特殊温量はどれだけかというような問題を解決する方法は、その人が実際に摂取した食物中のたんぱく質・抱水炭素・脂肪の分量から、糞便中の同じ成分の分量を減算し、その差額から体内消費「カロリー」の量を算出することであった。すなわち人体の側からではなく食物の側から計算した、言わば間接的に推測し断定したものに過ぎなかったのである。

ところが、この新しい「カロリーメーター」を使って行うガス新陳代謝の試験法では、一人の全身体を装置の中に入れて、実際に成分が消費されつつあるところを直接に計測するため、確実にその人がどのくらい「カロリー」を使っているかということがはっきり解かる。そしてその原理は大体次に述べるような根拠の上に立っている。

身体内に摂り入れられた成分が燃焼する時には、必ず酸素を消費する。充分に燃焼するとその最終産物として炭酸ガスと水になるのは、周知のことである。例えば燃焼する成分が抱水炭素である場合、抱水炭素で一番簡単なものはブドウ糖であって$C_6H_{12}O_6$という化学的構造をもっている。ブドウ糖が体内で酸化された場合には、燃焼によって水を成生するだけの水素と酸素は、本来の分子組成の中に既に備えられている。それは $\boxed{C_6H_{12}O_6}$ であり、そこに六分子の水が生じるようになっている。このときブドウ糖が必要とする酸素というのは、炭酸ガスを生じるための酸素六分子である。つまり左の化学方程式が示す通りである。

$C_6H_{12}O_6 + 6CO_2 = 6H_20 + 6CO_2$

ブドウ糖を摂ると酸素の六分子を消費して、六分子の水と六分子の炭酸ガスができるということになる。それでガスの等容積は、等数の分子を含むということが物理学上の原則であるため、純粋なブドウ糖が酸化する際一リットルの酸素を消費して一リットルの炭酸ガスを生じる。このとき両者の容積比すなわち$C0_2/O_2$を求めると＝1.00となる。この容積比つまり酸素の容積を炭酸ガスの容積を除したものを「呼吸商」と呼ぶ。呼吸商はガス新陳代謝試験上、非常に重要である。

右に述べたことは、ブドウ糖のみに当てはまることではなく、でんぷん・ショ糖・果糖・乳糖等についても同様に呼吸商は一・〇〇になるのである。

したがって、身体について、摂取した総酸素の量および呼出した総炭酸ガスの量を定量した結果両者の容量が等量であれば、その人体あるいは動物の呼吸商は1.00となる。

脂肪についても理論は同様である。一グラムの脂肪が燃焼した場合二・八四四グラム、つまり一・九九〇八立方センチメートルの酸素を消費し2.790グラム、一・四二〇四立方センチメートルの炭酸ガスを生じるのである。よって呼吸商は

$C0_2/O_2 = 1.420.4/1.990.8 = 0.713$となる。

たんぱく質については前の二者のように簡単にはいかない。なぜならば、たんぱく質は身体内で完全に燃焼されず、半燃焼[訳註四四]の形態で体外に排泄されるからである。これらを踏まえた上でたんぱく質の呼吸商は〇・八一となる。

このように、体内に燃焼する物質の種類によって、生体における呼吸商は非常に差異を示すものであるということが、前に述べたことからもわかる。したがって、この呼吸商の価値と変動を知ることで身体成分の分解作用の本態と推移を知ることができ

る。例えば、普通の食物を摂りその食物中の成分の大部分が抱水炭素である場合は、呼吸商は抱水炭素の燃焼に特有な一・〇〇に近づき、これに反して、飢餓時の新陳代謝の場合には、身体の脂肪の分解が顕著なため、呼吸商は低下して〇・七一に近づく。たんぱく質に対する呼吸商の計算がはなはだ複雑になることは既に述べたが、幸いにして（一）たんぱく質の代謝は全代謝中の比較的小部分に過ぎないこと、かつ（二）著しく不変動性を示すという有利な点があって、特にマグヌス、レーヴィー氏はたんぱく質の分解を分解総量の一五パーセントとして計算した。これを減じた残りの八五パーセントが、抱水炭素のみによって営まれるとすれば、呼吸商は一・〇〇ではなく〇・九七一となり、またそれが全く脂肪のみによるとすれば、呼吸商は〇・七一に対し〇・七二となる。

要するに呼吸商が〇・七一―一・〇〇の間にあり、そして尿中の窒素排泄量が判明すれば、体内において行われるたんぱく質・抱水炭素・脂肪の分解作用の実情の詳細を明らかにできるのである。

普通の状態下では、呼吸商は右のように〇・七一と一・〇〇の二点の間にあるべきだが、これより上または下になることもあって、その場合には分析上に問題があるか、異常な新陳代謝が営まれていると考えるべきである。

一・〇〇より大きい数値を得た場合は、体内で抱水炭素から脂肪が形成されると考えられるべきで、その理由は、抱水炭素から脂肪に移行する場合には、酸素を吸収することなしに炭酸ガスを生じるからである。反対に〇・七一より低下した場合は、脂肪[訳註四五]から抱水炭素が形成されたとも考えられる。それは酸素を吸収し炭酸ガスの生成を伴うことがないからである。

このように、呼吸商を慎重に測定することで身体内で燃焼する物質の状況を窺うための充分な光が与えられたのである。

次に新たな問題として、ガス新陳代謝と熱の産生の関係をみると、それは非常に密接である。抱水炭素および脂肪が燃焼する場合、酸素を吸収し炭酸ガスを生じると共に一定量の熱の発生を伴う。この「熱の産生と酸素の消費」あるいは「熱の産生と炭酸ガスの産生」の比を、酸素または炭酸ガスは「温量的同価《カロリフィツクエクイヴアレンツ》」と名付けられている。「呼吸商」と等しく、重要な数値である。生体における酸素の摂取炭酸ガスの産生を慎重に定量する場合は、この温量的同価を根拠として正確な計算を行う。それによって燃焼する物質の状況が分かるだけでなく、生体の総エネルギー代謝も綿密に測定できる。

このような方法によって観察を行う時、見過ごしてならないことは、元来燃焼する際、抱水炭素と脂肪両者の間には顕著な差異があることである。

すなわち、

抱水炭素の燃焼によって形成される炭酸ガスは一グラムにつき二・五七キロカロリーを産生し、

同じく一リットルにつき五・〇四キロカロリーを産生し、

脂肪の燃焼によって形成される炭酸ガスは一グラムにつき三・四〇キロカロリーを産生し、

同じく一リットルにつき六・六八キロカロリーを産生する。

かつてペッテンコーフェルおよびフォイトなどは、炭酸ガスを定量してガス代謝の試験を行った。その試験は理想通りには成功しなかったが、その後摂取した酸素を定量して算出することが、身体から放出するエネルギーを直接に測定するより便利な測定法であるということが分かった。そのため、生体の消費する酸素の価を求め、それを産生温量の指標として換算することができるようになったのである。しかし今日では、アトウォーター、ベネディクトの装置が完成されて以来、生体が産生する温量を、放出する炭酸ガスの量からも同一の正確度で間接的に計ることができるようになっている。

以上を要約すると、ガス新陳代謝の研究は、産生される炭酸ガスと消費される酸素の量を精密に定量し、これによって、（第一）呼吸商および体内で燃焼する物質の状況を知り、（第二）体内に産生する総熱量、身体の温熱必要量および絶食時に身体成分が消費される実状を明らかにすることができ、これを臨床上に応用すれば、（第一）摂取した栄養分が消費分を充分に補っているか、反対に不足がないかを判定し、（第二）普通の方法では数日から数週間を要する栄養上の経過を速やかに知ることができ、（第三）抱水炭素・脂肪・筋肉など身体組織が侵された場合、そのつど正確に知ることができる。体重の変化のようなテーマについても確固とした原因解明がなされ、しばしばみられる水分の増減によるものと、組織の真の消耗によるものとを混同する可能性はなくなる。

※一三、体内成分消費の実状。（九一頁）。

身体の組織内で栄養がどのような状況・状態にあるか眼鏡をかけて観るようなものである。一つの愉快な話として、以前にフレッチャー式食養法で有名なフレッチャーが、非常に小食で活動することができるという自分の説が、一時他から疑惑の眼でみられた時、氏は直ちにガス新陳代謝研究の大家カーネギー栄養研究所長ベネディクト博士を訪ね、みずから博士のカロリーメーターに被試験者として収容されることを願い、自分の主唱の確かさを立証したことがある。また、かつてわが国では、一食主義を標榜するある人物が栄養研究所のカロリーメーター中に入って、たちまちその虚構が発見された例もあれば、現に二食を実行している別の一人が、この装置で検定した結果、二食の全食量が普通人の三食の全食量と同じであったことが分った例もある。また、極端な小食主義を主唱して嫌疑をかけられながら、カロリーメーターでの試験を回避する別の一人の例もある。みなフッチャーとは反対の人達である。

この試験装置は最近アメリカで発達したため、第一次世界大戦前ドイツ医学を偏重していたわが医界では、私がこの装置を初めて輸入した時には、このような装置の存在すら誰にも知られていなかった。ひどい例としては、爆発式のカロリーメーターと考え違いをされ、有力な方面から手厳しい非難を受けたこともあった。今は、学術的研究や患者の実際の治療のために、日本国内でもこの装置を製作するようになった。感慨に堪えぬものがある。

※一四、嗜好品。(一三二頁)。

従来嗜好品として取り扱われたものとしては、アルカロイド・酸・アルコールその他顕著な薬物学的作用をもつものが主であったが、茶のテイン、コーヒーのカフェインなどは、何としても小児には厳禁すべきである。ココアのテォブロミンはやや作用が穏やかであるから、大人でも健康を重んじる人はココアを選ぶのがよい。

※一五、新陳代謝。(一三七頁)。

これまでの解説で、体外から摂った栄養分を材料にして身体の組織を構成する作用と、身体の成分が絶えず分解されて尿や呼気や汗の中に排泄される作用とが、体内で両立していることが分かった。前者を同化作用、後者を異化作用と名づけ、両作用を総括して新陳代謝の機能と呼ぶ。生きている限りこの機能も続くことは、あらためて言うまでもないが、ヒトの発育期においては同化作用がはるかに異化作用を上回り、身長・体重共に増加するが、盛年期になると両者はほぼ均衡し、衰退期では異化作用が同化作用を超えるのがみられる。さまざまな疾患においても、異化作用が亢進して同化作用がこれに追いつかないという現象が多くみられる。また活動が激しければ肥満することはなく、日頃から何もしない者、睡眠時間が長い者に肥満の傾向がある理由も同じである。

※一六、基礎栄養量。（一四一頁）。

この数値の基礎は多数の日本人成年男女について精密な調査研究の結果、

日本人中年（例えば三十五歳）男子体表面積一平方メートル当たり一時間に消費するカロリー　三七・三三キロカロリー

であり

身長一六〇センチメートル・体重五二キログラムの日本人は体表面積　一・五〇四平方メートルなので

$37.33 \times 1.504 = 56.144$

$56.144 \times 24 = 1.347$ キロカロリー　これが二十四時間つまり一日量である。

女子の数値は男子よりも低く、男子の三七・三三に対し三三・八四を示す。

厳格に言えば栄養の必要量を、これまで一般に慣行されてきたように、体重の比率にのみ準じて簡単に算出する方法は、既に旧式の方法である。身体の表面積を重要なものとした上でその他の因子を加算して、正確な解答を求めるべきである。例えば痩せたものは肥えたものよりも、小児は大人よりも、身長の高いものは身長が低いものよりも、体表面積が比較的に大きいことなどから考えても、日本人は日本人特有の体格を有するため、この計算に必要な体表面計算の公式あるいは係数は、日本人について多数調査した上で、定めなければならない。

この目的で栄養研究所が攻究発表した数式は左のようになる。

（一）体重および身長から

$A = W^{.427} \times H^{.718} \times 74.49$

Aは体表面積（平方センチメートル）。Wは体重（キログラム）。Hは身長（センチメートル）。

この式によりまず身体の表面積を求める計算をし、次に体表面積一平方メートル当たり一時間に放散するカロリー量を標準として求められたカロリーを用い、正確に算出できる。

【原文図－四〇九頁参照】

（縦軸：基礎代謝量　一時間当たり体表面積一平方メートル当たりキロカロリー　横軸：年齢 歳）

このような体表面一平方メートルより一時間に放散する基礎カロリー量は、年齢に応じて上の図のような曲線を描く。すなわち五、六歳で要求量の最高値を示し、いったん下降したのち、思春期になると再びわずかに上昇するが、二十歳頃からほとんど大きな変動がなく、年齢を重ねるとともに徐々に下降する。

その理由はいまだ不明であるが、前述したように一般に女子は基礎栄養量が男子の以下にあることから、おそらく女子は体質的に男子より脂肪量が多いこと、ならびに筋肉の発達と労作の量が男子に比べて低いことが主なる原因であろう。

今年齢別および性別を計算に入れて算定された日本人の標準を示すと、左のようになる

年齢	男子	女子
20——30	37.83 キロカロリー	34.34 キロカロリー
30——40	37.33 同	33.84 同
40——50	36.83 同	33.34 同

試みにこの数値をデュボイス氏発表の標準値を是正したナンポーン氏の標準値

年齢	男子	女子

20 —— 30　37.7 キロカロリー　35.2 キロカロリー

30 —— 40　37.7　同　34.7　同

40 —— 50　36.7　同　34.2　同

に対照すると、ほとんど同値であることが分かる。ただ日本人の女子はやや低い。これは、日本婦人の筋肉活動が西洋婦人に比べてやや軽いことを示していると推察される。

以上述べた体重と身長からの計算方式の他、

(二)、身長、体重および年齢から次式を応用して一日の総基礎カロリーを求める法。

男子 $h = 222.121 + 5.975s + 5.361w - 2.683a$

女子 $h = 591.620 + 2.434s + 3.815w - 1.689a$

hは総カロリー.sは身長.wは体重.aは年齢。

(三)、体重および年齢から次式に従い一日の総基礎カロリーを求める法。

男子 $C = \dfrac{\sqrt{W}}{0.1070 \times A35^{0.1333}}$

女子 $C = \dfrac{\sqrt{W}}{0.1251 \times A35^{0.1333}}$

Cは総カロリー.Wは体重.Aは年齢。

の式がある。今前例の一人に当てはめて計算を試みると

$h = 222.121 \times 5.975 \times \underline{160} + 5.361 \times \underline{52} - 2.683 \times \underline{35}$

$= 1.363$ キロカロリー（一日量）

$$C = \frac{\sqrt{52000}}{0.107 \times 35^{0.1333}}$$

$= 1.346$ キロカロリー（一日量）

が求められ、三つの方法からは大体において同じ算出結果が求められる。しかし右の三つの方法には、それぞれ特有の長短がある。例えば第二法では身長・体重が著しく大きい場合一方に偏る値を示し、第三法では身長の数値が考慮されていないため、著しく身長に差があっても差は現われないことになる。したがって、体形が著しく平均と異なる人を比較対象とする場合には、第一の方法をとるのが最も適している。

これらの複雑な対数計算を使用することなく、簡単に図表によって所要の値を求める方法を左の図に示した。この種の図表はデュボイスが初めて発案した。最も広く用いられているのは、デュボイスのものであるが、わが研究所において高比良技師が日本人のために作製したものは、日本人についての調査研究を基礎として計算し描出したものである。

【原文図－四一二頁参照】（上図：身長と体重より体表面積を知る図表　下図：年齢と体表面積より所要栄養カロリー量を知る図表）

※一七、栄養必要量。（一四二頁）。

参考資料として左の二つの標準の要点を記する。

○フォイトの標準（体重一キログラムに付き二四時間に要するカロリー）

絶対安静時　二四――三〇キロカロリー
平常臥床時　三〇――三四キロカロリー
床外安静時　三四――四〇キロカロリー
中等度労作時　四〇――四五キロカロリー
強度労作時　四五――六〇キロカロリー

○アトウォーターの標準（体重一キログラムに付き二四時間に要するカロリー）

絶対安静時　二四・三キロカロリー
床外安静時　三八・六キロカロリー
軽度労作時　四三・〇キロカロリー
中等労作時　五〇・〇キロカロリー
強度労作時　五四・二――一二八キロカロリー

栄養の必要量というテーマは、重大であるが故に古くして常に新しい。そしてこの問題の解決には、従来の観察法よりは一層根本的な一先決問題を新たに提出しようと思う。それは「人間の単位」という問題である。

今日までの生理学では、人間の単位というものが極めて無造作に取り扱われてきた。科学が「多数決」を求めてそれを正常とし、これに立脚して研究を進めることを通例としてきたため、生理上の人間ということについても比較的無雑作に取り扱われている。すなわちある一人の普通人をとり上げてそのまま人間の代表とするか、あるいは多数の人間をつき混ぜその平均値を人間の単位としている。このように、ただ漫然と眺めた自己の姿が果たして正しいものであるかどうかを厳密に考える場合、それを真の人間の単位として認めてよいかは疑わしいところである。人体はさまざまな成分から組成されており、決して単一な物質からできているものではない。燃焼されてカロリー源となり得る物質が大部分であるが、それを大別するだけでたんぱく質・抱水炭素・脂肪の三種類にもなっていて、決してろうそくやアルコールランプのように単純ではない。そして人間の存在の目的が労作にあること、およびそのための出入の量が著しく大きいことを考え合わせると、右三種類の成分中でも筋肉を構成するたんぱく質はどちらかといえば固定資本に、抱水炭素と脂肪は流動資本に属するものとしてとらえることができる。このようにして抱水炭素および脂肪は、人体内では動産の意味で存在する。つまり、絶え間ない需用と不測の場合のために、必ず大小の余裕をつくって常備されていなければならない。中でも脂肪はこのような目的に最も適する物質である。なぜならば他の二つの栄養素が一グラムから四・一キロカロリーを発生するのに対し、脂肪だけは九・三キロカロリーを発生することができるからである。したがって二倍以上に濃縮されたカロリー貯蔵物質として重要視することができる。肝臓や筋肉内に沈着するグリコーゲンと呼ばれる抱水炭素や、皮下その他各臓器中に貯蔵される脂肪は、どちらも身体にとっての動産である。したがって肥えた人は大きな動産を、痩せた人はやや小さい動産を所有する。必要があればこれを小出しにして用いる。断食を行う場合、肥えた人は痩せた人よりも耐えやすく苦痛が少ないのは、このことが理由である。したがって幾日間も引き続いて食を絶つことを考慮に入れない場合は、それほど過大な予備的貯蔵成分は必要とされない。それだけでなく、緊急対応が必要でない動産を体内に占有すると過体重となり、動作に応分の過労を招く。いずれにしても、貯蔵成分が過剰に必要度を超過することが得策でないのは明らかである。一方、不足するのも不都合である。身体それ自身は全く無産ということを許されていない。つまり疾病や予定外の労作など、内的外的の事故があった場合のための、いくらかの動産が必ず必要である。それならば、どの程度に動産を所有することが適当であるか、言い換えればどこまでが本来の自体でどこからが予備の動産であるかという身体成分の境界を求めるとなると、それは分からない。厳格にいうと、真の自己というものが何であるかという、固有の自己の姿というものを、いまだ見定めた者はいないのである。これらの点に関し、多少とも光明を投げかけるのは、断食の研究である。断食中の身体成分消耗の様子を静観すると、抱水炭素がまず第一に消費され、抱水炭素がほとんど尽きてから脂肪の消費に移り、脂肪が大部分消費されると次にたんぱく質の分解が始まる、という順序である。しかし仔細に検証すると最初に一気に消費される抱水炭素にしても、完全に全部が使い果たされるわけではなく、例えば肝臓内のグリコーゲンも、初め大量が速やかに消失するのにもかかわらず、一部のグリコーゲンは最後まで残って、餓死に至っても、必ず検出される。このように、残留する部分のグリコーゲンは極めて微量ではあるけれども、肝臓細胞の核と結合して肝臓の重要な器質的成分として存在するものと考えてよい。グリコーゲンという一成分については、この点があるからこそ身体固有の成分と動産として存する予備備的成分との境界をなすものと言えるのではないだろうか。そして、すべての成分についてもこのような関係が考えられる可能性がある。例えば、餓死した屍体は痩せて骨と皮にはなっているが、少量の脂肪が残存していて、それは、諸成分中消耗されたもののうち、最初に消費された成分である。すなわち、餓死に際して身体の各成分が別々の割合で定量的に減少してはいても、定性的に消費し尽くされたという成分はこれまで検出されないのである。したがって、身体の諸成分は単に活力の貯蔵用のみを目的として存在するものではないということになる。また、第一次世界大戦で食糧封鎖に悩まされたドイツとオーストリアで、栄養不良のため小児が戸外で遊ばなくなり、婦女の月経が止まってしまったことなどを考え合わせると、身体の貯蔵成分とみなされるものが全部消費し尽くされる前に、既に活動しなくなった小児、月経のない婦女という、生理上一人前の人間としてはなはだしく傷つけられたものになっている。

この理論で推察すれば、真の人間自己は普通にいう人間一個とは全く別であって、例えば断食を行って一定度まで進んだ状態が真の人間自己である、とする理由になるが、その境界がどこにあるかは今のところ判明していない。もしこの点を明らかにすることができて、その状態の新陳代謝を新の根基新陳代謝[訳註四六]（ラジカル・メタボリスム）すると、それは基礎新陳代謝よりも下位にあり、労作や疾病や外来からの侵襲・ストレスなどに対する特殊な順応を行うために必要な成分を添加して、初めて一人の合理的な栄養要求量が算出されるのではないだろうか。今日学者が基礎新陳代謝と呼んでいるものは、人間の規制のない習慣のままの生活状態における安静状態の最小新陳代謝であるので、値はやや高いのではないかと私は考える。これらのことは元来非常に重大な問題であるので、私は早くからこの点を他に照らして考えてみることがあった。そのため、国立栄養研究所で、日本人の栄養要求量の新研究を開始するに当たって、特に高比良技師に指示をして、被試験者の前晩の食物を一定にさせておいた。また一定減食生活の場合も試験させることにした、しかし、基礎新陳代謝を現今欧米学者の定めたそのままとするか、あるいは私が考察する、はるかに低い根基新陳代謝まで低下させるかは、重大な問題である。

有益な減食試験としてはベネディクト氏によるものがすでにあるが、ありふれた体重や肥瘦などにこだわることなく、前に掲げた人間一個の標準を新たに探求することを目的とし、同時にこれに応じる栄養の最適要求量を科学的に攻究したものはいまだにいない。私はこの問題を特に重要と考え、高比良博士をこの問題の研究に従事させた。完結には達しなかったが、多少得られたことがあったと考える。それは、減食あるいは小食の実験験的研究である。

試験台となった篤志家は今のところ二人である。一人は神道教師で御嶽教に属し祈祷の道場主である。長期断食の経験があり、平素から実際に小食で生活している人である。もう一人は僧侶で減食および断食に習熟し、この種のテーマに精神的な不安が全くない。趣味としていると言ってもよい人である。そして両士ともに辛抱強く、誠実で、成績には最上の信頼をおくことができる。

今両士について略述すると

伊藤氏（体重七四・一キログラム）。三三歳男性。

実験全期を三期に分ける。

（第一期）食物一日量一二〇〇キロカロリー（食物中全窒素量一〇・二五グラム、副食物中肉あり。）という状態でスタートし、基礎新陳代謝量一五三〇キロカロリー。九日間体重を維持する。その後体重降下がはじまる。

（第二期）食量を増加し、第十一日目から三四日間（四五日目まで）、食物一日量一四七六キロカロリー（食物中窒素七・二四グラム。副食物野菜。醤油と味噌で味付け。）とするが、なおも体重が下降する。基礎新陳代謝量は漸減しており、一日一五〇〇――一四〇〇――一三五〇――一三〇〇キロカロリーを示す。朝食を中止し二食とし、菜食のみのため食物中の全窒素は初め九・七グラムであったのを半減して五・〇グラム、時としては四・〇グラムとすることあり。運動の日課は三里（一一・八キロメートル）／時の速度で四時間歩行。

（第三期）食物一日量一九八一キロカロリー（食物中全窒素七・二九グラム）で体重の減少が止まる。

基礎新陳代謝量　一三〇〇キロカロリー。

以上総日数五一日間の観察により

一、体重は減食と共に漸下した（常に減少していた）。

二、基礎新陳代謝量は、はじめ下がるが後には一定のところに止まる。

三、尿中排泄総窒素量は基礎新陳代謝と同じ傾向を示した。

【原文図－四一七頁参照】

以上のことがわかった。

要約すると、基礎新陳代謝量つまり人体の最低栄養要求量は、減食と共に多少低下してこれに対応するが、減食の度が一定度を超えた際はその調節を中止して低下を止める。新陳代謝を代表する尿中の窒素の消長も、同様の傾向を示した。これは、食事量が不足すると不足分が身体固有の成分中から補給され、それが理由で体重が漸減したということである。この作用は餓死に到達するまで続けられるだろう。

杉浦氏（体重 四六・五キログラム）。二九歳男性。

実験全期を四期に分ける。

（第一期）　食物一日量一二〇〇キロカロリー（食物中全窒素量一〇・二五グラム。副食物中肉あり。）という状態でスタートする。

基礎新陳代謝量一一五〇キロカロリー、九日間体重を維持した。

（第二期）　食物一日量一一六五キロカロリー（食物中全窒素量五・九五八グラム。菜食）。体重徐々に減少。

基礎新陳代謝量一一〇〇――一〇五〇キロカロリー。

運動日課は前被試験者と同じ。

【原文図-四一八頁参照】

（第三期）　第四十三日目より食物一日量一六七〇キロカロリー（食物中全窒素量六・〇〇八グラム。菜食。）を摂り体重の降下止まる。

（第四期）　第五十一日目より食物一日量一七〇五キロカロリー（食物中全窒素量一〇・三三グラム。肉食加味。）で体重が増加する。

以上総日数五十七日間の観察とした。

上述二例の実験成績から導き出されるのは、人の存在の標準は基礎新陳代謝量が減食によって一度下降し、一定度まで達すると下降を停止し現状を維持するという点であると思われる。これを私は仮に最低基礎新陳代謝量（あるいは根基基礎新陳代謝量）と呼ぶ。そしてこの最低基礎新陳代謝量は、体重を犠牲に供してでも、言い方を換えれば身体組織を消費してでも、維持することが最優先とされている。この最低基礎新陳代謝量は比較的大きく、一般人が平素摂取する食物中に含む全カロリーの約半分量を占める。

以前、私立時代の栄養研究所で、私が講習に採用し、献立に発表した、日本人標準食として一日量カロリー二〇〇〇キロカロリーたんぱく質五〇——六〇グラムというのは、やはり最も適切であったと思われる。（栄養の弾力性が成立する）。

しかしこの際忘れてならないことは、世間で唱えられている非科学的な小食論が、しばしば一日九〇〇キロカロリーあるいは八〇〇キロカロリー以下で可能であるとしているが、これは絶対に必要な最低基礎新陳代謝量にも足りない量であって、このような説は極めて無謀で危険である。もし忠実にこの主張を実践して健在する人がいるとすれば、栄養不足分を、剰余の栄養分を臨時的に無意識に摂取して補充していることは疑うべくもない。現に前記被試験者の例も、従来非常に小食で充分健康を維持している自己の経験を堅く信じていたであろうが、厳しい学術的研究の真実を追求する姿勢の前で、その予想が裏切られる結果がみられたのである。この被験者は、過去に自己の体験した減食生活については、数日ごともしくは時々平常以上の摂食していることを想い起こしていた。研究所における減食試験の際も、二人の被験者とも一日一二〇〇キロカロリーという小食で、九日間その体重を維持することができた事実に照らして、身体の貯蔵および調節機構は、数日間その原則を逸脱しても、体成分収支の許容範囲内で何とか全体の破綻を免れ得るものであることが分かった。（減食研究の成績の詳細については、他の栄養研究所の全ての研究事項と同様に、研究に従事することを命じられた所員の名で必ず発表される機会があるはずである）。

その他（一）摂取した食物の成分の異同によって、カロリー源として消費尽くされる時間の経過に長短の差を生じる。例えば糖類・アルコール類は速やかに酸化分解しエネルギーに変換するのに反し、肉類では燃え残りの火のようにもしくは影響が数日後に残ることを認めること。（二）平素筋力を使う肉体労働者の基礎新陳代謝においても、通常、比較的高いエネルギー必要量を示すことは、もちろん食物の薬物学的作用および人体細胞の習慣性等に大きく関係するであろうが、同時に標準となるべき人間単位問題の解答には、見過ごしてはならない幾多の事項があることを示唆している。

以前には、身体組織の主成分つまりたんぱく質の量に特別に最深の注意を払い、保健上の最低たんぱく質量の研究に没頭した生理学者が少なからずいた。特にフォイトその他の、保健食を修正しようとするために、この問題に生涯大きな努力を試みたのは、チッテンデン先生であることは前にも述べた。ヒンドヘーデなどもこの分野の研究に参加した著名な一人である。カロリーの必要量について古い話は略し、アトウォーターに次いでベネディクトその他により、数多の研究が今も継続して行われている。しかし栄養学に関する問題が非常に複雑になってきたことから、たんぱく質やカロリー以外に考慮すべき事項が続々と増加した中で、私は、今日まで採用してきた人間の単位あるいは標準について、根本的な疑いをもつようになったのである。そしてこの疑念からまず明らかにしなければならないと思ったのである。（肥痩の項を参照のこと）。

※一八、窒素出納。（一四七頁）。

生活現象は成分の消費を意味することから、一人の健康を保障するには体外から摂取する成分と、体外に排泄する成分の出納が均衡することが必要である。もしこの均衡が例えば絶食・過労などで、一時その調節を失った場合、体重が減少し、飽食・身体不活発の場合は体重は増加する。そしてこのように消費される各種成分中でも、前に述べたように、労作のカロリー源となるものは主に抱水炭素および脂肪であり、組織の構成に与かるものは主としてたんぱく質であるため、組織の本体を第一位におき、窒素組成分の不足あるいは損傷されることがないかに着目し、これを一般栄養の標準とするのがよいとされた。これ（一）には抱水炭素および脂肪が燃焼しやすく、この二つがたんぱく質の燃焼を防止[訳註四七]することが適用される原則があるから、窒素性成分の出納の均衡は体重の安定以上に適確な栄養の指標となり得る。（二）には今日でこそ栄養研究方法の進歩により、新式のカロリーメーターを用い、抱水炭素および脂肪の出納の状況を精細に測定することができるようになったが、従来は消化吸収試験で獲得する以上の、適確な試験法がなかったからである。

したがって、栄養の過不足がどうなっているを知るためには、飲食物中の窒素分と抱水炭素および脂肪を分析定量し、これにより大便中に排泄される窒素分と抱水炭素および脂肪を分析定量して差引して、その差によって窒素分と抱水炭素および脂肪の体内利用量を知り、算出された体内利用の窒素分と別に分析定量された尿中排泄窒素分すなわち消費された窒素分とを比較対照して、前者が大きければその差だけ窒素が身体組織に同化したことを意味し、後者が大きければ身体組織の異化を意味する、とした。あるいは別の算出法として、大便中の窒素と尿中の窒素を合計して排泄された総窒素量とし、飲食物中の窒素量と対照して、窒素出納の状態を定める方法もある。この際前者が後者よりも小さければ窒素の出納はポジティブ（＋）つまり栄養が余っていて窒素が体内組織中に留まったことを意味し、前者が後者よりも大きければ窒素の出納はネガティブ（－）つまり栄養の不足により窒素が体内組織を自己分解して一時をしのいでいることを示す。

窒素分はケルダール氏の驚嘆すべき一際優れた定量法[訳註四八]が早くから考え出され、その操作はわかりやすくしかも精密で正確な成績を得ることができるので、窒素出納の研究および調査は従来から実施しているとはいえ、非常に微細な点まで詳細にすることができ、永久不変の栄養上の羅針盤を手に入れたのであった。

※一九、消化管内の細菌。（一八〇頁）。

消化管内には多くの細菌が存在する。常住するもの、一時的に現われるもの、有効なもの、無害なもの、有害なもの、その種類が非常に問題も多い。試みにその主なものを列挙すると次のようになる。

【原文図－四二二、四二三頁参照】

胃内では塩酸が分泌されるため、嚥下された細菌の多くは殺滅されるが、胃の分泌機能に異常がある時は細菌・酵母等が多数みられる。腸内に入ると、下部に進むにしたがい腸内固有の細菌群が次第に数を増し、驚くような多数となる。

【原文図－四二四頁参照】

一、腸内に常在の細菌が繁殖するのは、腸の内容物から菌体を新生し、栄養分の保留と貯蔵の両用を兼ねている現象であると考えられること。

二、飢餓、その他の必要時に難消化性のものも消化して、身体栄養分の強い要求に応える非常用として備えること。

これは腸内細菌に対する私の臆測によるものである。

三、腸内細菌は必ずしも飲食物に由来すると限らない。最近、佐多愛彦博士等の研究では、チフス菌が口を経ないで、皮膚を通し腸内に移行できることが立証された。また私は健康な犬の肝臓に生菌の潜在を確認した。

※二〇、小児の栄養。（一八二頁）。

ドイツのドレスデンにおいて郡部の学童四二〇〇人、市部の学童一二〇〇〇人について調査した結果、（一）低身長な者に進級不能者が多いこと、（二）市部の資産家の児童よりも郡部の無産者の児童が毎年の発育、成長率が低いこと、概論すれば富裕者の児童は下層者の児童よりも発育が良好で学業の成績も優れていることを発見した。他の衛生的状態も関係があることはもちろんであるが、中でも最も重要な意義は栄養問題であって、母の不注意、家計の貧困、物価高騰、婦人労働等が、児童栄養の欠陥、次いで栄養不良の原因となるだけでなく、各種疾患に対する原因にもなりうる。オーストリア＝ハンガリー帝国が、第一次世界大戦に際し、食糧不足のため国民一般の栄養上の障害から敗戦以上の痛ましい被害を招いたことにより、特に発育期にある児童に大きい犠牲があったことは明らかであった。中でも結核患者の激増および結核死亡者の増加が非常に注目され、結核と栄養との密接な関係が明らかにされた。

ウイーンのピルケーがこのような悲惨な状勢に対して、いじらしい児童たちを救済するために、いわゆるネムシステムという栄養法を考案発表して実際に計画し、アメリカ合衆国の救助金を請求して大いに効果を挙げたことは、なお耳新しい事実である。わが国でも、農村の児童は都市の児童に比べ一般に発育劣等であり栄養不良の状態にあることは、実地調査で明らかにされた。学童給食問題には各国とも、最近大いに注力しており、わが国学童給食が顕著な効果を挙げている実例は、東京市社会局の栄養不良児給食においてみることができる。

【原文表－四二六頁参照】

※二一、栄養判定[訳註四九]。（一八三頁）。

従来、栄養状態を表現するのに通常用いられたものは、ボルンハルトの公式である。つまり、

$$\frac{\text{身長} \times \text{胸囲}}{\text{体重}} = 240$$

を標準とし、その値の一〇%の上下で栄養佳良か否かを定めたものである。一方、オーストリアの小児科の大家ピルケーの新案は、坐高と体重とを基礎として栄養状態を数字的に評値する。つまり

$$\frac{100\sqrt[3]{10 \times 体重}}{座高}\quad 体重はグラム\quad 座高はセンチメートル$$

を栄養指数と定め、筋肉発育が良好で肥えているものはこの指数が一〇〇以上になり、痩せているものは九〇以下となる。

次にピルケーは、体重あるいは体表面積からの所要カロリーを算出する代わりに、腸面積から栄養量を計算することを工夫考案した。

一、腸面積を知るためには腸管の長さを八・七メートルとし、その周囲を八・六センチメートルとし、大人の座高の平均値八四・六センチメートルに対照すると、腸管の長さは座高の十倍となり、腸管の周囲はその十分の一に当たるので、$10座高 \times 1/10座高 = 座高^2$ は腸面積を表す。そしてこの関係は小児においても同様であるという。

二、標準乳汁。質一・七%、抱水炭素六・七%、脂肪三・七%の一グラムを栄養価単位（Nahrungs《（栄養）》-Einkeit《（単位）》-Milch《（牛乳）》）となしその頭字を取ってNem（ネム）と称し、すべての食品の栄養価を計算する標準とした。そして一ネムの乳汁は、体内で〇・六六七キロカロリーを発生し、たんぱく質一グラムはおおよそ六ネム、抱水炭素一グラムは六ネム、脂肪一グラムは一三ネムに相当する。食品は成分が分かれば一グラム中のネム価を算出できるのである。

三、腸面積に対するネム量算定については、腸面積一平方メートルは一ネムの吸収能力を有するが、安静時には十分の三ネム、発育および運動のためには十分の一―十分の五ネムを要するから、年齢と運動量の多少により十分の三―十分の八ネムの割合で

計算するのである。

ヨーロッパ人を基礎として立てた学説であるから、体格の異なる日本人にはそのまま適用できないのは明らかである。

※二二、献立。（二三六頁）。

食品の種類がかなり多い、そして各食品はそれぞれ化学的組成を異にしている。同一食品であっても産地の違いはもちろん、肥料の施し方や採取の時期等によって、その成分が左右されることも容易であることを理解すれば、数種の食品だけでも組み合せによって無数の献立を作ることができる理由が分かるだろう。

かりに食品甲が純粋たんぱく質から成り、食品乙が純粋の抱水炭素から成り、食品丙が純粋の脂肪から成るとして、この三者で合理的な献立を作ろうとすると、中度等に労働する中等体格の一人一日の標準として二三六五キロカロリーを必要とし、内八〇グラムのたんぱく質より供給される三二八キロカロリーを減算すれば、残りが二〇三七キロカロリーとなり、この二〇三七キロカロリーを四〇〇グラム以上

$4.1 \times 80 = \cdots\cdots\cdots$

$$\begin{array}{r} 2365 \\ -\ 328 \\ \hline 2037 \end{array}$$

の抱水炭素若干量と脂肪とで補充する場合、献立中の抱水炭素の量を一グラムずつ変動することによって、

$2037 \div 4.1 = 496.8$

$401 \cdots\cdots\cdots\cdots 496.8 = 96$

このように、九六種の献立を作ることができる計算であり、抱水炭素の量を一キロカロリーずつ変動することによって、

496.8 × 4.1 ＝ 396.88

三九六種の献立を作ることができる。

同様に、二〇三七カロリーを四〇〇グラムの抱水炭素と若于量の脂肪で補充しなければならない場合、献立中の脂肪の量を一グラムずつ変動することによって

4.1 × 400 ＝ ……

　2037
－1640
　397

897 ÷ 9.3 ＝ 42.6

このように四二種の献立を作ることができる計算であり、脂肪の量を一キロカロリーずつ変動することによって、

42.6 × 9.3 ＝ 396.1

三九六種の献立を作ることができる。

純粋で単一なたんぱく質・抱水炭素・脂肪を用いても、このように献立が多様多岐にわたるのであるから、実際食品中の三大栄養素は決して、それほど単純ではないのが普通である。例えば、理論的に簡単明瞭に三大栄養素について説明する場合、たんぱく質は単純なたんぱく質・抱水炭素は単純な抱水炭素・脂肪は単純な脂肪として取り扱うことを例にしたが、もし実際これらの三大栄養素が、包含される食品となって組み合わされるたとしたら、たんぱく質、抱水炭素、脂肪それぞれが、さらに次に掲げる表のように複雑に分類され、常に入れ替わることによる形態の変化と種別の差異を展開するのである。

三大栄養素は、このように食品の形態と種別を極端に複雑にさせる。ましてやこれに調理法の変化が加わり、調理法の変化は同一材料の同一量を用いても、なおかつ多くの異味珍肴を割出することが可能であるため、献立の種類は無限大に広がってゆくというのは当然である。

【原文表－四三一～四三五参照】

※二三　酸性食とアルカリ性食。（二三七頁）

近ごろ食物の種類による酸性・アルカリ性過剰を重大視し、この均衡を力説する学者もあるが、身体内における酸過多症の発生機序を理解する場合は、そこまで極論するには及ばない。そしてこの点のみを強調して栄養の全体を規制しようとすることは、あたかも日本におけるカリウム・ナトリウム論を全栄養論の根拠とするようなもので、その説を認めない訳ではないが、琴の十三絃中の一絃だけを弾いて琴楽を奏しようとする残念さがある。参考のため、普通用いられる食品に関連する表を添えておく。

【原文表－四三六頁参照】

各種食品中のビタミン含有量比較表

凡　例

＋　ビタミンを少量含有

＋＋　やや多量のビタミンを含有

＋＋＋　多量のビタミンを含有

＋＋＋＋　極めて多量のビタミンを含有

＊　極めて微量のビタミンを含有

－　ビタミンを含有せず
？　ビタミン有無不明あるいは含有量に疑いあり
無記号は未だ研究発表をしていないもの

肉類	A	B	C
牛肉（脂肪少ない）	＋	＋	＋
馬肉（同）	＋	＋	
羊肉（同）	＋	＋	＋
肉汁	－	－	－
肝臓	＋＋	＋＋	＋
腎臓	＋＋	＋＋	＋？
心臓	＋	＋	＋？
膵臓		＋＋	
脳髄	＋＋	＋＋＋	＋？
コーンビーフ	＋		
鱈	＋＋	＋	
にしん	＋＋	＋？	
鮪肉	＋＋＋		
鰻	＋＋＋		
鰻肝臓	＋＋＋＋		
鰻心臓	＋＋＋＋		
八ツ目鰻	＋＋＋＋		

鮭缶詰	+		
蟹缶詰	?		
鱒卵	++		
貝類			
アサリ		−	
シジミ		−	
牡蠣	+++		
野菜類			
馬鈴薯	+	++	++
甘藷	++	++	*
えんどう（新鮮）	++	++	+
蕪	*	++	+++
ニンジン	++	++	++
キャベツ（新鮮）	+	+++	++++
アブラナ	+?	++	+++
ホウレンソウ	+++	+++	*
大根葉	+++		
大根	?	?	++++
トマト	++	+++	++++
レタス	++	++	+++
玉葱	*	++	+++
南瓜	++	*	*
胡瓜	*	+	+

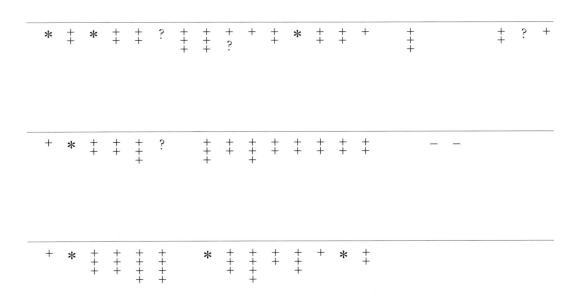

漬物			
大根糠味噌漬	*	*	+
沢庵		?	?
白菜塩漬			++
胡瓜（糠味噌漬）			+
茄子（同）			?
キャベツ（同）			+
穀類			
白米	–	–	–
玄米	+	++	
大麦	+	+++?	
小麦	+	++	–
小麦精粉	+	+	–
燕麦	+	++	
トウモロコシ（黄色）	+	++	–
同（白色）	–	++	–
蕎麦	?	+++	
白パン	?	+	–
ライ麦パン		++	
麦芽エキス	+	+	?
小麦麸	+	++	–
その他種子類			
大豆	+?	+++	–

小豆		+++	
ササゲ	++	++	++
隠元豆	*	+++	−
白豆	+	+	
落花生	+	++	−
豆類モヤシ	*	*	++
豆腐		+	
豆乳		+	
納豆		+	
果物			
リンゴ	+	+	+
梨	*	+	?
スモモ	*	+	?
バナナ	+?	+?	+
オレンジ	+	++	++++
夏蜜柑	+		+++
レモン	*	++	++++
ブドウ	*	+	+
干しブドウ	*	+	+
梅干	−	−	−
梅酢	−	−	−
油脂類			
牛脂油	++	−	−

牛脂	+	−	−
ラード（和製市販のもの）	+		
日本薬局方豚脂	−		
米国製ラード	−		
馬脂	+	−	−
羊脂	++		
犬脂	++	−	−
ニシン	++	−	
肝油（鱈）	++++		
肝油（鮪肝油）	++		
魚油	++		
落花生油	?	−	−
オリーブ油	?	−	−
ごま油	−	−	−
トウモロコシ油	+?	−	−
人造バター（動物性脂肪から製造のもの）	+?	−	−
同（植物性油脂より製造したもの）	*?		
酪農品			
鶏卵	++	++	+
牛乳	+++	++	+
クリーム	+++	++	+
コンデンスミルク	+++	++?	+
粉乳	+++	++	+?

バター	++++	−	−
チーズ	++	*	*
雑			
酵母（ビール）	−	++++	−
蜂蜜	−	+	−
乳糖	−	−	−
コーヒー豆（焙煎したもの）		+	
茶			+?
味噌、醤油		*?	−
乾海苔	+++	++	

【原文表－四四三頁参照】

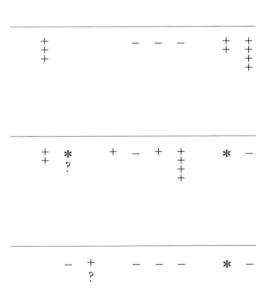

食品分析表

50瓦中		60瓦中		70瓦中		80瓦中		90瓦中		100瓦中	
蛋白質（瓦）	温量（カロリー）	蛋白質（瓦）	温量（カロリー）	蛋白質（瓦）	温量（カロリー）	蛋白質（瓦）	温量（カロリー）	蛋白質（瓦）	温量（カロリー）	蛋白質（瓦）	温量（カロリー）
17.9	208	21.4	250	25.0	291	28.6	333	32.1	374	35.70	416
10.6	151	12.7	181	14.8	211	16.9	242	19.0	272	21.10	302
6.3	81	7.6	97	8.8	113	10.1	130	11.3	146	12.60	162
10.3	160	12.3	191	14.4	223	16.4	255	18.5	287	20.50	319
10.9	163	13.0	195	15.2	228	17.4	260	19.5	293	21.70	325
3.4	128	4.0	154	4.7	179	5.4	205	6.0	230	6.70	256
1.7	106	2.1	127	2.4	148	2.8	170	3.1	191	3.45	212
3.5	156	4.2	187	4.9	218	5.6	249	6.3	280	7.00	311
3.8	177	4.5	212	5.3	248	6.0	283	6.8	319	7.50	354
0.2	203	0.3	244	0.3	284	0.4	325	0.4	365	0.44	406
1.1	9	1.3	11	1.6	13	1.8	14	2.0	16	2.24	18
1.5	14	1.8	17	2.1	20	2.3	22	2.6	25	2.93	28
1.2	38	1.4	46	1.7	53	1.9	61	2.1	68	2.38	76
1.2	11	1.4	13	1.7	15	1.9	18	2.2	20	2.41	22
0.3	7	0.4	8	0.4	9	0.5	10	0.6	12	0.64	13
0.3	24	0.4	28	0.4	33	0.5	38	0.5	42	0.60	47
0.3	35	0.3	42	0.4	49	0.4	56	0.5	63	0.52	70
1.5	130	1.8	156	2.1	182	2.4	208	2.7	234	3.00	260
0.7	26	0.8	31	0.9	36	1.0	41	1.2	46	1.30	51
13.6	189	16.3	226	19.0	264	21.7	302	24.4	339	27.10	377
2.5	117	2.9	140	3.4	164	3.9	187	4.4	211	4.90	234
6.4	34	7.6	41	8.9	48	10.2	54	11.4	61	12.70	68
10.0	75	11.9	90	13.9	105	15.8	120	17.8	135	19.80	150
8.8	41	10.5	49	12.3	57	14.0	66	15.8	74	17.50	82
10.9	49	13.1	59	15.3	69	17.4	78	19.6	88	21.80	98
8.9	48	10.7	58	12.5	67	14.2	77	16.0	86	17.80	96
9.2	56	11.0	67	12.8	78	14.6	89	16.5	100	18.30	111
8.9	57	10.6	68	12.4	80	14.2	91	15.9	103	17.70	114
6.4	29	7.7	35	9.0	41	10.2	46	11.5	52	12.80	58
10.4	47	12.4	56	14.5	66	16.6	75	18.6	85	20.70	94
8.1	60	9.7	71	11.3	83	13.0	95	14.6	107	16.21	119
9.6	53	11.5	64	13.4	74	15.3	85	17.2	95	19.10	106
9.4	64	11.3	76	13.2	89	15.1	102	17.0	114	18.85	127
11.3	82	13.6	98	15.8	115	18.1	131	20.4	148	22.64	164
23.8	157	28.6	188	33.4	220	38.1	251	42.9	283	47.67	314

	食品	5瓦中 蛋白質（瓦）	5瓦中 温量（カロリー）	10瓦中 蛋白質（瓦）	10瓦中 温量（カロリー）	20瓦中 蛋白質（瓦）	20瓦中 温量（カロリー）	30瓦中 蛋白質（瓦）	30瓦中 温量（カロリー）	40瓦中 蛋白質（瓦）	40瓦中 温量（カロリー）
A	青大豆	1.8	21	3.6	42	7.1	83	10.7	125	14.3	166
	油揚	1.1	15	2.1	30	4.2	60	6.3	91	8.4	121
	赤味噌	0.6	8	1.3	16	2.5	32	3.8	49	5.0	65
	小豆	1.0	16	2.1	32	4.1	64	6.2	96	8.2	128
	青豌豆	1.1	16	2.2	33	4.3	65	6.5	98	8.7	130
	餡麵麭	0.3	13	0.7	26	1.3	51	2.0	77	2.7	102
	蓬餅	0.2	11	0.3	21	0.7	42	1.0	64	1.4	85
	甘納豆	0.4	16	0.7	31	1.4	62	2.1	93	2.8	124
	甘辛煎餅	0.4	18	0.8	35	1.5	71	2.3	106	3.0	142
	赤ざらめ	0.0	20	0.0	41	0.1	81	0.1	122	0.2	162
	あさつき	0.1	1	0.2	2	0.4	4	0.7	5	0.9	7
	赤キャベツ	0.1	1	0.3	3	0.6	6	0.9	8	1.2	11
	赤芽芋	0.1	4	0.2	8	0.5	15	0.7	23	1.0	30
	アスパラガス	0.1	1	0.2	2	0.5	4	0.7	7	1.0	9
	赤蕪菁	0.0	1	0.1	1	0.1	3	0.2	4	0.3	5
	杏	0.0	2	0.1	5	0.1	9	0.2	14	0.2	19
	杏（罐詰）	0.0	4	0.1	7	0.1	14	0.2	21	0.2	28
	杏（乾）	0.2	13	0.3	26	0.6	52	0.9	78	1.2	104
	秋ぐみ	0.1	3	0.1	5	0.3	10	0.4	15	0.5	20
	麻賔	1.4	19	2.7	33	5.4	75	8.1	113	10.8	151
	甘栗	0.2	12	0.5	23	1.0	47	1.5	70	2.0	94
	アンチョビーソース	0.6	3	1.3	7	2.5	14	3.8	20	5.1	27
	家鴨肉	1.0	8	2.0	15	4.0	30	6.0	45	8.0	60
	あいなめ	0.9	4	1.8	8	3.5	16	5.3	25	7.0	33
	あかゑひ	1.1	5	2.2	10	4.4	20	6.5	29	8.7	39
	あまだい	0.9	5	1.8	10	3.6	19	5.3	29	7.1	38
	あこうだい	0.9	6	1.8	11	3.7	22	5.5	33	7.3	44
	あなご	0.9	6	1.8	11	3.5	23	5.3	34	7.1	46
	あんこう	0.6	3	1.3	6	2.6	12	3.8	17	5.1	23
	あら	1.0	5	2.1	9	4.1	19	6.2	28	8.3	38
	あゆ	0.8	6	1.6	12	3.2	24	4.9	36	6.5	48
	あぢ	1.0	5	1.9	11	3.8	21	5.7	32	7.6	42
	新巻鮭	0.9	6	1.9	13	3.8	25	5.7	38	7.5	51
	新巻鮭（粕漬）	1.1	8	2.3	16	4.5	33	6.8	49	9.1	66
	穴子（味淋漬）	2.4	16	4.8	31	9.5	63	14.3	94	19.1	126

50瓦中		60瓦中		70瓦中		80瓦中		90瓦中		100瓦中	
蛋白質（瓦）	温量（カロリー）	蛋白質（瓦）	温量（カロリー）	蛋白質（瓦）	温量（カロリー）	蛋白質（瓦）	温量（カロリー）	蛋白質（瓦）	温量（カロリー）	蛋白質（瓦）	温量（カロリー）
10.0	45	12.0	53	14.0	62	16.0	71	18.0	80	20.00	89
5.1	23	6.1	28	7.2	32	8.2	37	9.2	41	10.24	46
1.3	187	1.6	224	1.8	262	2.1	299	2.3	337	2.59	374
6.0	33	7.1	39	8.3	46	9.5	52	10.7	59	11.90	65
7.2	45	8.6	53	10.1	62	11.5	71	13.0	80	14.40	89
7.5	94	9.0	113	10.5	132	12.1	150	13.6	169	15.07	188
6.6	34	8.0	41	9.3	48	10.6	54	11.9	61	13.26	68
6.2	87	7.5	104	8.7	122	9.9	139	11.2	157	12.43	174
4.1	176	5.0	211	5.8	246	6.6	282	7.4	317	8.27	352
5.1	195	6.1	234	7.1	273	8.2	312	9.2	351	10.20	390
2.5	176	3.0	211	3.5	246	4.0	231	4.5	316	5.00	351
1.0	40	1.2	47	1.4	55	1.6	63	1.8	71	2.00	79
1.0	39	1.2	46	1.4	54	1.6	62	1.8	69	2.00	77
0.3	11	0.4	13	0.4	15	0.5	18	0.6	20	0.62	22
0.3	25	0.4	29	0.4	34	0.5	39	0.5	44	0.60	49
0.7	30	0.8	35	0.9	41	1.0	47	1.2	53	1.30	59
0.2	27	0.2	32	0.3	37	0.3	42	0.4	48	0.40	53
1.2	171	1.4	205	1.7	239	1.9	273	2.2	307	2.40	341
1.3	172	1.6	206	1.8	240	2.1	274	2.3	309	2.60	343
—	110	—	131	—	153	—	175	—	197	—	219
8.8	121	10.6	145	12.4	169	14.2	194	15.9	218	17.69	242
10.1	52	12.1	62	14.1	72	16.1	82	18.1	93	20.10	103
2.7	333	3.3	400	3.8	466	4.4	533	4.9	600	5.46	666
10.0	77	12.0	92	14.0	108	16.0	123	18.0	139	20.00	154
11.1	56	13.3	67	15.5	78	17.8	89	20.0	100	22.20	111
12.5	110	15.0	131	17.5	153	20.0	175	22.5	197	24.95	219
5.8	30	6.9	36	8.1	42	9.2	48	10.4	54	11.50	60
0.4	404	0.5	485	0.6	566	0.6	646	0.7	727	0.80	808
3.7	89	4.4	106	5.1	124	5.8	142	6.6	159	7.30	177
0.7	65	0.9	78	1.0	91	1.2	104	1.3	117	1.46	130
3.4	221	4.1	265	4.8	309	5.4	354	6.1	398	6.80	442
0.3	5	0.4	5	0.5	6	0.6	7	0.6	8	0.69	9
1.6	43	1.9	52	2.2	60	2.5	69	2.8	77	3.15	86

	食品	5瓦中		10瓦中		20瓦中		30瓦中		40瓦中	
		蛋白質（瓦）	温量（カロリー）	蛋白質（瓦）	温量（カロリー）	蛋白質（瓦）	温量（カロリー）	蛋白質（瓦）	温量（カロリー）	蛋白質（瓦）	温量（カロリー）
	あはび	1.0	4	2.0	9	4.0	18	6.0	27	8.0	36
	あはび(罐詰)	0.5	2	1.0	5	2.0	9	3.1	14	4.1	18
	粟おこし	0.1	19	0.3	37	0.5	75	0.8	112	1.0	150
	赤貝	0.6	3	1.2	7	2.4	13	3.6	20	4.8	26
	淺蜊	0.7	4	1.4	9	2.9	18	4.3	27	5.8	36
	あみ(佃煮)	0.8	9	1.5	19	3.0	38	4.5	56	6.0	75
	あみ鹽辛	0.7	3	1.3	7	2.7	14	4.0	20	5.3	27
	家鴨卵	0.6	9	1.2	17	2.5	35	3.7	52	5.0	70
B	ビーフン	0.4	18	0.8	35	1.7	70	2.5	106	3.3	141
	ビスケット	0.5	20	1.0	39	2.0	78	3.1	117	4.1	156
	バナヽ菓子	0.3	18	0.5	35	1.0	70	1.5	105	2.0	140
	馬鈴薯	0.1	4	0.2	8	0.4	16	0.6	24	0.8	32
	馬鈴薯(新)	0.1	4	0.2	8	0.4	15	0.6	23	0.8	31
	紅生姜	0.0	1	0.1	2	0.1	4	0.2	7	0.2	9
	びは	0.0	2	0.1	5	0.1	10	0.2	15	0.2	20
	バナヽ	0.1	3	0.1	6	0.3	12	0.4	18	0.5	24
	ぶどう	0.0	3	0.0	5	0.1	11	0.1	16	0.2	21
	ボーロ	0.1	17	0.2	34	0.5	68	0.7	102	1.0	136
	ぶどう(乾)	0.1	17	0.3	34	0.5	69	0.8	103	1.0	137
	葡萄汁(シロップ)	—	11	—	22	—	44	—	66	—	88
	葡萄豆(煮豆)	0.9	12	1.8	24	3.5	48	5.3	73	7.1	97
	馬肉	1.0	5	2.0	10	4.0	21	6.0	31	8.0	41
	ベーコン	0.3	33	0.5	67	1.1	133	1.6	200	2.2	266
	ぼら	1.0	8	2.0	15	4.0	31	6.0	46	8.0	62
	ぶり	1.1	6	2.2	11	4.4	22	6.7	33	8.9	44
	びんなが	1.2	11	2.5	22	5.0	44	7.5	66	10.0	88
	馬鹿貝	0.6	3	1.2	6	2.3	12	3.5	18	4.6	24
	バター	0.0	40	0.1	81	0.2	162	0.2	242	0.3	323
C	竹輪麩	0.4	9	0.7	18	1.5	35	2.2	53	2.9	71
	ちまき	0.1	7	0.1	13	0.3	26	0.4	39	0.6	52
	チヨコレート	0.3	22	0.7	44	1.4	88	2.0	133	2.7	177
	ちさ	0.0	1	0.1	1	0.1	2	0.2	3	0.3	4
	朝鮮あざみ	0.2	4	0.3	9	0.6	17	0.9	26	1.3	34

50瓦中		60瓦中		70瓦中		80瓦中		90瓦中		100瓦中	
蛋白質 (瓦)	温量 (カロリー)	蛋白質 (瓦)	温量 (カロリー)	蛋白質 (瓦)	温量 (カロリー)	蛋白質 (瓦)	温量 (カロリー)	蛋白質 (瓦)	温量 (カロリー)	蛋白質 (瓦)	温量 (カロリー)
20.0	101	24.0	121	28.0	141	32.0	162	36.0	182	40.01	202
4.7	40	5.7	47	6.6	55	7.6	63	8.5	71	9.47	79
17.1	223	20.5	268	23.9	312	27.4	357	30.8	401	34.20	446
3.1	177	3.7	212	4.4	248	5.0	283	5.6	319	6.24	354
19.8	212	23.7	254	27.7	296	31.6	338	35.6	381	39.50	423
23.8	141	28.5	169	33.3	197	38.0	226	42.8	254	47.55	282
2.7	126	3.2	151	3.8	176	4.3	202	4.9	227	5.40	252
6.0	215	7.2	257	8.4	300	9.6	343	10.8	386	12.04	429
2.9	101	3.5	121	4.1	141	4.6	161	5.2	181	5.80	201
4.1	185	4.9	222	5.7	259	6.5	296	7.4	333	8.17	370
—	200	—	240	—	280	—	320	—	360	+	400
0.8	7	0.9	8	1.1	9	1.2	10	1.4	12	1.50	13
0.3	6	0.4	7	0.4	8	0.5	10	0.5	11	0.60	12
0.6	7	0.7	8	0.8	10	0.9	11	1.0	13	1.10	14
—	465	—	558	—	651	—	744	—	837	—	930
7.4	36	8.9	43	10.4	50	11.8	58	13.3	65	14.80	72
8.4	49	10.1	59	11.8	69	13.5	78	15.2	88	16.85	98
1.7	15	2.1	18	2.4	21	2.8	24	3.1	27	3.47	30
7.3	186	8.8	223	10.3	260	11.7	298	13.2	335	14.68	372
6.6	62	7.9	74	9.2	86	10.6	98	11.9	111	13.20	123
7.2	101	8.6	121	10.0	141	11.5	162	12.9	182	14.35	202
6.7	86	8.1	103	9.4	120	10.7	138	12.1	155	13.43	172
12.0	161	14.4	193	16.8	225	19.2	257	21.6	289	23.96	321
4.5	96	5.4	115	6.4	134	7.3	154	8.2	173	9.08	192
11.6	102	14.0	122	16.3	143	18.6	163	21.0	184	23.28	204
6.3	66	7.5	79	8.8	92	10.0	105	11.3	118	12.50	131
17.5	73	21.0	88	24.5	102	28.0	117	31.5	131	35.00	146
4.8	138	5.8	166	6.8	193	7.7	221	8.7	248	9.68	276
15.6	184	18.7	221	21.8	258	25.0	294	28.1	331	31.20	368
7.0	160	8.4	192	9.8	224	11.3	256	12.7	288	14.07	320
5.1	127	6.2	152	7.2	178	8.2	203	9.3	229	10.28	254
0.4	6	0.5	7	0.6	8	0.7	10	0.7	11	0.83	12

	食品	5瓦中		10瓦中		20瓦中		30瓦中		40瓦中	
		蛋白質（瓦）	温量（カロリー）	蛋白質（瓦）	温量（カロリー）	蛋白質（瓦）	温量（カロリー）	蛋白質（瓦）	温量（カロリー）	蛋白質（瓦）	温量（カロリー）
	ちりめん雑魚	2.0	10	4.0	20	8.0	40	12.0	61	16.0	81
	竹輪	0.5	4	0.9	8	1.9	16	2.8	24	3.8	32
	チーズ	1.7	22	3.4	45	6.8	89	10.3	134	13.7	178
D	道明寺粉	0.3	18	0.6	35	1.2	71	1.9	106	2.5	142
	大豆(目黒)	2.0	21	4.0	42	7,9	85	11.9	127	15.8	169
	大豆粕	2.4	14	4.8	28	9.5	56	14.3	85	19.0	113
	どらやき	0.3	13	0.5	25	1.1	50	1.6	76	2.2	101
	ドーナツツ	0.6	21	1.2	43	2.4	86	3.6	129	4.8	172
	大福餅	0.3	10	0.6	20	1.2	40	1.7	60	2.3	80
	デセール	0.4	19	0.8	37	1.6	74	2.5	111	3.3	148
	ドロップス	—	20	—	40	—	80	—	120	—	160
	大根葉	0.1	1	0.2	1	0.3	3	0.5	4	0.6	5
	大根	0.0	1	0.1	1	0.1	2	0.2	4	0.2	5
	大根(櫻島)	0.1	1	0.1	1	0.2	3	0.3	4	0.4	6
	大豆油	—	47	—	93	—	186	—	279	—	372
	どぢやう	0.7	4	1.5	7	3.0	14	4.4	22	5.9	29
	どぢやう(骨抜)	0.8	5	1.7	10	3.4	20	5.1	29	6.7	39
	脱脂乳	0.2	2	0.3	3	0.7	6	1.0	9	1.4	12
E	燕麥	0.7	19	1.5	37	2.9	74	4.4	112	5.9	149
	枝豆	0.7	6	1.3	12	2.6	25	4.0	37	5.3	49
	江戸味噌	0.7	10	1.4	20	2.9	40	4.3	61	5.7	81
	越後味噌	0.7	9	1.3	17	2.7	34	4.0	52	5.4	69
	豌豆(赤)	1.2	16	2.4	32	4.8	64	7.2	96	9.6	128
	海老芋	0.5	10	0.9	19	1.8	38	2.7	58	3.6	77
	えびつくだに	1.2	10	2.3	20	4.7	41	7.0	61	9.3	82
	えびしんじよ	0.6	7	1.3	13	2.5	26	3.8	39	5.0	52
	えぞからすみ	1.8	7	3.5	15	7.0	29	10.5	44	14.0	58
F	フランス麵麭	0.5	14	1.0	28	1.9	55	2.9	83	3.9	110
	麩	1.6	18	3.1	37	6.2	74	9.4	110	12.5	147
	麬	0.7	16	1.4	32	2.8	64	4.2	96	5.6	128
	富貴豆(煮豆)	0.5	13	1.0	25	2.1	51	3.1	76	4.1	102
	不斷草	0.0	1	0.1	1	0.2	2	0.2	4	0.3	5

50瓦中		60瓦中		70瓦中		80瓦中		90瓦中		100瓦中	
蛋白質(瓦)	温量(カロリー)	蛋白質(瓦)	温量(カロリー)	蛋白質(瓦)	温量(カロリー)	蛋白質(瓦)	温量(カロリー)	蛋白質(瓦)	温量(カロリー)	蛋白質(瓦)	温量(カロリー)
0.8	16	1.0	19	1.1	22	1.3	26	1.4	29	1.59	32
1.1	14	1.3	17	1.5	20	1.7	22	2.0	25	2.18	28
0.3	5	0.3	5	0.4	6	0.4	7	0.5	8	0.54	9
5.2	69	6.2	82	7.2	96	8.3	110	9.3	123	10.35	137
8.4	48	10.1	58	11.8	67	13.4	77	15.1	86	16.80	96
8.7	37	10.4	44	12.1	51	13.9	58	15.6	66	17.32	73
7.9	110	9.4	132	11.0	154	12.6	176	14.1	198	15.72	220
9.0	87	10.8	104	12.6	121	14.3	138	16.1	156	17.93	173
9.0	94	10.9	112	12.7	131	14.5	150	16.3	168	18.09	187
17.6	204	21.1	245	24.6	286	28.2	326	31.7	367	35.20	408
5.4	186	6.5	223	7.5	260	8.6	298	9.7	335	10.76	372
3.8	219	4.6	263	5.3	307	6.1	350	6.8	394	7.60	438
1.7	129	2.0	154	2.3	180	2.7	206	3.0	231	3.34	257
1.3	36	1.5	43	1.8	50	2.0	57	2.3	64	2.50	71
2.7	81	3.2	97	3.7	113	4.2	130	4.8	146	5.30	162
—	465	—	558	—	651	—	744	—	837	—	930
10.0	72	12.0	86	14.0	100	16.1	114	18.1	129	20.07	143
9.9	54	11.8	64	13.8	75	15.8	86	17.7	96	19.70	107
10.9	57	13.0	68	15.2	80	17.4	91	19.5	103	21.72	114
12.7	68	15.2	82	17.8	95	20.3	109	22.9	122	25.39	136
10.9	53	13.1	64	15.2	74	17.4	85	19.6	95	21.[illegible]8	106
9.6	134	11.5	160	13.4	187	15.4	214	17.3	240	19.20	267
8.9	74	10.7	89	12.5	104	14.3	118	16.1	133	17.89	148
9.5	51	11.4	61	13.3	71	15.2	81	17.1	91	19.01	101
13.7	62	16.4	74	19.2	87	21.9	99	24.7	112	27.40	124
30.8	171	40.0	205	43.1	239	49.3	273	55.4	307	61.61	341
1.5	29	1.7	33	2.0	41	2.3	46	2.6	52	2.90	58
5.2	176	6.2	211	7.3	246	8.3	282	9.4	317	10.40	352
7.1	176	8.5	211	9.9	246	11.4	281	12.8	316	14.20	351
5.2	136	6.2	163	7.3	190	8.3	217	9.3	244	10.37	271
5.4	165	6.4	198	7.5	231	8.6	264	9.7	297	10.74	330
4.5	151	5.4	181	6.3	211	7.2	241	8.1	271	9.03	301

	食品	5瓦中 蛋白質（瓦）	5瓦中 温量（カロリー）	10瓦中 蛋白質（瓦）	10瓦中 温量（カロリー）	20瓦中 蛋白質（瓦）	20瓦中 温量（カロリー）	30瓦中 蛋白質（瓦）	30瓦中 温量（カロリー）	40瓦中 蛋白質（瓦）	40瓦中 温量（カロリー）
	フランス葱	0.1	2	0.2	3	0.3	6	0.5	10	0.6	13
	蕗（葉）	0.1	1	0.2	3	0.4	6	0.7	8	0.9	11
	蕗（莖）	0.0	0	0.1	1	0.1	2	0.2	3	0.2	4
	蕗のとう	0.5	7	1.0	14	2.1	27	3.1	41	4.1	55
	ふな	0.8	5	1.7	10	3.4	19	5.0	29	6.7	38
	ふぐ	0.9	4	1.7	7	3.5	15	5.2	22	6.9	29
	鮒甘露煮	0.8	11	1.6	22	3.1	44	4.7	66	6.3	88
	鮒雀燒	0.9	9	1.8	17	3.6	35	5.4	52	7.2	69
	フィシュボール	0.9	9	1.8	19	3.6	37	5.4	56	7.2	75
G	がんもどき	1.8	20	3.5	41	7.0	82	10.6	122	14.1	163
	五家寶	0.5	19	1.1	37	2.2	74	3.2	112	4.3	149
	源平豆	0.4	22	0.8	44	1.5	88	2.3	131	3.0	175
	ぎうひ	0.2	13	0.3	26	0.7	51	1.0	77	1.3	103
	牛蒡	0.1	4	0.3	7	0.5	14	0.8	21	1.0	28
	銀杏	0.3	8	0.5	16	1.1	32	1.6	49	2.1	65
	胡麻油	—	47	—	93	—	186	—	279	—	372
	牛肉（ロース）	1.0	7	2.0	14	4.0	29	6.0	43	8.0	57
	牛肉（一等）	1.0	5	2.0	11	3.9	21	5.9	32	7.9	43
	牛肉（二等）	1.1	6	2.2	11	4.3	23	6.5	34	8.7	46
	牛肉（三等）	1.3	7	2.5	14	5.1	27	7.6	41	10.2	54
	牛肉（四等）	1.1	5	2.2	11	4.4	21	6.5	32	8.7	42
	牛肉（小間切）	1.0	13	1.9	27	3.8	53	5.8	80	7.7	107
	牛肉大和煮	0.9	7	1.8	15	3.6	30	5.4	44	7.2	59
	ぎんぼ	1.0	5	1.9	10	3.8	20	5.7	30	7.6	40
	ごまめ	1.4	6	2.7	12	5.5	25	8.2	37	11.0	50
	ぎすけ煮	3.1	17	6.2	34	12.3	68	18.5	102	24.6	136
	牛乳（平均）	0.1	3	0.3	6	0.6	12	0.9	17	1.2	23
H	挽割麥	0.5	18	1.0	35	2.1	70	3.1	106	4.2	141
	裸麥	0.7	18	1.4	35	2.8	70	4.3	105	5.7	140
	標準榮養蒸麵麭	0.5	14	1.0	27	2.1	54	3.1	81	4.1	108
	ほしうどん	0.5	17	1.1	33	2.1	66	3.2	99	4.3	132
	干蕎麥	0.5	15	0.9	30	1.8	60	2.7	90	3.6	120

50瓦中		60瓦中		70瓦中		80瓦中		90瓦中		100瓦中	
蛋白質(瓦)	温量(カロリー)	蛋白質(瓦)	温量(カロリー)	蛋白質(瓦)	温量(カロリー)	蛋白質(瓦)	温量(カロリー)	蛋白質(瓦)	温量(カロリー)	蛋白質(瓦)	温量(カロリー)
7.1	180	8.5	216	10.0	252	11.4	288	12.8	324	14.22	360
13.0	130	15.5	155	18.1	181	20.7	207	23.3	233	25.90	259
0.2	169	0.3	202	0.3	236	0.3	270	0.4	303	0.42	337
11.6	106	13.9	127	16.2	148	18.6	169	20.9	190	23.19	211
4.2	59	5.0	71	5.8	83	6.6	94	7.5	106	8.31	118
1.2	62	1.4	74	1.7	86	1.9	98	2.2	111	2.41	123
0.1	195	0.1	234	0.1	273	0.1	312	0.1	351	0.13	390
0.3	161	0.4	193	0.4	225	0.5	257	0.5	289	0.60	321
1.1	11	1.3	13	1.5	15	1.8	18	2.0	20	2.20	22
0.4	7	0.4	8	0.5	10	0.6	11	0.6	13	0.72	14
0.8	15	1.0	17	1.2	20	1.3	23	1.5	26	1.67	29
0.3	9	0.4	11	0.4	13	0.5	14	0.5	16	0.61	18
0.9	33	1.1	40	1.2	46	1.4	53	1.6	59	1.77	66
0.9	12	1.1	14	1.3	17	1.5	19	1.7	22	1.85	24
0.8	20	0.9	23	1.1	27	1.2	31	1.4	35	1.56	39
3.3	98	3.9	118	4.6	137	5.3	157	5.9	176	6.57	196
13.4	136	16.1	163	18.8	190	21.5	217	24.1	244	26.82	271
8.8	138	10.5	166	12.3	193	14.1	221	15.8	248	17.57	276
0.5	22	0.6	26	0.7	30	0.8	34	0.9	39	1.05	43
3.2	107	3.8	128	4.4	150	5.0	171	5.7	193	6.30	214
0.2	464	0.2	557	0.2	650	0.2	742	0.3	835	0.30	928
11.4	112	13.6	134	15.9	156	18.2	178	20.4	201	22.70	223
8.2	71	9.8	85	11.4	99	13.1	113	14.7	127	16.35	141
10.1	118	12.2	142	14.2	165	16.2	189	18.2	212	20.25	236
10.2	103	12.2	124	14.3	144	16.3	165	18.4	185	20.40	206
9.0	63	10.7	75	12.5	88	14.3	100	16.1	113	17.90	125
9.4	44	11.2	52	13.1	61	15.0	70	16.8	78	18.70	87
10.7	67	12.8	80	14.9	93	17.0	106	19.2	120	21.30	133
9.4	66	11.2	79	13.1	92	15.0	106	16.8	119	18.71	132
8.0	37	9.6	44	11.1	51	12.7	58	14.3	66	15.92	73
15.6	66	18.7	79	21.8	92	24.9	106	28.0	119	31.10	132
29.0	126	34.8	151	40.6	176	46.4	202	52.2	227	58.00	252
27.7	240	33.2	287	38.8	335	44.3	383	49.9	431	55.40	479
11.9	63	14.2	76	16.6	88	19.0	101	21.3	113	23.72	126
3.9	41	4.7	49	5.5	57	6.2	65	7.0	73	7.80	81

食品	5瓦中		10瓦中		20瓦中		30瓦中		40瓦中	
	蛋白質(瓦)	溫量(カロリー)	蛋白質(瓦)	溫量(カロリー)	蛋白質(瓦)	溫量(カロリー)	蛋白質(瓦)	溫量(カロリー)	蛋白質(瓦)	溫量(カロリー)
はとむぎ	0.7	18	1.4	36	2.8	72	4.3	108	5.7	144
濱名納豆	1.3	13	2.6	26	5.2	52	7.8	78	10.4	104
春雨	0.0	17	0.0	34	0.1	67	0.1	101	0.2	135
八丁味噌	1.2	11	2.3	21	4.6	42	7.0	63	9.3	84
ひしほ味噌	0.4	6	0.8	12	1.7	24	2.5	35	3.3	47
萩の餅	0.1	6	0.2	12	0.5	25	0.7	37	1.0	49
薄荷菓子	0.0	20	0.0	39	0.0	78	0.0	117	0.1	156
蜂蜜	0.0	16	0.1	32	0.1	64	0.2	96	0.2	128
ほうれんさう	0.1	1	0.2	2	0.4	4	0.7	7	0.9	9
白菜	0.0	1	0.1	1	0.1	3	0.2	4	0.3	6
濱防風	0.1	1	0.2	3	0.3	6	0.5	9	0.7	12
はやと瓜(青)	0.0	1	0.1	2	0.1	4	0.2	5	0.2	7
北海道	0.1	3	0.2	7	0.4	13	0.5	20	0.7	26
かぼちや ひとくちなす	0.1	1	0.2	2	0.4	5	0.6	7	0.7	10
花椰菜	0.1	2	0.2	4	0.3	8	0.5	12	0.6	16
干芋莖	0.3	10	0.7	20	1.3	39	2.0	59	2.6	78
干わらび	1.3	14	2.7	27	5.4	54	8.0	81	10.7	108
干ぜんまい	0.9	14	1.8	28	3.5	55	5.3	83	7.0	110
ひねしようが	0.1	2	0.1	4	0.2	9	0.3	13	0.4	17
乾柿	0.3	11	0.6	21	1.3	43	1.9	64	2.5	86
牛脂(ヘット)	0.0	46	0.0	93	0.1	186	0.1	278	0.1	371
ハム	1.1	11	2.3	22	4.5	45	6.8	67	9.1	89
羊肉	0.8	7	1.6	14	3.3	28	4.9	42	6.5	56
蜂の子(罐詰)	1.0	12	2.0	24	4.1	47	6.1	71	8.1	94
鳩肉	1.0	10	2.0	21	4.1	41	6.1	62	8.2	82
はも	0.9	6	1.8	13	3.6	25	5.4	38	7.2	50
はぜ	0.9	4	1.9	9	3.7	17	5.6	26	7.5	35
ほうぼう	1.1	7	2.1	13	4.3	27	6.4	40	8.5	53
ひがい	0.9	7	1.9	13	3.7	26	5.6	40	7.5	53
ひらめ	0.8	4	1.6	7	3.2	15	4.8	22	6.4	29
干鱈	1.6	7	3.1	13	6.2	26	9.3	40	12.4	53
干鱈	2.9	13	5.8	25	11.6	50	17.4	76	23.2	101
乾鮎	2.8	24	5.5	48	11.1	96	16.6	144	22.2	192
ほうぼう味淋干	1.2	6	2.4	13	4.7	25	7.1	38	9 5	50
はんぺん	0.4	4	0.8	8	1.6	16	2.3	24	3.1	32

50瓦中		60瓦中		70瓦中		80瓦中		90瓦中		100瓦中	
蛋白質（瓦）	温量（カロリー）	蛋白質（瓦）	温量（カロリー）	蛋白質（瓦）	温量（カロリー）	蛋白質（瓦）	温量（カロリー）	蛋白質（瓦）	温量（カロリー）	蛋白質（瓦）	温量（カロリー）
10.1	91	12.1	109	14.1	127	16.1	146	18.2	164	20.18	182
7.8	51	9.3	61	10.9	71	12.5	82	14.0	92	15.58	102
27.3	217	32.7	260	38.2	303	43.6	346	49.1	390	54.56	433
10.4	46	12.5	55	14.5	64	16.6	74	18.7	83	20.75	92
5.8	35	6.9	42	8.1	49	9.2	56	10.4	63	11.50	70
5.6	109	6.7	130	7.8	152	8.9	174	10.0	195	11.10	217
20.5	103	24.5	124	28.6	144	32.7	165	36.8	185	40.90	206
25.0	126	29.9	151	34.9	176	39.9	202	44.9	227	49.90	252
38.9	177	46.7	212	54.4	247	62.2	282	70.0	318	77.78	353
21.7	158	26.0	190	30.4	221	34.7	253	39.0	284	43.36	316
15.2	115	18.2	138	21.2	161	24.2	184	27.3	207	30.30	230
8.9	43	10.7	51	12.5	60	14.3	68	16.0	77	17.83	85
9.1	98	10.9	118	12.7	137	14.5	157	16.3	176	18.10	196
4.3	76	5.1	91	6.0	106	6.8	121	7.7	136	8.50	151
2.4	82	2.8	98	3.3	114	3.8	130	4.2	147	4.72	163
2.5	83	3.0	99	3.5	116	4.0	132	4.4	149	4.94	165
13.9	187	16.6	224	19.4	261	22.2	298	25.0	336	27.74	373
1.6	27	1.9	32	2.3	38	2.6	43	2.9	49	3.23	54
0.6	17	0.7	20	0.8	23	0.9	26	1.0	30	1.10	33
4.1	122	4.9	146	5.7	171	6.6	195	7.4	220	8.20	244
1.3	116	1.6	139	1.8	162	2.1	185	2.4	208	2.64	231
16.4	175	19.7	210	23.0	245	26.2	280	29.5	315	32.79	350
—	112	—	134	—	156	—	178	—	201	—	223
8.4	73	10.1	88	11.8	102	13.5	117	15.1	131	16.82	146
32.1	143	38.5	171	44.9	200	51.3	228	57.7	257	64.15	285
7.6	63	9.1	76	10.6	88	12.1	101	13.6	113	15.10	126
11.4	69	13.7	82	15.9	96	18.2	110	20.5	123	22.75	137
10.8	57	13.0	68	15.1	79	17.3	90	19.4	102	21.60	113
6.6	52	7.9	62	9.2	73	10.6	83	11.9	94	13.20	104
9.6	51	11.5	61	13.4	71	15.3	82	17.2	92	19.14	102
8.0	48	9.7	57	11.3	67	12.9	76	14.5	86	16.09	95
10.8	66	12.9	79	15.1	92	17.2	106	19.4	119	21.50	132
8.9	49	10.7	59	12.5	69	14.2	78	16.0	88	17.80	98
7.8	74	9.4	88	11.0	103	12.6	118	14.1	132	15.69	147

	食品	5瓦中 蛋白質（瓦）	5瓦中 温量（カロリー）	10瓦中 蛋白質（瓦）	10瓦中 温量（カロリー）	20瓦中 蛋白質（瓦）	20瓦中 温量（カロリー）	30瓦中 蛋白質（瓦）	30瓦中 温量（カロリー）	40瓦中 蛋白質（瓦）	40瓦中 温量（カロリー）
	はぜ佃煮	1.0	9	2.0	18	4.0	36	6.1	55	8.1	73
	はたはた	0.8	5	1.6	10	3.1	20	4.7	31	6.2	41
	はや	2.7	22	5.5	43	10.9	87	16.4	130	21.8	173
	帆立貝柱（罐詰）	1.0	5	2.1	9	4.2	18	6.2	28	8.3	37
	蛤	0.6	4	1.2	7	2.3	14	3.5	21	4.6	28
	ほたてみそ	0.6	11	1.1	22	2.2	43	3.3	65	4.4	87
	乾海老（さくらえび）	2.0	10	4.1	21	8.2	41	12.3	62	16.4	82
	干あみ	2.5	13	5.0	25	10.0	50	15.0	76	20.0	101
	花鰑	3.9	18	7.8	35	15.6	71	23.3	106	31.1	141
	ほたる烏賊	2.2	16	4.3	32	8.7	63	13.0	95	17.3	126
	はらゝご	1.5	12	3.0	23	6.1	46	9.1	69	12.1	92
	北寄貝	0.9	4	1.8	9	3.6	17	5.3	26	7.1	34
I	糸引納豆	0.9	10	1.8	20	3.6	39	5.4	59	7.2	78
	田舎味噌	0.4	8	0.9	15	1.7	30	2.6	45	3.4	60
	今川焼	0.2	8	0.5	16	0.9	33	1.4	49	1.9	65
	田舎饅頭	0.2	8	0.5	17	1.0	33	1.5	50	2.0	66
	いりいり	1.4	19	2.8	37	5.5	75	8.3	112	11.1	149
	絲かぼちや	0.2	3	0.3	5	0.6	11	1.0	16	1.3	22
	いちじゆく	0.1	2	0.1	3	0.2	7	0.3	10	0.4	13
	いちじゆく（乾）	0.4	12	0.8	24	1.6	49	2.5	73	3.3	98
	苺ジヤム	0.1	12	0.3	23	0.5	46	0.8	69	1.1	92
	苺ゼリー	1.6	13	3.3	35	6.6	70	9.8	105	13.1	140
	苺汁（シロツプ）	—	11	—	22	—	45	—	67	—	89
	猪肉	0.8	7	1.7	15	3.4	29	5.0	44	6.7	58
	いなご	3.2	14	6.4	29	12.8	57	19.2	86	25.7	114
	いぼだい	0.8	6	1.5	13	3.0	25	4.5	38	6.0	50
	いな	1.1	7	2.3	14	4.6	27	6.8	41	9.1	55
	いなだ	1.1	6	2.2	11	4.3	23	6.5	34	8.6	45
	いしもち	0.7	5	1.3	10	2.6	21	4.0	31	5.3	42
	いしがれひ	1.0	5	1.9	10	3.8	20	5.7	31	7.7	41
	いしだい	0.8	5	1.6	10	3.2	19	4.8	29	6.4	38
	いさき	1.1	7	2.2	13	4.3	26	6.5	40	8.6	53
	いとより	0.9	5	1.8	10	3.6	20	5.3	29	7.1	39
	いわし	0.8	7	1.6	15	3.1	29	4.7	44	6.3	59

50瓦中		60瓦中		70瓦中		80瓦中		90瓦中		100瓦中	
蛋白質(瓦)	温量(カロリー)	蛋白質(瓦)	温量(カロリー)	蛋白質(瓦)	温量(カロリー)	蛋白質(瓦)	温量(カロリー)	蛋白質(瓦)	温量(カロリー)	蛋白質(瓦)	温量(カロリー)
8.1	85	9.8	101	11.4	118	13.0	135	14.6	152	16.25	169
8.9	78	10.7	94	12.5	109	14.3	125	16.1	140	17.86	156
10.2	50	12.2	59	14.3	69	16.3	79	18.3	89	20.36	99
14.1	153	16.9	184	19.7	214	22.5	245	25.3	275	28.10	306
14.3	113	17.2	136	20.1	158	22.9	181	25.8	203	28.66	226
9.8	97	11.8	116	13.8	135	15.7	154	17.7	174	19.67	193
41.2	170	49.4	203	57.7	237	65.9	271	74.1	305	82.36	339
9.4	47	11.2	56	13.1	65	15.0	74	16.8	84	18.70	93
8.0	40	9.5	47	11.1	55	12.7	63	14.3	71	15.90	79
5.8	42	7.0	50	8.1	59	9.3	67	10.4	76	11.60	84
6.3	33	7.6	40	8.8	46	10.1	53	11.3	59	12.60	66
10.9	64	13.1	76	15.3	89	17.5	102	19.7	114	21.86	127
2.9	178	3.4	213	4.0	249	4.6	284	5.2	320	5.74	355
1.5	18	1.8	22	2.1	25	2.4	29	2.8	32	3.06	36
0.1	190	0.1	228	0.1	266	0.2	304	0.2	342	0.19	380
0.6	55	0.7	65	0.8	76	0.9	87	1.0	98	1.10	109
3.9	178	4.7	214	5.4	249	6.2	285	7.0	320	7.78	356
3.8	176	4.5	211	5.3	246	6.0	282	6.8	317	7.50	352
3.6	175	4.3	210	5.1	245	5.8	280	6.5	315	7.22	350
3.5	175	4.2	210	5.0	245	5.7	280	6.4	315	7.08	350
3.5	175	4.2	210	4.9	245	5.6	280	6.3	315	6.99	350
3.5	175	4.2	210	4.9	245	5.5	280	6.2	315	6.93	350
2.5	175	3.0	210	3.4	245	3.9	280	4.4	315	4.92	350
3.8	166	4.6	199	5.3	232	6.1	266	6.8	299	7.60	332
6.5	179	7.7	215	9.0	251	10.3	286	11.6	322	12.90	358
10.5	172	12.6	206	14.7	240	16.8	274	18.8	309	20.94	343
26.2	182	31.4	218	36.7	254	41.9	290	47.2	327	52.40	363
3.5	181	4.2	217	4.9	253	5.6	289	6.3	325	6.99	361
18.2	198	21.8	237	25.5	277	29.1	316	32.8	356	36.40	395
19.7	221	23.6	265	27.5	309	31.4	353	35.4	397	39.30	441
30.1	248	36.1	297	42.1	347	48.2	396	54.2	446	60.20	495

	食品	5瓦中		10瓦中		20瓦中		30瓦中		40瓦中	
		蛋白質（瓦）	温量（カロリー）	蛋白質（瓦）	温量（カロリー）	蛋白質（瓦）	温量（カロリー）	蛋白質（瓦）	温量（カロリー）	蛋白質（瓦）	温量（カロリー）
	いわし（わたぬき）	0.8	8	1.6	17	3.3	34	4.9	51	6.5	68
	いわし（わた・ほねぬき）	0.9	8	1.8	16	3.6	31	5.4	47	7.1	62
	いわしまる乾し	1.0	5	2.0	10	4.1	20	6.1	30	8.1	40
	いわし（味淋干）	1.4	15	2.8	31	5.6	61	8.4	92	11.2	122
	鰯（油漬）	1.4	11	2.9	23	5.7	45	8.6	68	11.5	90
	鰯（粟漬）	1.0	10	2.0	19	3.9	39	5.9	58	7.9	77
	魚《イツ》翅《チー》（生）	4.1	17	8.2	34	16.5	68	24.7	102	32.9	136
	伊勢えび	0.9	5	1.9	9	3.7	19	5.6	28	7.5	37
	烏賊（まいか）	0.8	4	1.6	8	3.2	16	4.8	24	6.4	32
	烏賊鹽辛	0.6	4	1.2	8	2.3	17	3.5	25	4.6	34
	いゝ蛸	0.6	3	1.3	7	2.5	13	3.8	20	5.0	26
	いくら（罐詰）	1.1	6	2.2	13	4.4	25	6.6	38	8.7	51
J	上米粉	0.3	18	0.6	36	1.1	71	1.7	107	2.3	142
	十六豇豆	0.2	2	0.3	4	0.6	7	0.9	11	1.2	14
	ゼリービーンズ	0.0	19	0.0	38	0.0	76	0.1	114	0.1	152
	自然薯	0.1	5	0.1	11	0.2	22	0.3	33	0.4	44
K	米（玄米）	0.4	18	0.8	36	1.6	71	2.3	107	3.1	142
	米（五分搗米無砂）	0.4	18	0.8	35	1.5	70	2.3	106	3.0	141
	米（標準精米）	0.4	18	0.7	35	1.4	70	2.2	105	2.9	140
	米（胚芽米無砂）	0.4	18	0.7	35	1.4	70	2.1	105	2.8	140
	米（白米・無砂）	0.3	18	0.7	35	1.4	70	2.1	105	2.8	140
	米（白米・混砂）	0.3	18	0.7	35	1.4	70	2.1	105	2.8	140
	かきもち	0.2	18	0.5	35	1.0	70	1.5	105	2.0	140
	米麴	0.4	17	0.8	33	1.5	66	2.3	100	3.0	133
	小麥	0.6	18	1.3	36	2.6	72	3.9	107	5.2	143
	車麩	1.0	17	2.1	34	4.2	69	6.3	103	8.4	137
	金魚麩	2.6	18	5.2	36	10.5	73	15.7	109	21.0	145
	高粱	0.3	18	0.7	36	1.4	72	2.1	108	2.8	144
	黑大豆	1.8	20	3.6	40	7.3	79	10.9	119	14.6	158
	黄粉	2.0	22	3.9	44	7.9	88	11.8	132	15.7	176
	凍豆腐	3.0	25	6.0	50	12.0	99	18.1	149	24.1	198

50瓦中		60瓦中		70瓦中		80瓦中		90瓦中		100瓦中	
蛋白質（瓦）	温量（カロリー）	蛋白質（瓦）	温量（カロリー）	蛋白質（瓦）	温量（カロリー）	蛋白質（瓦）	温量（カロリー）	蛋白質（瓦）	温量（カロリー）	蛋白質（瓦）	温量（カロリー）
30.7	184	36.8	220	42.9	257	49.1	294	55.2	330	61.34	367
2.9	98	3.5	117	4.0	137	4.6	156	5.2	176	5.78	195
11.0	155	13.2	186	15.5	217	17.7	248	19.9	279	22.08	310
3.8	136	4.6	163	5.3	190	6.1	218	6.9	245	7.64	272
4.1	85	4.9	102	5.7	119	6.6	136	7.4	153	8.20	170
3.6	118	4.3	142	5.0	165	5.8	189	6.5	212	7.20	236
3.5	170	4.2	204	4.9	238	5.6	272	6.3	306	7.00	340
2.3	133	2.8	160	3.2	186	3.7	213	4.1	239	4.60	266
0.2	107	0.3	128	0.3	149	0.4	170	0.4	192	0.45	213
1.7	95	2.0	113	2.3	132	2.7	151	3.0	170	3.34	189
2.4	189	2.9	226	3.3	264	3.8	302	4.3	339	4.78	377
3.5	232	4.1	278	4.8	325	5.5	371	6.2	418	6.90	464
0.1	192	0.1	230	0.2	269	0.2	307	0.2	346	0.22	384
2.1	252	2.5	302	2.9	353	3.3	403	3.7	454	4.10	504
3.6	176	4.3	211	5.0	246	5.8	281	6.5	316	7.20	351
3.6	174	4.3	208	5.0	243	5.8	278	6.5	312	7.20	347
2.9	187	3.5	224	4.1	262	4.6	299	5.2	237	5.79	374
—	196	—	235	—	274	—	313	—	352	—	391
0.2	187	0.3	224	0.3	262	0.3	299	0.4	337	0.43	374
1.8	178	2.2	213	2.5	249	2.9	284	3.3	320	3.64	355
0.4	182	0.4	218	0.5	255	0.6	291	0.6	328	0.70	364
0.5	170	0.5	204	0.6	238	0.7	272	0.8	306	0.90	340
0.4	170	0.5	203	0.6	237	0.6	271	0.7	305	0.80	339
0.3	176	0.3	211	0.4	246	0.4	282	0.5	317	0.53	352
0.7	11	0.8	13	0.9	15	1.0	17	1.2	19	1.30	21
0.9	7	1.0	8	1.2	9	1.4	10	1.5	12	1.70	13
0.9	7	1.0	8	1.2	10	1.4	11	1.5	13	1.70	14
1.3	9	1.5	11	1.8	13	2.0	14	2.3	16	2.50	18
1.5	12	1.8	14	2.1	16	2.5	18	2.8	21	3.07	23
0.4	5	0.4	5	0.5	6	0.6	7	0.6	8	0.70	9
0.3	6	0.3	7	0.4	8	0.4	10	0.5	11	0.56	12
1.3	49	1.6	59	1.8	69	2.1	78	2.4	88	2.63	98
0.4	6	0.4	7	0.5	8	0.6	9	0.6	10	0.70	11
0.8	31	1.0	37	1.1	43	1.3	50	1.5	56	1.62	62

食品	5瓦中		10瓦中		20瓦中		30瓦中		40瓦中	
	蛋白質(瓦)	温量(カロリー)	蛋白質(瓦)	温量(カロリー)	蛋白質(瓦)	温量(カロリー)	蛋白質(瓦)	温量(カロリー)	蛋白質(瓦)	温量(カロリー)
高野豆腐	3.1	18	6.1	37	12.3	73	18.4	110	24.5	147
金山寺味噌	0.3	10	0.6	20	1.2	39	1.7	59	2.3	78
金時	1.1	16	2.2	31	4.4	62	6.6	93	8.8	124
黒豆(甘煮)	0.4	14	0.8	27	1.5	54	2.3	82	3.1	109
きんつば	0.4	9	0.8	17	1.6	34	2.5	51	3.3	68
鹿の子	0.4	12	0.7	24	1.4	47	2.2	71	2.9	94
カステーラ	0.4	17	0.7	34	1.4	68	2.1	102	2.8	136
栗饅頭	0.2	13	0.5	27	0.9	53	1.4	80	1.8	106
柿羊羹	0.0	11	0.0	21	0.1	43	0.1	64	0.2	85
栗羊羹	0.2	9	0.3	19	0.7	38	1.0	57	1.3	76
かるやき	0.2	19	0.5	38	1.0	75	1.4	113	1.9	151
クリームフインガー	0.3	23	0.7	46	1.4	93	2.1	139	2.8	186
キヤンデー	0.0	19	0.0	38	0.0	77	0.1	115	0.1	154
かりんとう	0.2	25	0.4	50	0.8	101	1.2	151	1.6	202
かたぱん	0.4	18	0.7	35	1.4	70	2.2	105	2.9	140
瓦煎餅	0.4	17	0.7	35	1.4	69	2.2	104	2.9	139
懐中汁粉	0.3	19	0.6	37	1.2	75	1.7	112	2.3	150
氷砂糖	—	20	—	39	—	78	—	117	—	156
黄花見	0.0	19	0.0	37	0.1	75	0.1	112	0.2	150
黒砂糖	0.2	18	0.4	35	0.7	71	1.1	107	1.5	142
堅飴	0.0	18	0.1	36	0.1	73	0.2	109	0.3	146
片栗粉	0.0	17	0.1	34	0.2	68	0.3	102	0.4	136
葛粉	0.0	17	0.1	34	0.2	68	0.2	102	0.3	136
コーンスターチ	0.0	18	0.1	35	0.1	70	0.2	106	0.2	141
キヤベツ	0.1	1	0.1	2	0.3	4	0.4	6	0.5	8
蕪菁葉	0.1	1	0.2	1	0.3	3	0.5	4	0.7	5
小松菜	0.1	1	0.2	1	0.3	3	0.5	4	0.7	6
京菜	0.1	1	0.3	2	0.5	4	0.8	5	1.0	7
芥子菜	0.2	1	0.3	2	0.6	5	0.9	7	1.2	9
蕪菁	0.0	0	0.1	1	0.1	2	0.2	3	0.3	4
蕪菁(小蕪菁)	0.0	1	0.1	1	0.1	2	0.2	4	0.2	5
きぬかつぎ	0.1	5	0.3	10	0.5	20	0.8	29	1.1	39
胡瓜	0.0	1	0.1	1	0.1	2	0.2	3	0.3	4
かぼちや	0.1	3	0.2	6	0.3	12	0.5	19	0.6	25

50瓦中		60瓦中		70瓦中		80瓦中		90瓦中		100瓦中	
蛋白質（瓦）	温量（カロリー）	蛋白質（瓦）	温量（カロリー）	蛋白質（瓦）	温量（カロリー）	蛋白質（瓦）	温量（カロリー）	蛋白質（瓦）	温量（カロリー）	蛋白質（瓦）	温量（カロリー）
1.0	18	1.1	22	1.3	25	1.5	29	1.7	32	1.90	36
2.2	61	2.6	73	3.1	85	3.5	98	4.0	110	4.40	122
3.6	115	4.3	137	5.0	160	5.8	183	6.5	206	7.20	229
3.8	131	4.6	157	5.3	183	6.1	210	6.8	236	7.60	262
0.3	17	0.3	20	0.4	23	0.5	26	0.5	30	0.58	33
0.6	20	0.7	24	0.8	28	1.0	32	1.1	36	1.20	40
0.2	39	0.2	47	0.3	55	0.3	62	0.4	70	0.39	78
0.7	21	0.8	25	0.9	29	1.0	34	1.2	38	1.30	42
10.4	287	12.4	344	14.5	401	16.6	458	18.6	516	20.70	573
1.8	78	2.1	94	2.5	109	2.8	125	3.2	140	3.50	156
6.1	325	7.3	389	8.5	454	9.7	519	10.9	584	12.15	649
13.6	346	16.3	415	19.0	484	21.8	554	24.5	623	27.20	692
8.3	38	10.0	45	11.7	53	13.3	60	15.0	68	16.66	75
11.8	127	14.2	152	16.6	178	18.9	203	21.3	229	23.67	254
7.2	67	8.6	80	10.1	94	11.5	107	13.0	121	14.39	134
11.3	58	13.5	69	15.8	81	18.0	92	20.3	104	22.50	115
0.6	144	0.7	173	0.8	202	0.9	230	1.0	259	1.11	288
17.0	97	20.4	116	23.8	135	27.2	154	30.7	174	34.06	193
9.8	76	11.7	91	13.7	106	15.6	122	17.6	137	19.50	152
15.6	114	18.7	137	21.8	160	24.9	182	28.0	205	31.12	228
12.2	299	14.6	359	17.1	419	19.5	478	21.9	538	24.38	598
11.9	61	14.2	73	16.6	85	19.0	98	21.4	110	23.73	122
10.9	66	13.1	79	15.3	92	17.5	105	19.7	118	21.86	131
15.6	72	18.8	86	21.9	101	25.0	115	28.1	130	31.26	144
11.6	52	13.9	62	16.2	72	18.5	82	20.9	93	23.18	103
11.8	53	14.2	64	16.6	74	18.9	85	21.3	95	23.60	106
12.0	98	14.3	117	16.7	137	19.1	156	21.5	176	23.90	195
8.0	37	9.5	44	11.1	51	12.7	58	14.3	66	15.90	73
10.3	67	12.4	80	14.4	93	16.5	106	18.5	120	20.60	133
10.1	45	12.1	53	14.1	62	16.2	71	18.2	80	20.20	89
9.3	60	11.1	72	13.0	84	14.8	96	16.7	108	18.50	120
11.0	68	13.1	82	15.3	95	17.5	109	19.7	122	21.90	136
9.9	54	11.8	65	13.8	76	15.8	86	17.7	97	19.70	108
13.0	105	15.5	125	18.1	146	20.7	167	23.3	188	25.90	209
9.3	60	11.1	72	13.0	84	14.8	96	16.7	108	18.50	120

食品	5瓦中		10瓦中		20瓦中		30瓦中		40瓦中	
	蛋白質(瓦)	温量(カロリー)	蛋白質(瓦)	温量(カロリー)	蛋白質(瓦)	温量(カロリー)	蛋白質(瓦)	温量(カロリー)	蛋白質(瓦)	温量(カロリー)
菊の花	0.1	2	0.2	4	0.4	7	0.6	11	0.8	14
慈姑	0.2	6	0.4	12	0.9	24	1.3	37	1.8	49
切干大根	0.4	11	0.7	23	1.4	46	2.2	69	2.9	92
かんぴょう	0.4	13	0.8	26	1.5	52	2.3	79	3.0	105
九年母	0.0	2	0.1	3	0.1	7	0.2	10	0.2	13
金柑	0.1	2	0.1	4	0.2	8	0.4	12	0.5	16
くわりん	0.0	4	0.0	8	0.1	16	0.1	23	0.2	31
きざ柿	0.1	2	0.1	4	0.3	8	0.4	13	0.5	17
黒胡麻	1.0	29	2.1	57	4.1	115	6.2	172	8.3	229
栗實	0.2	8	0.4	16	0.7	31	1.1	47	1.4	62
かや實	0.6	32	1.2	65	2.4	130	3.6	195	4.9	260
胡桃	1.4	35	2.7	69	5.4	138	8.2	208	10.9	277
犢肉	0.8	4	1.7	8	3.3	15	5.0	23	6.7	30
コーンビーフ	1.2	13	2.4	25	4.7	51	7.1	76	9.5	102
熊肉	0.7	7	1.4	13	2.9	27	4.3	40	5.8	54
鯨肉	1.1	6	2.3	12	4.5	23	6.8	35	9.0	46
鯨肉(鹽漬)(皮)	0.1	14	0.1	29	0.2	58	0.3	86	0.4	115
鯨肉(大和煮)	1.7	10	3.4	19	6.8	39	10.2	58	13.6	77
鶏肉	1.0	8	2.0	15	3.9	30	5.9	46	7.8	61
鶏肉(雛皮)	1.6	11	3.1	23	6.2	46	9.3	68	12.4	91
けしのみ	1.2	30	2.4	60	4.9	120	7.3	179	9.8	239
鴨肉	1.2	6	2.4	12	4.7	24	7.1	37	9.5	49
小鴨肉	1.1	7	2.2	13	4.4	26	6.6	39	8.7	52
雉肉	1.6	7	3.1	14	6.3	29	9.4	43	12.5	58
かけす肉	1.2	5	2.3	10	4.6	21	7.0	31	9.3	41
かじき	1.2	5	2.4	11	4.7	21	7.1	32	9.5	42
こひ	1.2	10	2.4	20	4.8	39	7.2	59	9.6	78
このしろ	0.8	4	1.6	7	3.2	15	4.8	22	6.4	29
くろだい	1.0	7	2.1	13	4.1	27	6.2	40	8.2	53
こち	1.0	4	2.0	9	4.0	18	6.1	27	8.1	36
かれい	0.9	6	1.9	12	3.7	24	5.6	36	7.4	48
かます	1.1	7	2.2	14	4.4	27	6.6	41	8.8	54
かながしら	1.0	5	2.0	11	3.9	22	5.9	32	7.9	43
かつを	1.3	10	2.6	21	5.2	42	7.8	63	10.4	84
こはだ	0.9	6	1.9	12	3.7	24	5.6	36	7.4	48

50瓦中		60瓦中		70瓦中		80瓦中		90瓦中		100瓦中	
蛋白質（瓦）	温量（カロリー）	蛋白質（瓦）	温量（カロリー）	蛋白質（瓦）	量温（カロリー）	蛋白質（瓦）	温量（カロリー）	蛋白質（瓦）	温量（カロリー）	蛋白質（瓦）	温量（カロリー）
30.3	191	36.4	229	42.5	267	48.5	305	54.6	343	60.66	381
27.4	139	32.9	166	38.4	194	43.8	222	49.3	249	54.81	277
12.0	103	14.5	123	16.9	144	19.3	164	21.7	185	24.09	205
18.6	113	22.3	135	26.0	158	29.8	180	33.5	203	37.19	225
9.4	76	11.3	91	13.2	106	15.1	121	17.0	136	18.86	151
37.4	156	44.9	187	52.3	218	59.8	249	67.3	280	74.75	311
39.4	169	47.2	202	55.1	236	63.0	270	70.9	303	78.73	337
17.8	112	21.3	134	24.9	157	28.5	179	32.0	202	35.57	224
5.6	48	6.7	57	7.8	67	8.9	76	10.0	86	11.10	95
7.7	46	9.3	55	10.8	64	12.4	74	13.9	83	15.44	92
34.1	174	40.9	208	47.7	243	54.5	278	61.3	312	68.16	347
9.8	67	11.8	80	13.7	94	15.7	107	17.7	121	19.63	134
4.1	22	4.9	26	5.8	31	6.6	35	7.4	40	8.24	44
10.3	44	12.3	52	14.4	61	16.4	70	18.5	78	20.51	87
37.1	169	44.5	203	51.9	237	59.3	270	66.7	304	74.12	338
44.0	169	52.7	203	61.5	237	70.3	270	79.1	304	87.91	338
12.6	54	15.1	65	17.6	76	20.1	86	22.6	97	25.12	108
28.5	128	34.2	153	39.9	179	45.6	204	51.3	230	56.99	255
5.8	39	7.0	46	8.1	54	9.3	62	10.4	69	11.60	77
22.2	153	26.7	183	31.1	214	35.5	244	40.0	275	44.43	305
3.1	14	3.7	17	4.3	20	4.9	22	5.5	25	6.10	28
9.3	42	11.2	50	13.0	59	14.9	67	16.7	76	18.60	84
9.7	41	11.7	49	13.6	57	15.6	66	17.5	74	19.44	82
4.1	25	4.9	30	5.7	35	6.6	40	7.4	45	8.20	50
27.0	134	32.4	160	37.8	187	43.2	214	48.6	240	54.00	267
30.2	143	36.2	171	42.3	200	48.3	228	54.4	257	60.39	285
20.6	205	24.7	245	28.8	286	33.0	327	37.1	368	41.20	409
10.3	51	12.3	61	14.4	71	16.4	82	18.5	92	20.52	102
6.6	83	7.9	99	9.2	116	10.5	132	11.8	149	13.10	165
8.0	173	9.6	207	11.2	242	12.8	276	14.4	311	16.00	345
5.6	23	6.7	28	7.8	32	9.0	37	10.1	41	11.20	46
11.7	232	14.0	278	16.4	325	18.7	371	21.1	418	23.40	464
4.2	174	5.0	208	5.8	243	6.6	278	7.5	312	8.30	347
0.3	160	0.4	191	0.5	223	0.5	255	0.6	287	0.65	319

食品	5瓦中		10瓦中		20瓦中		30瓦中		40瓦中	
	蛋白質（瓦）	温量（カロリー）	蛋白質（瓦）	温量（カロリー）	蛋白質（瓦）	温量（カロリー）	蛋白質（瓦）	温量（カロリー）	蛋白質（瓦）	温量（カロリー）
かじか	3.0	19	6 1	38	12.1	76	18.2	114	24.3	152
くさや干物	2.7	14	5.5	28	11.0	55	16.4	83	21.9	111
かじきまぐろ（味淋干）	1.2	10	2.4	21	4.8	41	7.2	62	9.6	82
きすご（味淋干）	1.9	11	3.7	23	7.4	45	11.2	68	14.9	90
こはだ（粟漬）	0.9	8	1.9	15	3.8	30	5.7	45	7.5	60
鰹節（本節）	3.7	16	7.5	31	15.0	62	22.4	93	29.9	124
鰹節（龜節）	3.9	17	7.9	34	15.7	67	23.6	101	31.5	135
かつを田麩	1.8	11	3.6	22	7.1	45	10.7	67	14.2	90
かまぼこ	0.6	5	1.1	10	2.2	19	3.3	29	4.4	38
かまぼこ（燒）	0.8	5	1.5	9	3.1	18	4.6	28	6.2	37
きす龍甲燒	3.4	17	6.8	35	13.6	69	20.4	104	27.3	139
燻製鮭	1.0	7	2.0	13	3.9	27	5.9	40	7.9	54
かつをしほから	0.4	2	0.8	4	1.6	9	2.5	13	3.3	18
かます（加工品）	1.0	4	2.1	9	4.1	17	6.2	26	8.2	35
串淺蜊	3.7	17	7.4	34	14.8	68	22.2	101	29.6	135
貝柱	4.4	17	8.8	34	17.6	68	26.4	101	35.2	135
貝柱（佃煮）	1.3	5	2.5	11	5.0	22	7.5	32	10.0	43
貝の紐	2 8	13	5.7	26	11.4	51	17.1	77	22.8	102
かき	0.6	4	1.2	8	2.3	15	3.5	23	4.6	31
串蛤	2.2	15	4.4	31	8.9	61	13.3	92	17.8	122
車えび	0.3	1	0.6	3	1.2	6	1.8	8	2.4	11
かに	0.9	4	1.9	8	3.7	17	5.6	25	7.4	34
かに（罐詰）	1.0	4	1.9	8	3.9	16	5.8	25	7.8	33
このわた	0.4	3	0.8	5	1.6	10	2.5	15	3.3	20
きんこ	2.7	13	5.4	27	10.8	53	16.2	80	21.6	107
きざみするめ	3.0	14	6.0	29	12.1	57	18.1	86	24.2	114
からすみ	2.1	20	4.1	41	8.2	82	12.4	123	16.5	164
かずのこ	1.0	5	2.1	10	4.1	20	6.2	31	8.2	41
鶏卵（全卵）	0.7	8	1.3	17	2.6	33	3.9	50	5.2	66
鶏卵（卵黄）	0.8	17	1.6	35	3.2	69	4.8	104	6.4	138
鶏卵（卵白）	0.6	2	1.1	5	2.2	9	3.4	14	4.5	18
粉ミルク	1.2	23	2.3	46	4.7	93	7.0	139	9.4	186
煉乳	0.4	17	0.8	35	1.7	69	2.5	104	3.3	139
クリーム	0.0	16	0.1	32	0.1	64	0.2	96	0.3	128

50瓦中		60瓦中		70瓦中		80瓦中		90瓦中		100瓦中	
蛋白質(瓦)	温量(カロリー)	蛋白質(瓦)	温量(カロリー)	蛋白質(瓦)	温量(カロリー)	蛋白質(瓦)	温量(カロリー)	蛋白質(瓦)	温量(カロリー)	蛋白質(瓦)	温量(カロリー)
8.5	40	10.2	48	11.9	56	13.6	64	15.3	72	17.00	80
27.1	153	32.5	184	37.9	214	43.3	245	48.7	275	54.10	306
5.1	183	6.1	220	7.1	256	8.2	293	9.2	329	10.20	366
5.0	181	5.9	217	6.9	253	7.9	290	8.9	326	9.90	362
2.3	110	2.8	131	3.2	153	3.7	175	4.1	197	4.60	219
5.9	185	7.1	222	8.3	259	9.5	296	10.7	333	11.89	370
6.7	169	8.0	203	9.4	237	10.7	270	12.0	304	13.37	338
5.5	174	6.6	208	7.7	243	8.8	278	9.9	312	11.04	347
4.6	186	5.5	223	6.4	260	7.4	297	8.3	334	9.20	371
1.5	11	1.8	13	2.1	15	2.4	18	2.7	20	3.03	22
1.5	10	1.8	11	2.1	13	2.4	15	2.7	17	3.00	19
5.8	73	7.0	87	8.1	102	9.3	116	10.4	131	11.60	145
3.8	141	4.5	169	5.3	197	6.0	226	6.8	254	7.56	282
2.2	108	2.6	129	3.1	151	3.5	172	4.0	194	4.40	215
1.5	155	1.8	186	2.1	217	2.4	248	2.7	279	3.01	310
1.5	160	1.7	192	2.0	224	2.3	256	2.6	288	2.90	320
0.5	169	0.5	202	0.6	236	0.7	270	0.8	303	0.90	337
5.4	195	6.5	233	7.5	272	8.6	311	9.7	350	10.76	389
3.0	20	3.6	24	4.2	28	4.8	32	5.4	36	6.05	40
0.6	7	0.7	8	0.8	9	0.9	10	1.0	12	1.10	13
0.4	4	0.5	5	0.5	6	0.6	6	0.7	7	0.77	8
0.3	7	0.3	8	0.4	9	0.4	10	0.5	12	0.54	13
0.5	9	0.6	11	0.7	13	0.8	14	0.9	16	0.97	18
0.4	4	0.4	4	0.5	5	0.6	6	0.6	6	0.70	7
0.3	4	0.3	4	0.4	5	0.4	6	0.5	6	0.51	7
0.5	24	0.5	28	0.6	33	0.7	38	0.8	42	0.90	47
0.3	10	0.4	12	0.4	14	0.5	16	0.5	18	0.60	20
0.4	11	0.5	13	0.6	15	0.7	17	0.8	19	0.86	21
3.9	160	4.7	192	5.5	224	6.3	256	7.1	288	7.88	320
2.0	329	2.4	394	2.8	460	3.2	526	3.6	591	4.02	657
9.7	162	11.6	194	13.5	226	15.4	258	17.4	291	19.30	323
9.1	63	10.9	75	12.7	88	14.6	100	16.4	113	18.20	125

食品	5瓦中		10瓦中		20瓦中		30瓦中		40瓦中	
	蛋白質（瓦）	温量（カロリー）	蛋白質（瓦）	温量（カロリー）	蛋白質（瓦）	温量（カロリー）	蛋白質（瓦）	温量（カロリー）	蛋白質（瓦）	温量（カロリー）
きす	0.9	4	1.7	8	3.4	16	5.1	24	6.8	32
かれい（味淋干）	2.7	15	5.4	31	10.8	61	16.2	92	21.6	122
M 糯（玄）	0.5	18	1.0	37	2.0	73	3.1	110	4.1	146
糯（白）	0.5	18	1.0	36	2.0	72	3.0	109	4.0	145
餅	0.2	11	0.5	22	0.9	44	1.4	66	1.8	88
メリケン粉	0.6	19	1.2	37	2.4	74	3.6	111	4.8	148
マカロニー	0.7	17	1.3	34	2.7	68	4.0	101	5.3	135
むぎこがし	0.6	17	1.1	35	2.2	69	3.3	104	4.4	139
蜀黍	0.5	19	0.9	37	1.8	74	2.8	111	3.7	148
もやし（大豆）	0.2	1	0.3	2	0.6	4	0.9	7	1.2	9
もやし（緑豆）	0.2	1	0.3	2	0.6	4	0.9	6	1.2	8
剝豌豆	0.6	7	1.2	15	2.3	29	3.5	44	4.6	58
最中	0.4	14	0.8	28	1.5	56	2.3	85	3.0	113
蒸羊羹	0.2	11	0.4	22	0.9	43	1.3	65	1.8	86
ミルクキヤラメル	0.2	16	0.3	31	0.6	62	0.9	93	1.2	124
巻煎餅	0.1	16	0.3	32	0.6	64	0.9	96	1.2	128
水飴	0.0	17	0.1	34	0.2	67	0.3	101	0.4	135
諸越	0.5	19	1.1	39	2.2	78	3.2	117	4.3	156
芽キヤベツ	0.3	2	0.6	4	1.2	8	1.8	12	2.4	16
みつば	0.1	1	0.1	1	0.2	3	0.3	4	0.4	5
もみ大根	0.0	0	0.1	1	0.2	2	0.2	2	0.3	3
まくわ瓜	0.0	1	0.1	1	0.1	3	0.2	4	0.2	5
芽臺	0.0	1	0.1	2	0.2	4	0.3	5	0.4	7
みようがたけ	0.0	0	0.1	1	0.1	1	0.2	2	0.3	3
やしみようが	0.0	0	0.1	1	0.1	1	0.2	2	0.2	3
蜜柑（溫州）	0.0	2	0.1	5	0.2	9	0.3	14	0.4	19
桃	0.0	1	0.1	2	0.1	4	0.2	6	0.2	8
メロン	0.0	1	0.1	2	0.2	4	0.3	6	0.3	8
松實	0.4	16	0.8	32	1.6	64	2.4	96	3.2	128
マヨネーズソース	0.2	33	0.4	66	0.8	131	1.2	197	1.6	263
まぐろ	1.0	16	1.9	32	3.9	65	5.8	97	7.7	129
まながつを	0.9	6	1.8	13	3.6	25	5.5	38	7.3	50

50瓦中		60瓦中		70瓦中		80瓦中		90瓦中		100瓦中	
蛋白質(瓦)	温量(カロリー)	蛋白質(瓦)	温量(カロリー)	蛋白質(瓦)	温量(カロリー)	蛋白質(瓦)	温量(カロリー)	蛋白質(瓦)	温量(カロリー)	蛋白質(瓦)	温量(カロリー)
9.3	57	11.1	68	13.0	79	14.8	90	16.7	102	18.50	113
12.4	60	14.9	72	17.4	84	19.9	96	22.4	108	24.85	120
10.3	67	12.3	80	14.4	94	16.4	107	18.5	121	20.53	134
7.6	71	9.1	85	10.6	99	12.1	113	13.6	127	15.15	141
16.1	79	19.3	94	22.6	110	25.8	126	29.0	141	32.24	157
20.2	158	24.3	190	28.3	221	32.4	253	36.4	284	40.48	316
30.6	134	36.7	160	42.8	187	48.9	214	55.0	240	61.14	267
9.5	101	11.4	121	13.3	141	15.2	161	17.1	181	19.01	201
11.8	78	14.2	93	16.5	109	18.9	124	21.2	140	23.59	155
38.8	165	46.6	197	54.3	230	62.1	263	69.9	296	77.64	329
5.0	42	6.0	50	7.0	58	8.0	66	9.0	75	10.01	83
13.1	65	15.8	77	18.4	90	21.0	103	23.6	116	26.26	129
6.3	29	7.5	34	8.8	40	10.0	46	11.3	51	12.50	57
0.1	440	0.1	527	0.1	615	0.1	703	0.1	791	0.10	879
1.6	47	1.9	56	2.3	65	2.6	74	2.9	84	3.24	93
5.3	63	6.4	75	7.4	88	8.5	100	9.5	113	10.61	125
6.2	74	7.4	89	8.7	104	9.9	118	11.2	133	12.40	148
4.9	56	5.8	67	6.8	78	7.8	90	8.8	101	9.74	112
3.3	44	4.0	52	4.7	61	5.3	70	6.0	78	6.65	87
0.4	151	0.5	181	0.5	211	0.6	241	0.7	271	0.76	301
2.5	110	3.0	131	3.5	153	4.0	175	4.5	197	5.00	219
6.0	223	7.2	268	8.4	312	9.6	357	10.7	401	11.94	446
0.7	12	0.8	14	1.0	16	1.1	18	1.3	21	1.40	23
1.2	16	1.4	19	1.6	22	1.8	26	2.1	29	2.30	32
0.6	46	0.8	55	0.9	64	1.0	73	1.1	82	1.27	91
1.9	27	2.3	32	2.7	38	3.1	43	3.5	49	3.89	54
3.9	34	4.6	41	5.4	48	6.2	54	6.9	61	7.71	68
0.4	7	0.4	8	0.5	10	0.6	11	0.6	13	0.70	14
0.6	13	0.7	16	0.8	18	0.9	21	1.0	23	1.10	26
1.4	49	1.6	58	1.9	68	2.2	78	2.4	87	2.70	97
0.6	9	0.7	10	0.8	12	1.0	14	1.1	15	1.19	17
0.7	12	0.8	14	0.9	16	1.0	18	1.2	21	1.30	23
0.5	17	0.6	20	0.7	24	0.8	27	0.9	31	1.00	34
0.4	20	0.4	23	0.5	27	0.6	31	0.6	35	0.70	39

	食品	5瓦中		10瓦中		20瓦中		30瓦中		40瓦中	
		蛋白質（瓦）	温量（カロリー）	蛋白質（瓦）	温量（カロリー）	蛋白質（瓦）	温量（カロリー）	蛋白質（瓦）	温量（カロリー）	蛋白質（瓦）	温量（カロリー）
	むつ	0.9	6	1.9	11	3.7	23	5.6	34	7.4	45
	まかじき	1.2	6	2.5	12	5.0	24	7.5	36	9.9	48
	ます（なま）	1.0	7	2.1	13	4.1	27	6.2	40	8.2	54
	めざし（鰯）	0.8	7	1.5	14	3.0	28	4.5	42	6.1	56
	めざし（ひしこ）	1.6	8	3.2	16	6.4	31	9.7	47	12.9	63
	みかき鰊	2.0	16	4.0	32	8.1	63	12.1	95	16.2	126
	むろあぢ	3.1	13	6.1	27	12.2	53	18.3	80	24.5	107
	むつ（西京漬）	1.0	10	1.9	20	3.8	40	5.7	60	7.6	80
	ます（西京漬）	1.2	8	2.4	16	4.7	31	7.1	47	9.4	62
	鮪節	3.9	16	7.8	33	15.5	66	23.3	99	31.1	132
	鱒（罐詰）	0.5	4	1.0	8	2.0	17	3.0	25	4.0	33
	まて貝	1.3	6	2.6	13	5.3	26	7.9	39	10.5	52
	みる貝	0.6	3	1.3	6	2.5	11	3.8	17	5.0	23
	マーガリン	0.0	44	0.0	88	0.0	176	0.0	264	0.0	352
N	饂飩（煮）	0.2	5	0.3	9	0.6	19	1.0	28	1.3	37
	生麩	0.5	6	1.1	13	2.1	25	3.2	38	4.2	50
	生揚	0.6	7	1.2	15	2.5	30	3.7	44	5.0	59
	名古屋味噌	0.5	6	1.0	11	1.9	22	2.9	34	3.9	45
	刀豆（莢共）	0.3	4	0.7	9	1.3	17	2.0	26	2.7	35
	熨斗梅	0.0	15	0.1	30	0.2	60	0.2	90	0.3	120
	練羊羹	0.3	11	0.5	22	1.0	44	1.5	66	2.0	88
	ヌガー（落花生）	0.6	22	1.2	45	2.4	89	3.6	134	4.8	178
	葱	0.1	1	0.1	2	0.3	5	0.4	7	0.6	9
	韮	0.1	2	0.2	3	0.5	6	0.7	10	0.9	13
	にんにく	0.1	5	0.1	9	0.3	18	0.4	27	0.5	36
	にんじん葉	0.2	3	0.4	5	0.8	11	1.2	16	1.6	22
	なづな	0.4	3	0.8	7	1.5	14	2.3	20	3.1	27
	根芋	0.0	1	0.1	1	0.1	3	0.2	4	0.3	6
	にんじん	0.1	1	0.1	3	0.2	5	0.3	8	0.4	10
	長芋	0.1	5	0.3	10	0.5	19	0.8	29	1.1	39
	にが瓜	0.1	1	0.1	2	0.2	3	0.4	5	0.5	7
	なす	0.1	1	0.1	2	0.3	5	0.4	7	0.5	9
	夏蜜柑	0.1	2	0.1	3	0.2	7	0.3	10	0.4	14
	ネーブル オレンヂ	0.0	2	0.1	4	0.1	8	0.2	12	0.3	16

50瓦中		60瓦中		70瓦中		80瓦中		90瓦中		100瓦中	
蛋白質（瓦）	温量（カロリー）	蛋白質（瓦）	温量（カロリー）	蛋白質（瓦）	温量（カロリー）	蛋白質（瓦）	温量（カロリー）	蛋白質（瓦）	温量（カロリー）	蛋白質（瓦）	温量（カロリー）
0.2	27	0.2	32	0.3	37	0.3	42	0.4	48	0.40	53
—	465	—	558	—	651	—	744	—	837	—	930
7.2	68	8.6	81	10.1	95	11.5	108	13.0	122	14.39	135
9.2	48	11.0	58	12.8	67	14.6	77	16.5	86	18.30	96
7.9	72	9.5	86	11.1	100	12.6	114	14.2	129	15.80	143
29.4	140	35.2	168	41.1	196	47.0	224	52.8	252	58.70	280
9.3	90	11.2	108	13.0	126	14.9	144	16.8	162	18.64	180
9.4	60	11.2	72	13.1	84	15.0	96	16.8	108	18.72	120
11.4	58	13.7	69	15.9	81	18.2	92	20.5	104	22.76	115
28.2	129	33.8	154	39.5	180	45.1	206	50.8	231	56.41	257
1.3	9	1.5	11	1.8	13	2.0	14	2.3	16	2.50	18
19.4	86	23.3	103	27.2	120	31.1	138	34.9	155	38.83	172
4.2	177	5.0	212	5.9	248	6.7	283	7.6	319	8.40	354
4.8	174	5.7	209	6.7	244	7.6	278	8.6	313	9.50	348
6.4	206	7.7	247	8.9	288	10.2	330	11.5	371	12.75	412
9.2	147	11.0	176	12.9	205	14.7	234	16.5	264	18.36	293
0.6	28	0.7	33	0.8	39	0.9	44	1.0	50	1.10	55
—	465	—	558	—	651	—	744	—	837	—	930
8.5	37	10.2	44	11.9	51	13.6	58	15.3	66	17.00	73
6.0	175	7.1	210	8.3	245	9.5	280	10.7	315	11.91	350
1.8	34	2.2	40	2.5	47	2.9	54	3.2	60	3.61	67
0.3	18	0.4	21	0.5	25	0.5	28	0.6	32	0.67	35
0.3	15	0·3	17	0.4	20	0.4	23	0.5	26	0.50	29
11.5	165	13.8	197	16.1	230	18.4	263	20.7	296	22.98	329
15.8	312	19.0	374	22.1	436	25.3	498	28.4	561	31.60	623
21.9	185	26.3	221	30.7	258	35.1	295	39.4	332	43.82	369
1.8	175	2.1	209	2.5	244	2.8	279	3.2	314	3.50	349
1.1	32	1.3	38	1.5	44	1.8	50	2.0	57	2.20	63
1.2	27	1.4	32	1.6	38	1.8	43	2.1	49	2.30	54
0.4	15	0.4	18	0.5	21	0.6	24	0.6	27	0.70	30

	食品	5瓦中		10瓦中		20瓦中		30瓦中		40瓦中	
		蛋白質（瓦）	温量（カロリー）	蛋白質（瓦）	温量（カロリー）	蛋白質（瓦）	温量（カロリー）	蛋白質（瓦）	温量（カロリー）	蛋白質（瓦）	温量（カロリー）
	梨	0.0	3	0.0	5	0.1	11	0.1	16	0.2	21
	菜種油	—	47	—	93	—	186	—	279	—	372
	鶏臓物	0.7	7	1.4	14	2.9	27	4.3	41	5.8	54
	なまづ	0.9	5	1.8	10	3.7	19	5.5	29	7.3	38
	にしん	0.8	7	1.6	14	3.2	29	4.7	43	6.3	57
	煮干	2.9	14	5.9	28	11.7	56	17.6	84	23.5	112
	にしん（味淋干）	0.9	9	1.9	18	3.7	36	5.6	54	7.5	72
	にしん（粕漬）	0.9	6	1.9	12	3.7	24	5.6	36	7.5	48
	生節	1.1	6	2.3	12	4.6	23	6.8	35	9.1	46
	のし烏賊	2.8	13	5.6	26	11.3	51	16.9	77	22.6	103
	なまこ	0.1	1	0.3	2	0.5	4	0.8	5	1.0	7
	なまこ（乾）	1.9	9	3.9	17	7.8	34	11.6	52	15.5	69
O	大麦（白）	0.4	18	0.8	35	1.7	71	2.5	106	3.4	142
	押麦	0.5	17	1.0	35	1.9	70	2.9	104	3.8	139
	オートミール	0.6	21	1.3	41	2.6	82	3.8	124	5.1	165
	お多福豆甘煮	0.9	15	1.8	29	3.7	59	5.5	88	7.3	117
	櫻桃	0.1	3	0.1	6	0.2	11	0.3	17	0.4	22
	オリーブ油	—	47	—	93	—	186	—	279	—	372
	をこぜ	0.9	4	1.7	7	3.4	15	5.1	22	6.8	29
P	パン粉	0.6	18	1.2	35	2.4	70	3.6	105	4.8	140
	パーセリー	0.2	3	0.4	7	0.7	13	1.1	20	1.4	27
	ポンカン	0.0	2	0.1	4	0.1	7	0.2	11	0.3	14
	パインアップル	0.0	1	0.1	3	0.1	6	0.2	9	0.2	12
R	緑豆	1.1	16	2.3	33	4.6	66	6.9	99	9.2	132
	落花生	1.6	31	3.2	62	6.3	125	9.5	187	12.6	249
	落花生脱脂粉	2.2	18	4.4	37	8.8	74	13.1	111	17.5	148
	落雁	0.2	17	0.4	35	0.7	70	1.1	105	1.4	140
	らつきやう	0.1	3	0.2	6	0.4	13	0.7	19	0.9	25
	蓮根	0.1	3	0.2	5	0.5	11	0.7	16	0.9	22
	レモン	0.0	2	0.1	3	0.1	6	0.2	9	0.3	12

50瓦中		60瓦中		70瓦中		80瓦中		90瓦中		100瓦中	
蛋白質(瓦)	温量(カロリー)	蛋白質(瓦)	温量(カロリー)	蛋白質(瓦)	温量(カロリー)	蛋白質(瓦)	温量(カロリー)	蛋白質(瓦)	温量(カロリー)	蛋白質(瓦)	温量(カロリー)
0.2	18	0.2	22	0.2	25	0.2	29	0.3	32	0.30	36
1.3	114	1.6	136	1.9	159	2.1	182	2.4	204	2.68	227
—	103	—	123	—	144	—	164	—	185	—	205
—	465	—	558	—	651	—	744	—	837	—	930
0.1	465	0.1	557	0.1	650	0.2	743	0.2	836	0.20	929
2.8	173	3.3	208	3.9	242	4.4	277	5.0	311	5.56	346
5.2	133	6.2	159	7.2	186	8.2	212	9.3	239	10.30	265
5.5	118	6.5	141	7.6	165	8.7	188	9.8	212	10.90	235
5.3	155	6.4	186	7.4	217	8.5	248	9.5	279	10.59	310
4.2	135	5.0	162	5.8	189	6.6	216	7.5	243	8.30	270
5.0	134	5.9	161	6.9	188	7.9	214	8.9	241	9.90	268
5.3	163	6.4	196	7.4	228	8.5	261	9.5	293	10.60	326
6.8	179	8.2	215	9.5	251	10.9	286	12.2	322	13.60	358
19.6	206	23.5	247	27.4	288	31.3	330	35.2	371	39.10	412
5.0	87	6.0	104	7.0	122	8.0	139	9.0	157	10.00	174
5.1	84	6.1	100	7.2	117	8.2	134	9.2	150	10.24	167
12.2	181	14.6	217	17.1	253	19.5	289	22.0	325	24.40	361
9.2	153	11.0	183	12.8	214	14.6	244	16.5	275	18.30	305
0.9	12	1.1	14	1.3	17	1.4	19	1.6	22	1.80	24
8.8	95	10.5	114	12.3	133	14.0	152	15.8	171	17.50	190
13.0	162	15.6	194	18.2	227	20.8	259	23.4	292	26.00	324
2.2	16	2.6	19	3.1	22	3.5	26	3.9	29	4.37	32
3.0	150	3.6	180	4.2	210	4.8	240	5.4	270	6.00	300
2.3	121	2.8	145	3.2	169	3.7	193	4.2	217	4.62	241
4.4	183	5.2	220	6.1	256	7.0	293	7.8	329	8.70	366
2.1	96	2.6	115	3.0	134	3.4	154	3.8	173	4.27	192
—	195	—	234	—	273	—	312	—	351	—	390
0.3	178	0.3	213	0.4	249	0.4	284	0.5	320	0.55	355
1.0	10	1.2	11	1.4	13	1.6	15	1.8	17	2.00	19
0.7	9	0.8	11	1.0	13	1.1	14	1.3	16	1.40	18
0.8	7	0.9	8	1.1	9	1.2	10	1.4	12	1.50	13
0.8	16	1.0	19	1.2	22	1.3	25	1.5	28	1.66	31
0.4	9	0.5	10	0.5	12	0.6	14	1.7	15	0.77	17

	食品	5瓦中		10瓦中		20瓦中		30瓦中		40瓦中	
		蛋白質(瓦)	溫量(カロリー)	蛋白質(瓦)	溫里(カロリー)	蛋白質(瓦)	溫量(カロリー)	蛋白質(瓦)	溫量(カロリー)	蛋白質(瓦)	溫量(カロリー)
	りんご	0.0	2	0.0	4	0.1	7	0.1	11	0.1	14
	龍眼	0.1	11	0.3	23	0.5	45	0.8	68	1.1	91
	レモン汁(シロツプ)	—	10	—	21	—	41	—	62	—	82
	落花生油	—	47	—	93	—	186	—	279	—	372
	豚脂(ラード)	0.0	46	0.0	93	0.0	186	0.1	279	0.1	372
S	白玉粉	0.3	17	0.6	35	1.1	69	1.7	104	2.2	138
	食麵麭	0.5	13	1.0	27	2.1	53	3.1	80	4.1	106
	食麵麭(内部)	0.5	12	1.1	24	2.2	47	3.3	71	4.4	94
	食麵麭(外部)	0.5	16	1.1	31	2.1	62	3.2	93	4.2	124
	食麵麭(白)	0.4	14	0.8	27	1.7	54	2.5	81	3.3	108
	食麵麭(黒)	0.5	13	1.0	27	2.0	54	3.0	80	4.0	107
	素麵	0.5	16	1.1	33	2.1	65	3.2	98	4.2	130
	蕎麥粉	0.7	18	1.4	36	2.7	72	4.1	107	5.4	143
	白大豆	2.0	21	3.9	41	7.8	82	11.7	124	15.6	165
	白味噌	0.5	9	1.0	17	2.0	35	3.0	52	4.0	70
	仙臺味噌	0.5	8	1.0	17	2.0	33	3.1	50	4.1	67
	晒餡	1.2	18	2.4	36	4.9	72	7.3	108	9.8	144
	白菜豆	0.9	15	1.8	31	3.7	61	5.5	92	7.3	122
	莢菜豆	0.1	1	0.2	2	0.4	5	0.5	7	0.7	10
	蠶豆	0.9	10	1.8	19	3.5	38	5.3	57	7.0	76
	蠶豆(乾)	1.3	16	2.6	32	5.2	65	7.8	97	10.4	130
	莢豌豆	0.2	2	0.4	3	0.9	6	1.3	10	1.7	13
	蕎麥饅頭	0.3	15	0.6	30	1.2	60	1.8	90	2.4	120
	酒饅頭	0.2	12	0.5	24	0.9	48	1.4	72	1.8	96
	鹽煎餅	0.4	18	0.9	37	1.7	73	2.6	110	3.5	146
	シュークリーム	0.2	10	0.4	19	0.9	38	1.3	58	1.7	77
	白砂糖	—	20	—	39	—	78	—	117	—	156
	サゴ	0.0	18	0.1	36	0.1	71	0.2	107	0.2	142
	春菊	0.1	1	0.2	2	0.4	4	0.6	6	0.8	8
	サラダ	0.1	1	0.1	2	0.3	4	0.4	5	0.6	7
	山東菜	0.1	1	0.2	1	0.3	3	0.5	4	0.6	5
	紫蘇葉	0.1	2	0.2	3	0.3	6	0.5	9	0.7	12
	セロリー	0.0	1	0.1	2	0.2	3	0.2	5	0.3	7

50瓦中		60瓦中		70瓦中		80瓦中		90瓦中		100瓦中	
蛋白質（瓦）	温量（カロリー）	蛋白質（瓦）	温量（カロリー）	蛋白質（瓦）	温量（カロリー）	蛋白質（瓦）	温量（カロリー）	蛋白質（瓦）	温量（カロリー）	蛋白質（瓦）	温量（カロリー）
0.4	5	0.4	5	0.5	6	0.6	7	0.6	8	0.72	9
0.4	53	0.4	63	0.5	74	0.6	84	0.6	95	0.70	105
0.6	60	0.7	72	0.8	84	0.9	96	1.0	108	1.10	120
1.7	189	2.1	226	2.4	264	2.8	302	3.1	339	3.45	377
0.5	20	0.6	24	0.8	28	0.9	32	1.0	36	1.08	40
0.5	6	0.5	7	0.6	8	0.7	10	0.8	11	0.90	12
0.2	7	0.2	8	0.3	10	0.3	11	0.4	13	0.40	14
1.1	17	1.3	20	1.5	23	1.7	26	1.9	30	2.10	33
0.9	11	1.1	13	1.2	15	1.4	18	1.6	20	1.76	22
1.3	16	1.6	19	1.8	22	2.1	26	2.4	29	2.64	32
3.8	91	4.5	109	5.3	127	6.1	145	6.8	163	7.57	181
1.5	159	1.8	190	2.1	222	2.4	254	2.7	285	3.04	317
0.3	15	0.4	18	0.5	21	0.5	24	0.6	27	0.68	30
0.2	8	0.2	10	0.3	11	0.3	13	0.4	14	0.39	16
0.3	9	0.4	11	0.4	13	0.5	14	0.5	16	0.60	18
0.4	28	0.5	34	0.6	39	0.7	45	0.7	50	0.86	56
9.9	307	11.8	368	13.8	429	15.8	490	17.7	552	19.70	613
—	465	—	558	—	651	—	744	—	837	—	930
9.8	52	11.7	62	13.7	72	15.6	82	17.6	93	19.54	103
27.6	244	33.1	293	38.6	342	44.2	390	49.7	439	55.19	488
6.4	31	7.7	37	9.0	43	10.3	49	11.6	55	12.88	61
7.5	32	8.9	38	10.4	44	11.9	50	13.4	57	14.90	63
9.7	61	11.6	73	13.6	85	15.5	98	17.4	110	19.37	122
13.2	71	15.9	85	18.5	99	21.2	113	23.8	127	26.44	141
12.1	57	14.5	68	16.9	80	19.3	91	21.7	103	24.11	114
11.3	104	13.6	124	15.8	145	18.1	166	20.4	186	22.62	207
11.2	89	13.4	106	15.7	124	17.9	142	20.2	159	22.40	177
10.3	101	12.4	121	14.4	141	16.5	262	18.5	182	20.60	202
8.2	74	9.8	88	11.5	103	13.1	118	14.8	132	16.40	147
6.5	67	7.8	80	9.0	93	10.3	106	11.6	120	12.92	133
9.3	48	11.2	58	13.0	67	14.9	77	16.7	86	18.60	96
10.5	45	12.6	53	14.7	62	16.8	71	18.9	80	21.05	89
6.7	33	8.0	39	9.3	46	10.6	52	12.0	59	13.30	65
8.8	45	10.5	53	12.3	62	14.0	71	15.8	80	17.50	89
9.2	57	11.1	68	12.9	80	14.8	91	16.6	103	18.48	114

食品	5瓦中 蛋白質(瓦)	5瓦中 温量(カロリー)	10瓦中 蛋白質(瓦)	10瓦中 温量(ガロリー)	20瓦中 蛋白質(瓦)	20瓦中 温量(カロリー)	30瓦中 蛋白質(瓦)	30瓦中 温量(カロリー)	40瓦中 蛋白質(瓦)	40瓦中 温量(カロリー)
新牛蒡(葉)	0.0	1	0.1	1	0.1	2	0.2	3	0.3	4
里芋	0.0	5	0.1	11	0.1	21	0.2	32	0.3	42
さつまいも	0.1	6	0.1	12	0.2	24	0.3	36	0.4	48
さつまいも(切干)	0.2	19	0.3	38	0.7	75	1.0	113	1.4	151
セロリー根	0.1	2	0.1	4	0.2	8	0.3	12	0.4	16
白瓜	0.0	1	0.1	1	0.2	2	0.3	4	0.4	5
西瓜	0.0	1	0.0	1	0.1	3	0.1	4	0.2	6
薹	0.1	2	0.2	3	0.4	7	0.6	10	0.8	13
芹	0.1	1	0.2	2	0.4	4	0.5	7	0.7	9
紫蘇の實	0.1	2	0.3	3	0.5	6	0.8	10	1.1	13
裂干大根	0.4	9	0.8	18	1.5	36	2.3	54	3.0	72
さつまいも切干粉	0.2	16	0.3	32	0.6	63	0.9	95	1.2	127
三寶柑	0.0	2	0.1	3	0.1	6	0.2	9	0.3	12
すもも(ハタンキョウ)	0.0	1	0.0	2	0.1	3	0.1	5	0.2	6
西洋苺	0.0	1	0.1	2	0.1	4	0.2	5	0.2	7
西洋梨	0.0	3	0.1	6	0.2	11	0.3	17	0.3	22
白胡麻	1.0	31	2.0	61	3.9	123	5.9	184	7.9	245
サラダ油	—	47	—	93	—	186	—	279	—	372
鹿肉	1.0	5	2.0	10	3.9	21	5.9	31	7.8	41
蠶蛹	2.8	24	5.5	49	11.0	98	16.6	146	22.1	195
食用蛙	0.6	3	1.3	6	2.6	12	3.9	18	5.2	24
すっぽん肉	0.7	3	1.5	6	3.0	13	4.5	19	6.0	25
雀肉(骨共)	1.0	6	1.9	12	3.9	24	5.8	37	7.7	49
七面鳥肉	1.3	7	2.6	14	5.3	28	7.9	42	10.6	56
松鳥肉	1.2	6	2.4	11	4.8	23	7.2	34	9.6	46
軍鷄肉	1.1	10	2.3	21	4.5	41	6.8	62	9.0	83
さはら	1.1	9	2.2	18	4.5	35	6.7	53	9.0	71
さんま	1.0	10	2.1	20	4.1	40	6.2	61	8.2	81
さば	0.8	7	1.6	15	3.3	29	4.9	44	6.6	59
さけ	0.6	7	1.3	13	2.6	27	3.9	40	5.2	53
さより	0.9	5	1.9	10	3.7	19	5.6	29	7.4	38
さめ	1.1	4	2.1	9	4.2	18	6.3	27	8.4	36
しらうを	0.7	3	1.3	7	2.7	13	4.0	20	5.3	26
したびらめ	0.9	4	1.8	9	3.5	18	5.3	27	7.0	36
そうだがつを	0.9	6	1.8	11	3.7	23	5.5	34	7.4	46

50瓦中		60瓦中		70瓦中		80瓦中		90瓦中		100瓦中	
蛋白質(瓦)	温量(カロリー)	蛋白質(瓦)	温量(カロリー)	蛋白質(瓦)	温量(カロリー)	蛋白質(瓦)	温量(カロリー)	蛋白質(瓦)	温量(カロリー)	蛋白質(瓦)	温量(カロリー)
9.8	43	11.7	51	13.7	60	15.6	68	17.6	77	19.54	85
9.6	54	11.5	64	13.4	75	15.4	86	17.3	96	19.20	107
9.1	51	10.9	61	12.7	71	14.5	81	16.3	91	18.12	101
9.1	98	11.0	117	12.8	137	14.6	156	16.5	176	18.28	195
13.9	88	16.6	106	19.4	123	22.2	141	24.9	158	27.70	176
15.0	76	18.0	91	21.0	106	24.0	122	27.0	137	30.00	152
26.5	146	31.8	175	37.1	204	42.4	233	47.8	262	53.06	291
32.2	137	38.6	164	45.0	191	51.5	218	57.9	246	64.33	273
11.4	87	13.6	104	15.9	122	18.2	139	20.4	157	22.72	174
12.2	78	14.6	93	17.0	109	19.5	124	21.9	140	24.32	155
10.1	67	12.1	80	14.1	93	16.1	106	18.1	120	20.12	133
32.6	137	39.1	164	45.6	191	52.1	218	58.6	246	65.12	273
16.6	139	20.0	166	23.3	194	26.6	222	29.9	249	33.25	277
12.1	78	14.6	93	17.0	109	19.4	124	21.9	140	24.28	155
10.5	67	12.6	80	14.7	93	16.8	106	18.9	120	21.03	133
11.5	99	13.8	118	16.0	138	18.3	158	20.6	177	22.92	197
36.6	185	43.9	221	51.2	258	58.5	295	65.8	332	73.10	369
12.3	68	14.7	81	17.2	95	19.6	108	22.1	122	24.52	135
15.6	112	18.7	134	21.8	156	24.9	178	28.0	201	31.11	223
9.7	50	11.6	60	13.5	70	15.4	80	17.4	90	19.30	100
11.4	53	13.6	64	15.9	74	18.2	85	20.4	95	22.70	106
9.3	61	11.2	73	13.0	85	14.9	97	16.7	109	18.60	121
8.5	41	10.2	49	11.9	57	13.6	65	15.3	73	17.00	81
6.4	31	7.6	37	8.9	43	10.2	50	11.4	56	12.70	62
30.5	151	36.6	181	42.7	211	48.8	241	54.9	271	61.00	301
4.6	70	5.5	83	6.4	97	7.3	111	8.3	125	9.18	139
6.6	37	7.9	44	9.2	51	10.5	58	11.8	66	13.10	73
14.5	113	17.4	135	20.3	158	23.2	180	26.1	203	28.97	225
5.9	89	7.0	107	8.2	125	9.4	142	10.5	160	11.70	178
4.2	101	5.0	217	5.9	253	6.7	290	7.6	326	8.40	362
1.9	18	2.2	21	2.6	25	3.0	28	3.3	32	3.70	35
3.3	23	3.9	27	4.6	32	5.2	36	5.9	41	6.50	45
2.3	35	2.8	42	3.2	49	3.7	56	4.1	63	4.60	70

食品	5瓦中 蛋白質(瓦)	5瓦中 温量(カロリー)	10瓦中 蛋白質(瓦)	10瓦中 温量(カロリー)	20瓦中 蛋白質(瓦)	20瓦中 温量(カロリー)	30瓦中 蛋白質(瓦)	30瓦中 温量(カロリー)	40瓦中 蛋白質(瓦)	40瓦中 温量(カロリー)
せいご	1.0	4	2.0	9	3.9	17	5.9	26	7.8	34
すずき	1.0	5	1.9	11	3.8	21	5.8	32	7.7	43
すじ	0.9	5	1.8	10	3.6	20	5.4	30	7.2	40
鹽さば	0.9	10	1.8	20	3.7	39	5.5	59	7.3	78
鹽さけ	1.4	9	2.8	18	5.5	35	8.3	53	11.1	70
しらす干	1.5	8	3.0	15	6.0	30	9.0	46	12.0	61
白魚いかだ干	2.7	15	5.3	29	10.6	58	15.9	87	21.2	116
正才鹽干	3.2	14	6.4	27	12.9	55	19.3	82	25.7	109
さんま(生干)	1.1	9	2.3	17	4.5	35	6.8	52	9.1	70
さば味淋干(生干)	1.2	8	2.4	16	4.9	31	7.3	47	9.7	62
さけ(生干)	1.0	7	2.0	13	4.0	27	6.0	40	8.0	53
正才(生干)	3.3	14	6.5	27	13.0	55	19.5	82	26.0	109
さより(生干)	1.7	14	3.3	28	6.7	55	10.0	83	13.3	111
鮭(粕漬)	1.2	8	2.4	16	4.9	31	7.3	47	9.7	62
さけ(西京漬)	1.1	7	2.1	13	4.2	27	6.3	40	8.4	53
さはら(西京漬)	1.1	10	2.3	20	4.6	39	6.9	59	9.2	79
鯖節	3.7	18	7.3	37	14.6	74	21.9	111	29.2	148
鮭(罐詰)	1.2	7	2.5	14	4.9	27	7.4	41	9.8	54
時雨蛤	1.6	11	3.1	22	6.2	45	9.3	67	12.4	89
さざえ	1.0	5	1.9	10	3.9	20	5.8	30	7.7	40
さざえ(罐詰)	1.1	5	2.3	11	4.5	21	6.8	32	9.1	42
蜆	0.9	6	1.9	12	3.7	24	5.6	36	7.4	48
芝えび	0.9	4	1.7	8	3.4	16	5.1	24	6.8	32
しやこ	0.6	3	1.3	6	2.5	12	3.8	19	5.1	25
鰑	3.1	15	6.1	30	12.2	60	18.3	90	24.4	120
さつま揚	0.5	7	0.9	14	1.8	28	2.8	42	3.7	56
しらこ	0.7	4	1.3	7	2.6	15	3.9	22	5.2	29
すじこ	1.4	11	2.9	23	5.8	45	8.7	68	11.6	90
七面鳥卵	0.6	9	1.2	18	2.3	36	3.5	53	4.7	71
T 玉蜀黍	0.4	18	0.8	36	1.7	72	2.5	109	3.4	145
豆乳	0.2	2	0.4	4	0.7	7	1.1	11	1.5	14
豆腐	0.3	2	0.7	5	1.3	9	2.0	14	2.6	18
豆腐糟	0.2	4	0.5	7	0.9	14	1.4	21	1.8	28

50瓦中		60瓦中		70瓦中		80瓦中		90瓦中		100瓦中	
蛋白質（瓦）	温量（カロリー）	蛋白質（瓦）	温量（カロリー）	蛋白質（瓦）	温量（カロリー）	蛋白質（瓦）	温量（カロリー）	蛋白質（瓦）	温量（カロリー）	蛋白質（瓦）	温量（カロリー）
4.8	59	5.8	71	6.8	83	7.7	94	8.7	106	9.66	118
2.6	116	3.1	139	3.6	162	4.1	185	4.6	208	5.10	231
0.2	183	0.2	220	0.2	256	0.3	293	0.3	329	0.33	366
0.7	5	0.8	6	1.0	7	1.1	8	1.2	9	1.37	10
0.6	6	0.7	7	0.8	8	0.9	9	1.0	10	1.10	11
0.7	8	0.9	9	1.0	11	1.2	12	1.3	14	1.45	15
3.0	28	3.6	34	4.2	39	4.8	45	5.4	50	5.95	56
1.0	10	1.2	12	1.4	14	1.7	16	1.9	18	2.07	20
0.5	13	0.6	15	0.7	18	0.8	20	0.9	23	1.00	25
1.4	14	1.7	17	2.0	20	2.2	22	2.5	25	2.80	28
2.2	35	2.6	42	3.1	49	3.5	56	4.0	63	4.41	70
2.5	54	2.9	65	3.4	76	3.9	86	4.4	97	4.90	108
0.4	7	0.5	8	0.6	9	0.6	10	0.7	12	0.80	13
0.5	6	0.6	7	0.6	8	0.7	9	0.8	10	0.92	11
0.1	3	0.1	3	0.1	4	0.2	4	0.2	5	0.20	5
4.6	150	5.6	179	6.5	209	7.4	239	8.3	269	9.25	299
0.5	9	0.6	11	0.7	13	0.8	14	0.9	16	0.97	18
0.3	26	0.3	31	0.4	36	0.4	42	0.5	47	0.50	52
0.5	11	0.6	13	0.7	15	0.8	17	0.9	19	1.02	21
0.7	55	0.8	65	0.9	76	1.0	87	1.2	98	1.31	109
—	465	—	558	—	651	—	744	—	837	—	930
10.6	72	12.7	86	14.8	100	17.0	114	19.1	129	21.20	143
11.3	61	13.6	73	15.9	85	18.1	98	20.4	110	22.66	122
11.0	125	13.2	150	15.5	175	17.7	200	19.9	225	22.08	250
11.7	91	14.0	109	16.3	127	18.7	145	21.0	163	23.32	181
10.1	67	12.1	80	14.1	94	16.2	107	18.2	121	20.20	134
6.9	210	8.2	251	9.6	293	11.0	335	12.3	377	13.72	419
7.1	51	8.6	61	10.0	71	11.4	81	12.9	91	14.29	101
9.8	60	11.7	71	13.7	83	15.6	95	17.6	107	19.52	119
6.5	46	7.8	55	9.2	64	10.5	73	11.8	82	13.08	91
9.6	69	11.5	83	13.4	97	15.4	110	17.3	124	19.20	138
8.3	92	9.9	110	11.6	129	13.2	147	14.9	166	16.55	184
8.3	119	10.0	142	11.6	166	13.3	190	14.9	213	16.60	237
9.7	45	11.6	53	13.5	62	15.4	71	17.4	80	19.30	89

食品	5瓦中 蛋白質(瓦)	5瓦中 温量(カロリー)	10瓦中 蛋白質(瓦)	10瓦中 温量(カロリー)	20瓦中 蛋白質(瓦)	20瓦中 温量(カロリー)	30瓦中 蛋白質(瓦)	30瓦中 温量(カロリー)	40瓦中 蛋白質(瓦)	40瓦中 温量(カロリー)
つと豆腐	0.5	6	1.0	12	1.9	24	2.9	35	3.9	47
唐饅頭	0.3	12	0.5	23	1.0	46	1.5	69	2.0	92
タピオカ	0.0	18	0.0	37	0.1	73	0.1	110	0.1	146
唐菜	0.1	1	0.1	1	0.3	2	0.4	3	0.5	4
漬菜	0.1	1	0.1	1	0.2	2	0.3	3	0.4	4
つまみ菜	0.1	1	0.1	2	0.3	3	0.4	5	0.6	6
唐辛子の葉	0.3	3	0.6	6	1.2	11	1.8	17	2.4	22
つるな	0.1	1	0.2	2	0.4	4	0.6	6	0.8	8
玉葱	0.1	1	0.1	3	0.2	5	0.3	8	0.4	10
筍(孟宗)	0.1	1	0.3	3	0.6	6	0.8	8	1.1	11
つくねいも	0.2	4	0.4	7	0.9	14	1.3	21	1.8	28
とろろいも	0.2	5	0.5	11	1.0	22	1.5	32	2.0	43
トマト	0.0	1	0.1	1	0.2	3	0.2	4	0.3	5
トマト(黄色)	0.0	1	0.1	1	0.2	2	0.3	3	0.4	4
冬瓜	0.0	0	0.0	1	0.0	1	0.1	2	0.1	2
唐辛子	0.5	15	0.9	30	1.9	60	2.8	90	3.7	120
つくし	0.0	1	0.1	2	0.2	4	0.3	5	0.4	7
たる柿	0.0	3	0.1	5	0.1	10	0.2	16	0.2	21
トマトソース	0.1	1	0.1	2	0.2	4	0.3	6	0.4	8
トマトケチャプ	0.1	5	0.1	11	0.3	22	0.4	33	0.5	44
椿油	—	47	—	93	—	186	—	279	—	372
豚肉	1.1	7	2.1	14	4.2	29	6.4	43	8.5	57
豚肉(一等肉)	1.1	6	2.3	12	4.5	24	6.8	37	9.1	49
豚肉(二等肉)	1.1	13	2.2	25	4.4	50	6.6	75	8.8	100
豚肉(三等肉)	1.2	9	2.3	18	4.7	36	7.0	54	9.3	72
豚肉(四等肉)	1.0	7	2.0	13	4.0	27	6.1	40	8.1	54
豚肉(小間切)	0.7	21	1.4	42	2.7	84	4.1	126	5.5	168
豚肉(腎臓)	0.7	5	1.4	10	2.9	20	4.3	30	5.7	40
豚肝臓	1.0	6	2.0	12	3.9	24	5.9	36	7.8	48
つぐみ肉(骨共)	0.7	5	1.3	9	2.6	18	3.9	27	5.2	36
たい	1.0	7	1.9	14	3.8	28	5.8	41	7.7	55
たい(皮)	0.8	9	1.7	18	3.3	37	5.0	55	6.6	74
たちうを	0.8	12	1.7	24	3.3	47	5.0	71	6.6	95
たかさご	1.0	4	1.9	9	3.9	18	5.8	27	7.7	36

50瓦中		60瓦中		70瓦中		80瓦中		90瓦中		100瓦中	
蛋白質（瓦）	温量（カロリー）	蛋白質（瓦）	温量（カロリー）	蛋白質（瓦）	温量（カロリー）	蛋白質（瓦）	温量（カロリー）	蛋白質（瓦）	温量（カロリー）	蛋白質（瓦）	温量（カロリー）
9.2	45	11.0	54	12.8	63	14.6	72	16.5	81	18.30	90
10.9	49	13.0	59	15.2	69	17.4	78	19.5	88	21.70	98
6.8	49	8.1	59	9.5	69	10.8	78	12.2	88	13.52	98
10.2	43	12.2	52	14.2	60	16.2	69	18.3	77	20.30	86
35.5	171	42.6	205	49·7	239	56.8	274	63.9	308	71.04	342
13.6	62	16.4	74	19.1	87	21.8	99	24.5	112	27.27	124
23.0	142	27.5	170	32.1	198	36.7	226	41.3	255	45.91	283
8.9	60	10.7	71	12.4	83	14.2	95	16.0	107	17.77	119
4.7	89	5.6	106	6.5	124	7.5	142	8.4	159	9.35	177
7.0	31	8.4	37	9.9	43	11.3	49	12.7	55	14.08	61
15.2	131	18.2	157	21.2	183	24.2	210	27.3	236	30.30	262
13.0	143	15.7	171	18.3	200	20.9	228	23.5	257	26.09	285
8.2	60	9.8	72	11.4	84	13.1	96	14.7	108	16.33	120
8.0	41	9.5	49	11.1	57	12.7	66	14.3	74	15.90	82
7.9	48	9.4	58	11.0	67	12.6	77	14.1	86	15.70	96
8.9	44	10.6	53	12.4	62	14.2	70	15.9	79	17.70	88
13.3	68	16.0	82	18.6	95	21.3	109	23.9	122	26.60	136
9.1	58	11.0	69	12.8	81	14.6	92	16.4	104	18.27	115
7.8	35	9.3	41	10.9	48	12.5	55	14.0	62	15.57	69
5.2	167	6.2	200	7.3	234	8.3	267	9.4	301	10.40	334
9.9	157	11.9	188	13.9	220	15.8	251	17.8	283	19.80	314
1.2	45	1.5	53	1.7	62	2.0	71	2.2	80	2.44	89
—	200	—	239	—	279	—	319	—	359	—	399
1.0	10	1.1	11	1.3	13	1.5	15	1.7	17	1.91	19
0.4	7	0.4	8	0.5	9	0.6	10	0.6	12	0.70	13
0.6	6	0.7	7	0.8	8	0.9	9	1.0	10	1.15	11
0.5	4	0.6	4	0.7	5	0.8	6	0.9	6	0.95	7
0.8	34	1.0	41	1.2	48	1.3	54	1.5	61	1.67	68
9.6	114	11.5	137	13.4	160	15.3	182	17.2	205	19.11	228
8.3	51	9.9	61	11.6	71	13.2	81	14.9	91	16.53	101
8.7	45	10.5	54	12.2	63	14.0	72	15.7	81	17.46	90
8.1	52	9.7	62	11.3	72	12.9	82	14.5	93	16.13	103
12.1	59	14.6	70	17.0	82	19.4	94	21.8	105	24.25	117

	食品	5瓦中		10瓦中		20瓦中		30瓦中		40瓦中	
		蛋白質（瓦）	温量（カロリー）	蛋白質（瓦）	温量（カロリー）	蛋白質（瓦）	温量（カロリー）	蛋白質（瓦）	温量（カロリー）	蛋白質（瓦）	温量（カロリー）
	たなご	0.9	5	1.8	9	3.7	18	5.5	27	7.3	36
	たら（切身）	1.1	5	2.2	10	4.3	20	6.5	29	8.7	39
	たら（切身）	0.7	5	1.4	10	2.7	20	4.1	29	5.4	39
	とびうを	1.0	4	2.0	9	4.1	17	6.1	26	8.1	34
	たたみいわし	3.6	17	7.1	34	14.2	68	21.3	103	28.4	137
	とび魚（鹽）	1.4	6	2.7	12	5.5	25	8.2	37	10.9	50
	たい味淋干（生干）	2.3	14	4.6	28	9.2	57	13.8	85	18.4	113
	鯛（味噌漬）	0.9	6	1.8	12	3.6	24	5.3	36	7.1	48
	太刀魚（西京漬）	0.5	9	0.9	18	1.9	35	2.8	53	3.7	71
	たら（西京漬）	0.7	3	1.4	6	2.8	12	4.2	18	5.6	24
	鯛田麩	1.5	13	3.0	26	6.1	52	9.1	79	12.1	105
	たらでんぶ	1.3	14	2.6	29	5.2	57	7.8	86	10.4	114
	てりごまめ	0.8	6	1.6	12	3.3	24	4.9	36	6.5	48
	たにし	0.8	4	1.6	8	3.2	16	4.8	25	6.4	33
	とり貝	0.8	5	1.6	10	3.1	19	4.7	29	6.3	38
	蛸	0.9	4	1.8	9	3.5	18	5.3	26	7.1	35
	たらこ	1.3	7	2.7	14	5.3	27	8.0	41	10.6	54
	鯛の子	0.9	6	1.8	12	3.7	23	5.5	35	7.3	46
	大正海老	0.8	3	1.6	7	3.1	14	4.7	21	6.2	28
U	饂飩粉	0.5	17	1.0	33	2.1	67	3.1	100	4.2	134
	鶉豆	1.0	16	2.0	31	4.0	63	5.9	94	7.9	126
	鶯餅	0.1	4	0.2	9	0.5	18	0.7	27	1.0	36
	梅干（菓子）	—	20	—	40	—	80	—	120	—	160
	鶯菜	0.1	1	0.2	2	0.4	4	0.6	6	0.8	8
	うど	0.0	1	0.1	1	0.1	3	0.2	4	0.3	5
	うど（肉質部）	0.1	1	0.1	1	0.2	2	0.3	3	0.5	4
	うど（皮部）	0.0	0	0.1	1	0.2	1	0.3	2	0.4	3
	梅	0.1	3	0.2	7	0.3	14	0.5	20	0.7	27
	牛舌	1.0	11	1.9	23	3.8	46	5.7	68	7.6	91
	牛（肝臓）	0.8	5	1.7	10	3.3	20	5.0	30	6.6	40
	牛（腎臓）	0.9	5	1.7	9	3.5	18	5.2	27	7.0	36
	牛（心臓）	0.8	5	1.6	10	3.2	21	4.8	31	6.5	41
	家兎肉	1.2	6	2.4	12	4.9	23	7.3	35	9.7	47

50瓦中		60瓦中		70瓦中		80瓦中		90瓦中		100瓦中	
蛋白質（瓦）	温量（カロリー）	蛋白質（瓦）	温量（カロリー）	蛋白質（瓦）	温量（カロリー）	蛋白質（瓦）	温量（カロリー）	蛋白質（瓦）	温量（カロリー）	蛋白質（瓦）	温量（カロリー）
9.2	58	11.1	69	12.9	81	14.8	92	16.6	104	18.48	115
6.7	209	8.0	250	9.4	292	10.7	334	12.1	375	13.40	417
7.8	53	9.4	64	10.9	74	12.5	85	14.0	95	15.59	106
12.0	63	14.4	76	16.8	88	19.2	101	21.6	113	23.96	126
29.3	168	35.2	202	41.1	235	46.9	269	52.8	302	58.65	336
14.0	123	16.9	148	19.7	172	22.5	197	25.3	221	28.09	246
12.6	91	15.1	109	17.6	127	20.1	146	22.6	164	25.10	182
6.5	79	7.8	94	9.1	110	10.4	126	11.8	141	13.06	157
7.3	48	8.8	58	10.2	67	11.7	77	13.1	86	14.60	96
2.3	135	2.7	162	3.2	189	3.6	216	4.1	243	4.51	270
3.5	161	4.2	193	4.9	225	5.6	258	6.3	290	7.00	322
0.7	8	0.9	10	1.0	11	1.1	13	1.3	14	1.42	16
1.1	15	1.3	18	1.5	21	1.8	24	2.0	27	2.20	30
2.6	56	3.1	67	3.6	78	4.1	90	4.6	101	5.10	112
8.6	49	10.3	58	12.0	68	13.7	78	15.4	87	17.10	97
11.3	56	13.6	67	15.8	78	18.1	89	20.3	100	22.60	111
17.6	95	21.1	114	24.6	133	28.1	152	31.7	171	35.18	190
10.7	125	12.9	150	15·0	175	17.2	200	19.3	225	21.49	250
3.5	45	4.3	53	5.0	62	5.7	71	6.4	80	7.09	89
25.8	238	30.9	286	36.1	333	41.2	381	46.4	428	51.50	476
0.8	199	1.0	239	1.1	279	1.3	318	1.4	358	1.59	398
2.5	183	3.0	219	3.5	256	4.0	292	4.6	329	5.06	365
1.1	16	1.3	19	1.6	22	1.8	25	2.0	28	2.23	31
1.4	47	1.7	56	2.0	65	2.2	74	2.5	84	2.80	93
2.2	79	2.6	94	3.0	110	3.4	126	3.9	141	4.30	157
0.1	4	0.1	4	0.1	5	0.1	6	0.1	6	0.12	7
10.5	96	12.6	115	14.6	134	16.7	154	18.8	173	20.92	192
0.9	28	1.1	33	1.3	39	1.4	44	1.6	50	1.80	55
23.7	148	28.4	177	33.1	207	37.8	236	42.6	266	47.31	295
8.5	71	10.2	85	11.9	99	13.5	114	15.2	128	16.93	142
9.8	49	11.7	58	13.7	68	15.7	78	17.6	87	19.57	97
20.2	93	24.2	111	28.2	130	32.3	148	36.3	167	40.33	185

	食品	5瓦中		10瓦中		20瓦中		30瓦中		40瓦中	
		蛋白質（瓦）	温量（カロリー）	蛋白質（瓦）	温量（カロリー）	蛋白質（瓦）	温量（カロリー）	蛋白質（瓦）	温量（カロリー）	蛋白質（瓦）	温量（カロリー）
	鶉肉	0.9	6	1.8	12	3.7	23	5.5	35	7.4	46
	うなぎ	0.7	21	1.3	42	2.7	83	4.0	125	5.4	167
	うなぎきも	0.8	5	1.6	11	3.1	21	4.7	32	6.2	42
	うるめ鰯(生干)	1.2	6	2.4	13	4.8	25	7.2	38	9.6	50
	うるめ鰯（末廣干）	2.9	17	5.9	34	11.7	67	17.6	101	23.5	134
	鰻蒲焼	1.4	12	2.8	25	5.6	49	8.4	74	11.2	98
	雲丹	1.3	9	2.5	18	5.0	36	7.5	55	10.0	73
	鶉卵	0.7	8	1.3	16	2.6	31	3.9	47	5.2	63
	うみかめ卵	0.7	5	1.5	10	2.9	19	4.4	29	5.8	38
W	ワツプル	0.2	14	0.5	27	0.9	54	1.4	81	1.8	108
	ウエーフアース	0.4	16	0.7	32	1.4	64	2.1	97	2.8	129
	わけぎ	0.1	1	0.1	2	0.3	3	0.4	5	0.6	6
	わらび	0.1	2	0.2	3	0.4	6	0.7	9	0.9	12
	山葵	0.3	6	0.5	11	1.0	22	1.5	34	2.0	45
	わかさぎ(骨共)	0.9	5	1.7	10	3.4	19	5.1	29	6.8	39
	わらさ	1.1	6	2.3	11	4.5	22	6.8	33	9.0	44
	わかさぎ煮干	1.8	10	3.5	19	7.0	38	10.6	57	14.1	76
	わかさぎ飴煮	1.1	13	2.1	25	4.3	50	6.4	75	8.6	100
Y	焼豆腐	0.4	4	0.7	9	1.4	18	2.1	27	2.8	36
	湯皮	2.6	24	5.2	48	10.3	95	15.5	143	20.6	190
	湯の華	0.1	20	0.2	40	0.3	80	0.5	119	0.6	159
	八ツ橋	0.3	18	0.5	37	1.0	73	1.5	110	2.0	146
	嫁菜	0.1	2	0.2	3	0.4	6	1.7	9	0.9	12
	八頭	0.1	5	0.3	9	0.6	19	0.8	28	1.1	37
	百合根	0.2	8	0.4	16	0.9	31	1.3	47	1.7	63
	夕顔	0.0	0	0.0	1	0.0	1	0.0	2	0.0	3
	ゆかり(青紫蘇粉)	1.0	10	2.1	19	4.2	38	6.3	58	8.4	77
	柚	0.1	3	0.2	6	0.4	11	0.5	17	0.7	22
	燒豚	2.4	15	4.7	30	9.5	59	14.2	89	18.9	118
	山兎肉	0.8	7	1.7	14	3.4	28	5.1	43	6.8	57
	山しぎ肉	1.0	5	2.0	10	3.9	19	5.9	29	7.8	39
	山鳥肉	2.0	9	4.0	19	8.1	37	12.1	56	16.1	74

50瓦中		60瓦中		70瓦中		80瓦中		90瓦中		100瓦中	
蛋白質（瓦）	溫量（カロリー）	蛋白質（瓦）	溫量（カロリー）	蛋白質（瓦）	溫量（カロリー）	蛋白質（瓦）	溫量（カロリー）	蛋白質（瓦）	溫量（カロリー）	蛋白質（瓦）	溫量（カロリー）
6.6	115	7.9	137	9.2	160	10.5	183	11.8	206	13.10	229
18.5	324	22.2	388	25.9	453	29.6	518	33.3	582	36.99	647
8.2	105	9.8	125	11.4	146	13.1	167	14.7	188	16.32	209
2.1	44	2.5	52	2.9	61	3.3	70	3.7	78	4.13	87
9.4	85	11.3	102	13.2	119	15.1	136	17.0	153	18.86	170
8.6	186	10.4	223	12.1	260	13.8	298	15.6	335	17.28	372
9.8	40	11.7	48	13.7	56	15.7	64	17.6	72	19.57	80
1.3	32	1.6	38	1·8	44	2.1	50	2.4	57	2.64	63
0.6	13	0.7	16	0.9	18	1.0	21	1.1	23	1.24	26
1.6	16	1.9	19	2.2	22	2.5	25	2.8	28	3.10	31
0.1	18	0.1	22	0.1	25	0.1	29	0.2	32	0.18	36
5.4	32	6.5	38	7.6	44	8.6	50	9.7	57	10.31	63

食品分析表

【原文表－五〇〇～五三九頁参照】

	食品	5瓦中		10瓦中		20瓦中		30瓦中		40瓦中	
		蛋白質（瓦）	温量（カロリー）	蛋白質（瓦）	温量（カロリー）	蛋白質（瓦）	温量（カロリー）	蛋白質（瓦）	温量（カロリー）	蛋白質（瓦）	温量（カロリー）
	やつめうなぎ	0.7	11	1.3	23	2.6	46	3.9	69	5.2	92
	やつめうなぎ（乾）	1.8	32	3.7	65	7.4	129	11.1	194	14.8	259
	燒竹輪	0.8	10	1.6	21	3.3	42	4.9	63	6.5	84
	ヨーグルト	0.2	4	0.4	9	0.8	17	1.2	26	1.7	35
	茹玉子（全卵）	0.9	9	1.9	17	3.8	34	5.7	51	7.5	68
	茹玉子（卵黄）	0.9	19	1.7	37	3.5	74	5.2	112	6.9	149
	茹玉子（卵白）	1.0	4	2.0	8	3.9	16	5.9	24	7.8	32
	山羊乳	0.1	3	0.3	6	0.5	13	0.8	19	1.1	25
Z	ずいき芋	0.1	1	0.1	3	0.2	5	0.4	8	0.5	10
	ぜんまい	0.2	2	0.3	3	0.6	6	0.9	9	1.2	12
	ざくろ（汁）	0.0	2	0.0	4	0.0	7	0.1	11	0.1	14
	ざこ	0.5	3	1.1	6	2.2	13	3.2	19	4.3	25

榮養料理

一、美味《おいし》いものは消化液の分泌を催《すす》めるといふことは事實《じじつ》です。

一、併《しか》し好きなものさへ食べて居れば可《よい》と思ふのは大間違です。

一、好き嫌ひに食物を任せて置くと**偏食**の害を招く様になります。

一、偏食は發育《はついく》不全・虚弱・疾病・短命の因になります。

一、偏食は美食にも、粗食にも、富者《ふしゃ》にも、貧者《ひんじゃ》にも何《いづ》れの場合にでも起ります。

一、習慣を改めることに依《よ》りて、例《たと》へば小魚一尾で榮養の良くなる甲の人があり、例《たと》へば野菜一皿で健康を増す乙の人があれば、例《たと》へば玄米禮讃《らいさん》で病弱から救はれる丙の人もあるのは、各人區々《まちまち》平素の偏食の種類が違ふからであります。

一、第二の偏食がたま〳〵第一の偏食を矯《なほ》すに効果ありとも、それが偏食たる限り効果は一時的であり、且《かつ》やがては又々第一の偏食に代る第二の偏食の害が始まり得るのです。

一、之《これ》に反し、榮養料理は常に標準的にして且《かつ》その効果の持續《じぞく》的なることを主眼とします。

一、榮養料理を實際《じっさい》に行ふには、（一）獻立の組み方、（二）調理の方法共に其《そ》の宜《よろ》しきを得ねばなりませぬ。

一、獻立の點《てん》から言へば、下級者の食物は大抵カロリーに比して蛋白質の量と質に缺《か》ぐるところあり、上流家庭及《および》旗亭《きてい》の料理は蛋白質の量徒《いたづら》に多きに過ぐるを常とします、共に偏食です。

一、故に榮養料理は、先《ま》づカロリーと蛋白質との釣合を取ることから初めます。

一、次に無機質やビタミンや其《そ》の他の成分の釣合は調理法と相俟《あひま》つて行はれなければなりませぬ。

一、調理のことで注意せねばならぬのは、すべて**不可食分**中には多くの場合重要なる特殊の榮養分が含まれて居ることであります。

一、不可食分とは魚の頭・骨・皮・鰭《ひれ》・臟腑《ざうふ》・野菜の皮・葉・莖《くき》等であります。世に屡《しばしば》粗食で健康が求めらるといふはこれが爲であります。

一、食品から搾り棄《す》てらるる液汁の中に有效成分があることもあり、洗ひ流したり茹で出したり、水洒《みずさら》したりして成分を失ふ場合も亦《また》多い。

一、調理は食品の利用能率を高むるを目的とすると同時に、又風味を佳良ならしむるが爲に行ふものなるは勿論にして、風味を佳良ならしむるが爲には

（イ）理化學的に食品成分の變化《へんくわ》を受けしむる事。（ロ）不快なる成分を除去若《もし》くは隱蔽《いんぺい》する事。

（ハ）愛好成分を添加する事。（ニ）感情迎接《げいせつ》の形式を整ふる事。等の手段に依《よ》ります。

一、此際《このさい》自然の風味と人工の風味との調和を得る事と配食供出の順序にも注意すべきである。

一、尙《なほ》心すべきは食物の嗜好が教育によりて容易に改變《かいへん》左右せらるることです。味樂に對《たい》するに理智を以《もつ》てするは最《もつとも》大切の事であつて、これを私は**自主的味樂**《みらく》と呼び榮養改善の萬法《まんぱふ》の基《もと》をなすものであるとする

附　表　二つ（不可食分中に在りて失《うしなは》れ易き成分）

鐵《てつ》・燐酸・石灰含有食品表（含量多きものより順次に列擧《れつきよ》す）

鐵

動物性食品

するめ、フイツシユミール、正歳鹽干《しやうさいえんかん》 源五郎鮒、とこぶし（内臓）、乾えび、しじみ、なまこ、あさり、海龜卵、食用蛙、熊脂肉、みかきにしん、牛肉。

植物性食品

松葉昆布、きくらげ、青海苔、はすの實《み》、白胡麻、こうたけ、さんしょの實《み》、けしの實《み》、えんどう（赤）、凍豆腐、ゆり、大豆、にら、昆布、蜂屋柿、はとむぎ、にんじんの葉。

燐酸

動物性食品

丸干鰯、花するめ、乾えび、たたみいわし、みかきにしん、にぼし、すじこ、ごまめ、まて貝、熊脂肉、貝柱肉、しらすぼし、どぜう、わかさぎ、あかえい、卵黄、腦《なう》（牛）、こうし肉。

植物性食品

糠、大豆、八丁味噌、めんざい、いんげんまめ。えび芋、こうたけ、香煎《かうせん》、胡麻、小麥《こむぎ》、蕎麥《そば》 わかめ、椎茸、玄米、小豆、昆布、大根葉。

石灰

動物性食品

干あゆ、たたみ鰯、たにし、ごまめ、フイツシユミール、わかさぎ、干えび、どぜう、貝のひも、めざし、雀肉（骨共）、あまだい、干だら、しらすぼし、卵黄、牛乳、なまこ、すじこ。

植物性食品

ひじき、白胡麻、とろろ昆布、高野豆腐、ふき、けしの實《み》、とうがらし葉、ぎんたけ、すだれぶ、ゆり、パパヤ、椎茸、黑《くろ》大豆、ゆば、きなこ、干《ほし》蕎麥《そば》、白いんげん、大根葉、味噌。

ビタミン含有食品表（含有の程度を記《き》號《がう》＋を用ひて示す。卽《すなは》ち＋＋＋は多量に含むもの、＋＋は中位に含むものとす）

ビタミンA

バター、チーズ、クリーム、牛乳、山羊乳（以上＋＋＋）。

人乳、粉乳、煉乳（以上＋＋）。

牛の心臟、肝臟（以上＋＋＋）、牛脂、羊脂（以上＋＋）。

卵黄（以上＋＋＋）、鷄卵、鵞鳥卵（以上＋＋）。

ひらめ・まぐろ・鱈・鰻・鮭等の肝臟、八つ目鰻肉、數の子（以上＋＋＋）。

にしん油、同肉、同はららご、鰻肉、いわし油、同肉、煮干、まぐろ肉、鮭肉、かき（貝）、鱈はららご（以上＋＋）。

ほうれん草、にんじん、大根葉、みづたがらし（以上＋＋＋）。

青キャベヂ、ちしや、甘藷、トマト、南瓜、青豌豆《あをゑんどう》、アスパラガス葉（以上＋＋）。

バナナ、オレンヂ、パイナツプル、はだんきやう、パパヤ、杏、桃、林檎（以上十十）。

ビ タ ミ ン B_1

玄米、玄麥《げんばく》、玄小麥《げんこむぎ》、蕎麥粉《そば》（以上十十十）。

半搗米、七分搗米、（以上十十）。

青豌豆《あをゑんどう》、小豆、大豆、扁豆《ひらまめ》、落花生、胡桃、にんじん、トマト、青キャベヂ、ちしや、馬鈴薯、海苔（以上十十）。

ビ タ ミ ン B_2

牛乳、牛・羊・豚等の肉、牛の脳髄《なうずい》・心臓・肝臓・等、ハム、ベーコン、卵黄（以上十十）。

牛の腎臓及《および》肝臓（以上十十十）。

玄米、半搗米、無砂《むさ》七分搗米、豌豆《ゑんどう》、青キャベヂ、はうれん草、あぶらな、みづたがらし（以上十十）。

牛・羊・豚等の肉、牛乳、卵白、鮭肉罐詰（以上十十）。

ビ タ ミ ン C

大根、トマト、キャベヂ、コーリフラワー、青豌豆《あをゑんどう》、ちしや、ほうれん草、アスパラガス、みづたがらし（以上十十十）。

レモン、オレンヂ、グレープフルーツ、蜜柑《みかん》、夏蜜柑《なつみかん》、苺類（以上十十十）。

穀類のもやし、豆類のもやし、さゝげ、白菜、セロリー、ルバーブ、葱、玉葱、馬鈴薯、甘藷、にんじん、きうり（以上十十）。

バナナ、パイナツプル、桃、梨、パパヤ（以上十十）。

ビタミンＤ

ひがんふぐ肉、まぐろ肉、いわし肉、にしん肉（以上十十十）。

卵黄、鱈屬魚肉、鮫屬魚肉、かき（貝）、牛乳、山羊乳（以上十十）。

紫外線に照射したる食品又は、よく天日に干したる乾物（例《たと》へば煮干、乾魚、するめ、椎茸、野菜切干等）には多量に含有さる。

ビタミンＥ

穀實《こくじつ》胚子油、玉蜀黍《たうもろこし》油、燕麥《えんばく》油、穀實《こくじつ》胚子、ちしや、豆類のもやし（以上十十十）。

椰子《パーム》油、ベルベツト豆、小松菜、かぶらの葉、バナナ、玄米、半搗米、七分搗米（以上十十）。

牛肉、豚肉、牛豚の肝臓、牛腦髓《なうずい》、卵黄、バター（以上十十）。

	效果	溫度に對する安定度	酸性とアルカリ性に對する關係
ビタミンA	の缺乏は發育を害し、身體の抵抗力を弱め、眼乾燥症・夜盲症等の眼病を發す。	酸素なき狀態にて一二〇度に長時間熱するも破壞されず。空氣の流通を良くして數時間煮沸すれば大部分破壞さる。	酸化作用（例へば空氣中の酸素による）及酸によりて容易に破壞さる。
ビタミンB_1	の缺乏は脚氣を發す。	一二〇度に一時間以上熱すれば大部分破壞さる。	アルカリにて破壞され易し。
ビタミンB_2	の缺乏は發育を害し、ペラグラ（皮膚病の一種）を發す。	一二〇度に五時間以上熱するも破壞されず。	高温にてアルカリを作用すれば破壞さる。
ビタミンC	の缺乏は壞血病を發し、齒の發育を妨ぐ。	一〇〇度に二〇分又は六〇度に一時間熱すれば大部分破壞す。	酸化作用によりて破壞され易し、又アルカリにも影響さる。
ビタミンD	の缺乏は壞血病《セムシ》を發し、骨及齒の發育を妨ぐ。	高壓鍋にて四時間以上熱するも破壞されず。	酸化、アルカリにて破壞されざるも、紫外線の照射過度なれば效力減退す。
ビタミンE	は妊娠に必要なり。	一七〇度に二時間熱するも破壞されず。	酸化作用、酸及アルカリにて破壞されざるも、濃醋酸と共に煮沸すれば殆んど破壞さる。

標準精米（無砂《むさ》無洗《むせん》七分搗米）

米には多くの問題あれども中にも最《もっとも》重要なるもの三《みつ》あり。即《すなは》ち（甲）搗精と（トギアラヒ）の事。（乙）米の科學的の検定法の事。（丙）搗粉《つきこ》の事であります。

甲、搗精《たうせい》と淘洗《たうせん》

	第一損失（搗減）	第二損失（淘洗）	第三損失（糞便）	消化吸收率
玄米食	なし 但、外皮に近く抗ビタミン質を含存す	淘洗は別言すれば水中搗精也	大也 便通を利し便秘を防ぐ	劣れども、白米病の憂なし
白米食	大なり 但、碎米・芽在・糠は廢物とせず利用の途あり	混砂搗には大 無砂洗米には零	小也	優れども、白米病の恐あり

一利一害相伴《あひともな》ふ兩極端即《すなは》ち玄米食と白米食の中間に科學的妥協點《てん》を求めて、無砂無洗《むさむせん》七分搗米に到達す。

科學的妥協點《てん》とは米の消費經濟と米の保健效率とを結合して合理的に兩立せしむる點《てん》なり。而《しか》して此《こ》の點《てん》を得る爲《た》めには周到廣汎《くわうはん》なる調査研究を行ひ第一、第二、第三の損失を壓縮《あつしゆく》すると共に白米病防止の效力《かうりよく》を保存せしめたものでなければならぬ。（無砂無洗《むさむせん》七分搗米はビタミンB_1・B_2・B_6並びにEを包含《はうがん》す。）これを標準精米と爲す。而《しか》してこれ今や法令の定むるところの米と爲る。

吾《わが》内地米産高を假《か》りに六千萬石《まんごく》とすれば
玄米六千萬石は八十四億三千七百五十萬瓩《キログラム》（廿二《にじう》億五千萬貫《まんぐわん》）にして之《これ》を
白米として用ふれば（混砂搗）其《そ》の損失は
搗減平均八歩《ぶ》減　六億七千五百萬瓩《まんキログラム》（一億八千萬貫《まんぐわん》）
淘洗《たうせん》損失固形分四歩《ぶ》減　三億一千〇五十萬瓩《まんキログラム》（八千二百八十萬貫《まんぐわん》）
計　九億八千五百五十萬瓩《まんキログラム》（二億六千二百八十萬貫《まんぐわん》）
（玄米七百萬《まん》〇〇八千石に相當《さうたう》す）
七分搗米として用ふれば（無砂搗）其《そ》の損失は
搗減《つきべり》平均五分六厘《りん》減　四億七千二百五十萬瓩《まんキログラム》（一億二千六百萬貫《まんぐわん》）
淘洗《たうせん》損失固形分一歩《ぶ》二厘《りん》減　九千五百五十八萬瓩《まんキログラム》（二千五百四十八萬《まん》八千貫《ぐわん》）
計　五億六千八百〇八萬瓩《まんキログラム》（一億五千百四十八萬《まん》八千貫《ぐわん》）
（玄米四百〇三萬《まん》九千七百石に相當《さうたう》す）
故に七分搗米を用ふることによりて白米病防止と共に白米に比し二百九十六萬《まん》八千三百石を節約し得《え》、更に之《これ》を**無《む》洗《せん》七分搗米**として用ふれば
搗減《つきべり》均五歩《ぶ》六厘《りん》　四億七千二百五十萬瓩《まんキログラム》（一億二千六百萬貫《まんぐわん》）
淘《たう》洗《せん》損失　零《ゼロ》

計　　四億七千二百五十萬瓩《まんキログラム》（一億二千六百萬貫《まんぐわん》）

（玄米三百二十六萬石《まんごく》に相當《さうたう》す）

白米に比し三百六十四萬《まん》八千石《ごく》を節約し得るもの也《なり》。

尚《なほ》榮養研究所に於《おい》て特別なる注意の下《もと》に實驗《じつけん》せる、無淘洗《むたうせん》玄米・無淘洗《むたうせん》七分搗米・無淘洗《むたうせん》白米を、被試驗者の體表《たいへう》面積に應《おう》じて加減したる量を以《もつ》て、攝取《せつしゆ》せしめたる時の消化吸收率並《ならび》に温量利用率は左の如くなるを示せり。

消化吸收率

	總《そう》窒素（%）	含水炭素（%）	脂肪（%）	無機質（%）	總《そう》カロリー（%）
玄米飯	七六・一四	九九・〇二	六一・七一	七三・四〇	九一・二四
七分搗米飯	八二・九八	九九・四四	七四・四八	八一・九二	九四・六三
白米飯	八五・五八	九九・六二	八一・七〇	八六・七九	九六・一二

右に據《よ》り、今玄米一〇〇瓦《グラム》より出發《しゆばつ》し、之《これ》を搗精《たうせい》してその全量を食用するとして、體内《たいない》に於《お》ける利用實量《じつりやう》を算出すれば

	消化吸收さるる實量《じつりやう》	徒費（糞便となり）さるる實量《じつりやう》
玄米	三〇八・九カロリー	二九・七カロリー
七分搗米	三〇五・六カロリー	一七・三カロリー

白　米　　二八九・一カロリー　　一一・七カロリー

即《すなは》ち體内《たいない》利用實量《じつりやう》に於《おい》て玄米と七分搗米は一％の差を示し、徒費《とひ》量は玄米に於《おい》て七分搗米の一・七倍なり。

乙、米の科學的の検定法

一、米の生物學的價値《かち》從《したがつ》て米の活性及《および》ビタミンの含量、米の新古《しんこ》等を判定する樋口太郎技師法

米粒約百粒を採り次の試藥を順次加《くわ》へる。

一、パラフェニーレンヂアミン一％水溶液　五竓《ミリリットル》

一、グァヤコール一％水溶液　一〇竓《ミリリットル》

一、過酸化水素一％液　約一〇滴

優良米は一―三分間にして紫黒《しこく》色に染まるも、然《しか》らざる米は染色度極めて淡きか、或《あるひ》は全く染色せられず。染色の濃度によりて判定す。

二、米の精白度の標示として佐伯矩氏法

石炭酸フクシンによりて一・五分間室温に於《おい》て染色し水を以《もつ》て洗ひ、次《つい》で一〇％硫酸水中に浸漬する時は玄米の表層・蛋脂ビ層及《および》胚は赤色を保留するも白米其《その》他米の表層と蛋脂ビ層を失へる部分（即《すなはち》胚乳部）は脱色す。故に此法により全米穀面赤染《せきせん》したるは玄米、全部脱色したるは白米。點者《もし》くは線状に殘留する赤色部の大小は半搗米・七分搗米を區別す。（赤染部と脱色部の面積比は、槪定《がいてい》には目測に依《よ》り、又特に必要ある場合には細かき碁盤線の目盛硝子《ガラス》板とルーペを用ひ、計測極めて簡易なり）。

脱色法を施したる後水中に投ずる時は赤色は鮮紅となり、一度アルコール中に浸漬する時は一層其《そ》の鮮明度を加ふ。

三、飲食物用色素を以《もつ》てする米の精白度検定佐伯芳子氏法

食紅・青竹粉等十五種類の色素を試み、左記を得たり。

色素名	（外皮部）	（蛋脂ビ層）	（胚乳部）	（胚）	（判定）
マラカイト緑	淡青色	青色	極微青色	玄米の胚は稜線に於て淡青搗きたる米の胚は青色	玄米は淡青に七分搗米の蛋脂ビ層は濃青に胚乳部及白米は極微青に染る
フロキシン	着色せず	着色せず	桃色	着色せず	玄米は不染。七分搗米の胚乳部並に白米は桃色染。
コチニール	着色せず疵部のみ着色す	赤色	着色せず	玄米の胚は着色せず搗きたる米の胚は着色す	玄米は不染。蛋脂ビ層は赤染胚乳部及白米は不染
フロキシン染色後マラカイト緑にて二重染色す	淡青色	濃青竹色	紫色	濃青竹色	

實施方法。水一ccに色素一刀尖を溶解したる液に、供試米粒を入れ、五分間放置後、引揚げ、水洗したるものに就き、色調を檢す。家庭用に便なり。學術的には各種色素が米の各層に選擇的に定着するを興味在りと爲す。

丙、搗粉

搗粉の害に二《ふたつ》あり、（一）は間接的の損害、（二）は直接的の害作用なり。

間接的の害は搗粉混在の爲《た》め炊飯時米の淘洗《たうせん》を反覆《はんぷく》し、從《したがつ》て各種貴重なる榮養分を流失し、經濟上の損害と共に白米病の因を爲すものにして、直接的の害作用は榮養研究所に於ける余《よ》の助手と共に行《おこな》へる動物試驗に依《よ》り、初めて其《そ》の著大なるものあることを發見《はつけん》せり。即《すなは》ち硅素《けいそ》性搗粉には胃潰瘍・胃癌様病變《びやうへん》を石灰性搗粉には腎臓並《ならび》に膀胱の結石症を

發生《はっせい》する。

家庭パンの製法　榮養學校教科書「榮養」一九三頁を參看されたし

正誤　二四頁一四行目「純粋の」は「食用後」の誤植

ビタミン一括

ビタミンをその化學的造構より、或《あるひ》は生理的作用より、或《あるひ》は發見《はつけん》の年代若《も》しくは由來よりする種々の分類・表示行はるるも、孰《いづ》れも一得一失あるを免《まぬか》れず。それ程ビタミンは多端且《かつ》新種を加《くわ》へつつあるものなり。

脂肪溶性ビタミン

ビタミンA（Axerophthol）Mendel & Osborne, Macollum & Davis 1913

一、脂肪の種類に依《よ》り成長に優劣を示すことから本成分の含存《がんそん》を知るに至れり。即《すなは》ちビタミンAの缺乏《けつぼふ》は發育《はついく》を妨ぐ。

一、缺乏《けつぼふ》すれば眼乾燥症・角膜軟化症を發す。

一、視力と重大關係あり。即《すなは》ち眼底の網膜にては蛋白質と結合し視紫紅《ししこう》として存し光線に曝《さら》さるる時視黄《しわう》となる。視《し》黄《わう》は分解して再《ふたたび》ビタミンAを放ち視紫紅《ししこう》に復歸《ふつき》す。

一、缺乏《けつぼふ》すればまづ暗調節機能低下し、更に夜盲症を起す。

一、缺乏《けつぼふ》は結石症（腎臓・膀胱・膽管《たんくわん》）を發《はつ》す。又、骨及《および》歯の發育《はついく》阻害さる。

一、缺乏《けつぼふ》は細菌又蛔蟲《くわいちゆう》の感染に對《たい》する抵抗力を弱む。

一、缺乏《けつぼふ》は上皮組織の角化現象を催《すす》むる爲《た》め諸症状を發《はつ》す。即《すなは》ち神經・骨・血管等の諸組織其《その》他新陳代謝等廣汎《かうはん》に亙《わた》る。

一、缺乏《けつぼふ》長期に亙《わた》れば上皮角化（ケラトーゼ）は進行してパピローム・癌を發生《はつせい》するに至る。

一、體内《たいない》に貯藏され、排泄は尿よりせず、過剰分は肝臓又は血液中にて分解さる。

一、食品具有する赤黄色素は「カロチノイド」と稱《しよう》し、そのうち、カロチン・クリプトキサンチンは、生體《せいたい》内にて酸化され、更に還元され、ビタミンAとなる。青菜、海苔にも「カロチン」を含む。これらをプロビタミンAと稱《しよう》し、α・β・γ三種のカロチンあり。吸收率及《および》利用率はビタミンAに比べて劣る。

一、水に不溶・有機溶劑に可溶、又熱には空氣を絶ちて１２０度迄破壊されず。酸化されやすく空氣酸化を受く。紫外線に不安定、アルカリに安定。

一、甲狀腺ホルモンと拮抗作用ありといわる。

一、化學的檢定法。無水三鹽化《えんか》アンチモンのクロロフオルム溶液を加《くわ》へて青色を生じ、この青色の濃度に依《よつ》て定量す。

一、單位。βカロチン〇・六γを一國際單位とす。

一、過剰症あり。

ビタミンA_2　Edsbury & Morton, 1937 は淡水魚中にのみ見出さる。效力はAの約40%。

ビタミンD　(D_2　calciferol) Mellanby 1918

一、CaとPのバランスをとり、燐酸及《および》Caの吸收促進・C・Pの代謝に關係あり。

一、缺乏《けつぼふ》は小兒《せうに》に佝僂病《くるびやう》を成人に骨軟化症を發《はつ》し、骨及《および》齒の症状を呈《あら》はす。即《すなは》ち、クル病では軟骨の細胞間質にCaの沈着を見ず、長骨が曲り、ハト胸脊柱わん曲等を生ず。骨軟化症では骨が粗《そ》となり折れ易くなる。

一、D_1はD_2とルミステリンの混合結晶なり。

一、D_2はエルゴステリンの紫外線照射により生ず。D_3は7ーデヒドロコレステリンの紫外線照射により生ず。D_2とD_3はその抗クル病性抗力は全く等し。

一、D_4は活生化22 - チヒドロエルゴステリン也《なり》（照射植物性食品中に生成す）。

一、ステリン誘導體《たい》は十一種以上もビタミンDの性質を呈《あらわ》はす。その他にも尚數多《なほあまた》の型のものあれども、その抗佝僂《くる》病《びやう》性は弱し。

一、ビタミンDはAよりも熱に安定にして、酸化し難し。還元劑にも破壊されず。但《ただし》、酸中には徐々に分解し亞硝酸瓦斯《ガス》により損失す、アルカリには抵抗す。

一、他の多くのビタミンと反對《はんたい》に植物性食品又は植物油中に乏《とぼ》し。但《ただし》、肝油中のビタミンDはプランクトンより受く。生體《せいたい》内では肝臓等に貯藏さる。

一、プロビタミンDは、紫外線照射によりビタミンDとなるもので、麥角《ばつかく》・キノコ・卵黄中のエルゴステリン、動物脂等に含有される7 - デヒドロコレステリンはそれ〴〵D_2及《および》D_3となる。

一、皮膚のプロビタミンDは7 - デヒドロコレステリンにして、日光浴の効果は之《これ》が活性化に依《よ》る。

一、化學的検定法。三鹽化《さんえんか》アンチモンのクロロフォルム溶液にて紅色を呈し後、橙色に變化《へんくわ》す。定量法としてチギトニン沈澱法等あり、一單位。D_3の結晶〇・〇二五γの効力を一國際單位とす。

ビタミンE　(tocopherol) Evans & Bishop 1922

一、生體《せいたい》内に於《おい》て酸化防止作用・解毒作用を示す。

一、缺乏《けつぼふ》すれば雌は胎盤の機能に雄は精蟲《せいちゆう》の生成に障害を來《きた》し不妊となる。吸收性不妊症を起す。

一、缺乏《けつぼふ》は正常の成長を阻害す。筋肉の麻痺・全身の衰弱等をも起す、又腦下垂體《なうかすいたい》前葉にも影響を及ぼす。

一、水に不溶、油及《および》有機溶劑に可溶。熱に安定200°でも分解されず、空氣中では比較的安定なるも徐々に酸化さる。冷アルカリには安定なるも熱時は分解さる。脂肪・筋肉組織に貯藏さる。

一、化學的検定法は吸光係數を測定する。又、鼠《マウス》の吸收性不妊症の治癒による試驗に據《よ》る。

ビタミンK　Dam 等 1929―36

一、血液の凝固に必要なプロトロンビンの生成を促進し凝固性を確保す。

一、缺乏《けつぼふ》は鳥類に出血・貧血・榮養不全を起す。人類にも必要なるも腸内細菌により合成されるを以《もつ》て、通常は缺乏《けつぼふ》は起らず。但《ただし》、初生兒《じ》では殊に生後一週間までは缺乏《けつぼふ》症を起し出血で死亡することあり。

一、K_1及《および》K_2は脂肪溶性の天然品、K_1はアルファアルファより、K_2は腐敗フイツシユミールより抽出せるもの、K_3は合成品で水溶性なるも効力はいづれもかわらず。抗菌性あり。

一、定量は、比色酸化還元法による。

一、アンチビタミン存在す。

水溶性ビタミン

ビタミンC　(l-ascorlicacid) Szent-Görgy 1933

一、缺乏《けつぼふ》は壞血病を發《はつ》す。航海並《ならび》に探險隊が常に惱まされ、新鮮なる果物、野菜の食用を以《もつ》てこれを防止し得ることを知りてより今や二百年に垂《たら》んとす。

一、壞血病は關節腫脹・脆弱となり、又出血並《ならび》に顔面神經麻痺を起し、發育《はついく》止り、齒齦《しぎん》、齒に異常を生ず。骨・齒の髓質の發育《はついく》阻害さるゝためなり。ビタミンCは細胞間質（コラーゲン又は類似物質）の形成と細胞内呼吸（酸化還元機転）に不可缺《ふかけつ》なるが爲《た》めならん。

V・Cの缺乏《けつぼふ》時にはチロヂンの代謝異常となり尿中にフエノール性物質出現す。これらの酸化過程にV・Cを必要とするためなり。又、含水炭素の代謝も異常となる。副腎皮質ホルモンの形成とV・Cは關係あり缺乏《けつぼふ》時には分泌減少す。

一、V・Cは、H2原子を放して酸化型のデヒドロアスコルビン酸となる。この反應《はんおう》は可逆反應《はんおう》なり。故に生體《せいたい》内酸化還元酵素として働くものと推定さる。又、グルタチオンと共に細胞呼吸に關係ありといふ。熱病、傳染《でんせん》病においては要求量增大す。

一、白色結晶、酸味あり、乾燥時は安定なるも水溶液は不安定なり。水に易溶、アルコール可溶、有機溶劑不溶。酸性におけるよりも中性、アルカリ性において不安定なり。光により分解す、酵素の存在する時特に甚《はなは》し。人參、瓜類にはアスコルビン酸酸化酵素存在す。

一、生體《せいたい》内では、腦《なう》、副腎、皮質、網膜、腦下垂體《なうかすいたい》、黃體《わうたい》、肝臟、白血球等に多く存在、過剰のCは尿中より排泄され蓄積さるゝことなし。又、一部はCO_2及《および》水にまで分解すと推せらる。毒性なし。

一、鼠《マウス》、犬等の諸動物は體内《たいない》でV・Cを合成し得。

一、ブドー糖又はペントースより合成さる。

一、検定法は、インドフエノール法、ジニトロフエニルヒドラジン法。

一、單位、アスコルビン酸〇・〇五mgを一國際單位とす。

一、要求量は最低20mg、飽和時70~100mg

ビタミンB群

ビタミンB群は熱に不安定なるものと安定なるものとの二に分ち、熱に不安定なるものに對《たい》しB_1、安定なるものに對《たい》しB_2（或《あるひ》はG）と呼べるが、現今《げんこん》B群中に抱擁せらるるもの多種に上りつつあり。

ビタミンB_1（英《イギリス》は初めB_1今はAneurin 米はThiamin, 我國にはB_1が主用さるるもOryzanin（鈴木氏）亦《もまた》著聞す。FunkのViTamin命名其《その》他、世界中、本ビタミン程多數の異名を有するものなし、商品名に於て殊に然《しか》り。）

（鈴木、Funk 1910）

一、ビタミンB_1の意義は抗脚氣性ビタミン又抗神經炎性ビタミンの名に依りて示さる。

一、脚氣患者として人體《じんたい》に、指尖《しせん》、口圍《こうゐ》、下腿、足背《そくはい》、下腹部等の知覺鈍麻、膝蓋腱反射消失、腓腸《ひちやう》筋握痛、心悸亢進、脈搏《みやくはく》頻數、心臟の變化《へんくわ》、肺動脈第二音の亢進、脚氣衝心、水水腫、等歴然たる症狀を呈するに至らずして、欠伸、居眠或《あるひ》は胃症狀、便秘、倦怠感、神經痛等の下に「潛在性」の脚氣として診療さる可《べ》き例鮮《れいすくな》しとせず。脚氣はB_1の缺乏《けつぼふ》を主因とするも、他に蛋白質又は他種ビタミン等の缺乏《けつぼふ》を伴ふとの説あり

一、含水炭素の新陳代謝と特別の關係を有す。故に要求量は高含水炭素食では高まる。

一、生體《せいたい》内酵素の焦性《ビルビン》葡萄酸《ぶだうさん》脱炭素酵素 Cocarboxylase はB_1のピロ燐酸エステル（Thiamine pyrophosphat,

T.P.P.）なり。

一、過剰は尿中に排泄せられ、毒性なし。

一、αとβあり、Sp 221°。

水、稀アルコール、グリセリンに可溶、有機溶剤に難溶、強酸と加熱すると分解す。又紫外線により分解す。加熱に対《たい》し、酸性では安定なるも中性では100°Cで安定。但《ただし》、長時間の加熱は分解を招く。130°Cで不安定。更にアルカリ性では最も不安定にして常温でも分解することあり。

一、数種の合成法あり。

一、定量はチオクローム法推賞《すいしやう》さる。フニリシアンKと苛性ソーダで酸化されチオクロームを生じ螢光を發《はつ》す。これをイソブタノールに取りて紫外線にて螢光度を測定する法なり。

一、腸内《ちやうない》細菌で合成さる。アンチビタミンあり。

一、腸内《ちやうない》にB_1分解酵素アノイリナーゼを産生するアノイリナーゼ菌を有する者あり、ビタミンB_1缺乏《けつぼふ》症にかゝりやすし。

一、アノイリナーゼはその他にもわらび、貝類殊にしゞみはまぐり等に存在す。

一、要求量は食物の榮養素構成により影響され、又個體《こたい》差あり。一日一三〇〇γ。

一、無砂無洗《むさむせん》七分搗米のビタミンB_1含有量は左表各食品中のものと匹敵す

七分搗米　四六三瓦《グラム》（三合三勺《しやく》）　牛　肉　一三三四瓦《グラム》（三五二五匁《もんめ》）　ホウレン草　二二〇六瓦《グラム》（五八六匁《もんめ》）

メリケン粉	七二八（一九四匁《もんめ》）	牛心臓	三三〇（八八匁《もんめ》）	キャベツ	二五九〇（七五七匁《もんめ》）
蕎《そ》麥《ば》粉	一九九（五三匁《もんめ》）	牛肝臓	二六五（七〇匁《もんめ》）	蕪《カブ》菁《ラ》	二四八〇（六六〇匁《もんめ》）
小豆	一九九（一合四勺《しゃく》）	牛脳髄	三九七（一〇六匁《もんめ》）	玉葱	一四九〇（三九六匁《もんめ》）
刀《ナタ》豆《マメ》	一九九（二合）	魚肉	六六二（一九八匁《もんめ》）	トマト	一二一五（一三個）
豌《エン》豆《ドウ》	三三一（二合二勺《しゃく》）	卵黄	三三一（一九個）	乾燥酵母	（三七個）
大豆	三三一（二合二勺《しゃく》）	牛乳	二三一八（一升五合）	レモン汁	二三一八（二個）
豆腐	一九八八（東京六丁半）	人参	一九九（五三匁《もんめ》）	オレンヂ	二三一八（七個）
豆乳	一三二四（六合六勺《しゃく》）	甘藷	一九九（五三匁《もんめ》）	淘《とう》洗《せん》白米	殆ど全部損失す
海苔	九九（五〇枚）	馬鈴薯	三三一二（八八一匁《もんめ》）（副食物にのみ信頼するは危《あやふ》し）		

ビタミンB_2（riboflavin Karrer / lactoflavin, Kuhn 1934）

一、鼠《マウス》の成長促進因子

一、B複合體中《たいちゅう》熱に安定なるものゝうちより抽出せり、B_1より熱に安定。

一、人における缺乏《けつぼふ》症状は、口角炎、口唇粘膜剝離、皮膚發赤《ほつせき》、舌炎、眼瞼炎、咽喉炎、皮膚乾燥、角膜溷濁《こんだく》、結膜炎、脂漏性皮膚炎等なり。又成長停止す。

一、B_2は黄色或《あるひ》は橙黄色の粉末、280°で分解し、水及《および》アルコールに難溶、エーテル、クロロフォルム不溶、水溶液は螢光を發《はつ》するが、酸性、アルカリ性で消失す。中性、酸性では熱に安定なるもアルカリ性では熱及《および》光により分解す。

紫外線照射により酸性でルミクローム、アルカリ性でルミフラビンを生じ生理作用を失ふ。故に特に光を絶《た》ち保存することに注意。

一、生體《せいたい》内にては flavin-mono nucleotide（FMN）又は Flavin-adenine-dinucleotid（FAD）として存在。酵素系の遞傳體《ていでんたい》としてHの授受を行ひ酸化に關する補酵素として働く。

一、鼠《マウス》、微生物についてはアンチビタミンB_2の存在確認さる。

一、フラビンのまゝ螢光法により定量す。又はルミフラビンとして定量す。

一、アロキサン又はバルビツールの縮合により合成す。

一、腸内《ちやうない》細菌で合成さる。尿中に排泄され過剰症のおそれなし。

一、要求量はB_1と同じ。

一、酵母、肝臓、乳製品、大豆、卵、キャベツ、青菜、糠等に存在す。

ニコチン酸及《および》ニコチン酸アミド（ナイアシン）

niacin,Pellagra prevent（P.P.）Factor. Elvehjem, Warbuag（1936,7）

一、ペラグラ豫防《よばう》因子。

一、生體《せいたい》内に於《おい》て、Di-phosphopyridinenucleotide（DPN）及び tri- phosphopyridinenucleotide（TPN）の構成分となる。これらは Codehydrogenase で生體《せいたい》内の脱水素反應《はんおう》にHの遞傳體《ていでんたい》として働く。

一、尿中に排泄され、毒性なし。

一、腸内《ちやうない》細菌により合成さる。

一、生體《せいたい》内にてトリプトファンによりニコチン酸合成さる。故にトリプトファン攝取《せっしゅ》充分なる時は缺乏《けつぼふ》起り難し。

一、ニコチン酸はSp 234～237℃、ニコチン酸アミドはSp 128～131℃水溶性。ニコチン酸アミドをアルカリで加水分解すればニコチン酸を得、兩者共生理作用有效なり。

一、ニコチン酸の酸化又はβ -Alkyl-pyridine の酸化により合成さる。

一、要求量はB_1の約10倍位。

一、他B群と同様の分布をなす。

即《すなはち》、米糠、小麥《こむぎ》胚芽、酵母、落花生、肝臟、とり肉、仔牛肉、赤身の魚肉、など。

ビタミンB_6 Pyridoxine,Adermin（György, 1934）

一、鼠《マウス》の抗皮膚炎因子

一、人については未だに確実ならざるも、缺乏《けつぼふ》は皮膚症狀は呈すといはれ、一般のビタミンB複合體《たい》の缺乏《けつぼふ》症狀と同一といはる。

一、天然に存在するPyidoxal, Pyridoxamin 等も有效なり。

一、蛋白質代謝に關係すると考へられ、食餌中の蛋白質量の増加はB_6の要求量を増大す。

B_6の缺乏《けつぼふ》により、蛋白質より含水炭素、及《および》脂肪への變化《へんくわ》が阻害さるゝものと考へらる。

生成内にてピリドキシンはピリドキサールと可逆的關係を保つ。

Pyridoxalphosphate は transaminase 及《および》 decarboxylase の補酵素なり。

犬においてはトリプトファンより正常狀態においてはキヌレン酸を生じ尿中に排泄さるゝもB_6缺乏《けつぼふ》時にはキサン

トレン酸を生ず。

脂肪とB_6の關係は未だ明確ならず。

一、針狀結晶、Sp 159~160℃

水、アルコール易溶、吸着さる。光で分解す。熱で分解す。（酸性でやや安定、中性でより不安定、アルカリ性最も不安定）

一、定量は酸化しピリドキシン酸のラクトンとして螢光法により定量す。又は微生物法による。

一、米糠より抽出す。

一、合成可能。

一、腸管《ちやうくわん》内で合成さる。

一、人に必要か否か不明確、要求量も不明。アンチビタミンあり。

一、酵母、米糠、胚芽、小麥《こむぎ》胚芽、豆、バナナ、魚、肝臓等に分布す。

パントテン酸（Filtrate faclor）（Williams 1918）

一、ひなの抗皮膚炎因子（酵母の發育促進因子）。

一、缺乏《けつぼふ》は動物に成長停止、皮膚炎神經組織の變性《へんせい》、脂肪肝、副腎皮質の機能低下等を起す。人においては、不明。

一、生體《せいたい》内ではAdenosine及《および》β-mercaptoethylaminと共に燐酸エステルとして、補酵素Coenzym Aを形成す。

これは含水炭素及《および》脂肪の代謝にAcetyl. CoAとなり、活性酢酸基の轉位《てんゐ》を起す重要な補酵素なり。

一、油狀、水。アルコールに易溶、エーテルに僅溶《きんよう》。酸、アルカリ、熱に不安定なり。

一、天然にはパントテン酸と Co-A の中間體《たい》なる LB Factar などの Co-A、又は高分子態として存在す。LB. Factor は乳酸菌の發育《はついく》に有效。

一、羊肝臓より抽出す。合成可能。

一、腸内《ちやうない》細菌により合成さる。

一、人における代謝尚《なほ》不明にして要求量も又不明なれどニコチン酸程度にて充分ならん。欠乏のおそれは殆どなし。

一、所在は酵母、米糠、豆、卵黄、副腎等。

パラアミノ安息香酸（P.A.B.A）即《すなはち》

ビタミンH'、BY Groneth Factor（Ansbacher 1941）

鼠《マウス》の抗白髪性因子

一、缺乏《けつぼふ》は鼠《マウス》の毛髪灰色化を防止す。

微生物・鶏の發育促進因子。

一、生體《せいたい》内で Acetyl 化し或《あるひ》はグルクロン酸と結合して尿中に排泄さる。

毒性少し。

一、無色針晶、水に難溶、熱湯、アルコールエーテル易溶。

一、腸内《ちやうない》細菌により合成さる。

一、人體《じんたい》に必要か否か不明。

一、米糠、酵母、小麥《こむぎ》胚芽米等に分布す。

葉酸　petroyl glutamic acid（PGA）folic acid（英米局方名）即《すなはち》

ビタミンM、フォラシン lactobacillus casei factor（Day, Snell,Hulchings,Mitchel Stockstad）

一、猿の抗貧血性因子。抗悪性貧血因子。

一、folic acid はほうれん草より抽出した抗貧血性物質で構造中に P.G.A. を含むものなり。

一、肝臓及《および》酵母よりPGAが、ほうれん草より folieacid が抽出さる。

一、合成は p-amino bezoxylglutamis acia とブリヂン體《たい》の縮合による。

一、生體《せいたい》で酵素系を形成し、メチル化反應《はんおう》を促進し、尿中に排泄さる。悪性貧血、巨大細胞性貧血、スプリュー、妊娠貧血、慢血慢性下痢等に有效。

一、黄色結晶、水、有機溶剤難溶、熱湯僅溶《きんよう》、アルカリ、酸、可溶。
強酸性では、熱、酸素、光により分解するもアルカリ性では熱には安定なり。

一、尿中にはPGAとして排泄せらる。

一、吸収スペクトルのクロマトグラフィーにより又は微生物法により定量す。

一、citrovorum factor（CF）は肝中に存在するの微生物發育促進因子にしてPGAと似、生體《せいたい》内にてPGAよりV・Cの助けをかりて生成さるゝものと考へらる。更に生體《せいたい》内PGAの作用はCFの作用と考へらる

一、天然には高分子の複合體《たい》も存在す。

一、ほうれん草、肝臓、酵母、糠、小麥《こむぎ》、胚芽、落花生、鶏肉、サケ、カキ等に存在。

一、人の要求量は猿より換管《くわんさん》して0.1～0.2㎎位。

一、腸内《ちやうない》細菌により合成さる故、缺乏《けつぼふ》症状を起し難し。アンチビタミンあり。

ビタミンB_{12}　cyanocabalamin（Rickes, Smith 1948）

一、肝臓の抗貧血性因子。アンチプロテインファクター。

一、主として鶏の成長及《および》植物性蛋白質のみの餌料の榮養效率《かうりつ》を高めるAnimal Protein Factor（APF）も存在す。これら二者は同一物質或《あるひ》は、兩者がB_{12}として代表せらるゝものと考へらる。

一、生體《せいたい》内にて活性蟻酸鹽《ぎさんえん》の代謝、メチル化等に關係す。又、アミノ酸代謝に關與《くわんよ》す。惡性貧血はB_{12}と、PGAとの缺乏《けつぼふ》ならんと考えらる。巨大細胞性貧血、スプリュー、妊娠貧血、慢性下痢に有效。胃中にB_{12}活生化に必要なるIntrinsic Factor の存在を推定し、惡性貧血の原因をこれの缺乏《けつぼふ》に歸《き》する者あり。

一、動物の甲狀腺機能を抑制す。

一、尿中に排泄さる。

一、暗赤色針晶、水、アルコール可溶、有機溶劑不溶、吸濕《きふしつ》性大、加熱には酸性にては分解し難きも、中性にてはより容易、アルカリ性にては最も分解し易し。

一、構造は未決定

一、酵母、肝臓、腎臓、カキ、貝類、牛乳、肉類、魚類、ほうれん草等に存在。

一、要求量は0.5～1γ。惡性貧血の治療に1～3γといわれる。

ビオチン Biotin, Coenzym R 即《すなはち》

ビタミンH（Wildeers 1901）Kogl, Alleson, Boas, Görgy, Parsons, Harris

一、酵母の發育《はついく》に必要なる因子。

一、白鼠《ラット》に乾燥卵白の多量を與《あた》へたる時に生ずる脱毛、皮膚炎、出血による死亡の防止因子。

(Protective factor X) 又は (Egg white' injury factor) とも呼ぶ。

一、微生物體内《たいない》ではアミノ酸と結合し酵素系を作り、脱炭酸反應《はんおう》及《および》逆反應《ぎやくはんおう》、脱アミノ、チトルリンや不飽和脂肪酸の合炭等を行ふ。又、オキザル醋酸《さくさん》より焦性《ピルビン》ブドー酸及《および》炭酸ガスを生ずる反應《はんおう》及《およ》その逆反應《ぎやくはんおう》を行ふ酵素。

一、牛肝臓、牛乳より抽出す。

一、針狀晶、熱湯、稀アルカリ可溶、水、稀酸不溶、熱に安定。

一、定量は微生物法による。

一、合成法あり。

一、腸内《ちやうない》細菌で合成され、缺乏《けつぼふ》は起り得ず。

要求量は150～300γならんといわる。

一、肝臓、魚肉、豆類、牛肉、卵白、牛乳等に存在。

一、天然には、高分子化合物なるビオチンとして存在。これは加水分解によりビオチンとリジンを生ず。

ビタミンB_{13} ortotic acid (Bachstez 1904) (2-6-dioxo-tartrahydropyrimidine)

一、鼠《マウス》の發育《はついく》に必要。核蛋白質の前驅《ぜんく》物質ならん。

一、牛乳、腎臓、肝臓、骨髄などに存在。

リポ酸　thiocto acid

一、ピルビン酸酸化因子。

一、乳酸菌の發育《はついく》に醋酸《さくさん》塩の代用となる成分。

一、B_1と結合して生ずる lipothiamide の焦性《ビルビン》ブドー酸エステルは、補酵素としてHと反應《はんおう》し、又、光合成とも關係あり。

一、動物には必須ならず。肝臓、酵母に存在。ビタミンL（L（lactation）-Factor）（Mapson 1932）

一、鼠《マウス》の乳離れする仔の數の増加並《ならび》に發育《はついく》を良好ならしむる因子。缺乏《けつぼふ》は鼠《マウス》の乳汁分泌を阻害する。

イノシトール　inositol

一、マウスの脱毛豫防《よばう》因子、脂肪肝を豫防《よばう》し脂肪代謝と關係ありと考へらるゝも人に必要なりや不明。

其《そ》の他ビタミン類似物質

以下、當初《たうしよ》ビタミンと考へられたるも現在はビタミンとみなされざるもの。

ビタミンP（permeability vitamin）

一、(hesperidine, eriodictine, rutine : のことなり)

一、毛細血管の滲透性《しんとうせい》増大因子。

一、ルチンは血管の脆弱《ぜいじやく》性を減少する意味において高血壓《けつあつ》に有效。

ビタミンF

一、(linoe, linolen, arechidon 酸をいう)

一、必須脂肪酸、缺乏《けつぼふ》は鼠《マウス》の發育阻害、肝障害を起す。又、體《たい》脂肪の合成を妨ぐ。

一、生體《せいたい》内にて合成されず。

コリン　Choline

一、脂肪肝豫防《よばふ》因子。

一、膵臟缺除《けつじょ》動物における脂肪肝及び高脂肪食による脂肪肝を防ぐ。但《ただし》、メチオニンもこの作用あり。

一、生體《せいたい》内でグリココールより合成さる。

ビタミンの必要量

ビタミン要求の最小限度、適量過量等は個人差の大なること、他の榮養素との關係、殊にビタミンの酵素的作用、ビタミン相互間並《ならび》にホルモンとの關係、その他疾病、環境の關係等、身體《しんたい》内外の條件《でうけん》に左右せらるること大にして、諸家の提示の數字必ずしも合致せざること多し。

又一方には牛乳・野菜・果實《くわじつ》等生食品が、收穫後ビタミン含量の急速なる變動《へんどう》を示すのみならず、肥料並《ならび》に日光の照射・貯藏方法等に因《よ》る影響亦甚《もまた》大なるものあるが爲め、實際《じつさい》上には広き幅の標準を生活するの已《やむ》なきに至る也《なり》。

又その藥物學的作用の極めて顯著なるに鑑《かんが》み、ビタミン過剰が身體《しんたい》に好ましからざる影響を及ぼすことある可《べ》きは當《たう》然《ぜん》考へられる。過剰警戒論者がビタミン過剰症（Hypervitaminosis）として示摘《してき》するもの次の如し。

ビタミンA。發育《はついく》停止、毛及《および》皮膚粗剛《そがう》、脱毛、禿頭、心臟の機能的變化《へんくわ》、心筋、肝臟、副腎、腎臟等の退行變性《へんせい》、全消化管壁の脂肪浸潤、胃の潰瘍、出血及《および》壞疽、血管硬化、貧血、浮腫、多尿、眼球突出、濕疹《しつしん》、無感覺、過剰骨形成のため骨が腫れ、粗なる層をつくる。

ビタミンB。胸腺の過重、副腎の發育《はついく》不全、淋巴《リンパ》腺の肥大生殖不能。

ビタミンC。蛔蟲《くわいちゆう》寄生率增高。

ビタミンD。心臟、腎臟其《その》他の臟器及《および》器官に石灰の過剰沈着、尿路結石、血中燐《リン》增加、心悸衰退、胸腺萎縮（鼠《マウス》に對《たい》し必要量の二千倍を與《あた》へると起る）

ビタミンの大量投與《とうよ》無儀《むぎ》を說く報告者もあり、又その害作用を挾雜《けふざつ》成分に歸《き》するものあり。各國共保健以外に產物若《もし》くは商品の盛衰に關する經濟的問題として重視さる。

カルシウム或《あるひ》は硅素《ケイそ》の如き比較的緩和なる成分に於《おい》てすらも、その過重の速用《そくよう》が危重《きぢゆう》なる疾病を誘發《いうはつ》することは余《よ》の研究發表《はつぺう》せるところなり。榮養機轉《きてん》への一生面を示唆するものであつたと信ずる。

榮養學の躍進

平時なると非常時なるとを問わず王候と庶民たるの別なく一人一國の榮養問題に對しては、今一度眞摯の省察《せいさつ》が要望される。斯《こ》の省察《せいさつ》に依《よつ》て、人は微笑と發奮《はつぷん》の下《もと》、能《よ》く榮養學の重要性に就《つ》いての認識を新《あらた》にすることを得む。

一、學術的方面

榮養研究所に於《おい》て行はれた研究並《ならび》に發表《はつぺう》が一々時局分擔《ぶんたん》の光榮に生きて居る。又本書記述の項目を閲了《えつれう》する時何人《なんぴと》も「學問貢獻《こうけん》の用意と意義」を理解せしめらるるであらう。

特に食糧を節約し、その最高の榮養效率を發揮《はつき》する、可能にして且萬全《かつばんぜん》なる方法の根據《こんきよ》たる可《べ》き諸研究、必ず確保せらる可《べ》き最小限度の生活の基調に關する諸研究並《ならび》に最惡の場合に直面することあらむ時の用意に就《つ》いての研究、而《しか》して此等《これら》の諸研究は我に在りて彼《かの》歐米諸國に依《よ》りて爲されたるものよりは少くも一日の長を贏《か》ち得たるものであつた。

二、實《じつ》際《さい》的方面

本書食政篇中の各提唱は今や殆んどその全部が實現《じつげん》せられたるを見る。又既《すで》に多年に亘《わた》り各方面に於《おい》て所期の實績《じつせき》を擧《あ》ぐるを得たる、而《しか》してその必ずや非常時に役立つ可《べ》きを力說し來りたる我邦《わがくに》特有の榮養改善の方策

（一）個人栄養（二）聚団《しふだん》栄養（三）統制栄養（四）組合栄養（中央調理場・榮養食配給所・共同炊事・獻立材料配給等）（五）法令　等

が益々《ますます》重きを加えつつある。

食糧の國家管理と農林大臣の發言《はつげん》指示するところに蛋白質・脂肪・カロリーの語を强調せらるるに至りたるが如きも亦《また》一大躍進である。餘《よ》は年來《ねんらい》栄養省の設立を提唱して居る。

三、榮養の本義の顯揚《けんやう》

三輪の合致同行《がつちだうかう》を求むること愈々《いよいよ》痛切。

（第一輪）健良民族の示現《じげん》

（イ）體位《たいゐ》並《ならび》に强健の榮養に俟《ま》つ所以《ゆえん》

（ロ）人口問題

（ハ）海外居留日本人榮養問題

（ニ）世界協調態勢の整備

（第二輪）食經濟の安定强化

（イ）食糧の自給自足

（ロ）家庭・配給・生産を一貫する食糧の消費法

（ハ）積極的食糧增産と榮養的優秀食糧の重視

（ニ）食糧の生産・消費・貯藏の公的管理

（第三輪）四海同胞《しかいどうはう》の精神

國政を行ふものは常に國民の榮養の問題の上に心を致し、「賤《しづ》が家《や》の竈煙《かまどのけむり》起つや起たずや。」との配慮を偲《しの》ばしむる例は古今の我《わが》歴史に枚擧《まいきよ》の遑《いとま》がない。

而《しか》してわれ等國民亦《もまた》國情を體《たい》し、その發《はつ》するところ義農作兵衞たり。第三輪に依《よ》りて、食を分ち飢に克ち、初めて人能《よ》く人たるを得る。斯《こ》の道や卽《すなは》ち人道にして、以《もつ》て全世界に及ぼす可《べ》きなり。

頃日《けいじつ》、道義的意義を以《もつ》て商闇《しやうあん》を征服せむといふ當路《たうろ》の聲明《せいめい》に接し又生活安定は情合を以《もつ》て圓滑《ゑんくわつ》ならしめむといふ政府の訓辭《くんじ》を得たる、孰《いづ》れかこれ此《この》第三輪の强化高調に他なる無からむや。

法令・統制・その他人爲的組織を以《もつ》てする實際《じつさい》生活上の不備は人心の道德化を以《もつ》て大成するを要す。

時局は榮養の本義の大《おほい》に尊重す可《べ》きことを教へたり。物資不足にして之《これ》に處《しよ》し、物資餘剰《よじよう》ありて之《これ》を理するの途《みち》を指示するもの實《まこと》に榮養の本義に在りて存す。榮養の本義は榮養の科學化を確立すると共に之《これ》が道德化をも強く嚴《おごそ》かに垂訓《すいくん》す。

栄養料理

一、美味しいものは消化液の分泌を促進するということは事実です。

一、しかし好きなものだけ食べていればよいと思うのは大きな間違いです。

一、食物を好き嫌いで選んで摂っていると偏食の害を招くことになります。

一、偏食は発育不全・虚弱・疾病・短命の原因となります。

一、偏食は美食、粗食、富裕者、貧困者、すべての場合に起こります。

二、習慣を改めることによって、まず一例として小魚一尾で栄養状態がよくなる人がいます、また、野菜一皿で健康を増進する人がいる一方、玄米礼讃で病弱から救われる人もいます。このような違いがあるのは、各人個々の、平素の偏食の種類が違うからです。

一、第二の偏食がたまたま第一の偏食を直す効果があっても、それ自身が偏食である限り効果は一時的であり、やがて、また第一の偏食の害に代わる第二の偏食の害が始まるのです。

一、これに反し、栄養料理は常に標準的で効果が持続的であることを趣旨とします。

一、栄養料理を実践するには、（一）献立の組み方、（二）調理の方法共に適切でなければなりません。
一、献立の観点から言えば、低所得者や栄養に無関心な人の食物は、カロリーはともかく、たんぱく質の量と質に欠点がある場合が多くみられます。上流家庭や料理屋の料理は、通常たんぱく質量が無駄に多くなっています、共に偏食です。
一、したがって栄養料理は、まずカロリーとたんぱく質とのバランスをとることからはじめます。
一、次に無機質、ビタミンやその他の成分のバランスは、調理法と協働することで行われなければなりません。
一、調理で注意すべきことは、不可食分中には多くの場合重要で特殊な栄養分が含まれていることです。
一、不可食分とは魚の頭・骨・皮・ヒレ・内臓・野菜の皮・葉・茎などです。一般世間でしばしば粗食で健康が得られるというのは、このためです。
一、食品から搾り棄てられる液汁の中に有効成分が含まれていることもあり、洗い流したり茹でこぼしたり、水にさらしたりすることで成分が失われる場合が多いのです。
一、調理の目的は食品の利用効率を高めることであると同時に、風味を佳良にすることであるのはもちろんです。そのためには、
（イ）食品成分に理化学的変化を生じさせるようにすること。（ロ）不快な成分を除去あるいは隠すこと。
（ハ）好みの成分を添加すること。（ニ）もてなしの形式を整えること。等の方法をとります。
一、この際、自然の風味と人工の風味との調和や配食供膳の順序にも配慮すべきです。
一、なお留意すべきことは、食物の嗜好が教育によって容易に改善左右されることです。食物を味わう楽しみをつくりだすには理性と知恵を使うことが最も大切であって、これを私は自主的味楽と呼び、栄養改善のさまざまな方法の基本をなすものとしています。

付表二つ（不可食分中にあり失われやすい成分）

鉄・リン酸・石灰含有食品表（含量が多いものから順次に列挙する）

鉄

動物性食品

するめ、フィッシュミール、正歳塩干（正才ふぐ塩干）、源五郎フナ、とこぶし（内臓）、乾えび、しじみ、なまこ、あさり、海カメ卵、食用蛙、熊脂肉、身欠にしん、牛肉。

植物性食品

松葉昆布、きくらげ、青海苔、はすの実、白ごま、こうたけ、さんしょの実、けしの実、えんどう（赤）、凍豆腐、ゆり、大豆、にら、昆布、蜂屋柿、はとむぎ、にんじんの葉。

リン酸

動物性食品

丸干いわし、花するめ、乾えび、たたみいわし、身欠にしん、にぼし、すじこ、ごまめ、まて貝、熊脂肉、貝柱肉、しらすぼし、どじょう、わかさぎ、あかえい、卵黄、脳（牛）、仔牛肉。

植物性食品

糠、大豆、八丁味噌、めんざい（小麦ふすま・胚）、いんげんまめ、えび芋、こうたけ、香煎、ごま、小麦、蕎麦 わかめ、椎茸、玄米、小豆、昆布、大根葉。

石　灰

動物性食品

干あゆ、たたみいわし、たにし、ごまめ、フイッシュミール、わかさぎ、干えび、どじょう、貝のひも、めざし、雀肉（骨共）、あまだい、干だら、しらす、干卵黄、牛乳、なまこ、すじこ。

植物性食品

ひじき、白ごま、とろろ昆布、高野豆腐、ふ、けしの実、とうがらし葉、ぎんたけ、すだれふ、ゆり根、パパイヤ、椎茸、黒大豆、ゆば、きなこ、干蕎麦、白いんげん、大根葉、味噌。

ビタミン含有食品表（含有の程度を記号＋を用いて示す。＋＋＋は多量に含むもの、＋＋は中位に含むものとする）

ビタミンA

バター、チーズ、クリーム、牛乳、山羊乳（以上＋＋＋）。

人乳、粉乳、練乳（以上＋＋）。

牛の心臓、肝臓（以上＋＋＋）、牛脂、羊脂（以上＋＋）。

卵黄（以上＋＋＋）、鶏卵、ガチョウ卵（以上＋＋）。

ひらめ・まぐろ・鱈・鰻・鮭等の肝臓、八つ目鰻肉、数の子（以上＋＋＋）。

にしん油、同肉、同はららご（数の子）、鰻肉、いわし油、同肉、煮干、まぐろ肉、鮭肉、かき（貝）、鱈の卵（以上＋＋）。

ほうれん草、にんじん、大根葉、みづたがらし（以上＋＋＋）。

青キャベツ、レタス、さつまいも、トマト、南瓜、青えんどう、アスパラガス葉（以上＋＋）。

バナナ、オレンジ、パイナップル、はだんきょう（スモモの一種）、パパイヤ、杏、桃、林檎（以上＋＋）。

ビタミンB_1

玄米、玄麦、玄小麦、蕎麦粉（以上＋＋＋）。

半搗米、七分搗米、（以上＋＋）。

青えんどう、小豆、大豆、扁豆（ヘンズ、ヒラマメ）、落花生、胡桃、にんじん、トマト、青キャベツ、レタス、じゃがいも、海苔（以上＋＋）。

牛乳、牛・羊・豚等の肉、牛の脳髄・心臓・肝臓・等、ハム、ベーコン、卵黄（以上＋＋）。

ビタミンB_2

牛の腎臓および肝臓（以上＋＋＋）。

玄米、半搗米、無砂七分搗米、えんどう、青キャベツ、ほうれん草、あぶらな、みずたがらし（以上＋＋）。

牛・羊・豚等の肉、牛乳、卵白、鮭肉缶詰（以上＋＋）。

ビタミンC

大根、トマト、キャベツ、カリフラワー、青えんどう、レタス、ほうれん草、アスパラガス、みずたがらし（以上＋＋＋）。

レモン、オレンジ、グレープフルーツ、蜜柑、夏蜜柑、苺類（以上＋＋＋）。

穀類のもやし、豆類のもやし、ささげ、白菜、セロリ、ルバーブ、葱、玉葱、じゃがいも、さつまいも、にんじん、きゅうり（以上＋＋）。

バナナ、パイナップル、桃、梨、パパイヤ（以上＋＋）。

ビタミンD

ひがんふぐ肉、まぐろ肉、いわし肉、にしん肉（以上＋＋＋）。

卵黄、鱈属魚肉、鮫属魚肉、かき（貝）、牛乳、山羊乳（以上＋＋）。

紫外線照射食品またはよく天日に干した乾物（例えば煮干、乾魚、するめ、椎茸、野菜切干等）には多量に含有される。

ビタミンE

穀実胚子油、コーン油、燕麦油、穀実胚子、レタス、豆類のもやし（以上＋＋＋）。

椰子油、ベルベット豆、小松菜、かぶらの葉、バナナ、玄米、半搗米、七分搗米（以上＋＋）。

牛肉、豚肉、牛豚の肝臓、牛脳髄、卵黄、バター（以上＋＋）。

【原文表－五四五頁参照】

標準精米（無《む》砂《さ》無《む》洗《せん》七分搗米）

米には多くの問題があるが、中でも最も重要なものが三つある。それは、（甲）搗精と淘洗（とぎあらい）、（乙）米の科学的検定法、（丙）搗粉《つきこ》である。

甲、搗精と淘洗

【原文表－五四六頁参照】

メリット、デメリットが相互に伴う両極端、つまり玄米食と白米食の中間に科学的妥協点を求めた結果、無《む》砂《さ》無《む》洗《せん》七分搗米に到達した。

科学的妥協点とは、米の消費経済と米の保健効率とを勘案して合理的に両立できる点である。そして、この点を得るためには抜かりなく広汎な調査研究を行い、第一、第二、第三の損失を省くとともに、白米病（ビタミンB_1欠乏）防止の効果がなければならない。（無《む》砂《さ》無《む》洗《せん》七分搗米はビタミンB_1・B_2・B_6ならびにEを含有する。）これを標準精米[訳註五〇]とする。標準精米は、現在今や法令で定めている米である。

わが国内の米生産高を仮に六〇〇〇万石とすれば

玄米六〇〇〇万石は八四三万七五〇〇トン（二二億五〇〇〇万貫）であり、これを

白米として用いると、（混砂搗）その損失は

搗き減りを平均八％（精米歩合九二％）とすると	六七万五〇〇〇トン（一億八〇〇〇万貫）
淘洗損失固形分を四％とすれば	三一万五〇〇〇トン（八二八〇万貫）
計	九八万五五〇〇トン（二億六二八〇万貫）

（玄米七〇〇〇万八〇〇〇石に相当する）

七分搗米として用いると（無砂搗）その損失は

搗き減りを平均五・六％とすれば	四七万二五〇〇トン（一億二六〇〇万貫）
淘洗損失固形分を一・二％とすれば	九万五五八〇トン（二五四八万八〇〇〇万貫）
計	五六万八〇八〇トン（一億五一四八万八〇〇〇貫）

（玄米四〇三万九七〇〇石に相当する）

したがって、七分搗米を用いることによって白米病を防止できるとともに、白米に比べ四一万七四〇二・三トン（二九六万八三〇〇石）の節約ができ、さらにこれを無洗七分搗米として用いると

搗き減り平均五・六％とすれば	四七万二五〇〇トン	（一億二六〇〇万貫）
淘洗損失	〇	
計	四七万二五〇〇トン	（一億二千六〇〇萬貫）

（玄米三三六万石に相当する）

白米に比べ五一万二九八一・八トン（三六四万八〇〇〇石）を節約できる。

なお、栄養研究所において特別な注意の下に次の実験を行った。無淘洗玄米・無淘洗七分搗米・無淘洗白米について、被試験者の体表面積に応じて調整した量を摂取させた時の消化吸収率ならびに温量利用率は左のような結果を示した。

消化吸収率

	総窒素（％）	含水炭素（％）	脂肪（％）	無機質（％）	総カロリー（％）
玄米飯	七六・一四	九九・〇二	六一・七一	七三・四〇	九一・二四
七分搗米飯	八二・九八	九九・四四	七四・四八	八一・九二	九四・六三
白米飯	八五・五八	九九・六二	八一・七〇	八六・七九	九六・一二

右の表をもとに、玄米一〇〇グラムを搗精して全量を食用するとして、体内における利用実量を算出すると

	消化吸収される実量	徒費（糞便となる）される実量
玄米	三〇八・九キロカロリー	二九・七キロカロリー
七分搗米	三〇五・六キロカロリー	一七・三キロカロリー
白米	二八九・一キロカロリー	一一・七キロカロリー

このように体内利用実量では玄米と七分搗米の差は一％、徒費量は玄米が七分搗米の一・七倍である。

乙、米の科学的検定法

一、米の生物学的価値、つまり米の活性およびビタミンの含量、米の新古等を判定する　樋口太郎技師法

米粒約百粒に次の試薬を順次加える。

一、パラフェニレンジアミン一％水溶液　五ミリリットル
一、グアヤコール一％水溶液　一〇ミリリットル
一、過酸化水素一％液　約一〇滴

優良米は一—三分間で紫黒色に染まるが、そうでない米は染色度が極めて淡いか、全く染色されない。染色の濃度によって判定する。

二、米の精白度の標示として　佐伯矩氏法

石炭酸フクシンを用いて一・五分間室温で染色し、水で洗い次いで一〇％硫酸水中に浸漬すると、玄米の表層・蛋脂ビ層およ

び胚は赤色のままだが、白米その他米の表層と蛋脂ビ層を失っている部分（つまり胚乳部）は脱色する。

したがって、この方法により米穀の全面が赤染した場合は玄米、全部脱色した場合は白米である。もしくは線状に残留する場合は赤色部の大小で半搗米と七分搗米を区別できる。（赤染部と脱色部の面積比は、大まかな決定は目測による、特に必要がある場合には、細かい碁盤線の目盛ガラス板とルーペを用いる、計測は極めて簡易である）。

脱色法を施した後水中に入れると鮮紅色になる。一度アルコール中に浸漬した場合は、鮮明度が強くなる。

三、飲食物用色素を用いる米の精白度検定　佐伯芳子氏法

食紅・青竹粉等十五種類の色素を試み、左記の結果を得た。

【原文表－五五〇頁参照】

丙、搗粉

搗粉の害は二つある。（一）は間接的損害、（二）は直接的害作用である。

間接的な害は、搗粉が混在するために炊飯時米の淘洗を繰り返すことで各種貴重な栄養分を流失し、経済上に損失が出るとともに、白米病の原因となることである。直接的害作用については、栄養研究所における私の助手とともに行った動物試験によって、初めて重大な影響があることを発見した。それは、硅素性搗粉は胃潰瘍・胃癌様病変が、石灰性搗粉は腎臓ならびに膀胱の結石症が発生する原因となることである。

家庭パンの製法　榮養學校教科書「榮養」一九三頁を参看されたし

※正誤二四頁一四行目「純粋の」は「食用後」の誤植

ビタミン一括

ビタミンは、化学的な構造より、あるいは生理的作用より、あるいは発見の年代もしくは由来からのさまざまな分類・表示が行われるが、すべてに必ずメリットとデメリットがある。それほどビタミンは複雑で多岐であり、さらに新種が発見されつつあるのである。

脂溶性ビタミン

ビタミンA　Axerophthol　(Mendel & Osborne, Macollum & Davis, 1913)

一、脂肪の種類により成長に優劣を示すことから本成分の含存が知られるようになった。ビタミンAの欠乏は発育を妨げる。

一、欠乏すると眼乾燥症・角膜軟化症を発症する。

一、視力と重大な関係あり。眼底の網膜においてたんぱくと結合し視紫紅として存在し、光線に曝された時に視黄となる。視黄は分解して再びビタミンAを放出し視紫紅に戻る。

一、欠乏すると、まず暗調節機能が低下し、さらに夜盲症を発症する。

一、欠之すると、結石症（腎臓・膀胱・胆管）を発症する。また、骨および歯の発育が阻害される。

一、欠乏すると、細菌や回虫の感染に対する抵抗力を弱める。

一、欠乏すると、上皮組織の角化現象を促進するため諸症状を発する。それは神経・骨・血管等の諸組織その他新陳代謝など、広汎にわたる。

一、欠乏が長期にわたると上皮角化（ケラトーゼ）が進行してパピローム・癌の発症につながる。

一、体内に貯蔵され、尿による排泄はなく、過剰分は肝臓または血液中で分解される。

一、食品が具有する赤黄色素は「カロチノイド」と呼ばれる。そのうち、カロチン・クリプトキサンチンは、生体内で酸化され、さらに還元され、ビタミンAとなる。青菜、海苔にも「カロチン」が含まれる。これらはプロビタミンAと呼ばれ、α・β・γ三種のカロチンがある。吸収率および利用効率はビタミンAに比べて劣る。

一、水に不溶・有機溶剤に可溶、熱には一二〇度以下では破壊されない。酸化されやすく空気酸化を受ける。紫外線の影響を受けやすく、アルカリの影響は受けにくい。

一、甲状腺ホルモンと拮抗作用があるといわれる。

一、化学的検定法。無水三塩化アンチモンのクロロフォルム溶液を加えると青色になり、この青色の濃度により定量する。

一、単位。βカロチン〇・六γ[訳注五一]を一国際単位[訳注五二]（IU）とする。

一、過剰症あり。

ビタミンA_2[訳注五三]　(Edsbury & Morton, 1937)

淡水魚中にのみ含まれる。効力はビタミンAの約四〇パーセント。

ビタミンD　D_2 calciferol　(Mellanby, 1918)

一、カルシウムとリンのバランスをとり、リン酸およびカルシウムの吸収促進・ビタミンC・リンの代謝に関係がある。

一、欠乏すると小児はくる病、成人は骨軟化症を発症し、骨および歯に症状が現われる。くる病では軟骨の細胞間質にカルシウムの沈着をみず長骨が曲がり、ハト胸脊柱わん曲等を生じる。骨軟化症では骨が粗となり折れやすくなる。

一、ビタミンD_1はD_2とルミステリンの混合結晶である。

一、ビタミンD_2はエルゴステリンの紫外線照射により生じる。D_3は7－デヒドロコレステリンの紫外線照射により生じる。D_2

とD_3の抗くる病性抗力は全く等しい。

一、ビタミンD_4は活生化22－ジヒドロエルゴステリンである（照射植物性食品中で生成される）。

一、ステリン誘導体は十一種以上もビタミンDの性質を呈する。その他にも多数の型のものがあるが、抗くる病性は弱い。

一、ビタミンDはAよりも熱の影響を受けず、酸化しにくい。還元剤にも破壊されない。ただし酸中では徐々に分解され、亜硝酸ガスにより損失する。アルカリには抵抗を示す。

一、他の多くのビタミンと反対に、植物性食品または植物油中には少量しか含まれない。ただし、肝油中のビタミンDはプランクトン由来である。生体内では肝臓等に貯蔵される。

一、プロビタミンDは、紫外線照射によりビタミンDとなるもので、麦角・キノコ・卵黄中のエルゴステリン、動物脂等に含有される7－デヒドロコレステリンは、それぞれD_2およびD_3となる。

一、皮膚のプロビタミンDは7－デヒドロコレステリンで、日光浴をすると活性化する。

一、化学的検定法。三塩化アンチモンのクロロフォルム溶液を加えると紅色になり、その後、橙色に変化する。定量法としてジギトニン沈澱法等がある、一単位。D_3の結晶〇・〇二五γ（マイクログラム）の効力を一国際単位とする。

ビタミンE　tocopherol（Evans & Bishop, 1922）

一、生体内で抗酸化作用・解毒作用を示す。

一、欠乏すると、雌は胎盤の機能に、雄は精子の生成に障害を来し不妊となる。吸収性不妊症を起こす。

一、欠乏すると、正常な成長を阻害する。筋肉の麻痺・全身の衰弱等も起こす。脳下垂体前葉にも影響を及ぼす。

一、水に不溶、油および有機溶剤に可溶。熱の影響を受けにくく、二〇〇度でも分解されない。空気中では比較的安定しているが、徐々に酸化される。冷アルカリの影響は受けないが加熱時は分解される。脂肪・筋肉組織に貯蔵される。

一、化学的検定法は吸光係数の測定である。マウス・ラットの吸収性不妊症の治癒試験を根拠とする。

ビタミンK　(Dam ら, 1929-36)

一、血液の凝固に必要なプロトロンビンの生成を促進し凝固性を確保する。

一、欠乏すると、鳥類は出血・貧血・栄養不全を起こす。ヒトにも必要であるが腸内細菌により合成されるので、通常は欠乏は起こらない。ただし、特に生後一週間までの新生児が欠乏症を起こし出血で死亡することがある。

一、K_1およびK_2は脂溶性である、K_1はアルファルファより、K_2は腐敗フィッシュミールより抽出されたもの、K_3は合成品で、水溶性であるが効力はすべて同じである。抗菌性がある。

一、定量は、比色酸化還元法による。

一、アンチビタミンが存在する。

水溶性ビタミン

ビタミンC　l-ascorlicacid　(Szent-Görgy, 1933)

一、欠乏すると壊血病を発症する。航海中の船員や探険隊が常に悩まされ、新鮮な果物、野菜の食用によって防止できることが分かってから、今や二〇〇年になろうとしている。

一、壊血病は関節が腫脹し脆弱となり、出血ならびに顔面神経麻痺を起こし、発育が止まり、歯肉、歯に異常を生じる。骨・歯の髄質の発育が阻害されることによる。ビタミンCは細胞間質（コラーゲンまたは類似物質）の形成と細胞内呼吸（酸化還元機構）に不可欠であるためである。

ビタミンCの欠乏時にはチロシンの代謝異常を来たし、尿中にフェノール性物質が生じる。これらの酸化過程にビタミンCを必要とするからである。また、含水炭素の代謝も異常を来す。副腎皮質ホルモンの形成とビタミンCは関係があり、欠乏時には分泌が減少する。

一、ビタミンCは、水素原子を放出して酸化型のデヒドロアスコルビン酸となる。この反応は可逆反応である。したがって生体内で酸化還元酵素として働くものと推定される。また、グルタチオンとともに細胞呼吸に関係があるといわれる。熱病、伝染病においては必要量が増大する。

一、白色の結晶であり、酸味があり、乾燥時は安定しているが水溶液は不安定である。水に溶けやすい、アルコール可溶、有機溶剤に不溶。酸性よりも中性、アルカリ性下で不安定である。光により分解され、酵素が存在する時に特に激しい。にんじん、瓜類にはアスコルビン酸酸化酵素が存在する。

一、生体内では、脳、副腎皮質、網膜、脳下垂体、黄体、肝臓、白血球等に多く存在する、過剰分は尿中より排泄され蓄積されることはない。また、一部は二酸化炭素および水にまで分解されると推定される。毒性はない。

一、マウス・ラット、犬などは体内でビタミンCを合成ができる。

一、ブドウ糖またはペントースより合成される。

一、検定法は、インドフェノール法、ジニトロフェニルヒドラジン法。

一、単位、アスコルビン酸〇・〇五一ミリグラムを一国際単位とする。

一、要求量は最低二〇ミリグラム、飽和時七〇～一〇〇ミリグラム

ビタミンB群

ビタミンB群は熱に不安定であるものと不安定なものの二つに分けられる。熱に不安定なものをB_1、安定なものをB_2（あるいはG）と呼ぶが、現今ではB群中に分類されるものが多種に上りつつある。

ビタミンB_1（イギリスは以前はB_1、今はAneurin アメリカはThiamin,わが国ではB_1が主用されるが、Oryzanin（鈴木氏）もよく聞かれる。Funk のViTamin 命名その他、世界中、ビタミンB_1ほど多数の異名をもつものはない、商品名において特にそうである。）（鈴木、Funk 1910）

一、ビタミンB_1の意義は、抗脚気性ビタミンまた抗神経炎ビタミンの名で示される。

一、脚気患者として人体に、指尖、口囲、下腿、足背、下腹部等の知覚鈍麻、膝蓋腱反射消失、腓腹筋握痛、心悸亢進、頻脈、心臓の変化、肺動脈第二音の亢進、脚気衝心、水腫、等の主症状がみられず、欠伸、居眠あるいは胃症状、便秘、倦怠感、神経痛などの症状により「潜在性」の脚気として診療されるべき例が少なからずある。脚気はB_1の欠乏を主因とするが、他にたんぱく質または他種ビタミン等の欠乏を伴うとの説がある。

一、含水炭素の新陳代謝と特別の関係がある。したがって要求量は高含水炭素食では高まる。

一、生体内酵素のピルビン酸脱炭素酵素Cocarboxylase はB_1のピロリン酸エステル（Thiamine pyrophosphat, T.P.P.）である。

一、過剰分は尿中に排泄され、毒性はない。

一、αとβがあり、融点は二二一度である。

水、稀アルコール、グリセリンに可溶、有機溶剤に難溶、強酸を加え加熱すると分解する。また紫外線により分解する。加熱に対し、酸性では安定だが中性では一〇〇度で安定。ただし、長時間加熱すると分解する。一三〇度で不安定となる。さらにアルカリ性では最も不安定で、常温でも分解することがある。

一、数種の合成法がある。

一、定量はチオクローム法が推奨される。フェリシアンKと苛性ソーダで酸化されチオクロームを生じ蛍光を発する。これをイソブタノールに入れ紫外線を照射し、蛍光度を測定する。

一、腸内細菌で合成される。アンチビタミンあり。

一、腸内にB_1分解酵素アノイリナーゼを産生するアノイリナーゼ菌を保有する者は、ビタミンB_1欠乏症にかかりやすい。

一、アノイリナーゼはその他にもわらび、貝類では特にしじみ、はまぐり等に多く存在する。

一、必要量は食物の栄養素構成により影響され、個体差もある。一日一三〇〇γ（一・三〇〇ミリグラム）。

一、無砂無洗《むさむせん》七分搗米のビタミンB_1含有量は左表各食品中の重量に相当する。

七分搗米	四六三g（三合三勺《しやく》）	牛肉	一三二四g（三五二五匁《もんめ》）	ホウレン草	二二〇六g（五八六匁《もんめ》）
メリケン粉	七二八g（一九四匁《もんめ》）	牛心臓	三三〇g（八八匁《もんめ》）	キャベツ	二五九〇g（七五七匁《もんめ》）
蕎麦粉	一九九g（五三匁《もんめ》）	牛肝臓	二六五g（七〇匁《もんめ》）	蕪菁	二四八〇g（六六〇匁《もんめ》）
小豆	一九九g（一合四勺《しやく》）	牛脳髄	三九七g（一〇六匁《もんめ》）	玉葱	一四九〇g（三九六匁《もんめ》）
ナタ豆	一九九g（二合）	魚肉	六六二g（一九八匁《もんめ》）	トマト	一二一五g（一三個）
えんどう	三三一g（二合二勺《しやく》）	卵黄	三三一g（一九個）	乾燥酵母	（三七個）
大豆	三三一g（二合二勺《しやく》）	牛乳	二三一八g（一升五合）	レモン汁	二三一八g（二個）
豆腐	一九八八g（東京六丁半）	人乳	一九九g（五三匁《もんめ》）	オレンジ	二三一八g（七個）
豆乳	一三二四g（六合六勺《しやく》）	さつまいも	一九九g（五三匁《もんめ》）	淘洗白米	ほとんど全部損失する

海　苔　　九九g（五〇枚）　　じゃがいも　三三一二g（八八一匁《もんめ》）　　（副食物にのみには期待できない）

ビタミンB_2（riboflavin Karrer / lactoflavin, Kuhn 1934）

一、マウス・ラットの成長促進因子

一、B複合体中熱の影響を受けにくいものの中から抽出したもので、B_1より熱の影響を受けにくい。

一、ヒトにおける欠乏症状は、口角炎、口唇粘膜剥離、皮膚発赤舌炎、眼瞼炎、咽喉炎、皮膚乾燥、角膜混濁、結膜炎、脂漏性皮膚炎等がある。また成長が停止する。

一、B_2は黄色あるいは橙黄色の粉末である。二八〇度で分解し、水およびアルコールに難溶、エーテル、クロロフォルムに不溶。水溶液は蛍光を発するが、酸性、アルカリ性で消失する。中性、酸性では熱の影響を受けにくいがアルカリ性では熱および光により分解する。

紫外線照射により酸性でルミクローム、アルカリ性でルミフラビンを生じ生理作用を失う。したがって保存には特に遮光することに注意を要する。

一、生体内ではflavin-mono nucleotide（FMN）またはFlavin-adenine-dinucleotid（FAD）として存在する。酵素系で輸送体としビタミンHの授受を行い酸化に関する補酵素として働く。

一、マウス・ラット、微生物についてはアンチビタミンE_2の存在が確認されている。

一、フラビンのまま蛍光法により定量する。またはルミフラビンとして定量する。

一、アロキサンまたはバルビツールの縮合により合成される。
一、腸内細菌で合成される。尿中に排泄され過剰症のおそれはない。
一、必要量はB_1と同じ。
一、酵母、肝臓、乳製品、大豆、卵、キャベツ、青菜、糠等に含まれる。

ニコチン酸およびニコチン酸アミド（ナイアシン） Niacin,Pellagra prevent（P.P.）Factor.（Elvehjem, Warbuag. 1936,7）

一、ペラグラ予防因子。
一、生体内において、Di-phosphopyridinenucleotide（DPN）および tri- phosphopyridinenucleotide（TPN）の構成分となる。これらは Codehydrogenase で生体内の脱水素反応にビタミンHの輸送体として働く。
一、尿中に排泄され、毒性はない。
一、腸内細菌により合成される。
一、生体内でトリプトファンによりニコチン酸が合成される。したがってトリプトファン摂取が充分な場合、欠乏は起こりにくい。
一、ニコチン酸は融点二三四～二三七度、ニコチン酸アミドは融点一二八～一三一度水溶性。ニコチン酸アミドをアルカリで加水分解するとニコチン酸が採取できる、両者とも生理作用が有効である。
一、ニコチン酸の酸化またはβ -Alkyl-pyridine の酸化により合成される。
一、必要量はB_1の約一〇倍位
一、他B群と同様の分布をする。

つまり、米糠、小麦胚芽、酵母、落花生、肝臓、とり肉、仔牛肉、赤身の魚肉、などである。

ビタミンB_6　Pyridoxine, Adermin（György, 1934）

一、マウス・ラットの抗皮膚炎因子。

一、ヒトについては未だに確実ではないが、欠乏すると皮膚症状が現われるといわれ、一般のビタミンB複合体の欠乏症状と同一といわれる。

一、天然に存在するPyidoxal, Pyridoxamin等も有効である。

一、たんぱく質代謝に関係すると考えられ、食餌中のたんぱく質量の増加はB_6の要求量を増大する。B_6の欠乏により、たんぱく質から含水炭素、および脂肪への変化が阻害されると考えられる。

生体内ではピリドキシンはピリドキサールと可逆的関係を保有する。

Pyridoxalphosphate は transaminase および decarboxylase の補酵素である。

犬の場合、正常状態においてトリプトファンからキヌレン酸を生じ尿中に排泄されるが、B_6欠乏時にはキサントレン酸を生じる。

脂肪との関係は未だ明確でない。

一、針状結晶、融点一五九～一六〇度

水、アルコールに溶けやすく、吸着される。光によって分解する。熱で分解する。（酸性でやや安定、中性ではより不安定、アルカリ性で最も不安定）

一、定量は酸化してピリドキシン酸のラクトンとして蛍光法で定量する。または微生物法による。

一、米糠より抽出ができる。
一、合成可能。
一、腸管内で合成される。
一、人に必須か否か不明確、必要量も不明。アンチビタミンがある。
一、酵母、米糠、胚芽、小麦胚芽、豆、バナナ、魚、肝臓等に分布する。

パントテン酸　Filtrate faclor　（Williams, 1918）

一、ニワトリのヒナの抗皮膚炎因子（酵母の発育促進因子）。
一、欠乏すると動物では成長停止、皮膚炎神経組織の変性、脂肪肝、副腎皮質の機能低下等を起こす。ヒトにおいては、不明。
一、生体内では Adenosine および β -mercaptoethylamin とともにリン酸エステルとして、補酵素 Coenzym A を形成する。これは含水炭素および脂肪の代謝に Acetyl CoA となり、活性酢酸基（アセチル基）の転位を起こす重要な補酵素である。
一、油状、水。アルコールに溶けやすく、エーテルにわずかに溶ける。酸、アルカリ、熱に不安定である。
一、天然にはパントテン酸と Co-A の中間体である LB Factor などの Co- A、または高分子態として存在する。LB. Factor は乳酸菌の発育に有効。
一、羊の肝臓より抽出する。合成可能。
一、腸内細菌により合成される。
一、ヒトにおける代謝は不明であり必要量も不明であるが、ニコチン酸程度の量で充分だろう。欠乏のおそれはほとんどない。
一、酵母、米糠、豆、卵黄、副腎等に含まれる。

パラアミノ安息香酸（P.A.B.A）すなわち
ビタミンH′　BY Groneth Factor（Ansbacher, 1941）
　マウス・ラットの抗白髪性因子。
一、欠乏するとマウス・ラットの毛髪灰色化が防止される。
　微生物・ニワトリの発育促進因子。
一、生体内でAcetyl化、あるいはグルクロン酸と結合して尿中に排泄される。
　毒性は少ない。
一、無色結晶、水に難溶、熱湯、アルコールエーテルに溶けやすい。
一、腸内細菌によって合成される。
一、人体に必須か否か不明。
一、米糠、酵母、小麦胚芽米等に分布する。

葉酸　petroyl glutamic acid（PGA）folic acid（イギリス・アメリカ局方名）すなわち
ビタミンM、フォラシン　lactobacillus casei factor（Day, Snell, Hulchings, Mitchel Stockstad）
一、サルの抗貧血性因子。抗悪性貧血因子。
一、folic acid はほうれん草から抽出した抗貧血性物質で、構造中に葉酸を含むものである。
一、肝臓および酵母から葉酸が、ほうれん草から folleacid が抽出される。
一、合成は、p-amino bezoxylglutamis acia とプテロイルモノグルタミン酸の縮合による。

一、生体で酵素系を形成し、メチル化反応を促進し、尿中に排泄される。悪性貧血、巨赤芽球性貧血、スプルー病、妊娠貧血、慢性下痢等に有効。
一、黄色結晶、水、有機溶剤に難溶、熱湯にわずかに溶ける、アルカリ、酸に可溶。強酸性では、熱、酸素、光によって分解するが、アルカリ性では熱の影響を受けにくい。
一、尿中には葉酸として排泄される。
一、吸収スペクトルのクロマトグラフィーあるいは微生物法により定量する。
一、シトロポラム因子（CF）は肝中に存在し、微生物の発育促進因子であり葉酸と似る。生体内で葉酸よりビタミンCの助けをかりて生成されると考えられる。さらに生体内葉酸の作用はCFの作用とも考えられる。
一、天然には高分子の複合体も存在する。
一、ほうれん草、肝臓、酵母、糠、小麦、胚芽、落花生、鶏肉、サケ、カキ等に含まれる。
一、ヒトの必要量はサルから換算して〇・一〜〇・二ミリグラムくらいである。
一、腸内細菌により合成されるので欠乏症状を起こしにくい。アンチビタミンあり。

ビタミンB_{12}　cyanocabalamin（Rickes, Smith, 1948）
一、肝臓の抗貧血性因子。アンチプロテインファクター。
一、主としてニワトリの成長および植物性たんぱく質のみの飼料の栄養効率を高めるAnimal Protein Factor（APF）も存在する。これら二者は同一物質あるいは、両者がB_{12}として代表されると考えられる。
一、生体内でカルボン酸塩の代謝、メチル化等に関係する。また、アミノ酸代謝に関与する。悪性貧血はB_{12}と、葉酸との欠乏であると考えられる。巨赤芽球性貧血、スプルー病、妊娠貧血、慢性下痢に有効。胃分泌中にB_{12}の活性化に必要な因子（Intrinsic Factor）の存在を推定し、悪性貧血の原因はその欠乏であると結論する説もある。

一、動物の甲状腺機能を抑制する。

一、尿中に排泄される。

一、暗赤色針状結晶、水、アルコールに可溶、有機溶剤に不溶、吸湿性大、加熱には酸性では分解しにくいが、中性ではより容易に分解、アルカリ性では最も分解しやすい。

一、構造は未決定。

一、酵母、肝臓、腎臓、カキ、貝類、牛乳、肉類、魚類、ほうれん草等に含まれる。

一、必要量は〇・五～一γ（マイクログラム）。悪性貧血の治療に一～三γ（マイクログラム）といわれる。

ビオチン Botin, Coenzym R すなわち

ビタミンH（Wilders 1901）Kogl. Alleson, Boas, Görgy, Parsons, Harris

一、酵母の発育に必要な因子。

一、ラットに乾燥卵白の多量を与えた時に生じる脱毛、皮膚炎、出血による死亡の防止因子である。

(Protective factor X）または（Egg white' injury factor）とも呼ばれる。

一、微生物体内ではアミノ酸と結合し酵素系をつくり、脱炭酸反応および可逆反応、脱アミノ、シトルリンや不飽和脂肪酸の炭酸固定等を行う。また、オキザロ酢酸よりピルビン酸および炭酸ガスを生じる反応およびその可逆反応を行う酵素である。

一、牛肝臓、牛乳より抽出される。

一、針状結晶、熱湯、稀アルカリに可溶、水、稀酸に不溶、熱に安定。

一、定量は微生物法による。

一、合成法あり。

一、腸内細菌で合成され、欠乏は起こらない。

要求量は一五〇~三〇〇γ（マイクログラム）だろうといわれる。

一、肝臓、魚肉、豆類、牛肉、卵白、牛乳等に含まれる。

一、天然には、高分子化合物なるビオンチンとして存在。加水分解によってビオチンとリジンを生じる。

ビタミンB_{13} ortotic acid（2-6-dioxo-tartrahydropyrimidine）(Bachstez, 1904)

一、マウス・ラットの発育に必要。核たんぱく質の前駆物質である。

一、牛乳、腎臓、肝臓、骨髄などに含まれる。

リポ酸　thiocto acid

一、ピルビン酸酸化因子。

一、乳酸菌の発育に酢酸塩の代用となる成分。

一、B_1と結合して生じる lipothiamide のピルビン酸エステルは、補酵素としてHと反応し、光合成とも関係がある。

一、動物には必須ではない。肝臓、酵母に含まれる。ビタミンL（L（1actation）-Factor）(Mapson, 1932)

一、マウス・ラットの離乳できる幼体の数の増加ならびに発育を良好にする因子。欠乏すると親の乳汁分泌が阻害される。

イノシトール inositol

一、マウスの脱毛予防因子、脂肪肝を予防し脂肪代謝と関係があると考えられるがヒトには必要なのか不明。

その他のビタミン類似物質

以下、当初ビタミンと考えられたが現在はビタミンとみなされていないもの。

ビタミンＰ　permeability vitamin

一、(hesperidine, eriodictine, rutine : のことである)

一、毛細血管の浸透性増大因子。

一、ルチンは血管の脆弱性を減少する意味において高血圧に有効。

ビタミンＦ

一、(linoe, linolen, arechidon の必須脂肪酸のことである)

一、必須脂肪酸。欠乏するとマウス・ラットの発育阻害、肝障害を起こす。また、体脂肪の合成を妨げる。

一、生体内にて合成されない。

コリン Choline

一、脂肪肝予防因子。

一、膵臓切除動物における脂肪肝および高脂肪食による脂肪肝を防ぐ。ただし、メチオニンにもこの作用がある。

一、生体内でグリシンより合成される。

ビタミンの必要量

ビタミン要求の最小限度、適量過量等は個人差が大きいこと、他の栄養素との関係、特にビタミンの酵素的作用、ビタミン相互間ならびにホルモンとの関係、その他疾病、環境の関係など、身体内外の条件に左右されることが大きく、諸家の提示の数値は必ずしも合致しないことが多い。

一方では、牛乳・野菜・果実等の生鮮食品では、収穫後にビタミン含量が急速な変動を示すだけでなく、肥料ならびに日光の照射・貯蔵方法等による影響も著しいため、実際には標準の幅が広くなってしまう。

また、薬物学的作用が極めて顕著であることを考え合わせて、ビタミン過剰が身体に好ましくない影響を及ぼす可能性があることは当然考えられる。過剰警戒論者がビタミン過剰症（Hypervitaminosis）として取り上げ例示するものを、次にあげる。

ビタミンA。発育停止、毛および皮膚粗剛、脱毛、禿頭、心機能変化、心筋、肝臓、副腎、腎臓等の退行性変化、全消化管壁の脂肪浸潤、胃潰瘍、出血および壊疽、血管硬化、貧血、浮腫、多尿、眼球突出、湿疹、無感覚、過剰骨形成のため骨が腫れ、組織が粗い層をつくる。

ビタミンB。胸腺の過重、副腎の発育不全、リンパ腺の肥大生殖不能。

ビタミンC。回虫寄生率の増加。

ビタミンD。心臓、腎臓その他の臓器および器官に石灰の過剰沈着、尿路結石、血中リン増加、心悸衰退、胸腺萎縮（マウスに対し必要量の二〇〇〇倍を与えると起こる）

ビタミンの大量投与には意味がないと説く報告者があり、その害作用が夾雑成分にあるとする者もある。各国とも保健以外に、産物もしくは商品の盛衰に関する経済的問題として重視される。

カルシウムやケイ素のような比較的緩和な成分ですらも、過剰に用いられると重大な疾病を誘発すること（搗粉の害を指す）は私が研究し発表した。栄養機構・機序への新しく開かれた一つの分野を示したと信じる。

栄養学の躍進

平時と非常時とを問わず、王候か庶民かの区別なく、一人一国の栄養問題に対しては、今一度、真摯に省みて良し悪しを考えることが望まれる。この省察によって、人は微笑み、精神をふるいおこし、栄養学の重要性について十分に認識を新たにすることができる。

一、学術的分野

栄養研究所において行われた研究ならびに発表が、一つ一つ時勢の一面を担うという光栄に浴している。また本書記述の項目に目を通し終わった時、誰もが「学問貢献の用意と意義」を理解させられるであろう。

特に食糧を節約し、最高の栄養効率を発揮する、可能で万全な方法の根拠となる諸研究、必ず確保されるべき最小限度の生活の基調に関する諸研究、ならびに最悪の場合に直面した時の用意についての研究、そしてこれらの諸研究は、私たちとって欧米諸国によってなされたものよりは、少なくともわずかに優れたものであった。

二、実際的分野

本書食政篇中の各提唱は、現在ほとんどすべてが実現されている。

また、既に多年にわたり各方面において期待された実績を挙げることができ、そして必ず非常時に役立つことを力説してきたわが国特有の栄養改善の方策として、(一) 個人栄養 (二) 集団栄養 (三) 統制栄養 (四) 組合栄養 (中央調理場・栄養食配給所・

共同炊事・献立材料配給等）（五）法令等の重要性がますます高まりつつある。

食糧の国家管理と、農林大臣の発言指示で、たんぱく質・脂肪・カロリーという言葉が強調されるようになったことも一大躍進である。私は何年も前から栄養省の設立を提唱している。

三、栄養の本義の顕揚

次の三輪の合致同行の必要性が痛切に強まった。

（第一輪）健良民族の示現

（イ）体位の向上と強健さが栄養によって実現されるとする理由

（ロ）人口問題

（ハ）海外居留日本人の栄養問題

（ニ）世界協調態勢の整備

（第二輪）食経済の安定強化

（イ）食糧の自給自足

（ロ）家庭・配給・生産の一貫性のある食糧の消費法

（ハ）積極的食糧増産と栄養的優良食糧の重視

（ニ）食糧の生産・消費・貯蔵の公的管理

（第三輪）世界人類皆兄弟の精神

国政を行うものは常に国民の栄養の問題に心を配り、「賤が家の竈[訳註五四]の煙起つや起たずや。」という配慮を思い起こさせる例は、今日に至るまでわが国の歴史には数えられないほど多くみられる。

そしてわれら国民もまた国情を心にとめて守り、その原点は義[訳註五五]農作兵衛の行いにある。第三輪によって、食を分け合い飢に克ち、初めて人が人たる理由を得る。この道は、人道であり、全世界に及ぼすべきことである。

この頃は、重要な地位にある人の道義的意義で闇取り引きを廃する、という声明に接し、生活の安定のための方策は思いやりをもって円滑になるようにしようという政府の訓辞を得た。これは第三輪を強調し押し進めるほかない。

法令・統制・その他人為的組織によって生じた実際生活上の不備は、人心の道徳化をもって成し遂げることが必要である。

現状況は栄養の本義を大いに尊重すべきであるということを教えている。物資不足時には適切に行動し、物資が余剰した場合に取りさばく方法を指示するものは、実に栄養の本義にある。栄養の本義は栄養の科学化を確立するとともに、道徳化を進めることについても強く重々しく教訓をしておく。

訳者註

訳註一　「以吾高天原所御齊庭之穂亦當御於吾兒」意味は「私が高天原《たかまのはら》で食べている齋庭《ゆにわ》の穂《いなほ》を、我が子《オシホミミ》に授けましょう」の御勅（天照大神の意志またはことば）。日本書紀の三大神勅の一つ。斎庭稲穂《ゆにわいなほ》の神勅《しんちょく》といわれる。

訳註二　国立栄養研究所開所式での出来事。来賓の中の最有力な一科学者が研究所設立は必要でないことを演説してそれに対して会場の参加者から喝采された。そのくらい当時は学者でも、研究所設立の重要性を理解する人は少なかったことが記録されている。

訳註三　この個所は佐伯矩の「栄養学の定義」に引用されている部分。
「栄養学とは⑴生体とそれを生存、①成長、②活動、③修復、④生殖させるために必要な⑵生体内および生体外の諸因子とその関係を研究し⑶最も効率高き状態をもたらすための学問」と定義されている。
［①成長　受精卵→胎児→新生児→成人（成体）②活動　労作とも　身体活動と精神活動の二つあり ③修復　repair 回復、治癒 ④生殖　reproduction　繁殖、種の保存 ①〜④を生活現象と称す」　⑴生体と　⑵諸因子：栄養素を含む生体内外に存在する物質とその付帯条件　⑶健康を意味する
すなわち栄養学は⑴と⑵の関係を研究し⑶を導き出す学問である。〔佐伯芳子校長 第一回目の講義より（一九七三年四月 訳者受講ノート）〕

訳註四　含水炭素、炭水化物に同じく英語の carbohydrate の和訳に由来する用語。現在、使用されなくなった理由は不詳。いずれも carbon（炭素）hydrate（水）、C 一個に対し H_2O 一分子の割合で構成された化合物であることは古くから判っており、「水を含んだ炭素」、「炭素が水化した化合物」の意味からそれぞれ含水炭素、炭水化物の名が与えられ

ている。その考え方からするとC原子が二方向にH_2Oを-OHと-Hの形で結合されたポリヒドロキシ化合物の構造は、水を抱いた炭素、正に「抱水炭素」であり、この名こそ栄養素の名称に相応しいように思われる。因みにこの化合物はアルデヒド基あるいはケト基をもつことが特徴であるがアルデヒド基とアルコール基一：一、ケト基とアルコール基一：二が集約されることでCとH_2Oが一：一となるのである。現代語訳でも原著に従って全文「抱水炭素」で通してある。

訳註五　エネルギー産生栄養素を構成する元素が窒素を除く炭素・水素・酸素からなるの意。

訳註六　窒素を含むという意。窒素化合物を指している。

訳註七　佐伯は、特定の波長をもつ光や振動が栄養素の代謝に影響することが研究によって解明されれば、それも栄養学の範疇とすべきであると考えていた。現実に、特定の波長の紫外線照射によってビタミンDの前駆体が生じることが分かっている。

訳註八　原著に「栄養上普通に用ひられるカロリーはこの大カロリーを意味する」とあるように、過去には小文字のcalを千倍したものを頭文字が大文字Cal（=kcal）と表示していた。因みに栄養素の項目（単位）の変更については以下の通りである。昭和四十四（一九六九）年改定 日本人の栄養所要量以前は［項目：熱量（単位：Cal）］その後［項目：カロリー（単位：Cal）］、昭和五十（一九七五）年の改定では［項目：エネルギー（単位：Cal）］となり、昭和五十四（一九七九）年の改定で［項目：エネルギー（単位：kcal）］の表示となり、以降単位は（kcal）キロカロリーと表現され現在に至っている。

訳註九　米麦の搗精（表皮を除き精白すること）の効率を上げるための細かい鉱物質の粉、すなわち搗粉を使って精米した米を「混砂米」と称した。混砂米は健康障害を起こすことから、東京では昭和十三（一九三八）年警視庁令により禁止された。

訳註一〇　核と細胞膜を含む細胞質を指す。細胞の微細構造が知られていなかった時代に使われた言葉。

訳註一一　「水はカロリー源ではない」と表現されているのは、栄養学研究の歴史の中で、三大栄養素のカロリーはボンブカロリーメーターの燃焼により測定された燃焼系を前提としているからである。現在でも多くの教科書では「水はカロリー源ではない」と記されているが、生体内の代謝系で考えればエネルギー産生栄養素が脱炭酸反応で CO_2 を脱離するためには、その分子内に不足する酸素は空気中から取り入れた酸素ではなく、H_2O の酸素が代謝過程で入り込むことが判っている。加水分解をはじめとする加水反応は、代謝される栄養素分子に酸素と水素を -OH と -H の形で供給されることを意味し、脱炭酸された残りの水素の内訳は元の栄養素を構成していた水素と水由来の水素ということになる。したがって、栄養素の代謝過程で行われる脱水素反応によって脱離される水素の数は、炭水化物ではその二分の一、脂肪酸では三分の二が水由来となり、これらの水素がミトコンドリアにおいて呼吸で取り入れられた酸素との出会いがあり H_2O を生じることになる。これらの反応に伴い、エネルギーの ATP が生成される。この代謝過程を検証すればエネルギー産生栄養素の発生するカロリーの半分以上が水由来ということになる。故に水はエネルギー源ということになる。

訳註一二　多様な価値、価値の多面性という意味。

訳註一三　現在、食餌《しょくじ》は食事と統合された使い方が一般的になされているが、本来は使い分けがなされていた。食餌は食べ物「物・食物」のことであり、食事は食物を摂取する事、行為つまり「事・行為」のことであって字義が異なっていたのである。

訳註一四　当時は栄養状態を評価するための体格指数はまだ模索の段階であったように思われる。そのような状況下で佐伯は皮膚の光沢・弾性・乾湿・皮下脂肪・血色の五項目を指標として列挙して指標として用いることを薦めている。現在の栄養評価でいうところの身体所見（あるいは臨床診査）に相当する。

訳註一五　琴柱は琴糸を張り支える柱のことで音程を調節するために自在に動かして調弦するものである。この琴柱を強力な膠で接着して動かないようにすること。物事を状況によって柔軟に対応することができないことを言う。

訳註一六　佐伯は明治三十五（一九〇二）年に大根の中に消化酵素ラファヌス・ディアスターゼ（アミラーゼ）を発見している。大根の搾り汁の添加によってアミラーゼの効果を期待したと思われる。

訳註一七　現在使われる術語の栄養指標（栄養パラメータ）のことである。栄養成分標示の意味ではない。

訳註一八　佐伯は「献立」についてこれまで適切な定義がなされたものを見たことがないとしており、その必要性から論理的にまとめ定義をしている。おそらく、この栄養学的観点からの定義は文献として初めて著されたものと推察される。

訳註一九　当時は医療上（治療食として）用いられる献立を称していた。現在では医師からの食事の指示、処方箋の意味として使われている。

訳註二〇　味を感じる神経のこと。当時未だ味神経、味覚神経の用語が使われていなかったことが推測される。

訳註二一　この項では「味の変調と対比」について取り挙げている。現在、味の対比については「二つ以上の違った味を混ぜた時に、同時にどちらか一方あるいは両方の味が強く感じる現象を言うが、原著では二つの味を別々に短い時間差をもって味わった時に後でとった味が強く感じることを「味の変調」と称している。

訳註二二　エンポツ、えんボツとも（ポツはカリウムの英語名ポッタシウムの略）。「塩素酸カリウム」のこと。現在、塩素酸カリウムは「爆発物の原料となり得る劇物等の適正な管理等の徹底について」（厚生労働省医薬食品局発一二〇二号第四号）の対象となる化学物質となっている。かつて一パーセントの濃度でうがい薬に使用されていたことがある。

訳註二三　検索するも見つからず。前後の文章から推測して「豪華、豪勢な食事」の意味か。

訳註二四　これを「単位式献立」という。「毎回食完全」（一日で栄養素のバランスを調えるのではなく一食ごとに栄養素バランスを完全にする）を実践するための具体的な献立作成法を提案している。

訳註二五　大正十年台の男子成人の平均体重が十三貫五〇〇目（五〇・六キログラム）であったことが分かる。

訳註二六　当時の佐伯著の標準献立において米一日三合五勺（四九〇グラム）、一食当たりの米飯に換算すると三七五グラムの設定である。現在の一食の主食米飯量一八〇―二〇〇グラムに比べ約二倍量であったことが分かる。この時期の農村部においてはさらに主食の量が多かったことが推測される。

訳註二七　搗粉を混ぜないで精米をし、研ぎ洗いをしないで食用できる米のこと。佐伯は研ぎ洗いによる栄養成分の損失を重視し、当時から既に無洗米という発想をもち、これを強く推奨していたことがわかる。

訳註二八　訳註九に記載の通り。精米効率を上げるため搗粉を混入して精米した米のこと。搗粉が米に付着残留していた。佐伯は搗粉の健康への害を説き、廃止を強く訴え警鐘を鳴らしていた。

訳註二九　大正博覧会は大正三年（一九一四年）東京で開催されている。この時、佐伯は米の組織を説明するための米の模型が国内にないことに驚き、日本人にとって重要な主食がそれまで科学的扱いがなされてこなかったことを嘆き、初めて試作して展示した経緯が記されている。

訳註三〇　メリケン＝アメリケン。アメリカンの粉すなわち小麦粉の呼称。

訳註三一　主食の米に代わる食品、食べ物。特に米が少ない時あるいは入手困難な場合に主食として用いられた。

訳註三二　三分は長さの単位で約一センチメートル弱（一分は三・〇三ミリメートルで一寸の十分の一）、三分の大きさの角切りのこと。二分角や三分角は石筆の規格として今も使われている。

訳註三三　普段は食用として用いないが、紛争や飢饉で食料が入手困難な時に食用として利用できる食材料のこと。

訳註三四　栄養価の算出。エネルギー産生栄養素（三大栄養素）の算出。栄養価の計算とするより算出とした方がふさわしいと思われる。

訳註三五　不明。図から吊り下げられた釣り台の形から推察するに屋根裏床のことか。

訳註三六　フィッシャー博士の考案した装置の付属品。秤馬針（ニ）とあり、（イ）（ロ）（ハ）は図中確認できるが（ニ）は残念ながら図に掲載されていない。説明の文章から察すると①留針形をしていること、②秤はバランスをとる意味があること、③個数で表していること、④（イ）の三角形の紙に刺して重心0とするを求めるとあることから、バランスをとるための錘《おもり》であり、まち針の形をしたピンであることが分かる。

訳註三七　政治を行う綱目として一に食、二に貨（貨財）、三に祀（祀典・儀式）、四に司空（土木）、五に司徒（教育）、六に司寇（司法）、七に賓（渉外）、八に師（軍事）の八つが重要とされた。その第一に挙げられるのが食である。

訳註三八　奈良時代に考えられたシステム。穀物の価格変動を防ぐ目的で穀類を貯蔵した官営の倉。豊作、凶作時の状況によって穀物の放出量を加減し、価格変動の調節を図った。

訳註三九　国民の保健には予防医学の知見に立脚した積極的強健法が実施されることが重要であり、国の繁栄のためには食（栄養）に関する国策が講ぜられなければならない。つまり、食糧を確保し栄養学に基づく病気にならない健康体を作ることこそ優先されるべき課題であると強調している。

訳註四〇　ここでは栄養研究としているが、栄養学は自然科学の一分野として独立し研究されるべきであり、医学の一部ではないと断言している。

訳註四一　現在でも日本国が抱える食糧安全保障の問題について、既にこの時代に日本の食糧事情を正しく捉えそのリスクと対策について言及している。

訳註四二　酸素の消費を伴わないエネルギー代謝系が存在するという学説。現在では、嫌気条件での代謝、解糖系と称される代謝を指す。

訳註四三　佐伯は、アメリカから初めてわが国にガス新陳代謝カロリーメーターを輸入し、研究に導入した。それまで、日本の医学がドイツ医学会に偏重していたこともあり、その際、この装置の意義・存在を知らない周囲から反対・非難を受けたことが記録されている。

訳註四四　生体内で栄養素の炭素骨格が最終的に炭酸ガスになるのに対し、窒素は（一酸化窒素や二酸化窒素などガスの形ではなく）尿素という水溶性の最終代謝産物として排泄される。

訳註四五　現在では、糖から脂肪が合成されても、脂肪酸が代謝されて糖に変換されることはないとされる。

訳註四六　佐伯が栄養の要求量をテーマとしたときに「人間の単位」という問題を考えるに至った。ヨーロッパにおける飢餓や自身の減食・小食の実験的研究において基礎新陳代謝よりも下位にあり、真の生命維持のための新陳代謝を想定したものが根基新陳代謝（ラジカルメタボリズム、最低基礎新陳代謝とも称す）である。実際、基礎新陳代謝量（基礎代謝量）はあくまでも身体が外界に対する最小のエネルギー消費の条件、つまり、覚醒時、仰臥位、気温、消化管運動などの条件を考慮して測定したものであって、通常でも冬夏の時期は春秋を基準にすると±五パーセントの季節変動があり、妊娠後期の増、減食・断食での減では大きい変動を示す事実から、基礎代謝を生命維持のための最小エネルギー消費量と定義してよいのか疑問が残るところである。

訳註四七　炭水化物と脂肪が体たんぱく崩壊を抑制すること（あるいはたんぱく質の節減効果がある）。現在でもノンプロテインエネルギーのたんぱく質の節約果はNPC/N比を指標として用いられている。

訳註四八　一八八三年、ヨハン・ケルダールによって考案された窒素の定量法。

訳註四九　栄養状態を評価・判定すること。現在の栄養アセスメントに相当する。当時の研究者により、いくつかの身体計測に基づく体格指数が考案され、それを用いた栄養評価である。

訳註五〇　昭和十四（一九三九）年十一月二十五日勅令公布「穀類搗精制限規則」および「同制限令」により米穀搗精歩留を九四・〇％（七分搗米に相当）とすることになり、この米が標準米として全国の米穀店におかれることとなった。

訳註五一　γ（ガンマ）単位は、現在のμg（マイクログラム：1/1000mg）に当たる。ビタミンA、B_1、B_2の分析値の単位として用いられてきた経緯がある。ビタミンB_1、B_2の単位は、一九四五年にはmg表示に切り換わっている。

訳註五二　一九三三年　それまでの佐伯によるビタミン標準の国際的統一の主張・提案が通り、その後ビタミンAは国際単位I.U.で表されることになった。1I.U.は白ねずみに対するレチノール0.3　β-カロチン0.6　、ビタミンA効力をもつ他のカロチノイド混合物1.2　を係数として表された。1I.U.レチノール＝0.3　gレチノール（　gレチノール＝3.33I.U.）である。

昭和五十三（一九七八）年の三訂補日本食品標準成分表で、ビタミンAはレチノールの標記に変更され、平成十二（二〇〇〇）年の五訂日本食品標準成分表において、国際単位（I.U.）はレチノール当量（μgRE）表記となり、プロビタミンAは生物学的効力を用いて算出するように変更となった。一方、日本人の栄養所要量（食事摂取基準）では平成十一（一九九九）年の改訂でレチノール当量μgREとI.U.が併記され、平成十七（二〇〇五）年の日本人の食事摂取基準では国際単位I.U.が使われなくなった。以降レチノール当量μgREで表示されるようになった。

訳註五三　ビタミンA_2は3-デヒドロレチノール、3-デヒドロレチナール、3-デヒドロレチノイン酸の総称とされる。

訳註五四　仁徳天皇の治世において、天皇が民家の竈から炊飯の煙が立ち昇っていないのを見て民の生活の貧しさに気づき、三年間税を免除したという伝説。その結果「高き家に登りて見れば煙立つ民の竈は賑ひにけり」（『新古今集』巻七）と詠じられ、煙が見られるようになったことを喜ばれたと伝えられている。

訳註五五　作兵衛は江戸時代の伊予国松山藩筒井村の農民。享保の大飢饉の時、自身の命を犠牲にしても後世の多くの人の命が救われれば本望であると言いのこして、麦種を口にすることなく餓死した。後に藩主によって碑が建立された。明治期には義農神社が造立されそこに作兵衛は祀られているという。〔佐伯芳子校長の講義より一九七四年九月　訳者受講ノート〕

用語解説

原著文中の使用熟語・漢字・読みに関して現在ではほとんど使用されなくなったものおよびその意味

【 】内は読み方。↓は新字。

あ

會々【アイアイ】↓会々　互いに優劣がないこと。物事を一緒にすること。

購い【アガい／アガナい】贖《あがな》いに同じ。罪のつぐないをすること。

畔間【アゼマ】↓畔間　畔《あぜ》の間、畦《うね》間に同じ。

殆い【アヤウい】あぶない。あやぶむ。

安逸【アンイツ】↓安逸　気楽にのんびりと楽しむこと。何もしないで、ぶらぶら遊んで暮らすこと。

案出【アンシュツ】計画や工夫を思いつく。工夫して考え出す。

い

幾干【イクバク／イクラ／イクソ】幾ばくの意。

些か【イササか】ほんのわずか。

頤使【イシ】いばって人を使うこと。頤《あご》で使うこと。

一生面【イチセイメン】新機軸、新しく開いた方面、一つの新しく開いた分野。

逸出【イッシュツ】↓逸出　ぬけ出ること。とびぬけてすぐれていること。

夷狄【イテキ】未開の民、野蛮人、えびす。外国人を、野蛮人と卑しめていう語。

遑【イトマ】↓暇　いとま、ひま。いそがしい、あわただしい。

遺風【イフウ】↓遺風　昔から伝わっている習慣・風習。先人の残した教え・感化。

苟も【イヤシクも】分不相応にも。もしも。かりにも。まことに。おろそかにしない。

因循【インジュン】古いしきたりに従っているだけで改めようとしない。ぐずぐずして煮えきらないこと。

う

迂愚【ウグ】ぼんやりして世事にうといこと。

轉た【ウタた】↓転た　ある状態が、どんどん進行してはなはだしくなるさま。いよいよ。ますます。転じて、そうした状態の変化を前にして心が深く感じ入るさまをいう。

え

贏【エイ／ヨウ】あまり。余る。勝つ。になう・のびる。もうける。

鹽剥【エンポツ】↓塩剥　ポツはカリウムの英語名ポッタシウムの略。「えんボツ」とも。「塩素酸カリウム」のこと。

お

帶ぶ【オぶ】↓帯ぶ　「お（帯）びる」の文語形。身につける。細長くまわりに巻く。

徐【オモムロ】落ち着いてことをはじめるさま。しずかに。ゆるやかに。

穩當【オントウ】↓穏当　不穏当の対義語。おだやかで筋が通り無理がないこと。

か

概【ガイ】↓槪　大体のところ。おおむね。あらまし。おもむき。様子。みさお。

潰頽【カイタイ】つぶれ衰える。衰弱する。

噲炙【カイシャ】人々の評判になって広く知れ渡る。

革正【カクセイ】改めて正しくすること。

劃然【カクゼン】↓画然　区別がはっきりしていること。

贏ち得る【カちエる】努力の結果、自分のものとする。自分の有利になるものを手に入れる。

咸【カン／ゲン／ゴン】ことごとく。皆。

渝る【カワる／アフレる】かわる。かえる。改める。

閑却【カンキャク】うちすてておくこと。いいかげんに、ほうっておくこと。なおざりにする。

緩徐【カンジョ】速度、調子がゆるやかなこと。

間然【カンゼン】あれこれと非難する欠点がない。

干與【カンヨ】関与に同じ。あずかる。関係する。

涵養【カンヨウ】自然にしみこむように養成すること。無理のないようだんだんに養いつくること。

き

危懼【キク／キグ】危惧に同じ。悪い結果になりはしないかと心配しおそれること。

危重【キジュウ】危篤に陥った病人。

喫驚【キッキョウ】驚くこと。

旗亭【キテイ】料理屋。酒を飲ます店。酒楼。宿屋。旗店。

舊慣【キュウカン】↓旧慣　古くからの習慣。ならわし。

躬行【キュウコウ】自分みずからおこなうこと。

翕然【キュウゼン】多くのものが一致して一つになること。

舊聞【キュウブン】↓旧聞　耳新しくない、古い話。以前に聞いた話。

窮理【キュウリ】究理に同じ。物事の道理・法則をきわめること。

貴要【キヨウ】↓貴要　貴重で有用なこと。

狭隘【キョウアイ】↓狭隘　面積や範囲が狭いこと。

行衞【ギョウエ／ユクエ】↓行衛　行くべき方向。向かっていく先。行った方向。行った先。成り行き。

旭日昇天【キョクジツショウテン】朝日が天に昇っていくさま、きわめて勢いのあるようす。

狹隘【キョウアイ】

技倆【ギリョウ】技量に同じ。

希臘【ギリシャ】国名。

緊要【キンヨウ】↓緊要　極めて大切で必要なこと。

け

頃日【ケイジツ】このごろ。
輕鬆【ケイショウ】↓軽鬆　軽くて質が粗い。多孔質。

輕侮【ケイブ】→軽侮　軽く見て侮ること。人をばかにして見下すこと。蔑むこと。
輕便【ケイベン】扱い方が手軽で便利なこと。簡易。
經綸【ケイリン】→経綸　国家の秩序をととのえ治めること。
盖し【ケダし】→蓋し　思うに。考えてみるに。もしも。ひょっとして。
嫌忌【ケンキ】→嫌忌　いみきらうこと。
牽强【ケンキョウ】→牽強　無理やり引っ張る。強引におこなう。
牽强附会【ケンキョウフカイ】→牽強附会　自分の都合の良いように無理やりこじつけること。
堅忍【ケンニン】→堅忍　しんぼう強く、がまんすること。
眩惑【ゲンワク】目がくらんで、まどうこと。まどわすこと。

こ

請う【コう】→請う　他人に対して願い求める。願い望む。
高遠【コウエン】→高遠　高尚で遠大なこと。
好悪【コウオ】→好悪　すききらい。
浩澣（浩瀚）【コウカン】広大なさま。書物などの量の多いさま。
高尙【コウショウ】→高尚　俗っぽくなく、程度の高いこと。
拘泥【コウデイ】一つの事にこだわること。
呱々【ココ】赤ん坊の生まれてすぐの泣き声。

混淆【コンコウ】異種のものが入り混じること・入り混じらせること。

さ

催進【サイシン】促進に同じ。

嚮き【サき】さきに。前に。向く。向かう。ひびく。

残害【ザンガイ/サンガイ】→残害　傷つけ損なうこと。

慘害【サンガイ】→惨害　痛ましい被害　むごたらしい災害。

參看【サンカン】→参看　照らし合わせて見ること。参照。

參酌【サンシャク】→参酌　他と比べ合わせて参考にすること。

し

爾く【シカく】爾かする。そう。そのように。さように。

加之【シカノミナラズ】そればかりでなく。その上。

呵る【シカる】①しかる。せめる。②わらう。大声を出す。③ふく。息をふきかける。

爾る【シカる】然りに同じ。しかり・のみ・なんじ。それ。そのとおり。さよう。その。

然るに【シカるに】それなのに。

時日【ジジツ】一定の時間の経過。ひにちと時間。

熾盛【シセイ】火が燃え上がるように勢いの盛んなこと。

至當【シトウ】→至当　きわめてよく当てはまること。至極適当なこと。きわめて当然であるさま。

奢侈【シャシ】ぜいたく、程度や身分を越えたぜいたく。

首肯【シュコウ】うなずくこと。もっともだと納得し認めること。

須知【シュチ】知るべきこと。知っておくべきこと。

爾餘【ジヨ】→爾余　その他。それ以外。

絮【ジョ】繭を水にひたして裂いてつくった綿。真綿。

將【ショウ／ソウ】→将　はた。まさしく。ひきいる。また。ひいては。

情合【ジョウアイ】人情、愛情のありよう　思いやり、愛情。

商闇【ショウアン】闇商い。違法な売買をすること。闇取引でする商売。闇商売。闇貿易。

滌去【ジョウキョ】洗い去る。

證左【ショウサ】証し。証拠。

上厠【ジョウシ】便所にはいること。

稍少【ショウショウ】やや少ない。

稍・稍々【ショウショウ／ヤヤ】幾分。すこし。物事の程度を表す誤。

消盡【ショウジン】→消尽　すっかり使い果たすこと。

稍大【ショウダイ】やや大きい。

冗費【ジョウヒ】無駄な費月。無駄遣い。

所期【ショキ】→所期　期待している事柄。期待すること。

職由【ショクユウ】主としてそのことを原因としていること。それに基づくこと。

絮狀【ジョジョウ／シュジョウ】↓絮状　綿状。

所理する【ショリする】↓所理（する）　とりおこなうこと。

進境【シンキョウ】↓進境　進歩して達した境地。上達した様子。

仁慈【ジンジ】いつくしみ。恵み。

深甚【シンジン】意味・気持が非常に深いこと。

親接【シンセツ】親しく接すること。親しく付き合うこと。

す

數等【スウトウ】↓数等　数段階。かなり。ずっと。

推斷【スイダン】↓推断　物事の道理をおしきわめて断定すること。推測によって断定すること。

尠い【スクナい】少ない。

漫に【スゾロに／ソゾロに】①あてもないさま。漫然。②思慮のないさま。考えなしであるさま。

已に【スデに】既に。

せ

精確【セイカク】↓精確　精密で正確なこと。

省察【セイサツ】自分のことを省みてよしあしを考えること。

西哲【セイテツ】西洋のすぐれた哲学者・賢人。

碩學【セキガク】→碩学　学問が広く深いこと。大学者。碩儒とも。

切言【セツゲン】心を込めて言うことば。言葉を尽くす。鋭く言ってのける。痛切なことば。

接受【セツジュ】受け取ること。外交使節などを受け入れること。

詮衡【センコウ】はかりしらべること。当否・適不適・能力の有無を調べること。人物、才能を審査すること。

漸次【ゼンジ】次第に。だんだんと。

淺薄【センパク】→浅薄　知識や考えが浅く薄っぺらこと。浅はかなこと。

千篇一律【センペンイチリツ】どれもこれも代わり映えがせず面白みがないこと。

闡明【センメイ】それまではっきりしなかった事を明らかにすること。

そ

匆卒【ソウソツ】突然なこと。だしぬけ。あわただしく落ち着かないこと。あわてること。

想到【ソウトウ】その事に考えが及ぶこと。ある事に考えが行きつくこと。

相反比巓倒【ソウハンヒテントウ】互いに対立し反対であること。立場が逆転し、うろたえ騒ぐこと。

俗惡【ゾクアク】→俗悪　通俗的で下品なこと。

俗眼【ゾクガン】世間一般の人の見る目。俗人の見るところ。

粗硬【ソコウ】粗くてかたいこと。

傷う【ソコナう】損なうに同じ。

害う【ソコナう】害う　損なうに同じ。

賊う【ソコナう】→賊う　凶器で傷つける。殺傷、また乱暴する。害を与える。
俗間【ゾッカン】俗人の住む世の中。世間。

た

大廈【タイカ】大きな建物。豪壮な建物。

啻に【タダに】多く。あとに「のみならず」を伴って用いる。

多端【タタン】あれこれと問題が多いこと　仕事が多く忙しいこと。複雑で多岐にわたっていること。

忽ち【タチマち】にわかに。非常に短時間で。

斷案【ダンアン】→断案　ある事柄について案を決裁すること。断定を受けて採られた案。

ち

徴する【チョウする】隠れているものを呼び出す。潜むものを引き出して証拠とする。取り立てる。

朝餐【チョウサン】朝食。朝飯。

長足【チョウソク】物事が非常に早く進むこと。

沈淪【チンリン】深く沈むこと。ひどくおちぶれること。零落。

つ

通覽【ツウラン】→通覧　全体に一通り目を通すこと。
具さ【ツブさ】欠けるところがない。完全に。
釣臺【ツリダイ】→釣台　板の両端をつり上げて物や人を担ぐ台。

て

遞傳體【テイデンタイ】↓逓伝体　引き渡し伝えるもの　運搬体、輸送体、伝達体。

瀰蔓【デイマン】たくさん。はびこる。拡がる。

天工【テンコウ】天（自然）が為したしわざ。

天來【テンライ】↓天来　天からこの世に来ること。天より得たものかと思われるほどすばらしいこと。

と

偸安【トウアン】楽々として安楽をむさぼり、将来を考えないこと。
等閑視【トウカンシ】↓等閑視　無視して放っておくこと。おろそかに思うこと。
動産【ドウサン】↓動産　不動産の対義語。不動産以外のすべての財産。
同斷【ドウダン】↓同断　同じであること。前のとおりであること。
尚び【トウトび／タットび】尊び、貴びに同じ。
道途【ドウト】道途　道路。往来。また、進んで行く道や進んで来た道。
當路【トウロ】↓当路　重要な地位。重要な地位のある人。
頓【トン】ぬかづく　とどまる　おちつける　ととのえる。にわかなさま。一度に。

に

日子【ニッシ】ひかず。日数。

の

能事【ノウジ】なすべき事柄。なしとげるべき事柄。

貽す【ノコす／イ／タイ】おくる。のこす。

已・已に【ノミ】・【スデに】

は

背馳【ハイチ】行き違うこと。反対になること。そむき離れること。

斗り【バカり】こればかり。

発揚【ハツヨウ】勢いが見えるほど高々と現すこと。

半可通【ハンカツウ】↓半可通　知ったかぶり。通人ぶること。知らないのに知っているようにふるまう。

輓近【バンキン】↓輓近　ちかごろ。最近。近来。

ひ

瀰【ビ／デイ／ナイ／ミ／ベイ／メイ／マイ】みちる。水がみちる。数が多いさま。

裨益【ヒエキ】↓裨益　助けや補いとなり利益になること。役に立つこと。

卑近【ヒキン】↓卑近　身近でありふれていること。高尚でないこと。

卑見【ヒケン】自分の意見をへりくだっていう。

窃か【ヒソか】密かに同じ。

必竟・畢竟【ヒッキョウ】つまるところ。しょせん。結局。

畢生【ヒッセイ】生を終える時までの間。終生。一生。
單り【ヒトり】→単り　唯。単に。ただ。それだけで。
比々【ヒヒ】物事が並びつらなるさま。一様に同じような状態。どれもこれも。
彌縫【ビホウ】→弥縫　補い合わせる。欠点や失敗をとりつくろう。一時的に間にあわせること。

ふ

賦形【フケイ】素材を変えずに成形、補形すること。
不識【フシキ】知らないこと。不知。知らずに行った罪。
浮薄【フハク】→浮薄　心が軽薄なこと。行動が軽々しいこと。
賦與【フヨ】→賦与　生まれつき備わっていること。分け与えること。
文火【ブンカ】→文火　弱い火力。とろび。ぬるび。武火に対して用いる。

へ

劈頭【ヘキトウ】事のはじめ。まっさき。最初。
偏倚【ヘンイ】偏る。よる。たのむ。

ほ

坊間【ボウカン】まちのなか。
叛逆【ホンギャク】→叛逆　反逆に同じ。そむきさからうこと。むほん。

ま

委して【マカして】まかせる。ゆだねる。

洵に【マコトに】誠に。

寔に【マコトに】真に・実に・誠に・洵に。間違いがないことを強調することば。

み

妄りに【ミダりに】むやみやたらに。これといった理由もなくやたらに。筋が立たずでたらめなさま。

妙機【ミョウキ】微妙な感応を受けることができる能力。

妙諦【ミョウテイ／ミョウタイ】すぐれた真理。そのものの真価。神髄。

む

無儀【ムギ】無義に同じ。意味のないこと。つまらないこと。空しいこと。人間のことばや思想を超えていること。

宜哉【ムベナルカナ／ヨロシキカナ】もっともなことである。道理にかなっている。

も

目睹【モクト】（睹は覩の俗字）自分の目で見て確認すること。

一ら【モッパら】物事がひとつのつながり、連関を持っていること。同種の。

や

約説【ヤクセツ】↓約説　かいつまんで説明すること。

已むを得ず【ヤむをエず】「そうせざるをえない」という意味。

ゆ

油烟【ユエン】↓油煙

行衛【ユクエ／ギョウエ】↓行衛　行くべき方向。向かっていく先。行った方向。行った先。成り行き。

忽せ【ユルガセ】おろそかにする。いいかげんにする。なおざり。

よ

要義【ヨウギ】↓要義　物事の大事な点。かなめ。要点。必要であること。入用。

餘燼【ヨジン】↓余燼　火事などの燃え残っている火。燃えさし。なお残っているもの。

餘弊【ヨヘイ】↓余弊　残っている弊害。伴って生じた弊害。

羸る【ヨワる】やつれる。疲れはてる。病みつかれる。

ら

拉する【ラツする】無理に連れていく。

り

裡【リ／ウチ】「裏」に同じ。物の内側。うちの意。

俚言【リゲン】俗間の言葉。その土地のなまった言葉。俚《り》語《ご》。

遼遠【リョウエン】↓遼遠　時間、距離ともに遠くへだたっていること。

量目【リョウメ／リョウモク】品物の目方。かけめ。はかりで量った物の重さのこと。

る

羸弱【ルイジャク】体が弱いこと。体が衰え弱ること。

ろ

窂記【ロウキ】↓牢記　しっかりと記憶すること。

窂乎【ロウコ】↓牢乎　かたくしっかりとしているさま。ゆるぎないさま。

原著文中の使用熟語・字義・読み不明・当て字・使用例に関して

施設【シセツ】原著では「計画」の意味で用いている。本文中の使用例として「施設を実行する」など。

機轉【キテン】↓機転　原著では反応・代謝・機序・機構の意味で用いられている。

籍【セキ　ジャク・ふみ】書きもの。文書。書物。「籍を入れる」名を連ねるという意味がある。原著で数カ所使用されており、その意味に当たる読みを見つけることができなかった。しかし送りがなと前後の文章、使用例「籍らねば」から頼らねば・すがらねばの読みが推定される。本書では「頼る」の読みのふりがなを付した。

點者くは　読み不明。点者《テンジャ》は判者の意味があることから「判定する」ことを意味しているかもしれない。しかし、送りがな「くは」がつく読み方は調べても見つからなかった。この文章の前文との関係から「もしくは」のふりがな付した。

あとがき

佐伯矩以前にも多くの栄養の研究は行われてきた。しかしこれらの研究は医学、生理学、農学の一部の研究としての扱いであった。これを佐伯は栄養学として自然科学の一分野の形で独立させたのである。その意義・功績は大きい。

今日、栄養学の研究分野が臨床栄養学、免疫栄養学、応用栄養学、スポーツ栄養学、リハビリテーション栄養学等々多岐にわたり展開進歩したのもこれによるとみてよい。

また、昭和十一（一九三七）年インドネシア・ジャワ島バンドンにおける国際会議で、各国政府が、①栄養研究所を設立すること、②栄養士の養成、③七分搗米の奨励、の三案を提案し全会一致で決議されたことは、佐伯の行動力の賜物で同時に凄さでもあった。

科学技術の多くを欧米に倣う時代において、佐伯が栄養研究所と栄養士の養成の必要性を日本から国際社会に向けて発信し、これが認められたことの功績は、現代において再評価されるべきであろう。

欧米諸国の食糧事情通であった佐伯が当時の日本人の体格・食生活を鑑み、病気にならない身体づくりのためには栄養学が重要であると考えたことは、極めて合理的発想である。そして、私立栄養研究所設立、国立栄養研究所の設立を成し遂げ、研究の成果を国民の健康・幸福のために実践した人であった。実際、栄養士制度が制定される以前から、栄養学校の卒業生は社会で実践活動を行い、栄養士としての業務実績をつくっていたのである。

原著「榮養」の食政篇の冒頭では「人も國も食の上に立つ」「食を忘れざるは人を忘れざるが爲めなり。一國の隆興には食政先づ講ぜられざる可からず」と食がいかに重要であるかを強調している。また、その消費には道徳的観点を忘れてはならないと述べている。それは食糧という命の消費を人間の思うがままにしてはならない、無駄にしてはならないという戒めでもある。それが故に研究によってヒトの栄養要求量を追求し、その要求量が満たされるための答えとして食品の成分を明らかにし、健康を最も合理的に維持するための献立の工夫に取り組んだのであった。同時に経済的側面、すなわち経済栄養、食品廃棄物の利用にも深く言及しており、既に現在のSDGsにも通じる考え方をもっていたことがわかる。一方、佐伯の進歩的かつ独創的な発想はそれを理解しない人々によってしばしば批判にさらされたことも事実である。しかし、彼は大局に立ち正に信念・実行の研究者だったのである。

逝去に際しては天皇陛下より御祭祀料を賜り、特旨をもって従三位勲二等を授かっている。またその人柄、人間性は学校葬において、全国から五千人もの葬儀弔問者が訪れたことからも窺い知ることができる（「佐伯矩先生学校葬」毎日映画社記録映像より）。

原著の現代語訳に当たり訳者が佐伯矩の遺志を受け継いだ佐伯芳子校長から教えを受けたこと、そして諸先輩から多くの話を聞くことができたことは幸いであった。

最後に拙稿執筆、出版にご協力をいただきました創立一〇〇年記念実行委員会各位、第一出版株式会社ならびに編集に携われた方々に厚く御礼を申し上げる。

訳者記す

【監訳者略歴】

片山 一男

一九七六年 佐伯栄養学校管理栄養士特例養成科卒業
一九七六年～一九八二年 昭和大学附属烏山病院栄養課 管理栄養士登録
一九八二年～一九九六年 東京厚生年金病院（現 JCHO 東京新宿メディカルセンター）栄養部
一九九六年～二〇〇四年 静岡赤十字病院栄養課課長
二〇〇四年～二〇〇七年 高知女子大学（現高知県立大学）生活科学部健康栄養学科 講師
二〇〇五年～二〇〇七年 高知女子大学大学院人間生活学研究科人間生活学 修士課程
二〇〇七年 高知女子大学大学院修士課程修了 修士（学術）
同　年 尚絅学院大学総合人間科学部健康栄養学科 講師
二〇〇八年 同学科准教授
二〇一四年 同学科教授
二〇二〇年 尚絅学院大学退職
同　年 佐伯栄養専門学校着任 専任講師
二〇二一年 尚絅学院大学 名誉教授
二〇二二年 佐伯栄養専門学校 副校長

佐伯栄養専門学校 創立百周年記念実行委員会

委員長 山﨑 大治（佐伯栄養専門学校 学校長）
委　員 木戸 一二三（学校法人 佐伯学園 理事長）
片山 一男（佐伯栄養専門学校 副校長）
荒木 達夫（佐伯栄養専門学校 専任講師）
星屋 英治（佐伯栄養専門学校 教務部長）
長谷川克己（同窓会 伯榮会 会長）
大澤 繁男（同窓会 伯榮会 前会長）

榮　養

令和 6 (2024) 年 12 月 2 日　　初版第 1 刷発行

著　者　佐伯　　矩
監訳者　片山　一男
発行者　井上　由香
発行所　第一出版株式会社
〒 105-0004
東京都港区新橋 5-13-5　新橋 MCV ビル 7 階
電話 (03)5473-3100
FAX (03)5473-3166
印刷・製本　株式会社エデュプレス

＊著者の了解により検印は省略
定価はカバーに表示してあります。乱丁・落丁本は、お取替えいたします。

ISBN978-4-8041-1484-2 C3040

https://daiichi-shuppan.co.jp
上記の弊社ホームページにアクセスしてください。
＊訂正・正誤等の追加情報をご覧いただけます。 ＊書籍の内容、お気づきの点、出版案内等に関するお問い合わせは「ご意見・お問い合わせ」専用フォームよりご送信ください。 ＊書籍のご注文も承ります。 ＊書籍のデザイン、価格等は、予告なく変更される場合がございます。ご了承ください。